移动开发经典丛书

Android 4 游戏入门经典
(第 3 版)

[美] Mario Zechner　著
Robert Green

赵凯　佘建伟　译

清华大学出版社

北　京

Beginning Android Games, Second Edition

By Mario Zechner, Robert Green

EISBN：978-1-4302-4677-0

Original English language edition published by Apress Media. Copyright © 2012 by Apress Media. Simplified Chinese-Language edition copyright © 2013 by Tsinghua University Press. All rights reserved.

北京市版权局著作权合同登记号　图字：01-2013-5008

图书在版编目(CIP)数据

Android 4 游戏入门经典(第 3 版) / (美) 策希纳(Zechner, M.)，(美) 格林(Green, R.) 著；赵凯，佘建伟 译. —北京：清华大学出版社，2013.8
(移动开发经典丛书)
书名原文：Beginning Android Games, Second Edition

ISBN 978-7-302-32772-1

Ⅰ. A…　Ⅱ. ①策…　②格…　③赵…　④佘…　Ⅲ. ①移动终端—游戏程序—程序设计
Ⅳ. ①TN929.53②TP311.5

中国版本图书馆 CIP 数据核字(2013)第 136216 号

责任编辑：王　军　韩宏志
装帧设计：牛艳敏
责任校对：成凤进
责任印制：刘海龙

出版发行：清华大学出版社
　　　　网　　　址：http://www.tup.com.cn，http://www.wqbook.com
　　　　地　　　址：北京清华大学学研大厦 A 座　　　　邮　　编：100084
　　　　社 总 机：010-62770175　　　　　　　　　　　邮　　购：010-62786544
　　　　投稿与读者服务：010-62776969，c-service@tup.tsinghua.edu.cn
　　　　质 量 反 馈：010-62772015，zhiliang@tup.tsinghua.edu.cn
印 装 者：清华大学印刷厂
经　　销：全国新华书店
开　　本：185mm×260mm　　　印　张：35.5　　　字　数：977 千字
版　　次：2013 年 8 月第 1 版　　　　　　　印　次：2013 年 8 月第 1 次印刷
印　　数：1～3000
定　　价：79.80 元

产品编号：052475-01

译 者 序

目前，Android 在移动互联网上的火爆程度可谓有目共睹，随之而来的是无限的商机。游戏作为一类特殊应用程序，在这场商战大潮中扮演着极其重要的角色，游戏具有较为成熟的盈利模式，在开发难度方面，众多的开源游戏引擎也大大降低了游戏的开发难度。因此，游戏理所当然地成为了普通开发者能在整个 Android 生态链中分得一杯羹的重要途径。

《愤怒的小鸟》、《保卫萝卜》、《失落神庙》无一不是现阶段的佳作，也造就了一个又一个的传奇，而本书就像一个神奇的游戏盒子，将所有这些游戏中的元素囊括其中，从最基本的游戏设计、2D、3D 开发到相对底层的 Open GL、NDK 开发，本书用一个一个的真实示例向你展示了游戏编程的乐趣与奥妙，或许，加上你的创意与想象，下一个经典的缔造者就是你。

本书在第一版的基础上做了深入和补充，对当前流行的游戏进行的分析与研究，并引入了 NDK 编程、游戏推广与货币化等方面的知识，从而形成了一套完整的游戏开发知识体系，无论对于初学者还是有一定经验的游戏开发者来说，这样的知识搭配都会起到很好的辅助作用。

众所周知，游戏编程对数学知识和物理知识有较高的要求，建议你翻出大学时代尘封已久的高等数学课本，简略的回顾一下里面的内容。正交变换、正态分布、搜索算法这些当初不知所云的知识也许会让游戏的流畅性和可玩性更强。

作为一个从"小霸王"时代就痴迷游戏的我来说，能翻译这本书确实是我的荣幸。同样，感动于作者对于技术细节的执着，在整个翻译过程中如履薄冰，每一句话甚至每一个词都经过仔细推敲，生怕有违作者原意。

最后要感谢我的朋友和同事们的无私帮助，许多技术细节上的问题都是在他们的指导下完成的。由于时间比较紧张加之译者水平有限，若译文有不当之处，敬请读者批评指正。

赵 凯

技术审校者简介

Chád Darby 是 Java 开发领域的一名技术作者、讲师和会议发言人。作为 Java 应用和架构方面的知名权威人士，他在世界范围的软件开发大会上发表过关于技术的演讲。在 15 年的职业软件架构师生涯中，他曾在 Blue Cross/Blue Shield、Merck、Boeing、Northrop Grumman 和几家创业公司工作过。Chád 参与创作过多本关于 Java 的图书，包括 *Professional Java E-commerce*(Wrox Press)、*Beginning Java Networking*(Wrox Press)和 *XML and Web Services Unleashed*(Sams Publishing)。Chád 获得了 Sun Microsystems 和 IBM 的 Java 认证。他毕业于 Carnegie Mellon University，获得了计算机科学学士学位。Chád 的博客地址是 www.luv2code.com，Twitter 账号是@darbyluvs2code。

作者简介

Mario Zechner 从 12 岁就开始进行编写游戏。多年来,他创建了许多原型,并在多个平台上开发过游戏。他创建的 libgdx 是一个 Android 游戏开发框架,许多出色的 Android 游戏都是使用 libgdx 开发的。在目前这家公司任职之前,Mario 是 San Francisco 的一家移动游戏创业公司的技术主管。Mario 目前致力于研究信息提取和检索、可视化以及机器学习。Mario 经常在一些会议上就游戏编程发言或者同与会者探讨游戏编程,你可以在这类会议上见到他。也可以阅读他的博客(www.badlogicgames.com),或访问他的 Twitter(@badlogicgames)。

Robert Green 是美国俄勒冈州波特兰市的 Battery Powered Games 游戏工作室的创办人。他已经开发了十几款 Android 游戏,包括 Deadly Chambers、Antigen、Wixel、Light Racer 和 Light Racer 3D。在全身心投入到开发和发布移动视频游戏以前,Robert 分别在明尼阿波利斯和芝加哥的软件公司中工作过,其中包括 IBM Interactive。Robert 目前致力于使用 BatteryTech SDK 进行跨平台游戏开发和高性能移动游戏开发。Robert 经常在自己的博客 http://www.rbgrn.net 中更新关于游戏编程的知识,在 www.batterypoweredgames.com 上更新他的专业游戏开发软件。

致　　谢

我要感谢 Apress 出色的出版团队，有了他们的努力工作，这本书才最终得以问世。特别要感谢 Candace English、Adam Heath、Matthew Moodie、Damon Larson、James Compton、Christine Ricketts、Tom Welsh、Bill McManus，以及其他多位为本书出版做出贡献的人士。

感谢 Robert Green，与你合作撰写本书是十分愉快。Android 早期版本的开发人员面临着诸多困难，感谢你与我一起坚持了下来。

还要特别感谢我出色的贡献者团队，在我忙着撰写本书的时候，是他们继续完善着 libgdx。尤其要感谢朋友 Nathan Sweet，我们在 San Francisco 和 Graz 一起度过的几个月是我一生中最值得记忆的时光之一。Gemserk 的 Ruben Garat 和 Ariel Coppes 保证了 libgdx 的开发没有偏离航线。Justin Shapcott 帮助我整理被我搞得混乱的 libgdx 版本库。Søren Nielsen 是我合作过的知识最广博的美工之一，为 libgdx IRC 频道做了极大贡献。最后感谢在 libgdx IRC 频道和论坛积极发言的人们，我已经把他们视为大家庭的一员了。

最后感谢我的父母，他们是我仰望的目标。感谢我的妻子 Stefanie，她一直忍受着我彻夜不眠的不良生活习惯和我的焦躁脾气。

——Mario Zechner

感谢 Mario 这么多年来解答了我的众多多问题，帮助我解决了一些棘手的 bug。Ryan Foss 是一名美工和程序员，我与他合作开发了几款游戏。他是一个很出色的人。Howling Moon Software 的 Scott Lembcke 帮我解决了一些很困难的编程问题。Zach Wendt 是 Minneapolis IGDA 的组织者，他经常在一些会议结束后与我促膝长谈，深入讨论一些技术问题。感谢 Dmitri Salcedo 与我一起度过了艰难的一年，并取得了前所未有的成绩。最后，感谢早早获得 Battery Tech SDK 许可的人们，在别人还不了解的时候，他们就选择了信任这个产品。感谢你们的支持和帮助，没有你们，我不会取得这样的成绩。

——Robert Green

前　　言

大家好，欢迎来到 Android 游戏开发的世界。你阅读本书是为了学习 Android 游戏开发，希望我们能帮你实现这一目标。

我们将一起探讨许多游戏开发的思想和主题，包括 Android 基础知识、音频与图形编程、少量的数学或物理知识以及让人头疼的 OpenGL ES 编程。我们还将简要介绍 Android 的 Native Development Kit (NDK)，并在本书最后介绍如何发布游戏、进行营销工作以及利用游戏盈利。基于以上内容，我们将开发三款不同的游戏，并且其中一款为 3D 游戏。

如果你知道自己在做什么，游戏编程就会变得轻而易举。因此本书不仅提供了你可以重用的代码片段，同时也会让你知道游戏开发的方向。了解游戏开发的基本原理是进行日益复杂的游戏开发的关键。这样，你不仅可以写出类似于本书开发的各种游戏，而且有足够的能力从网上或书店里吸取知识，甚至闯出自己的一片游戏开发新天地。

本书读者对象

本书主要面向 Android 游戏编程的初学者。你不需要具备任何游戏开发的经验，因为本书将介绍 Android 游戏开发的所有基础知识。但是你必须具备 Java 基础知识。如果你对此觉得有些生疏，建议在线阅读 Bruce Eckel 撰写的 *Thinking in Java* 一书(Prentice Hall，2006)，该书是学习 Java 编程语言的优秀入门书籍。除此之外，你不需要具备其他知识，包括 Android 或 Eclipse。

该书同时也面向那些希望涉足 Android 的中级游戏开发人员。可能有些内容对他们来说已不是什么新知识，但仍有很多技巧和提示值得体会。如果说 Android 是一只怪兽，那么本书将是你的驯兽指南。

本书组织结构

本书将以循序渐进的方式，从基础一直讲解到硬件加速等游戏开发的高级知识。本书通过各个章节的介绍，创建了一个可重用的代码库，你可以把它作为基础，开发许多类型的游戏。

如果你想通过本书学习 Android 游戏开发的各种知识，建议从第 1 章开始，按顺序阅读各个章节。每一章都以前面的章节为基础，所以按顺序阅读可以帮助你更好地吸收本书的知识。

如果你阅读本书的目的是最终发布自己的游戏，那么强烈建议跳到第 14 章，学习如何设计自己的游戏，使其更适合营销和从中盈利，然后返回本书开始部分并开始开发。

当然，有经验的读者可以跳过某些有把握的章节，但是要浏览一下跳过的章节中的程序清单，这样可以知道在后续章节中如何使用它们的类和接口。

本书源代码

本书是完全独立的，包括运行本书的示例和游戏所需的全部代码。但是，将本书代码复制到Eclipse 开发环境时很容易出错。因为游戏应用程序不仅包含代码，还需要其他一些无法从书中复制的资源。虽然我们做出了很大的努力来确保书中的程序清单正确无误，但我们知道仍有些地方还不尽如人意。

为了帮助你顺利学习，我们创建了一个 Google Code 项目，在其中提供以下内容：

- 完整的源代码和资源，放在项目的 Subversion 存储库中。代码遵循 Apache License 2.0，所以可以在商业和非商业项目中自由使用。资源则遵循 Creative Commons BY-SA 3.0。你可以在自己的商业项目中使用和修改它们，但是必须使这些资源也遵循相同的许可。
- 一个快速入门指南，让你知道如何以文本形式将项目导入到 Eclipse 开发环境，同时提供一个视频演示。
- 问题追踪系统，你可以提交任何发现的错误，包括书本身和书中附带的代码错误。一旦你向系统提交一个问题，我们就可以在 Subversion 存储库中予以修复。这样你就总能得到本书一份最新的、(希望)没有错误的源代码，当然其他读者也能从中受益。
- 一个讨论组，任何人都可以免费参加并讨论本书的内容，当然我们也会参与讨论。

包含代码的每一章在 Subversion 存储库下都有一个对应的 Eclipse 项目。每个项目都是相对独立的，不依赖于其他项目，因为在本书进行的过程中，将逐渐改进其中的一些框架类。第 5 章和第 6 章的代码都放在 ch06-mrnom 项目中。

访问网址 http://code.google.com/p/beginnginandroidgames2 可以找到 Google Code 项目。

也可以访问 http://www.tupwk.com.cn/downpage，在输入本书中文书名或 ISBN 后，到下载页面下载源代码。

读者反馈

如果你有任何疑问或者有一些评论，甚至是发现了本书中的错误，认为我们应该知道，可以联系 Mario Zechner 或者 Robert Green。通过在 http://badlogicgames.com/forum/viewforum.php?f=21 注册账户并发表帖子，可以联系到 Mario Zechner。而通过访问 www.rbgrn.net/contact，可以联系到 Robert Green。另外，你也可以将意见发送到反馈邮箱 wkservice@vip.163.com。

我们更希望你通过论坛联系我们，这样一来，其他读者就可以阅读已回答的问题或者参与讨论，从而也可以从中受益。

目　　录

第 **1** 章

日益流行的 Android

对于我们这批 20 世纪 80 年代和 90 年代初出生的孩子们来说，成长过程中一直伴随着任天堂的
Game Boy 游戏机和 Sega 的 Game Gear 游戏机。我们花了无数个小时帮助 Mario 拯救公主，获得俄
罗斯方块的最高分，通过连线和朋友们在 Super RC Pro-Am 中进行比赛等。对游戏的热情促使我们
想要创建自己的世界，并与朋友们进行分享。我们开始在 PC 上编程，但很快就发现这些游戏小杰
作不能在游戏机上使用。我们仍然是充满热情的程序员，但随着时间的推移，我们对玩视频游戏的
兴趣在慢慢减退。而且，我们的游戏机最终坏掉了……

时光荏苒。现在，智能手机和平板电脑已经成为这个时代的新的移动游戏平台，与传统的专用
的手持游戏设备(Nintendo 3DS 或 PlayStation Vita)形成竞争局面。这又引起了我们的兴趣，我们开始
调查哪种移动平台适合我们的开发需求。Apple 公司的 iOS 系统看上去是个不错的游戏开发平台。
不过，我们很快意识到该系统是封闭的，只有在经过苹果公司许可的情况下才能与他人分享我们的
作品，而且还需要一台 Mac 电脑来进行开发。所以，我们最终选择了 Android 平台。

我们马上爱上了 Android 平台，它的开发环境适用于所有的主流操作系统平台，没有任何限制。
它还有一个很活跃的开发人员社区，在那里你可以寻求帮助以及获取全面的开发文档。任何人都可
以免费使用和自由分享，同时如果你想盈利，可以在几分钟内把最新和最好的应用程序发布到一个
全球性的电子市场上去，因为那里有数以百万计的用户。

接下来唯一要弄明白的事情是，如何利用 PC 游戏开发经验来开发 Android 平台的游戏。在后
续章节中，我们将与你分享我们的开发经验，带你走进 Android 游戏开发世界。当然，这也许是个
自私的计划，因为我们希望有更多的移动游戏出现。

让我们开始认识我们的新朋友吧——Android。

1.1 Android 简介

2005 年，谷歌收购了一家名叫 Android 的小型初创企业。那时 Android 首次被公众所关注，同
时也引发了大家对谷歌进军移动领域的猜测。直至 2008 年谷歌发布了 Android 1.0 版本，才使猜测
烟消云散。Android 成为移动市场的一个新挑战者。从那时起，它就对已有平台，如 iOS(原来称为

iPhone OS)、BlackBerry OS 和 Windows Phone 7 发起了挑战。Android 发展得相当好，市场占有率逐年提高。虽然移动技术的未来总有许多变化因素，但是有一个事实可以确定：Android 不会是昙花一现的。

由于 Android 是开源的，因此手机制造商使用这一新平台的门槛很低。他们可以生产出各种价位的产品，通过修改 Android 系统的配置，以适应特定移动设备的需求。因此，Android 系统不仅适合于高端设备，也可以部署到低端设备上，正因为这样 Android 平台才有更广泛的受众。

2007 年末开放手机联盟(OHA)的成立是 Android 取得成功的重要因素之一，该联盟包括宏达电(HTC)、高通(Qualcomm)、摩托罗拉(Motorola)和英伟达(NVIDIA)，他们共同致力于移动设备开放标准的制定。虽然 Android 的核心部分由谷歌负责开发，但其他的开放手机联盟成员也以不同的形式贡献了自己的一份力量。

Android 本身是一个移动操作系统和基于 Linux 内核 2.6 和 3.x 版本的平台，它可免费用于商业或者非商业用途。许多开放手机联盟的成员通过修改 Android 系统的用户界面来构建自定义的 Android 版本，以满足他们设备的需求，例如：宏达电的 Sense 和摩托罗拉的 MOTOBLUR。Android 的开源性也使得业余爱好者能够创建和发布他们自己的 Android 版本，这些通常称为 mod、固件或者 rom。到撰写本书时为止，一个最为大家所熟知的 rom 是由 Steve Kondik(也叫 Cyanogen)开发的，旨在为各种 Android 设备提供最新和最好的改进。

自 2008 年发布以来，Android 已经进行了多个版本的更新，所有版本代号均以甜品为名(Android 1.1 版本的除外，不过现在这个版本已经极少使用)。多数新版本都在原来 Android 平台的基础上增加了新功能，通常是 API 或新的开发工具，它们或多或少给游戏开发人员带来一些启发。

- 1.5 版本(Cupcake)开始支持在 Android 应用程序中包含本地库，而在以前的版本中只能使用纯 Java 编写应用程序。在我们更关注于程序性能的情况下，本地代码就能体现出它的优越性。
- 1.6 版本(Donut)引入了对不同屏幕分辨率的支持，这对编写 Android 游戏有一些影响，所以本书中会有几次讨论该特性。
- 2.0 版本(Éclair)增加了对多点触摸屏幕的支持。
- 2.2 版本(Froyo)则向 Dalvik 虚拟机(VM)增加了即时编译(JIT)的功能，以提高 Java 程序在 Android 中的性能。JIT 能够大幅度提升 Android 平台下 Java 应用程序的性能，在最好的情况下，执行时间能够缩短到原来的 1/5。
- 2.3 版本(Gingerbread)为 Dalvik 虚拟机增加了一个新的并发垃圾回收器。
- 3.0 版本(Honeycomb)中创建了 Android 的平台版本。它在 2011 年早期引入，对 API 做了大量更改，比到目前为止的其他任何 Android 版本都多。到版本 3.1 时，Honeycomb 为拆分和管理高分辨率的大平板电脑屏幕提供了广泛支持。它加入了更多与 PC 类似的功能，例如支持 USB 主设备和 USB 外设，包括键盘、鼠标和摇杆。这个版本唯一的问题是只面向平板电脑。Android 的小屏幕/智能手机版本仍然只能使用 2.3 版本。
- Android 4.0(Ice Cream Sandwich[ICS])将 Honeycomb(3.1)和 Gingerbread(2.3)合并起来，得到一组在平板电脑和手机上都可以正常工作的公共功能。
- Android 4.1(Jelly Bean)改进了 UI 的组合以及呈现方式。这个项目被称为 Project Butter，Google 自己的 Nexus 7 平板电脑是使用 Jelly Bean 的首批设备。

ICS 对用户的热情是一种极大的激励，它对 Android 的用户界面做了诸多改进，并且内置了浏览器、电子邮件客户端和照片服务等应用程序。ICS 为开发人员提供了许多便利，其中一个就是合并了 Honeycomb UI API，使手机也支持大屏功能。ICS 还合并了 Honeycomb 的 USB 外设支持，使制造商也可以选择支持键盘和摇杆。ICS 添加了一些新的 API，例如 Social API，它为联系人、个人资料数据、状态更新和照片提供了一个集中的存储区。对于 Android 开发人员来说，值得庆幸的是 ICS 的核心仍然保持了良好的向后兼容性，这确保了巧妙构建的游戏可以在较老的版本(如 Cupcake 和 Eclair)上也可以很好地兼容。

注意：经常有人问我们："Android 的新版本为游戏提供了什么新功能？"答复常常令人感到意外：除了从 Android 2.1 版本中添加的 NDK(Native Development Kit)之外，Android 基本上没有添加专门用于游戏的新功能。在 2.1 版本中，Android 基本上已经包含了用于构建各种游戏的所有功能。大多数新的功能都是添加到 UI API 中的，所以在编写游戏时，将注意力放到 2.1 版本上就可以了。

1.2　版本分裂

Android 系统的快速更新也给那些制造商带来一些不便，因为制造商们在选择开发自有手机界面的时候，必须紧跟各种 Android 新版本的发布。这可能使一部手机没过几个月系统就已过时了，而运营商和制造商又没有提供新 Android 版本的更新，这就造成了各种 Android 版本的分裂。

版本的分裂有多方面的影响。对最终用户而言，因为使用的 Android 版本较旧，这就意味着他们无法安装和使用一些新的应用程序的功能。而对于开发人员而言，这意味着当他们开发应用程序的时候，需要维护多个 Android 版本。早期 Android 版本的应用程序通常可以在新 Android 版本上正常运行，反之则不然。新版本中添加的一些功能(例如，多点触摸)当然无法在旧版本中使用，所以开发人员不得不针对不同的版本开发不同的代码。

在 2011 年，许多主要的 Android 设备制造商同意在 18 个月的设备生命期中支持最新的 Android OS。听起来时间好像不长，但是对于减轻分裂，这已经是迈出了一大步。这也意味着更多的手机会更快地支持 Android 的新功能(例如 Ice Cream Sandwich 中的新 API)。一年过去了，看上去它们并没有很好地兑现这个承诺。市场上的一大部分手机仍在运行旧版本的 Android(主要是 Gingerbread)。如果游戏开发商想获得高市场占有率，就要使游戏至少能够在 6 个不同的 Android 版本，超过 600 种手机上运行。

听起来似乎很可怕，其实不必担心。通常情况下，需要采取的应对措施并不多。很多时候，我们完全可以忽视多种版本的存在，而假设只有一个 Android 版本。作为游戏开发人员，我们更多关注硬件的特性而忽视 API 的差异。这其实是另一种分裂形式，其他平台(如 iOS)也有这个问题，尽管没有 Android 那样明显。在本书中，我们将对可能会给你开发 Android 游戏造成阻碍的分裂问题进行讨论。

1.3　谷歌的角色

虽然官方表示 Android 是开放手机联盟的心血结晶，但在实现 Android 和为 Android 提供必要的发展环境方面，谷歌无疑付出了最多的努力。

1.3.1　Android 开源项目

谷歌的贡献可归结为"Android 开源项目"。绝大多数的代码遵循 Apache License 2 协议，与其他开源许可协议(如 GNU General Public License，GPL)相比，这种协议更加开放，限制更少。每个人都可以自由地使用这些源代码来构建自己的系统。然而，自称兼容 Android 的系统首先要通过 Android 的兼容性测试，这个过程可以确保应用程序能够与第三方的应用程序(像我们这样的开发人员开发的应用程序)基本兼容。兼容的系统可加入 Android 生态系统，其中包括 Google Play。

1.3.2　Google Play

Google Play(原来的 Google Market)由谷歌于 2008 年 10 月对外公布，这是一个在线软件商店，用户可以从中购买音乐、视频、图书和第三方应用程序，在他们自己的设备上使用。Google Play 主要在 Android 设备上使用，但是也提供了一个 Web 前端，允许用户搜索、评价、下载和安装应用程序。Android 设备并不是必须有 Google Play 才可以使用，但是多数 Android 设备都默认安装了 Google Play。

Google Play 允许第三方开发人员发布免费或付费的应用程序。付费应用可在许多国家购买，集成的购买系统使用 Google Checkout 处理汇率。Google Play 还提供了针对不同国家手动为应用程序单独定价的选项。

在注册了谷歌账户以后，用户可以访问 Google Play。目前只能通过 Google Checkout 使用信用卡或通过运营商代收费(carrier billing)来购买 Google Play 中的应用程序。购买者自购买应用程序时起的 15 分钟内，可退还应用程序并获得全额退款，而以前的退款期限长达 24 小时。缩短这个时间是为了减少恶意利用整个系统的现象。

开发人员为了能在 Google Play 中发布应用程序，必须注册一个谷歌开发人员账户并一次性支付 25 美元的费用。开发人员完成注册之后，几分钟内便可以开始上传应用程序。

Google Play 没有审批流程，而是依靠一个许可制度。在安装一个应用程序之前，用户需要确认使用应用程序所需的一组权限。这些权限处理电话服务、网络接入、安全数字卡(SD)的访问等问题。用户在看到这些权限要求后可以选择不安装应用程序，但是不能让应用程序不获得特定的某个选项。要么应用程序获得要求的所有权限，要么一个权限也不能获得。这种方法是为了使应用程序诚恳地说明它们在设备上执行的操作，同时给用户提供足够多的信息，让他们决定信任哪些应用程序。

开发人员如果要出售应用程序，还需要注册一个谷歌 Checkout 账户来管理收入资金。注册是免费的，并且所有的商业金融交易都是通过该账号来进行的。谷歌还有一个包含在应用程序内的购买系统，它与 Android Market 和 Google Checkout 集成在一起。开发人员可以使用一个单独的 API 来处理应用程序内完成的购买交易。

1.3.3　谷歌 I/O

一年一度的谷歌 I/O 开发人员大会是每个 Android 开发人员期待的盛会。在大会上，谷歌将会发布一些最新或最出色的技术和项目，而在近几年，Android 是其中最让人期待的部分。同时在大会期间，谷歌还会举行多场关于 Android 主题的会议，而这些内容将可以通过 YouTube 的 Google Developers 频道进行观看。在 2011 年度举办的谷歌 I/O 上，三星和谷歌向所有经常与会的人员免费赠送了 Galaxy Tab 10.1 设备。这标志着谷歌开始努力在平板电脑市场分一杯羹。

1.4　Android 的功能和体系结构

Android 并不是一个为移动设备而发布的 Linux 版本。因为当你进行 Android 开发时，并没有太大的可能会遇到 Linux 内核。对开发人员来说，Android 是一个平台，它抽象了底层的 Linux 内核，并使用 Java 语言进行程序开发。从上层应用方面来看，Android 有几个不错的功能：

- 应用程序框架，提供丰富的 API 以供开发各种应用程序；同时它允许重用或替换系统或第三方应用程序提供的组件。
- Dalvik 虚拟机，负责在 Android 平台上运行应用程序。
- 图形库，可应用于 2D 和 3D 编程。
- 多媒体库，支持常见的音频、视频和图片格式。如 Ogg Vorbis、MP3、MPEG-4、H.264 和 PNG 等。同时还提供专用 API 用于播放音效，这在游戏开发中十分方便。
- 访问外设的 API，如照相机、全球定位系统(GPS)、罗盘、加速计、触摸屏、轨迹球、键盘、控制器和摇杆等。请注意，并非所有的 Android 设备都有这些外设——这就是前面提到的"分裂"。

当然，Android 不只有上面所提到的这些功能，不过这些是我们进行游戏开发最重要的部分。

Android 的体系结构是由一系列的组件所构成的，每层的组件都是基于其下方的层中的组件，图 1-1 展示了 Android 主要组件的一个概览。

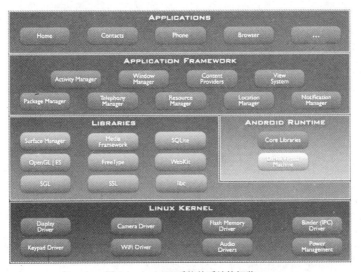

图 1-1　Android 系统体系结构概览

1.4.1　内核

从该体系结构的最底层我们可以看到，Linux 内核为硬件提供了基本的驱动程序。同时，内核还负责内存和进程的管理、网络操作等。

1.4.2 运行库和 Dalvik 虚拟机

Android 的运行库建立于内核之上，它主要负责各种 Android 应用程序的生成和运行。每一个 Android 应用程序都在 Dalvik 虚拟机的一个实例中运行，而这个实例驻留在一个由 Linux 内核管理的进程之中。

Dalvik 虚拟机运行 DEX(Dalvik Executable)字节码格式的程序。通常，将普通 Java 的.class 文件转换为 DEX 格式需要一个由软件开发工具包提供的特殊工具，称为 dx。DEX 格式相比于传统 Java 的.class 文件占用的内存更少，因为它进行了程度很大的压缩、使用了表并合并了多个.class 文件。

Dalvik 虚拟机与核心库相交互，而核心库为上层的 Java 编程提供基本的类库。核心库与 Java SE 类库相兼容，它们都是来源于 Apache Harmony 的 Java 实现项目。这就意味着没有任何 Swing 或 Abstract Window Toolkit(AWT)可用，同样 Java Me 环境中的类也不能使用。但是，如果你细心观察就会发现，还有很多用于 Java SE 的第三方库可应用于 Dalvik 虚拟机上。

在 Android 2.2(Froyo)之前，程序所有的字节码是经过解释的。不过 Froyo 引入了 JIT 编译器，可以在遇到字节码时就将其编译为机器码，这显著提升了需要执行大量计算的应用程序的性能。JIT 编译器可充分利用 CPU 专门为特殊计算设计的 CPU 功能，如 Floating Point Unit(FPU)。几乎每个 Android 新版本都改进了 JIT 编译器并提高了性能，这通常是以占用更多的内存为代价实现的。不过，这是一个可以扩展的解决方案，因为新设备会包含越来越多的 RAM。

Dalvik 虚拟机同样集成了一个垃圾回收器(GC)，其早期版本经常让开发人员感到头疼。不过，只要注意一些细节，在每天进行游戏开发的时候，垃圾回收器就不会造成问题。从 Android 2.3 版本开始，Dalvik 虚拟机提供了一个改进的并发垃圾回收器以提高开发的效率，我们将在本书的后面部分探讨更多有关垃圾回收器的问题。

每个应用程序都是一个运行于 Dalvik 虚拟机的实例，有至少 16MB 的堆内存可用。较新的设备(特别是平板电脑)对使用的堆大小有更高的限制，这是为了能够使用更高分辨率的图片。但是，在游戏中仍然很容易用完所有内存。因此，在使用图片或音频资源时要十分小心。

1.4.3 系统库

除了提供一些 Java SE 功能的核心库之外，还有一套原生的 C/C++库(图 1-1 中的第 2 层)，可服务于应用程序框架层(图 1-1 中的第 3 层)。这些系统库多用于需要执行大量计算的任务，如图形渲染、音频播放和数据库访问等任务，当然这些不是 Dalvik 虚拟机的好选择。这些系统库通过应用程序框架层对外提供 API 接口，我们就可利用它们来进行游戏开发。下面列出常用的系统库：

- **Skia Graphics Library(Skia)**：这个 2D 图形渲染软件用于渲染 Android 应用程序的用户界面，我们将用它来开发我们的第一个 2D 游戏。
- **嵌入式系统的 OpenGL(OpenGL ES)**：这是业界标准的硬件加速图形渲染库。OpenGL ES 1.0 和 OpenGL ES 1.1 在所有 Android 版本中都通过 Java 使用，而增加了着色器支持的 OpenGL ES 2.0 则仅能应用于 Android 2.2(Froyo)版本以上的系统中。值得一提的是 Java 绑定的 OpenGL ES 2.0 并不完整，它缺乏一些重要的方法。幸好，2.3 版本中添加了这些方法。另外，许多旧版本的模拟器映像和设备仍然占据了一部分市场份额，而它们仍然不支持

OpenGL ES 2.0。因此，我们将更多地关注 OpenGL ES 1.0 和 1.1，以尽可能地保持兼容，这样也可以很自然地进入 Android 3D 编程的世界。

- OpenCore：这是一个运用于音频和视频的媒体播放和录制库。它支持多种格式，如 Ogg Vorbis、MP3、H.264 和 MPEG-4 等。我们将会更关注音频部分，它不直接暴露在 Java 层，而是包装在一些类和服务中。
- FreeType：这是一个加载和渲染位图和向量字体的库，其中最引人注目的是 TrueType 格式。FreeType 支持 Unicode 标准，也包括从右到左呈现字体的阿拉伯语和其他类似的特殊语言。正如 OpenCore 一样，FreeType 也不直接暴露在 Java 层，而是包装在一些方便的类中。

这些系统库是构成我们游戏开发的基础，并为我们完成了很多重要的功能。也正是因为有了它们，我们才能用 Java 写出这样的游戏。

注意：虽然 Dalvik 虚拟机的能力已足够我们进行各种开发，但有些时候你可能需要更高的性能。例如，在进行非常复杂的物理模拟或繁重的 3D 计算时，我们通常会选择编写原生代码。本书稍后将介绍这方面的内容。现在已有一些开源的 Android 代码库为我们提供了很好的支持。具体可参见这个例子——http://code.google.com/p/libgdx/。

1.4.4　应用程序框架

应用程序框架将系统库和运行库结合在一起，构成了 Android 的用户端。该框架管理着所有的应用程序，并为应用程序的运行提供了一个复杂的结构。开发人员通过一个 Java 的 API 类库来创建各种应用程序，这个类库可以处理 UI 编程、后台服务、通知、资源管理和外设访问等。借助于这些 API，Android 系统本身提供了一些核心应用程序，如邮件客户端等。

无论是 UI 还是后台服务，应用程序都可以与其他应用程序进行通信，这样使得一个应用程序可以重用其他应用程序所提供的组件。一个简单的例子就是，当一个应用程序需要拍摄一张照片的时候，通过查询系统中某个提供这种服务的应用程序的组件，然后就可以对图片进行其他操作；接着第一个应用程序就可以重用该组件(例如，一个内置的摄像头应用程序或照片库等)。这样就大大降低了开发的难度，而且开发人员也可以自定义 Android 的各种行为。

作为游戏开发人员，我们一般在这一框架内创建各种 UI 的应用程序。因此，我们将关注应用程序的架构和生命周期以及与用户的交互。后台服务通常在游戏开发中作用不大，所以本书中没有深究其细节。

1.5　软件开发工具包

要开发 Android 应用程序，需要使用 Android 的软件开发工具包(software development kit，SDK)。SDK 包括一系列的综合性工具、文档和教程以及帮助你立即投入开发的示例程序，此外还包括创建 Android 应用程序所需的 Java 库，所有这些构成了应用程序框架的 API 接口。目前主流的桌面操作系统都支持该 SDK 的开发环境。

SDK 有以下主要特征：

- 调试器，可在设备或模拟器上调试应用程序。
- 内存和性能探测，帮助查找内存泄漏和识别执行速度慢的代码。

- 设备模拟器，基于 QEMU(一个开源的虚拟机，可用于模拟不同的硬件平台)，准确度高，但有时运行速度较慢。设备模拟器提供了一些用于加速模拟器的选项，例如第 2 章将介绍的 Intel Hardware Accelerated Execution Manager(HAXM)。
- 命令行工具，用于设备间通信。
- 构建脚本和工具，用于打包并部署应用程序。

SDK 可以集成到 Eclipse 中，Eclipse 是一个流行的、功能丰富的开源 Java 集成开发环境(integrated development environment，IDE)。通过 Android 开发工具(Android Development Tools，ADT)插件可进行集成，该插件为 Eclipse 增加了一些新功能来创建 Android 项目、执行项目、配置项目和在模拟器或设备上调试应用程序，同时还生成 Android 应用程序包以便发布到 Google Play 上。当然该 SDK 也可以集成到其他的 IDE 中，例如 NetBeans，只不过官方不对此提供支持。

注意：第 2 章将介绍如何利用 SDK 和 Eclipse 来设置 IDE。

SDK 和 Eclipse 的 ADT 插件会不断地进行更新，它们将增加一些新的特性和功能。因此，及时更新它们很有帮助。

除了附带丰富的文档之外，Android SDK 还提供了大量的示例应用程序。同时你还可以到一个网站查看开发指南和应用程序框架的所有模块的 API 引用，其网址为 http://developer.android.com/guide/index.html。

除了 Android SDK，使用 OpenGL 的游戏开发人员可能想要使用高通、PowerVR、英特尔和英伟达提供的各种探查器。比起 Android SDK，这些探查器提供了多得多的有关游戏对设备的需求的数据。第 2 章将详细介绍这些探测器。

1.6 开发人员社区

Android 的成功部分归功于开发人员社区，它通过网站吸引了世界各地的开发人员。最受开发人员追捧的 Android 开发人员组是 http://groups.google.com/group/android-developers。当遇到看似无法解决的问题时，这是一个发问和寻求帮助的首选之地。有各种各样的 Android 开发人员访问该组，从系统程序员、应用程序开发人员到游戏开发人员，有时还有谷歌的 Android 工程师帮你解答问题。该开发社区的注册是免费的，所以强烈建议你现在就看看这个社区。它除了让你找到一个地方提问，它还是一个搜索已解答问题和问题解决办法的好地方。所以，当你提出问题之前，最好先看看是否已经有了这个问题的答案。

另外一个寻找信息和寻求帮助的地方是 Stack Overflow (http://www.stackoverflow.com)。在该网站上可以使用关键字进行搜索，或者按标签浏览有关 Android 的最新问题。

每个开发人员社区都有一个吉祥物图标。Linux 有企鹅图标，GNU 有 gnu 图标，而 Mozilla 有时髦的 Web 2.0 的狐狸图标。Android 也不例外，它选择了一个绿色的小机器人作为它的图标，如图 1-2 所示。

Android 机器人已经作为主角在几个流行的 Android 游

图 1-2   Android 的无名机器人吉祥物图标

戏中出现了。尤其是出现在 Replica Island 中，这是前谷歌开发人员 Chris Pruett 作为他的"20 percent"项目创建的一个免费开源平台。"20 percent"代表谷歌的员工在一周中有一天时间可以花费到他们自己选择的项目上。

1.7　设备，设备，设备

Android 系统没有被锁定到一个单一的硬件生态系统中，许多著名的手机制造商(如 HTC、摩托罗拉、三星和 LG)都加入了 Android 的时尚潮流中，并开发了多种 Android 手机。除了手机，也有一系列基于 Android 的平板电脑。当然一些关键的功能是所有设备所共有的，这使得游戏开发进程容易一些。

1.7.1　硬件

谷歌建议使用下面的最低硬件配置。基本上所有的 Android 设备都能满足这些配置，多数设备甚至远远高于该配置：

- 128MB RAM：这是一个最低的限度，目前高端设备已经支持 1GB 的 RAM，而且如果摩尔定律仍然适用，RAM 大小不断增加的趋势并不会很快停止。

- 256MB 的闪存：这是用于存储系统映像和应用程序所要求的最低配置。长期以来，缺乏足够的内存是 Android 用户最大的抱怨，因为第三方的应用程序只能安装到内存。不过 Froyo 版本的发布改变了这个局面。

- 微型 SD 存储卡：大多数设备会有几个 G 字节的 SD 存储卡，用户也可以更新到更大容量的 SD 卡。一些设备(例如三星的 Galaxy Nexus)不再使用可扩展 SD 卡槽，而只使用集成的闪存。

- 16 位彩色 QVGA(Quarter Video Graphics Array)TFT(Thin Film Transistor)液晶触摸屏：在 Android 1.6 版本之前只支持 HVGA 触摸屏(480×320 像素)，之后开始支持更高和更低分辨率的屏幕。当前的高端手机设备支持 WVGA 屏幕(800×480、848×480 和 852×480 像素)，一些低端设备支持 QVGA(320×280 像素)屏幕。平板电脑的屏幕有不同的大小，通常是 1 280×800 像素，而 Google TV 支持 HDTV 的 1 920×1 080 分辨率！虽然许多开发人员都倾向于认为每个设备都有触摸屏，但是实际上不是这样。Android 正在进军机顶盒和具有传统监视器的类似于 PC 的设备行业，它们都没有手机或平板电脑那样的触摸屏输入。

- 专用按键：这些按键用于导航功能。设备将提供软键盘或硬键盘，提供与标准的导航命令对应的按键，例如主页键和返回键，它们通常独立于屏幕上的触摸命令。Android 的硬件种类十分广泛，所以不要假定设备一定有某些按键。

当然，大多数 Android 设备的配置都远高于上述最低要求。几乎所有的手机都有 GPS、加速计和罗盘，许多还具有距离和光感传感器。这些外设给游戏开发商提供了更多的方法来让用户参与游戏的互动，后面将会列举一些例子。一些设备甚至还具有 QWERTY 键盘和轨迹球，后者常见于 HTC 的设备。同时摄像头也是多数设备所必备的，有些手机或平板电脑甚至有两个摄像头，一个位于后面，一个位于前面，用于视频聊天。

专用的图形处理单元(graphics processing units，GPU)对游戏开发起到了关键的作用。最早运行

Android 的手机有一个与 OpenGL ES 1.0 兼容的 GPU，而现在设备的 GPU 已经能与老的 Xbox 或 PlayStation 2 相媲美，并且支持 OpenGL ES 2.0。如果没有图形处理器可用，系统一般会转而提供一个名为 PixelFlinger 的渲染软件来提供支持。许多廉价的手机都是依靠这个软件来进行图形渲染，对于低分辨率的手机它已经足够快了。

除了图形处理器，现在的 Android 设备也有专用的音频硬件。许多硬件平台通过特殊的电路用于在硬件上解码诸如 H.264 等不同的媒体格式，还有电话、Wi-Fi 和蓝牙等硬件组件用于通信连接。Android 设备上所有的这些硬件模块通常都集成在一个单一的系统芯片(system on chip，SoC)上，嵌入式硬件也采用这种系统设计方法。

1.7.2 设备的范围

最早是 G1 设备。开发人员热切地等待更多的设备出现，而几种差别不大的手机很快就问世了，它们被认为是"第一代手机"。多年以后，硬件功能越来越强大，现在手机、平板电脑和机顶盒的范围十分广泛，从具有 2.5" QVGA 屏、在 500MHz ARM CPU 上运行一个软件渲染器的设备一直到具有 1GHz 双核 CPU 和能够支持 HDTV 的非常强大的 GPU 的设备。

我们已经讨论过分裂问题，但作为开发人员不仅要应对分裂问题，还需要处理这些变化范围很大的屏幕尺寸、能力和性能。最好的方法是理解最低硬件需求，并将其作为游戏设计和性能测试的基准。

1. 最低可行目标设备

截止到 2012 年中期，只有不到 3%的 Android 设备在运行低于 Android 2.1 的版本。这一点很重要，因为它意味着现在开始开发的游戏最低必须支持 API level 7(2.1)，因此在完成以后它可以被 97%的 Android 设备使用。这并不是说你不能使用最新功能！这么做当然可以，我们也将讲解具体的做法。你只是需要在设计游戏时提供某种回退机制，以便能够与低至 2.1 版本的系统兼容。当前的各版本使用情况可在 http://developer.android.com/resources/dashboard/ platform-versions.html 查看，图 1-3 显示了在 2012 年 8 月收集的一个图表。

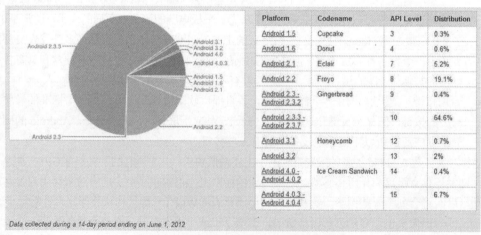

Platform	Codename	API Level	Distribution
Android 1.5	Cupcake	3	0.3%
Android 1.6	Donut	4	0.6%
Android 2.1	Eclair	7	5.2%
Android 2.2	Froyo	8	19.1%
Android 2.3 - Android 2.3.2	Gingerbread	9	0.4%
Android 2.3.3 - Android 2.3.7		10	64.6%
Android 3.1	Honeycomb	12	0.7%
Android 3.2		13	2%
Android 4.0 - Android 4.0.2	Ice Cream Sandwich	14	0.4%
Android 4.0.3 - Android 4.0.4		15	6.7%

Data collected during a 14-day period ending on June 1, 2012

图 1-3   2012 年 8 月 1 日的 Android 版本分布情况

哪个基准设备可以作为最低目标设备？应该是第一个发布的 Android 2.1 手机：最初的摩托罗拉

Droid，如图 1-4 所示。虽然后来它被更新为 Android 2.2 系统，但是 Droid 仍然是一个广泛使用的设备，其 CPU 和 GPU 性能都有不错的表现。

图 1-4　摩托罗拉 Droid

最初的 Droid 在发布时被打造为第一个"第二代"设备，它是在第一批基于高通 MSM7201A 的模型(包括 G1、Hero、MyTouch、Eris 等)发布大约一年后发布的。Droid 是第一个屏幕分辨率超过 480×320、并有一个独立 PowerVR GPU 的手机，也是第一个直接支持多点触摸的 Android 设备(不过它的多点触摸功能有一些问题，稍后会进行介绍)。

支持 Droid 意味着也支持具有以下特征的设备：

- CPU 速度介于 550MHz~1GHz 之间，硬件支持浮点运算
- 可编程的 GPU 支持 OpenGL ES 1.x 和 2.0
- WVGA 屏幕
- 支持多点触摸
- Android 系统采用 2.1 或 2.2+版本

Droid 是一个非常好的最低目标，因为它运行 Android 2.2，并且支持 OpenGL ES 2.0。它的屏幕分辨率与大多数屏幕尺寸为 854×480 的手机设备类似。如果某个游戏可以在 Droid 上运行良好，那么它很可能在 90%的 Android 设备上运行良好。仍然会有一些老设备(甚至一些新设备)的屏幕尺寸为 480×320，所以考虑到这个尺寸并至少在这些设备上进行测试是很好的做法，但是从性能方面讲，要占领大部分 Android 市场，不太可能需要支持比 Droid 性能差很多的设备。

Droid 也可以作为一个很好的测试设备，用来模拟充斥亚洲市场的中国产手机，这些手机还凭借低价进入一些西方国家市场。

2. 前沿设备

Honeycomb 对平板电脑有不错的支持，而现在很明显，平板电脑正在成为一种首选的游戏平台。

2011 年初的设备开始使用 NVIDIA Tegra 2 芯片，从那时起，手机和平板电脑开始使用快速的双核 CPU，甚至更加强大的 GPU 成为它们的必备品。由于产品变化十分快速，所以在写书的时候很难讨论什么是"现代的"。但是，在撰写本书时，主流设备普遍具有高速处理器、大量存储空间、大量 RAM、高分辨率和双手多点触摸支持，一些新模型甚至还有 3D 立体显示。

Android 设备中最常见的 GPU 是 Imagination Technologies 的 PowerVR 系列、高通的集成了 Adreno GPU 的 Snapdragon、NVIDIA 的 Tegra 系列以及许多三星芯片中集成的 Mali 系列。PowerVR 现在有了新版本：530、535、540 和 543。模型号相差不大，不过不要被迷惑了。与前代相比，540 异常快速，并且三星的 Galaxy S 系列和谷歌的 Galaxy Nexus 都使用了这个 GPU。目前最新的 iPad 和 PlayStation Vita 中都配备了 543，它比 540 快了数倍！虽然主流 Android 设备中还没有安装 543，但是我们应该假定很快新的平板电脑中就会安装 543。较老的 530 用于 Droid，535 用于其他几个模型中。高通的 GPU 可能是使用最广泛的 GPU，几乎每个 HTC 设备都在使用。Tegra GPU 面向的是平板电脑，但是在一些手机中也有应用。三星的许多新手机都使用了 Mali GPU，用它代替了原来使用的 PowerVR 芯片。这 4 种相互竞争的芯片架构能力非常相似，都十分强大。

三星的 Galaxy Tab 2 10.1(如图 1-5 所示)是目前 Android 平板电脑事实上的标准，它支持以下功能：

- 双核 1GHz CPU/GPU
- 可编程 GPU，支持 OpenGL ES 1.x 和 2.0
- 1 280×800 像素的屏幕
- 支持多达 10 点的多点触摸
- Android Ice Cream Sandwich 4.0

图 1-5　三星 Galaxy Tab 2 10.1

支持与 Galaxy Tab 2 10.1 类似的平板电脑对于维持越来越多的使用这种技术的用户十分重要。从技术角度讲，支持它与支持其他任意设备没什么两样。平板电脑大小的屏幕是另一个可能需要在设计阶段进行额外考虑的方面，后面将对此进行详细讨论。

3. 下一代设备

尽管设备制造商在尽力使他们的下一代手机保持神秘，但我们仍可得到一些关于它们的信息。

所有未来设备的趋势是将拥有更多的内核、更大的内存、更好的 GPU 和更高的屏幕分辨率。

不断有参数更高的芯片问世，而 Android 本身也在成熟，不只表现在性能越来越好，而且随着每一个后续版本的发布，其功能也在不断增加。硬件市场的竞争日趋激烈，而且没有减缓的迹象。

虽然 Android 最初是用在手机上的，但是它很快发展到可以用在不同类型的设备上，包括电子书阅读器、机顶盒、平板电脑、导航系统和插入到基座上即可作为 PC 使用的混合式手持设备。要创建可以在任何设备上运行的 Android 游戏，开发人员需要考虑到 Android 的本质，即可以嵌入到任何设备上运行的通用 OS。我们不能假定 Android 只是会用到现在的设备类型上。从 2008 年以来，Android 的增长十分迅速，涉及的设备十分广泛，所以很难判断它的极限在哪里。

不管将来是什么样子，Android 至少会继续流行一段时间。

1.8　所有设备之间的兼容性

讨论了这么多关于手机、平板电脑、芯片集和外设等的内容，显然可以知道，支持 Android 设备市场与支持 PC 市场没有太大分别。屏幕大小的范围从很小的 320×240 像素一直到 1 920×1 080 像素(在 PC 监视器上可能更高)。在最低端的第一代设备上，仅使用了 500MHz ARM5 CPU 和功能十分有限且不具有太多内存的 GPU。而在最新的设备上有高带宽的多核 1-2GHz CPU、大规模并行 GPU 和大量内存。第一代手机的多点触摸系统很不可靠，不能检测到离散的触摸点。而新的平板电脑可以支持 10 个离散的触摸点，机顶盒则完全不支持任何触摸。那么开发人员该怎么办？

首先，这是需要弄清楚的。Android 本身有一个兼容性程序，决定了需要兼容 Android 的设备的各个部分的最低要求。如果某个设备没有满足标准，则无法安装 Google Play 上相关的应用程序，这极大减小了开发人员的负担。在 http://source.android.com/compatibility/overview.html 上可以找到兼容性程序。

在兼容性站点上可以找到一个名为兼容性定义文档(Compatibility Definition Document，CDD)的文档，其中概述了 Android 兼容性程序。每次发布 Android 平台时，都会更新该文档，硬件制造商只有更新和重新测试它们的设备才能保持兼容。

CDD 的要求中与游戏开发人员有关的一些条目如下所示：

- 最低音频延迟(不固定)
- 最小屏幕尺寸(目前是 2.5")
- 最小屏幕密度(目前是 100dpi)
- 可接受的纵横比(目前是 4:3 到 16:9)
- 3D 图形加速(需要 OpenGL ES 1.0)
- 输入设备

即便不能理解上面列出的一些条目也不用担心，在本书后续章节中将更详细地介绍这些主题。从这个列表中可以知道的是，可以设计出能够在大多数 Android 设备上运行的游戏。通过预先规划诸如游戏中的用户界面和一般视图等，使它们可以在不同的屏幕尺寸和纵横比下工作，并且理解你不只需要支持触摸功能，还需要支持键盘或其他输入方法，这样就可以成功地开发出兼容性非常好的游戏。对于不同的游戏，需要使用不同的方法才能在不同的硬件上实现良好的用户体验，所以没有一个可以解决这些问题的一劳永逸的办法。但请放心：只要投入时间进行适当规划，就可以得到良好结果。

1.9　不同的手机游戏

在 iPhone 和 Android 进入游戏市场之前，游戏在市场上已经广泛存在。随着这种新型混合设备的出现，前景已经开始发生改变。游戏已不仅仅是孩子的专利，很多商业人士也在公共场合中用手机玩最流行的游戏。随手拿起报纸你就会发现，一些小的游戏开发商已在手机应用程序市场上获得巨额财富，而已经功成名就的游戏开发商也很难跟得上手机设备的发展。我们作为游戏开发人员必须认识到这种改变并及时做出调整，接下来就看看这个新的生态系统带来了什么吧。

1.9.1　人手一台游戏机

移动设备无处不在，这也许是本章节中最关键的语句。从这一点出发就可以得出关于手机游戏的其他事实。

随着手机硬件价格的不断下降及新手机的计算能力不断提高，手机已经成为理想的游戏开发设备。现在，手机已经成为人们的一种必需品，它们的市场渗透力是巨大的。很多人把他们的老的、经典的手机换成新一代的智能手机，并且发现可以使用的应用程序多到不可思议。

以前，人们为了玩视频游戏，不得不在视频游戏系统和 PC 游戏机之间作出艰难的决定。现在，有一台智能手机或平板电脑等就能免费获得游戏功能。不需要支付额外的费用(这里没有考虑你可能使用的数据计划)，新的游戏设备就能随时伴你左右。你只要从口袋或钱包里拿出它就可以开始玩游戏了，不必随身携带一个专用的系统，一切都在手机之中。

除了只携带一个设备就可以打电话、上网和玩游戏的特点以外，还有另外一个事实使得更多人可以在手机上玩游戏：即启动一个专门的电子市场应用程序，从中选择一个感兴趣的游戏，然后就可以立即开始玩游戏了。这样，你就不会到商店买或通过 PC 下载游戏，结果却发现自己丢掉了把数据传输到手机上所需的 USB 传输线。

目前，智能手机不断增长的处理能力对游戏开发商所能实现的功能也有一定的影响。即使中端的手机设备也已经能拥有与老式的 Xbox 和 PlayStation 2 系统同等的游戏体验。有了这么强大的硬件平台，我们也可以开始体验到更精美的、使用物理模拟的游戏，而这是一个具有无限创意空间的领域。

如前所述，伴随新设备而来的是新的输入方法。很多游戏已经开始利用多数 Android 设备都具有的 GPS 和罗盘等功能。另外，我们也看到加速计已成为游戏开发的主要特征了，而多点触摸也成为游戏体验的新方式。现在，手机大部分的功能都已被使用，但我们相信仍会有新的方式来使用这些功能。

1.9.2　随时上网

Android 手机通常还绑定了数据规划，为一些流行的互联网站带来了很大的流量。使用智能手机的用户可能一直都连接着网络(忽略硬件设计等问题导致的信号不良的情况)。

随时上网给手机游戏开启了一个新纪元。人们可以通过网络一起下棋、一起探索虚拟世界或在特定时间与另一个城市的好朋友进行生死对决(社交游戏)。而这一切都可以发生在旅途中，在公交车上、在火车上或自己最心爱的公园的一角。

除了多人游戏功能，社交网络在移动游戏中也发挥着巨大的能量。游戏可以将你最新的得分分享到你的 Twitter 账户，或告知朋友你在你们两个人都喜欢的赛车游戏中的最新成果。虽然快速增长的社交网络也存在于各种经典的游戏世界中(如 Xbox Live 或 PlayStation Network)，但是像 Facebook 和 Twitter 这种服务的普及率要高许多，所以用户也不必一次管理多个社交网络账号。

1.9.3　普通用户与游戏迷

移动设备的庞大用户群也意味着之前从没接触过 NES 控制器的人们会突然发现一个游戏世界。他们的头脑中对好游戏的看法与游戏爱好者的头脑中的看法相去甚远。

由于移动电话的特殊性，普通用户更喜欢一些休闲的游戏，这样当他们在车上或在快餐店排队的时候就能玩上几分钟。这样的游戏很像 PC 机上让人着迷的 flash 游戏，在工作环境中玩 flash 游戏的人在感到背后有人盯着自己时会疯狂地按 Alt+Tab 键来切换程序。可以问问你自己：每天你愿意花多少时间在手机上玩游戏？你能想象自己在手机上"快速"地玩一局"文明"游戏吗？

肯定有人愿意为能够在手机上玩他们心爱的 Advanced Dungeons & Dragons 游戏等付出巨大代价，不过这种人很少，从 iPhone 应用程序商店或 Google Play 的排行榜就可以看出来。最畅销的游戏一般都非常休闲并且对用户有很好的挑战性：它会让你几分钟就可以玩一局，同时又设计了不同的关卡能让你不断地玩下去。这种游戏一般会制作一个在线成绩系统，让你可以炫耀自己的技术。但也许这是一个伪装成休闲游戏的大型游戏。为用户提供保存进度的简单方法，就可以把一个庞大的 RPG 游戏作为益智游戏销售给他们。

1.9.4　市场很大，开发人员很少

低门槛的特点吸引了众多业余爱好者和自由开发人员加入移动开发。在 Android 系统中，这一门槛更低：你只需准备 SDK 并开始编写程序。你甚至不需要一台设备，只要有模拟器就行(但还是强烈建议至少有一部开发设备)。Android 的开放性在网络上也有很好的表现，关于系统编程各个方面的信息都可在网上找到，并且免费使用，不必签署任何保密协议或等待官方的授权才能使用。

最开始，市场上大部分成功的游戏都是由个人和小团队开发的，大公司在很长时间里没有进军这个领域，至少没有成功过。Gameloft 就是一个绝佳例子。虽然在 iPhone 市场上它取得了不错的成绩，但在 Android 市场上却不尽如人意，以至于他们决定在自己的网站上出售游戏。Gameloft 可能对 Android 中没有数字版权管理方案(Digital Rights Management scheme，DRM)(现在 Android 上已经有了)感到不快。但是最终，Gameloft 再次开始在 Google Play 上发布游戏了，类似的大公司还有 Zynga 和 Glu Mobile。

Android 环境可以让闲暇的人进行大量的尝试和创新来寻求他们想要看到的"宝贝"，包括新的游戏系统和游戏玩法。在经典的游戏平台(如 PC 机或游戏机)上，这种尝试经常失败。不过，通过 Google Play 可以接触到庞大的愿意尝试新想法的用户，使他们注意到你的游戏会更加容易一些。

当然，这并不是说你不需要为自己的游戏做宣传。你可以通过在各大博客或专业网站上做宣传，因为很多 Android 的用户很热衷于去浏览此类网站了解最新和最好的游戏。

另一种增加你的游戏曝光率的方法是获得 Google Play 的推荐，这样你的应用程序就能在 Google Play 应用程序的首页列表上显示。许多开发人员报告说在获得推荐之后，他们应用程序的下载量骤然增加。如何获得推荐也许是一个谜。不过，拥有一个好想法和以最漂亮的方法实现它是你最好的

选择，不管你是个人还是大的开发公司。

最后一种方法是利用社交网站。这种口碑形式的宣传，可以显著增加应用程序的下载量和销量。利用"病毒式"营销的游戏通常直接集成了 Facebook 或 Twitter，方便玩家分享看法。这种方法有神奇的作用，相比事先规划，更重要的是让应用程序在正确的时间出现在正确的地方。

1.10 小结

Android 真是一个令人兴奋的东西。现在，你已经知道它的一些基本框架和开发环境。从开发角度看，它为我们提供了一个在软件和硬件上都非常有趣的系统，而且由于 SDK 是免费的，所以它的开发门槛很低。设备本身是一个强大的手持装备，并将使我们把视觉丰富的游戏展示给我们的用户。各种传感器的使用(如加速计)更是为我们创建游戏用户体验提供新方式；而且当我们完成游戏开发时，我们可以在几分钟之内部署给数百万的潜在玩家。听起来就让人兴奋，那就让我们开始动手编程吧！

第2章

从 Android SDK 开始

Android SDK 提供了大量工具让我们可以立即开始编写应用程序。本章将介绍如何利用 Android 的 SDK 工具创建一个简单的应用程序，其主要步骤如下：

(1) 搭建 Android 开发环境。

(2) 在 Eclipse 中创建一个新项目并编写代码。

(3) 在模拟器或设备上运行我们的应用程序。

(4) 调试并配置应用程序。

本章最后将介绍一些有用的第三方工具。现在我们首先搭建开发环境。

2.1 搭建开发环境

Android SDK 非常灵活，可将多个开发环境很好地集成起来。我们可以通过命令行工具来操作。但为了使用起来更方便，我们选用一个简单的可视化集成开发环境(integrated development environment，IDE)。

先下载并按顺序安装以下软件：

(1) Java 开发工具包(JDK)的版本 5 或版本 6，建议使用版本 6。在撰写本书时，在 Android 开发中使用 JDK 7 很容易出现问题。开发人员必须指示编译器针对 Java 6 进行编译。

(2) Android 软件开发包(Android SDK)。

(3) 针对使用 Java 的开发人员的 Eclipse 版本 3.4 或更新版本。

(4) Eclipse 所需的 Android 开发工具(ADT)插件。

下面开始各部分的安装。

注意： 由于下载网址经常变更，因此无法提供下载链接地址。请使用熟悉的搜索引擎进行搜索并下载它们。

2.1.1　安装 JDK

请选择与操作系统的版本号对应的 JDK 进行下载。对于大多数系统来说，它就是一个安装程序或软件包，因此下载安装不会有什么障碍。安装完成之后，需要将新的环境变量 JDK_HOME 添加到你的系统中，其值为 JDK 的根安装路径。另外还要将$JDK_HOME/bin(Windows 系统使用%JDK_HOME% \bin)添加到环境变量 PATH 中。

2.1.2　安装 Android SDK

对于三个主流桌面操作系统，Android SDK 都可使用，请选择一个适合自己平台的版本并下载下来。SDK 一般是 ZIP 或 tar gzip 文件的形式，把它解压到一个合适的文件夹中(例如，Windows 下的 c:\android-sdk 或 Linux 系统下的/opt/android-sdk)。SDK 提供的几个命令行工具都位于 tools/文件夹下。接着再将一个环境变量 ANDROID_HOME 添加到系统中，其值为 SDK 的根安装路径，同时在 PATH 环境变量中增加字段$ANDROID_HOME/tools(Windows 系统使用%ANDROID_HOME%\tools)，这样在需要时可以很容易地在 shell 中使用命令行工具。

注意：对于 Windows，可以下载一个专门的安装程序，自动进行安装。

在执行以上步骤后，你就完成了一个基本的安装，其中包含创建、编译和部署 Android 项目所需的基本命令行工具。不过，这还不够进行应用程序的开发，还需要一个 SDK 管理器和 AVD 管理器，SDK 管理器用于安装 SDK 组件，AVD 管理器用于创建模拟器使用的虚拟设备。SDK 管理器是一个包管理器，很像 Linux 下的包管理工具，它允许你安装下面的组件：

- **Android 平台**：所有正式发布的 Android 其 SDK 都有一个平台组件，包括运行时库、模拟器使用的系统映像和版本专用的工具。
- **SDK 增件**：增件通常是外部的库和工具，并不是某个平台特有的。例如一些 Google API，它们可以将 Google Maps 集成到你的应用程序中。
- **Windows 系统 USB 驱动程序**：这是在 Windows 系统下的物理设备上运行和调试应用程序所必需的。在 Mac OS X 和 Linux 系统中不需要特殊的驱动程序。
- 示例：每个平台都有一个特定于平台的示例集，这是了解如何使用 Android 运行时库实现特定目标的极佳资源。
- **文档**：这是最新的 Android 框架 API 文档的本地副本。

作为开发人员，我们总希望把所有的组件都安装上以便能够使用它们的全部功能。为此，我们需要启动 SDK 管理器。在 Windows 系统中，我们启动位于 SDK 的根目录下面的可执行的 SDK manager.exe 文件。而在 Linux 或 Mac OS X 系统中，我们只需启动 SDK 的 tools 目录下的 android 脚本文件。

在第一次启动时，SDK 管理器将会连接到包服务器并获取可用软件包的列表。然后它会弹出一个如图 2-1 所示的对话框，从中可以安装各个软件包。单击 Select 旁边的 New 链接，然后单击 Install 按钮，会看到一个要求确认安装的对话框。只要选中 Accept All 复选框并单击 Install 按钮即可，之后你便可以去喝一杯咖啡，因为管理器需要花一些时间来完成安装。对于某些软件包，安装程序可能要求提供登录凭据。你可以忽略这些要求，单击 Cancel 按钮，这没有什么问题。

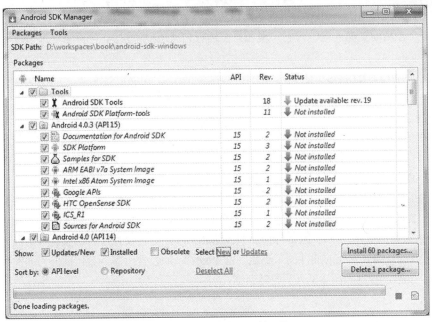

图 2-1　第一次启动 SDK 管理器

可在任何时候使用 SDK 管理器来更新组件或安装新的组件。一旦安装完毕，就可以进入到搭建开发环境的下一个步骤。

2.1.3　安装 Eclipse

Eclipse 有几个不同的版本。对 Android 开发人员而言，建议使用 Eclipse for Java Developers 3.7.2 版本，其代号为 Indigo。与 Android SDK 一样，Eclipse 也是一个 ZIP 或 tar gzip 文件包的形式，将其解压到一个文件夹即可。一旦软件包被解压缩，可以在桌面建立一个快捷方式，指向 Eclipse 安装的根目录下的可执行文件 eclipse。

当第一次启动 Eclipse 的时候，系统提示选择一个工作区目录，如图 2-2 的对话框所示。

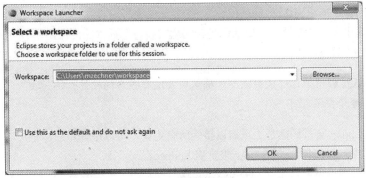

图 2-2　选择工作区

Eclipse 的工作区目录其实就是一个存放项目的文件夹。可以为所有项目建立一个工作区，也可以建立多个工作区，且在每个工作区中存储几个项目，这完全取决于你。本书的所有示例项目全放在一个工作区中，你可以在这个对话框中指定该工作区。下面首先建立一个空的工作区。

接下来 Eclipse 会出现一个欢迎界面，可以忽略并关闭它。然后便进入了默认的 Eclipse Java 视图，我们将会在后面更深入地学习它，现在只需运行它就可以了。

2.1.4 安装 ADT Eclipse 插件

安装过程的最后一步就是安装 ADT Eclipse 插件。Eclipse 是基于插件体系结构的，通过很多第三方的插件来扩展其功能。ADT 插件可以将很多 Android SDK 工具和 Eclipse 的功能结合起来，这样我们就可以不使用所有的 Android SDK 的命令行工具，因为 ADT 插件已经将它们透明地集成到 Eclipse 工作流中了。

该插件可通过手动方式安装到 Eclipse 中，只需要将该插件的 ZIP 文件中的内容放到 Eclipse 的插件文件夹中即可；也可以通过 Eclipse 的插件集成管理工具来进行安装。这里使用第二种方法。

(1) 为安装新的插件，单击 Help | Install New Software，这将会打开一个安装对话框。在该对话框中，你可以选择需要安装的插件的来源地。首先必须添加包含所需 ADT 插件的插件存储库，然后单击 Add 按钮，看到如图 2-3 所示的对话框。

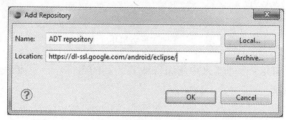

图 2-3　添加一个存储库

(2) 在第一个文本输入框中输入该插件存储库的名称，如"ADT repository"等。在第二个输入框中输入该插件的 URL 地址。对于 ADT 插件，其 URL 为 https://dl-ssl.google.com/android/eclipse/。注意该 URL 可能会因版本而异，请到 ADT 插件的网站确定最新的链接地址。

(3) 单击 OK 按钮会返回到安装对话框。此时会列出存储库中所有的可用插件，选中 Developer Tools 复选框并单击 Next 按钮。

(4) Eclipse 将计算所有必要的依赖关系，并在一个新的对话框中列出那些将要安装的插件及其依赖关系，单击 Next 按钮确认即可。

(5) 接着会弹出另一个对话框，提示你是否同意安装每个插件的许可协议。当然，你必须接受，并单击 Finish 按钮开始进行安装。

注意： 在安装过程中，你可能会被要求确认安装没有签名的软件。不必担心，该插件不需要签名认证，同意并继续安装即可。

(6) 最后，Eclipse 会询问你是否重启以接受所有更新，可以选择重启，也可以选择只更新不重启。为安全起见，一般选择 Restart Now 来重启 Eclipse。

重启 Eclipse 后你会回到原来的 Eclipse 界面。这时会发现工具栏多了一些针对 Android 的新按钮，它可以直接在 Eclipse 中启动 SDK 和 AVD 管理器以及创建新的 Android 项目。图 2-4 展示了这些新的工具栏按钮。

位于左边的前两个按钮分别用于打开 SDK 管理器和 AVD

图 2-4　ADT 工具栏按钮

管理器。看上去类似一个复选框的按钮用于运行 Android lint，以检查项目中是否存在 bug。下一个按钮是 New Android App Project，这是创建新 Android 项目的快捷方式。最右边的两个按钮分别用于创建新的单元测试项目和 Android 清单文件(本书中不会使用该功能)。

完成 ADT 插件安装的最后一步是需要将 Android SDK 的安装位置告知插件。

(1) 打开 Window | Preferences，并在打开的对话框的树型视图中选择 Android 选项。

(2) 单击右边的 Browse 按钮，选择 Android SDK 的安装根目录。

(3) 单击 OK 按钮关闭对话框，接下来就可以创建第一个 Android 应用程序了。

2.1.5　Eclipse 快速浏览

Eclipse 是一个开源 IDE，一般使用 Java 语言进行开发，但也可以使用其他语言进行开发。由于 Eclipse 的基于插件的架构，很多功能不断扩展，现在也可以开发纯 C/C++、Scala 或 Python 的项目。它的功能扩展好像永无止境，甚至还有插件可进行 LaTeX 项目的开发——这与平常的代码开发只是略微相似。

Eclipse 的工作区可以有一个或多个项目同时存在。前面已经定义了一个工作区，所有新建的项目将存放于这个工作区目录下。同时，所有使用工作区时用于定义 Eclipse 界面的配置文件和其他信息文件都存放在该目录下。

Eclipse 的用户界面(UI)主要围绕以下两个概念：

● 视图：一种简单的 UI 组件，例如源代码编辑器、输出控制台或项目资源管理器。

● 透视图：一系列特殊的视图，用于特定的开发任务，例如编辑和浏览源代码、调试、分析和使用版本控制存储库进行同步等。

Eclipse for Java Developers 附带了很多预定义透视图，其中我们比较感兴趣的是 Java 和 Debug 透视图。Java 透视图如图 2-5 所示，它带有一个位于左边的 Package Explorer 视图、一个位于中间的源代码编辑视图(我们还没打开源代码文件，所以它是空的)、一个位于右边的 Task List 视图、一个 Outline 视图和一个选项卡视图，它还包括一些子视图，如 Problems 视图、Javadoc 视图、Declaration 视图和 Console 视图，如图 2-5 所示。

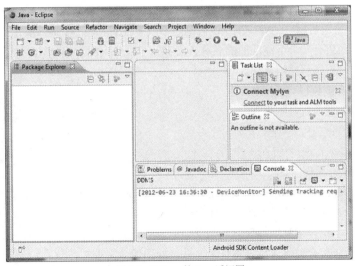

图 2-5　Eclipse 的 Java 透视图

可以通过拖放在透视图中自由排列这些视图的位置，也可以重新定义其大小。此外，还可以添加或者删除一些视图。要添加视图，单击 Window | Show View，并从列表中选择一个添加的视图，或者选择 Other 来获得更多可选视图。

如果想切换到另一个透视图，单击 Window | Open Perspective 并选择所要的透视图即可。一种快速切换已打开透视图的方法是单击 Eclipse 的左上角，在此你能看到已打开的透视图和当前激活的透视图。如图 2-5 所示，Java 透视图是一个唯一已打开并激活的透视图。一旦打开了其他透视图，它们也会出现该位置。

图 2-5 中的工具栏也是一种视图。在不同透视图下，这个工具栏可能会发生变化。在我们安装 ADT 插件时，一些按钮也被添加到工具栏中。一般情况下，新插件的安装都会带来一些新的视图和透视图。例如，在安装 ADT 插件时，我们看到在 Java Debug 透视图中就添加了 DDMS(Dalvik Debugging Monitor Server)透视图(专门用于调试和分析 Android 应用程序，如本章稍后所述)，同时还添加了一些其他视图，如 LogCat 视图(用于显示附加的任何设备或模拟器的各种日志信息)。

一旦你熟悉了透视图和视图这两个概念，Eclipse 就变得容易多了。在下面章节编写 Android 游戏的时候，会探讨其中的一些视图和透视图。但我们无法将其全部都讲解一遍，因为实在是太多了。因此当你有需要的时候，建议参考 Eclipse 的帮助系统。

2.1.6 一些实用的 Eclipse 快捷键

每个新的 IDE 都需要花一些时间来学习并熟悉。使用了这么多年的 Eclipse 以后，我们发现下面列出的快捷键可以显著加快软件的开发过程。在表述这些快捷方式时使用了 Windows 术语，所以 Mac OS X 用户应该在合适的地方替换命令和选项：

- 当光标位于函数或字段中时，按 Ctrl+Shift+G 组合键将在工作区中搜索所有引用该函数或字段的地方。例如，如果想要查看某个函数在哪个地方被调用，只需单击将光标移动到该函数中，然后按 Ctrl+Shift+G 组合键。
- 当光标位于要调入的函数时，按 F3 键将跟踪该调用，并显示声明和定义该函数的源代码。通过将这个快捷键和 Ctrl+Shift+G 组合键结合起来使用，可以方便地在 Java 源代码中进行导航。在类名或字段上按 F3 键会打开其声明。
- 按 Ctrl+空格键可以自动完成正在键入的函数或字段的名称。在键入前几个字符后即可按该快捷键。如果有几个可能匹配的名称，会在一个框中列出它们。
- Ctrl+Z 组合键执行撤消操作。
- Ctrl+X 组合键执行剪切操作。
- Ctrl+C 组合键执行复制操作。
- Ctrl+V 组合键执行粘贴操作。
- Ctrl+F11 键运行应用程序。
- F11 键调试应用程序。
- Ctrl+Shift+O 组合键组织当前 Java 源文件中的 import 语句。
- Ctrl+Shift+F 组合键设置当前源文件的格式。
- Ctrl+Shift+T 组合键跳转到任意 Java 类。
- Ctrl+Shift+R 组合键跳转到任意资源文件，即图像、文本文件等。
- Alt+Shift+T 组合键打开针对当前选定内容的重构菜单。

● Ctrl+O 组合键跳转到当前打开的 Java 类中的任意方法或字段。

Eclipse 中还有许多十分有用的功能，但掌握这些基本的键盘快捷键就可以显著加快游戏开发进度，并简化 Eclipse 的使用。Eclipse 也是高度可配置的。以上列出的键盘快捷键都可以在 Preferences 中被重新分配给其他键。

2.2　在 Eclipse 中新建项目及编写代码

完成开发环境的搭建后，我们就可以开始在 Eclipse 中创建第一个 Android 项目了。ADT 插件的安装给我们提供了很多向导，这使创建 Android 项目变得容易多了。

2.2.1　创建项目

可以采用两种方法创建 Android 项目。第一种是右击 Package Explorer 视图(如图 2-5 所示)，从弹出菜单中选择 New | Project。在出现的新对话框中，选择 Android 条目下的 Android Project。可以看到在该对话框中有其他很多关于项目创建的选项。这是在 Eclipse 下一种很标准的创建项目的方法。在该对话框中单击 OK 按钮之后，Android 项目向导就打开了。

另一个方法更加简单，只需要单击 New Android App Project 工具栏按钮(如图 2-4 所示)，这也会打开 Android 项目向导。

当进入 Android 项目向导对话框后，需要做出一些设置：

(1) 定义该项目的名称，这个名称会显示在 Android 的启动器中。这里使用了"hello world"。

(2) 指定项目名称。Eclipse 将使用这个名称引用该项目。常见的做法是在名称中全部使用小写字母，因此输入"helloworld"。

(3) 指定包名。所有的 Java 代码将包含在以这个名称命名的包中。向导将根据项目名称猜测包名，但是可以根据自己的需要修改这个名称。本例中将使用"com.helloworld"。

(4) 指定编译版本(build SDK)。选择 Android 4.1，这样就可以使用最新的 API。

(5) 指定最低 SDK 需求。这是应用程序将会支持的最低 Android 版本。我们选择了 Android 1.5 (Cupcake，API level 3)。

注意：在第 1 章中已经介绍过，随着新的 Android 版本的发布，新的类也不断地加入 Android 框架 API 中。选择哪个编译版本，就意味着你能够在应用程序中使用哪个版本的 API。例如，如果选择了 Android 4.1 编译 SDK，就可以使用最新的 API 功能。但这可能会带来一些危险，因为当应用程序在一台老版本 API(例如 Android 1.5)的设备上运行时，应用程序可能会因为使用了只有 4.1 版本才可用的 API 而崩溃。所以，需要在运行时检测设备支持的 SDK 版本，只有在设备上的 Android 版本号支持时才使用 4.1 版本的功能。听起来这似乎有些令人讨厌，但当你阅读第 5 章时，就会知道一个好的应用程序架构很容易启用或禁用这些与版本相关的功能而且不会面临崩溃风险。

(6) 单击 Next 按钮。在打开的对话框中可以定义应用程序的图标。我们不做修改，直接单击 Next 按钮。

(7) 这个对话框会询问是否要创建一个空活动。接受选项，然后单击 Next。

(8) 在最后一个对话框中，可以修改向导创建的空活动的一些特性。我们将活动名设为

"HelloWorldActivity",将标题设为 "Hello World"。单击 Finish 按钮将创建你的第一个 Android 项目。

注意:设置 SDK 最低版本时,要记住该应用程序只能运行在一个与它相同 Android 版本或更高 Android 版本的设备上。当一个用户通过 Google Play 应用程序浏览 Google Play 时,他只能看到那些 使用了合适的最低版本 SDK 的应用程序。

2.2.2 进一步分析项目

在 Package Explorer 中,现在可以看到一个名为 "helloworld" 的项目。完全展开它你会看到如 图 2-6 所示的界面,这是多数 Android 项目的一般结构。下面来进一步分析它。

图 2-6 Hello World 项目结构

- src/包含所有 Java 源代码文件。注意它的包名与你在 Android 项目向导中指定的一样。
- gen/包含 Android 生成系统生成的 Java 源文件。你不能修改它,必要时它会被自动更新。
- Android 4.1 告知我们建立了一个 Android 4.1 版本的项目,这是一个标准 JAR 文件形式的依 赖项,保存 Android 4.1 的 API 类库。
- Android Dependencies 显示了应用程序链接的任何支持库,同样表现为 JAR 文件。游戏开发 人员不必关心这些依赖项。
- assets/用于存储各种应用程序中需要的文件(例如配置文件或音频文件等),这些文件会打包 在 Android 应用程序中。

- bin/保存准备部署到设备或模拟器的已编译代码。与 gen/文件夹一样，我们通常不关心这个文件夹中的内容。
- libs/保存我们想让应用程序依赖的其他任何 JAR 文件。如果应用程序使用了 C/C++代码，这个文件夹中还会包含原生共享库。第 13 章将详细介绍这方面的内容。
- res/包含应用程序所需的各种资源文件，如图标、用于国际化的字符串文件和用于界面布局的 XML 文件。它们同样打包于应用程序中。
- AndroidManifest.xml 用于描述应用程序。它定义了应用程序中包含的活动和服务，支持的 Android 最低版本和目标版本(假定的)，以及用到的所有权限(例如，SD 卡权限和网络权限)。
- project.properties 和 proguard-project.txt 存储生成系统的各项设置。我们不需要更改它，必要的时候 ADT 插件自动修改它。

通过右击 Package Explorer 视图中的文件夹，并选择 New 和想要创建的资源类型，我们可以轻松地将新的源文件、文件夹和其他资源添加到 Package Explorer 下的文件夹中，但现在暂不添加。接下来首先对基本的应用程序设置和配置做一些修改，使其与尽可能多的 Android 版本和设备兼容。

2.2.3 使应用程序与所有 Android 版本兼容

在前面创建的项目中，指定 Android 1.5 作为最低 SDK。但 ADT 插件的一个小 bug 导致它不会为 Android 1.5 上运行的应用程序创建一个文件夹来保存图标图像。解决方法如下：

(1) 在 Package Explorer 视图中，右击 res/目录，从上下文菜单中选择 New | Folder，在 res/目录下创建一个 drawable/文件夹。

(2) 将 res/drawable-mdpi/文件夹中的 ic_launcher.png 文件复制到新建的 assets/drawable/文件夹中。Android 1.5 必须使用这个文件夹，而更高的版本则根据屏幕尺寸和分辨率，在其他文件夹中寻找图标和其他应用程序资源。第 4 章将介绍相关内容。

完成这些修改后，应用程序就将运行在市场上的所有 Android 版本中。

2.2.4 编写应用程序代码

到现在为止尚未编写过一行代码，下面就开始编写代码。Android 项目向导为我们创建了一个名为 HelloWorldActivity 的模板活动类，当在模拟器或设备上运行该应用程序的时候，它将会显示出来。在 Package Explorer 视图中双击该文件打开类的源代码，将模板程序替换为程序清单 2-1 所示的代码。

程序清单 2-1 HelloWorldActivity.java

```
package com.helloworld;
import android.app.Activity;
import android.os.Bundle;
import android.view.View;
import android.widget.Button;

public class HelloWorldActivity extends Activity
                        implements View.OnClickListener {
    Button button;
```

```
    int touchCount;
    @Override
    public void onCreate(Bundle savedInstanceState) {
        super.onCreate(savedInstanceState);
        button = new Button(this);
        button.setText( "Touch me!" );
        button.setOnClickListener(this);
        setContentView(button);
    }

    public void onClick(View v) {
        touchCount++;
        button.setText("Touched me " + touchCount + " time(s)");
    }
}
```

下面分析程序清单 2-1 以帮助你理解其作用。具体的细节留到后续章节再介绍,现在只需要对这段代码有一个大概的认识。

源代码文件的开头是标准 Java 包的声明和几个 imports 语句,大多数 Android 的框架类都包含在此 android 包中。

```
package com.helloworld;

import android.app.Activity;
import android.os.Bundle;
import android.view.View;
import android.widget.Button;
```

接下来,我们定义了一个继承于基类 Activity 的 HelloWorldActivity 类,Activity 由 Android 框架 API 提供。Activity 非常类似于经典桌面 UI 的窗口,它基本占据了整个屏幕(除了 Android UI 顶部的通知栏)。同时,它还实现了 OnClickListener 接口。如果你具有使用其他 UI 工具包的经验,就知道接下来该做些什么了。

```
public class HelloWorldActivity extends Activity
                                implements View.OnClickListener {
```

我们在 Activity 中定义了两个成员,一个 Button 和一个用于记录按钮被单击次数的整数。

```
    Button button;
    int touchCount;
```

每一个 Activity 子类必须实现一个抽象方法 Activity.onCreate(),当该活动首次启动时,Android 系统会调用该方法。它替代了创建类的实例时通常会使用的构造函数,并且强制调用基类方法 onCreate( )作为方法主体中的第一条语句。

```
    @Override
    public void onCreate(Bundle savedInstanceState) {
            super.onCreate(savedInstanceState);
```

然后创建一个 Button 并设置其初始文本。Button 是 Android 框架 API 提供的众多控件中的一种,它与 Android 中所谓的 View 的含义是相同的。注意,button 是 HelloWorldActivity 类的一个成员变量,后面需要引用它。

```
button = new Button(this);
button.setText( "Touch me!" );
```

接下来的一行主要是设置 Button 的 OnClickListener。OnClickListener 是一个回调接口，只有一个方法 OnClickListener.onClick()，当 Button 被按下的时候它就会被调用。为了监听该按钮，需要让 HelloWorldActivity 实现该接口，并将其注册为 Button 的 OnClickListener。

```
button.setOnClickListener(this);
```

onCreate()方法的最后一行是将按钮设置为 Activity 的内容 View。View 是可嵌套的，Activity 的内容 View 是整个层次结构的根。本例只是将 Button 设置为 View 并在 Activity 中显示出来。为简单起见，我们就不详细讲解 Activity 在该内容 View 中的布局方式。

```
setContentView(button);
}
```

下一步就是实现 OnClickListener.onClick 方法，它包含于 Activity 中。每当单击 Button 时，就会调用该方法。在该方法中，我们让 touchCount 不断增加并将 Button 的文本设置为新的字符串。

```
public void onClick(View v) {
    touchCount++;
    button.setText("Touched me" + touchCount + "times");
}
```

最后总结一下 Hello World 应用程序。我们先建立一个带有 Button 的 Activity，然后在每次单击 Button 时就让 Button 显示该次数(这可能不是一个能令人兴奋的应用程序，但它是其他好程序的基础)。

注意，我们从未手动编译过项目。因为每当我们添加、修改或删除源文件或资源的时候，Eclipse 中的 ADT 插件都自动帮我们编译了。编译后生成了一个可部署到模拟器或设备的 APK 文件，该文件位于项目的 bin/文件夹下。

下面将使用该应用程序在模拟器或设备上进行运行和调试。

2.3　在设备或模拟器上运行应用程序

一旦编写好一个应用程序，就需要运行和调试，或找出存在的问题或陶醉于它的出色表现。一般可以采用两种方法：

- 将应用程序运行在一台通过 USB 与 PC 机相连的真实设备。
- 将应用程序运行在 SDK 自带的模拟器上并进行测试。

上述两种方法都需要进行一些设置，然后才可以看到运行起来的应用程序。

2.3.1　连接设备

在连接设备以进行测试之前，我们必须确保设备已被操作系统所识别，在 Windows 系统中这包括安装合适的驱动程序，它一般在安装 SDK 的时候也被安装了。你只需要连上你的设备，然后在 SDK 的安装根目录 driver/文件夹下找到 Windows 系统的标准驱动程序即可。对于有些设备，你可能需要到制造商的网站上去下载驱动程序。许多设备可以使用 SDK 自带的 Android ADB 驱动程序,但这通常需要把特定的设备硬件 ID 添加到 INF 文件中。在 Google 快速搜索设备的名称和"Windows ADB"通常可以返回连接那种设备所需的信息。

对于 Linux 或 Mac OS X 系统,通常不必安装任何驱动程序,因为操作系统中已经提供了。不过在某些 Linux 版本中可能需要摆弄一下你的 USB 设备,通常是为 udev 创建一个新的规则文件。不同设备的做法也不同,上网搜索应该可以找到解决方法。

2.3.2 创建一个 Android 虚拟设备

Android SDK 带有一个可以运行 Android 虚拟设备(Android Virtual Devices,AVD)的模拟器。Android 虚拟设备由一个特定 Android 版本的系统映像、皮肤外观和各种属性组成。属性包括屏幕分辨率、SD 卡大小等。

为了创建 AVD,首先启动 AVD 管理器。可以按前面的 SDK 安装步骤中介绍的方法来启动,也可以直接单击 Eclipse 工具栏的 AVD 管理器按钮来启动。本来可以使用一个已有的 AVD,但这里将介绍自定义一个 AVD 的步骤。

(1) 单击 AVD Manager 屏幕右侧的 New 按钮,打开 Edit Android Virtual Device(AVD)对话框,如图 2-7 所示。

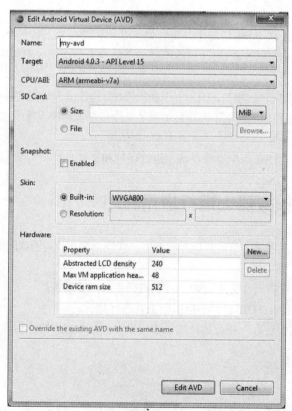

图 2-7 Edit Android Virtual Device(AVD)对话框

(2) 每个 AVD 都有一个名称，用于在以后引用该 AVD。可以根据需要自由选择一个名称。

(3) Target 指定了 AVD 应该使用的 Android 版本。对于这个简单的 "helloworld" 项目，可选择 Android 4.0.3 作为目标。

(4) CPU/ABI 指定了 AVD 所模拟的 CPU 类型。在这里选择 ARM。

(5) 在 Skin 设置中，可以指定 AVD 的 SD 卡的大小，以及屏幕尺寸。这里不做修改。对于实际开发时的测试，通常应该创建多个 AVD，覆盖想要应用程序支持的各种 Android 版本和屏幕尺寸。

(6) 启用 Snapshot 选项会在关闭模拟器时保存其状态。下次启动模拟器时，它会加载已保存状态的快照，而非重新启动。启动新的模拟器实例时，这可以节省一些时间。

(7) Hardware 部分包含一些高级选项。下一节将探讨其中的部分选项。使用它们可以修改模拟器模拟的设备以及模拟器自身的一些低级属性，例如模拟器的图形输出是否经过硬件加速。

注意：除非有多个 Android 系统版本和屏幕大小不同的设备，否则应该使用模拟器来测试不同 Android 版本和屏幕大小的各种组合。

2.3.3　安装高级模拟器功能

现在有一些公司的硬件虚拟化实现支持 Android 模拟器，英特尔就是其中之一。如果使用了 Intel CPU，那么就应该能够安装 Intel Hardware Accelerated Execution Manager(HAXM)，再加上一个 x86 模拟器映像，就可以虚拟化 CPU，其运行速度要比普通的完全模拟的映像快得多。若再启用 GPU 加速，理论上可以提供相当不错的性能测试环境。根据我们使用这些工具的经验，这些工具目前还存在一些 bug，但前景是很好的，所以一定要关注谷歌的官方声明。现在我们先完成相应的设置：

(1) 下载并安装 Intel 的 HAXM 软件，地址为：http://software.intel.com/en-us/articles/intel-hardware-accelerated-execution-manager/。

(2) 安装该软件后，需要确定安装了名为 Intel X86 Atom System Image 的 AVD。打开 SDK 管理器，导航到 Android 4.0.3 部分，检查是否已经安装了映像(见图 2-8)。如果尚未安装，则选中对应的复选框，然后单击 "Install packages"。

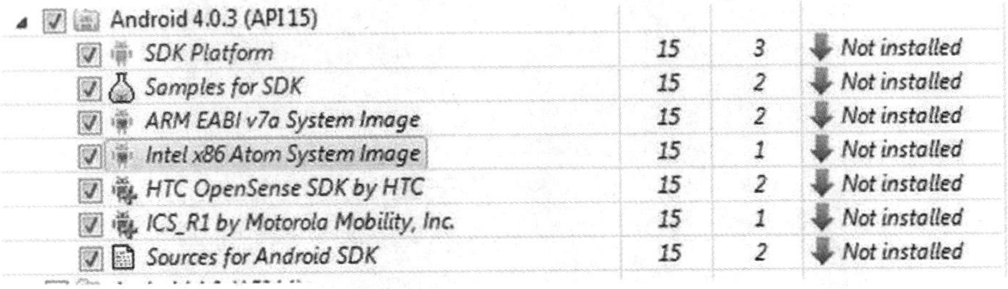

▲ ☑ 🖿 Android 4.0.3 (API 15)			
☑ 🖿 SDK Platform	15	3	⬇ Not installed
☑ 🧪 Samples for SDK	15	2	⬇ Not installed
☑ 🖿 ARM EABI v7a System Image	15	2	⬇ Not installed
☑ 🖿 Intel x86 Atom System Image	15	1	⬇ Not installed
☑ 🖿 HTC OpenSense SDK by HTC	15	2	⬇ Not installed
☑ 🖿 ICS_R1 by Motorola Mobility, Inc.	15	1	⬇ Not installed
☑ 🖿 Sources for Android SDK	15	2	⬇ Not installed

图 2-8　为 ICS 选择 x86 Atom System Image

(3) 为 x86 映像创建一个 AVD。按上一节的描述创建一个新的 AVD，这次选中 Intel Atom(x86) CPU。在 Hardware 部分添加一个新属性 GPU emulation，将其值设为 yes，如图 2-9 所示。

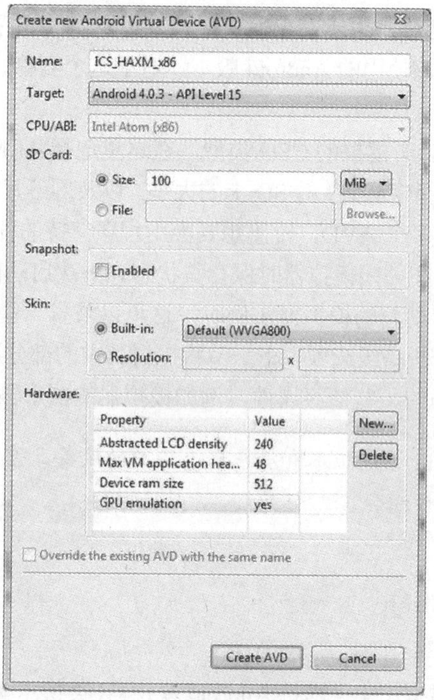

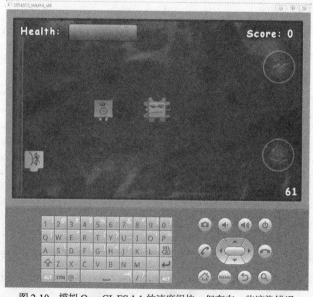

图 2-9   创建 x86 AVD 并启用 GPU 模拟

现在有了新的模拟器映像，还需要注意几个地方。进行测试时，我们得到了一些混合的结果。图 2-10 中的图像取自一个 2D 游戏，其中使用了 OpenGL 1.1 多纹理来实现角色上的淡淡光照效果。仔细观察这幅图会发现，敌人脸部有的朝向一侧，有的上下颠倒。显然这是一个 bug。更复杂的游戏可能会崩溃，根本无法运行。这并非说硬件加速的 AVD 没用，因为对于基本的渲染，它们是可以正常工作的。而且注意图中右下角的数字 61，它表示游戏每秒可以渲染大概 60 帧(60FPS)，这是在这个测试 PC 上运行 Android 模拟器时得到的 OpenGL 的一个新记录。

图 2-10   模拟 OpenGL ES 1.1 的速度很快，但存在一些渲染错误

图 2-11 中的图像显示了一个运行 OpenGL ES 2.0 的演示程序的主屏幕。虽然这个程序可以正确渲染，但是帧率一开始的表现就不好，最终的表现更差。这个菜单中并没有渲染多少东西，帧率已经降到了 45FPS。主演示游戏的运行帧率为 15~30FPS，而这还只是一个异常简单的演示程序。能够运行 OpenGL ES 2.0 让人很愉快，但是显然仍有需要改进之处。

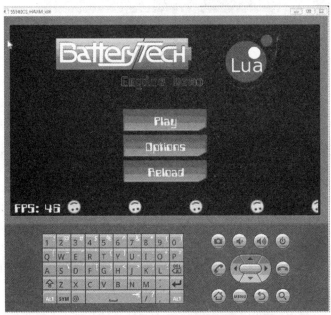

图 2-11 OpenGL ES 2.0 可以工作，但是帧率会降低

虽然存在本节中说明的问题，但是这种新的模拟器加速仍是 Android SDK 中的一个很令人欢迎的新成员，如果选择不仅仅在一个设备上进行测试，我们建议试试为自己的游戏使用这种功能。在很多时候它的表现良好，可以实现更快的测试周转速度，而这正是模拟器加速的目的所在。

2.3.4 运行应用程序

现在设备和 AVD 已准备好，可以运行 Hello World 应用程序了。在 Eclipse 中，右击 Package Explorer 视图中的 "hello world" 项目，选择 Run As | Android Application(你也可以单击工具栏的 Run 按钮)。此时，Eclipse 会在后台自动完成以下事项：

(1) 如果自上次编译以来有任何修改，Eclipse 将项目编译成一个 APK 文件。

(2) 如果还没有 Run 配置文件，为 Android 项目创建一个新的 Run 配置文件(稍后将介绍这个 Run 配置文件)。

(3) 通过启动或重用一个带有合适版本的 Android 的已运行的模拟器实例或通过在已连接的设备上部署或运行一个应用程序来安装和运行应用程序(该设备的 Android 版本必须等同或高于创建 Android 项目时指定的最低 SDK 版本)。

注意：第一次在 Eclipse 中运行一个 Android 应用程序时，Eclipse 会询问是否让 ADT 响应设备/模拟器输出中的消息。因为总是应该获得输出中的所有信息，所以只需单击 OK 按钮。

如果没有连接一个设备，那么 ADT 插件会启动 AVD 管理器窗口中列出的 AVD 之一。运行输出如图 2-12 所示。

图 2-12　Hello World 应用程序

模拟器工作起来就跟真实设备一样，你可以通过鼠标与其交互，就跟用手指操作手机一样。不过还是存在一些差别如下：

- 模拟器只支持单点触摸，晃动鼠标就跟用手指触摸一样。
- 模拟器缺乏一些应用程序，例如 Google Play。
- 为改变设备的屏幕方向，你不需要转动监视器，只需要使用数字键盘的 7 键就可以，但这需要先按下 Num Lock 键来禁用它的数字功能。
- 模拟器运行非常慢，不要通过在模拟器上运行来评价你的应用程序的性能。
- 4.0.3 版本之前的模拟器只支持 OpenGL ES 1.x，4.0.3 及更新的版本则支持 OpenGL ES 2.0。第 7 章中将讨论 OpenGL ES。对于基本的测试，模拟器就足够了。但是在深入了解 OpenGL 时，就需要在一个真机上测试，因为即使在最新的模拟器上，OpenGL ES 实现(虚拟化和软件)也较容易出错。所以，请千万不要在模拟器上测试任何 OpenGL ES 应用程序。

尽量多试用一下模拟器，熟悉它的功能。

注意: 启动一个新的模拟器实例需要很长的时间(如果硬件配置不够高，可能需要多达 10 分钟)，所以在整个开发过程中尽量不要关闭模拟器，这样就不必反复重启。或者也可以在创建或编辑 AVD 时选中 Snapshot 选项，该选项用于保存和还原 VM 的一个快照，从而能够加快启动速度。

有时在我们运行 Android 应用程序的时候，ADT 插件的自动选择模拟器/设备的功能也许是个障碍。例如，当我们想在一个指定的模拟器/设备上测试应用程序时，可能存在多个连接的模拟器/设备。为了解决这个问题，我们可以关闭 Android 项目中 Run 配置的自动选择设备/模拟器的功能。那么什么是 Run 配置呢？

Run 配置提供了一种方法来告诉 Eclipse 应该如何去启动和运行你的应用程序。Run 配置允许你指定一些传入到应用程序的命令行参数和 VM 参数(该参数用于 Java SE 桌面系统应用程序中)等。Eclipse 和第三方插件为各种类型的项目提供不同的 Run 配置，ADT 插件为可用 Run 配置集添加了一个 Android 应用程序 Run 配置。在本章前面第一次运行应用程序的时候，Eclipse 和 ADT 在后端自动创建了一个使用默认参数的 Android 应用 Run 配置。

如果想取得项目的 Run 配置，按如下操作即可：

(1) 在 Package Explorer 视图中右击一个项目，并选择 Run As | Run Configurations。

(2) 在左边的列表中选择"hello world"项目。

(3) 在右边的对话框中，可以修改 Run 配置的名称，并更改 Android、Target 和 Commons 选项卡上的其他设置。

(4) 要从自动部署应用转成手动部署应用，请单击 Target 选项卡并选择 Manual。

再次运行应用程序的时候，需要选择一个兼容的模拟器或设备来运行应用程序，如图 2-13 的对话框所示。

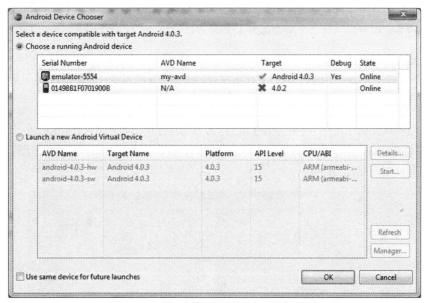

图 2-13　选择一个模拟器或设备来运行应用程序

该对话框展示了目前所有运行的模拟器和已经连接的设备，以及其他所有当前没有运行的 AVD。你可以选择任意一个模拟器或设备来运行你的应用程序。注意已连接设备旁边的红色 x，它表示应用程序不能在这个设备上运行，通常是因为设备的版本低于指定的目标 SDK 版本(本例中指定的目标版本为 15，而设备的版本为 14)。但是，因为我们指定的最低 SDK 版本为 3(Android 1.5)，所以应用程序实际上也可以在这个设备上运行。

2.4　调试和分析应用程序

有时应用程序的行为可能会出现异常甚至崩溃。为了找出其中的原因，我们就需要来调试应用程序。

Eclipse 和 ADT 插件为 Android 应用程序提供了很强大的调试工具，我们可以在源代码中设置断点、查看变量或追踪堆栈等。

在调试前通常会设置断点，以查看程序在特定位置处的状态。要设置断点，只需打开 Eclipse 中的源文件，并双击你想设置断点的行前面的灰色区域。我们演示一下，双击 HelloWorldActivity 文件的 23 行，每次单击按钮时调试器都会停下来。同时可以看到在源代码视图中，你双击的行位置出现了一个小圆点，如图 2-14 所示。如果你想删除该断点，只需在源代码视图下在该位置重新双击即可。

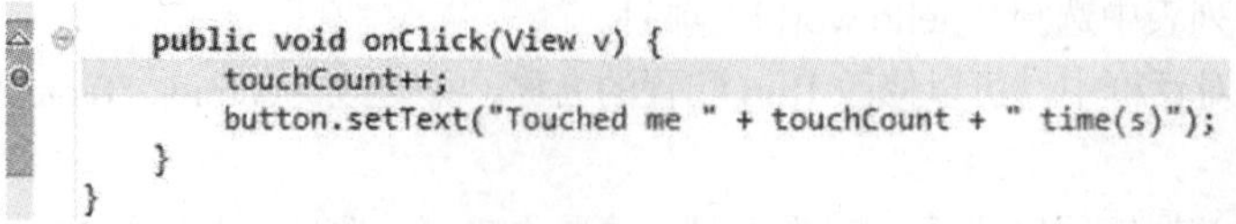

```
public void onClick(View v) {
    touchCount++;
    button.setText("Touched me " + touchCount + " time(s)");
}
```

图 2-14　断点设置

启动调试与前一节介绍的运行应用程序很相像。在 Package Explorer 视图中右击项目，并选择 Debug As | Android Application。这样系统就会为项目创建一个新的 Debug 配置，与运行应用程序的情况一样。同时，还可以从快捷菜单中选择 Debug As | Debug Configuration，更改 Debug 配置的默认设置。

注意：除了在 Package Explorer 视图中使用项目的上下文菜单以外，可以通过 Run 菜单来运行和调试应用程序并访问配置。

首次启动调试会话并遇到一个断点(例如，单击应用程序中的按钮)时，Eclipse 会询问你是否切换到 Debug 透视图，当然我们是很乐意的。让我们来看看开始调试 Hello World 应用程序后进入该透视图的画面，如图 2-15 所示。

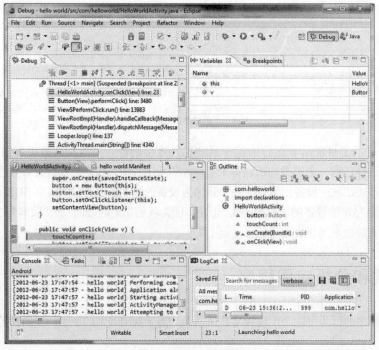

图 2-15　Debug 透视图

记得我们在介绍 Eclipse 时，说过它有很多种透视图的模式，而每种模式下都有很多不同任务的视图窗口。我们看到 Debug 透视图与 Java 透视图存在很多差别。

- 如果应用程序正在调试模式下运行并且已被挂起，位于左上角的 Debug 视图会显示调试模式下所有当前运行着的应用程序和所有线程的堆栈跟踪。
- 源代码编辑视图位于 Debug 视图下面，跟在 Java 透视图模式下的一样。
- Console 视图通过 ADT 插件打印出各种信息，让我们知道发生了什么。Java 透视图下也有这个视图。
- Task List 视图(Console 视图旁边带有"Tasks"标签的选项卡)与在 Java 透视图中一样。我们通常不需要使用这个视图，所以可以安全地关闭它。
- LogCat 视图将成为我们开发中的有力工具。它会输出运行应用程序的模拟器/设备中的日志信息。这些信息来自系统组件、其他应用程序和我们自己的应用程序。该视图不仅能输出应用程序崩溃时的堆栈信息，还能在运行时输出开发人员自己的日志信息。下一节将详细介绍该视图。
- Outline 视图(Java 透视图中也有这个视图)在 Debug 透视图中没有太大的作用。调试中更多的是关注一些断点和变量的信息和程序运行到哪里了。所以一般将它从 Debug 透视图中移除，为其他视图腾出空间。
- Variables 视图是一个对调试很重要的视图。当调试器遇到一个断点的时候，我们可查看或修改该段程序内的变量。
- Breakpoints 视图，列出了设置的所有断点。

如果你感到好奇，可能已经单击了正在运行的应用程序的按钮以查看到调试器如何反应。它将会停止在第 23 行，即我们设置断点的地方。同时也会看到 Variables 视图显示了作用于当前范围的各个变量，如活动本身(this)和方法的参数(v)等。也可以展开它们了解更多信息。

Debug 视图向我们展现了当前堆栈中直到当前所在的方法的堆栈信息。注意，你可能有多个正在运行的线程，可以通过 Debug 视图随时暂停它们。

最后，注意断点处的那一行是高亮的，这表明你的程序刚好暂停运行到这个地方。

你可以按 F6 让调试器执行当前语句，按 F5 进入当前方法调用的方法内执行，或按 F8 继续正常运行程序。同样可以通过 Run 菜单来进行这些操作。此外还有其他很多操作方法，我建议你多加尝试，看看哪种方法更适合你。

注意：好奇心是成功开发 Android 游戏的基础。所以，只有十分熟悉开发环境才能最大限度地利用它们。本书的篇幅决定了无法解释 Eclipse 的所有细节，所以建议你多进行尝试。

2.4.1　LogCat 和 DDMS

在 Eclipse 中安装 ADT 插件的时候，附带了很多新的视图和透视图。其中最常用的一个是 LogCat 视图——前面有过简单的介绍。

LogCat 是 Android 的事件日志系统，它允许系统组件和应用程序输出不同日志分级的日志信息。每一条日志由时间戳、日志分级、进程 ID、日志应用程序定义的标签和具体日志内容组成。

LogCat 视图通过一个连接的模拟器或设备来采集和显示这些日志信息，图 2-16 展示了一些该视图输出的示例。

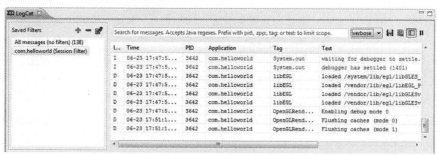

图 2-16　LogCat 视图

注意，在 LogCat 视图的左上角和右上角有一排按钮。

● 加号和减号按钮用于添加和删除过滤器。其中已经有一个过滤器，它只显示应用程序中的日志消息。

● 减号右边的按钮用于编辑已有的过滤器。

● 下拉列表框用于选择一个日志分级，只有具有该分级的消息才会显示在下方的窗口中。

● 下拉列表框右边的按钮按从左到右的顺序分别用于保存当前日志输出、清空日志控制台、开启或关闭左侧过滤器窗口的可见性以及暂停更新控制台窗口。

如果当前连接了几个模拟器或设备，LogCat 视图只能输出其中一个日志信息。如果你想更精细地加以控制或获得更多查看选项，请切换到 DDMS 透视图模式。

DDMS(Dalvik Debugging Monitor Server)提供在所有连接的设备上运行的进程和 Dalvik VM 的大量深入信息。通过单击 Window | Open Perspective | Other | DDMS 可随时进入到 DDMS 透视图模式，如图 2-17 所示。

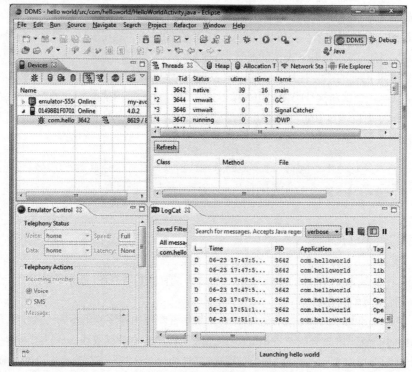

图 2-17　DDMS

通常情况下几个特定视图就能帮助我们完成示例应用程序。本例中，我们想得到所有进程的信息、它们的 VM 和线程、堆栈的当前状态和特定连接设备的 LogCat 信息等。

- Devices 视图显示了目前所有连接的模拟器和设备，还有在它们上面运行的所有进程。通过该视图的工具栏按钮可以执行各种操作，例如调试一个指定进程、记录堆栈和线程信息或进行屏幕截图等。

- LogCat 视图与在 Debug 透视图中一样，不同之处在于它将显示在 Devices 视图中当前选择的设备的输出。

- Emulator Control 视图用于改变一个正在运行的模拟器实例的行为，例如你可以强行获取 GPS 坐标用于测试。

- Threads 视图显示了 Devices 视图下当前所选进程中正在运行的线程的信息。只有同时启用了线程跟踪，才会显示这些信息。通过单击 Devices 视图左边的第 5 个按钮可以启用线程跟踪。

- Heap 视图显示一个设备上的堆栈信息。与线程信息一样，必须通过单击 Devices 视图左边第 2 个按钮来启用堆栈跟踪。

- Allocation Tracker 视图显示最近时刻哪些类实例得到资源分配，它提供一种很好的寻找内存泄漏的方法。

- Network Status 视图用于跟踪在已连接 Android 设备或模拟器上通过网络连接收到或发送出的字节数。

- File Explorer 视图允许修改已连接模拟器或设备上的文件。就像在标准的操作系统资源管理器中一样，可以将文件拖放到该视图中。

DDMS 实际上是一个独立工具，它通过 ADT 插件集成到 Eclipse 中。可以在$ANDROID_HOME/tools 目录下将它作为一个独立应用程序来启动(在 Windows 上是%ANDROID_HOME%/tools)。DDMS 不会直接连接到设备，而是通过 Android Debug Bridge(ADB)来连接，它是 SDK 中包含的另一个工具。下面看一看 ADB 工具，以强化你对 Android 开发环境的了解。

2.4.2　使用 ADB

ADB 可用于管理连接的模拟器实例和设备，它由三个不同部分组成：

- 开发系统上运行的一个客户端，可以通过命令 adb 从命令行启动(如果按前面的说明设置环境变量，这将奏效)。当谈及 ADB 时，是指这个命令行程序。

- 开发系统上运行的一个服务器，它是作为后台服务安装，负责 ADB 程序实例和连接的设备或模拟器实例之间的通信。

- 设备或模拟器上在后台运行的 ADB 守护进程，ADB 服务器通过连接它进行通信。

通常，我们通过 DDMS 透明地使用 ADB 并且忽略了它是一个命令行工具。但有些时候，使用它来操作一些任务却很方便，下面快速浏览一下它的一些功能。

注意：通过 Android 开发人员网站 http://developer.android.com 查看 ADB 文档可看到可用命令的完整参考。

ADB 提供了一种很有用的任务来查询所有与 ADB 服务器(这里指开发机器)连接的模拟器或设备。为此，可以执行下面的命令行操作(注意>符号不是命令的一部分)。

```
>adb devices
```

屏幕上将打印出所有的连接设备和模拟器信息以及各自的序列号,如下所示:

```
List of devices attached
HT97JL901589    device
HT019P803783    device
```

每台设备和模拟器的序列号是为标识其上的特定序列命令。下面的命令行会将一个位于开发机上的 APK 文件(myapp.apk)安装到一个序列号为 HT019P803783 的设备上。

```
> adb -s HT019P803783 install myapp.apk
```

-s 参数表示针对指定的设备执行该操作,可用于所有的 ADB 命令行操作。

可通过命令行操作将文件复制到已有的模拟器和设备上,同样也可将其中的文件复制出来。下面的命令将一个本地文件 myfile.txt 复制到一台序列号为 HT019P803783 的设备的 SD 卡里面。

```
> adb -s HT019P803783 push myfile.txt  /sdcard/myfile.txt
```

要将文件 myfile.txt 从 SD 卡里面复制出来,可使用下面命令:

```
> abd pull /sdcard/myfile.txt myfile.txt
```

如果当前只有一台设备或模拟器连接到 ADB 服务器,那么可以忽略该序列号。因为 adb 工具会自动识别连接的设备或模拟器。

在使用 ADB 时,也可以通过网络调试一台设备,而不使用 USB。这种功能称为 ADB 远程调试,一些设备支持此功能。为了检查自己的设备是否支持此功能,可以查看 Developer 下的选项列表中是否包含 “ADB over network”。如果包含,那么你很幸运。在设备上启用此远程调试选项后,就可以运行以下命令:

```
> adb connect ipaddress
```

建立连接后,设备看上去与通过 USB 连接没有两样。如果不知道 IP 地址,在 Wi-Fi 设置中单击当前接入点即可看到 IP 地址。

ADB 工具当然还提供其他很多功能。不过,大部分可通过 DDMS 的操作来替代这些命令行操作,所以我们通常使用 DDMS。但对于一些要快速执行的任务,命令行工具更加理想。

2.5 实用的第三方工具

Android SDK 和 ADT 提供了大量功能,但是除了它们,还有一些非常实用的第三方工具(下面列出了一部分)可以帮助开发。这些工具提供诸如监视 CPU 使用率、报告 OpenGL 渲染情况、找出内存访问和文件访问中的瓶颈等功能。你需要确定设备中使用的芯片,使用该芯片的制造商提供的工具。下面列出了一些芯片制造商和他们提供的工具的下载地址(无特定顺序),以帮助你进行这种匹配。

Adreno Profiler:Qualcomm/Snapdragon 芯片(主要是 HTC 使用,但也有其他厂商使用)上使用;

```
https://developer.qualcomm.com/mobile-development/mobile-technologies/
gaming-graphics-optimization-adreno/tools-and-resources
```

PVRTune/PVRTrace：PowerVR 芯片(三星、LG 等)上使用；

http://www.imgtec.com/powervr/insider/powervr-utilities.asp

NVidia PerfHUD ES：Tegra 芯片(LG、三星、摩托罗拉等)上使用；

http://developer.nvidia.com/mobile/perfhud-es

我们不会详细介绍这些工具的安装和使用，但是当你准备认真研究如何提高游戏的性能时，可以回过头来看看这一节，从这里的介绍出发来详细探索相关内容。

2.6　小结

Android 的开发环境也许有时会有一点让人感到复杂。不过幸运的是，通过选择部分你所需要的功能子集来开始，然后再加上本章后面部分给出的这些信息就应该可以开始一些基本的编程了。

本章最重要的是教会你如何将各个部分整合起来。JDK 和 Android SDK 为所有的 Android 开发提供了基础。它们提供编译、部署和在模拟器和设备上运行应用程序时用到的工具。为了加快开发进程，我们在 Eclipse 中使用了 ADT 插件，它为我们提供了很多功能，否则我们就要使用 JDK 和 SDK 的命令行工具来完成。另外，Eclipse 本身也有几个核心概念要明确：工作区——用于管理项目，视图——提供特殊的功能，如源代码编辑和 LogCat 输出等；透视图——将多个视图功能集合起来，例如调试透视图；Run 和 Debug 配置——用于设置应用程序运行和调试的一些参数等。

掌握这些技术的诀窍就是不断尝试。本书还提供了一系列的示例项目，让你更快地熟悉 Android 开发，最后还是要凭借你自己的努力才能够提高技术水准。

知道了这些信息后，就可以开始开发游戏了。

第 **3** 章

游戏开发基础

游戏开发其实是有难度的。不是说它是一种尖端科技,而是说在你开始游戏开发前需要学习大量知识。在编程方面,你需要关注文件输入输出(I/O)操作、输入处理、音频和图形编程以及网络编程等。然而这些都只是基础,基于此你还需要构建实际的游戏机制。这些代码也需要有良好的结构,但是有时并不是很容易就能确定如何创建游戏的架构。你要了解如何让你的游戏运行起来。你能不使用物理引擎,而是采用自己的仿真代码吗?你知道你的游戏世界使用的单位和范围吗?你知道它们是如何转换到屏幕上的吗?

其实很多初学者还忽略了一个问题:在开始编程前先要来设计游戏。无数的游戏项目因为没有明确的设计思路而死在黎明前的黑暗。我不想去评论你的第一个射击游戏的基本机制,因为这个很简单,WASD 按键加上鼠标就大功告成了。你应该问问自己,是否需要一个启动画面?显示完启动画面后显示什么?主菜单屏幕中包括什么?在实际的游戏画面上可以使用哪些平视显示器元素?按下暂停按钮时会发生什么?设置屏幕上应该提供哪些选项?UI 设计在不同的屏幕大小和纵横比时表现如何?

有趣的是,游戏设计并没有十全十美的"银弹",解决问题的方法也没有一定之规。我们不能假设提供一个一劳永逸的游戏开发方案;相反,我们只能尽量地说明通常情况下我们是如何设计一个游戏的。你可以决定完全采纳该设计或修改该设计来满足自己的需要。这里并不存在什么规则,只要是适合你的就行。但是,你应该总是尽力寻求简单的解决方案,无论是代码的编写还是设计的撰写。

3.1 游戏类型

在启动项目之前,你通常要确定游戏属于什么类型。除非你想出一个从未有过的全新的游戏类型,否则你的游戏思路很可能属于目前流行的众多类型之一,大多数游戏类型已经有了固定的标准游戏机制(例如,控制方法和具体目标等)。偏离这些标准也可能获得成功,因为游戏玩家喜欢寻找新的刺激,但也有失败的风险。所以,当开发第一款游戏(平台游戏、射击游戏或策略游戏)的时候,要慎重考虑。

下面来看看 Google Play 上一些比较流行的类型示例。

3.1.1 休闲游戏

在 Google Play(前名为 Android Market)上占据游戏市场最大份额的应该就是所谓的休闲游戏。那么什么是休闲游戏呢？这个问题并没有确切的答案，不过这类游戏具备一些共同的特征。通常它们很容易上手，即使非游戏玩家也能很快学会，这就极大地增加了潜在用户的数量。玩一局这样的一款游戏最多只需要几分钟，但是它们容易上瘾的本质常常让用户玩上数个小时。休闲游戏的范围从简单的拼图游戏到折叠纸篮球等。因为游戏风格的定义并不明确，因此这类游戏有相当多的可能性。

由Imangi工作室开发的Temple Run(如图3-1所示)是一款理想的休闲游戏示例。你操控一个人物穿过各种布满障碍物的道路。全部的控制模式都是基于滑屏的。如果向左或者向右滑动，人物就会在那个方向转弯(前提是前方有十字路口)。如果向上滑动，人物会跳起来，而向下滑动人物就会在障碍物的下方滑行。途中你可以获得各种奖励和道具。由于操作方式十分简单，游戏目标十分明确，画面十分精美，这款游戏迅速冲上了苹果App Store和Google Play的前几名。

图 3-1　Temple Run, 由 Imangi Studios 开发

Gem Miner: Dig Deeper(如图 3-2 所示)由 Psym Mobile(一人工作室)开发，是一款完全不一样的游戏。它是该公司开发的极为成功的 Gem Miner 的续集。只是对原来的版本做了少量修改。你扮演了一个矿工，在随机生成的矿山中寻找珍贵的矿石、金属和宝石。这些宝物可以兑换到更好的设备以便挖得更深来获得更多宝物。这款游戏利用了很多人喜欢消磨时间的想法：不需要太多的努力，就能通过新的创意不断的获得奖赏从而让你继续玩下去。这款游戏另一个有意思的地方是矿山是随机生成的。这极大地提高了游戏重玩的价值，而不需要其他的游戏玩点。作为一点点缀，游戏中提供了挑战关卡的具体目标和你拿到奖牌后的才能挑战的关卡。　这是一个轻量级的成就系统。

这款游戏另一个有意思的地方就是它赚钱的方式。尽管目前游戏的趋势是"免费增值"(游戏本身是免费的，而其他东西可以通过荒谬的价格来购买)，但这款游戏还是使用"老式的"支付模型。下载一次 2 美元以及超过 100 000 次下载量，对于一个简单的游戏，收入已经非常可观。这样的销售量在 Android 是非常罕见的，尤其是 Psym Mobile 几乎对这款游戏没做任何广告。上款游戏的成功以及庞大的用户群保证了续集的成功。

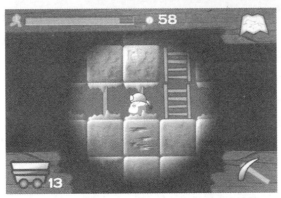

图 3-2　Gem Miner: Dig Deeper，由 Psym Mobile 开发

要列出休闲游戏类型的所有子类可能需要占用本书大多数篇幅，所以本书并未详细罗列。在这个类型下还可以有许多很有创意的游戏概念，通过查找电子市场的相应分类可以得到一些启发。

3.1.2　益智游戏

益智游戏就不需要太多介绍。我们都知道 Tetris 和 Bejeweled。益智游戏是 Android 游戏市场的重要组成部分，各种年龄段的人群都喜爱它们。相比于通常只基于 3 个相同颜色或形状的传统 PC 益智游戏，更多的 Android 益智游戏是利用了精致的物理模式来取代经典的 match-3 模式。

ZeptoLab 开发的 Cut the Rope (如图 3-3 所示)，是物理益智游戏极好的例子。游戏的目的就是给屏幕中的小动物喂糖果。通过割断连接糖果的绳子可以把糖果抛给小动物，也可以把它放到泡泡中，让它向上漂浮、绕过障碍物等。游戏中的每个物体都是某种程度的物理模拟。该游戏是由 Box2D(一个 2D 物理引擎)来驱动的。Cut the Rope 在 iOS App Store 和 Google Play 上风靡一时，甚至被移植到了浏览器上。

图 3-3　Cut the Rope，由 ZeptoLab 开发

由 Bithack(另一个一个人的公司)开发的 Apparatus (如图 3-4 所示),很大程度上受了以前 Amiga 和 PC 经典 Incredible Machines 的影响。与 Cut the Rope 一样,它是一款物理益智游戏,不过它赋予了玩家更多的控制权来解决每个难题。各种类型的积木(如一些原木)可以钉在一起,绳子、马达等可以以创造性的方式连接起来,用来把一个蓝色的小球从屏幕的一端输送到目标区域。

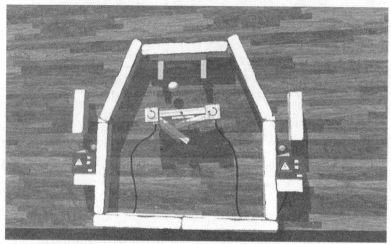

图 3-4   Apparatus, 由 Bithack 开发

除了常规关卡的任务模式,还有一个沙箱环境让你发挥创造力。甚至,你自己设计的巧妙的装置可以很容易地分享给他人。Apparatus 的这个特性保证了即使玩家完成了游戏,也可以有很多其他的玩点可供探索。

当然,你也可以在市场上找到各种各样的俄罗斯方块的克隆版本、match-3游戏以及其他标准的益智游戏。

3.1.3   动作和街机游戏

动作和街机游戏释放了 Android 平台的所有潜力。它们当中有很多具有令人惊叹的 3D 视觉效果,将这一代硬件的能力发挥得淋漓尽致。该类型下有很多子类型,包括赛车游戏、射击游戏、第一和第三人称射击游戏和平台游戏。由于大型游戏工作室开始将游戏移植到 Android,Android 市场份额在最近几年增加了不少。

SHADOWGUN(如图 3-5 所示),MADFINGER 游戏公司出品,是一款视觉效果极好的第三人称射击游戏,展示了最新的 Android 手机和平板电脑的计算能力。和许多其他 AAA 游戏一样,它同时支持 Android 和 iOS 系统。SHADOWGUN 使用了 Unity(一个跨平台的游戏引擎),是 Unity 在移动设备上强大功能的典型代表。从游戏的角度看,它是模拟双摇杆的射击类游戏,甚至允许躲藏在箱子后面并提供了一些很好的机制,这些通常在手机动作游戏中是找不到的。

虽然确切的数字很难得到,但在 Android 市场的统计数据似乎表明,SHADOWGUN 的下载量几乎可以媲美之前提到的 Gem Miner。这一切都表明,并不一定需要庞大的 AAA 团队才能开发出一款成功的 Android 游戏。

图 3-5　SHADOWGUN，由 MADFINGER Games 公司出品

Tank Hero: Laser Wars(如图 3-6 所示)是 Tank Hero 的续集，由一个名为 Clapfoot 的独立小团队开发。你指挥一辆坦克并且可以装备越来越疯狂的武器，如射线枪、声波大炮等。关卡非常狭小，平坦的战场由散落在各处的交互元素所组成，在战场上你可以利用自己的优势消灭掉敌方的坦克。坦克的控制方式是简单的触摸敌方坦克或者战场区域来触发相应的动作(分别代表射击或者移动)。虽然 SHADOWGUN 在视觉效果上不是很好，但它有一个非常好看的照明系统。这款游戏告诉我们，如果控制好游戏的内容(如限制战场的大小)，即使小团队也能创造令人愉悦的视觉体验。

图 3-6　Tank Hero: Laser Wars，由 Clapfoot Inc.开发

Dragon, Fly! (如图3-7所示)由Four Pixels开发，改编自Andreas Illiger开发的极为成功的游戏Tiny Wings(撰写本书时该游戏只适用于iOS)。你控制一条小龙在无数的斜坡上上下下，同时收集各种各样的宝石。如果加速足够快的话，小龙还可以飞起来。加速可以通过在下坡的时候触摸屏幕来实现。游戏的机制是非常简单的，但随机生成的游戏地图和对高分数的渴望还是吸引很多人都来玩这个游戏。

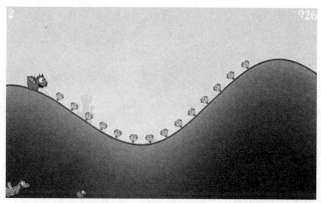

图 3-7　Dragon, Fly!，由 Four Pixels 开发

　　Dragon Fly！非常好地诠释了一种现象：通常情况下，一个特定的手机游戏类型最先出现在iOS上。虽然存在着巨大的需求，原创开发者经常并不会把他们的游戏移植到Android上。这样其他游戏开发者就可以介入并在Android市场提供该游戏的另一种版本。这也完全适得其反导致了一些"有创意"的游戏被大量剽窃，如Zynga开发了一款称为Tiny Tower的游戏，最先则是由NimbleBit开发的。通常扩展一个创意是可以被广泛接受的，但明目张胆地去剽窃其他的游戏，通常则会被人诟病。

　　Max Payne (如图 3-8所示)，由Rockstar游戏公司开发，是2001年发行的旧版PC游戏的移植版本。我们提及它来说明一种日益增长的趋势，那就是很多AAA开发商正在将他们的一些知识产权产品移植到手机环境上。Max Payne讲述了一个警察的全家被一个贩毒集团杀害的故事。愤怒的Max开始为妻儿报仇。这些都通过内嵌在游戏中的电影桥段所讲述，并以过场动画的方式展现出来。该游戏的PC版本和我们玩的其他PC的射击游戏一样，都是严重依赖于标准的鼠标/键盘组合操作。Rockstar游戏公司成功地创造了基于触摸屏的操作方式。虽然控制不如PC上精确，但这种操作方式还是让游戏的可玩性变得非常好。

图 3-8　Max Payne，由 Rockstar Games 公司开发

　　目前，Android Market 上的动作和街机游戏还有待开发，玩家们还在寻找更好的动作主题，也许这也是你的机会。

3.1.4　塔防游戏

　　由于塔防游戏在 Android 平台上的巨大成功，我认为有必要将它作为一个单独的类型来讨论。

塔防游戏刚开始作为一种变种的 PC 实时战略游戏流行起来，并在 mod 社区中得到发展，接着它就被转成独立的游戏。目前塔防游戏是 Android 市场最畅销的游戏类型。

在经典的塔防游戏中，一些主要的敌对势力通过发射出所谓的动物波来攻击你的城堡/基地/水晶等。你的任务就是在游戏地图上建造炮塔来攻击敌人，防卫自己的基地免受敌方的射击。同时每杀死一个敌人，就可以得到一定的金钱或得分，用于建造新的炮塔或者对炮塔进行升级。游戏概念很简单，但是想玩好这个游戏还是困难的。

Defender(如图3-9所示)由DroidHen开发，是一款非常流行的免费Google Play游戏，在塔防过程中，它使用了一个flash游戏玩家所熟知的简单的旋转平台。相对于建造多个防御塔，它有一个玩家自己控制的塔可以不断升级，包括发射威力更强的飞箭以及可分裂的飞箭。除了主要武器，还可以投掷不同的科技魔法来摧毁入侵之敌。这款游戏的优点就是简单、容易理解并且很优美。图片都干净清爽并且和主题很好地契合在一起，DrodHen很好地平衡了它们，这些都让你比预计的时间要玩得更长。这款游戏在赚钱方式上非常巧妙，虽然你可以得到很多免费的升级，但如果你等不及的话，随时可以使用真正的金钱早一点购买一些东西从而获得短暂的满足感。

图 3-9　Defender，由 DroidHen 开发

Defender只有一关，但是敌人混杂在一起，一波接一波地进攻。你没有注意到只有一关，大多是因为界面非常好看并且你的精力大多集中到了敌人、武器和你的魔法上。总之，对于一个小的开发团队在一个合理的时间内所能开发的让休闲玩家喜欢的游戏来说，这款游戏应该是该游戏类型一个很好的启示。

3.1.5　社交游戏

你觉得我们不会跳过社交游戏，不是吗？如果有的话，"社交"这个词是现在社会最大的课题(也是最大的赚钱机器之一)。什么是社交游戏呢？在社交游戏中，你可以与你的朋友和熟人分享经验，以类似病毒传播的方式相互了解。它是如此惊人的强大，如果使用得当，可以像滚雪球一样获得巨大成功。

Words with Friends(如图3-10所示)由Zynga开发，在已有的拼接词汇创造风格的基础上添加了回合制的玩法。Words with Friends真正的创新是整合了聊天与多重同时游戏。你同时可以玩多个游戏，不必等到一个游戏结束才进行另一个。一个著名的评论(John Mayer发表)说道，"Words with Friends

应用程序是一个新的Twitter。"足以证明Zynga已经很好地利用了社会空间并把它与一款易玩的游戏整合到了一起。

　　Draw Something (如图 3-11所示)由OMGPOP开发，是一款玩家猜测其他人一笔一笔地在画什么的游戏。它不仅好玩，玩家还可以将自己的作品提交给朋友们，使得来自于群众的内容变得不可思议。Draw Something乍看起来是一个基于手绘的应用程序，但短短几分钟后，当你想即刻知道你猜测的对不对，然后再猜其他，然后绘制你自己的图形并同你的朋友一起体验游戏的乐趣时，游戏的本质才真正的体现出来。

图 3-10　Words with Friends，由 Zynga 开发

图 3-11　Draw Something，由 OMGPOP 开发

3.1.6　游戏类型之外

　　一些新的游戏、想法、类型和应用程序一开始看起来并不像是游戏，但实际上它们确实是游戏。因此在进入 Google Play 时，很难真的指出来现在什么是创造性的。我们见过把平板电脑当成游戏主机，然后把平板电脑连接到电视，电视又通过蓝牙连接到多个 Android 手持设备，每个设备作为一个控制器。休闲类、社交类游戏已经成熟了相当长一段时间，而且原本出现在 Apple 平台上的许多流行游戏开始已被移植到 Android 上。已经没有创新的可能性了吗？显然不是。总会有一些未被触及的市场和游戏思路，等待那些愿意为新的游戏设想冒险的人们。硬件的发展越来越快，这会开启一些全新的领域，是以前 CPU 能力不足时所无法涉足的。

　　现在，你应该知道 Android 平台能做些什么了吧。我建议你到电子市场上找找上面提到的这些游戏，对它们的构成好好地了解一下(例如屏幕之间的切换、什么按钮做什么事情、游戏元素之间如何交互等)。通过用一种分析的心态去试玩这些游戏就能感受到这种体会。用一点时间剥离娱乐的成分并专注解构这些游戏，做了这些工作之后回头再来阅读。我们将在纸上设计一款很简单的游戏。

3.2 游戏设计：笔比代码更强大

如前所述，把 IDE 搭建起来并编写一个科技演示程序应该是件十分诱人的事情。如果你想规划游戏的原型框架并看它们能否工作也是没有问题的。但是，一旦你开始实施，最好还是抛开原型。拿起笔和纸，找个舒适的椅子坐下来，好好考虑游戏所有更高级别方面的事。此时还没必要去关注技术细节——这是后面考虑的事情。现在，你要集中精力去设计游戏的用户体验。对我来说，最好的办法就是拟定好以下几个方面：

- 游戏的核心机制，包括适当的级别概念。
- 游戏主角的一个大概的背景故事。
- 可以修改角色、机制或环境的项目、能量及其他物品的列表。
- 基于背景故事和角色的一个对图形风格的大概描述。
- 所有画面之间的关系描述，包括画面之间的切换图和切换触发动作(例如进入游戏的结束状态)。

如果看过目录，就知道接下来将在 Android 上实现一个贪食蛇的游戏。贪食蛇一直是移动市场上最流行的游戏之一。如果你不了解它，那么可以到网上了解一下。

浏览过网上的相关内容后你应该知道贪食蛇是怎么一回事了。假设这是我们所拥有的想法并开始为它来展开设计。我们首先设计游戏机制。

3.2.1 游戏的核心机制

在开始之前，我们需要下列物品：

- 一把剪刀
- 可以涂写的工具
- 大量纸张

在游戏设计阶段，一切都还未确定。此时还没必要用 Paint、Gimp 和 Photoshop 去绘制漂亮的图样，建议先在纸上绘出基本的对象，然后在桌上重新排列它们的顺序直到安排比较合理为止。实际的东西比较容易修改，没必要使用不趁手的鼠标。一旦完成纸上的设计，我们就可以拍摄或扫描它们为未来提供参考。现在，首先为核心游戏界面构建这些基本的模块对象。图 3-12 展示了我的核心游戏机制设计的版本。

最左边的矩形是屏幕，大致占据了 Nexus One 手机屏幕的全部大小。我们将在其上设计所有对象元素。接下来的模块对象是两个按钮，用于控制贪食蛇。最后，还有蛇的头部、尾部和被吃的碎块。同时我还写了一些数字，并将它们单独裁剪了出来，这是为了显示游戏的得分。图 3-13 显示了对初始游戏区域的设想。

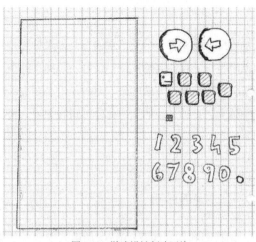

图 3-12　游戏设计创建区块

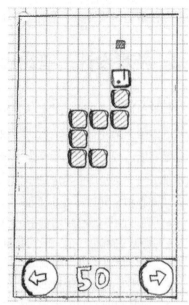

图 3-13　游戏区域的初始设计

接下来定义游戏机制:

- 蛇沿着头部方向前进,并拖动它的尾部。头部和尾部由同样大小的部件组成,看上去差别不大。
- 如果蛇移出屏幕的边缘,会从反方向重新进入屏幕。
- 如果按下向左或向右按钮,蛇会做出一个 90°的顺时针(向右)或逆时针(向左)转动。
- 如果蛇撞击到自己,那么游戏就结束。
- 如果蛇的头部撞击到碎块,碎块就会消失,得分会增加 10 个点;同时一个新的碎块就会出现在游戏区域中蛇身之外的地方。蛇的尾部也长了一块,新的这块附在蛇的尾部后面。

这个说明对于这个简单的游戏应该是足够详细了。注意,我所设计的这些步骤其复杂度是逐步上升的。蛇吃掉游戏区域中的一个碎块应该是最复杂的一个游戏行为。当然,更精巧的游戏说明是不能用如此简洁的方式来描述的。通常,你需要将它们分成不同的部分并对每一部分单独进行设计,并在最后将它们合并起来。

游戏机制的最后一项其实暗藏着一个含义:当画面上的所有空间都被蛇身占领时,游戏将会结束。

现在,游戏机制的整个初始想法看起来非常不错,让我们为它添加一个背景故事吧。

3.2.2　背景故事和艺术风格

尽管一个拥有僵尸、飞船、矮人和多次爆炸的史诗般的故事会很有趣,但我们也要认识到我们资源有限。例如,我们的绘画技术(如图 3-12 所示)水平不高,连僵尸都画不好。所以,和那些独立的游戏开发人员一样,我们采用涂鸦的风格并相应调整了设置。

现在进入 Mr. Nom 的世界,Mr. Nom 是一条纸蛇,它总希望把纸张上随机出现的所有墨水点吞掉。Mr. Nom 非常自私,并且有一个不那么高尚的目标:成为世界上最大的墨水纸蛇。

这样一个小的背景故事允许我们再定义一点东西:

- 涂鸦式的艺术风格,实际上我们将在后面扫描我们的模块对象,并将其作为游戏中的图形资源。
- 由于 Mr. Nom 是一条个性张扬的蛇,我们将对它的块状特性稍做修改,并给它赋予一个适当的蛇脸和一顶帽子。
- 被消化的碎块改造成一个个墨渍。
- 在游戏中设计一些音效,每当 Mr. Nom 吃掉一个墨水渍的时候发出咕噜声。
- 不选择一个无聊的标题例如"涂鸦蛇",而是取一个更能引起人的兴趣的标题"Mr. Nom"。

图 3-14 展示了 Mr. Nom 的风采和一些取代初始物块的墨水渍,同时还设计了一个涂鸦式的 Mr. Nom 图标用于在整个游戏中使用。

图 3-14 Mr. Nom、它的帽子、墨渍和图标

3.2.3 画面和切换

确定了游戏机制、背景故事、主人公和艺术风格,我们就开始设计画面和画面之间的切换。但首先必须明确构成一个画面主题的各个部分:

- 一个画面就是填充整个显示屏的最小单位,负责游戏的某个部分(例如主菜单、设置菜单或者是动作发生的一些游戏画面)。
- 一个画面可由多个组件构成(例如按钮、控件、平视显示元素或游戏世界的渲染)。
- 一个画面允许用户与其元素进行交互,这种交互可以触发一个画面的转换(例如按下主菜单的 New Game 按钮就可以将当前活动的主菜单画面切换到游戏画面或关卡选择画面)。

有了这些定义,我们就可以思考并设计游戏 Mr. Nom 的所有画面。

游戏中第一个呈现给玩家的画面是主菜单画面,怎样构建一个好的主菜单画面呢?

- 显示游戏的名字是一个好主意,因此我们将加入 Mr. Nom 图标。
- 为了使画面看起来更加一致,需要一个背景图。我们将在整个游戏区域中重用该背景图。
- 玩家是要玩游戏的,所以我们需要一个 Play 按钮,这是我们的第一个用户交互组件。
- 玩家需要追踪自己的进度和成就,因此添加一个高分按钮,如图 3-15 所示,这是另一个用户交互组件。
- 有些人可能不知道贪食蛇游戏,我们需要以帮助按钮的形式给他们提供帮助,单击该按钮将进入帮助画面。

● 虽然我们设计的声音悦耳动听，但是有些玩家可能喜欢无声模式。可以设计一个形象的按钮来禁止和启用游戏中的声音。

怎么把这些组件展现在画面上就是个人品味问题了。你可以学习人机交互(human computer interfaces，HCI)计算机科学子领域以获得如何向用户展示你的应用程序的最新科学知识。不过，对于 Mr. Nom，没必要这么做。我们决定采用一个简单的设计，如图 3-15 所示。

注意，画面上的所有这些元素(logo、菜单按钮等)都是单独图片。

从主菜单画面开始启动有一个明显的好处：我们可以直接从交互的组件派生出更多画面。在 Mr. Nom 中我们需要一个游戏画面、一个高分画面和一个帮助画面。我们不需要设置画面，因为在主画面上已经有了这个游戏需要的唯一一项设置(声音)。

我们暂且把游戏画面放到一边，把精力集中到高分画面上来。我们决定将高分得数存储到 Mr. Nom 里面，因此仅追踪单个玩家的成绩即可。我还决定记录五个最高分。高分画面会如图 3-16 所示，最顶部显示"HIGHSCORES"字样，然后是 5 个最高得分，最后是一个箭头按钮表示可通过它切换到其他画面。我们同样使用游戏区的背景图片，因为它用起来十分方便。

图 3-15　主菜单屏幕

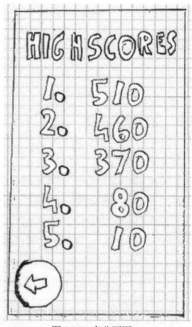
图 3-16　高分画面

下面是帮助画面，它会告诉玩家游戏的背景故事和游戏机制。把所有的这些信息展示在一个画面上过于臃肿。所以，我们把帮助画面分成几个画面展示。每一个画面向用户展示一条关键信息：Mr. Nom 是谁以及它想做什么，怎么控制 Mr. Nom 来使它吃到墨水渍，以及 Mr. Nom 所不喜欢的(即吃到它自己)。共有三个画面，如图 3-17 所示。注意每一个画面都增加一个按钮表示还有更多信息可供阅读。稍后会把这些画面联系起来。

图 3-17　帮助画面

　　最后是游戏画面，前面我们已经看到了，不过还有几个细节尚未解决。第一，游戏不应该立刻开始，需要给玩家一些时间来做准备。所以游戏一开始会请求触摸屏幕来启动。这并不需要一个单独的画面，所以我们将在游戏画面中直接实现最初的暂停。

　　说到暂停，我们还会增加一个用来暂停游戏的按钮。一旦游戏暂停，我们还需要给用户提供恢复游戏的方法。在暂停状态下我们会显示一个大的 Resume 按钮来恢复游戏，还会提供一个 Quit 按钮允许用户返回主菜单画面。

　　当 Mr. Nom 咬到自己的尾巴时，我们需要提醒用户游戏结束了。我们可以实现一个单独的游戏结束画面，也可以在原来游戏画面上叠加一个 "Game Over" 消息，在这里我们选择后者。为了完善起见，还需要显示用户的得分和一个返回主菜单画面的按钮。

　　将游戏画面的不同状态想象为子画面，总共得到 4 个子画面：游戏初始化状态、游戏正常运行状态、暂停状态和游戏结束状态，如图 3-18 所示。

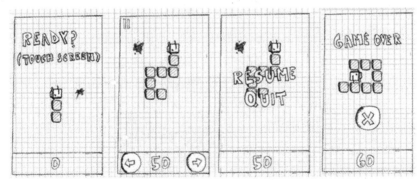

图 3-18　游戏 4 个不同的状态画面

　　现在是时候将各个画面相互串联起来了，每个画面都有一个交互组件用于切换到另外一个画面。
- 在主菜单画面，可通过相应的按钮进入游戏画面、高分画面和帮助画面。
- 在游戏画面，可通过暂停状态下或游戏结束状态下的按钮返回到主菜单画面。
- 在高分画面，可直接返回主画面。
- 第一个帮助画面可进入第二个帮助画面，第二个可进入第三个，第三个可进入第四个，第四个可直接返回主画面。

这就是所有的画面切换。看起来还算清晰，不是吗？图 3-19 以可视形式总结了所有这些画面切换，箭头由交互组件指向了目标画面。同时还把所有的画面元素全部显示出来。

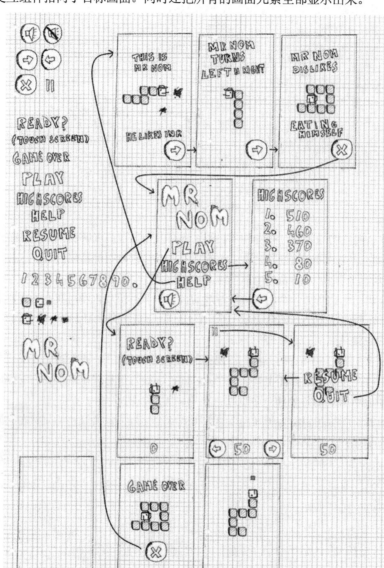

图 3-19 所有的设计元素和画面切换

到这里我们就完成了第一个游戏的完整设计，剩下的就是进行实施了。如何才能将这个设计转变成一个可运行的游戏呢？

注意：我们用来创建游戏设计的方法是不错的，特别是对小游戏来说。本书名为"入门经典"，所以这是一个合适的方法。对于大型项目来说，你很可能需要一个合作团队，每个团队成员负责一个方面。虽然在这种情况下你仍可使用前面的那套方法，但可能需要做些调整以适应不同的环境。而且你需要以迭代方式工作，不断地完善你的设计。

3.3　代码：具体细节

这里同样有先有鸡还是先有蛋的问题：我们只想知道与游戏编程相关的 Android API，但实际上我们仍然不知道如何实际编写一个游戏。我们知道怎么来设计一个游戏，但怎么将它转换成可运行的游戏仍然属于未知领域。下面将介绍一个游戏大概是由哪些部分组成的。先看看一些接口的伪代码，后面将用 Android 提供的接口进行实现。接口很有用，这有两个原因：它允许我们只关注语义而不需要知道实现的细节，同时允许我们在以后改变它的具体实现(例如，我们可用 OpenGL ES 来取代 2D 的 CPU 渲染在屏幕上显示 Mr. Nom)。

任何游戏都需要一些基本框架，用于实现抽象化，并减轻与底层操作系统交互的痛苦。通常这一框架分成几个模块，如下所示：

- **应用程序和窗口管理**：用于创建一个窗口和处理一些操作，例如关闭窗口、暂停或恢复 Android 的应用程序等。
- **输入**：与窗口管理模块相关联，用于跟踪用户的输入(例如触摸事件、按键事件和加速计读取等)。
- **文件 I/O**：允许从硬盘上将资源文件读取到应用程序中。
- **图形**：这是游戏开发中除实际游戏外最复杂的模块部分，它负责加载图形并绘制在画面上。
- **音频**：该模块负责加载和播放一些我们能听到的声音。
- **游戏框架**：它集合了上面所有部分，为我们编写游戏提供了一个易用的基础。

上面的每一个模块都由一个或多个接口组成，每个接口都至少有一个具体的实现，它们应用了基于底层平台(这里是 Android)提供的功能实现的接口语义。

注意：*我特意没有在上面的列表中包含网络编程。本书不介绍多人游戏，因为在有些游戏类型中那是一个十分高级的主题。如果对该主题感兴趣，可以在网上找到很多教程(www.gamedev.net 是一个不错的起点)。*

在下面的讨论中，我们尽可能地做到与平台无关，因为这些概念适用于所有平台。

3.3.1　应用程序和窗口管理

一个游戏与具有一个 UI 的其他计算机程序一样，它包含于某种类型的窗口(前提是底层操作系统的用户界面是基于窗口的，所有主流的操作系统都是这样的)中。窗口作为一个容器，我们基本上可把它当成一个画布并在上面绘制游戏内容。

除了触摸客户区和按键以外，大多数操作系统允许用户通过一种特殊方式与窗口交互。在桌面系统中，通常可以拖动窗口、改变其大小或将其最小化到任务栏中。在 Android 系统中，改变窗口大小被屏幕方向变换代替，最小化等价于按下 home 按钮或在有电话打进来时将应用程序退到后台运行。

应用程序和窗口管理模块还负责窗口的实际设置，并确保它是由单一的用户界面组件构成，稍后可对 UI 组件进行渲染或通过它来接受用户的触摸和按键输入。UI 组件可通过 CPU 来进行渲染或硬件加速，正如使用 OpenGL ES 一样。

应用程序和窗口管理模块没有具体的接口系列，后面我们将把它与游戏框架合并到一起。我们

需要记住必须管理的应用程序状态和窗口事件:

- **创建**:当窗口(这里指应用程序)启动时被调用一次。
- **暂停**:当应用程序被某些机制暂停时调用。
- **继续**:当应用程序恢复运行,窗口回到前台时被调用。

注意:有些 Android 爱好者可能表示不屑,为什么要使用单个窗口(Android 中叫做活动)呢?为什么不在游戏中使用多个 UI 控件?也许我们的游戏需要更复杂的多界面窗口。最主要的原因是我们希望完全控制游戏的外观和感受。而且这样做也允许我们关注到 Android 的游戏开发上而不是 Android 的 UI 编程。关于界面编程主题有更适合的书籍,例如 Mark Murphy 的力作 *Beginning Android 3*(Apress, 2011)。

3.3.2 输入

用户肯定希望通过某种方式与游戏进行交互,这正是输入模块的用武之地。在大多数操作系统中,类似于触摸事件和按钮事件等输入事件会被调度到当前具有焦点的窗口中。接着窗口将输入事件调度到具有焦点的 UI 组件中。调度过程通常是透明的,我们只关注从具有焦点的 UI 组件得到相应的事件。操作系统的 UI API 提供一种将事件调度系统挂接起来的机制,因此我们可以很容易地注册和记录事件。输入模块最主要的任务就是挂接和记录这些事件。

记录信息可用来做些什么呢?这里有两种操作方法:

- **轮询**:通过轮询可只检查输入设备的当前状态。当前检查和上次检查之间的状态将会丢失。这种输入处理方法适用于检查用户输入,例如检查用户是否触摸某个按钮,但不适用于追踪文字输入,因为这样按钮事件的顺序会丢失。
- **基于事件的处理**:这能给我们提供一个自上次检查后,完全按照时间顺序的事件历史。对于文本输入或其他需要依赖事件顺序的任务来说这是一种合适的机制。使用它来检测屏幕手指何时触摸或离开屏幕也是非常有用的。

我们能处理什么样的输入设备呢?在 Android 系统中,有三种主要的输入方法:触摸屏、键盘/轨迹球和加速计。前两种适合于轮询和基于事件的处理,而加速计通常只使用轮询。触摸屏可以产生三个事件:

- **触摸按下**:当手指触摸屏幕时发生。
- **触摸拖动**:当手指在屏幕上拖动时发生。在拖动事件发生前总有触摸按下事件。
- **触摸离开**:当手指离开屏幕时发生。

每个触摸事件都有附带信息:相对于 UI 组件原点的位置以及在多点触摸环境下的用于识别和追踪各个手指的指针索引。

键盘可产生两种类型的事件:

- **按键按下**:当一个按键被按下时发生。
- **按键放开**:当一个按键被放开时发生,此事件之前总有按键按下事件发生。

按键事件同样附带信息。按键按下事件存储按键的代码,而按键放开事件同样存储按键代码和一个实际的 Unicode 字符。一个按键代码和由按键放开事件所产生的 Unicode 字符是有差别的。在按键放开事件中,也要考虑其他按键的状态,例如 Shift 键。这样,我们就能在按键放开事件中判断是大写还是小写字母。而在按键按下事件中,我们只能确定某键按下了,而无法得到按键按下实际产生的字符信息。

希望使用定制的 USB 硬件(包括摇杆、模拟控制器、专用键盘、触摸板或其他 Android 支持的外设)的开发人员可以使用 android.hardware.usb 包 API，这是在 API level 12(Android 3.1)中引入的，并且通过包 com.android.future.usb 向后移植到 Android 2.3.4 中。USB API 允许 Android 设备运行在主设备模式或附件模式下。运行在主设备模式下时，Android 设备可以附加和使用外设；运行在从属模式下时，设备可以作为另一个 USB 主设备的附件。这些 API 并不容易掌握，因为设备访问是级别很低的操作，可以向 USB 附件提供数据流 IO，但是重要的是知道这种功能是存在的。如果游戏设计围绕一种特定的 USB 附件,肯定需要为该附件开发一个通信模块，然后使用该模块作为原型。

最后是加速计。有一点很重要：虽然几乎所有的手机和平板电脑都具有加速计功能，但是许多新设备(包括机顶盒)可能没有加速计功能，所以应该总是考虑使用多种输入模式。

为使用加速计，我们将轮询加速计的状态。该加速计会报告由地球引力产生的三个方向的加速度，这三个方向是 x、y 和 z 轴。图 3-20 描述了每个轴的方向。每个轴的加速计单位为米/秒^2。从物理课上，我们知道一个物体在地球上做自由落体运动时所产生的加速度大约是 9.8 米/秒^2。而在其他星球上会有不同的重力，所以加速度同样也是不一样的。为简单起见，我们仅考虑地球上的情况。当一个轴的方向背离地心时，它的加速度是增大的；而当一个轴的方向指向地心时，它的加速度是负数增大的。如果你将手机直立在纵向模式，那么 y 轴的加速度会为 9.8 米/秒^2。在图 3-20 中，z 轴的加速度为 9.8 米/秒^2，而 x 轴和 y 轴的加速度为零。

图 3-20　一个 Android 手机的加速度轴向，z 轴指向手机的上方

现在来定义一个接口用于轮询触摸屏、键盘和加速计，同时可以访问触摸屏和按键事件(见程序清单 3-1)。

程序清单 3-1　Input 接口、KeyEvent 类和 TouchEvent 类

```
package com.badlogic.androidgames.framework;

import java.util.List;

public interface Input {
    public static class KeyEvent {
        public static final int KEY_DOWN = 0;
        public static final int KEY_UP = 1;

        public int type;
        public int keyCode;
```

```java
        public char keyChar;
    }

    public static class TouchEvent {
        public static final int TOUCH_DOWN = 0;
        public static final int TOUCH_UP = 1;
        public static final int TOUCH_DRAGGED = 2;

        public int type;
        public int x, y;
        public int pointer;
    }

    public boolean isKeyPressed(int keyCode);

    public boolean isTouchDown(int pointer);

    public int getTouchX(int pointer);

    public int getTouchY(int pointer);

    public float getAccelX();

    public float getAccelY();

    public float getAccelZ();

    public List<KeyEvent> getKeyEvents();

    public List<TouchEvent> getTouchEvents();
}
```

我们从定义两个类开始，KeyEvent 和 TouchEvent。KeyEvent 类定义了一些常量类型，TouchEvent 类也是一样。当事件类型为 KEY_UP 时，一个 KeyEvent 实例将会记录它的类型、按键代码和 Unicode 字符。

TouchEvent 的代码也很相似，它定义了 TouchEvent 事件类型、触点相对于 UI 组件原点的位置和触摸屏的驱动程序赋予手指的指针 ID。只要手指还在屏幕上，那么它的指针 ID 是不会变的。如果按下了两只手指，那么当手指 0 离开时，手指 1 会保持其 ID 不变直到它离开触摸屏。当一个新的手指按下时会得到第一个未占用的 ID，本例中将会得到 0。指针 ID 通常是按顺序分配的，但未必一定如此。例如，索尼的 Xperia Play 使用 15 个 ID，并按照轮转的方式分配它们。在代码中不要假设新指针的 ID，而是只能使用索引读取和引用指针的 ID 直到该指针被释放。

接下来便是 Input 接口的轮询方法，其用途不言自明。Input.isKeyPressed()接受一个 keyCode 参数，并返回对应按键是否被按下的信息。Input.isTouchDown()、Input.getTouchX()和 Input.getTouchY()返回是否按下一个给定的指针，以及其当前的 x 和 y 坐标。注意，如果实际上对应的指针没有触摸屏幕的话，其坐标是没法确定的。

Input.getAccelX()、Input.getAccelY()和 Input.getAccelZ()返回加速计在各个轴上的值。

最后两个方法用于基于事件的处理，它将返回上次我们调用这些方法后所记录的 KeyEvent 或 TouchEvent 实例。该事件按发生时间排序，最新发生的事件排在列表的最后面。

有了这些简单的接口和帮助类，我们就完成了所需要的全部输入，接下来让我们来处理文件。

注意：当可变类中有公有成员时是让人头疼的。可绕过这个问题，这有两个理由：当调用方法(本例中是 getter)时，Dalvik 仍然过于缓慢，事件类的可变性对 Input 实现的内部工作没有影响。注意，一般来说这不是一种好的风格，但出于性能方面的考虑有时还是会采取这种快捷方式。

3.3.3　文件 I/O

对于游戏开发来说，文件的读写是十分必要的。因为我们使用的是 Java，所以只关心创建 InputStream 和 OutputStream 实例，它们是读写特定文件的标准 Java 方法。本例只关心从游戏打包的文件中读取数据，例如关卡文件、图像和音频文件等。文件的写操作一般较少。通常情况下，写文件的目的是保存高分或游戏设置，或者保存游戏状态以便用户能够接着上次的进度继续玩游戏。

我们希望建立尽可能简单的文件访问机制，程序清单 3-2 显示了一个简单接口的定义。

程序清单 3-2　文件 I/O 接口

```
package com.badlogic.androidgames.framework;

import java.io.IOException;
import java.io.InputStream;
import java.io.OutputStream;

public interface FileIO {
    public InputStream readAsset(String fileName) throws IOException;

    public InputStream readFile(String fileName) throws IOException;

    public OutputStream writeFile(String fileName) throws IOException;
}
```

这是相当精简和有效的。仅需要指定一个文件名就能获得一个数据流。在 Java 下，还需要在出错的情况下抛出一个 IOException 异常。当然我们从哪里读和写文件将取决于实现机制。从应用程序的 APK 文件中读取资源文件，而文件的读写操作会发生在 SD 卡上(也被称为外部存储)。

返回的 InputStream 和 OutputStream 是普通 Java 流。当然，使用完毕后必须关闭它们。

3.3.4　音频

因为音频编程是一个相当复杂的主题，这里我们仅做一个简单的概括。我们不会做任何高级的音频处理，只是播放从文件中加载的音效和音乐，这与在图形模块中加载位图文件一样。

在我们深入介绍接口模块之前先停留片刻，想想声音实际上是什么东西以及如何采用数字方式将其表示出来。

1. 声音的物理特性

声音实际上就是一系列的波，并在介质中传输，例如空气和水。波不是一种实际的物理对象，而是介质内的分子运动。考虑你扔一块石头到小池塘中的场景，当石头撞击池塘表面时，它会推开池塘内的很多水分子，同时这些被推开的水分子会把它们的能量传输给它的周边，而周边的分子又会开始移动并传输能量。最终，你会从石头击中的池塘中看到环形的波纹能量。

这与声音的产生有些相似,不过声音不是圆形的运动,取而代之的是球形的运动。在儿童时代的科学实验你可能已经知道,水波会彼此相互作用。它们会彼此削弱,也会彼此增强。声波也是如此。当你听音乐时,环境中的声波会以音调和旋律的形式传到你的耳朵里。一个声音的音量是由运动和推动分子施加给周边分子的能量大小所决定的,并最终传入耳中。

2. 录制和播放

从理论上来说,录制和播放音频的原理实际上是很简单的。对于录制来说,就是实时地追踪声波中的分子对空间的区域施加了多大的压力。播放录制的数据就是把扬声器周围的空气分子摆动起来,并像我们录制它们时那样移动起来就可以了。

在实践中,这是一个较复杂的过程。音频通常可通过两种方式来录制:模拟或数字。在两种情况下,声波通过某种麦克风来录制。麦克风一般由一个薄膜组成,它将把分子的推力转换成某种数字。而这些数字怎么被处理和存储正是模拟和数字录制的差别所在。我们看看如何以数字方式录制。

以数字方式录制音频意味着在离散时间间隔测量和存储麦克风薄膜的状态。根据周围分子的推动,薄膜由中立状态可向内或向外推动。这个过程称为采样,因为我们在离散的时间点获取薄膜状态样本。每单位时间内采集的样本数量叫做采样率。通常情况下,时间单位为秒,而采样单位为赫兹(Hz)。每秒采集的点数越多,音频质量就越高。CD 在播放时的采样率为 44 100Hz 或 44.1KHz。也有些低的采样率,例如在电话线上传送声音(这种情况一般为 8 KHz)。

采样率仅仅是关系录制质量的一个属性。我们存储每个薄膜状态采样点的方法也起到一定的作用,但它也受到一些数字化的限制。让我们回顾一下薄膜状态的实质:它是薄膜与中立状态的距离。由于薄膜向内或向外推动时会存在一些不同,我们需要记录这个带符号的距离值,因此在特定时间间隔内该薄膜状态的值是一个正数或负数。我们可用多种方式存储该值:一个带符号的 8 位、16 位或 32 位整型,或者 32 位的浮点型,甚至是 64 位的浮点型。每种数据类型都有有限精度。一个带符号的 8 位整型可存储从+127 到-128 的距离值,一个 32 位的整型就提供了更多的存储空间。当存储浮点型时,薄膜状态会被归一化到-1 到 1 之间。最大的正值和最小的负值代表薄膜离中立状态的最远距离。薄膜状态也称为振幅,它代表声音的响度。

一个麦克风只能记录单声道声音,这会丢失所有空间信息。如果有两个麦克风,我们就可以在不同的位置来记录声音,从而得到所谓的立体声。你可以这样来获取立体声,例如一个麦克风放在发声对象的左边,另一个放在它的右边。当声音同时通过两个扬声器播放时,可以分别重现音频的空间分量,不过这意味着我们在存储立体声声音时需要存储两倍的采样数据。

播放是件简单的事情。一旦我们有了数字化的音频采样格式,加上特定的采样率和数据类型,我们就可以将数据送到音频处理单元,它将会把信息转换为信号并送到连接的扬声器上。扬声器会解析这个信号并将其转化为薄膜的振动,它反过来会引起周边空气分子的移动并产生声波。这与录制的机制相同,只不过反了过来。

3. 音频质量和压缩

我们为什么要关心这么多理论呢?如果你留意,你现在就能根据采样率和存储采样点时使用的数据类型判断一个音频文件是否具有高质量。采样率和数据类型的精度越高,音频文件的质量就越好。不过这也意味着我们需要更多的存储空间来存储音频信号。

假设要录制一段 60s 长度的声音两次:一次使用 8KHz 的采样率和 8 位每采样点,另一次使用 44KHz 的采样率和 16 位的精度,那么我们需要多少内存来存储每段声音呢?在第一种情况下,每采样点需要一字节，乘以 8 000Hz 的采样率，因此每秒需要 8 000 个字节，对于 60s 的录制音频就需要 480 000 字节，大约是半兆(MB)。而高品质的录制音频就需要占用更多的内存：每个采样点 2 个字节，每秒就需要 2 个 44 000 字节，也就是每秒 88 000 个字节。将它乘以 60s，我们就需要 5 280 000 个字节，即 5MB 多一点。以这样的质量，平常 3 分钟的流行歌曲就需要超过 15MB 的内存，这还是单声道录音。对于立体声录音来说，就需要双倍那样的内存，可以看出一首令人陶醉的歌曲需要相当多的字节。

许多聪明的人想办法来减少音频录制所需要的字节数。他们发明了相当复杂的声学压缩算法，通过分析一个未压缩的录制音频来输出一个小一点的压缩的音频版本。这种压缩通常是有损的，意味着会忽略原始音频的一些不重要的声音部分。当你在播放 MP3 或 OGG 时，你实际上就是在听一个有损的、压缩的音频。所以使用 MP3 或 OGG 这种格式会帮助我们减少其在硬盘上的存储空间。

怎么才能播放这些压缩的音频文件呢？常见的音频硬件模块只能处理未压缩的音频；不过存在专用的硬件解码模块可处理各种压缩的音频格式。在播放这些音频之前，我们需要先读取并解压它们。读取之后，可将解压的音频数据存到内存，或者当需要时直接从分区的音频文件读取流数据。

4. 实践

如前所述，一首 3 分钟的歌曲就要占用大量内存。因此当播放游戏音乐时，我们需要以流式方式播放音频样本，而不是将所有音频样本预加载到内存中。通常只播放单个音乐流，所以只需访问磁盘一次。

对于较短的音效(例如爆炸或枪击)，情况稍有不同。我们经常要多次同时地播放这类音效，每次从磁盘读取音效实例的音频样本流不是一个好主意。不过，幸运的是短的音效并没有占用太多内存，因此我们可以从音效文件中读取多个样本到内存中，然后直接从内存同时播放它们。

因此，我们有以下要求：

- 我们需要一种方法来加载音频文件以便进行流播放和从内存进行播放。
- 我们需要一种方法来控制流媒体音频的播放。
- 我们需要一种方法来控制完全加载音频的播放。

这样就能转换成 Audio、Music 和 Sound 接口(如程序清单 3-3 至程序清单 3-5 所示)。

程序清单 3-3　Audio 接口

```
package com.badlogic.androidgames.framework;

public interface Audio {
    public Music newMusic(String filename);

    public Sound newSound(String filename);
}
```

Audio 接口用于创建新的 Music 和 Sound 实例。一个 Music 实例就代表一个流音频文件，一个 Sound 实例就代表一个常驻内存的短音效。Audio.newMusic()和 Audio.newSound()方法都需要一个文件名作为参数，并在加载失败时抛出一个 IOException 异常(例如指定的文件不存在或者受损)。文件名是指应用程序的 APK 文件中的资源文件。

程序清单 3-4　Music 接口

```
package com.badlogic.androidgames.framework;

public interface Music {
    public void play();

    public void stop();

    public void pause();

    public void setLooping(boolean looping);

    public void setVolume(float volume);

    public boolean isPlaying();

    public boolean isStopped();

    public boolean isLooping();

    public void dispose();
}
```

Music 接口稍微有点复杂。它包含开始播放、暂停播放和停止播放音乐流媒体等方法，还可以设置循环播放，这就意味着当它播放到音频文件的最后时又会从头自动开始播放。除此之外，还可以设置一个浮点型的音量值，其值在 0(静音)～1(最大值)之间。同时还有一些 getter 方法用于查询当前 Music 实例的状态。一旦我们不再需要该 Music 实例，我们就需要释放它。这将关闭一切系统资源，例如流式读取音频时用到的文件。

程序清单 3-5　Sound 接口

```
package com.badlogic.androidgames.framework;

public interface Sound {
    public void play(float volume);
    '''
    public void dispose();
}
```

Sound 接口相对比较简单。我们所要做的是调用它的 play()方法，该方法同样接受一个浮点参数来指定音量，我们可在任何需要的时候调用该方法(例如，Mr. Nom 吃掉墨渍的时候)。一旦不再需要该 Sound 实例，就要销毁它以释放样本使用的内存，还要释放其他关联的系统资源。

注意: 虽然本章介绍了很多基本知识，但对音频编程来说还有更多的东西要学。我简化了一些东西以缩减本节的篇幅，例如通常你不会线性地指定音量大小。对于这里的说明而言，这个小细节是可以忽略的，但你要知道还有更多东西要学。

3.3.5　图形

游戏框架中的最后一个重要模块是图形模块。你可能猜到了，它主要负责在屏幕上绘制图像(也称为位图)。这听起来容易，但如果你想有高性能的图形，你至少需要了解基本的图形编程。让我们从基本的 2D 图形编程开始。

第一个要问的问题是这样的：图像到底是怎么输出到显示器的？答案也是相当复杂的，但我们没必要去了解所有细节。我们只是快速地看一下我们的计算机和显示器里面发生了什么。

1. 光栅、像素和帧缓冲区

现在的显示屏是基于光栅的，光栅就是一种所谓的图像元素的 2D 网格，也可以理解为像素，后续章节中将使用像素这个名称。光栅网格具有有限的宽度和高度，我们通常将其表示为每行和每列的像素总数。如果有足够勇气，可以打开电脑尝试去辨认每一个像素点，不过请注意不要伤害到眼睛。

一个像素有两个属性：位于网格内的位置和颜色。一个像素的位置表示为一个离散坐标系统中的 2D 坐标。离散就意味着一个坐标值总是位于一个整数位置。坐标在该网格内的位置使用欧氏坐标系定义，坐标系的原点位于网格的左上角。正 X 轴指向右边，Y 轴指向下面。最后这一点是最容易让人感到困惑的，稍后将加以讨论，之所以采用这种表示是有一个简单原因的。

忽略 Y 轴，我们可以看到，由于坐标的离散性，原点正好位于网格左上角的像素点即(0, 0)。位于原点右边的像素点记为(1, 0)，而位于原点下边的像素点记为(0, 1)，依此类推(如图 3-21 的左边部分所示)。显示屏的光栅网格也是有限的，所以有意义的坐标值数量也是有限的。负坐标就位于屏幕的外面了，大于或等于光栅宽度或高度的坐标也位于屏幕的外面。注意，X 轴坐标的最大值就是光栅宽度减去 1，而 Y 轴坐标的最大值就是光栅高度减去 1，这是因为原点位于左上角的像素点。在图形编程中，因为偏差一个单位而导致的错误十分常见。

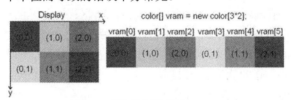

图 3-21　简化的光栅网格和 VRAM

显示屏连续接收来自图形处理器的信息流。它编码了显示屏光栅的每个像素点的颜色，这是由控制屏幕绘制的程序或操作系统指定的。显示屏将在一秒内刷新其状态几十次，确切的刷新速度称为刷新率，单位为赫兹。液晶显示器(liquid crystal displays，LCD)通常具有每秒 60Hz 的刷新率；而阴极射线管(cathode ray tube，CRT)显示器和等离子显示器往往具有较高的刷新率。

图形处理器会访问一个特殊的内存空间，称为视频随机访问内存或 VRAM。在 VRAM 中保存着屏幕显示所需的每个像素点，该内存空间一般也称为帧缓冲区。一个完整的屏幕图像被称为一帧。对于显示屏光栅网格上的每个像素，在帧缓冲区中都有一个对应的内存地址用于记录其颜色。当我们想改变显示屏的显示时，只需改变 VRAM 内存中像素的颜色值即可。

现在来解释为什么显示屏的坐标系统中 Y 轴是朝下的。内存，无论是 VRAM 或一般的 RAM 都是一维线性的，可以把它看成一个一维阵列。那么如何把 2D 的像素坐标映射到一维的内存地址呢？图 3-21 显示了一个较小的 3×2 像素的显示屏光栅网格，以及它在 VRAM 中的表示(假定 VRAM 只由帧缓冲区内存组成)。因此可以很容易得出以下公式来计算像素点(x, y)的内存地址：

```
int address = x + y * rasterWidth;
```

我们也可以反过来，从一个地址得到一个像素点的 x 和 y 坐标：

```
int x = address % rasterWidth;
int y = address / rasterWidth;
```

因此，Y 轴朝下是由 VRAM 中像素点颜色的内存布局所致的。这实际上是从早期计算机图形继承下来的一个传统排序。显示屏会从左上角开始向右更新屏幕上每个像素的颜色，然后又从下一行的左边开始更新直至到达屏幕的底部。让 VRAM 内容布局适合将颜色传输到显示屏上是很方便的。

注意： 如果我们能获得帧缓冲区的所有访问权，就可以使用前面的公式来编写一个成熟的图形库，用于绘制载入内存的像素点、线、矩形或图像等。但由于各种原因，现在的操作系统是不允许直接访问帧缓冲区的。一般情况下我们是先绘制到一个内存区域，然后由操作系统复制到帧缓冲区，在这种情况下一般的思想仍是正确的。如果你对这些底层的东西感兴趣，可以上网搜索一个名叫 Bresenham 的家伙，看看他的线圆绘制算法。

2. 垂直同步和双缓冲区

如果还记得关于刷新率的部分，你可能已经注意到这些刷新率是很低的，有可能我们写入帧缓冲区的速度比显示屏刷新的速度还要快。更糟的是我们不知道显示屏什么时候从 VRAM 里面获取最后的帧副本，如果我们正在绘制图形的时候这就会出问题。此时，显示屏将会显示部分老的帧缓冲区的内容和部分新状态的内容，这是一种令人讨厌的情况。你可以在一些 PC 游戏中看到这种情况，游戏画面呈现出一种撕裂的效果(显示屏将显示上一帧的部分内容和新帧的部分内容)。

解决该问题的方案的第一步是使用双缓冲区。图形处理单元(graphics processing unit，GPU)不是管理一个帧缓冲区，而是管理两个：前端缓冲区和后端缓冲区。前端缓冲区用于获取像素颜色并显示，后端缓冲区用于绘制下一帧以供显示完前端缓冲区后所用。当绘制完当前帧后，通知 GPU 对换两个缓冲区，即交换前端缓冲区和后端缓冲区的地址。在图形编程图书或 API 文档中，术语"页面翻转"和"缓冲区交换"指的就是这个过程。

双缓冲区本身并不能完全解决这个问题，因为当显示屏正在刷新其内容时，交换仍会发生，这时需要垂直同步(帧同步)。当我们调用缓冲区交换的方法时，GPU 将被阻塞直到显示屏发出信号说明已完成当前的刷新。此时，GPU 就能安全地进行缓冲区地址的交换，而一切工作正常。

幸运的是，现在我们几乎不需要关心这些危险的细节。VRAM 以及双缓冲区和垂直同步的细节都被安全地隐藏起来，我们无法对它们做什么破坏。因此，我们只能使用一系列的 API，它们限制我们只能操作应用程序窗口中的内容。像 OpenGL ES 这类 API 提供了硬件加速功能，基本上仅是使用图形卡上的专用电路操作 VRAM。看看，这些不是什么魔法！至少在一个较高层面上，你应该知道一些内部的工作原理，这会让你了解应用程序的性能特点。当帧同步启动后，就永远不会超过显示屏的刷新率，如果只是在绘制一个像素点这可能会让你感到费解。

当我们使用非硬件加速的 API 来进行渲染时，是不能直接处理显示本身的，相反我们可绘制窗口中的各个 UI 组件。本例中，我们可以处理扩展至整个窗口的单一 UI 组件。因此我们的坐标系统不会伸展至整个屏幕，而只是界面组件伸展至整个屏幕。这样界面组件就变成了我们的显示屏，它有自己的虚拟帧缓冲区。操作系统将管理整个可见窗口的内容组成，确保它们当前的内容被传送到真正覆盖帧缓冲区的地方。

3. 什么是颜色

注意，到目前为止我们还没提到颜色。在图 3-21 中创建了一个 color 类型，看起来好像没有问题。那就让我们看看颜色究竟是什么。

实际上，颜色是你的视网膜和视觉皮层对电磁波的反应。这种波由波长和强度特性组成。我们能看到的波的波长范围大约是 400~700nm，这是电磁光谱的一个子带，也称可见光谱。彩虹显示了可见光谱的所有颜色，从紫蓝色、蓝色、绿色、黄色、橙色到红色。显示屏就是通过每个像素点发射特定的电磁波来让我们看到每个像素点的颜色。不同类型的显示屏使用不同的方法来达到这个目的。简言之，这个过程就是显示屏的每个像素点由三个不同的荧光颗粒组成，通过它们来发射含有绿、蓝和红色的光。当显示屏刷新时，每个像素点的荧光颗粒就以某种方式进行发光(例如在 CRT 显示器的情况下，像素点颗粒的发光是通过一束电子进行撞击的)。对于每个颗粒，显示屏可以控制它所发出的光线的强度。例如，一个像素点是完全红色的，那么只有红颗粒会被电子束高强度撞击。如果我们想要获得三种基本颜色之外的其他颜色，可以通过混合这三种颜色来获得。混合可通过改变每个颗粒发射的颜色强度来进行。所有的电磁波会相互叠加进入我们的视网膜，然后大脑会解析这种叠加以得到特定的颜色。所以，任何颜色都可以通过基本的红、绿和蓝色进行不同强度的混合而得到。

4. 颜色模型

刚才我们所讨论的可以称为颜色模型，具体来说是 RGB 颜色模型。当然，RGB 分别代表着红、绿和蓝。此外还可以使用其他很多颜色模型，如 YUV 和 CMYK 等。不过在大多数的图形编程 API 接口中，RGB 颜色模型几乎成了标准，所以这里我们只讨论它。

RGB 模型也称为加色模型，因为最后得到的颜色是通过混合三种主要颜色(红、绿和蓝)而得到的。你也许在学校时就有过混合这几种颜色的经历了，图 3-22 通过列举一些 RGB 颜色混合的示例来唤起你的一些回忆。

当然，我们可以通过改变红、绿和蓝分量的强度来产生比图 3-22 还要多的颜色。每个分量有一个强度值，介于 0~1 之间。如果把每个颜色映射成欧几里得空间的 3D 坐标的一个值，可得到一个所谓的彩色立方体，如图 3-23 所示。通过改变每个分量的强度就可以获得很多的颜色。每一个颜色都由一个三原色(红、绿、蓝)组成，每一分量都是介于值 0.0~1.0 之间。0.0 表示没有该颜色成分，1.0 表示该颜色占百分之百。黑颜色可表示为原点(0, 0, 0)，而白色可表示为(1, 1, 1)。

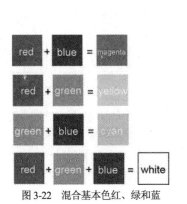

图 3-22　混合基本色红、绿和蓝

图 3-23　RGB 彩色立方体

5. 颜色的数字化编码

我们如何才能在计算机内存中对一个 RGB 三原色进行编码呢？首先，必须为颜色分量定义数据类型。我们可使用浮点类型并指定其区间从 0.0～1.0。这样我们就可以获得每个分量的精度以得到多种不同颜色。不足之处在于，该方法需要占用大量空间(3 乘以 4 或 8 个字节每像素，具体取决于我们是使用 32 位还是 64 位浮点数)。

在损失一些颜色的情况下我们能做得更好，因为显示屏通过发光所产生的颜色范围是有限的，所以这么做是可行的。我们可用一个无符号整型取代一个浮点型来表示一个分量。现在如果使用一个 32 位整型来表示一个分量，并不会获得优势。相反，我们可以用一个无符号的字节来表示一个分量。这时每个分量的强度值范围是 0～255，一个像素就需要 3 个字节或者 24 位，总共就有 2^{24}(16 777 216)种不同的颜色，对我们来说已经足够用了。

还可以再少一些吗？是的。我们可用一个 16 位字来表示一个像素点，所以每个像素点就需要两个字节来存储。红色分量用 5 位，绿色分量用 6 位，蓝色分量使用剩下的 5 位。因为我们的眼睛识别绿色的范围比红色和蓝色都大，所以使用 6 位来存储。所有位数加起来可得到 2^{16}(65 536)种不同颜色。图 3-24 展示了如何用前面三种编码方式来编码颜色。

float: (1.0, 0.5, 0.75)
24-bit: (255, 128, 196) = 0xFF80C4
16-bit: (31, 31, 45) = 0xFC0D

图 3-24　一个漂亮的粉红色的颜色编码(由于书本印刷的原因变成了灰色，很抱歉)

在浮点的情况下，我们可以用三个 32 位 Java 浮点数来表示。在 24 位编码的情况下，会遇到一个问题：Java 中没有 24 位的整型，因此可用一个字节来存储一个分量或者用一个 32 位的整型，这时要舍去其前 8 位。如果是 16 位编码，则可以用两个单独的字节来表示或者用一个短整型来存储一个分量。注意，Java 没有无符号的类型。不过通过利用补码，我们可以安全地使用带符号整型来存储无符号的值。

对于 16 位或 24 位整型编码，当用一个短整型或整型来存储三个分量时需要指定存储顺序。这里经常使用以下两种方法：RGB 和 BGR。图 3-23 使用了 RGB 编码。蓝色分量占用低 5 或 8 位，绿色分量占用接下来的 6 或 8 位，红色分量占用高的 5 或 8 位。BGR 编码的顺序则刚好相反，绿色分量保持不变，红色和蓝色交换位置。本书一直使用 RGB 顺序，因为 Android 的图形编程 API 接口也使用该顺序。总结一下到目前为止所讨论的颜色编码：

- 32 位浮点 RGB 编码的每个像素点占 12 个字节，其强度值范围从 0.0～1.0。
- 24 位整型 RGB 编码的每个像素点占 3 或 4 个字节，其强度值范围从 0～255。分量顺序可以是 RGB 或 BGR。在某些情况下也称为 RGB888 或 BGR888，其中 8 是指每个分量的位数。
- 16 位整型 RGB 编码的每个像素点占两个字节，红色和蓝色分量的强度值范围从 0～31，而绿色分量的强度值范围从 0～63。分量顺序可以是 RGB 或 BGR。在某些情况下也称为 RGB565 或 BGR565，5 和 6 用于指定各自分量的位数。

我们所使用的编码方式也称为颜色深度。我们创建并存储在磁盘或内存中的图像都有一个定义好的颜色深度，在显示屏或实际图形硬件的帧缓冲区也是一样。现在的显示屏一般具有一个 24 位的默认颜色深度，某些情况下可通过设置而使用更少的位数。图形硬件的帧缓冲区也相当灵活，可以使用多种不同的颜色深度。当然，只要图像需要就可以拥有任何颜色深度。

注意：还有很多方法可对基于像素的颜色信息进行编码。除了 RGB 颜色，也可以使用只有一个分量的灰度像素。因为灰度不常用，所以不进行介绍。

6. 图像格式和压缩

在游戏开发的某个阶段，美工们通过使用 Gimp、Paint.NET 或 Photoshop 等图形软件给我们提供了图像。这些图像可按不同的格式存储到磁盘上。为什么需要各种不同格式呢？为什么不能将光栅作为一整堆字节存储到磁盘呢？

其实我们是可以的，但是让我们看看那样需要占用多少内存。为了获得最高的质量，我们选择 RGB888 来进行编码，即每像素点占用 24 位。仅一个大小为 1 024×1 024 的图像就需要占用 3MB 的空间。如果使用 RGB565 编码，可将空间减少到约 2MB。

正如音频的情况一样，已有很多研究致力于用更少的内存来存储一幅图像。和往常一样，采用压缩算法进行定制以满足图像存储需要，同时尽量保留原来的颜色信息。最流行的两种格式是 JPEG 和 PNG。JPEG 是一个有损格式，这就意味着在压缩的过程中一些原始信息将会丢失。而 PNG 是一个无损格式，它会百分之百地重现图像信息。有损压缩通常具有更好的压缩特性，并且占用更少的磁盘空间。因此，我们可以根据磁盘内存空间来决定采用哪种格式。

和音效一样，当我们将图像加载到内存时需要对其完全解压。因此，当在磁盘上存储一幅压缩的 20KB 图像时，在 RAM 中仍然需要完整的宽度×高度×颜色深度的存储空间。

一旦加载并解压后，图像将以一个像素颜色数组的形式存在，正如帧缓冲区在 VRAM 中的布局方式一样。唯一的不同之处在于，像素位于标准的 RAM 中，并且颜色深度和帧缓冲区的颜色深度有所不同。一幅加载的图像也有一个像帧缓冲区一样的坐标系统，其原点位于左上角，x 轴指向右边，y 轴指向下方。

一旦加载了图像，通过将图像的像素颜色映射到帧缓冲区的适当位置，可将其从 RAM 绘制到帧缓冲区。一般不用人工方法完成，而是使用一个提供该功能的 API 函数。

7. Alpha 合成和混合

在开始设计图形模块接口之前，首先解决一个事情：图像合成。为讨论起见，假设我们有一个帧缓冲区需要渲染，还有一些加载到 RAM 并放在帧缓冲区中的图像。图 3-25 显示了一幅简单的背景图片和一个专杀僵尸的男人 Bob。

要绘制 Bob 的世界，需要首先将背景图像绘制到帧缓冲区中，然后在帧缓冲区的背景图像上叠加上 Bob。这个过程称为合成，就是将不同的图像组合成最终的图像。绘制相关图像的顺序很重要，任何新绘制的图像都会覆盖帧缓冲区的当前内容，那么组合的最终结果是什么？图 3-26 显示了最终的合成图像。

图 3-25　一个简单的背景和宇宙的主人 Bob　　图 3-26　在帧缓冲区中合成背景图和 Bob(并不是我们要的效果)

图 3-26 并不符合我们的要求。其中，注意到 Bob 的周围是白色的像素点，当我们将其绘制到帧缓冲区的背景图上的时候，这些白色的像素点也绘制上去了，覆盖了部分背景图。那么如何才能在绘制 Bob 图像时只有 Bob 的像素点被绘制上去而忽略白色像素点呢？

使用 alpha 混合。在 Bob 的例子中，这种技术称为 alpha 屏蔽，但它只不过是 alpha 混合的一个子集。图形软件通常不只让我们指定 RGB 值，而且还指定其透明度，可以把它看成是像素点的另一个分量。我们可对其进行编码，就和对红、绿、蓝色分量进行编码一样。

如前所述，可以用一个 32 位的整型来存储一个 24 位 RGB 的三原色。这里 32 位中还有 8 位没使用，我们可以用它们来存储 alpha 值。可以指定一个像素点的透明度，范围从 0～255，0 表示完全透明，255 表示不透明。根据取决于分量的顺序不同，这种编码可称为 ARGB8888 或 BGRA8888，当然还有 RGBA8888 和 ABGR8888 编码格式。

在 16 位编码的情况下，有一个小问题：短整型的所有 16 位都被颜色分量占用了。我们可以模仿 ARGB8888 格式定义一个类似的 ARGB4444 格式，留下 12 位给 RGB 值——每个分量 4 位。

很容易想象渲染完全透明或完全不透明的像素的工作原理。在第一种情况下，我们只需要忽略像素点的 alpha 分量即可。第二种情况下，我们就需要简单地覆盖目标像素。但是，当一个像素点具有半透明的 alpha 分量时，情况就会比较复杂一点。

正式解释混合方法时，我们需要定义一些概念：

- 混合有两个输入和一个输出，每一个代表一个 RGB 三原色(C)加上一个 alpha 值(a)。
- 两个输入分别称为来源和目的。来源是将要绘制到目的图像(即帧缓冲区)上的图像的像素点。而目的是我们将要使用源像素点(部分)覆盖的像素点。
- 输出同样由一个表示成 RGB 三原色的颜色和一个 alpha 值构成，不过通常我们都忽略其 alpha 值。为简单起见，本章都采取这种做法。
- 为了让数字表示简单些，我们用一个从 0.0～1.0 浮点数来代表一个 RGB 和 alpha 值。

有了这些定义，我们就可以创建所谓的混合公式了，最简单的公式如下所示：

```
red = src.red * src.alpha + dst.red * (1 - src.alpha)
blue = src.green * src.alpha + dst.green * (1 - src.alpha)
green = src.blue * src.alpha + dst.blue * (1 - src.alpha)
```

src 和 dst 是指用于相互混合的来源和目的像素点。我们融合了两端的颜色，注意在混合公式中没加入目的像素点的 alpha 值。让我们用一个例子来理解其工作原理：

```
src = (1, 0.5, 0.5), src.alpha = 0.5, dst = (0, 1, 0)
red = 1 * 0.5 + 0 * (1 - 0.5) = 0.5
blue = 0.5 * 0.5 + 1 * (1 - 0.5) = 0.75
red = 0.5 * 0.5 + 0 * (1 - 0.5) = 0.25
```

图 3-27 显示了前面的公式，其中来源颜色是粉红色，而目标颜色是绿色，两者对最后输出的颜色贡献相同，结果是一个深绿色或橄榄色。

图 3-27　混合两个像素的颜色

两个名为 Porter 和 Duff 的人想出了许多混合的公式。不过我们还是坚持使用前面的公式，因为它涵盖了我们大部分的用例。尝试在纸上或者你的图形软件中试用该公式以了解混合对合成的影响。

注意：混合是一个很宽泛的领域，如果你想充分挖掘它的潜力，建议你上网搜索 Porter 和 Duff 关于这一主题的一些原创性工作。不过，对于我们将要编写的游戏而言，前面的公式就已足够了。

注意前面的公式中有很多的乘法运算(确切地说是 6 次)。乘法运算是很耗时的，应该尽量避免使用它。对于混合的情况，我们可通过将源像素颜色的 RGB 值和源像素的 alpha 值进行预乘以减少三次乘法运算。大多数的图形软件支持将图像的 RGB 值与各自的 alpha 值进行预乘操作。即使不支持，也可以在加载到内存的时候处理它。然而当我们使用图形 API 来绘制混合图像时，必须确保使用了正确的混合公式。我们的图像中仍然包括 alpha 值，因此前面的公式将输出错误结果。源像素的 alpha 值其实不应该乘以源像素的颜色值。幸运的是，所有 Android 图形 API 允许我们任意进行图像的混合操作。

在 Bob 的例子中，我们只需在图形软件程序中将所有的白色像素点的 alpha 值置零，用 ARGB8888 或 ARGB4444 格式来加载图像，通过预乘 alpha 值，并使用正确的混合公式来混合 alpha 值进行绘制操作，结果如图 3-28 所示。

图 3-28　左边是 Bob 混合的，右边的 Bob 是用 Paint.NET 处理过的。棋盘式图像说明

白色背景像素点的 alpha 是为 0，所以棋盘背景能够显示出来

注意：JPEG 格式不支持存储像素点的 alpha 值，这时可使用 PNG 格式。

8. 实践

有了上述信息，我们就可以设计图形模块的接口了。让我们来定义这样的接口的功能吧。注意，当提到帧缓冲区时，实际上是指绘制到 UI 组件的虚拟帧缓冲区中。我们就假设直接绘制到真正的帧缓冲区。需要执行下列操作：

- 从磁盘中加载图像并将其存储到内存中，供后面绘制使用。
- 清除所有带颜色的帧缓冲区以便擦除上一帧留下的信息。
- 为一个像素点在帧缓冲区中指定位置并设定特定的颜色。
- 绘制线和矩形到帧缓冲区中。
- 将前面加载的图像绘制到帧缓冲区中，也许能在帧缓冲区中绘制一幅完整图像，也许只能绘制图像的一部分。我们还需绘制有混合或无混合的图像。
- 获取帧缓冲区的尺寸大小。

我们使用了两个简单接口：Graphics 和 Pixmap。下面先开始介绍 Graphics 接口，如程序清单 3-6 所示。

程序清单 3-6　Graphics 接口

```
package com.badlogic.androidgames.framework;

public interface Graphics {
    public static enum PixmapFormat {
      ARGB8888, ARGB4444, RGB565
    }

    public Pixmap newPixmap(String fileName, PixmapFormat format);

    public void clear(int color);

    public void drawPixel(int x, int y, int color);

    public void drawLine(int x, int y, int x2, int y2, int color);

    public void drawRect(int x, int y, int width, int height, int color);

    public void drawPixmap(Pixmap pixmap, int x, int y, int srcX, int srcY,
            int srcWidth, int srcHeight);

    public void drawPixmap(Pixmap pixmap, int x, int y);

    public int getWidth();

    public int getHeight();
}
```

首先定义一个公有静态的枚举方法 PixmapFormat。它将我们所支持的各种不同像素格式进行编码。接下来定义 Graphics 接口的各个不同方法:

- Graphics.newPixmap()方法使用 JPEG 或 PNG 格式加载一幅图像。我们可对 Pixmap 的结果指定一个想要的格式,这是加载机制的一个暗示。作为结果的 Pixmap 可以有不同的格式。这样我们可以在一定程度上控制所加载图像在内存中占用的空间(例如,将 RGB888 或 ARGB8888 格式的图像加载为 RGB565 或 ARGB4444 格式图像)。文件名指定了应用程序中 APK 文件的资源文件。

- Graphics.clear()方法使用指定的 color 清除整个帧缓冲区中的原来颜色,所有的颜色在这个小的帧缓冲区中被指定为 32 位 ARGB8888 值(当然像素图可有不同的格式)。

- Graphics.drawPixel()方法用于对帧缓冲区中的像素点(x, y)设定颜色。屏幕外的坐标将被忽略,这就是所谓的裁剪。

- Graphics.drawLine()方法与 Graphics.drawPixel()方法相似。我们只需指定线的起点和终点以及一个颜色即可。线中任何位于帧缓冲区光栅外的部分都将被忽略。

- Graphics.drawRect()方法用于在帧缓冲区中绘制一个矩形。(x, y)用于指定在帧缓冲区中矩形的左上角位置,参数 width 和 height 用于指定 x 轴和 y 轴的像素宽度和高度,矩形将从(x, y)开始渲染,往下直到 y 值点。参数 color 是指用于填充矩形的颜色。

- Graphics.drawPixmap()方法用于绘制帧缓冲区的 Pixmap 的矩形部分。(x, y)坐标用于指定 Pixmap 位于帧缓冲区中左上角的位置。参数 srcX 和 srcY 用于指定像素图中相应矩形区域的左上角位置，使用 Pixmap 自己的坐标系统。最后，srcWidth 和 srcHeight 用于指定从 Pixmap 中分离出来部分的大小。

- 最后，Graphics.getWidth 和 Graphics.getHeight()方法用于返回以像素为单位的帧缓冲区的宽度和高度。

除 Graphics.clear()外，所有绘制方法都将自动对它们触及的每个像素点执行混合操作，如前所述。在具体的操作上，我们会禁用混合操作以加速图形的绘制，但这会增加实现的复杂性。一般在简单的游戏中(例如 Mr. Nom)，我们会全程禁用混合操作。

Pixmap 接口如程序清单 3-7 所示。

程序清单 3-7　Pixmap 接口

```java
package com.badlogic.androidgames.framework;

import com.badlogic.androidgames.framework.Graphics.PixmapFormat;

public interface Pixmap {
    public int getWidth();

    public int getHeight();

    public PixmapFormat getFormat();

    public void dispose();
}
```

我们尽量保持该接口的简单和不变性，正如在帧缓冲区中进行合成一样。

- Pixmap.getWidth()和 Pixmap.getHeight()方法返回 Pixmap 的宽度和高度，单位为像素。
- Pixmap.getFormat()方法用于返回一个 PixelFormat 对象，即 Pixmap 在 RAM 中的存储格式。
- 最后是 Pixmap.dispose()方法，Pixmap 实例会占用系统内存和其他潜在的系统资源，一旦不再使用，就必须用该方法来释放它们。

有了这个简单的图形模块，后面就很容易实现 Mr. Nom 游戏。让我们以一个游戏框架的论述来结束本章。

3.3.6　游戏框架

根据我们已做的基本工作，现在可以来讨论真正的游戏实现了。首先需要明确游戏要完成哪些功能：

- 游戏被分成几个不同画面，每个画面都执行相同的任务：评估用户输入、将输入转变成画面状态和渲染场景等。一些画面可能不需要任何用户输入，但会在一定时间后切换到另一个画面(例如一个启动画面)。
- 画面需要按某种方式进行管理(例如，我们需要跟踪当前画面，并以某种方式切换到一个新的画面，这会销毁老画面并将新画面设置为当前画面)。
- 游戏画面需要响应不同模块(图形、声音和用户输入等)，这样才能加载资源、捕获用户输入、播放声音和渲染帧缓冲区等。

- 由于我们的游戏是实时的(意味着游戏中的对象会移动或不断更新)，我们必须尽可能多地更新当前画面的状态并进行渲染。一般在一个主循环中进行操作，只有当游戏退出时该循环才会终止。循环的一次简单迭代称为帧，每秒我们能计算的帧数(frames per second，FPS)称为帧率。
- 说到时间，我们还需要追踪从上一帧到现在的时间跨度。它用于帧无关的运动中，稍后将予以讨论。
- 游戏需要保持跟踪窗口状态(例如是暂停还是恢复状态)，并用事件通知当前画面。
- 游戏框架将负责设置窗口和用于进行渲染或接收输入的各个 UI 组件。

下面首先编写一些伪代码，并先忽略诸如暂停和恢复之类的窗口管理事件:

```
createWindowAndUIComponent();

Input input = new Input();
Graphics graphics = new Graphics();
Audio audio = new Audio();
Screen currentScreen = new MainMenu();
Float lastFrameTime = currentTime();

while( !userQuit() ) {
    float deltaTime = currentTime() - lastFrameTime;
    lastFrameTime = currentTime();

    currentScreen.updateState(input, deltaTime);
    currentScreen.present(graphics, audio, deltaTime);
}

cleanupResources();
```

首先创建游戏窗口和用于进行渲染或接收输入的 UI 组件。接着实例化所有底层工作所需的模块。我们实例化开始画面使其成为当前画面，并记录下当前时间。然后进入主循环，只有当用户退出游戏时该循环才会终止。

在游戏循环中，我们计算出所谓的时间差，它是指从上一帧开始到现在的时间。然后记录下当前帧开始的时间，时间差和当前时间一般以秒为单位。对于画面来说，时间差表示自上次更新到现在已经过了多长时间，如果我们想进行与帧无关的动作则需要用到该信息(稍后还会讨论这个问题)。

最后，我们简单地更新当前画面的状态并呈现给用户。更新不但取决于时间差，而且还与输入状态有关，因此我们要将这些信息提供给画面。显示不仅包括将画面的状态渲染到帧缓冲区中，还包括播放画面状态所需的各种音频(例如，在上次更新时发生了一次射击)。显示方法还必须知道自上次调用到现在用了多长时间。

当主循环终止时，我们可以清空并释放所有资源以及关闭窗口。

从一个高层面上看，几乎每个游戏的工作机制都是这样的:处理用户输入、更新画面状态和将状态呈现给用户并重复整个循环(或直到用户退出了游戏)。

在现代操作系统中，UI 应用程序通常并不是实时运作的。它们使用基于事件的模式，通过操作系统告知应用程序各种用户输入事件以及什么时候进行渲染。这一切是通过应用程序在启动时向操作系统注册的回调函数来实现的，这些回调函数用来处理接收到的事件通知。这一切都发生在所谓的 UI 线程中，它是 UI 应用程序的主线程。因此，在回调函数中建议尽可能快地返回，我们也不希望在其中一个线程执行主循环。

　　相反，我们在一个单独的线程中运行游戏的主循环，当游戏启动时就可以操作了。这就意味着当想接收 UI 线程事件时，例如输入事件或窗口事件，我们需完成一些预警工作。这些是我们后面为 Android 实现游戏框架时需要处理的细节问题。只要注意我们需要在特定点上将 UI 线程和游戏的主循环线程同步起来。

1. 游戏和画面接口

说了这么多，让我们尝试设计一个游戏接口。下面是这个接口要做的事情：

- 创建窗口和 UI 组件并连接到回调函数，以便接收窗口和用户输入事件。
- 启动主循环线程。
- 跟踪当前画面，在每一次主循环迭代(即帧)中都更新并显示它。
- 将所有窗口事件(例如暂停和继续游戏事件)从 UI 线程传输给主循环线程，并将它们递交给当前画面以便能相应地改变画面状态。
- 开放我们前面设计的所有模块：Input、FileIO、Graphics 和 Audio。

　　作为游戏开发人员，我们并不想知道主循环运行在哪个线程或是否需要同步一个 UI 线程。我们只想要通过获取底层模块的帮助和一些窗口事件通知来实现不同的游戏画面。因此我们将创建一个非常简单的 Game 接口，它将隐藏所有复杂性；还创建一个抽象 Screen 类用于实现所有画面。程序清单 3-8 展示了 Game 接口。

程序清单 3-8　Game 接口

```
package com.badlogic.androidgames.framework;

public interface Game {
    public Input getInput();

    public FileIO getFileIO();

    public Graphics getGraphics();

    public Audio getAudio();

    public void setScreen(Screen screen);

    public Screen getCurrentScreen();

    public Screen getStartScreen();
}
```

　　正如预期的一样，可用一些 getter 方法返回底层模块的实例，Game 实现将会实例化它们并进行跟踪。

　　Game.setScreen()方法用于设置游戏的当前画面。这些方法只被实现一次，另外还将实现所有内部线程的创建、窗口管理和不断请求当前画面进行显示和更新的主循环逻辑。

　　Game.getCurrentScreen()方法返回当前的活动 Screen 实例。

　　我们将使用 AndroidGame 抽象类来实现 Game 接口，它将实现除了 Game.getStart- Screen()方法之外的所有方法。该方法是一个抽象方法。如果我们在实际游戏中创建 AndroidGame 实例的话，我们将继承 Game 类并重写 Game.getStartScreen()方法，返回游戏第一个画面的一个实例。

为了让你感觉到设计这个游戏是很容易的，下面列举一个例子(假设已经实现了 Android-Game 类)：

```
public class MyAwesomeGame extends AndroidGame {
    public Screen getStartScreen () {
        return new MySuperAwesomeStartScreen(this);
    }
}
```

看起来很棒，不是吗？我们所做的是实现游戏的启动画面，剩下的则由 AndroidGame 类自动实现。然后，我们可通过主循环线程的 AndroidGame 实例来要求 MySuperAwesomeStartScreen 更新和渲染自身。注意，我们将 MyAwesomeGame 实例传递给 Screen 实现的构造函数。

注意：如果想了解究竟是谁实际实例化了 MyAwesomeGame 类，我可以给你一个提示：AndroidGame 将继承自 Activity，当一个用户启动游戏时，Android 操作系统将自动实例化 Activity。

设计的最后一个问题是 Screen 抽象类。我们使用一个抽象类而不是一个接口，这样可以先实现一些记录工作。这种方法使我们在实际实现抽象类 Screen 时可以编写更少的样板代码。程序清单 3-9 显示了抽象类 Screen。

程序清单 3-9 Screen 类

```
package com.badlogic.androidgames.framework;

public abstract class Screen {
    protected final Game game;

    public Screen(Game game) {
        this.game = game;
    }

    public abstract void update(float deltaTime);

    public abstract void present(float deltaTime);

    public abstract void pause();

    public abstract void resume();

    public abstract void dispose();
}
```

事实说明记录功能还不错。构造函数接收 Game 实例并将其存储到 final 成员中，以便所有子类可进行访问。通过这个机制我们能得到两个结论：
- 我们可以访问 Game 实例的低层次模块来播放音频、绘制画面、获取用户输入和读写文件。
- 在适当的时候我们可通过调用 Game.setScreen()函数来构建一个新画面(例如当一个按钮被按下并触发转换到一个新画面时)。

第一点的好处显而易见：我们的 Screen 实现需要访问这些模块以便做一些有用的操作。例如渲染巨大的独角兽。

第二点可使我们很容易地在 Screen 实例中来实现画面的切换,每个 Screen 通过其状态可决定什么时候切换到其他画面(例如当一个菜单按钮被按下时)。

Screen.update()方法和 Screen.present()方法的作用不言自明:它们将更新画面状态和展现相应的内容。在主循环的每次迭代过程中 Game 实例将会调用它们一次。

当游戏被暂停或恢复时,将调用 Screen.pause()方法和 Screen.resume()方法。这也是通过 Game 实例实现的,并反馈到当前活动的画面。

在 Game.setScreen()被调用的情况下,Screen.dispose()方法也将被 Game 实例所调用。通过该方法 Game 实例将销毁当前画面,并因此让画面有机会释放它所占用的系统资源(例如,存储在 Pixmap 中的图形资源),从而为新画面资源腾出内存空间。调用 Screen.dispose()也是画面最后一次保存任何需要持久化的信息的机会。

2. 一个简单例子

继续我们的 MySuperAwesomeGame 例子,这里是一个 MySuperAwesomeStartScreen 类的简单实现:

```java
public class MySuperAwesomeStartScreen extends Screen {
    Pixmap awesomePic;
    int x;
    public MySuperAwesomeStartScreen(Game game) {
        super(game);
        awesomePic = game.getGraphics().newPixmap("data/pic.png",
                PixmapFormat.RGB565);
    }

    @Override
    public void update(float deltaTime) {
        x += 1;
        if (x > 100)
            x = 0;
    }

    @Override
    public void present(float deltaTime) {
        game.getGraphics().clear(0);
        game.getGraphics().drawPixmap(awesomePic, x, 0, 0, 0,
                awesomePic.getWidth(), awesomePic.getHeight());
    }

    @Override
    public void pause() {
        // nothing to do here
    }

    @Override
    public void resume() {
        // nothing to do here
    }

    @Override
    public void dispose() {
```

```
            awesomePic.dispose();
        }
    }
```

让我们看看把这个类和 MySuperAwesomeGame 类结合起来能做些什么:

(1) 当创建 MySuperAwesomeGame 类时,它将建立窗口、用于绘制和接收事件的 UI 组件、用于接收窗口和输入事件的回调函数和主线程循环。最后,它会调用自己的方法 MySuper-AwesomeGame.getStartScreen(),这将返回一个 MySuperAwesomeStartScreen()类实例。

(2) 在 MySuperAwesomeStartScreen 构造函数中,我们将从磁盘加载位图并保存到一个成员变量中。这样就完成画面设置,同时把控制权交还给 MySuperAwesomeGame 类。

(3) 主循环线程将不断调用我们所创建实例的 MySuperAwesomeStartScreen.update()方法和 MySuperAwesomeStartScreen.present()方法。

(4) 在 MySuperAwesomeStartScreen.update()方法中,每一帧将成员变量 x 加 1,该成员将记录我们想渲染的图像的 x 坐标。当该值大于 100 时,将它重置为 0。

(5) 在 MySuperAwesomeStartScreen.present()方法中,我们将用黑色(0x00000000=0)清除帧缓冲区,并在(x, 0)位置渲染我们的 Pixmap。

(6) 主线程循环将重复步骤(3)~步骤(5),直到用户按下设备上的返回按钮退出游戏。游戏实例将调用 MySuperAwesomeStartScreen.dispose()方法以释放 Pixmap 的资源。

这就是我们第一个(不很)刺激的游戏!用户看到的就是一个图像从画面的左边移动到右边。现在还不是很让人兴奋的用户体验,不过我们会加以改进。请注意,在 Android 上游戏可以在任何时候暂停和恢复。MyAwesomeGame 实现将调用 MySuperAwesomeStartScreen.pause()和 MySuperAwesome-StartScreen.resume()方法。应用程序暂停时,主线程循环也将暂停。

最后还有一个要讨论的问题是:独立于帧率的运动。

3. 独立于帧率的运动

假设用户的设备能以上节提到的 60FPS 帧率来运行我们的游戏,那么我们的 Pixmap 将在 100 帧里前进 100 个像素点,因为 MySuperAwesomeStartScreen.x 成员在每一帧中增加一个像素点。以 60FPS 的帧速率,达到(100, 0)的位置将大约需要 1.66 秒。

现在,假设第二个用户在另一台不同的设备上玩我们的游戏,该设备只有 30FPS 的运行游戏的能力。Pixmap 在每一秒只能前进 30 个像素点,到达(100, 0)位置需要 3.33 秒。

这就很糟糕,如果游戏很简单,可能不会给用户体验产生什么影响。但是,假设用 Super Mario 来取代 Pixmap,并设想一下以依赖于帧的方式来移动它将会怎么样。假设我们按下右 D-pad 按钮,Mario 将向右移动。在每一帧中我们将它增加一个像素点,与 Pixmap 的情况一样。在能以 60FPS 的帧率运行游戏的计算机上,Mario 的速度将比帧率为 30FPS 的设备上快两倍。设备性能不同,用户体验会发生变化,这就是我们要解决的问题。

解决这个问题的办法是独立于帧的运动。我们通过指定每秒移动多少单位来取代每帧将 Pixmap(或者 Mario)移动固定像素点数。假设我们每秒想让 Pixmap 增加 50 个像素点,除了每秒 50 个像素值之外,我们还需要知道自上次移动 Pixmap 到现在为止的时间信息。这个时间差告诉我们自从上次更新到现在已有多长时间。因此,MySuperAwesomeStartScreen.update()方法应该如下所示:

```
@Override
public void update(float deltaTime) {
```

```
    x += 50 * deltaTime;
    if(x > 100)
        x = 0;
}
```

如果我们的游戏以 60FPS 的恒定速度运行,那么传递给该方法的时间差参数将会是 1/60～0.016
秒。因此每一帧我们增加 50×0.016～0.83 个像素。在 60FPS 下,我们增加 60×0.83～50 像素点!
让我们测试一下 30FPS: 50×1/30～1.66,乘以 30FPS,我们每秒共移动 50 个像素点。因此,无论
运行游戏的设备有多快,动画和运动将和墙上的时钟时间保持一致。

不过,如果我们实际运行过前面的代码,Pixmap 移动是不能达到 60FPS 的。这是因为我们的代
码中还有一个 bug。我会给你一些时间来找到这个 bug,它相当不起眼,却是游戏开发中的一个常见
错误。我们在每帧中递增的成员变量 x 是一个整型,把 0.83 加到它上面是没有任何效果的。为解决
这个问题,我们用一个浮点型来取代一个整型来存储 x。这也意味着当我们调用 Graphics.drawPixmap()
时需要把它强制转换为整型。

注意:虽然在 Android 上浮点运算比整型运算要慢一些,但它的影响基本可以忽略。所以,我
们使用代价更高的浮点运算也是可以的。

以上就是我们的游戏框架,我们可以直接将设计 Mr. Nom 的画面转变成游戏框架的类和接口。
当然这里还需要考虑一些实现细节,不过我们留到后面章节来讨论。现在,你可以为自己能阅读到
本章的最后感到骄傲:你现在可准备成为一个 Android(和其他平台)游戏开发人员了。

3.4　小结

阅读了前面这些高度概括但信息丰富的内容后,你应该比较了解如何创建一个游戏。我们了解
了 Google Play 上一些最流行的类型并得出一些结论。先通过只使用一个剪刀、一只笔和一些纸张来
设计一个完整游戏。最后,我们探索游戏开发的理论基础,甚至创建了一系列的接口和抽象类,本
书将根据这些理论和概念用这些接口和抽象类来实现游戏设计。如果觉得这些内容过于浅显,可以
上网寻找更多信息,你已经知道了可以使用的搜索词。理解原理是开发稳定且高效的游戏的关键。
知道这些以后,接下来就开始实现 Android 游戏的框架。

第 **4** 章

面向游戏开发人员的 Android

Android 的应用程序框架非常庞大,有时令人感到困惑。你所能想到的每一项任务都可能有一个 API 可供使用。当然,你必须先学习 API。幸运的是,游戏开发人员只需要知道极其有限的一组 API 即可。我们所需要的是一个有着单一用户界面组件的窗口,用于绘制图像和接收用户输入以及播放音频等。所有这些就足以采用平台无关的方式来实现第 3 章所设计的游戏框架。

本章将介绍如何用最少的 Android API 来实现 Mr. Nom。你可能会惊讶地发现,完成这个目标只需要了解很少的 API。让我们回顾一下所需了解的基本要素:

- 窗口管理
- 输入
- 文件 I/O
- 音频
- 图形

对于其中的每个模块,都有一个对应的应用程序框架 API。我们将选择所需的 API 来处理这些模块,并讨论它们的内部实现,最后实现第 3 章设计的游戏框架的各个接口。

针对有 iOS/Xcode 开发背景的读者,本章末尾用一个小节提供了一些指南,帮助这些读者过渡到 Android 开发。不过,在我们深入了解 Android 中的窗口管理之前,需要先回顾第 2 章中简要讨论的内容:通过清单文件(manifest file)来定义应用程序。

4.1 定义一个 Android 应用程序:清单文件

一个 Android 应用程序由多个不同组件构成:

- 活动(activity):这是面向用户的组件,展示一个用户界面用于交互。
- 服务(service):这是工作在后台的进程,没有可见的用户界面。例如,一个服务可以负责轮询邮件服务器上的新电子邮件。

- 内容提供程序(content provider)：这些组件允许将应用程序的部分数据用于其他应用程序。
- 意图(intent)：这是由系统或应用程序本身创建的消息，它可传递到任何对其感兴趣的一方。意图可以告诉我们一些系统事件，例如，SD 卡正在被取出或 USB 连接线正在进行连接等。意图也可被系统用于启动一些应用程序的组件，如活动。我们也可激活自己的意图来要求其他应用程序执行一个操作，例如打开照片库来显示一幅图像或启动 Camera 应用程序来拍摄一张照片。
- 广播接收者(broadcast receiver)：用于响应特定的意图，并可执行一个动作，例如启动一个特定的活动或向系统发送另一个意图。

Android 应用程序没有单一的程序入口点，这与我们熟悉的桌面操作系统不同(例如，Java 中的 main()方法就是程序的入口点)。相反，启动 Android 应用程序组件或命令其执行一个指定的动作都是通过特定的意图实现的。

应用程序中所包含的组件和这些组件所响应的意图全都定义在应用程序的清单文件中。Android 系统通过使用该文件来获知应用程序的构成，如应用程序启动时显示的默认活动。

注意：本书只关注活动，所以只讨论清单文件中与该类型组件相关的部分。如果你想了解其他组件，那么可以到 Android 开发人员网站(http://developer.android.com)中学习有关清单文件的更多知识。

清单文件除了定义一个应用程序的组件外，还有很多的用途。下面的列表总结了在游戏开发中清单文件的相关部分的用途。

- 应用程序的版本号，用于在 Google Play 上显示和使用。
- 应用程序所运行的 Android 系统版本。
- 应用程序要求的硬件配置文件(如多点触摸、特定屏幕分辨率和对 OpenGL ES 2.0 的支持等)。
- 使用特定组件的权限，如 SD 卡的写权限或网络栈的访问权限。

下面将创建一个模板清单，并通过稍微的修改而将其重用于本书开发的所有项目中。为此，我们首先需要了解定义应用程序需要的所有相关 XML 标记。

4.1.1 <manifest>元素

<manifest>标记是 AndroidManifest.xml 文件的根元素，下面是一个基本示例：

```
<manifest xmlns:android="http://schemas.android.com/apk/res/android"
    package="com.helloworld"
    android:versionCode="1"
    android:versionName="1.0"
    android:installLocation="preferExternal">
...
</manifest>
```

如果你以前使用过 XML，就应该很熟悉第一行代码。<manifest>标记指定了一个名为 android 的名称空间，它将用于清单文件的其余部分。package 属性定义了应用程序的根包名。在后面，我们将相对于此包名引用应用程序的特定类。

versionCode 和 versionName 属性用于指定应用程序两种形式的版本。versionCode 是一个整型，我们每发布一个新版本的应用程序时，都需要对它进行递增操作。Google Play 使用它来追踪我们的应用程序版本。versionName 用于显示给在 Google Play 上浏览应用程序的用户，我们可使用任何喜欢的字符串作为它的值。

只有当我们在 Eclipse 中把 Android 项目的构建目标设为 Android 2.2 或者更新版本时，才能使用 installLocation 属性。它用于指定应用程序的安装位置。字符串 perferExternal 用于告诉系统，应用程序将安装在 SD 卡上。该属性值只在 Android 2.2 或更新版本中有效，在早期的 Android 应用程序中则被忽略。在 Android 2.2 或更新版本中，应用程序将尽可能安装在内部存储空间中。

清单文件中的所有 XML 元素的属性一般都是以 android 名称空间为前缀的，如前所述。为简单起见，我们在接下来的章节中讨论某个特定的属性时将忽略该名称空间。

在<manifest>元素中，我们将定义应用程序的组件、权限、硬件配置文件和支持的 Android 版本。

4.1.2　<application>元素

同<manifest>元素一样，我们通过一个示例来讨论<application>元素。

```
<application android:icon="@drawable/icon" android:label="@string/app_name">
...
</application>
```

现在，这个元素看起来有点陌生。@drawable/icon 和@string/app_name 字符串代表什么呢？当我们开发一个标准 Android 应用程序时，通常会写很多 XML 文件，每个文件定义应用程序的特定部分功能。为了能够完全定义这些部分，我们还必须引用那些没有以 XML 文件格式定义的资源，如图像或国际化字符串。这些资源位于 res/文件夹下的子文件夹中，在第 2 章分析 Eclipse 中的 Hello World 项目时讨论过这一点。

要引用这些资源，我们使用一个前缀符号@，用于定义从何处引用该资源。接下来的字符串用于标识我们引用的资源类型，它直接映射到 res/文件夹下的一个子文件夹或文件。最后一部分指定该资源的名称——例如在前面的示例中是一幅名为 icon 的图像和一个名为 app_name 的字符串。对于图像而言，它就是我们实际上指定的文件名，可以在 res/drawable-xxx/文件夹下找到。注意该图像的名称未包含.png 或.jpg 后缀，Android 系统将会根据 res/drawable-xxx/文件夹中的内容自动推断后缀。字符串 app_name 在 res/values/strings.xml 文件中定义，该文件存储应用程序中用到的所有字符串。字符串的名称定义在 strings.xml 文件中。

注意：Android 中资源的处理是一件非常灵活又复杂的事情。在本书中，我们跳过它的大部分内容，这有两个原因：对于游戏开发来说，它过于耗时，并且我们想完全控制自己的资源。Android 系统习惯于修改位于 res/文件夹下的资源文件，特别是图像(称为 drawables)。作为游戏开发人员，这是我们所不想要的情况。在游戏开发中，我建议仅在国际化字符串时使用 Android 资源系统。在本书中我们没有涉及这方面的内容。相反，我们在开发游戏时更多地使用友好的 assets/文件夹，它允许存放原生资源，并可指定自己的文件夹层次结构。

现在，<application>元素的属性的意义应该会变得清楚一些。icon 属性指定一幅位于 res/drawable 文件夹的图像，用作应用程序的图标。该图标将显示在 Google Play 上，同时也显示在设备的应用程序启动器中。它也是我们在<application>元素中定义的所有活动的默认图标。

label 属性用于指定应用程序在应用程序启动器中显示的字符串。在前面的示例中，引用了 res/values/string.xml 文件中的一个字符串，该字符串是我们在 Eclipse 中创建 Android 项目时指定的。

也可以将它设置成一个原生字符串，如 My Super Awesome Game。该标签也是我们在<application>元素中定义的所有活动的默认标签，它将显示在应用程序的标题栏上。

我们只讨论了一小部分可在<application>元素内指定的属性子集。不过，这对于我们进行游戏开发就足够了。如果你想了解更多信息，可在 Android 开发人员网站上找到完整的说明文档。

<application>元素包含了所有应用程序组件的定义，包括活动和服务以及使用的任何额外的库。

4.1.3   <activity>元素

现在内容开始变得有趣。为 Mr. Nom 游戏假定下面的示例：

```
<activity android:name=".MrNomActivity"
          android:label="Mr. Nom"
          android:screenOrientation="portrait">
          android:configChanges="keyboard|keyboardHidden|orientation">
    <intent-filter>
        <action android:name="android.intent.action.MAIN" />
        <category android:name="android.intent.category.LAUNCHER" />
    </intent-filter>
</activity>
```

下面先介绍<activity>标记的各个属性。

- name：用于相对于我们在<manifest>元素中指定的包属性指定活动类的名称。你也可以指定一个完全限定的类名。
- label：我们已经在<application>中指定过相同的属性，该标签将显示在活动(如果有的话)的标题栏上。如果活动是应用程序的入口点，那么该标签也会作为文本显示在应用程序启动器中。如果我们不指定该标签，那么<application>元素中的标签将会取代它。注意，这里使用了一个原生的字符串，而不是引用 string.xml 文件中的一个字符串。
- screenOrientation：该属性用于指定活动将使用的方向。这里为 Mr. Nom 游戏指定纵向(portrait)方向，因此它只能工作在纵向模式。如果我们想工作在横向模式，那么也可指定横向(landscape)方向。这两个属性配置将会使活动在其生命周期内保持特定的方向，而不管设备的实际方向怎么变化。如果我们不指定该属性，那么活动将会使用设备的当前方向，通常使用加速计数据进行判断。这就意味着每当设备的方向发生变化时，活动将会销毁并重新启动——在游戏中这是不能接受的。所以，通常我们会为游戏的活动指定合适的方向：纵向或横向模式。
- configChanges：调整设备方向或滑出键盘可认为是一种配置更改。在这样一种更改下，Android 系统将销毁并重启应用程序以适应这种变化，这在游戏中就很糟糕了。这时<activity>元素的 configChanges 属性就会派上用场。它允许我们指定某种想自己处理的配置更改，而不必销毁并重启活动。可通过"|"字符将多个配置更改连接起来进行指定。在前面的示例中，我们处理了 keyboard、keyboardHidden 和 orientation 更改。

正如<application>元素一样，<activity>元素还有很多属性值可以设置。不过，对游戏开发而言，只使用这 4 种属性就可以了。

现在，你已经注意到<activity>元素不是空的，它还包含另一个元素，而该元素又包含两个元素。这些元素到底有什么用途呢？

如前所述，Android 系统上的应用程序没有单一主入口点的概念。相反，我们可在活动和服务中指定多个入口点，这些入口点可通过系统或第三方应用程序所发出的特定意图来启动。我们需要通过某种方式与 Android 系统进行通信，告诉 Android 系统应用程序的哪些活动和服务以何种方式响应特定的意图。这正是<intent-filter>元素起作用的地方。

在前面的示例中，我们指定了两类意图过滤器：<action>和<category>。<action>元素告诉 Android 此活动是应用程序的主入口点。<category>元素指定要把活动添加到应用程序启动器中。这两个元素结合使用时，Android 知道应当在应用程序启动器中按下应用程序的图标时启用这个特定的活动。

对于<action>和<category>这两个元素，只需要指定 name 属性，以便标识活动将响应的意图。android.intent.action.MAIN 是一个特殊意图，它可被 Android 系统用来启动一个应用程序的主活动。而 android.intent.category.LAUNCHER 这个意图用于告诉 Android 系统，应用程序是否有一个特定的活动应该在应用程序启动器中有一个入口。

通常情况下，我们只用一个活动指定这两个特殊的意图过滤器。不过，一个标准的 Android 应用程序会有多个活动，并且同样需要在 manifest.xml 文件中进行定义这些活动。下面列举一个定义此类子活动的示例：

```
<activity android:name=".MySubActivity"
          android:label="Sub Activity Title"
          android:screenOrientation="portrait">
          android:configChanges="keyboard|keyboardHidden|orientation"/>
```

这里没有指定任何意图过滤器——只有我们前面讨论的那 4 种活动属性。当定义这样一个活动后，它只能用于我们自己的应用程序。可以通过编程使用一个特殊的意图来启动这样一个活动，例如，在一个活动中按下一个按钮来打开一个新活动。在后续章节中将看到如何通过编程来启动一个新活动。

总之，我们已有了一个活动，并通过指定两个意图过滤器来使其成为应用程序的主入口点。对于所有其他活动，我们没有指定意图过滤器，以便它们成为应用程序内部的活动。我们将通过编程来启动这些活动。

注意：如前所述，我们的游戏将只有一个活动。该活动将使用前面所示的意图过滤器来设定。在此讨论如何设置多个活动的原因是稍后将创建一个拥有多个活动的特殊样本应用程序。不必担心，这是一件轻而易举的事情。

4.1.4　<uses-permission>元素

我们现在离开<application>元素并回到为<manifest>元素定义的子元素中，其中有一个是<uses-permission>元素。

Android 系统有一个非常安全的模型，让每一个应用程序都运行在它自己的进程和 VM 中，有自己的用户或用户组，而不会影响其他应用程序。Android 系统同样会限制系统资源的使用，如联网设备、SD 卡和音频录制硬件等。如果我们的应用程序要使用这些系统资源，就必须请求这些资源的权限。这正是<uses-permission>元素要做的事情。

一个权限的形式通常如下所示，其中 string 用于指定我们想请求的权限的名称。

```
<uses-permission android:name="string"/>
```

下面是一些可能需要用到的权限的名称:

- android.permission.RECORD_AUDIO: 允许我们访问音频录制硬件。
- android.permission.INTERNET: 允许我们访问所有的联网 API, 例如获取一幅网络图像或上传高得分。
- android.permission.WRITE_EXTERNAL_STORAGE: 允许我们读写外部存储器的文件, 一般是指设备上的 SD 卡。
- android.permission.WAKE_LOCK: 允许我们获得一个唤醒锁。有了该唤醒锁, 当屏幕一段时间没有被触摸时, 也不会进入睡眠状态。例如, 在一个仅通过加速计来控制的游戏中, 这就会派上用场。
- android.permission.ACCESS_COARSE_LOCATION: 这是一个非常有用的权限, 允许获得非 GPS 级别的访问权限, 例如用户所在的国家, 这对配置语言的默认设置和分析十分有用。
- android.permission.NFC: 允许应用程序通过 NFC(Near-Field Communication, 近场通信)执行 I/O, 这对于许多涉及快速交换少量信息的游戏功能十分有用。

要访问联网 API, 需要在<manifest>元素中指定下面的子元素:

```
<uses-permission android:name="android.permission.INTERNET"/>
```

如果需要更多的权限, 那么只需要添加更多的<uses-permission>元素即可。建议你参阅官方的 Android 文档, 那里还有更多的权限可供使用。我们只会用到刚才讨论的这些权限。

忘记添加一种权限(如访问 SD 卡的权限)是一种常见的错误。它会在设备日志中以消息的形式表现出来, 这有可能因为日志过于复杂而未被发现, 从而没有得到处理。后面将详细讨论日志。考虑好你的游戏中所需的权限并在开始创建项目时就指定它们。

另一个要注意的事情是, 当用户安装你的应用程序时, 他会先被要求查看应用程序所需的所有权限。很多用户会忽略阅读这些权限, 而只是很高兴地安装他们所能得到的应用程序。但一些用户就会很小心, 他们会仔细地查看所有权限。如果你请求一些可疑的权限, 像发送收费的短信或获取用户的位置信息等权限, 那么你发布在 Google Play 的应用程序在其评论部分将会收到一些不良的用户反馈。不过, 避免这种情况的最好方法是, 如果你使用了其中一个可疑的权限, 就应该在应用程序描述中告诉用户你为什么要使用它。最好一开始就避免这些权限, 或者提供合理使用这些权限的功能。

4.1.5 <uses-feature>元素

如果你自己是一名 Android 用户, 并拥有一部具备旧 Android 版本(例如 1.5 版本)的老设备, 就会发现一些比较绚丽的应用程序不能在设备上的 Google Play 应用程序中显示出来。原因之一是在应用程序的清单文件中使用了<uses-feature>元素。

Google Play 应用程序会通过硬件配置文件过滤所有可用的应用程序。通过<uses-feature>元素, 一个应用程序可指定其所需的硬件功能——如多点触摸或支持 OpenGL ES 2.0 等。任何没有这些指定功能的设备将被过滤掉, 使用户一开始就看不到这些应用程序。

<uses-feature>元素有以下属性:

```
<uses-feature android:name="string" android:required=["true" | "false"]
android:glEsVersion="integer" />
```

name 属性指定该功能本身，而 required 属性用于告诉过滤器我们是否在任何情况下都需要该功能或者该功能是可有可无的。最后是一个可选属性，只与特定的 OpenGL ES 版本协同使用。

对游戏开发人员来说，下面的这些功能是最相关的：

- android.hardware.touchscreen.multitouch：这要求该设备具有多点触摸交互的屏幕，如捏拉缩放之类的操作。这种类型的屏幕在独立追踪多根手指方面存在问题，因此你需要评估这些功能是否足以支持你的游戏。
- android.hardware.touchscreen.multitouch.distinct：这是上一项功能的关联功能，它要求具有完全的多点触摸能力来实现像屏幕上的虚拟双摇杆等控制功能。

本章后面将再次讨论多点触摸。现在只需记住，当游戏要求具有多点触摸屏幕时，通过在 <uses-feature> 元素中指定前面提到的功能名称，可以排除不支持这些功能的设备，例如：

```
<uses-feature android:name="android.hardware.touchscreen.multitouch"
android:required="true"/>
```

对游戏开发人员来说，另一个重要的事情是指定需要的 OpenGL ES 版本。本书将只关注 OpenGL ES 1.0 和 1.1 版本。对此，我们通常不指定一个 <uses-feature> 元素，因为它们之间没有太大不同。不过，我们假设任何实现 OpenGL ES 2.0 的设备都具有图形处理能力。如果我们的游戏视觉比较复杂并需要大量的处理能力，就需要使用 OpenGL ES 2.0，这样游戏只会显示在能用一个可被接受的帧速率来渲染这些绚丽的视觉效果的设备上。注意，我们没有使用 OpenGL ES 2.0，只是通过硬件类型实现过滤，因为 OpenGL ES 1.x 代码已有足够的处理能力。下面是实现的操作：

```
<uses-feature android:glEsVersion="0x00020000"android:required="true"/>
```

这将使我们的游戏只显示在支持 OpenGL ES 2.0 的设备上，并假定设备具有一个很强大的图形处理器。

注意：此功能在一些设备上会报告出错，从而使你的应用程序在完全支持它的设备上仍然无法显示。所以要谨慎使用它。

假设我们还需要为游戏提供对 USB 外设的支持，使设备成为一个 USB 主设备，允许控制器或其他外设连接到它。处理这种要求的正确方法是添加如下语句：

```
<uses-feature android:name="android.hardware.usb.host" android:required="false"/>
```

将"android:required"设为 false 会告诉 Google Play："我们可以使用此功能，但是下载和运行游戏并不是必须使用它。"设置使用可选的硬件功能是一种未雨绸缪的好方式，使游戏可以运行在现在还没有见到过的各种硬件上。这允许制造商将应用程序限制为已声明支持他们的硬件的那些设备，而如果你的游戏也声明了支持该类型的硬件，就会被包含在可以下载到该设备上的应用程序列表中。

现在，每一个在硬件方面的具体要求都可能减少能安装游戏的设备数量，从而直接影响应用程序的销量。在指定上面任何功能前一定要多加考虑。例如，如果我们的游戏的标准模式要求多点触摸，而我们能通过另一种方法使其工作在单点触摸设备上，就应该争取实现两种代码方式，每一种对应一个硬件配置文件，这样就能拥有一个更庞大的市场。

4.1.6 <uses-sdk>元素

最后一个添加到清单文件中的元素是<uses-sdk>元素，它是<manifest>元素的一个子元素。我们在第 2 章创建 HelloWorld 项目时定义了这个元素，并通过做一些调整确保 Hello World 应用程序适合 Android 1.5 及更高版本。那么该元素的作用是什么呢？下面是一个示例：

```
<uses-sdk android:minSdkVersion="3" android:targetSdkVersion="16"/>
```

正如第 2 章中讨论的，每个 Android 版本都需要指定一个整型数值，也称为 SDK 版本号。<uses-sdk>元素就用于指定应用程序支持的最低版本和目标版本。在这个示例中，我们将最低版本定义为 Android 1.5，将目标版本定义为 Android 4.1。该元素允许我们将一个使用了仅新版本可用的 API 的应用程序部署到安装低版本系统的设备上。一个明显的示例是多点触摸 API，只有 SDK 版本 5(Android 2.0)以及更新的版本才提供该 API。当在 Eclipse 中建立 Android 项目时，我们使用一个支持该 API 的生成目标——如 SDK 版本 5 或者更新版本(我们经常选择最新的 SDK 版本，到撰写本书时是版本 16)。如果我们想让游戏在 SDK 版本 3(Android 1.5)上同样运行起来，就需要像前面一样在清单文件中指定 minSdkVersion。当然我们需要十分小心，避免使用低版本所不支持的 API，至少必须让 Android 1.5 版本的设备支持它们。而在一个更高版本的设备上，我们可以使用更新的 API。

以上这些配置对大多数游戏来说都是适用的(除非你不能为高版本的 API 提供一个独立的备用代码路径，这种情况下，需要将 minSdkVersion 属性设置成你实际上所能支持的最低 SDK 版本)。

4.1.7 8 个简单步骤建立 Android 游戏项目

现在，我们结合上面的信息，用简单的方法在 Eclipse 中逐步创建一个新的 Android 游戏项目。创建项目时需要：

- 尽量使用最新 SDK 版本的功能，同时需要兼容一些设备上仍然在运行的最低 SDK 版本。这就意味着需要支持 Android 1.5 版本或更新版本。
- 尽可能地安装在 SD 卡上，以免使用完设备的内部存储空间。
- 有一个单一的主活动能处理所有配置的变化，这样当物理键盘推出或设备方向改变的时候，它不会被销毁。
- 活动需要能固定为纵向和横向模式。
- 能访问 SD 卡。
- 允许我们获取一个唤醒锁。

用刚刚谈及的信息就可以实现这些简单的目标。下面是一些具体步骤：

(1) 通过打开 New Android Project 向导在 Eclipse 中创建一个新的 Android 项目，如第 2 章所述。

(2) 创建项目后，打开 AndroidManifest.xml 文件。

(3) 为了可以在 Android 系统中将游戏安装到 SD 卡里，在<manifest>元素中添加 installLocation 属性并设置其为 preferExternal。

(4) 为了固定活动的方向，在<activity>元素中添加 screenOrientation 属性并设定你想要的方向(portrait 或 landscape)。

(5) 为了让 Android 系统知道我们想处理 keyboard、keyboardHidden 和 orientation 配置变化，在

<activity>元素中将 configChanges 属性设为 keyboard | keydoardHidden | orientation。

(6) 将两个<uses-permission>元素添加到<manifest>元素中，并设定 name 属性为 android.permission.WRITE_EXTERNALSTORAGE 和 android.permission.WAKE_LOCK。

(7) 设置<uses-sdk>元素中的 minSdkVersion 和 targetSdkVersion 属性(例如，将 minSdkVersion 设为 3，将 targetSdkVersion 设为 16)。

(8) 在 res/文件夹下创建一个名为 drawable/的文件夹，将 res/drawable-mdpi/ic_launcher.png 文件复制到这个新文件夹中。Android 1.5 将在该位置搜索启动器图标。如果不想支持 Android 1.5，可以跳过此步骤。

通过简单的 8 个步骤，将生成一个完整定义的应用程序——安装在 SD 卡上(在 Android 2.2 及以上的设备中)、有固定的方向、不会因配置变化而崩溃、允许访问 SD 卡和唤醒锁、可工作在 Android 1.5 版本及以上的所有版本中。完成前面这些步骤之后，AndroidManifest.xml 文件的最终内容如下：

```xml
<?xml version="1.0" encoding="utf-8"?>
<manifest xmlns:android="http://schemas.android.com/apk/res/android"
       package="com.badlogic.awesomegame"
       android:versionCode="1"
       android:versionName="1.0"
       android:installLocation="preferExternal">
    <application android:icon="@drawable/icon"
                 android:label="Awesomnium"
                 android:debuggable="true">
       <activity android:name=".GameActivity"
                 android:label="Awesomnium"
                 android:screenOrientation="landscape"
                 android:configChanges="keyboard|keyboardHidden|orientation">
          <intent-filter>
             <action android:name="android.intent.action.MAIN" />
             <category android:name="android.intent.category.LAUNCHER" />
          </intent-filter>
       </activity>
    </application>
    <uses-permission android:name="android.permission.WRITE_EXTERNAL_STORAGE"/>
    <uses-permission android:name="android.permission.WAKE_LOCK"/>
    <uses-sdk android:minSdkVersion="3" android:targetSdkVersion="16"/>
</manifest>
```

正如你所看到的那样，这里去掉了<application>和<activity>元素的 label 属性中的@string/app_name。并不是必须这么做，但是在一个地方定义应用程序是首选的方法。从现在开始，就要重点讨论代码了！

4.1.8　Google Play 过滤器

Android 设备的种类繁多，并且具有不同的功能，所以硬件制造商必须限制只有与设备兼容的应用程序才能下载到他们的设备上并运行，否则用户可能会尝试运行不兼容的应用程序，导致一次糟糕的体验。为解决这种问题，Google Play 会从特定设备的可用应用程序列表中过滤不兼容的应用程序。例如，如果设备没有照相机，而你试图搜索一款要求使用照相机的游戏，就会发现搜索不到该游戏。先不说结果是好是坏，这会让用户感觉该应用程序并不存在。

前面讨论过的许多清单元素都作为过滤器使用。除了介绍过的<uses-feature>、<uses-sdk>和<uses-permission>，还有 3 个专门用于过滤的元素，应该牢记在心：

- <support-screens>：允许声明游戏可以运行的屏幕大小和密度。理想情况下，游戏应该可以在所有的屏幕下运行，我们也将介绍如何实现此功能。但在清单文件中，还是应该明确地声明所支持的每种屏幕大小。

- <uses-configuration>：允许明确声明对设备上的输入配置类型的支持，例如硬键盘、软键盘、触摸屏甚至轨迹球导航输入。理想情况下，应该支持以上所有输入配置，但是如果游戏需要特定的一种输入，那么可以探索和使用该标记以进行过滤。

- <uses-library>：允许声明游戏所依赖的第三方库，设备上必须具有这些库才能运行游戏。例如，游戏可能需要一个非常大但十分常用的文本到语音转换库。使用此标记声明库确保了只有安装该库的设备才能看到和下载此游戏。此标记的一种常见用法是只允许安装了 Google 地图库的设备运行基于 GPS/地图的游戏。

随着 Android 的不断发展，很可能会出现更多过滤器标记，所以要经常查看开发人员网站的 Google Play 过滤器页面(http://developer.android.com/guide/google/play/filters.html)，以在部署应用程序之前了解最新信息。

4.1.9　定义游戏图标

将游戏部署到一个设备上并打开应用程序启动器时，你会看到它的条目有一个漂亮但不算独特的 Android 图标。该游戏图标也会在 Google Play 上显示。如何才能把它变成一个自定义的图标呢？

再仔细看看<application>元素，该元素中定义了一个名为 icon 的属性，它引用了 res/drawable-xxx 目录下一幅名为 icon 的图像。这样你就很清楚接下来该怎么做了：用我们自己的图标图像取代 drawable 文件夹下的图标图像。

完成创建 Android 项目的 3 个简单步骤后，在 res/文件夹中会看到如图 4-1 所示的几个文件夹。

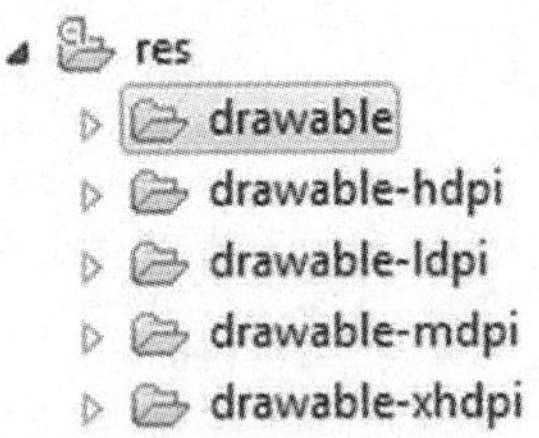

在第 1 章曾提到过设备可以具有不同的大小，但没有说明 Android 系统是如何进行处理的。事实上，该系统有一个灵活的机制，允许你为一组屏幕密度定义不同的图形资源。屏幕密度是由屏幕物理大小和屏幕像素点总数确定的，第 5 章再进行更详细说明。现在只要知道 Android 系统定义了 4 个不同的屏幕密度：ldpi 用于低密度屏幕，mdpi 用于标准密度屏幕，hdpi 用于高密度屏幕，xhdpi 用于超高密度屏幕。对于低密度的屏幕我们通常使用较小的图像资源，而对于高密度的屏幕我们可使用高分辨率的资源。

图 4-1　res/文件夹的变化

因此，我们需要为图标提供 4 种不同的版本，每一个版本对应一个密度屏幕。但是每个版本需要多大呢？幸运的是，在 res/drawable 文件夹下已有默认的图标存在，这样我们只需重新设计图标的大小即可。res/drawable-ldpi 中的图标分辨率为 36×36 像素，res/drawable-mdpi 中的图标分辨率为 48×48 像素，res/drawable-hdpi 中的图标分辨率为 72×72 像素，而 res/drawable/ xhdpi 中的图标分辨率为 96×96 像素。我们需要用相同分辨率来创建不同版本的自定义图标，并用创建的 icon.png 文件取代每个文件夹下的 icon.png 文件。只需将自己的图标图像文件命名为 icon.png，就可以不修改清单文件。总是在资源文件中使用小写字母，这样会比较安全一些。

为了真正兼容 Android 1.5 版本，我们需要添加一个名为 res/drawable/的文件夹，并把 res/

drawable-mdpi/文件夹下的图标放置到其中。Android 1.5 版本没有其他的 drawable 文件夹，因此它可能找不到我们的图标。

最后，就可以准备编写 Android 代码了。

4.2　针对有 iOS/Xcode 背景的读者

Android 的开发环境和 Apple 的开发环境存在很大的区别。Apple 的控制非常严格，Android 则依赖于一些来自于不同源的不同的模块，这些源文件定义了很多 API、格式控制，并定义了哪些工具最适合于特定的任务，例如构建应用程序。

4.2.1　Eclipse/ADT 和 Xcode 的对比

Eclipse 是一个多项目、多文档的界面。在一个工作区中可以有很多 Android 项目，它们都显示在 Package Explorer 视图下面。在这些项目下也可以打开很多文件，它们显示在 Source Code 视图中。如同 XCode 中的 forward/back 一样，Eclipse 也提供了一些工具栏按钮来帮助导航，甚至提供了一个 Last Edit Location 选项，可以返回到你上次做修改的地方。

Eclipse 拥有很多 Java 的语言特性而 Xcode 对于 Objective-C 则没有。在 Xcode 中必须单击"Jump to definition"，而在 Eclipse 中只需按下 F3 键或者单击 Open Declaration。另一个很好的地方是引用搜索功能。想要找到谁调用了某个方法？只需选中该方法然后按下 Ctrl+Shift+G 组合键或者选择 Search | References | Workspace。重命名和移动操作被整合为"Refactor"操作，因此，如果你还为没有看到任何重命名一个类或文件的选项而感到迷惑，请查看 Refactor 选项。因为 Java 没有单独的头文件和实现文件，所以没有"jump to header/impl"快捷键。如果启用 Project | Build Automatically，Java 文件就会自动编译。设置这个选项后，每次你做一个修改后，你的项目就会增量编译一次。为使用自动完成功能，只需按下 Ctrl+Space。

作为一个 Android 开发新手，第一件需要注意的事情就是部署 Android 设备，除了需要启用一个设置，你不必做任何事情。在 Android 上，任何可执行的代码还是需要通过私钥来签名的，但是这个密钥不需要像在 Apple 上一样通过信任授权来获得，而是当你在 Android 上运行测试代码时，由 IDE 为你创建一个"debug"密钥。这个密钥和你的产品密钥不同，但不改动任何东西就能测试应用程序还是很不错的。这个密钥位于用户主目录下的子目录下，名为.android/debug.keystore。

与 Xcode 一样，Eclipse 也支持 Subversion(SVN)，但需要一个插件。最常用的插件是 Subclipse，可以到 http://subclipse.tigris.org 上下载。可以通过 Team 快捷菜单或者通过选择 Window | Show View | Other | SVN 打开一个视图来使用 SVN 的功能。首先检查你的资料库，并开始检出或共享项目。

Eclipse 中很多东西是上下关联的，因此你应该右击(或者双击/ctrl-click)项目的名称、文件、类、方法以及其他的东西来看看出现的选项。例如，第一次运行某个项目就可以通过右击项目名称然后选择 Run As | Android Application 来完成。

4.2.2　查找和配置你的目标

Xcode 可以有一个单一的项目对应多个目标，就像 My Game Free and My Game Full，它们有不同的编译选项，基于这些选项可以产生不同的应用程序。Android在Eclipse中就不存在这种情况，因为Eclipse是以一种扁平的方式来面向项目的。想要在Android中实现相同的功能，需要使用两个不同的项目，这两个项目除了一段项目配置代码不同外共享其他所有代码。共享代码也很简单，只需使用Eclipse简单的"linked source"功能就可以实现。

如果你习惯于 Xcode 的 plist 和页面配置，听到这个消息一定很高兴，那就是你可能需要的一切东西都位于这两个位置之一：AndroidManifest.xml(本章会涉及到)和项目的 Properties 窗口。Android manifest 文件涉及的内容主要针对应用程序，就像 Xcode 目标的 Summary 和 Info 一样，而项目的 Properties 窗口涉及的是 Java 语言的功能(例如链接哪个库、类都位于何处等等)。右击项目选择 Properties 就会呈现大量的配置分类。Android 和 Java Build Path 分类用来处理依赖的库和源代码，与 Xcode 中 Build Settings、Build Phases 和 Build Rules 的一些标签选项类似。内容肯定会有所不同，但了解该到何处去寻找则能节省大量时间。

4.2.3　其他有用的东西

Xcode 和 Eclipse 之间当然还会有更多的不同之处。下面列出了我们找到的一些有用的东西。

- Eclipse 显示了真实的文件系统结构，但也隐藏了一些东西，因此最好使用 F5/refresh 功能来获得项目文件的最新界面。
- 文件的位置很重要，Eclipse 并没有对文件的位置做虚拟化处理。好像所有文件夹都是文件夹的引用，想要不包含文件的唯一方式就是设置排除过滤器。
- 一个工作区有一个设置，因此你可以有多个工作区，每个工作区有自己的设置。当你既有私人项目又有工作项目而又想让它们彼此独立时，这种机制很有用。
- Eclipse 具有多个透视图，当前的视角是由 Eclipse 窗口右上方区域的活动的图标来标识的。如同第 2 章探讨的一样，一个透视图就是一些视图的预配置集合以及一些相关的上下文设置。任何时候当你觉得显示的内容有些奇怪时，请检查确认你使用的是正确的透视图。
- 本书将探讨如何部署应用程序，但同 Xcode 中的改变 scheme 和 target 不同。它是一个完全独立的操作，即右击项目的上下文菜单(Android Tools | Export Signed Application Package)。
- 如果编辑的代码看起来根本没有产生效果，极有可能是你的 Build Automatically 设置没有启用。通常情况下，你是想为代码编辑启用这个选项的(Project | Build Automatically)。
- 并没有直接等同于 XIB 的东西。最接近的就是 Android 布局，但 Android 并不会像 XIB 一样操作 outlet，因此假设你只使用 ID 约定。大多数游戏并不需要关注多个布局，但最好记住这一点。
- 在项目目录中，Eclipse 更多地使用基于 XML 的配置文件来保存项目的设置。如果需要进行手动变更或者构建自动系统，请检查"."文件，例如.project。这个文件与 AndroidManif.xml 非常类似于 Xcode 中的 project.pbxproj。

4.3　Android API 基础

本章接下来将集中讨论游戏开发所需的 Android API。对此，需做一些准备：我们将创建一个包含上面所有小测试示例的测试项目，以使用所需的不同 API。那么就让我们开始吧。

4.3.1　创建测试项目

从上一节中我们已经知道如何建立项目，因此首先我们需要做的是执行前面列出的 8 个步骤。按照这些步骤创建一个名为 ch04-android-basics 的项目，使用包名 com.badlogic.androidgames。它有一个主活动，名为 AndroidBasicsStarter。为了能使用一些老版本和新版本 SDK 的 API，将最低 SDK 设置成版本 3(Android 1.5)，同时将构建目标设置为 SDK 版本 16(Android 4.1)。还可以根据需要填写其他设置，例如应用程序的名称。从这里开始，我们所要做的就是创建新的活动实现，每个活动实现演示部分 Android API。

但要记住，我们只有一个主活动。这个主活动看起来应该是怎样的呢?我们需要一种便捷的方法来添加新活动，并能够轻松启动特定的活动。对于这个主活动，很明显的是它应该给我们提供一种方法，用于启动一个特定的测试活动。如前所述，该主活动将会在清单文件中指定为主程序入口点。其他添加的活动将不指定<intent-filter>子元素。我们将从主活动通过编程来启动这些添加的活动。

1. AndroidBasicsStarter 活动

Android API 提供了一个特殊的类 ListActivity，它是我们在 Hello World 项目中使用的 Activity 类的一个派生类。ListActivity 是一种特殊活动，用于简单地显示一些对象列表(如字符串等)。我们使用 ListActivity 来显示测试活动的名称。当我们触摸列表中的一项时，将通过编程启动一个对应的活动。程序清单 4-1 显示了该主活动——AndroidBasicsStarter 的代码。

程序清单 4-1　AndroidBasicsStarter.java，用于显示和启动所有测试的主活动

```java
package com.badlogic.androidgames;

import android.app.ListActivity;
import android.content.Intent;
import android.os.Bundle;
import android.view.View;
import android.widget.ArrayAdapter;
import android.widget.ListView;

public class AndroidBasicsStarter extends ListActivity {
    String tests[] = { "LifeCycleTest", "SingleTouchTest", "MultiTouchTest",
            "KeyTest", "AccelerometerTest", "AssetsTest",
            "ExternalStorageTest", "SoundPoolTest", "MediaPlayerTest",
            "FullScreenTest", "RenderViewTest", "ShapeTest", "BitmapTest",
            "FontTest", "SurfaceViewTest" };

    public void onCreate(Bundle savedInstanceState) {
        super.onCreate(savedInstanceState);
        setListAdapter(new ArrayAdapter<String>(this,
                android.R.layout.simple_list_item_1, tests));
    }

    @Override
    protected void onListItemClick(ListView list, View view, int position,
            long id) {
        super.onListItemClick(list, view, position, id);
```

```
            String testName = tests[position];
            try {
               Class clazz = Class
                       .forName("com.badlogic.androidgames." + testName);
                       Intent intent = new Intent(this, clazz);
                       startActivity(intent);
                  } catch (ClassNotFoundException e) {
                     e.printStackTrace();
                  }
               }
            }
      }
```

我们选择的包名为 com.badlogic.androidgames。import 语句的含义不言自明，就是导入在代码中用到的所有类。AndroidBasicsStarter 类派生于 ListActivity 类——没有什么特殊之处。tests 字段是一个字符串数组，用于保存启动应用程序应该显示的所有测试活动的名称。注意，该数组中的名称是我们后面将要实现的活动类的具体 Java 类名。

下一段代码应该很熟悉，它是每一个活动需要实现的 onCreate()方法，当创建活动时它将会被调用。记住我们必须调用活动基类的这个 onCreate()方法，这是我们自己的 Activity 实现的 onCreate()方法中首先要做的事情。如果没有这样做，就会抛出一个异常而且该活动也不会显示出来。

解决了这个问题后，接下来要调用的是 setListAdapter()方法，该方法是由我们继承的 List-Activity 类提供的。它可让我们指定 ListActivity 将要显示的列表项。这些列表项需要以一个类实例的方式传递给该方法，而该类实例实现 ListAdapter 接口。我们使用一个简便的 Array Adapter 进行处理。该类的构造函数有 3 个参数：第一个是活动，第二个在下一段中解释，第三个就是 ListActivity 要显示的列表项数组。我们使用前面定义的 tests 数组作为第三个参数，这就是我们需要做的全部工作。

那么什么是 ArrayAdapter 构造函数的第二个参数呢？为了说明这一点，我们需要翻阅所有的 Android UI 的 API 资料，而本书中不会用到这些内容。因此，为了不浪费篇幅来陈述不需要的内容，我们给出了一个快速但不完善的解释：列表上的每一项都是通过一个视图来显示的。该参数定义每个视图的布局和类型。android.R.layout.simple_list_item_1 值是 UI API 提供的预定义常量，便于快速启动和运行。它代表一个标准列表项视图，用于显示文本。在此正好复习一下，一个视图就是 Android 上的一个 UI 控件，如一个按钮、一个文本输入框或一个滑块。在第 2 章中解释 HelloWorldActivity 时以 Button 实例为例讨论过这一点。

如果用这个 onCreate()方法来启动活动，将看到如图 4-2 所示的结果。

现在，当一个列表项被触摸时，我们需要让一些事情发生。我们将启动对应的活动，它与所触摸的列表项相关联。

2. 以编程方式启动活动

ListActivity 类有一个名为 onListItemClick()的受保护方

图 4-2　测试启动活动，这看起来有点意思，但是没有实现什么功能

法，当一个列表项被单击时调用该方法。我们所要做的是在 AndroidBasicsStarter 类中重写该方法，如程序清单 4-1 所示。

该方法的 list 参数由 ListActivity 用于显示列表项，view 参数表示包含于 ListView 内的已触摸项，position 参数表示列表内被触摸项的位置，而 id 参数并不是我们所感兴趣的。我们最关心的是 position 参数。

OnListItemClicked()方法首先调用基类的方法。这对于重写一个活动的方法总是一件好事情。接着我们基于 position 参数从 tests 数组中获取对应的类名。这就是本例的第一步。

从前面的讨论得知，我们能用代码通过一个意图来启动清单文件中定义的活动。Intent 类有一个好用而且简单的构造函数可实现该功能，该构造函数有两个参数：一个 Context 实例和一个 Class 实例，Class 实例代表我们想要启动的活动的 Java 类。

Context 是一个为我们提供应用程序的全局信息的接口。它由 Activity 类实现，我们只需将该引用传递到 Intent 的构造函数里即可。

为了获取代表我们想启动的活动的 Class 实例，我们使用一点反射，如果你用过 Java 语言，就应该对此很熟悉。反射允许我们在运行时以编程方式检查、实例化和调用类。静态方法 Class.forName() 的参数是一个字符串，其中包含一个类的完全限定名称，我们将为这个类创建一个 Class 实例。我们随后实现的所有测试活动都将包含在 com.badlogic.androidgames 包中。该包名加上从 tests 数组得到的类名就可让我们获得想要启动的活动类的完全限定名称。我们把该名称传递给 Class.forName()方法，并得到一个可传递给 Intent 构造函数的 Class 实例。

一旦构造了意图，就可以通过调用 startActivity()方法来启动它。该方法同样在 Context 接口中定义。因为我们的活动实现了这个接口，调用该方法的实现即可。

那么我们的应用程序将如何做呢？首先将会显示启动活动，然后每次我们触摸列表中的一项时，就会启动对应的活动。启动器活动将会暂停并转到后台，通过我们发出的意图而创建的新活动将会在屏幕上取代启动器活动显示。当我们按下 Android 设备上的返回按钮时，活动将会被销毁，而启动器活动将会恢复，并重新显示在屏幕上。

3. 创建测试活动

当创建一个新的测试活动时，需要执行以下操作：

(1) 在 com.badlogic.androidgames 包中创建对应的 Java 类，并实现其逻辑代码。

(2) 在清单文件中为该类添加一个条目，并添加其需要的属性(例如，android:configChanges 或是 android:screenOrientation)。注意我们不需要指定<intent-filter>元素，而是通过编程来启动它。

(3) 在 AndroidBasicsStarter 类的 tests 数组中添加活动的类名。

只要实现以上步骤，所有的一切都将按我们在 AndroidBasicsStarter 类中实现的逻辑很好地完成。新活动将自动显示在列表中，并可通过简单触摸来启动。

你也许想知道通过触摸启动的测试活动是否运行在它自己的进程和 VM 之中。事实并非如此。由多个活动构成的应用程序有一个活动栈，每当启动一个新活动时，它会被推入该栈中。而当关闭一个新的活动时，上一个推入栈的活动将会被弹出和恢复，并成为屏幕上新的活跃活动。

这也有其他一些含义。首先是应用程序中所有的活动(包括栈中暂停的部分活动和当前活跃的活动)共享同一个 VM，同样也共享同一内存堆。这可以是一件幸事，也可以是一个灾难。如果在你的活动中有静态字段，那么在它们启动时就将在堆内分配内存。对于这些静态字段，它们在活动销毁以及随后活动实例被垃圾回收之后将仍然存在。如果你不慎用这些静态字段，将可能导致内存泄漏。

因此，在使用一个静态字段之前一定要三思。

不过，正如前面多次提过的那样，我们在实际的游戏中将使用单一活动。先前的启动活动应该是该规则的一个例外，它只为了让编程更简单一点。实际上，单个活动也会产生许多需要解决的问题。

注意：这就是我们介绍 Android UI 编程的深度。从现在起，我们只在活动中使用单个 View 用于输出信息或接收输入。如果你想学习更多知识，像布局、视图组或 Android UI 库提供的更高级的功能，那么建议阅读 Grant Allen 编写的书籍 *Beginning Android 4*(Apress 2011)或是 Android 开发人员网站的优秀开发人员指南。

4.3.2 活动的生命周期

在开始编写 Android 程序时，首先要搞清楚的就是一个活动的行为方式。在 Android 上，这称为活动的生命周期。它描述了一个活动如何经历这些状态和状态过渡。让我们先来看看活动生命周期背后的理论。

1. 理论

一个活动有以下 3 种状态:
- **运行**：在该状态中，它是最高级的活动，占据整个屏幕并与用户直接进行交互。
- **暂停**：该状态发生在活动仍然在屏幕上可见但被一个透明的活动或对话框部分遮挡时，或者是设备屏幕锁定时。一个暂停的活动可在任何时间点被 Android 系统关闭(例如，内存不足时)。注意该活动的实例还将存活在 VM 的堆中，等待回到运行状态。
- **停止**：该状态发生在活动被另一个活动完全遮挡并因此在屏幕上不可见时。例如，当我们启动一个测试活动时，AndroidBasicsStarter 活动将进入该状态。当用户按下主页键暂时返回主屏幕时，也会进入该状态。系统会再次决定是否完全删除该活动，如果内存不足，也会将它从内存中移除。

在暂停和停止状态中，Android 系统可在任何时间点决定删除一个活动。它可用友好的方式完成该操作，通过调用它的 finished()方法先通知活动。或用不友好的方式，不进行通知就直接删除其进程。

活动可从暂停或停止状态返回到运行状态。再次注意，当一个活动从暂停或停止状态中恢复时，它仍然是内存中的同一个 Java 实例。因此，该活动在暂停或停止前后的所有状态和成员变量是一样的。

一个活动包含一些受保护的方法，我们可重写它们来了解状态的变化:
- Activity.onCreate()：当活动第一次被创建时调用该方法。在这里，我们设置所有的 UI 组件并挂载到输入系统中。它在活动的生命周期中只会被调用一次。
- Activity.onRestart()：当活动从停止状态恢复时调用该方法，onStop()方法先于它被调用。
- Activity.onStart()：当 onCreate()方法被调用之后或者活动从停止状态恢复时调用该方法。在后一种情况下，onRestart()方法先于它被调用。
- Activity.onResume()：当 onStart()方法被调用之后或者活动从暂停状态恢复时调用该方法(例如，屏幕解除锁定时)。

- Activity.onPause()：当活动进入暂停状态时调用该方法。这也许是我们最后接收的通知，因为 Android 系统可能会决定不进行通知就直接删除应用程序。我们应该在该方法内保存所有需要持久存储的状态。
- Activity.onStop()：当活动进入停止状态的时调用该方法。onPause()方法先于它被调用。这就意味着一个活动在停止之前，它会先暂停。与 onPause()方法相同，它可能是 Android 系统直接删除活动之前我们最后得到的通知。在这里，我们也可保存一些持久状态。不过，系统有可能不调用该方法而删除活动。由于 onPause()方法先于 onStop()方法在活动被直接删除前被调用，因此应在 onPause()方法内保存所有内容。
- Activity.onDestroy()：当活动被彻底销毁时，在活动生命周期的最后调用该方法。这是持久保存任何信息的最后机会，用于在下次创建活动时恢复信息。注意，当活动在系统调用 onPause()或 onStop()方法之后被销毁时是不会调用该方法的。

图 4-3 解释了活动的生命周期及方法的调用顺序。

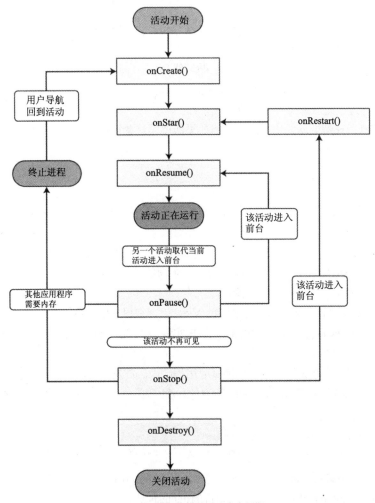

图 4-3　难以捉摸的活动生命周期

从中应该吸取三个主要教训。

(1) 在活动进入运行状态之前，总会调用 onResume()方法，不管它是从停止状态还是从暂停状态恢复。我们因此可以安全地忽略 onRestart()和 onStart()方法，不必关心是从停止状态还是暂停状态中恢复。对于我们的游戏，只需要知道它正在实际运行，并有 onResume()方法提供信号通知。

(2) 活动可在 onPause()方法执行后被直接销毁。我们不应该假设 onStop()和 onDestroy()方法会被调用。我们必须知道 onPause()方法先于 onStop()方法被调用。可以因此安全忽略 onStop()和 onDestroy()方法，而只需重写 onPause()方法。在该方法内，必须确保所有需要持久保存的状态(如高分和关卡进度)都写入到 SD 卡等外部存储空间上。在调用 onPause()方法之后，所有工作就结束了，我们并不知道自己的活动是否有机会重新运行起来。

(3) 我们知道，如果系统在调用 onPause()或 onStop()方法后决定删除该活动，那么 onDestroy()方法将不会被调用。不过，有些时候我们想知道活动是不是真的被删除。那么在 onDestroy()没有被调用时我们该如何做呢？Activity 类有一个称为 Activity.isFinishing()的方法允许我们在任何时候调用，可用于查看该活动是否被删除。我们至少能保证的是在活动被删除之前 onPause()方法得到调用。所需要做的就是在 onPause()方法内调用 isFinishing()方法，以查看该活动是否在调用 onPause()方法后将被删除。

这样就使事情变得简单，我们只需要重写 onCreate()、onResume()和 onPause()方法。

- 在 onCreate()方法内，创建用于呈现和接收输入的窗口及 UI 组件。
- 在 onResume()方法内，启动或重启主循环线程(第 3 章讨论过)。
- 在 onPause()方法内，只需暂停主循环线程。如果 Activity.isFinishing()返回 true，就需要将所有想持久化的状态保存到磁盘中。

很多人感到难以理解活动的生命周期，但如果能遵循这些简单的规则，我们的游戏就能处理好这些暂停、恢复和清理的工作。

2. 实践

下面首先编写第一个测试示例来演示活动的生命周期。我们也需要一些输出来显示到目前为止状态的变化。可以使用如下两种方式来操作：

(1) 活动将显示的唯一 UI 组件是一个所谓的 TextView。它用于显示文本——我们已在启动器活动中隐式使用它来显示每个条目。每次我们进入一个新的状态时，将附加一个字符串到 TextView 上，以显示到目前为止发生的所有状态变化。

(2) 由于无法将活动的销毁事件显示到 TextView 上，它很快就从屏幕上消失，因此我们将所有的状态变化输出到 LogCat 中。我们使用 Log 类来实现该工作，它提供了很多静态方法用于附加消息到 LogCat 上。

记住我们需要将一个测试活动添加到测试应用程序中。首先要在清单文件中以<activity>元素的形式定义它，<activity>元素是<application>元素的一个子项：

```
<activity android:label="Life Cycle Test"
          android:name=".LifeCycleTest"
          android:configChanges="keyboard|keyboardHidden|orientation" />
```

接下来在包 com.badlogic.androidgames 中添加一个新的 Java 类——LifeCycleTest。最后，在前面定义的 AndroidBasicsStarter 类(该类用于演示目的)的 tests 成员中添加该新类的名称。

在接下来的小节中，我们需要不断地为新建的测试活动重复这些步骤。为简便起见，我们就不再提及这些步骤。另外请注意，我们并没有为 LifeCycleTest 活动指定一个方向。在该示例中，可以采用横向或纵向模式，具体取决于设备的方向。这样你就能看到设备方向的变化对活动生命周期的影响(由于我们设置 configChanges 属性的方式，在这里并不会产生影响)。程序清单 4-2 显示了整个活动的代码。

程序清单 4-2　LifeCycleTest.java，用于演示活动的生命周期

```java
package com.badlogic.androidgames;

import android.app.Activity;
import android.os.Bundle;
import android.util.Log;
import android.widget.TextView;

public class LifeCycleTest extends Activity {
    StringBuilder builder = new StringBuilder();
    TextView textView;

    private void log(String text) {
    Log.d("LifeCycleTest", text);
    builder.append(text);
    builder.append('\n');
    textView.setText(builder.toString());
    }

    @Override
    public void onCreate(Bundle savedInstanceState) {
        super.onCreate(savedInstanceState);
        textView = new TextView(this);
        textView.setText(builder.toString());
        setContentView(textView);
        log("created");
    }

    @Override
    protected void onResume() {
        super.onResume();
        log("resumed");
    }

    @Override
    protected void onPause() {
        super.onPause();
        log("paused");

        if (isFinishing()) {
            log("finishing");
        }
    }
}
```

让我们快速浏览一下这段代码。该类继承于 Activity。我们定义了两个成员：一个 StringBuilder，用于存储到目前为止产生的所有消息；一个 TextView，用于在活动上直接显示这些消息。

然后，我们定义一个私有辅助方法将文本信息记录到 LogCat 上，将其附加到 StringBuilder 中以及更新 TextView 的文本信息。对于 LogCat 输出，我们使用静态方法 Log.d()，其中采用标记作为第

一个参数，实际的消息内容作为第二个参数。

在 onCreate()方法中，总是先调用超类的方法。接着我们创建 TextView 并将它设为活动的内容视图，它将会填满活动的整个空间。最后，将创建的消息记录到 LogCat 上，并用前面定义的辅助方法 log()更新 TextView 的文本。

接着重写活动的 onResume()方法，每当重写一个活动方法时，我们总是先调用它的父类方法。然后再调用 log()方法并将 resumed 作为参数。

重写 onPause()方法与 onResume()方法很相似。我们先记录 paused 消息。我们为了知道活动在调用 onPause()方法之后是否被销毁，需要查看 Activity.isFinishing()方法。如果该方法返回 true，那么也需要把结束事件记录下来。当然，我们也看不到更新的 TextView 文本信息，因为在屏幕上显示变化之前该活动就已被销毁。因此，如前所述，我们将所有消息全部输出到 LogCat 上。

运行该应用程序并试试这个测试活动，下面是一系列需要执行的操作:

(1) 在启动器活动界面上启动测试活动。

(2) 锁定屏幕。

(3) 解锁屏幕。

(4) 按下 home 按钮(将返回到主屏幕)。

(5) 在主屏幕上，对于老版本(早于版本 3)的 Android，按住 home 按钮直到当前运行的应用程序显示出来。对于高于版本 3 的 Android，则触摸 Running Apps 按钮。选中 Android Basics Starter 应用程序以便恢复它(将把测试活动返回到屏幕上显示)。

(6) 按下返回按钮(将返回到启动器活动界面)。

如果你的系统没有在活动处于暂停状态时直接删除它，就会看到如图 4-4 所示的输出(当然，前提是你没有按下返回按钮)。

在启动时会调用 onCreate()方法，接着调用 onResume()方法。当我们锁定屏幕时，调用 onPause()方法。当解锁屏幕时，调用 onResume()方法。当按下 home 按钮时，会调用 onPause()方法。返回到活动时，会再次调用 onResume()方法。当然，相同的消息将会显示在 LogCat 中，可通过 Eclipse 的 LogCat 视图观察到。图 4-5 显示了执行上面一系列操作(加上按下返回按钮)之后显示在 LogCat 中的消息。

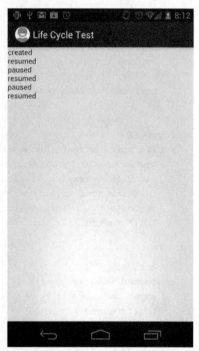

图 4-4 运行 LifeCycleTest 活动

Time		pid	tag	Message
11-10 17:03...	D	2243	LifeCycleTest	created
11-10 17:03...	D	2243	LifeCycleTest	resumed
11-10 17:03...	D	2243	LifeCycleTest	paused
11-10 17:03...	D	2243	LifeCycleTest	resumed
11-10 17:03...	D	2243	LifeCycleTest	paused
11-10 17:03...	D	2243	LifeCycleTest	resumed
11-10 17:03...	D	2243	LifeCycleTest	paused
11-10 17:03...	D	2243	LifeCycleTest	finishing

图 4-5 LifeCycleTest 的 LogCat 输出

再次按下返回按钮会调用 onPause()方法。因为这会销毁活动，所以 onPause()中的 if 语句会被触发，通知我们这是该活动正在结束。

以上介绍的就是活动的生命周期。现在，我们就能很容易地处理任何暂停和恢复事件，并保证在活动被销毁时能得到通知。

4.3.3   处理输入设备

正如前面章节讨论的那样，我们能从 Android 上得到很多不同输入设备的信息。本节将讨论 Android 上几种最相关的输入设备以及如何使用它们：触摸屏、键盘、加速计和罗盘。

1. 获取(多点)触摸事件

触摸屏是获取用户输入最重要的一种方式。直到 Android 2.0 版本，该 API 都还只支持处理单点触摸事件。Android 2.0(SDK 版本 5)版本才引入多点触摸。多点触摸事件报告是附加在单点触摸 API 之上的，在可用性上好坏参半。我们先来看看如何处理单点触摸事件，它适用于所有的 Android 版本。

2. 处理单点触摸事件

在第 2 章中处理一个按钮的单击时，我们看到 Android 系统是以监听器接口的方式向我们报告事件的。触摸事件也不例外，我们在视图中注册一个 OnTouchListener 接口的实现，并把触摸事件传递给这个接口实现。该 OnTouchListener 接口只有一个方法：

```
public abstract boolean onTouch (View v, MotionEvent event)
```

第一个参数是被分派触摸事件的 View，第二个参数就是我们将要分析以获得触摸事件的参数。

OnTouchListener 可在任何 View 实现中通过 View.setOnTouchListener 方法进行注册。在 MotionEvent 被分派给 View 本身之前，将首先调用 OnTouchListener 方法。我们可在 onTouch()方法的实现中通过返回 true 通知该 View，我们已经处理事件。如果返回 false，那么该 View 将自行处理该事件。

MotionEvent 实例包含以下 3 个我们比较关心的方法：

- MotionEvent.getX()和 MotionEvent.getY()：这两个方法报告触摸事件相对于 View 的 X 和 Y 坐标。为坐标系统定义的原点位于该视图的左上角，X 轴指向右边，Y 轴指向下方。坐标是以像素为单位的。注意，该方法将返回浮点型数据，因此该坐标是具有亚像素精度的。
- MotionEvent.getAction()：返回触摸事件的类型。它是一个整型数，具有如下值之一：MotionEvent.ACTION_DOWN、MotionEvent.ACTION_MOVE、MotionEvent.ACTION_CANCEL 和 MotionEvent.ACTION_UP。

这听起来很简单，也确实如此。用手指触摸屏幕时，将会触发 MotionEvent.ACTION_DOWN 事件。而当手指移动时，则触发 MotionEvent.ACTION_MOVE 事件。注意，只要你的手指没有完全脱离屏幕，就总可以获得 MotionEvent.ACTION_MOVE 事件。触摸传感器将识别出最细微的变化。当手指再次离开屏幕时，就会触发 MotionEvent.ACTION_UP 事件。MotionEvent. ACTION_CANCEL 事件则稍微有点神秘。文档说明当前的手势取消时会触发该事件，不过作者在实际操作中还没有捕获到该事件。但是，我们在开始实现第一个游戏的时候，还是会处理它并将其假设为 MotionEvent.ACTION_UP 事件。

让我们编写一个简单的测试活动来看看在代码中是如何实现该活动的。该活动将显示手指触摸屏幕的当前位置和事件类型。程序清单 4-3 显示了实现代码。

程序清单 4-3　SingleTouchTest.java：测试单点触摸处理

```java
import android.app.Activity;
import android.os.Bundle;
import android.util.Log;
import android.view.MotionEvent;
import android.view.View;
import android.view.View.OnTouchListener;
import android.widget.TextView;

public class SingleTouchTest extends Activity implements OnTouchListener {
    StringBuilder builder = new StringBuilder();
    TextView textView;

    public void onCreate(Bundle savedInstanceState) {
        super.onCreate(savedInstanceState);
        textView = new TextView(this);
        textView.setText("Touch and drag (one finger only)!");
        textView.setOnTouchListener(this);
        setContentView(textView);
    }

    public boolean onTouch(View v, MotionEvent event) {
        builder.setLength(0);
        switch (event.getAction()) {
        case MotionEvent.ACTION_DOWN:
            builder.append("down, ");
            break;
        case MotionEvent.ACTION_MOVE:
            builder.append("move, ");
            break;
        case MotionEvent.ACTION_CANCEL:
            builder.append("cancel", ");
            break;
        case MotionEvent.ACTION_UP:
            builder.append("up, ");
            break;
        }
        builder.append(event.getX());
        builder.append(", ");
        builder.append(event.getY());
        String text = builder.toString();
        Log.d("TouchTest", text);
        textView.setText(text);
        return true;
    }
}
```

我们让活动实现了 OnTouchListener 接口，同时具有两个成员变量，一个用于 TextView；另一个是 StringBuilder，用于构造事件字符串。

onCreate()方法的作用不言自明，唯一值得注意的地方就是调用了 TextView.setOnTouchListener()，在其中向 TextView 注册活动，使其接收 MotionEvent。

剩下的就是 onTouch()方法本身的实现了。我们忽略 view 参数，因为我们知道它必须是一个 TextView。我们感兴趣的是获取触摸事件类型，在我们的 StringBuilder 中附加一个字符串来标识该事件类型，以及附加触摸坐标和更新 TextView 文本信息。同样，我们也将事件信息记录到 LogCat 以看清楚事件发生的顺序，因为 TextView 只能显示所处理的最后一个事件(每次调用 onTouch()时，我们都清除 StringBuilder)。

一个不容易注意的细节是 onTouch()方法的 return 语句，它返回 true。通常我们应该持续地进行监听，同时返回 false 而不干扰事件调度过程。如果在该示例中我们这样做，那么将不能得到除了 MotionEvent.ACTION_DOWN 事件之外的任何事件。因此我们告诉 TextView 只使用该事件。这种行为在不同的视图实现中可能会有所不同。幸运的是，在本书的剩下部分中，我们将只需要其他 3 种视图。而且我们可以很容易地使用所需的任何事件。

如果我们在一台模拟器或一台连接的设备上运行该应用程序，那么 TextView 将总是显示最近事件的类型和位置坐标，这些信息报告给 onTouch()方法。此外，你还可以在 LogCat 中看到同样的消息。

我们并没有在清单文件中固定活动的方向。如果旋转你的设备，活动就会变成横向模式，当然坐标系统也会跟着改变。图 4-6 显示了活动的纵向和横向模式。在两种模式下，我们尝试触摸视图的中间位置。注意观察 x 坐标和 y 坐标是如何交换的。图中还显示了两种模式下的 x 轴和 y 轴，以及触摸点的屏幕位置。在两种模式下，原点都位于 TextView 的左上角，并且 x 轴指向右，y 轴指向下。

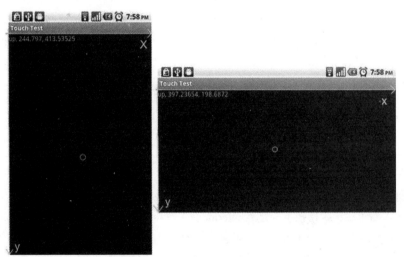

图 4-6　在纵向和横向模式中触摸屏幕

当然，由于方向的变化，x 轴和 y 轴的最大值也跟着变化。上述图像来自运行 Android 2.2(Froyo) 的 Nexus One 手机，它在纵向模式下具有 480×800 像素的屏幕分辨率(横向模式下是 800×480 像素)。由于触摸坐标是相对于视图的，并且该视图没有完全覆盖整个屏幕，因此 y 轴的最大值会比分辨率的高度小一点。我们后面会看到全屏幕模式，在该模式下我们看不到标题栏和通知栏。

不过，在较早的 Android 版本或第一代设备上，触摸事件会有一些问题：

- 触摸事件过多：当手指触摸屏幕时，驱动程序会报告尽可能多的触摸事件——一些设备达到每秒上百个事件。为解决这个问题，我们需要在 onTouch()方法中添加一个 Thread.sleep

(16)方法调用,这样可在分派事件到 UI 线程时,UI 线程能睡眠 16 毫秒。这样,我们每秒钟至多有 60 个事件,这对于一个具有良好响应的游戏已经足够了。这个问题仅仅存在于采用 Android 1.5 版本的设备上。如果不打算将该 Android 版本作为目标,就可以忽略这条建议。

- 触摸屏幕太消耗 CPU:即使在 onTouch()方法中进行睡眠,系统也需要在内核中处理驱动程序报告的事件。在旧式设备上,如 Hero 或 G1,这会消耗掉最多 50%的 CPU,以至于主循环线程的处理能力大为降低。结果是本来没有问题的帧速率会变得很慢,有时候游戏都无法运行。在第二代设备上,这种问题就很少产生或甚至可以忽略。遗憾的是,这种问题在旧式设备上是没有解决方法的。

3. 处理多点触摸事件

警告:你将看到很令人头疼的问题!多点触摸的 API 已经附加到 MotionEvent 类上,而该类本来只用于处理单点触摸。这就给解码多点触摸事件带来一些很大的影响。我们来认识一下该 API。

注意: Android 工程师对自己创建的多点触摸 API 显然也有迷惑的时候。SDK 版本 8(Android 2.2)有了很大的修改,添加了新的方法和常量,甚至重命名了常量。这些改变可能会让处理多点触摸变得容易一些。不过,它们只支持版本 8 以后的 SDK。为了支持所有 Android 版本(2.0+),我们必须使用 SDK 版本 5 的 API。

处理多点触摸与处理单点触摸事件很像,我们同样像实现单点触摸事件的对应接口那样来实现 OnTouchListener 接口。我们将从一个 MotionEvent 实例那里读取所需数据,并像以前处理单点触摸事件那样来处理事件类型,如 MotionEvent.ACTION_UP 和一些新添加的不太复杂的类型。

指针 ID 和索引

差异就从我们获取一个触摸事件的坐标开始。MotionEvent.getX()和 MotionEvent.getY()返回一根手指触摸屏幕的坐标值。当处理多点触摸事件时,我们使用重载的方法,它们带有一个指针索引参数,如下所示:

```
event.getX(pointerIndex);
event.getY(pointerIndex);
```

现在,你也许希望该 pointerIndex 能直接对应一个触摸屏幕的手指(例如,第一根手指按下的是 pointerIndex 0,而第二根手指按下的是 pointerIndex 1 等),但是事实并非如此。

pointerIndex 是 MotionEvent 的内部数组中的一个索引,它包含特定手指触摸屏幕事件的坐标值。而真正识别屏幕上的一根手指的是指针 ID。指针 ID 是一个任意的数字,可以唯一标识触摸屏幕的一个指针的实例。还有一个独立的方法名为 MotionEvent.getPointerIdentifier(int pointerIndex),它返回一个基于指针索引的指针 ID。只要手指还触摸在屏幕上,一个指针 ID 就与一根手指保持相同,而指针索引就不一定是这样了。理解两者的区别很重要,而且还应该知道,决不能认为第一个触摸的索引和指针 ID 一定为 0,因为在一些设备(特别是第一版 Xperia Play)上,指针 ID 总是会递增到 15,然后才回到 0,而不是为 ID 重用最小的可用数字。

先来看看我们是如何得到事件的指针索引的,我们现在忽略事件的类型。

```
int pointerIndex = (event.getAction() & MotionEvent.ACTION_POINTER_ID_MASK) >>
MotionEvent.ACTION_POINTER_ID_SHIFT;
```

我们先尝试看看发生了什么。我们通过 MotionEvent.getAction()方法从 MotionEvent 获取事件类型。接着我们用从 MotionEvent.getAction()方法取回的整数和一个名为 MotionEvent.ACTION_POINTER_ID_MASK 的常量进行按位 AND 运算。现在进入有趣的环节了。

该常量的值是 0xff00，因此实际上是使低 8 位为 0，用于保存事件的指针索引。event.getAction()方法返回的整数的低 8 位保存事件类型的值，如 MotionEvent.ACTION_DOWN 等。所以这个按位运算实际上是舍去了事件类型。这个移位操作现在应该更有意义。我们通过 MotionEvent.ACTION_POINTER_ID_SHIFT 来移位，该值为 8，因此我们实际上是将第 15 位移到第 8 位，依此类推，直到将第 7 位移到第 0 位，以得到事件的实际指针索引。这样，我们就能获得事件的坐标和指针 ID。

注意，我们的常量是 XXX_POINTER_ID_XXX 而不是 XXX_POINTER_INDEX_XXX(那会更加合理，因为我们实际上只想得到指针索引而不是指针 ID)。Android 的工程师也肯定感到困惑。在 SDK 版本 8 中，他们弃用了这些常量而引入了新的常量，名为 XXX_POINTER_ INDEX_XXX，它们与弃用的常量具有相同的值。为了使那些用 SDK 版本 5 编写的传统应用程序能在新 Android 版本上继续工作，这些老的常量当然还是可以使用的。

因此，现在我们知道如何获取神秘的指针索引，并通过它可以查询事件的坐标和指针 ID。

操作掩码和更多事件类型

接下来用纯事件类型值减去额外的指针索引，其中指针索引是在 Motion.getAction()返回的整数中编码的。我们只需屏蔽指针索引：

```
int action = event.getAction() & MotionEvent.ACTION_MASK;
```

这很简单。不过，只有知道这个指针索引是什么(同时它实际上是在操作中编码的)，才能理解这行代码。

剩下的就是事件类型的解码了，与前面所做的工作一样。前面提到还有一些新的事件类型，下面就让我们来看看它们。

- MotionEvent.ACTION_POINTER_DOWN：除了第一根手指之外的任何手指触摸屏幕，都将发生该事件。而第一根手指将仍产生 MotionEvent.ACTION_DOWN 事件。
- MotionEvent.ACTION_POINTER_UP：这个事件与前面的操作相似，多根手指触摸屏幕而一根手指离开屏幕时，将发生该事件。最后一根手指离开屏幕将产生 MotionEvent.ACTION_UP 事件，而该手指不一定是第一个触摸屏幕的手指。

幸运的是，我们可以假设这两个新的事件类型与旧的 MotionEvent.ACTION_UP 和 Motion-Event.ACTION_DOWN 事件是相同的。

最后一个不同之处在于单个 MotionEvent 具有多个事件的数据。为了做到这一点，合并的事件必须具有相同的类型。实际上，这只会发生在 MotionEvent.ACTION_MOVE 事件中，因此我们只需处理前面提过的这个类型。为了检查单个 MotionEvnet 中包含几个事件，可使用 MotionEvent.getPointerCount()方法，它会告诉我们 MotionEvent 中包含多少根手指的坐标。然后可通过 MotionEvent.getX()、MotionEvent.getY()和 MotionEvent.getPointerId()方法来得到指针 ID 和从指针索引 0 到 MotionEvent.getPointerCount()-1 的坐标值。

实践

让我们使用这个 API 来编写一个示例，我们想要最多追踪 10 根手指(目前没有设备能追踪更多手指，所以我们是在安全的范围内)。Android 设备将对触摸屏幕的手指按顺序标识其指针索引，但并不保证总是如此，所以我们依赖于数组的指针索引并显示将哪个指针 ID 分配给触摸点。我们追踪每个指针的坐标值和触摸状态(是否触摸)，将其信息通过 TextView 显示在屏幕上。让我们来调用测试活动——MultiTouchTest，程序清单 4-4 显示了完整代码。

程序清单 4-4　MultiTouchTest.java：测试多点触摸 API

```java
package com.badlogic.androidgames;

import android.app.Activity;
import android.os.Bundle;
import android.view.MotionEvent;
import android.view.View;
import android.view.View.OnTouchListener;
import android.widget.TextView;

@TargetApi(5)
public class MultiTouchTest extends Activity implements OnTouchListener {
    StringBuilder builder = new StringBuilder();
    TextView textView;
    float[] x = new float[10];
    float[] y = new float[10];
    boolean[] touched = new boolean[10];
    int[] id = new int[10];

    private void updateTextView() {
        builder.setLength(0);
        for (int i = 0; i < 10; i++) {
        builder.append(touched[i]);
        builder.append(", ");
        builder.append(id[i]);
        builder.append(", ");
        builder.append(x[i]);
        builder.append(", ");
        builder.append(y[i]);
        builder.append("\n");
        }
        textView.setText(builder.toString());
    }

    public void onCreate(Bundle savedInstanceState) {
        super.onCreate(savedInstanceState);
        textView = new TextView(this);
        textView.setText("Touch and drag (multiple fingers supported)!");
        textView.setOnTouchListener(this);
        setContentView(textView);
        for (int i = 0; i < 10; i++) {
            id[i] = -1;
        }
        updateTextView();
    }

    public boolean onTouch(View v, MotionEvent event) {
```

```
    int action = event.getAction() & MotionEvent.ACTION_MASK;
    int pointerIndex = (event.getAction() & MotionEvent.ACTION_POINTER_ID_MASK) >>
MotionEvent.ACTION_POINTER_ID_SHIFT;
    int pointerCount = event.getPointerCount();
    for (int i = 0; i < 10; i++) {
        if (i >= pointerCount) {
            touched[i] = false;
            id[i] = -1;
            continue;
        }
        if (event.getAction() != MotionEvent.ACTION_MOVE&& i != pointerIndex) {
            // if it's an up/down/cancel/out event, mask the id to see if we should
process it for this touch point
            continue;
        }
        int pointerId = event.getPointerId(i);
        switch (action) {
        case MotionEvent.ACTION_DOWN:
        case MotionEvent.ACTION_POINTER_DOWN:
            touched[i] = true;
            id[i] = pointerId;
            x[i] = (int) event.getX(i);
            y[i] = (int) event.getY(i);
            break;
        case MotionEvent.ACTION_UP:
        case MotionEvent.ACTION_POINTER_UP:
        case MotionEvent.ACTION_OUTSIDE:
        case MotionEvent.ACTION_CANCEL:
            touched[i] = false;
            id[i] = -1;
            x[i] = (int) event.getX(i);
            y[i] = (int) event.getY(i);
            break;

        case MotionEvent.ACTION_MOVE:
            touched[i] = true;
            id[i] = pointerId;
            x[i] = (int) event.getX(i);
            y[i] = (int) event.getY(i);
            break;
        }
    }
    updateTextView();
    return true;
    }
}
```

注意位于类定义顶部的 TargetApi 标注。如果在创建项目时指定了最低版本的 SDK(本例指定了 Android 1.5)，那么每当使用最低版本的 SDK 中不包含的 API 时，就必须在使用这些 API 的类的顶部加入该标注。

我们像前面一样实现 OnTouchListener 接口。为了追踪 10 根手指的坐标和触摸状态，我们添加了 3 个成员数组来保存它们的信息。数组 x 和 y 用于保存每个指针 ID 的坐标，而数组 touched 用于存储每个指针 ID 对应的手指是否按下。

接下来创建一个辅助方法,用于将手指的当前状态输出到 TextView 上。它通过简单地遍历将 10 根手指的状态附加到 StringBuilder 上,并将最终的文本信息输出到 TextView 上。

onCreate()方法先创建活动,然后将它注册为 TextView 上的 OnTouchListener 事件,这部分我们已经很熟悉了。

接下来是可怕的部分:onTouch()方法。

我们首先对 event.getAction()方法返回的整数做掩码运算来获取事件类型。接着从 MotionEvent 中获取指针索引和对应的指针 ID,如前所述。

onTouch()方法的核心是一条庞大的 switch 语句,我们在处理单点触摸事件中用过该语句的简单形式。现在,我们在一个高层次上将所有事件分成 3 类:

- 发生的触摸按下事件(MotionEvent.ACTION_ DOWN 和 MotionEvent.ACTION_POINTER_ DOWN)。我们将指针 ID 的触摸状态设置为 true,并将该指针的当前坐标保存起来。
- 发生的触摸离开事件(MotionEvent.ACTON_UP、MotionEvent.ACTION_POINTER_UP 和 MotionEvent.CANCEL)。我们将指针 ID 的触摸状态设置为 false,并将其最后已知的坐标保存起来。
- 一个或多根手指在屏幕上拖动(MotionEvent.ACTION_MOVE)。我们检查 MotionEvent 中包含多少个事件,并更新从指针索引 0 到 MotionEvent.getPointerCount()-1 的坐标值。对于每一个事件,我们获取对应的指针 ID 并更新坐标。

一旦事件处理完毕,我们就通过调用前面定义的方法 updateView()来更新 TextView。最后返回 true,表明我们已处理触摸事件。

图 4-7 显示了在三星 Galaxy S 上触摸 5 根手指并稍微拖动时产生的活动的输出情况。

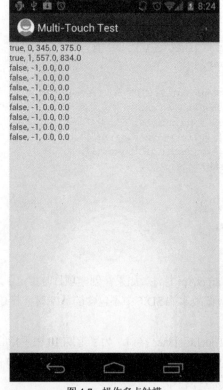

图 4-7 操作多点触摸

当运行该示例时，可以观察到几件事情：

- 在一台 Android 版本低于 2.0 的设备或模拟器上运行时，我们将得到一个异常，因为我们使用了一个早期版本上不可用的 API。我们可通过确定在什么样的版本上运行该应用程序来解决它：在 Android 1.5 或 1.6 的设备上使用单点触摸代码，而在 Android 2.0 或更新版本的设备上中使用多点触摸代码。第 5 章将再次讨论这个问题。

- 模拟器不支持多点触摸，在创建一个运行 Android 2.0 版本或更高版本的模拟器时可以使用多点触摸 API，但是我们只有一个鼠标。即使我们有两个鼠标，结果也不会有什么不同。

- 两根手指触摸屏幕，抬起第一根手指，然后再次使用这根手指触摸屏幕。第二根手指在第一根手指离开之后其指针 ID 保存不变。当第一根手指再次触摸屏幕时，它将得到新的指针 ID，这通常是 0，但可以是任意整数。任何新的手指触摸屏幕时都将得到新的空闲指针 ID，记住这个规则。

- 如果你在 Nexus One、Droid 或更新的廉价智能手机上尝试该示例，当你将两根手指放在同一个轴上时，就会发现一些奇怪的事情。这是因为这些设备的屏幕并不完全支持跟踪独立的手指。这是一个十分严重的问题，不过我们可以通过仔细设计一些 UI 来应对这个问题。后续章节将讨论这个问题。

这就是 Android 上多点触摸的处理流程。这是一个难点，但是一旦你了解了所有的术语并能很好地熟悉这些处理流程，就会更加自如地进行实现，并像一个专家一样处理所有的触摸点。

注意：如果这些内容使你的大脑快要爆炸，那么我们很抱歉。本节是比较难以理解的，而官方关于这些 API 的文档极度缺乏，大多数人通过简单地远离它来"学习"该 API。因此，我们建议你好好弄清楚前面的代码示例，直到你完全掌握了这些内容为止。

4. 处理按键事件

经过上一节的疯狂之后，我们来看一些简单内容，了解一下按键的事件处理。

为了捕获按键事件，我们实现另一个监听器接口 OnKeyListener，它有一个方法 onKey()，如下所示：

```
public boolean onKey(View view, int keyCode, KeyEvent event)
```

view 参数指定接收该按键事件的视图，keyCode 参数是一个在 KeyEvent 类中定义的常量，最后一个参数是按键事件本身，具有其他一些信息。

什么是按键编码？键盘(屏幕)上的每一个按键和每个系统按键都被分配唯一的数字标识它。这些按键编码被定义为 KeyEvent 类中的静态、公有、不可继承的整数。例如，keyCode.KEYCODE_A 便是按键 A 的编码。这与按下一个按键时在文本字段中生成的字符没有关系。它实际上只是标识按键本身。

KeyEvent 类与 MotionEvent 很相似，它为我们提供两个方法：

- KeyEvent.getAction()：该方法返回 KeyEvent.ACTION_DOWN、KeyEvent.ACTION_UP 或 KeyEvent.ACTION_MULTIPLE。对我们来说可以忽略最后一个按键事件类型。当按下或释放一个按键时，会分别发送其他两个事件类型。

- KeyEvent.getUnicodeChar()：返回该按键在文本字段中产生的 Unicode 字符。假设我们按住 Shift 键，然后按下 A 键。这将产生一个按键编码为 KeyEvent.KEYCODE_A 的事件，并附带一个 Unicode 字符 A。如果我们想进行文本输入，那么可以使用该方法。

为了接收按键事件，视图必须获得当前焦点。可通过调用下面的方法来得到焦点：

```
View.setFocusableInTouchMode(true);
View.requestFocus();
```

第一个方法用于确保视图可获取焦点，第二个方法用于请求该视图获取焦点。

让我们实现一个简单的测试活动来看看这些方面是怎么结合起来工作的。我们获取按键事件并将最后接收的一个事件显示到 TextView 上。我们将显示的信息包括按键事件类型、按键编码，如果可以产生的话，那么还有 Unicode 字符。注意有些按键本身是无法产生一个 Unicode 字符的，只有与其他字符结合使用时才可以。程序清单 4-5 演示了如何通过代码实现所有这些方面。

程序清单 4-5 KeyTest.java：测试按键事件 API

```java
package com.badlogic.androidgames;

import android.app.Activity;
import android.os.Bundle;
import android.util.Log;
import android.view.KeyEvent;
import android.view.View;
import android.view.View.OnKeyListener;
import android.widget.TextView;

public class KeyTest extends Activity implements OnKeyListener {
    StringBuilder builder = new StringBuilder();
    TextView textView;

    public void onCreate(Bundle savedInstanceState) {
        super.onCreate(savedInstanceState);
        textView = new TextView(this);
        textView.setText("Press keys (if you have some)!");
        textView.setOnKeyListener(this);
        textView.setFocusableInTouchMode(true);
        textView.requestFocus();
        setContentView(textView);
    }

    public boolean onKey(View view, int keyCode, KeyEvent event) {
        builder.setLength(0);
        switch (event.getAction()) {
        case KeyEvent.ACTION_DOWN:
            builder.append("down, ");
            break;
        case KeyEvent.ACTION_UP:
            builder.append("up, ");
            break;
        }
        builder.append(event.getKeyCode());
        builder.append(", ");
```

```
        builder.append((char) event.getUnicodeChar());
        String text = builder.toString();
        Log.d("KeyTest", text);
        textView.setText(text);

        return event.getKeyCode() != KeyEvent.KEYCODE_BACK;
    }
}
```

我们首先声明该活动实现 OnKeyListener 接口，接着定义两个已经熟悉的成员变量：一个用于构造要显示的文本的 StringBuilder 和一个显示文本的 TextView。

在 onCreate()方法中，我们确保 TextView 能得到焦点，以便接收按键事件。然后通过 Text-View.setOnKeyListener()方法将活动注册为 OnKeyListener。

onKey()方法也是很简单的，我们在 switch 语句中处理这两个事件类型，并附加一个适当的字符串到 StringBuilder 中。然后再附加按键编码和从 KeyEvent 中得到的 Unicode 字符，同时将 StringBuffer 实例的内容输出到 LogCat 和 TextView 中。

最后一条 if 语句比较有趣：如果返回按键被按下，那么我们从 onKey()方法返回 false，使 TextView 处理该事件。否则，我们返回 true。为什么不一样呢？

如果我们在按下返回按键时返回 true，那么这将会稍微打乱活动的生命周期。它表示我们想使用该返回按键，所以该活动将不会关闭。当然，有些情况下我们实际上想捕获该返回按键，从而不让该活动关闭。不过，除非有绝对的必要，否则强烈建议不要这么做。

当在 Droid 的键盘上按下 Shift 键和 A 键时，该活动的输出如图 4-8 所示。

这里有几件事情需要注意：

- 当查看 LogCat 的输出时，你应该知道我们很容易地同时处理按键事件，按下多个按键不是什么问题。
- 按下十字方向键或滚动轨迹球都被报告为按键事件。
- 与触摸事件一样，按键事件在早期 Android 版本或第一代设备上会消耗很多 CPU 的资源。不过，它们不会产生事件泛滥问题。

图 4-8　同时按下 Shift 和 A 键

相比于前面的小节，此处介绍的内容应该简单明了，不是吗？

注意：按键处理 API 要比我们所展示的复杂一点。不过，对于我们的游戏编程项目，这里所包括的信息已是足够了。如果你需要一些更复杂的信息，请参考 Android 开发人员网站上的官方文档。

5. 读取加速计状态

游戏的一个有趣的输入方法是加速计，所有的 Android 设备都要求有一个 3D 加速计。我们在第 3 章中稍微谈到过它。我们一般也只是查询加速计的一些状态。

那么我们怎么获取加速计的信息呢？我们注册一个监听器。我们需要实现的接口名为 SensorEventListener，它具有两个方法：

```
public void onSensorChanged(SensorEvent event);
```

```
public void onAccuracyChanged(Sensor sensor, int accuracy);
```

当一个新的加速计事件发生时会调用第一个方法，而当加速计的精度发生变化时会调用第二个方法。在我们的操作中可以放心地忽略第二个方法。

那么我们在哪里注册 SensorEventListener 呢？为了实现这个功能，我们需要做一点工作。首先我们需要确认设备上是否具有一个加速计。现在我们想告诉你，所有的 Android 设备都应该具有一个加速计。现在仍然是这样，但也许将来会有变化。我们必须百分之百地确保该输入方法是可用的。

首先我们需要做的是获得一个 SensorManager 的实例，它将会表明设备是否安装了加速计，以及在哪里注册监听器。我们可通过 Context 接口的一个方法来获取 SensorManager 实例：

```
SensorManager manager = (SensorManager)context.getSystemService(Context.SENSOR_SERVICE);
```

SensorManager 是 Android 系统提供的一个系统服务，Android 具有多个系统服务，每一个服务可向我们提供不同的系统信息。

一旦获得该 SensorManager 实例，就能检查加速计是否可用：

```
boolean hasAccel = manager.getSensorList(Sensor.TYPE_ACCELEROMETER).size() > 0;
```

通过这部分代码，我们查询 SensorManager 以了解所有安装的 accelerometer 类型加速计。这就意味着一个设备可具有多个加速计，不过，实际上只返回一个加速计传感器。

如果已经安装了一个加速计，我们就可通过 SensorManager 来获取它并向其注册 SensorEvent- Listener，如下所示：

```
Sensor sensor = manager.getSensorList(Sensor.TYPE_ACCELEROMETER).get(0);
boolean success = manager.registerListener(listener, sensor,
        SensorManager.SENSOR_DELAY_GAME);
```

参数 SensorManager.SENSOR_DELAY_GAME 用于指定监听器更新的频率，其更新内容来自加速计的最新状态。这是一个特殊常量，是专为游戏开发设计的，所以我们很高兴使用它。注意 SensorManager.registerListener()方法返回一个 Boolean 变量，以表明注册过程是否成功。这就意味着实际上为了确保获得任何传感器事件，我们之后需要检查该 Boolean 变量。

一旦成功注册了监听器，我们就通过 SensorEventListener.onSensorChanged()方法来接收 SensorEvent。通过方法的名称就可看出只有在传感器的状态发生变化时才会调用该方法。这里稍微有点混淆，因为加速计的状态时刻都在变化。当我们注册该监听器时，我们实际上就为获取传感器状态更新指定了频率。

因此，如何处理这个 SensorEvent 呢？这就很简单了。该 SensorEvent 有一个公有浮点数组成员变量 SensorEvent.values，它存储了加速计当前 3 个轴的加速度值。SensorEvent.values[0]保存 X 轴的值，SensorEvent.values[1]保存 Y 轴的值，SensorEvent.values[2]保存 Z 轴的值。第 3 章讨论过这 3 个值的含义，如果你忘记，请返回去再看看关于输入的小节。

使用这些信息，我们就可编写一个简单的测试活动。我们所要做的就是在 TextView 上输出加速计在每个轴的加速度值。程序清单 4-6 显示这个过程。

程序清单 4-6 AccelerometerTest.java：测试加速计 API

```
package com.badlogic.androidgames;
```

```java
import android.app.Activity;
import android.content.Context;
import android.hardware.Sensor;
import android.hardware.SensorEvent;
import android.hardware.SensorEventListener;
import android.hardware.SensorManager;
import android.os.Bundle;
import android.widget.TextView;

public class AccelerometerTest extends Activity implements SensorEventListener {
    TextView textView;
    StringBuilder builder = new StringBuilder();

    @Override
    public void onCreate(Bundle savedInstanceState) {
        super.onCreate(savedInstanceState);
        textView = new TextView(this);
        setContentView(textView);

        SensorManager manager = (SensorManager) getSystemService(Context.SENSOR_SERVICE);
        if (manager.getSensorList(Sensor.TYPE_ACCELEROMETER).size() == 0) {
            textView.setText("No accelerometer installed");
        } else {
            Sensor accelerometer = manager.getSensorList(
                    Sensor.TYPE_ACCELEROMETER).get(0);
            if (!manager.registerListener(this, accelerometer,
                    SensorManager.SENSOR_DELAY_GAME)) {
                textView.setText("Couldn't register sensor listener");
            }
        }
    }

    public void onSensorChanged(SensorEvent event) {
        builder.setLength(0);
        builder.append("x: ");
        builder.append(event.values[0]);
        builder.append(", y: ");
        builder.append(event.values[1]);
        builder.append(", z: ");
        builder.append(event.values[2]);
        textView.setText(builder.toString());
    }

    public void onAccuracyChanged(Sensor sensor, int accuracy) {
        // nothing to do here
    }
}
```

首先我们检查是否有可用的加速计传感器。如果有，则通过 SensorManager 来获取它并注册我们的活动，该活动实现了 SensorEventListener 接口。如果这些操作失败，则设置 TextView 以显示一条合适的错误消息。

onSensorChanged()方法从传递给它的 SensorEvent 简单地读取每个轴的值，并相应地在 TextView 中更新文本。

onAccuracyChanged()方法在这里只是为了完整地实现 SensorEventListener 接口，没有其他实际的作用。

图 4-9 显示当设备垂直于地面时，在纵向模式和横向模式下获得的轴加速度值。

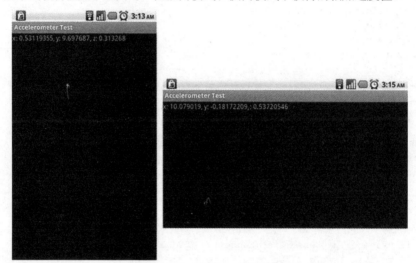

图4-9　当设备垂直于地面时，纵向模式(左)和横向模式(右)下的轴加速度值

对于 Android 加速计的处理，有一个地方容易出错：加速计的值是相对于设备的默认方向的。这意味着如果游戏只运行在横向模式下，那么在一台默认方向为纵向的设备上和一台默认方向为横向的设备上，其加速度值会有 90°的差异。例如在平板电脑上就存在这个问题。那么如何处理这种情况？使用下面这段方便的代码就可以解决该问题：

```
int screenRotation;
public void onResume() {
        WindowManager windowMgr =
(WindowManager)activity.getSystemService(Activity.WINDOW_SERVICE);
            // getOrientation() is deprecated in Android 8 but is the same as
                getRotation(),which is the rotation from the natural orientation of the
                device
        screenRotation = windowMgr.getDefaultDisplay().getOrientation();
}

static final int ACCELEROMETER_AXIS_SWAP[][] = {
    {1, -1, 0, 1}, // ROTATION_0
    {-1, -1, 1, 0}, // ROTATION_90
    {-1, 1, 0, 1}, // ROTATION_180
    {1, 1, 1, 0}}; // ROTATION_270
public void onSensorChanged(SensorEvent event) {
    final int[] as = ACCELEROMETER_AXIS_SWAP[screenRotation];
    float screenX = (float)as[0] * event.values[as[2]];
    float screenY = (float)as[1] * event.values[as[3]];
    float screenZ = event.values[2];
    // use screenX, screenY, and screenZ as your accelerometer values now!
}
```

下面是最后几点关于加速计的说明：

- 正如你在图 4-9 中右侧的屏幕截图所看到的那样，加速计的值有时候可能超出指定范围。这是因为传感器会有一点点不准确，因此，如果你想尽可能获取准确的值，就需要做出调整。
- 无论我们的活动以什么方向显示，加速计的轴总是按相同的顺序获得报告的。
- 应用程序开发人员需要根据设备的自然方向旋转加速计的值。

6. 读取罗盘状态

读取其他传感器(如罗盘)的状态的方法是类似的。事实上，它们的相似程度如此之高，以至于你只要将程序清单 4-6 中所有出现 Sensor.TYPE_ACCELEROMETER 的地方替换为 Sensor.TYPE_ORIENTATION，然后重新运行测试，就可以用加速计测试代码来测试罗盘。

现在将会看到 x、y 和 z 的值执行了不同的操作。如果保持设备与地面平行，并且屏幕向上，那么 x 将读取罗盘朝向的度数，y 和 z 应该接近 0。然后倾斜设备，看读数有什么变化。x 仍然是主朝向(方位角)，但是 y 和 z 会显示设备的倾斜度和翻滚。因为 TYPE_ORIENTATION 的常量值已被弃用，可以通过调用 SensorManager.getOrientation(float[] R, float[] values)来获得相同的罗盘数据，其中 R 是一个旋转矩阵(见 SensorManager.getRotationMatrix())，values 保存 3 个返回值，这一次其单位为弧度。

到此，我们就讨论了游戏开发中所需的 Android API 中所有与输入处理有关的类。

注意：顾名思义，通过 SensorManager 类也可访问其他的传感器，包括罗盘和光传感器。如果你想有创新，那么可构造一款有创意的游戏并使用这些传感器。处理这些传感器的事件与处理加速计的数据是很相似的，Android 开发人员网站上的文档将给你提供更多信息。

4.3.4　文件处理

Android 系统给我们提供很多种方法来读写文件，本节将介绍如何读取资源文件和访问外部存储空间，主要是访问 SD 卡。另外还将介绍共享首选项，它们就像是持久化的哈希表。先让我们从资源文件开始。

1. 读取资源文件

第 2 章简单介绍了 Android 项目的文件夹构成。我们知道 assets/和 res/文件夹用于存放可在应用程序中使用的文件。在讨论清单文件的时候提过，我们不会使用 res/文件夹，因为它对我们构造文件集的方式存在限制。而 assets/目录才是存放所有文件的地方，它允许我们使用任何文件夹层次结构。

assets/文件夹中的文件通过一个 AssetManager 类显示出来，我们可在应用程序中引用该管理器，如下所示：

```
AssetManager assetManager = context.getAssets();
```

我们在前面就看过这个 Context 接口，它由 Activity 类来进行实现。在实际编程中，我们可通过活动来获取该 AssetManager。

一旦得到 AssetManager，容易就可以打开文件：

```
InputStream inputStream = assetManager.open("dir/dir2/filename.txt");
```

该方法将返回一个普通旧式 Java 输入流 InputStream，通过它我们可以读取任何类型的文件。AssetManager.open()方法的唯一参数是相对于 asset 目录的文件名。在前面的示例中，asset/文件夹下有两个目录，其中第二个(dir2/)是第一个(dir/)的子文件夹。在 Eclipse 项目中，文件将位于 assets/dir/dir2/中。

让我们编写一个简单的测试活动来研究该功能。我们将从 assets/目录下的一个 texts 子目录来加载一个名为 myawesometext.txt 的文件，并将该文本文件的内容显示在 TextView 上。程序清单 4-7 显示这个令人振奋的活动的代码。

程序清单 4-7　AssetsTest.java；演示怎样读取资源文件

```java
package com.badlogic.androidgames;

import java.io.ByteArrayOutputStream;
import java.io.IOException;
import java.io.InputStream;

import android.app.Activity;
import android.content.res.AssetManager;
import android.os.Bundle;
import android.widget.TextView;

public class AssetsTest extends Activity {
    @Override
    public void onCreate(Bundle savedInstanceState) {
        super.onCreate(savedInstanceState);
        TextView textView = new TextView(this);
        setContentView(textView);

        AssetManager assetManager = getAssets();
        InputStream inputStream = null;
        try {
            inputStream = assetManager.open("texts/myawesometext.txt");
            String text = loadTextFile(inputStream);
            textView.setText(text);
        } catch (IOException e) {
            textView.setText("Couldn't load file");
        } finally {
            if (inputStream != null)
                try {
                    inputStream.close();
                } catch (IOException e) {
                    textView.setText("Couldn't close file");
                }
        }
    }

    public String loadTextFile(InputStream inputStream) throws IOException {
        ByteArrayOutputStream byteStream = new ByteArrayOutputStream();
        byte[] bytes = new byte[4096];
        int len = 0;
        while ((len = inputStream.read(bytes)) > 0)
            byteStream.write(bytes, 0, len);
        return new String(byteStream.toByteArray(), "UTF8");
    }
}
```

在 Java 中从 InputStream 加载一个简单的文本文件相当繁琐。这里编写了一个简短方法 loadTextFile()，用于从 InputStream 中读取所有字节并将所有字节转换成字符串返回。这里假设该文本文件是采用 UTF-8 编码的，剩下的就是捕获和处理各种异常了。图 4-10 显示了该活动的输出。

图 4-10　AssetsTest 的文本输出

通过本节的介绍，你应该知道以下几点：

- 在 Java 中，从一个 InputStream 中加载文本文件是很麻烦的方式。通常我们会使用一些像 Apache IOUtils 之类的对象来完成该操作。这作为一个练习留给读者。
- 只能读取资源，不能对它们进行写操作。
- 可通过对 loadTextFile()方法做简单修改来加载二进制数据。我们只需要返回字节数组而不是字符串。

2. 访问外部存储

虽然资源很适合于在应用程序中存储图像和音频文件，但有时候我们需要持久保存一些信息并在随后重新加载它们。一个常见的示例便是高得分。

Android 系统提供很多方法可完成该实现：使用应用程序中的本地共享首选项、一个小 SQLite 数据库等。这些方法有一个共同的特点：它们不能很好地处理大的二进制文件。我们为什么需要处理这种文件呢？虽然我们可将 Android 的应用程序安装到外部存储设备中，而不浪费内部存储的内存空间，不过这只在 Android 2.2 或更高版本中才能实现。对于早期的版本，我们的应用程序数据只能安装在内部存储空间中。理论上，APK 文件只可包含应用程序代码本身，而在第一次应用程序启动的时候从服务端下载所有的资源文件到 SD 卡上。Android 上很多高配置的游戏就是这么做的。

还有其他一些情况需要访问 SD 卡(在目前所有可用设备上，SD 卡基本上就等同于外部存储)。用户可以使用游戏自带的编辑器创建自己的关卡。我们需要将这些关卡存储起来，而 SD 卡正是一个绝佳的存储地方。

因此，现在我们相信你不会使用 Android 系统提供的存储应用程序首选项的花哨机制，让我们来看看怎么在 SD 卡上读写文件。

首先要做的是请求实际访问外部存储空间的权限，需要在清单文件的<uses-permission>元素中添加该权限，这在本章的前面已讨论过。

接下来需要检查一下用户的设备上是否实际存在可用的外部存储空间。例如，如果你创建一个 AVD，而且选择不模拟一个 SD 卡，那么你在应用程序中肯定无法对其进行写操作。另一个无法访问 SD 卡的原因可能是该外部存储设备正在被其他对象使用(例如，用户可能将其通过 USB 连接到桌面 PC 上进行浏览)。所以，下面的代码告诉你如何获取外部存储空间的状态：

```
String state = Environment.getExternalStorageState();
```

我们得到一个字符串。Environment 类中定义了很多常量，其中有一个称为 Environment.MEDIA_MOUNTED，它也是一个字符串。如果前面的方法返回的字符串等于该常量，我们就具有读写外部存储空间的全部权限。注意你需要使用 equals()方法来比较这两个字符串，而引用相等并不是在任何情况下都可以工作的。

一旦确定可以访问外部存储空间，就需要获取其根目录的名称。如果想访问一个特定文件，就需要相对于根目录指定它。为获得根目录，我们可使用 Environment 类的一个静态方法：

```
File externalDir = Environment.getExternalStorageDirectory();
```

从这里开始，我们就可以使用标准的 Java I/O 类来读写文件了。

我们编写一个快速示例，在 SD 卡上写入一个文件，并把它读出来，将其内容显示到 TextView 上。然后再将该文件从 SD 卡删除。程序清单 4-8 展示了这部分源代码。

程序清单 4-8　ExternalStorageTest 活动

```
package com.badlogic.androidgames;

import java.io.BufferedReader;
import java.io.BufferedWriter;
import java.io.File;
import java.io.FileReader;
import java.io.FileWriter;
import java.io.IOException;

import android.app.Activity;
import android.os.Bundle;
import android.os.Environment;
import android.widget.TextView;

public class ExternalStorageTest extends Activity {
    @Override
    public void onCreate(Bundle savedInstanceState) {
        super.onCreate(savedInstanceState);
```

```
        TextView textView = new TextView(this);
        setContentView(textView);

        String state = Environment.getExternalStorageState();
        if (!state.equals(Environment.MEDIA_MOUNTED)) {
            textView.setText("No external storage mounted");
        } else {
            File externalDir = Environment.getExternalStorageDirectory();
            File textFile = new File(externalDir.getAbsolutePath()
                    + File.separator + "text.txt");
            try {
                writeTextFile(textFile, "This is a test. Roger");
                String text = readTextFile(textFile);
                textView.setText(text);
                if (!textFile.delete()) {
                    textView.setText("Couldn't remove temporary file");
                }
            } catch (IOException e) {
                textView.setText("Something went wrong! " + e.getMessage());
            }
        }
    }

    private void writeTextFile(File file, String text) throws IOException {
        BufferedWriter writer = new BufferedWriter(new FileWriter(file));
        writer.write(text);
        writer.close();
    }

    private String readTextFile(File file) throws IOException {
        BufferedReader reader = new BufferedReader(new FileReader(file));
        StringBuilder text = new StringBuilder();
        String line;
        while ((line = reader.readLine()) != null) {
            text.append(line);
            text.append("\n");
        }
        reader.close();
        return text.toString();
    }
}
```

　　首先，我们检查一下 SD 卡是否已经装载。如果没有，我们就可以结束工作。接着获取外部存储的目录并构造一个新的 File 实例，该实例将指向在下一行创建的文件。writeTextFile()方法使用标准的 Java I/O 类来实现所有操作。如果该文件不存在，那么该方法将会创建它，否则它将覆盖一个已经存在的文件。在成功将测试文本信息转储到外部存储设备上的文件之后，我们重新将它读取出来并显示到 TextView 上。最后我们将该文件从外部存储空间中删除。所有这些操作都采用标准的安全措施进行，如果发生错误，就会将一条错误消息输出到 TextView 上进行报告。图 4-11 显示了该活动的输出。

图 4-11 Roger(收到)!

下面是本节中需要注意的地方：

- 不要操作那些不属于自己的文件。如果你删除了用户上个节假日拍摄的照片，他会很生气。
- 请务必检查外部存储是否已装载。
- 不要破坏外部存储设备上的任何文件。

由于很容易删除外部存储设备上的所有文件，因此从 Google Play 下载并安装那些需要 SD 卡权限的应用程序时，一定要三思而后行。一旦安装了该应用程序，它将能完全控制你的文件。

3. 共享的首选项

Android 为存储应用程序的键值对提供了一个简单的 API，称为 SharedPreferences。Shared-Preferences API 与标准的 Java Properties API 很相似。活动可以有一个默认的 SharedPreferences 实例，也可以根据需要使用许多不同的 SharedPreferences 实例。从活动中获得 SharedPreferences 示例的典型方法如下所示：

```
SharedPreferences prefs = PreferenceManager.getDefaultSharedPreferences(this);
```

或：

```
SharedPreferences prefs = getPreferences(Context.MODE_PRIVATE);
```

第一种方法会给出一个公共的 SharedPreferences，用于在该上下文(这里为活动)中共享。第二种方法完成相同的操作，但允许选择共享首选项的私密程度。选项包括 Context.MODE_ PRIVATE(默认值)、Context.MODE_WORLD_READABLE 和 Context.MODE_WORLD_WRITEABLE。其他选项值比 Context.PRIVATE 选项更加高级，但对于保存游戏设置这样的操作来说没必要使用。

要使用共享首选项，首先需要获得编辑器。方法如下：

```
Editor editor = prefs.edit()
```

然后可以插入一些值：

```
editor.putString("key1", "banana");
editor.putInt("key2", 5);
```

最后，当我们要保存时，只需添加下面这条语句：

```
editor.commit();
```

要重新读取值，方法和你所想的一样：

```
String value1 = prefs.getString("key1", null);
int value2 = prefs.getInt("key2", 0);
```

在本示例中，value1 是“banana”，value2 是 5。SharedPreferences 的“获取”调用的第二个参数是默认值。如果未在首选项中找到键，就会使用默认值。例如，如果“key1”未被设置，那么在调用 getString 后，value1 将是 null。SharedPreferences 十分简单，所以不需要使用测试代码进行演示。只是要记住，务必要提交这些编辑。

4.3.5　音频编程

Android 系统提供了一些容易操作的 API 来播放音效和音乐文件，这正是游戏编程所需要的。让我们来看看这些 API。

设置音量控件

如果你有一台 Android 设备，就会注意到当你按下增大或降低音量按钮时，你所控制的不同音量设置取决于你正在运行的应用程序。在通话中，你控制的是输入语音流的音量；在 YouTube 应用程序中，你控制的是视频音频的音量；在主屏幕上，你控制的是系统声音的音量，如铃声或即时消息的声音。

Android 为不同的目的提供不同的音频流。当我们在游戏中播放音频时，可使用类将音效和音乐输出到特定的音乐流。不过，在我们想播放音效或音乐之前，需要确定音量按钮控制了正确的音频流。为此，我们使用 Context 接口的另一个方法：

```
context.setVolumeControlStream(AudioManager.STREAM_MUSIC);
```

一如既往，Context 的实现仍然由我们的活动来负责。调用该方法之后，音量按钮就控制了该音乐流，后面我们就可使用它来输出音效和音乐。在活动的生命周期内我们只需调用该方法一次，最好在 Actvity.onCreate()方法中调用它。

为该内容编写包含一两行代码的示例没有任何意义。不过，记住在活动中输出声音的时候要使用该方法。

4.3.6 播放音效

第 3 章比较了音乐流和播放音效的不同。后者一般是存储在内存中且其长度不会超过几秒钟。Android 系统给我们提供了一个 SoundPool 类，使用它很容易实现音效播放。

可以很简单地初始化一个新的 SoundPool 实例，如下所示：

```
SoundPool soundPool = new SoundPool(20, AudioManager.STREAM_MUSIC, 0);
```

第一个参数指定在同一时刻我们最多能播放多少个音效。这并不是说我们不能加载更多的音效文件，它只不过是限制可同时播放的音效个数。第二个参数指定了 SoundPool 使用什么音频流来输出该音频。这里选择音乐流，同时也已经为它设置好音量控件。最后一个参数现在没有使用，它应该为默认值 0。

为了从一个音频文件加载音效到堆内存中，我们可使用 SoundPool.load()方法。所有文件都存储在 assets/目录下，因此我们需要重载的 SoundPool.load()方法，它接受一个 AssetFileDescriptor 参数。我们如何获得 AssetFileDescriptor 呢？很容易，使用之前用过的 AssetManager。这里使用 SoundPool 从 assets/目录加载一个名为 explosion.ogg 的 OGG 文件：

```
AssetFileDescriptor descriptor = assetManager.openFd("explosion.ogg");
int explosionId = soundPool.load(descriptor, 1);
```

通过 AssetManager.openFd()方法可直接获得 AssetFileDescriptor，而通过 SoundPool 可很容易地加载音效。SoundPool.load()方法的第一个参数是 AssetFileDescriptor，第二个参数用于指定该音效的优先级。这个参数目前未使用，为了以后的兼容应设置为 1。

SoundPool.load()方法将返回一个整型数，它将作为一个句柄用于加载的音效。当我们想播放音效时，只需指定该句柄，SoundPool 就知道应该播放哪个音效。

播放音效同样很简单：

```
soundPool.play(explosionId, 1.0f, 1.0f, 0, 0, 1);
```

第一个参数是从 SoundPool.load()方法接收的句柄。接下来两个参数分别用于指定左右声道的音量，其值应该从 0(静音)到 1(最大)。

接下来的两个参数我们很少使用，其中第一个参数是优先级，目前没有使用，并且应该设置为 0。而另一个参数用于指定音效循环播放的频率，一般不建议循环播放音效，因此将其设置为 0。最后一个参数是播放速率，将它设置为大于 1 时，音效播放的速度将会比其在录制时快；而将它设置为小于 1 时，播放该音效就会较慢。

当我们不再需要一个音效并希望释放内存时，可使用 SoundPool.unload()方法：

```
soundPool.unload(explosionId);
```

我们只需传入从 SoundPool.load()方法接收的音效句柄即可，该方法会从内存卸载音效。

一般来说，在游戏中需要有一个 SoundPool 实例，以便在需要时使用它加载、播放和卸载音效。当我们完成所有的音频输出且不再需要 SoundPool 时，需要调用 SoundPool.release()方法来释放 SoundPool 所占用的所有资源。当然，在释放之后，你不再能使用 SoundPool，而且 SoundPool 所加载的所有音效也会被释放。

让我们编写一个简单的测试活动，每当单击屏幕的时候它播放一个爆炸音效。我们已经知道如何实现这一功能，因此程序清单 4-9 应该很容易理解。

程序清单 4-9　SoundPoolTest.java：播放音效

```java
package com.badlogic.androidgames;

import java.io.IOException;

import android.app.Activity;
import android.content.res.AssetFileDescriptor;
import android.content.res.AssetManager;
import android.media.AudioManager;
import android.media.SoundPool;
import android.os.Bundle;
import android.view.MotionEvent;
import android.view.View;
import android.view.View.OnTouchListener;
import android.widget.TextView;

public class SoundPoolTest extends Activity implements OnTouchListener {
    SoundPool soundPool;
    int explosionId = -1;

    @Override
    public void onCreate(Bundle savedInstanceState) {
        super.onCreate(savedInstanceState);
        TextView textView = new TextView(this);
        textView.setOnTouchListener(this);
        setContentView(textView);

        setVolumeControlStream(AudioManager.STREAM_MUSIC);
        soundPool = new SoundPool(20, AudioManager.STREAM_MUSIC, 0);

        try {
            AssetManager assetManager = getAssets();
            AssetFileDescriptor descriptor = assetManager
                    .openFd("explosion.ogg");
            explosionId = soundPool.load(descriptor, 1);
        } catch (IOException e) {
            textView.setText("Couldn't load sound effect from asset, "
                    + e.getMessage());
        }
    }

    public boolean onTouch(View v, MotionEvent event) {
        if (event.getAction() == MotionEvent.ACTION_UP) {
            if (explosionId != -1) {
                soundPool.play(explosionId, 1, 1, 0, 0, 1);
            }
        }
        return true;
    }
}
```

我们先使该类继承 Activity，并使其实现 OnTouchListener 接口，以便后面处理屏幕触摸事件。

121

该类有两个成员变量: SoundPool 和一个音效句柄,用于加载和播放音效。我们将该句柄初始化为-1,表示尚未加载音效。

在 onCreate()方法中,我们所要做的是前面做过很多次的事情:创建一个 TextView,将活动注册为 OnTouchListener,并将 TextView 设置为内容视图。

下一行代码为了控制音乐流而设置该音量控件,如前所述。然后创建一个 SoundPool 并配置它,使其能同时播放 20 个音效,这对大多数游戏来说应该足够了。

最后,我们从 AssetManager 中为存储在 assets/目录下的 explosion.ogg 文件获取一个 AssetFile-Descriptor 实例。为加载声音,只需将该描述符传递给 SoundPool.load()方法,并存储返回的句柄。当加载出现错误时,SoundPool.load()方法会抛出一个异常,这时我们捕获该异常并显示一条错误消息。

在 onTouch()方法中,我们只需要检查是否有手指按下(表示屏幕被触摸)。如果有触摸行为,并且爆炸音效也已成功加载(句柄值不等于-1),我们就播放该音效。

当执行该活动时,只需触摸屏幕就会听到爆炸的声音。如果你快速地连续触摸屏幕,就会发现音效以重叠的方式被多次播放。不过,不会超出我们在 SoundPool 中配置的 20 次。如果真的发生这种情况,那么当前播放的音效将会停止,为要求播放的新音效腾出空间。

注意,在该示例中我们并没有卸载音效或释放 SoundPool,这只是为了简单起见。一般情况下,当活动将要销毁时,你需要在 onPause()方法中释放 SoundPool。只要记住,当不再需要某个对象时一定要卸载或释放它。

虽然 SoundPool 类容易使用,但仍有一些需要注意之处:

- SoundPool.load()方法异步执行实际的加载,这就意味着你在调用 SoundPool.play()方法播放音效之前需要先等待一会,因为加载有可能尚未完成。但是,没有方法可检查加载何时完成。这在 SDK 版本 8 的 SoundPool 中可以实现,但我们想要的是支持所有的版本。通常这并不是大问题,因为在第一次播放音效之前,你可能也会加载其他资源。
- SoundPool 在处理 MP3 文件或长的音频文件时会有问题,长文件的定义为超过 5 或 6 秒钟。这两个问题并没有官方文档说明,所以没有严格的规则来判断你的音效是否会出问题。作为一般的规则,建议你使用 OGG 音频文件来替代 MP3 文件,并尽可能使用低的采样率和持续时间,同时保持一定的音频质量。

注意: 与我们讨论的任何 API 一样,SoundPool 还有其他很多功能。我们简要地告诉你,可以循环播放音效。你可从 SoundPool.play()方法中得到一个 ID,用于暂停或停止一个音效的循环播放。如果你需要实现这些功能,请访问 Android 开发人员网站并查看 SoundPool 文档。

4.3.7　音乐流

短小的音效很合适放在 Android 应用程序从操作系统分配到的堆内存中,而包含较长音乐的大音频文件就很不合适了。为此,我们就需要将音乐以流的方式输出到音频硬件上,这就意味着每次我们只能读入一小块数据,该数据足于解码成原生的 PCM 数据并输出到音频芯片上。

这听起来很困难。不过幸运的是,我们有 MediaPlayer 类,它能自动处理所有的事情。我们所需要做的是将它指向音频文件并告诉它开始播放。

初始化 MediaPlayer 类非常简单:

```
MediaPlayer mediaPlayer = new MediaPlayer();
```

接下来需要告诉 MediaPlayer 播放什么文件，这同样通过 AssetFileDescriptor 来实现：

```
AssetFileDescriptor descriptor = assetManager.openFd("music.ogg");
mediaPlayer.setDataSource(descriptor.getFileDescriptor(),
    descriptor.getStartOffset(),
descriptor.getLength());
```

这里稍微比 SoundPool 中复杂一点。MediaPlayer.setDataSource()方法并没有直接获取 Asset-FileDescriptor，而是使用一个 FileDescriptor，通过 AssetFileDescriptor.getFileDescriptor()方法获得该描述符。此外，我们还需要指定音频文件的偏移量和长度。为什么是偏移量？因为实际上资源是以单个文件形式存储的，为了让 MediaPlayer 获得文件的起始地址，我们需要将该文件在资源文件中的偏移量提供给它。

在播放该音乐文件之前，需要再调用一个方法来让 MediaPlayer 做好播放准备：

```
mediaPlayer.prepare();
```

这将实际地打开文件，检查它是否可以读取并用 MediaPlayer 实例来进行播放。从这里开始，我们就可以随意地播放、暂停和停止音频文件，也可设置循环播放和改变音量。

可通过调用下面的方法来启动播放：

```
mediaPlayer.start();
```

注意，该方法必须在成功调用 MediaPlayer.prepare()方法之后才能调用(你将注意到它是否会抛出一个运行时异常)。

开始播放后，我们可通过调用 pause()方法来暂停播放：

```
mediaPlayer.pause();
```

只有我们成功准备好 MediaPlayer 并已启动播放时，调用此方法才会生效。为了恢复一个暂停的 MediaPlayer，可再次调用 MediaPlayer.start()方法而不必做任何准备。

通过调用下面的方法可停止播放：

```
mediaPlayer.stop();
```

注意，当我们想启动一个停止的 MediaPlayer 时，首先需要再次调用 MediaPlayer.prepare()方法。

我们可通过下面的方法设置 MediaPlayer 进行循环播放：

```
mediaPlayer.setLooping(true);
```

可通过下面的方法来调整音乐播放的音量：

```
mediaPlayer.setVolume(1, 1);
```

这会设置左右声道的音量，文档中没有指定这两个参数的设定范围。从多次尝试的结果来看，有效值应该是 0～1。

最后，我们需要一个方法来检查该播放是否完成，有两种方式可实现这一点。对于第一种方式，可向 MediaPlayer 注册一个 OnCompletionListener，当播放完成时它会被调用：

```
mediaPlayer.setOnCompletionListener(listener);
```

如果想轮询 MediaPlayer 的状态，可改用下面的方法：

```
boolean isPlaying = mediaPlayer.isPlaying();
```

注意，如果 MediaPlayer 被设置成循环播放，前面两个方法都无法指示该 MediaPlayer 已停止。

最后，如果我们用 MediaPlayer 实例完成了所有操作，就需要通过调用下面的方法来确保它所占用的资源得以释放：

```
mediaPlayer.release();
```

在丢弃一个实例之前，执行这个操作应是很好的实践。

如果我们没有将 MediaPlayer 设置成循环播放且播放已经结束，就可通过调用 MediaPlayer.prepare() 和 MediaPlayer.start() 方法来重启 MediaPlayer。

大多数这些方法都是异步的，因此当你调用 MediaPlayer.stop() 时，MediaPlayer.isPlaying() 方法可能还需要一点时间才能返回。这些都不是我们需要担心的。在大多数游戏中，我们将 MediaPlayer 设置为循环，并在有需要的时候停止它(例如，当我们切换到其他界面时，就需要播放其他音乐)。

让我们编写一个简单的测试活动，用循环模式来播放 assets/目录下的一个音频文件。该音效将根据活动的生命周期实现暂停和恢复，当活动暂停时，音乐也要暂停；而当活动恢复时，音乐也要从上次暂停的地方开始播放。程序清单 4-10 显示了实现代码。

程序清单 4-10　MediaPlayerTest.java：播放音频流

```java
package com.badlogic.androidgames;

import java.io.IOException;

import android.app.Activity;
import android.content.res.AssetFileDescriptor;
import android.content.res.AssetManager;
import android.media.AudioManager;
import android.media.MediaPlayer;
import android.os.Bundle;
import android.widget.TextView;

public class MediaPlayerTest extends Activity {
    MediaPlayer mediaPlayer;

    @Override
    public void onCreate(Bundle savedInstanceState) {
        super.onCreate(savedInstanceState);
        TextView textView = new TextView(this);
        setContentView(textView);

        setVolumeControlStream(AudioManager.STREAM_MUSIC);
        mediaPlayer = new MediaPlayer();
        try {
            AssetManager assetManager = getAssets();
            AssetFileDescriptor descriptor = assetManager.openFd("music.ogg");
            mediaPlayer.setDataSource(descriptor.getFileDescriptor(),
                    descriptor.getStartOffset(), descriptor.getLength());
            mediaPlayer.prepare();
```

```
        mediaPlayer.setLooping(true);
    } catch (IOException e) {
        textView.setText("Couldn't load music file, " + e.getMessage());
        mediaPlayer = null;
    }
}

@Override
protected void onResume() {
    super.onResume();
    if (mediaPlayer != null) {
        mediaPlayer.start();
    }
}

protected void onPause() {
    super.onPause();
    if (mediaPlayer != null) {
        mediaPlayer.pause();
        if (isFinishing()) {
        mediaPlayer.stop();
        mediaPlayer.release();
        }
    }
}
}
```

我们在活动中定义一个成员变量来保存对 MediaPlayer 的引用。在 onCreate()方法中，我们同样创建一个简单的 TextView 用于输出错误消息。

在使用 MediaPlayer 进行播放之前，需要确保音量控件已经控制了音乐流。完成该操作后，我们实例化一个 MediaPlayer。我们通过 AssetManager 获取位于 assets/目录下的 music.ogg 文件的 AssetFileDescriptor，并将其设置为 MediaPlayer 的数据源。剩下的就是准备好该 MediaPlayer 实例并将其设置成循环模式。万一出现错误，我们需要将 MediaPlayer 成员变量设置成 null，以便后面判断是否已加载成功。此外，将错误文本输出到 TextView 上。

在 onResume()方法中，我们只需启动 MediaPlayer(如果已经成功创建它)。onResume()方法是一个处理该操作的完美地方，因为它在 onCreate()方法和 onPause()方法之后被调用。在第一种情况下，它将第一次启动播放；在第二种情况下，它将简单地恢复已暂停的 MediaPlayer。

在 onPause()方法中，我们暂停 MediaPlayer。如果该活动将被销毁，我们还需要停止该 MediaPlayer 并释放所有资源。

如果你在尝试这部分内容，请确保通过锁定屏幕或暂时切换到主界面，测试它对活动的暂停和恢复是怎么响应的。当恢复时，MediaPlayer 将从上次暂停的地方开始播放。

这里有些内容需要记住：

- MediaPlayer.start()、MediaPlayer.pause()和 MediaPlayer.resume()方法只有在特定的状态下才能被调用，前面已对此进行过讨论。不要在没有准备好 MediaPlayer 的情况下调用它们。只有在准备好 MediaPlayer 的情况下或在已明确调用 MediaPlayer.pause()方法之后想恢复它时，才调用 MediaPlayer.start()方法。

- MediaPlayer 实例是相当重量级的，这些实例将会占用大量资源。我们应该始终只实例化一个 MediaPlayer 实例用于音乐播放，而音效的处理最好使用 SoundPool 类。
- 记住设置音量控件来处理音乐流，否则你的播放器将无法为游戏调整音量。

到此我们已结束本章的大部分内容，不过还有重要的主题摆在我们面前：2D 图形。

4.3.8 基本图形编程

Android 系统给我们提供两个大型 API 进行图形绘制，一个主要用于简单的 2D 图形编程；另一个主要用于硬件加速的 3D 图形编程。本章与第 5 章将集中讨论使用 Canvas API 的 2D 图形编程，这是对 Skia 库的包装，适合比较复杂的 2D 图形。不过，在讨论该 API 之前，有两方面内容需要先解释一下：唤醒锁和全屏。

1. 使用唤醒锁

如果你离开我们所编写的测试界面超过几秒钟，那么手机的屏幕将变暗。只有你触摸屏幕或者按下一个按钮时，屏幕才会变回明亮的模式。为了使屏幕一直保持唤醒状态，我们可以使用唤醒锁。

首先需要在清单文件中添加名为 android.permission.WAKE_LOCK 的<uses-permission>标记。这将允许我们使用 WakeLock 类。

可从 PowerManager 中获取一个 WakeLock 的实例，如下所示：

```
PowerManager powerManager =
    (PowerManager)context.getSystemService(Context.POWER_SERVICE);
WakeLock wakeLock = powerManager.newWakeLock(PowerManager.FULL_WAKE_LOCK, "My Lock");
```

与其他所有系统服务一样，我们从 Context 实例中获取 PowerManager。PowerManager.newWakeLock()方法带有两个参数：锁的类型和我们可以自由定义的标记。有很多不同类型的唤醒锁，出于需要，我们选择 PowerManager.FULL_WAKE_LOCK 类型。它将保证屏幕会一直保持明亮状态，CPU 工作在全速模式，而键盘保持启用。

为了启用该唤醒锁，我们需要调用它的 acquire()方法：

```
wakeLock.acquire();
```

从这里开始，手机将保持唤醒状态，无论用户超过多长时间没有与之进行交互。当我们的应用程序暂停或销毁时，我们需要再次禁用或释放该唤醒锁：

```
wakeLock.release();
```

通常，我们在 Activity.onCreate()方法中实例化 WakeLock，在 Activity.onResume()方法中调用 WakeLock.acquire()，而在 Activity.onPause()方法中调用 WakeLock.release()方法。这样可以保证我们的应用程序在暂停或恢复的情况下能运行良好。考虑到只需要添加 4 行代码，我们不需要写一个完整的示例。相反，建议将这些代码添加到下一节的全屏示例中，并观察其效果。

2. 全屏

在用 Android API 绘制第一个形状之前，让我们先明确一些内容。直到现在，我们所有的活动都具有标题栏和通知栏。为了给用户展示更多的空间，我们将去掉这两个部分。通过两个简单的调用可实现这一点：

```
requestWindowFeature(Window.FEATURE_NO_TITLE);
getWindow().setFlags(WindowManager.LayoutParams.FLAG_FULLSCREEN,
WindowManager.LayoutParams.FLAG_FULLSCREEN);
```

第一个调用将去掉活动的标题栏，为了使活动全屏化，我们调用第二个方法来去掉通知栏。注意我们必须在设置活动的内容视图之前调用这两个方法。

程序清单 4-11 显示了一个简单的测试活动，以演示如何实现全屏模式。

程序清单 4-11　FullScreenTest.java；使活动实现全屏

```java
package com.badlogic.androidgames;

import android.os.Bundle;
import android.view.Window;
import android.view.WindowManager;

public class FullScreenTest extends SingleTouchTest {

    @Override
    public void onCreate(Bundle savedInstanceState) {
        requestWindowFeature(Window.FEATURE_NO_TITLE);
        getWindow().setFlags(WindowManager.LayoutParams.FLAG_FULLSCREEN,
                WindowManager.LayoutParams.FLAG_FULLSCREEN);
        super.onCreate(savedInstanceState);
    }
}
```

这里发生了什么？我们简单地继承前面创建的 TouchTest 类，并重写 onCreate()方法。在 onCreate()方法中，我们首先启用全屏模式，然后调用其超类(这里是 TouchTest 活动)的 onCreate()方法，它会建立活动的剩余部分。同样注意的是，我们需要在设置内容视图之前调用这两个函数。因此，父类的 onCreate()方法需要在执行这两个方法之后被调用。

我们同样在清单文件中将该活动的方向固定为纵向模式。在编写的每个测试活动的清单文件中，你应该不会忘记添加<activity>元素，对吧？从现在起，我们不想一直改变坐标系统，所以将其固定为纵向模式或横向模式。

通过继承自 TouchTest，我们已具有一个完整的工作示例，通过它可以探索我们将要在其中绘制的坐标系统。该活动将会展示你触摸的屏幕坐标，与 TouchTest 示例中一样。不同的是，这次我们将采用全屏，这就意味着触摸事件的最大坐标将等于屏幕的分辨率(每个维度减 1，因我们从[0, 0]开始)。对于一部 Nexus One 手机来说，其纵向模式的坐标系统跨度是从(0, 0)到(479, 799)，共计 480×480 像素。

虽然屏幕看起来似乎在不断重绘，但实际上并不是如此。记得在 TouchTest 类中每一次处理触摸事件时都更新 TextView。这会让 TextView 重绘自身。如果我们不触摸屏幕，TextView 也就不会重绘自身。对于游戏，我们应该能够尽可能多地重绘画面，并且最好是在主循环线程内执行该操作。我们可以很容易地开始工作，并且在 UI 线程中不断地进行渲染。

3. 在 UI 线程中不断地渲染

直到现在，我们所做的是在需要时设置 TextView 的文本信息，而实际渲染是通过 TextView 本身进行的。让我们创建自定义的视图，用于在屏幕上绘制我们想要的图形。我们同样需要它能尽可能多地重绘自身，同时我们需要一个简单的方法来在神秘的重绘方法里实现我们的绘制。

虽然听起来感觉很复杂，不过实际中，对于创建这样的对象，Android 系统已使其变得很简单了。我们所需要做的是创建一个继承自 View 的类，并重写 View.onDraw()方法。每当需要 View 重绘自身的时候，Android 系统会调用该方法。下面是相关的代码。

```
class RenderView extends View {
    public RenderView(Context context) {
        super(context);
    }

    protected void onDraw(Canvas canvas) {
        // to be implemented
    }
}
```

这应该不是很难掌握，对吧？我们得到 Canvas 类的实例并将它传递给 onDraw()方法。这是接下来的小节中将要重点讨论的地方。它允许我们将形状和位图绘制到其他位图或视图上(或是一个 Surface，我们稍后将会讨论它)。

我们可以像使用 TextView 一样使用 RenderView。我们将把它设置为活动的内容视图，并连接我们所需的任何输入监听器。不过，这还不十分有用，有两个原因：实际上它并没有绘制任何内容，而且即使它能够绘制，也只有当活动需要重绘时才会进行绘制(例如，当它被创建或恢复时，或者是覆盖它的对话框关闭时)。怎么才能使其重绘自己呢？很简单，具体代码如下：

```
protected void onDraw(Canvas canvas) {
    // all drawing goes here
    invalidate();
}
```

在 onDraw()的结尾处调用 View.invalidate()方法，这将会通知 Android 系统在有空闲时间时尽快重绘 RenderView。所有这些只发生在 UI 线程中，从而使该线程执行缓慢。但实际上我们是在 onDraw()方法中不断进行渲染，尽管是相对缓慢的持续渲染。后面我们将修复该问题，但目前它已足以满足需要。

让我们再次回到这个神秘的 Canvas 类，它是一个非常强大的类，包装了一个低级的定制图形库 Skia，专门用于在 CPU 上执行 2D 渲染。Canvas 类给我们提供很多绘制方法，用于绘制各种形状、位图，甚至是文本。

这些绘制方法在哪里进行绘制呢？这是视情况而定的。Canvas 可以渲染到一个 Bitmap 实例，Bitmap 是 Android 的 2D API 提供的另一个类，我们将在后面讨论它。这种情况下，它将绘制到屏幕上视图占用的区域。当然，这是一个很大的简化。在后台中，它将不会直接绘制到屏幕上，而是绘制到位图上，系统在后面将该位图与活动中其他视图的位图结合使用，组成最终的输出图像。该图像将传递给 GPU，并通过其他一系列神秘的途径来显示到屏幕上。

我们并不需要关心这些细节。从我们的角度来看，视图看起来是横跨整个屏幕的，所以它应该能很好地被绘制到系统的帧缓冲区中。至于其他部分，我们认为直接绘制到帧缓冲区中就可以了，而系统负责为我们做其他的工作，如垂直回扫和双缓冲区等。

onDraw()函数在系统允许的范围内将会被经常调用。对我们来说，这一点与我们理论上的游戏主循环体非常相似。如果我们想在实现一个游戏时使用该方法，就必须将所有的游戏逻辑放在该方法中。不过，我们会因各种原因而不这么做，性能便是原因之一。

因此，让我们来做一些有趣的事。我们每次访问一个新的绘图 API 时，就编写一个小测试看看屏幕是否经常被重绘。在每次调用该重绘方法时，使用一个随机的新颜色来填充屏幕。这就只需要在该 API 中寻找一个方法来填充屏幕，而不需要知道太多具体细节。让我们用自定义的 RenderView 实现来编写这样的测试。

Canvas 中用一个特定的颜色来渲染目标对象的方法是 Canvas.drawRGB()：

```
Canvas.drawRGB(int r, int g, int b);
```

r、g 和 b 参数分别代表一个用于填充屏幕的颜色分量。每一个参数的值范围为 0～255，因此我们用 RGB888 格式来指定一个颜色。如果你不记得关于颜色的相关细节，请再看一下第 3 章中与数字编码颜色相关的部分，因为本章剩余部分会用到其信息。

程序清单 4-12 展示了这部分设计的代码。

警告：运行此代码将会迅速用一个随机颜色填充屏幕。如果你对光敏感，请不要运行它。

程序清单 4-12　RenderViewTest 活动

```java
package com.badlogic.androidgames;

import java.util.Random;

import android.app.Activity;
import android.content.Context;
import android.graphics.Canvas;
import android.os.Bundle;
import android.view.View;
import android.view.Window;
import android.view.WindowManager;

public class RenderViewTest extends Activity {
    class RenderView extends View {
        Random rand = new Random();

        public RenderView(Context context) {
            super(context);
        }

        protected void onDraw(Canvas canvas) {
            canvas.drawRGB(rand.nextInt(256), rand.nextInt(256),
                    rand.nextInt(256));
            invalidate();
        }
    }

    @Override
    public void onCreate(Bundle savedInstanceState) {
```

```
        super.onCreate(savedInstanceState);
        requestWindowFeature(Window.FEATURE_NO_TITLE);
        getWindow().setFlags(WindowManager.LayoutParams.FLAG_FULLSCREEN,
                WindowManager.LayoutParams.FLAG_FULLSCREEN);
        setContentView(new RenderView(this));
    }
}
```

第一个图形演示非常简洁。我们将 RenderView 类定义为 RenderViewTest 活动的内部类。如上所述，它继承自 View 类，具有一个强制性的构造函数，以及一个重写的 onDraw()方法。它还有一个成员变量：一个 Random 类实例，我们使用它生成随机颜色值。

onDraw()方法非常简单。首先我们告诉 Canvas 用一个随机的颜色来填充整个视图。对于每个颜色分量，我们只需要在 0～255 之间指定一个随机值(Random.nextInt()不会取到指定的最大值，即 256)。之后告知系统尽快再次调用 onDraw()方法。

在活动的 onCreate()方法中，我们启用全屏模式，并将一个 RenderView 类的实例设置成内容视图。为了让示例更简练，我们暂时没有加入唤醒锁。

为这个示例截图是没有什么意义的。它所做的只是在 UI 线程内以系统允许的尽可能快的速度用一个随机颜色来填充屏幕。这里没有值得特别介绍的内容。让我们再添加一些有趣的内容：画一些图形。

注意：虽然上述不断地执行渲染的方法确实有效，但强烈建议不要使用它。我们在 UI 线程中应该尽量少做一些工作。我们将在后面讨论如何在一个单独的线程中实现该工作，而且稍后在该线程中我们也可实现游戏逻辑。

4. 获取屏幕分辨率和坐标系统

第 2 章介绍了很多关于帧缓冲区和其属性的内容。请记住，一个帧缓冲区保存着显示在屏幕上的像素的颜色值。可以提供给我们的像素点的总数是由屏幕分辨率决定的，屏幕分辨率由屏幕的宽度和高度表示(以像素为单位)。

现在，使用我们自定义的视图实现，我们实际上是不直接渲染到帧缓冲区上的。但是，因为我们的视图横跨了整个屏幕，所以我们假装是渲染到了帧缓冲区。为了知道我们的游戏元素能渲染到什么地方，需要先知道 x 轴和 y 轴上有多少个像素点，或者是屏幕的宽度和高度。

Canvas 类有两个方法可提供这样的信息：

```
int width = canvas.getWidth();
int height = canvas.getHeight();
```

它们返回 Canvas 渲染目标对象的宽度和高度的像素值。注意，取决于活动的方向，宽度有可能比高度更小或者更大一点。例如，HTC 的 Thunderbolt 手机在纵向模式上具有 480×800 像素的分辨率，因此，Canvas.getWidth()方法将返回 480，而 Canvas.getHeight()方法将返回 800。而在横向模式下，这两个值刚好相反：Canvas.getWidth()方法返回 800，而 Canvas.gerHeight()方法返回 480。

我们需要知道的第二点是，我们所渲染的坐标系统是怎么组织的。首先，只有整型值的像素点坐标才有意义(这里有一个子像素的概念，不过我们将忽略它)。其次，坐标系统的原点始终位于显示区域的左上角(0, 0)位置，无论是在纵向模式还是横向模式下。x 轴的方向指向右，y 轴的方向指向下。图 4-12 显示了一个假设的 48×32 像素分辨率的屏幕，并且该屏幕处于横向模式下。

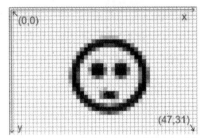

图 4-12　48×32 像素大小的屏幕的坐标系统

注意，图 4-12 中坐标系统的原点是与屏幕左上角像素点的位置重合的。屏幕右下角的像素点值因此不是我们期望的(48, 32)，而是(47, 31)。一般来说，(width-1，height-1)始终是屏幕右下角像素的位置。

图 4-12 显示了横向模式下一个假设的屏幕坐标系统。现在，你应该能设想纵向模式下的坐标系统的外观。

Canvas 的所有绘制方法都在该坐标系统内操作。一般情况下，我们需要处理比这个 48×32 像素示例更多一些的像素点(例如 800×480)。最后，让我们来绘制一些像素点、线、圆和矩形。

注意: 你可能已经注意到不同的设备具有不同的屏幕分辨率。我们将在第 5 章中讨论这个问题。现在，我们仅将精力集中在屏幕绘制上。

5. 绘制简单的形状

我们终于将用自己的方法来绘制第一个像素点。接下来将快速地熟悉 Canvas 类提供的绘制方法。

绘制像素

我们首先要知道的是如何绘制一个像素点，可通过下面的方法实现：

```
Canvas.drawPoint(float x, float y, Paint paint);
```

这里需要注意两点：坐标的像素值必须指定为浮点型；Canvas 不允许我们直接指定颜色，而是要求我们使用一个 Paint 类的实例。

不要因为我们指定坐标为浮点值而感到困惑。Canvas 有一些高级功能，允许我们渲染非整型的坐标值，这也正是采用浮点值的原因。不过，现在我们还不需要该功能，第 5 章再来讨论它。

Paint 类包含样式和颜色信息，用于绘制形状、文本和位图。对于绘制形状来说，我们只关心两方面：画刷的颜色和样式。由于一个像素点实际上并不具有样式，因此先让我们重点关注颜色。这里先来看看如何实例化 Paint 类并设置颜色：

```
Paint paint = new Paint();
paint.setARGB(alpha, red, green, blue);
```

Paint 类的实例化相当简单。Paint.setARGB()方法也应该容易理解。每个参数代表颜色的一个颜色分量，其范围为 0～255。因此我们在这里指定一个 ARGB8888 颜色。

另外，可通过使用下面的方法来设置 Paint 实例的颜色：

```
Paint.setColor(0xff00ff00);
```

我们为该方法传递一个 32 位整型数，它同样编码一个 ARGB8888 颜色；这种情况下，它是绿色且其 alpha 值被设置为完全不透明。Color 类定义了一些静态常量，用于编码一些标准的颜色，如 Color.RED、Color.YELLOW 等。如果你不想自己指定一个十六进制的值，就可以使用这些常量。

绘制线

我们可使用下面的 Canvas 方法来绘制一条线：

```
Canvas.drawLine(float startX, float startY, float stopX, float stopY, Paint paint);
```

前两个参数用于指定线的起点坐标的位置，而接下来的两个参数用于指定线的终点坐标，最后一个参数指定一个 Paint 类实例。绘制的线将具有一个像素点的宽度。如果我们想让该线更宽一些，可以通过设置 Paint 实例的画笔宽度来指定其以像素为单位的线宽。

```
Paint.setStrokeWidth(float widthInPixels);
```

绘制矩形

我们同样可通过以下的 Canvas 方法来绘制矩形：

```
Canvas.drawRect(float topleftX, float topleftY, float bottomRightX, float bottomRightY,
Paint paint);
```

前两个参数用于指定矩形的左上角坐标，接下来两个参数用于指定矩形右下角的坐标，而 Paint 用于指定矩形的颜色和样式。那么，样式应该是怎么样的，我们又如何设置它呢？

我们可通过调用下面的方法来设置一个 Paint 实例的样式：

```
Paint.setStyle(Style style);
```

Style 是一个枚举值，其值为 Style.FILL、Style.STROKE 和 Style.FILL_AND_STROKE。如果我们指定 Style.FILL，将用 Paint 的颜色填充该矩形。如果我们指定 Style.STROKE，那么只绘制矩形的轮廓，同样也使用 Paint 的颜色和画笔宽度。如果是指定 Style.FILL_AND_STROKE，将填充矩形，并将使用给定的颜色和画笔宽度来绘制轮廓。

绘制圆

绘制圆会更有趣，无论是使用填充、画笔还是同时使用两者：

```
Canvas.drawCircle(float centerX, float centerY, float radius, Paint paint);
```

前两个参数指定圆心坐标；接下来一个参数指定其半径，以像素为单位；最后一个参数仍是一个 Paint 实例。与 Canvas.drawRectangle()方法一样，可使用 Paint 的颜色和样式来绘制圆。

混合

最后一件重要的事情是，所有的这些绘制方法都将执行 alpha 混合。如果只指定颜色的 alpha 值是 255(0xff)之外的值，那么像素点、线、矩形和圆都将是半透明的。

综合运用

让我们编写一个快速的测试活动来演示前面的这些方法。这一次我们希望你首先分析一下程序清单 4-13 的代码。尽量弄明白不同的形状是怎么在纵向模式下的 480×800 像素的屏幕上绘制出来的。当进行图形编程时，想象你发出的绘图命令将具有什么行为是最重要的工作。这需要一些实践，但它确实值得我们付出努力。

程序清单 4-13　ShapeTest.java；绘制形状

```java
package com.badlogic.androidgames;

import android.app.Activity;
import android.content.Context;
import android.graphics.Canvas;
import android.graphics.Color;
import android.graphics.Paint;
import android.graphics.Paint.Style;
import android.os.Bundle;
import android.view.View;
import android.view.Window;
import android.view.WindowManager;

public class ShapeTest extends Activity {
    class RenderView extends View {
        Paint paint;

        public RenderView(Context context) {
            super(context);
            paint = new Paint();
        }
        protected void onDraw(Canvas canvas) {
            canvas.drawRGB(255, 255, 255);
            paint.setColor(Color.RED);
            canvas.drawLine(0, 0, canvas.getWidth()-1, canvas.getHeight()-1, paint);

            paint.setStyle(Style.STROKE);
            paint.setColor(0xff00ff00);
            canvas.drawCircle(canvas.getWidth()/2, canvas.getHeight()/2, 40, paint);

            paint.setStyle(Style.FILL);
            paint.setColor(0x770000ff);
            canvas.drawRect(100, 100, 200, 200, paint);
            invalidate();
        }
    }

    @Override
    public void onCreate(Bundle savedInstanceState) {
        super.onCreate(savedInstanceState);
        requestWindowFeature(Window.FEATURE_NO_TITLE);
        getWindow().setFlags(WindowManager.LayoutParams.FLAG_FULLSCREEN,
                        WindowManager.LayoutParams.FLAG_FULLSCREEN);
        setContentView(new RenderView(this));
    }
}
```

你是否已经在脑海中有了图像呢？那么，让我们来快速分析一下 RenderView.onDraw()方法，其他内容与上一个示例相似。

首先用白色填充整个屏幕，接着从原点到屏幕的右下角画一条线。因为我们使用了红色画刷，所以线也是红色的。

然后修改一下画刷，让其样式变为 Style.STROKE，颜色变为绿色，并且 alpha 值为 255。使用修改的画刷，将一个以 40 像素为半径的圆绘制在屏幕的中心。由于该画刷的样式，只会绘制圆的轮廓。

最后再修改一下画刷，设置其样式为 Style.FILL 而颜色为纯蓝色。请注意，这次将 alpha 值设置为 0×77，等同于十进制的 119。这就意味着接下来调用方法绘制的形状将是 50%透明的。

图 4-13 显示了测试活动在 480×800 像素和 320×480 像素屏幕上并处于纵向模式下的输出(黑色边框是之后添加的)。

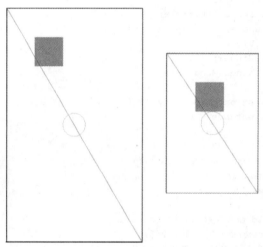

图 4-13　ShapeTest 在 480×800 像素(左)和 320×480 像素(右)屏幕上的输出

这里发生了什么？这就是你在绝对坐标和不同大小分辨率的屏幕上渲染得到的结果。唯一固定不变的是两幅图像采用红线，都从左上角绘制到右下角，这是以一种与屏幕分辨率无关的方法实现的。

该矩形的位置在(100, 100)处。根据屏幕分辨率的不同，到屏幕中心的距离也会不同。不过，矩形的大小都是 100×100 像素点。在更大的屏幕上，它占据的相对空间比在小屏幕上少。

圆的位置同样也是与屏幕分辨率无关的，但半径就不同了。因此，圆在小屏幕上仍会比在大屏幕上占用更多相对空间。

我们已经看到在处理不同屏幕分辨率时可能会有点问题。当我们在面对不同大小的物理屏幕时，问题可能变得更严重。不过在第 5 章中将尝试解决这个问题。只要记住屏幕分辨率与物理大小的问题即可。

注意： Canvas 和 Paint 类提供的方法比此处讨论的更多。事实上，所有的标准 Android 视图都使用这些 API 来进行绘制，因此你可想象背后涉及的内容。同样，你可在 Android 开发人员网站上查看更多信息。

6. 使用位图

当在游戏开发中已能绘制诸如线和圆等基本形状时，我们觉得还有所欠缺。我们想要出色的美工来创建子画面和背景等，然后从 PNG 或 JPEG 文件中加载它们。这在 Android 上很容易实现。

加载和检查位图

Bitmap 类应该是我们最好的朋友。我们通过使用 BitmapFactory 单元素就可从文件加载位图。由于将图像以资源形式存储,因此接下来看看如何从 assets/目录加载一幅图像。

```
InputStream inputStream = assetManager.open("bob.png");
Bitmap bitmap = BitmapFactory.decodeStream(inputStream);
```

Bitmap 类中有一些我们感兴趣的方法,首先我们看看怎么获得图像的像素宽度和高度:

```
int width = bitmap.getWidth();
int height = bitmap.getHeight();
```

接下来想知道的是使用什么样的颜色格式来存储位图:

```
Bitmap.Config config = bitmap.getConfig();
```

Bitmap.Config 是一个枚举,其值如下:

- Config.ALPHA_8
- Config.ARGB_4444
- Config.ARGB_8888
- Config.RGB_565

从第 3 章中,你应该已经知道这些值是什么意思。如果还不知道,那么强烈建议你再次看看第 3 章中关于数字编码颜色的部分。

有趣的是这里没有 RGB888 颜色格式。PNG 仅支持 ARGB8888、RGB888 和调色板颜色。RGB888 格式的 PNG 文件是以什么样的颜色格式加载的呢? BitmapConfig.RGB_565 就是答案。对于通过 BitmapFactory 加载的任何 RGB888 格式 PNG,这都是自动发生的。这是因为大多数 Android 设备的帧缓冲区都使用这种颜色格式。以每个像素更高的位深来加载一幅图像是对内存的一种浪费,因为像素点最终都会转换成 RGB565 格式进行渲染。

那么为什么存在 Config.ARGB_8888 配置呢? 因为图像在 CPU 上的合成实际上要先于将图像绘制到帧缓冲区上。对于 alpha 分量,我们同样有比 Config.ARGB_4444 更多的位深,它是进行一些高质量图像处理所必需的。

一幅 ARGB8888 格式的 PNG 图像会以 Config.ARGB_8888 的配置来进行加载。其他两个颜色格式一般很少使用。不过,我们可尝试使用 BitmapFactory 以一个特定的颜色格式来加载一幅图像,即使这种格式与它的原始格式不同也同样如此。

```
InputStream inputStream = assetManager.open("bob.png");
BitmapFactory.Options options = new BitmapFactory.Options();
options.inPreferredConfig = Bitmap.Config.ARGB_4444;
Bitmap bitmap = BitmapFactory.decodeStream(inputStream, null, options);
```

我们使用重载的 BitmapFactory.decodeStream()方法,传递采用 BitmapFactory.Options 类实例形式的提示到图像解码器中。我们可通过 BitmapFactory.Options.inPreferredConfig 成员为 Bitmap 实例指定一个所需的颜色格式,如前面所示。在该示例中,bob.png 文件是 ARGB8888 格式的 PNG 图像,我们通过 BitmapFactory 加载它并将其转换成 ARGB4444 位图。不过,BitmapFactory 可以忽略该提示。

这将会释放 Bitmap 实例使用的所有内存空间。当然,在调用该方法之后就不能使用该位图进行渲染。

你也可使用下面的静态方法来创建一个空的 Bitmap 实例:

```
Bitmap bitmap = Bitmap.createBitmap(int width, int height, Bitmap.Config config);
```

如果你想在开发中使用自定义图像合成,该实例可能就会派上用场。Canvas 类也可以操作位图:

```
Canvas canvas = new Canvas(bitmap);
```

随后你可以通过用于修改视图内容的一些相同方法来修改位图。

释放位图

当我们加载图像的时候,BitmapFactory 可以帮助我们减少内存占用。位图会占用大量的内存,第 3 章中对此进行过讨论。通过使用更小的颜色格式可减少每像素占用的位数,但是如果我们持续不断加载位图,那么最终内存也会耗尽。因此,我们要通过下面的方法来释放任何不再需要的位图:

```
Bitmap.recycle();
```

绘制位图

一旦我们加载位图,就可以通过 Canvas 来进行绘制,最简单的方法如下所示:

```
Canvas.drawBitmap(Bitmap bitmap, float topLeftX, float topLeftY, Paint paint);
```

第一个参数应该是显而易见的。参数 topLeftX 和 topLeftY 用于指定位图位于屏幕左上角的坐标。最后一个参数可以设置为 null。我们也可以通过该 Paint 来指定一些高级的绘制参数,不过我们并不真正需要这些。

这里还有另一个方法可派上用场,如下所示:

```
Canvas.drawBitmap(Bitmap bitmap, Rect src, Rect dst, Paint paint);
```

这个方法非常有用,它允许我们通过第二个参数来指定绘制位图的某个部分。Rect 类保存一个矩形的左上角和右下角的坐标。当我们通过第二个参数 src 来指定部分位图时,将会在位图的坐标系统内进行绘制。如果我们指定 null,将使用整个位图。

第三个参数定义了部分位图将要绘制在什么地方,同样采用 Rect 实例的形式。不过,这一次的角坐标将通过 Canvas 上的目标对象的坐标系统来指定(一个视图或者另一个位图)。令我们感到意外的是,这两个矩形的大小未必相同。如果我们将目标矩形的大小指定为比源矩形小,那么 Canvas 将会自动进行缩放。当然,如果目标矩形比源矩形大,Canvas 也同样会进行缩放。最后一个参数通常设置为 null。不过请注意,这个缩放操作的代价是非常昂贵的,我们只有在绝对有必要的时候才能使用它。

你可能会想知道,如果我们的 Bitmap 实例具有不同的颜色格式,是否要在通过 Canvas 对其进行绘制之前将它们转换成某种标准的格式?答案是否定的,因为 Canvas 将自动实现该操作。当然,如果我们使用的颜色格式与本地帧缓冲区的格式相同,那么操作速度应该会快一些。不过一般都忽略这一操作。

另外,混合操作也是默认启用的。因此,如果图像的每个像素包含一个 alpha 分量,那么它也会被实际地解释。

综合运用

有了上面这些信息，我们就能最终加载和渲染一些 Bobs。程序清单 4-14 显示了为演示目的而编写的 BitmapTest 活动的源代码。

程序清单 4-14　BitmapTest 活动

```java
package com.badlogic.androidgames;

import java.io.IOException;
import java.io.InputStream;

import android.app.Activity;
import android.content.Context;
import android.content.res.AssetManager;
import android.graphics.Bitmap;
import android.graphics.BitmapFactory;
import android.graphics.Canvas;
import android.graphics.Rect;
import android.os.Bundle;
import android.util.Log;
import android.view.View;
import android.view.Window;
import android.view.WindowManager;

public class BitmapTest extends Activity {
    class RenderView extends View {
        Bitmap bob565;
        Bitmap bob4444;
        Rect dst = new Rect();

        public RenderView(Context context) {
            super(context);

            try {
                AssetManager assetManager = context.getAssets();
                InputStream inputStream = assetManager.open("bobrgb888.png");
                bob565 = BitmapFactory.decodeStream(inputStream);
                inputStream.close();
                Log.d("BitmapText",
                        "bobrgb888.png format: " + bob565.getConfig());

                inputStream = assetManager.open("bobargb8888.png");
                BitmapFactory.Options options = new BitmapFactory.Options();
                options.inPreferredConfig = Bitmap.Config.ARGB_4444;
                bob4444 = BitmapFactory
                        .decodeStream(inputStream, null, options);
                inputStream.close();
                Log.d("BitmapText",
                        "bobargb8888.png format: " + bob4444.getConfig());

            } catch (IOException e) {
                // silently ignored, bad coder monkey, baaad!
            } finally {
                // we should really close our input streams here.
```

```
        }
    protected void onDraw(Canvas canvas) {
        canvas.drawRGB(0, 0, 0);
        dst.set(50, 50, 350, 350);
        canvas.drawBitmap(bob565, null, dst, null);
        canvas.drawBitmap(bob4444, 100, 100, null);
        invalidate();
    }
}

@Override
public void onCreate(Bundle savedInstanceState) {
    super.onCreate(savedInstanceState);
    requestWindowFeature(Window.FEATURE_NO_TITLE);
    getWindow().setFlags(WindowManager.LayoutParams.FLAG_FULLSCREEN,
            WindowManager.LayoutParams.FLAG_FULLSCREEN);
    setContentView(new RenderView(this));
}
}
```

活动中的 onCreate()方法已经多次介绍，因此让我们更多地关注自定义的视图。该视图具有两个 Bitmap 成员，一个用 RGB565 格式存储一幅 Bob 的图像(在第 3 章中引入)，而另一个用 ARGB4444 格式存储 Bob。还有一个 Rect 成员，用于存储目标矩形以进行渲染。

在 RenderView 类的构造函数中，我们首先将 Bob 加载到该视图的 bob565 成员中。注意，该图像加载自一个 RGB888 格式的 PNG 文件，并且 BitmapFactory 会自动将其转换成一幅 RGB565 格式的图像。为了证明这一点，我们将 Bitmap 实例的 Bitmap.Config 输出到 LogCat 视图中。RGB888 版本的 Bob 具有一个不透明的白色背景，因此不必执行混合操作。

接下来从 assets/目录下存储的一个 ARGB8888 格式的 PNG 文件加载 Bob。为了节省内存，我们同样使用 BitmapFactory 将 Bob 图像转换成一个 ARGB4444 格式的位图。可能这个工厂类不会遵从该要求(原因不明)。为了了解其是否满足我们的要求，同样将 Bitmap 实例的 Bitmap.Config 文件输出到 LogCat 视图。

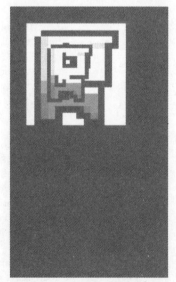

onDraw()方法应该十分简单。我们所做的是用黑色填充屏幕，然后将 bob565 放大为 250×250 像素大小(原来像素大小为 160×183)并绘制到屏幕上，然后使用混合(不进行缩放)将 bob4444 绘制到 bob565 的上方(Canvas 将自动实现混合)。图 4-14 显示了两幅不同格式的 Bobs。

LogCat 报告 bob565 的颜色格式为 Config.RGB_565，并且 bob4444 转换为 Config.ARGB_4444 格式。BitmapFactory 没有让我们失望。

在本节中你还需要注意以下几点：

- 使用可以接受的最小的颜色格式，以便节省内存。不过，这可能会降低视觉效果的质量和渲染速度。
- 除非绝对需要，否则不要在绘制时缩放位图。如果你知道其缩放大小，可在加载时对它们进行预先的脱机缩放。

图 4-14　重叠的两幅 Bobs

(480×800 像素分辨率)

- 当你不再需要一个位图时，务必要调用 Bitmap.recycle()方法。否则将造成内存泄漏或者使内存不足。

一直使用 LogCat 来输出文本信息会有点乏味，接下来看看怎么通过 Canvas 来渲染文本信息。

注意：与其他类相同，除了此处讨论的内容外，Bitmap 还有很多的内容。为了编写 Mr. Nom，此处仅仅讨论了最少需要的部分。如果你想获得更多信息，请查看 Android 开发人员网站中的相关文档。

7. 渲染文本

在游戏 Mr. Nom 中，文本信息的输出是我们手动绘制的，但了解如何通过 TrueType 字体来绘制文本没有坏处。现在，让我们开始从 assets/目录中加载一个自定义的 TrueType 字体文件。

加载字体

Android API 提供了一个名为 Typeface 的类，它封装了 TrueType 字体。该类提供了一个简单的静态方法来从 assets/目录加载一个这样的字体文件。

```
Typeface font = Typeface.createFromAsset(context.getAssets(), "font.ttf");
```

有趣的是，该方法在字体文件加载失败时并不会抛出任何类型的异常，而是抛出一个 RuntimeException。该方法没有明确地抛出异常，其原因有些神秘。

用一种字体绘制文本

一旦获得了字体，可将其设置为 Paint 实例的 Typeface：

```
paint.setTypeFace(font);
```

通过该 Paint 实例，可设置将要进行渲染的字体的大小：

```
paint.setTextSize(30);
```

该方法的相关文档比较少。它没有指出以点数或像素的形式指定文本的大小。这里假定采用后者。

最后，我们可通过下面的 Canvas 方法将文本以这种字体绘制出来：

```
canvas.drawText("This is a test!", 100, 100, paint);
```

第一个参数是要绘制的文本，接下来两个参数是绘制文本的坐标位置，最后一个参数我们很熟悉：它是一个 Paint 实例，用于指定绘制的文本的颜色、字体和大小。通过设置 Paint 的颜色，就设置了将要绘制的文本的颜色。

文本对齐和边界

现在，你可能想知道前面方法中的坐标是怎么与这个用文本字符串填充的矩形对应起来的。它们是否指定了包含文本信息的矩形的左上角位置？答案有点复杂。Paint 实例有一个特性，名为对齐设置。它可通过 Paint 类的下面这个方法来进行设置：

```
Paint.setTextAlign(Paint.Align align);
```

其中 Paint.Align 枚举有 3 个值：Paint.Align.LEFT、Paint.Align.CENTER 和 Paint.Align. RIGHT。

根据所设置的对齐方式，传递到 Canvas.drawText()方法的坐标将会被解释为矩形的左上角、矩形的顶边中心像素或者矩形的右上角。标准的对齐方式是 Paint.Align.LEFT。

有时候知道以像素为单位的特定字符串的边界也是很有用的。对于这一点，Paint 类提供了以下方法：

```
Paint.getTextBounds(String text, int start, int end, Rect bounds);
```

第一个参数是我们想要得到边界的字符串。第二和第三个参数指定进行度量的字符串的开始字符和结束字符。end 参数是不被包含在内的。最后一个参数 bounds 是一个 Rect 实例，我们将其分配并传入该方法中。该方法将把边框矩形的宽度和高度写进 Rect.right 和 Rect.bottom 这两个字段。为方便起见，我们可调用 Rect.width()和 Rect.height()来获取同样的值。

注意，所有这些方法只操作单行文本。如果想进行多行文本渲染，就需要自定义布局。

综合运用

接下来编写一些代码。程序清单 4-15 显示了实际执行的文本渲染。

程序清单 4-15　FontTest 活动

```java
package com.badlogic.androidgames;

import android.app.Activity;
import android.content.Context;
import android.graphics.Canvas;
import android.graphics.Color;
import android.graphics.Paint;
import android.graphics.Rect;
import android.graphics.Typeface;
import android.os.Bundle;
import android.view.View;
import android.view.Window;
import android.view.WindowManager;

public class FontTest extends Activity {
    class RenderView extends View {
        Paint paint;
        Typeface font;
        Rect bounds = new Rect();

        public RenderView(Context context) {
            super(context);
            paint = new Paint();
            font = Typeface.createFromAsset(context.getAssets(), "font.ttf");
        }

        protected void onDraw(Canvas canvas) {
            canvas.drawRGB(0, 0, 0);
            paint.setColor(Color.YELLOW);
            paint.setTypeface(font);
            paint.setTextSize(28);
            paint.setTextAlign(Paint.Align.CENTER);
            canvas.drawText("This is a test!", canvas.getWidth() / 2, 100,
                    paint);
```

```
        String text = "This is another test o_O";
        paint.setColor(Color.WHITE);
        paint.setTextSize(18);
        paint.setTextAlign(Paint.Align.LEFT);
        paint.getTextBounds(text, 0, text.length(), bounds);
        canvas.drawText(text, canvas.getWidth() - bounds.width(), 140,
                paint);
        invalidate();
    }
}

    @Override
    public void onCreate(Bundle savedInstanceState) {
        super.onCreate(savedInstanceState);
        requestWindowFeature(Window.FEATURE_NO_TITLE);
        getWindow().setFlags(WindowManager.LayoutParams.FLAG_FULLSCREEN,
                WindowManager.LayoutParams.FLAG_FULLSCREEN);
        setContentView(new RenderView(this));
    }
}
```

这里不讨论活动的 onCreate() 方法，因为前面已经见过该方法。

我们实现的 RenderView 具有 3 个成员：一个 Paint、一个 Typeface 和一个 Rect，Rect 用于在后面存储文本字符串的边界。

在构造函数中，我们创建了一个新的 Paint 实例并从 assets/ 目录的 font.ttf 文件中加载字体。

在 onDraw() 方法中，我们用黑色清除屏幕，设置 Paint 的颜色为黄色，设置其字体和大小，同时也指定文本对齐方式，在 Canvas.drawText() 方法调用中解释坐标时使用。实际的绘制就是渲染字符串 "This is a test!"，在 y 轴的坐标 100 处水平居中显示该字符串。

对于第二个文本渲染调用，我们也做了其他一些事情：我们让文本对齐屏幕的右边缘，通过使用 Paint. Align.RIGHT 和一个 x 坐标值 Canvas.get Width()-1 可实现这一点。但是在此处，我们使用有难度的方法，通过使用字符串的边界来实践基本的文本布局。我们还改变了用于渲染的字体的颜色和大小。图 4-15 显示了活动的输出。

Typeface 类另一个神秘之处在于，它没有显式地允许我们释放所有资源，必须依靠垃圾回收器完成这些工作。

注意：这里只涉及文本渲染的基础知识，如果你想了解更多信息，请访问 Android 开发人员网站。

图 4-15　操作文本(480×800 像素分辨率)

8. 使用 SurfaceView 进行连续渲染

本节涉及线程和所有与其相关的难点，我们一定能够掌握这些内容。

动机

当我们第一次尝试连续渲染时，用了错误的方法。大量占用 UI 线程是不可接受的。因此我们需要另一个解决方案，在一个单独的线程中完成所有复杂的工作。考虑使用 SurfaceView。

顾名思义，SurfaceView 类是一个用于处理 Surface 的视图，也是 Android API 提供的另一个类。什么是 Surface 呢？它是对原始缓冲区所做的抽象，被屏幕组合器用于渲染特定视图。屏幕组合器是 Android 上所有渲染的幕后推手，并最终负责将所有的像素点推送到 GPU。某些情况下，Surface 可通过硬件加速。不过，我们不必过于关心这个事实。我们所需要知道的是，它是在屏幕上进行渲染的一种更直接方式。

我们的目标就是在一个独立线程中执行渲染，而不用大量占用 UI 线程，因为 UI 线程还有很多工作要做。SurfaceView 类提供了一种在 UI 线程之外的线程中进行渲染的方式。

SurfaceHolder 和锁定

为在 UI 线程之外的另一个不同线程中渲染到 SurfaceView，我们需要获得 SurfaceHolder 类的一个实例，如下所示：

```
SurfaceHolder holder = surfaceView.getHolder();
```

SurfaceHolder 是 Surface 的一个包装，可做一些辅助工作。它提供两个方法：

```
Canvas SurfaceHolder.lockCanvas();
SurfaceHolder.unlockAndPost(Canvas canvas);
```

第一个方法锁定 Surface 用于渲染并返回一个可用的 Canvas 实例。第二个方法再次解锁 Surface 并确保通过 Canvas 绘制的内容可显示到屏幕上。我们将在渲染线程中使用这两个方法以获取 Canvas，通过它进行渲染并最终确保渲染的图像能在屏幕上可见。必须确保传递到 SurfaceHolder.unlock-AndPost()方法的 Canvas 与从 SurfaceHolder.lockCanvas()方法接收的相同。

当实例化 SurfaceView 时，并没有立即创建 Surface。相反，它是异步创建的。每当活动暂停或再次恢复而重新创建时，都将销毁该 Surface。

Surface 的创建与有效性

只要 Surface 没有生效，我们就不能从 SurfaceHolder 中获取 Canvas。不过，我们可以通过下面的语句来查看 Surface 是否已被创建：

```
boolean isCreated = surfaceHolder.getSurface().isValid();
```

如果该方法返回 true，就可安全地锁定该 Surface 并通过接收到的 Canvas 来在其上进行绘制。我们必须绝对确保在调用 SurfaceHolder.lockCanvas()之后再次解锁 Surface，否则我们的活动可能会锁定手机。

综合运用

那么，我们该如何在一个单独的渲染线程中整合上面提及的这一切内容，包括活动的生命周期？解决这个问题的最佳方法就是分析一些实际代码。程序清单 4-16 显示了一个完整的示例，在一个单独的线程中渲染到 SurfaceView 上。

程序清单 4-16　SurfaceViewTest 活动

```
package com.badlogic.androidgames;
```

```java
import android.app.Activity;
import android.content.Context;
import android.graphics.Canvas;
import android.os.Bundle;
import android.view.SurfaceHolder;
import android.view.SurfaceView;
import android.view.Window;
import android.view.WindowManager;

public class SurfaceViewTest extends Activity {
    FastRenderView renderView;

    public void onCreate(Bundle savedInstanceState) {
        super.onCreate(savedInstanceState);
        requestWindowFeature(Window.FEATURE_NO_TITLE);
        getWindow().setFlags(WindowManager.LayoutParams.FLAG_FULLSCREEN,
                            WindowManager.LayoutParams.FLAG_FULLSCREEN);
        renderView = new FastRenderView(this);
        setContentView(renderView);
    }

    protected void onResume() {
        super.onResume();
        renderView.resume();
    }

    protected void onPause() {
        super.onPause();
        renderView.pause();
    }

    class FastRenderView extends SurfaceView implements Runnable {
        Thread renderThread = null;
        SurfaceHolder holder;
        volatile boolean running = false;

        public FastRenderView(Context context) {
            super(context);
            holder = getHolder();
        }

        public void resume() {
            running = true;
            renderThread = new Thread(this);
            renderThread.start();
        }

        public void run() {
            while(running) {
                if(!holder.getSurface().isValid())
                    continue;
                Canvas canvas = holder.lockCanvas();
                canvas.drawRGB(255, 0, 0);
                holder.unlockCanvasAndPost(canvas);
            }
        }
```

```
        }

    public void pause() {
        running = false;
        while(true) {
            try {
                renderThread.join();
                return;
            } catch (InterruptedException e) {
                // retry
            }
        }
    }
}
```

这段代码看起来比较简单。该活动中有一个成员变量：FastRenderView 实例，它是一个自定义的 SurfaceView 子类，将为我们处理所有的线程事务和 Surface 锁定。对于该活动，它就像一个旧式的简单视图一样。

在 onCreate()方法中，我们启用全屏模式，创建 FastRenderView 实例并将其设置为活动的内容视图。

这次同样重写了 onResume()方法。在该方法中，我们通过调用 FastRenderView.resume()方法来间接启动渲染线程，该方法将在内部处理所有操作。这意味着该线程在活动最初创建时就启动(因为在执行 onCreate()之后总会调用 onResume()方法)。当该活动从暂停状态恢复时，也将重新启动该线程。

当然，这也意味着我们必须在某个地方停止该线程；否则，我们需要在每次调用 onResume()方法时创建一个新的线程。应该在 onPause()方法内执行该操作。当调用 FastRenderView.pause()方法时，将完全停止该线程。该方法在线程完全停止之前不会返回。

因此，让我们来看看该示例中的核心类：FastRenderView。它与从另一个 View 类派生来的 RenderView 类很相似，RenderView 类在上面的示例中已经实现。在这里直接继承自 SurfaceView 类。FastRenderView 也实现了 Runnable 接口，以便我们将其传递到渲染线程用于运行渲染线程逻辑。

FastRenderView 类有 3 个成员。renderThread 成员是 Thread 实例的一个引用，该实例用于执行渲染线程逻辑。holder 成员是 SurfaceHolder 实例的一个引用，我们从 SurfaceView 超类获得该实例。最后，running 成员是一个简单的布尔标志，用于标识它应该停止执行的渲染线程。volatile 修饰符具有特殊意义，见稍后的讲解。

我们在构造函数中所做的工作是调用超类的构造函数并将 SurfaceHolder 的引用存储到 holder 成员中。

接下来是 FastRenderView.resume()方法，它将负责启动渲染线程。注意，每当调用该方法时都将创建一个新线程。这与我们在谈论活动中的 onResume()和 onPause()方法时所讨论的内容是一致的。同时我们将 running 标志设置成 true。你将看到在渲染线程中如何使用它。最后要注意的是我们将 FastRenderView 实例设置为线程的 Runnable。这将在新线程中执行 Fast- RenderView 的下一个方法。

FastRenderView.run()方法是自定义 View 类的主要操作方法，它的主体部分将在渲染线程中执行。正如你看到的那样，它只是一个循环，当 running 标志设置为 false 时它将停止执行。如果发生这种情况，那么整个线程也将停止并销毁。在 while 循环内，我们先检查 Surface 是否有效，如果有效，我们就锁定它，渲染并解锁它，如前所述。在该示例中，我们只是用红色来填充 Surface。

FastRenderView.pause()方法看起来有点生疏。首先我们将 running 标志设置为 false。如果仔细查看，你就会看到 FastRenderView.run()方法的 while 循环将会因此而最终终止，并因此使渲染线程停止。在接下来的几行中只是通过调用 Thread.join()等待线程完全销毁。该方法会一直等待直至线程销毁，不过在线程实际销毁之前会抛出一个 InterruptedException 异常。因为我们必须绝对确保在从该方法返回之前该线程已销毁，所以在一个无限循环中执行连接，直至成功为止。

让我们回头来看看 running 标志的 volatile 修饰符，为什么我们需要它？原因很微妙：当编译器知道在方法的第一行与 while 块之间没有依赖关系时，它可能会决定在 FastRenderView.pause()方法中重新排序语句。只要它认为这样做能加快代码执行速度，它就允许这样做。不过，我们依赖在该方法中指定的执行顺序。试想一下，如果在我们试图连接线程之后设置 running 标志会怎么样。我们将会进入一个无限的循环，线程永远无法终止。

volatile 修饰符可以防止发生这种情况。任何引用该成员的语句都将按顺序执行。这就避免了出现无法完全再现的 bug。

有一件事情你可能认为会使代码崩溃。如果 Surface 在 SurfaceHolder.getSurface().isValid()和 SurfaceHolder.lock()之间被销毁，那么会发生什么呢？我们是幸运的——这个情况永远不会发生。要理解原因，你需要回头看看 Surface 生命周期的工作原理。

我们知道，Surface 是异步创建的。我们的渲染线程很有可能在 Surface 生效之前执行。为了防止出现这种情况，我们要避免锁定没有生效的 Surface。这就解决了 Surface 的创建问题。

在有效性检查和锁定之间，渲染线程代码不会从正在销毁的 Surface 中崩溃的原因与 Surface 被销毁的时间点有关。在我们从活动的 onPause()方法返回之后，Surface 将总是被销毁。因为我们通过调用 FastRenderView.pause()方法进行等待直到线程销毁，当真正销毁 Surface 之后，渲染线程将不可能再存活。该方法确实比较混乱。

现在，我们用正确的方法进行连续渲染。通过使用一个单独的渲染线程，我们再也不会大量占用 UI 线程。我们这么做也遵循了活动的生命周期，因此它不会在后台运行，当活动暂停时也不会耗费电量。整个世界又将变得美好。当然，我们需要在 UI 线程的输入事件处理和渲染线程之间做同步。但这将是非常简单的工作，当理解了这一章的所有信息之后，在第 5 章实现的游戏框架时就会看到这一点。

9. 使用 Canvas 进行硬件加速渲染

Android 3.0(Honeycomb)添加了一项非凡功能：对标准的 2D 画布绘制调用也可以启用 GPU 硬件加速。对于不同的应用程序和设备，这项功能的价值会发生变化，因为一些设备在 CPU 上执行 2D 绘制的性能更好，而另外一些设备则可以从 GPU 受益。硬件加速在后台所执行的操作就是分析绘制调用，然后把它们转换为 OpenGL。例如，如果我们指定应该在(0, 0)和(100, 100)之间绘制一条线，那么硬件加速会使用 OpenGL 构造一个特殊的线绘制调用，将其绘制到硬件缓冲区中，并在以后组合到屏幕上。

启用这种硬件加速十分简单，只需在 AndroidManifext.xml 文件中的<application />标记下添加这条语句：

```
android:hardwareAccelerated="true"
```

一定要在多种设备上测试当打开和关闭硬件加速时游戏的运行情况，以确定是否要使用加速。在将来，可能总是可以启用硬件加速，但与其他功能一样，我们建议你在进行测试以后才决定是否使用加速。当然，还有其他配置选项允许为特定的应用程序、活动、窗口或视图设置硬件加速，但是因为我们正在设计的是游戏，我们只计划在每个应用程序中存在一个游戏，所以通过应用程序设置全局加速是最有意义的。

开发这项 Android 功能的人员 Romain Guy 写了一篇非常详细的博客文章，说明了关于硬件加速应该做和不应该做的操作，并就如何使用硬件加速获得不错的性能给出了一些指导原则。这篇博客文章的 URL 是 http://android-developers.blogspot.com/2011/03/android-30-hardware-acceleration.html。

4.4 最佳实践

Android(更确切地说是 Dalvik)有时会有一些奇怪的性能特征。在本章结束之前，我们将向你介绍一些最重要的最佳实践，以此为基础就可以很好地展开你的游戏开发。

- 垃圾回收器是你最大的敌人。一旦它得到 CPU 时间以处理清除工作，它将会让整个系统停止 600ms。这就意味着我们的游戏在半秒钟内将不会更新或渲染，用户肯定会发出抱怨。因此应尽量避免创建太多对象，在内部循环中尤其如此。
- 要避免在一些不太明显的地方创建对象。不要使用迭代器，因为它们会创建新对象。不要使用任何标准的 Set 或 Map 集合类，因为在每个插入操作中它们都将创建新的对象，而应该使用由 Android API 提供的 SparseArray 类。用 StringBuffer 来替代使用 "+" 运算符连接字符串，这样每次都创建一个新的 StringBuilder。另外，应尽量避免使用原始类型的包装。
- Dalvik 比其他的 VM 在调用方法时需要更大的开销。如果能使用静态方法，请尽量使用它们，因为它们的性能最佳。静态方法一般被认为是存在问题的，就像静态变量一样，促成了一些糟糕的设计。因此，你应保持设计尽可能干净。可能你也应该避免使用 getter 和 setter 方法，直接字段访问的速度大约是没有 JIT 编译器时方法调用的 3 倍，有 JIT 编译器时方法调用的 7 倍。不过，在删除所有的 getter 和 setter 方法之前，请再次想一想你的设计。
- 在一些旧设备或没有 JIT 编译器(在 Android 2.2 之前是没有的)的 Dalvik 版本中，浮点运算一般通过软件来实现。传统的游戏开发人员一般会针对这些版本使用定点运算。建议也不要这么做，因为整数除法同样也很慢。大多数时候，使用浮点运算是可以的，而且新的设备也支持浮点运算单元(FPU)，它在支持 JIT 的情况下可以大幅提升速度。
- 尽量在方法内使用局部变量保存频繁访问的值，因为访问局部变量的速度要比访问成员或者调用 getter 函数快很多。

当然，还有很多内容我们需要小心处理。本书的剩余部分会在合适的地方给出一些操作提示。只要你遵循前面的建议，应该就可以保证处于安全范围内。不要让垃圾回收器战胜你!

4.5 小结

本章所涵盖的一切内容是我们编写一个像样的 Android 系统 2D 小游戏的基本需求。我们看到，使用一些默认设置来建立一个新的游戏项目是很轻松的。我们讨论了神秘的活动生命周期。我们处理了触摸事件(更重要的是多点触摸)，处理键盘事件，以及通过加速计来检查设备的方向。我们探讨了如何读写文件。在 Android 上输出音频十分简单，而除了与 SurfaceView 有关的线程问题外，将内容绘制到屏幕上也并不困难。现在，就可以让 Mr. Nom 变成现实——一个恐怖的、充满野心的现实!

第 5 章

Android 游戏开发框架

虽然我们完成了前 4 章的学习，但至今也没有写出一行游戏代码。之所以要把所有枯燥的理论先灌输给你，然后再让你实现一个测试程序，原因非常简单：如果你想编写游戏，就必须确切地知道自己将要做什么，而不能只是将网络上的所有代码复制并粘贴在一起，然后希望开发出下一款畅销的第一人称射击游戏。现在，你应该清楚地知道如何从头开始设计一款简单游戏，如何构造一个好用的 API 接口用于 2D 游戏开发，以及哪些 Android API 能提供实现你的想法所需的功能。

为实现 Mr. Nom 游戏，我们必须做两件事情：实现第 3 章中所设计的游戏框架的接口和类，并基于这些接口和类来编写 Mr. Nom 的游戏机制。通过整合第 3 章的设计和第 4 章中所讨论的内容来开始设计游戏的框架。你应该已经很熟悉其中 90% 的代码，因为在前面章节的测试中已经介绍了其中大部分代码。

5.1 制定计划

第 3 章为游戏框架布局了一个最简洁的设计，将所有平台特定细节抽象出来，以便只专注于我们的主要目标：游戏开发。现在，我们通过自下而上、从最简单到最复杂的方式来实现所有这些接口和抽象类。第 3 章中的接口位于包 com.badlogic.androidgames. framework 中。我们将把本章的实现放在包 com.badlogic.androidgames.framework.impl 中，并表明这个包保存 Android 框架的实际实现。我们将所有的接口实现加上 Android 前缀，这样就可以与接口区分。下面首先介绍最简单的部分(文件 I/O)。

本章和第 6 章的代码将合并到一个单独的 Eclipse 项目中。现在，我们只需要按照第 4 章的步骤在 Eclipse 中创建新的 Android 项目。此时，如何命名默认的活动不太重要。

5.2 AndroidFileIO 类

原始的 FileIO 接口简洁且有效。它仅包含 4 个方法：一个方法用于获取资源文件中的 InputStream，另一个方法获取外部存储中的文件的 InputStream, 第三个方法返回外部存储设备上的文件的 OutputStream, 最后一个方法则获得游戏的 SharedPreferences。第 4 章已经讨论了如何利用 Android API 来打开外部存储上的资源和文件。程序清单 5-1 显示了根据第 4 章的知识实现的 FileIO 接口。

程序清单 5-1 AndroidFileIO.java; 实现 FileIO 接口

```java
package com.badlogic.androidgames.framework.impl;

import java.io.File;
import java.io.FileInputStream;
import java.io.FileOutputStream;
import java.io.IOException;
import java.io.InputStream;
import java.io.OutputStream;

import android.content.Context;
import android.content.SharedPreferences;
import android.content.res.AssetManager;
import android.os.Environment;
import android.preference.PreferenceManager;

import com.badlogic.androidgames.framework.FileIO;

public class AndroidFileIO implements FileIO {
    Context context;
    AssetManager assets;
    String externalStoragePath;

    public AndroidFileIO(Context context) {
        this.context = context;
        this.assets = context.getAssets();
        this.externalStoragePath = Environment.getExternalStorageDirectory()
            .getAbsolutePath() + File.separator;
    }

    public InputStream readAsset(String fileName) throws IOException {
        return assets.open(fileName);
    }

    public InputStream readFile(String fileName) throws IOException {
        return new FileInputStream(externalStoragePath + fileName);
    }

    public OutputStream writeFile(String fileName) throws IOException {
        return new FileOutputStream(externalStoragePath + fileName);
    }

    public SharedPreferences getPreferences() {
        return PreferenceManager.getDefaultSharedPreferences(context);
    }
}
```

上面所有的代码看起来十分简单。我们实现了 FileIO 接口, 存储了 Context 实例(即访问 Android

中几乎所有内容的一个节点)，存储了一个 AssetManager(从 Context 中提取)，存储了外部存储的路径，并基于此路径实现了 4 个方法。如果调用时发生错误，通过获取抛出的 IOException 异常就可找出原因。

Game 接口的实现将保存这个类的一个实例，并通过 Game.getFileIO()返回它。这也意味着 Game 的实现需要通过 Context 传入 AssetManager，这样才能使 AndroidFileIO 实例工作。

请注意，我们没有检查外部存储是否可用。如果它不可用，或者我们忘记在清单文件中添加适当的权限，将会得到一个异常，所以错误检查是隐式完成的。现在，我们可以进入框架的下一个组成部分：音频。

5.3　AndroidAudio、AndroidSound 和 AndroidMusic

在第 3 章中，为满足所有的音频需求，我们设计了 3 个接口：Audio、Sound 和 Music。Audio 负责从资源文件创建声音和音乐的实例。Sound 可以播放存储在 RAM 中的音效，而 Music 将较大的音乐文件从磁盘传输到音频卡中。在第 4 章中，我们已学到了需要什么样的 Android API 来实现这些操作。我们首先实现 AndroidAudio 接口，如程序清单 5-2 所示，并在中间穿插一些代码说明。

程序清单 5-2　AndroidAudio.java；实现 Audio 接口

```java
package com.badlogic.androidgames.framework.impl;

import java.io.IOException;

import android.app.Activity;
import android.content.res.AssetFileDescriptor;
import android.content.res.AssetManager;
import android.media.AudioManager;
import android.media.SoundPool;

import com.badlogic.androidgames.framework.Audio;
import com.badlogic.androidgames.framework.Music;
import com.badlogic.androidgames.framework.Sound;

public class AndroidAudio implements Audio {
    AssetManager assets;
    SoundPool soundPool;
```

AndroidAudio 实现包含一个 AssetManager 实例和一个 SoundPool 实例。在调用 AndroidAudio.newSound()时，必须使用 AssetManager 将音效从资源文件加载到 SoundPool 中。SoundPool 本身的管理也由 AndroidAudio 实例来实现。

```java
    public AndroidAudio(Activity activity) {
        activity.setVolumeControlStream(AudioManager.STREAM_MUSIC);
        this.assets = activity.getAssets();
        this.soundPool = new SoundPool(20, AudioManager.STREAM_MUSIC, 0);
    }
```

在构造函数中传递游戏的活动有两个原因：使用它能够设置媒体流的音量控制(我们总是希望这样做)，并且能够提供一个 AssetManager 实例，我们将把这个实例存储在类的相应成员中。SoundPool

被配置为能够同时播放 20 种音效——这已经足以满足我们的需要。

```
public Music newMusic(String filename) {
    try {
        AssetFileDescriptor assetDescriptor = assets.openFd(filename);
        return new AndroidMusic(assetDescriptor);
    } catch (IOException e) {
        throw new RuntimeException("Couldn't load music '" + filename + "'");
    }
}
```

newMusic()方法创建了一个新的 AndroidMusic 实例。该类的构造函数接受一个 AssetFileDescriptor，使用它创建一个内部的 MediaPlayer(稍后详细介绍)。当程序出现错误时，AssetManager.openFd()方法就会抛出一个 IOException 异常。我们捕获到该异常，并将它作为一个 RuntimeException 重新抛出。为什么不把 IOException 传递给调用程序？首先，它会使调用代码变得相当混乱，所以我们宁愿抛出一个不一定要显式捕获的 RuntimeException。其次，我们从资源文件中加载音乐。只有我们忘记把音乐文件添加到 assert/目录或是音乐文件中包含错误的字节时，它才会失败。错误的字节将构成不可恢复的错误，因为游戏需要该 Music 实例才能正常运行。为了避免出现这种情况，我们还在游戏框架的其他几个地方抛出 Runtime-Exception 来代替已检查异常。

```
public Sound newSound(String filename) {
    try {
        AssetFileDescriptor assetDescriptor = assets.openFd(filename);
        int soundId = soundPool.load(assetDescriptor, 0);
        return new AndroidSound(soundPool, soundId);
    } catch (IOException e) {
        throw new RuntimeException("Couldn't load sound '" + filename + "'");
    }
}
```

最后，newSound()方法从资源文件加载一个音效到 SoundPool 中，并且返回一个 Android- Sound 实例。该实例的构造函数接受一个 SoundPool 参数和 SoundPool 分配给它的音效 ID。同样，我们捕获 IOException，并将其作为一个未经检查的 RuntimeException 重新抛出。

注意：在任何方法中都没有释放 SoundPool。这样做的原因是，总会有一个 Game 实例包含一个 Audio 实例，这个 Audio 实例又保存一个 SoundPool 实例。因此，SoundPool 实例与活动(以及我们的游戏)有同样长的生存期。一旦活动结束，它将会被自动销毁。

接下来要介绍的是 AndroidSound 类，它实现了 Sound 接口。程序清单 5-3 展示了它的实现。

程序清单 5-3　使用 AndroidSound.java 实现 Sound 接口

```
package com.badlogic.androidgames.framework.impl;

import android.media.SoundPool;

import com.badlogic.androidgames.framework.Sound;

public class AndroidSound implements Sound {
    int soundId;
```

```
    SoundPool soundPool;

    public AndroidSound(SoundPool soundPool, int soundId) {
        this.soundId = soundId;
        this.soundPool = soundPool;
    }

    public void play(float volume) {
        soundPool.play(soundId, volume, volume, 0, 0, 1);
    }

    public void dispose() {
        soundPool.unload(soundId);
    }
}
```

这里没有什么特别之处。我们只是存储了 SoundPool 和所加载音效的 ID，以便以后 play()和 dispose()这两个方法进行播放和释放。由于使用了 Android API，这一切工作再简单不过了。

最后必须实现通过 AndroidAudio.newMusic()返回的 AndroidMusic 类。程序清单 5-4 显示了这个类的代码，它看起来比以前我们遇到的代码稍复杂些。这是由于 MediaPlayer 使用的状态机所导致的，如果调用特定状态的方法，那么它将会不断抛出异常。这里同样在程序清单中穿插了一些代码说明。

程序清单 5-4　AndroidMusic.java；实现 Music 接口

```
package com.badlogic.androidgames.framework.impl;

import java.io.IOException;

import android.content.res.AssetFileDescriptor;
import android.media.MediaPlayer;
import android.media.MediaPlayer.OnCompletionListener;

import com.badlogic.androidgames.framework.Music;

public class AndroidMusic implements Music, OnCompletionListener {
    MediaPlayer mediaPlayer;
    boolean isPrepared = false;
```

AndroidMusic 类存储一个 MediaPlayer 实例以及一个名为 isPrepared 的布尔型成员。请记住，只有当 MediaPlayer 准备停当时，我们才能调用 MediaPlayer.start()/stop()/pause()。这个成员可以帮助我们跟踪 MediaPlayer 的状态。

AndroidMusic 类不仅实现了 Music 接口，也实现了 OnCompletionListener 接口。在第 4 章中，我们简单地定义这个接口，用来获取 MediaPlayer 已停止播放音乐文件时的通知。如果出现这种情况，那么需要重新准备 MediaPlayer 才可以再次调用它的任何其他方法。OnCompletionListener.on-Completion()方法将在一个单独的线程中被调用，并且因为我们在此方法中设置成员 isPrepared，所以必须确保在并发修改时它是安全的。

```
    public AndroidMusic(AssetFileDescriptor assetDescriptor) {
        mediaPlayer = new MediaPlayer();
```

```
    try {
        mediaPlayer.setDataSource(assetDescriptor.getFileDescriptor(),
                assetDescriptor.getStartOffset(),
                assetDescriptor.getLength());
        mediaPlayer.prepare();
        isPrepared = true;
        mediaPlayer.setOnCompletionListener(this);
    } catch (Exception e) {
        throw new RuntimeException("Couldn't load music");
    }
}
```

在构造函数中，我们通过传入的 AssetFileDescriptor 函数创建并准备 MediaPlayer，并且设置 isPrepared 标志，同时向 MediaPlayer 注册 AndroidMusic 实例作为一个 OnCompletionListener。如果某些地方出错，将再次抛出一个未检查的 RuntimeException。

```
public void dispose() {
    if (mediaPlayer.isPlaying())
        mediaPlayer.stop();
    mediaPlayer.release();
}
```

dispose()方法检查 MediaPlayer 是否仍然在播放，如果是，就停止它。否则，调用 MediaPlayer.release() 时将抛出一个 RuntimeException。

```
public boolean isLooping() {
    return mediaPlayer.isLooping();
}

public boolean isPlaying() {
    return mediaPlayer.isPlaying();
}

public boolean isStopped() {
    return !isPrepared;
}
```

isLooping()、isPlaying()和 isStopped()这 3 个方法十分直观。前两个方法使用 MediaPlayer 提供的方法，最后一个方法使用了 isPrepared 标志，该标志表明 MediaPlayer 是否停止运行。MediaPlayer.is-Playing()不一定告诉我们这些事情，因为如果 MediaPlayer 被暂停而不是停止，它就会返回 false。

```
public void pause() {
    if (mediaPlayer.isPlaying())
        mediaPlayer.pause();
}
```

pause()方法检查 MediaPlayer 实例是否正在运行，如果是，就调用其 pause()方法。

```
public void play() {
    if (mediaPlayer.isPlaying())
        return;
    try {
        synchronized (this) {
```

```
            if (!isPrepared)
                mediaPlayer.prepare();
            mediaPlayer.start();
        }
    } catch (IllegalStateException e) {
        e.printStackTrace();
    } catch (IOException e) {
        e.printStackTrace();
    }
}
```

play()方法要复杂一些。如果我们已经在播放，就仅会从该函数返回。接下来使用一个庞大的 try...catch 块，在其中根据标志检查 MediaPlayer 是否已准备好；如果没有，就准备它。如果一切顺利，就调用 MediaPlayer.start()方法开始播放。所有这一切工作在一个同步块中进行，因为使用了 isPrepared 标志，而由于需要实现 OnCompletionListener 接口，将在一个单独线程中设置该标志。一旦某些地方出错，将抛出一个未检查的 RuntimeException。

```
public void setLooping(boolean isLooping) {
mediaPlayer.setLooping(isLooping);
}
public void setVolume(float volume) {
mediaPlayer.setVolume(volume, volume);
}
```

setLooping()和 setVolume()这两个方法可以在 MediaPlayer 的任何状态中调用，并且只是委托给各自的 MediaPlayer 方法。

```
public void stop() {
    mediaPlayer.stop();
    synchronized (this) {
        isPrepared = false;
    }
}
```

stop()方法用于终止 MediaPlayer，并且在一个同步块中设置 isPrepared 标志。

```
public void onCompletion(MediaPlayer player) {
    synchronized (this) {
        isPrepared = false;
    }
}
```

最后由 AndroidMusic 类实现一个 OnCompletionListener.onCompletion()方法。它的作用就是在同步块中设置 isPrepared 标志，这样其他方法才不至于突然抛出异常。接下来将开始学习与输入相关的类。

5.4　AndroidInput 和 AccelerometerHandler

通过一些简便的方法，在轮询和事件模式下，第 3 章中设计的 Input 接口可以保证我们访问加速计、触摸屏和键盘。将该接口的全部实现代码放入单个文件确实有点让人讨厌，所以我们将所有的输入事件处理代码放入处理程序类中。Input 方法的实现将会使用这些处理程序，以假设它实际上执行了所有工作。

AccelerometerHandler：哪一面朝上

下面首先介绍最简单的处理程序类 AccelerometerHandler。程序清单 5-5 显示了它的代码。

程序清单 5-5　AccelerometerHandler.java；执行所有加速计处理

```java
package com.badlogic.androidgames.framework.impl;

import android.content.Context;
import android.hardware.Sensor;
import android.hardware.SensorEvent;
import android.hardware.SensorEventListener;
import android.hardware.SensorManager;

public class AccelerometerHandler implements SensorEventListener {
    float accelX;
    float accelY;
    float accelZ;

    public AccelerometerHandler(Context context) {
        SensorManager manager = (SensorManager) context
                .getSystemService(Context.SENSOR_SERVICE);
        if (manager.getSensorList(Sensor.TYPE_ACCELEROMETER).size() != 0) {
            Sensor accelerometer = manager.getSensorList(
                Sensor.TYPE_ACCELEROMETER).get(0);
            manager.registerListener(this, accelerometer,
                SensorManager.SENSOR_DELAY_GAME);
        }
    }

    public void onAccuracyChanged(Sensor sensor, int accuracy) {
        // nothing to do here
    }

    public void onSensorChanged(SensorEvent event) {
        accelX = event.values[0];
        accelY = event.values[1];
        accelZ = event.values[2];
    }

    public float getAccelX() {
        return accelX;
    }

    public float getAccelY() {
        return accelY;
    }

    public float getAccelZ() {
        return accelZ;
```

```
        }
    }
```

毫不意外，这个类实现了第 4 章中已经使用过的 SensorEventListener 接口。这个类存储了 3 个成员，分别对应加速计在 3 个轴上的加速度。

其构造函数接受一个 Context 参数，通过该参数可以得到一个 SensorManager 实例以创建事件监听方法。其余的代码与第 4 章中的代码差不多。请注意，如果没有安装加速计，在其整个生存期中，该处理程序将会对所有轴返回零加速度。因此，我们不需要任何额外的错误检查或异常抛出代码。

接下来的两个方法 onAccuracyChanged() 和 onSensorChanged() 我们也应该非常熟悉。在方法 onAccuracyChanged() 中不需要做任何事情。而 onSensorChanged() 方法从 SensorEvent 中获取加速度值并将它们存储在处理程序的成员变量中。最后的 3 个方法简单地返回每个轴的当前加速度。

请注意，在这里不需要执行任何同步，尽管 onSensorChanged() 方法可能在一个不同的线程中被调用。Java 的内存模型能够保证对基本类型(如布尔型、整型或字节型)的写入和读取操作具有原子性。在这种情况下，依赖这个事实将是可行的，因为我们只是会赋一个新值，这是很简单的操作。如果不是这种情况(例如，如果在 onSensorChanged() 方法中对成员变量做了一些修改)，就需要有正确地进行同步。

5.5　CompassHandler

仅仅是为了好玩，我们将提供一个与 AccelerometerHandler 类似的示例，但是这一次不只是给出手机的俯仰角和横滚角，还将给出罗盘的值，如程序清单 5-6 所示。我们将罗盘值称为"偏航角"，因为这是一个标准的方位术语，可以很好地定义我们要看到的值。

Android 通过相同的接口处理所有的传感器，本例将展示这一点。程序清单 5-6 与前面的加速计示例的唯一区别在于它使用的传感器类型为 TYPE_ORIENTATION，并将字段名称从 accel 改为 yaw、pitch 和 roll。除此以外，它的工作方式是一样的，而且很容易把这段代码添加到游戏中作为控制处理程序。

程序清单 5-6　CompassHandler.java；执行所有罗盘处理

```java
package com.badlogic.androidgames.framework.impl;

import android.content.Context;
import android.hardware.Sensor;
import android.hardware.SensorEvent;
import android.hardware.SensorEventListener;
import android.hardware.SensorManager;

public class CompassHandler implements SensorEventListener {
    float yaw;
    float pitch;
    float roll;

    public CompassHandler(Context context) {
        SensorManager manager = (SensorManager) context
                .getSystemService(Context.SENSOR_SERVICE);
        if (manager.getSensorList(Sensor.TYPE_ORIENTATION).size() != 0) {
```

```
        Sensor compass = manager.getDefaultSensor(Sensor.TYPE_ORIENTATION);
        manager.registerListener(this, compass,
                SensorManager.SENSOR_DELAY_GAME);
    }
}
@Override
public void onAccuracyChanged(Sensor sensor, int accuracy) {
    // nothing to do here
}

@Override
public void onSensorChanged(SensorEvent event) {
    yaw = event.values[0];
    pitch = event.values[1];
    roll = event.values[2];
}

public float getYaw() {
    return yaw;
}

public float getPitch() {
    return pitch;
}

public float getRoll() {
    return roll;
}
}
```

本书的游戏中不使用罗盘，但是如果你想重复使用我们开发的框架来开发游戏，那么这个类可能十分方便。

5.5.1 Pool 类：重用相当有用

对于 Android 开发人员来说，什么是最糟糕的事情？让一切工作都停止运行的垃圾回收！如果查看第 3 章中对 Input 接口的定义，就会发现 getTouchEvents( )和 getKeyEvents( )方法。它们将返回 TouchEvents 和 KeyEvents 列表。在键盘和触摸事件处理程序中，我们将不断创建这两个类的实例，并将它们存储在处理程序内部的列表中。当一个键被按下或手指触摸屏幕时，Android 的输入系统会触发很多这样的事件。所以我们会不断创建新实例，在很短时间间隔内，这些事件将会被垃圾回收器收集。为避免这种情况，我们将实现一个称为实例入池(instance pooling)的概念。它不是在一个类中不断地创建新实例，而是简单地重用以前创建的实例。Pool 类是实现这种行为的一种便捷方式。让我们分析一下程序清单 5-7 中的代码。同样，我们在合适的地方穿插了一些代码说明。

程序清单 5-7　Pool.java：操作垃圾回收器

```
package com.badlogic.androidgames.framework;

import java.util.ArrayList;
import java.util.List;
```

```
public class Pool < T > {
```

上面的代码中涉及了泛型。首先要认识到，这个类是一个泛型类，就像集合类一样，如 ArrayList 或 HashMap。泛型允许我们在 Pool 类中存储任何类型的对象，而不必对类型进行强制转换。那么，Pool 类究竟起什么作用呢？

```
public interface PoolObjectFactory < T > {
    public T createObject();
}
```

首先要定义的是一个名为 PoolObjectFactory 的接口，它也是泛型的。它只有一个方法——createObject( )，该方法将返回一个新对象，其类型就是 Pool/PoolObjectFactory 实例的泛型类型。

```
private final List < T > freeObjects;
private final PoolObjectFactory < T > factory;
private final int maxSize;
```

Pool 类有 3 个成员：ArrayList 用于存储已入池的对象，PoolObjectFactory 用于生成 Pool 类中包含的类型的新实例，第三个成员用于存放 Pool 可以容纳的最大对象数量。最后一个成员必不可少，这样 Pool 才不会无限制地增长；否则将可能会遇到内存耗尽异常。

```
public Pool(PoolObjectFactory < T > factory, int maxSize) {
    this.factory = factory;
    this.maxSize = maxSize;
    this.freeObjects = new ArrayList < T > (maxSize);
}
```

Pool 类的构造函数接受一个 PoolObjectFactory 和所存储对象的最大数量。这两个参数都存储在各自的成员变量中，并且我们实例化了一个新的 ArrayList，其大小设为对象的最大数量。

```
public T newObject() {
    T object = null;

    if (freeObjects.isEmpty())
        object = factory.createObject();
    else
        object = freeObjects.remove(freeObjects.size() - 1);

    return object;
}
```

newObject()方法负责通过 PoolObjectFactory.newObject()方法给我们传递一个全新的 Pool 实例，或者在 freeObjectsArrayList 中有对象的情况下，返回一个已入池的实例。如果使用这种方法，只要 Pool 类中有一些对象存储在 freeObjects 列表中，我们就将得到一些已回收的对象。否则，该方法将通过工厂类创建一个新对象。

```
public void free(T object) {
    if (freeObjects.size() < maxSize)
        freeObjects.add(object);
    }
}
```

free()方法允许我们重新插入不再使用的对象。它的工作就是如果 freeObjects 列表没有填满，就将对象插入到 freeObjects 列表中。如果列表已满，就不再添加对象，并且对象可能在 free()方法下一次执行时被垃圾回收器回收。

那么如何才能使用这个类呢？让我们结合触摸事件和一些伪代码，看一下 Pool 类的的用法：

```
PoolObjectFactory <TouchEvent> factory = new PoolObjectFactory <TouchEvent> () {
    @Override
    public TouchEvent createObject() {
        return new TouchEvent();
    }
};
Pool <TouchEvent> touchEventPool = new Pool <TouchEvent> (factory, 50);
TouchEvent touchEvent = touchEventPool.newObject();
. . . do something here . . .
touchEventPool.free(touchEvent);
```

首先定义一个创建 TouchEvent 实例的 PoolObjectFactory。接着实例化这个 Pool，告诉它使用工厂类，并最多可以存储 50 个 TouchEvent。当我们需要从 Pool 中获得一个新的 TouchEvent 时，调用 Pool 的 newObject()方法。最初，Pool 内是空的，所以它会要求工厂类创建一个全新的 TouchEvent 实例。当我们不再需要 TouchEvent 时，可以通过调用 Pool 的 free()方法将其重新插入 Pool。接下来调用 newObject()方法将再次得到相同的 TouchEvent 实例并回收该实例，以避免垃圾回收器造成的问题。这个类将在许多地方派上用场。如果重用这些对象，你一定要注意：当从 Pool 中获取重用的对象时，一定要完全重新初始化它们。

5.5.2　KeyboardHandler

KeyboardHandler 需要完成许多任务。首先，它必须要与接收键盘事件的 View 相连接。接下来，在按键被按下时它必须存储各个按键的当前状态以便轮询。它也必须保持一个 KeyEvent 实例的列表，这是在第 3 章中为基于事件的输入处理所设计的。最后，它必须正确地同步所有这一切工作，因为当从游戏主循环(在一个不同的线程中执行)轮询时，它将在 UI 线程中接收事件。这是一个相当繁杂的工作。作为一个回顾练习，让我们再查看一下 KeyEvent 类，该类在第 3 章中作为 Input 接口的一部分定义：

```
public static class KeyEvent {
    public static final int KEY_DOWN = 0;
    public static final int KEY_UP = 1;

    public int type;
    public int keyCode;
    public char keyChar;
}
```

KeyEvent 类只是定义了两个编码键盘事件类型的常量以及 3 个成员变量，这 3 个成员变量分别存储事件类型、按键编码以及事件的 Unicode 字符。有了这些元素就可以实现我们的处理程序。

程序清单 5-8 显示了采用之前讨论过的 Android API 和新的 Pool 类实现的处理程序，中间穿插了一些代码说明。

程序清单 5-8　KeyboardHandler.java：处理按键

```java
package com.badlogic.androidgames.framework.impl;

import java.util.ArrayList;
import java.util.List;

import android.view.View;
import android.view.View.OnKeyListener;

import com.badlogic.androidgames.framework.Input.KeyEvent;
import com.badlogic.androidgames.framework.Pool;
import com.badlogic.androidgames.framework.Pool.PoolObjectFactory;

public class KeyboardHandler implements OnKeyListener {
    boolean[] pressedKeys = new boolean[128];
    Pool <KeyEvent> keyEventPool;
    List <KeyEvent> keyEventsBuffer = new ArrayList <KeyEvent> ();
    List <KeyEvent> keyEvents = new ArrayList <KeyEvent> ();
```

KeyboardHandler 类实现了 OnKeyListener 接口，所以它可以从 View 中接收键盘事件。接下来介绍的是它的成员变量。

第一个成员变量是一个数组，包含 128 个布尔值。我们将在该数组中存储每一个按键的当前状态(按下或没有被按下)。每一个按键都有一个单独的键盘编码。幸运的是，android.view. KeyEvent.KEYCODE_XXX 常量(编码了键盘代码)都在 0～127 之间，所以可以用一种对垃圾回收器友好的方式存储它们。需要注意的一个小问题是，我们的 KeyEvent 类和 Android 的 KeyEvent 类同名，而 Android 的 KeyEvent 类的实例是传递给 OnKeyEventListener.onKeyEvent()方法的。这种细微的迷惑仅限于此处的处理程序代码。由于几乎不存在比 KeyEvent 更合适的名称来作为键盘事件的名称，因此在此还是选择这个稍微让人迷惑的名称。

第二个成员变量是一个 Pool，它包含 KeyEvent 类的实例。我们回收了所有创建的 KeyEvent 对象，以减轻垃圾回收器的工作。

第三个成员变量是尚未被我们的游戏使用的 KeyEvent。每当在 UI 线程上得到一个新的按键事件时，就将它添加到这个列表。

最后一个成员变量存储调用 KeyboardHandler.getKeyEvents()返回的 KeyEvent。稍后将会看到为什么必须双缓冲按键事件。

```java
public KeyboardHandler(View view) {
    PoolObjectFactory <KeyEvent> factory = new PoolObjectFactory <KeyEvent> () {
    public KeyEvent createObject() {
        return new KeyEvent();
    }
    };
    keyEventPool = new Pool < KeyEvent > (factory, 100);
    view.setOnKeyListener(this);
    view.setFocusableInTouchMode(true);
    view.requestFocus();
}
```

该构造函数有一个参数，即想要从中接收按键事件的 View。我们用一个适当的 PoolObject-

Factory 创建了 Pool 实例，将处理程序作为 OnKeyListener 注册到 View 中，并最终通过使 View 获得焦点来确保其可以接收到按键事件。

```java
public boolean onKey(View v, int keyCode, android.view.KeyEvent event) {
    if (event.getAction() == android.view.KeyEvent.ACTION_MULTIPLE)
        return false;

    synchronized (this) {
        KeyEvent keyEvent = keyEventPool.newObject();
        keyEvent.keyCode = keyCode;
        keyEvent.keyChar = (char) event.getUnicodeChar();
        if (event.getAction() == android.view.KeyEvent.ACTION_DOWN) {
            keyEvent.type = KeyEvent.KEY_DOWN;
            if(keyCode > 0 && keyCode < 127)
                pressedKeys[keyCode] = true;
        }
        if (event.getAction() == android.view.KeyEvent.ACTION_UP) {
            keyEvent.type = KeyEvent.KEY_UP;
            if(keyCode > 0 && keyCode < 127)
                pressedKeys[keyCode] = false;
        }
        keyEventsBuffer.add(keyEvent);
    }
    return false;
}
```

接下来要实现的接口方法是 OnKeyListener.onKey()，当 View 每次接收到一个新的按键事件时调用该方法。我们一开始忽略对 KeyEvent.ACTION_MULTIPLE 事件进行编码的任何(Android)按键事件。这些内容在我们的示例中用不到。我们紧接着使用了一个同步块。需要注意的是，事件在 UI 线程上接收，在主循环线程中读取，所以要确保不会并行访问任何成员变量。

在同步块中，首先从 Pool 类里获取一个 KeyEvent 实例(我们的 KeyEvent 实现)。根据 Pool 类的状态，将得到一个回收的实例或一个全新的实例。接下来基于传递给方法的 Android KeyEvent 的内容，设置 KeyEvent 的 keyCode 和 keyChar 成员变量。之后，解码 Android KeyEvent 的类型，并设置我们的 KeyEvent 的类型以及 pressedKey 数组中的相应元素。最后，在事先定义的 keyEventBuffer 列表中添加 KeyEvent。

```java
public boolean isKeyPressed(int keyCode) {
    if (keyCode < 0 || keyCode > 127)
        return false;
    return pressedKeys[keyCode];
}
```

接下来我们要讲解的是 isKeyPressed()方法，它实现了 Input.isKeyPressed( )方法的语义。通过传入一个整型参数来区分按键代码(Android 中的 KeyEvent.KEYCODE_XXX 常量值之一)并且返回该键是否被按下。为此，在执行一些范围检查后，在 pressedKey 数组中查看按键的状态。回顾一下，我们在前面的方法(该方法在 UI 线程中被调用)中设置了这个数组元素的类型。因为我们仍然使用基本类型，所以没有必要进行同步。

```java
public List <KeyEvent> getKeyEvents() {
    synchronized (this) {
```

```
        int len = keyEvents.size();
        for (int i = 0; i < len; i++) {
            keyEventPool.free(keyEvents.get(i));
        }
        keyEvents.clear();
        keyEvents.addAll(keyEventsBuffer);
        keyEventsBuffer.clear();
        return keyEvents;
    }
  }
}
```

处理程序的最后一个方法是 getKeyEvents()，它实现了 Input.getKeyEvents()方法的语义。我们再次使用一个同步块，记住，此方法将在一个不同的线程中被调用。

接下来遍历 keyEvents 数组，并将该数组中存储的所有 KeyEvent 插入到 Pool 类中。请记住，我们通过调用 UI 线程上的 onKey()方法从 Pool 类中获取实例。这里将把它们重新插入 Pool 类。但 keyEvents 的列表不是空的吗？是的，但是仅在第一次调用该方法时才会出现这种情况。要想理解这其中的缘由，你需要掌握该方法的剩余部分。

在神秘的 Pool 插入循环后，我们清空了 keyEvents 列表，并用 keyEventsBuffer 列表中的事件填充了该列表。最后清空了 keyEventsBuffer 列表，并将新填充的 keyEvents 列表返回给调用程序。这里究竟发生了什么呢？

这里通过一个简单的示例来解释这一点。我们将探究每次 UI 线程收到一个新事件或者游戏在主线程中获取事件时，keyEvents 列表、keyEventsBuffer 列表和 Pool 中发生了什么：

```
UI thread: onKey() ->
            keyEvents = { }, keyEventsBuffer = {KeyEvent1}, pool = { }
Main thread: getKeyEvents() ->
            keyEvents = {KeyEvent1}, keyEventsBuffer = { }, pool { }
UI thread: onKey() ->
            keyEvents = {KeyEvent1}, keyEventsBuffer = {KeyEvent2}, pool { }
Main thread: getKeyEvents() ->
            keyEvents = {KeyEvent2}, keyEventsBuffer = { }, pool = {KeyEvent1}
UI thread: onKey() ->
            keyEvents = {KeyEvent2}, keyEventsBuffer = {KeyEvent1}, pool = { }
```

(1) 首先，UI 线程中得到一个新的事件。现在池中什么都没有，所以一个新的 KeyEvent 实例(KeyEvent1)被创建并插入到 keyEventsBuffer 列表中。

(2) 在主线程中调用 getKeyEvents()。getKeyEvents()从 keyEventsBuffer 列表中得到 KeyEvent1，并将返回值放入它返回给调用程序的 keyEvents 列表中。

(3) 我们在 UI 线程上得到另一个事件。在池中仍然没有任何对象，所以创建一个新的 KeyEvent 实例(KeyEvent2)并将其插入到 keyEventsBuffer 列表中。

(4) 主线程再次调用 getKeyEvents()。现在发生了一些有趣的事情。执行方法后，keyEvents 列表中仍然包含 KeyEvent1。插入循环将该事件放入池中。然后，它清空 keyEvents 列表，并将一个 KeyEvent 插入到 keyEventsBuffer 中，在此插入的是 KeyEvent2。我们刚刚回收了一个按键事件。

(5) 另一个按键事件到达 UI 线程。这一次，在 Pool 类里有一个未占用的 KeyEvent，我们将很乐意重用它，这样就不需要垃圾回收器了！

但这种机制有一点需要注意，我们必须经常调用 KeyboardHandler.getKeyEvents()，否则 keyEvents

列表将很快被填满，而没有对象返回到池中。只要我们记住这一点，一切工作都会很顺利。

5.5.3 触摸处理程序

现在就要考虑分裂的情况了。第 4 章中提及仅 Android 1.6 以上的版本才支持多点触摸。所有多点触摸代码中使用的常量(例如 MotionEvent.ACTION_POINTER_ID_MASK)在 Android 1.5 或 1.6 中将无法使用。如果将项目的编译目标设置为含有这个 API 的 Android 版本，就可以在代码中使用它们，但是应用程序运行在任何 Android 1.5 或 1.6 的设备上都会出现崩溃的现象。我们希望游戏可以运行在目前所有可用的 Android 版本上，那么如何才能解决这个问题呢？

在此采用一种简单的技巧解决这个问题。我们编写了两个处理程序，一个使用 Android 1.5 的单点触摸 API，另一个使用 Android 2.0 及其以上版本中的多点触摸 API。只要我们不在 Android 2.0 以下版本的设备上执行多点触摸处理程序代码，就会比较安全。虚拟机不会加载这些代码，并且它也不会连续抛出异常。我们需要做的就是找出设备运行的 Android 版本并实例化适当的处理程序。当我们讨论 AndroidInput 类时，你会看到它是如何工作的。现在让我们集中讲解这两个处理程序。

1. TouchHandler 接口

为了能够交替使用这两个处理程序类，需要定义一个通用的接口。程序清单 5-9 显示了这个接口，即 TouchHandler。

程序清单 5-9 TouchHandler.java，为兼容 Android 1.5 和 1.6 而实现

```java
package com.badlogic.androidgames.framework.impl;

import java.util.List;

import android.view.View.OnTouchListener;

import com.badlogic.androidgames.framework.Input.TouchEvent;

public interface TouchHandler extends OnTouchListener {
    public boolean isTouchDown(int pointer);

    public int getTouchX(int pointer);

    public int getTouchY(int pointer);

    public List <TouchEvent> getTouchEvents();
}
```

所有 TouchHandler 还必须实现 OnTouchListener 接口，该接口将 TouchHandler 处理程序注册到一个 View 中。该接口的方法分别对应于在第 3 章中定义的 Input 接口的方法。前 3 个方法用来轮询具体指针 ID 的状态，最后一个方法用来获取 TouchEvents，这样我们就可以执行一些基于事件的输入处理。请注意，轮询方法接受指针 ID 作为参数，它们可以是任意数字，由触摸事件提供。

2. SingleTouchHandler 类

在单点触摸处理程序中，我们将忽略 0 以外的任何 ID。我们回顾一下第 3 章中作为 Input 接口一部分定义的 TouchEvent 类：

```
public static class TouchEvent {
    public static final int TOUCH_DOWN = 0;
    public static final int TOUCH_UP = 1;
    public static final int TOUCH_DRAGGED = 2;

    public int type;
    public int x, y;
    public int pointer;
}
```

与 KeyEvent 类一样，TouchEvent 类定义了几个常量来编码触摸事件的类型，并且定义了 View 坐标系统中的 X 和 Y 坐标以及指针 ID。程序清单 5-10 显示了 Android 1.5 和 1.6 版本中的 TouchHandler 接口实现，中间穿插了一些代码说明。

程序清单 5-10　SingleTouchHandler.java；可以很好地支持单点触摸，但不能很好地支持多点触摸

```
package com.badlogic.androidgames.framework.impl;

import java.util.ArrayList;
import java.util.List;

import android.view.MotionEvent;
import android.view.View;

import com.badlogic.androidgames.framework.Pool;
import com.badlogic.androidgames.framework.Input.TouchEvent;
import com.badlogic.androidgames.framework.Pool.PoolObjectFactory;

public class SingleTouchHandler implements TouchHandler {
    boolean isTouched;
    int touchX;
    int touchY;
    Pool <TouchEvent> touchEventPool;
    List <TouchEvent> touchEvents = new ArrayList <TouchEvent> ();
    List <TouchEvent> touchEventsBuffer = new ArrayList <TouchEvent> ();
    float scaleX;
    float scaleY;
```

首先让 SingleTouchHandler 类实现了 TouchHandler 接口，这也意味着我们必须实现 OnTouchListener 接口。接下来用 3 个成员为一根手指储存触摸屏的当前状态，接着是一个 Pool 类和保存 TouchEvents 的两个列表。这与 KeyboardHandler 中相同。我们还有两个成员变量，scaleX 和 scaleY。稍后将讨论这些内容。我们将使用这些成员变量来应对不同的屏幕分辨率。

注意：当然，我们可以让这些代码更简洁：让 KeyboardHandler 和 SingleTouchHandler 派生于一个可以处理所有入池和同步任务的基类。但是这样的话，解释起来就更复杂，所以我们选择多写了几行代码。

```
public SingleTouchHandler(View view, float scaleX, float scaleY) {
    PoolObjectFactory <TouchEvent> factory = new PoolObjectFactory <TouchEvent>(){
```

```
        @Override
        public TouchEvent createObject() {
            return new TouchEvent();
        }
    };
    touchEventPool = new Pool <TouchEvent> (factory, 100);
    view.setOnTouchListener(this);

    this.scaleX = scaleX;
    this.scaleY = scaleY;
}
```

在构造函数中，我们将该处理程序注册为一个 OnTouchListener，并创建了 Pool 来回收
TouchEvents。我们也存储了传递给构造函数的 scaleX 和 scaleY 参数(现在首先忽略它们)。

```
public boolean onTouch(View v, MotionEvent event) {
    synchronized(this) {
        TouchEvent touchEvent = touchEventPool.newObject();
        switch (event.getAction()) {
        case MotionEvent.ACTION_DOWN:
            touchEvent.type = TouchEvent.TOUCH_DOWN;
            isTouched = true;
            break;
        case MotionEvent.ACTION_MOVE:
            touchEvent.type = TouchEvent.TOUCH_DRAGGED;
            isTouched = true;
            break;
        case MotionEvent.ACTION_CANCEL:
        case MotionEvent.ACTION_UP:
            touchEvent.type = TouchEvent.TOUCH_UP;
            isTouched = false;
            break;
        }

        touchEvent.x = touchX = (int)(event.getX() * scaleX);
        touchEvent.y = touchY = (int)(event.getY() * scaleY);
        touchEventsBuffer.add(touchEvent);

        return true;
    }
}
```

onTouch()方法与 KeyboardHandler 中的 onKey()方法所实现的功能很类似，唯一的区别是，我们
现在处理 TouchEvents 事件，而不是 KeyEvents 事件。到此为止，我们已经知道了所有的同步、入
池和 MotionEvent 处理。唯一有趣的事情是，我们将这个触摸事件的 x 轴和 y 轴坐标乘以 scaleX 和
scaleY。请记住这一点，后面将继续研究这个程序。

```
public boolean isTouchDown(int pointer) {
    synchronized(this) {
        if(pointer == 0)
            return isTouched;
        else
            return false;
    }
}
```

```
}

public int getTouchX(int pointer) {
    synchronized(this) {
        return touchX;
    }
}

public int getTouchY(int pointer) {
    synchronized(this) {
        return touchY;
    }
}
```

isTouchDown()、getTouchX()、和 getTouchY()方法允许我们根据 onTouch()方法中设置的成员变量来轮询触摸屏状态。对于这些方法，唯一值得注意的地方是，它们仅返回值为 0 的指针 ID 的有用数据，因为这个类只支持单点触摸屏幕。

```
public List <TouchEvent> getTouchEvents() {
    synchronized(this) {
        int len = touchEvents.size();
        for( int i = 0; i < len; i++ )
            touchEventPool.free(touchEvents.get(i));
        touchEvents.clear();
        touchEvents.addAll(touchEventsBuffer);
        touchEventsBuffer.clear();
        return touchEvents;
    }
}
```

我们应该非常熟悉最后一个方法 SingleTouchHandler.getTouchEvents()，它与 KeyboardHandler.getKeyEvents()方法非常相似。请记住，我们需要经常调用这个方法，这样才不会使 touchEvents 列表被填满。

3. MultiTouchHandler 类

对于多点触摸的处理，我们使用一个名为 MultiTouchHandler 的类，该类如程序清单 5-11 所示。

程序清单 5-11　MultiTouchHandler.java

```
package com.badlogic.androidgames.framework.impl;

import java.util.ArrayList;
import java.util.List;

import android.view.MotionEvent;
import android.view.View;

import com.badlogic.androidgames.framework.Input.TouchEvent;
import com.badlogic.androidgames.framework.Pool;
import com.badlogic.androidgames.framework.Pool.PoolObjectFactory;

@TargetApi(5)
```

```java
public class MultiTouchHandler implements TouchHandler {
    private static final int MAX_TOUCHPOINTS = 10;
    boolean[] isTouched = new boolean[MAX_TOUCHPOINTS];
    int[] touchX = new int[MAX_TOUCHPOINTS];
    int[] touchY = new int[MAX_TOUCHPOINTS];
    int[] id = new int[MAX_TOUCHPOINTS];
    Pool <TouchEvent> touchEventPool;
    List <TouchEvent> touchEvents = new ArrayList <TouchEvent> ();
    List <TouchEvent> touchEventsBuffer = new ArrayList <TouchEvent> ();
    float scaleX;
    float scaleY;

    public MultiTouchHandler(View view, float scaleX, float scaleY) {
        PoolObjectFactory <TouchEvent> factory = new PoolObjectFactory <TouchEvent>(){
            public TouchEvent createObject() {
                return new TouchEvent();
            }
        };
        touchEventPool = new Pool <TouchEvent> (factory, 100);
        view.setOnTouchListener(this);

        this.scaleX = scaleX;
        this.scaleY = scaleY;
    }

    public boolean onTouch(View v, MotionEvent event) {
        synchronized (this) {
            int action = event.getAction() & MotionEvent.ACTION_MASK;
            int pointerIndex = (event.getAction() & MotionEvent.ACTION_POINTER_ID_MASK)
    > > MotionEvent.ACTION_POINTER_ID_SHIFT;
            int pointerCount = event.getPointerCount();
            TouchEvent touchEvent;
            for (int i = 0; i < MAX_TOUCHPOINTS; i++) {
                if (i >= pointerCount) {
                    isTouched[i] = false;
                    id[i] = -1;
                    continue;
                }
                int pointerId = event.getPointerId(i);
                if (event.getAction() != MotionEvent.ACTION_MOVE && i != pointerIndex){
                    // if it's an up/down/cancel/out event, mask the id to see if we
                        should process it for this touch
                    // point
                    continue;
                }
                switch (action) {
                case MotionEvent.ACTION_DOWN:
                case MotionEvent.ACTION_POINTER_DOWN:
                    touchEvent = touchEventPool.newObject();
                    touchEvent.type = TouchEvent.TOUCH_DOWN;
                    touchEvent.pointer = pointerId;
                    touchEvent.x = touchX[i] = (int) (event.getX(i) * scaleX);
                    touchEvent.y = touchY[i] = (int) (event.getY(i) * scaleY);
                    isTouched[i] = true;
                    id[i] = pointerId;
```

```
                touchEventsBuffer.add(touchEvent);
                 break;

            case MotionEvent.ACTION_UP:
            case MotionEvent.ACTION_POINTER_UP:
            case MotionEvent.ACTION_CANCEL:
                touchEvent = touchEventPool.newObject();
                touchEvent.type = TouchEvent.TOUCH_UP;
                touchEvent.pointer = pointerId;
                touchEvent.x = touchX[i] = (int) (event.getX(i) * scaleX);
                touchEvent.y = touchY[i] = (int) (event.getY(i) * scaleY);
                isTouched[i] = false;
                id[i] = -1;
                touchEventsBuffer.add(touchEvent);
                 break;
            case MotionEvent.ACTION_MOVE:
                touchEvent = touchEventPool.newObject();
                touchEvent.type = TouchEvent.TOUCH_DRAGGED;
                touchEvent.pointer = pointerId;
                touchEvent.x = touchX[i] = (int) (event.getX(i) * scaleX);
                touchEvent.y = touchY[i] = (int) (event.getY(i) * scaleY);
                isTouched[i] = true;
                id[i] = pointerId;
                touchEventsBuffer.add(touchEvent);
                 break;
            }
        }
        return true;
    }
}


public boolean isTouchDown(int pointer) {
    synchronized (this) {
        int index = getIndex(pointer);
        if (index < 0 || index >= MAX_TOUCHPOINTS)
            return false;
        else
            return isTouched[index];
    }
}


public int getTouchX(int pointer) {
    synchronized (this) {
        int index = getIndex(pointer);
        if (index < 0 || index >= MAX_TOUCHPOINTS)
            return 0;
        else
            return touchX[index];
    }
}
public int getTouchY(int pointer) {
    synchronized (this) {
        int index = getIndex(pointer);
        if (index < 0 || index >= MAX_TOUCHPOINTS)
            return 0;
```

```
        else
            return touchY[index];
    }
}

public List <TouchEvent> getTouchEvents() {
    synchronized (this) {
        int len = touchEvents.size();
        for (int i = 0; i < len; i++)
            touchEventPool.free(touchEvents.get(i));
        touchEvents.clear();
        touchEvents.addAll(touchEventsBuffer);
        touchEventsBuffer.clear();
        return touchEvents;
    }
}

// returns the index for a given pointerId or -1 if no index.
private int getIndex(int pointerId) {
    for (int i = 0; i < MAX_TOUCHPOINTS; i++) {
        if (id[i] == pointerId) {
            return i;
        }
    }
    return -1;
}
```

我们以一个 TargetApi 标注开头，告诉编译器我们知道自己在做什么。我们将最小 API level 设为 3，但是多点触摸处理程序需要的 API level 是 5。所以如果没有此标注，编译器将会报错。

onTouch()方法看上去与第 4 章中的测试示例一样繁杂。不过，我们要做的只是将这些测试代码与事件入池和同步结合起来，而这些内容我们已经详细讨论过。与 SingleTouchHandler. onTouch()方法的唯一真正区别是我们处理多个指针，并相应地设置了 TouchEvent.pointer 成员(而不是使用值 0)。

我们应该很熟悉 isTouchDown()、getTouchX()和 getTouchY()了。我们执行了一些错误检查，然后从在 onTouch()方法中填充的某个成员数组内获取相应指针索引的指针状态。

最后的公有方法 getTouchEvents()与 SingleTouchHandler.getTouchEvents()中对应的方法完全相同。有了所有这些处理程序后，现在就可以实现 Input 接口了。

该类中的最后一个方法是一个辅助方法，用于找出一个指针 ID 的索引。

5.5.4 AndroidInput：优秀的协调者

我们游戏框架的 Input 实现将之前所开发的所有处理程序结合到一起。任何方法的调用都将被委托给相应的处理程序。这个实现中唯一有趣的部分是，在这里选择使用哪个 TouchHandler 实现时，需要根据在设备上运行的 Android 版本来确定。程序清单 5-12 显示了 AndroidInput 实现，并对代码做了解释。

程序清单 5-12 AndroidInput.java；优雅地处理处理程序

```
package com.badlogic.androidgames.framework.impl;
```

```
import java.util.List;

import android.content.Context;
import android.os.Build.VERSION;
import android.view.View;

import com.badlogic.androidgames.framework.Input;

public class AndroidInput implements Input {
    AccelerometerHandler accelHandler;
    KeyboardHandler keyHandler;
    TouchHandler touchHandler;
```

首先让 AndroidInput 类实现了在第 3 章中定义的 Input 接口。接下来定义了 3 个成员变量：AccelerometerHandler、KeyboardHandler 和 TouchHandler。

```
    public AndroidInput(Context context, View view, float scaleX, float scaleY) {
        accelHandler = new AccelerometerHandler(context);
        keyHandler = new KeyboardHandler(view);
        if (Integer.parseInt(VERSION.SDK) < 5)
            touchHandler = new SingleTouchHandler(view, scaleX, scaleY);
        else
            touchHandler = new MultiTouchHandler(view, scaleX, scaleY);
    }
```

这些成员在 AndroidInput 构造函数中初始化，该构造函数接受 Context、View、scaleX 和 scaleY 参数(再次忽略它们)。通过 Context 参数实例化 AccelerometerHandler，这是因为 KeyboardHandler 需要传入的 View。

要决定使用哪一个 TouchHandler，只需要检查应用程序运行的 Android 版本。这可以通过 Android API 提供的一个常量(即 VERSION.SDK 字符串)来实现。为什么它是一个字符串，原因目前还不清楚，因为它直接编码我们在清单文件中使用的 SDK 版本号。因此，我们需要把它转换成一个整型以做一些比较。第一个支持多点触摸 API 的 Android 版本是 2.0 版本，对应的 SDK 版本是 5。如果当前的设备运行低于这个版本的 Android 版本，则需要实例化 SingleTouchHandler；否则，我们使用 MultiTouchHandler。这就是在 API 级别我们需要考虑的全部分裂问题。当开始进行 OpenGL 渲染时，会遇到更多的一些分裂问题，但不必担心，它们像触摸事件 API 的问题一样容易解决。

```
public boolean isKeyPressed(int keyCode) {
    return keyHandler.isKeyPressed(keyCode);
}

public boolean isTouchDown(int pointer) {
    return touchHandler.isTouchDown(pointer);
}

public int getTouchX(int pointer) {
    return touchHandler.getTouchX(pointer);
}

public int getTouchY(int pointer) {
```

169

```
        return touchHandler.getTouchY(pointer);
    }

    public float getAccelX() {
        return accelHandler.getAccelX();
    }

    public float getAccelY() {
        return accelHandler.getAccelY();
    }

    public float getAccelZ() {
        return accelHandler.getAccelZ();
    }

    public List <TouchEvent> getTouchEvents() {
        return touchHandler.getTouchEvents();
    }

    public List <KeyEvent> getKeyEvents() {
        return keyHandler.getKeyEvents();
    }
}
```

这个类其余部分的意义不言自明。每个方法调用被委托给完成实际工作的相应处理程序。到此为止，我们已经完成了这个游戏框架的输入 API。接下来将转而讨论图形编程。

5.6 AndroidGraphics 和 AndroidPixmap

现在回到我们最关心的主题：图形编程。第 3 章中定义了两个接口：Graphics 和 Pixmap。现在基于在第 4 章学到的内容来实现它们。但有一件事情需要考虑：如何处理不同屏幕大小和分辨率的问题。

5.6.1 处理不同屏幕大小和分辨率的问题

Android 从 1.6 版本开始已支持不同的屏幕分辨率。它可以支持 240×320 像素的分辨率，也可以支持 1920×1080 像素的全 HDTV 分辨率。在第 4 章中，我们已经看到了这些不同屏幕分辨率和物理屏幕大小的效果。例如，使用以像素为单位的绝对坐标和大小来绘制将会产生意想不到的效果。图 5-1 显示了分别在 480×800 像素和 320×480 像素屏幕上渲染一个左上角位于(219, 379)的 100×100 像素矩形的效果。

这种差异很容易造成问题，原因有两点。首先，我们不能假定要在固定的屏幕分辨率上绘制游戏。第二个原因是非常微妙的：在图 5-1 中，我们默认两个屏幕有相同的密度(即在两台设备上每个像素具有相同的物理大小)，但这在现实中是很少见的。

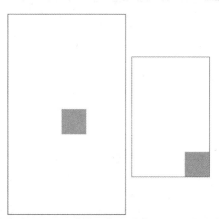

图 5-1 在 480×800 像素屏幕(左)和 320×480 像素屏幕(右)上的(219, 379)位置绘制一个 100×100 像素的矩形

1. 密度

密度通常指定为每英寸的像素数或每厘米的像素数(你或许有时也听到过每英寸上的点数,但从技术角度看这种说法并不精确)。Nexus One 有一个 480×800 像素的屏幕,其物理大小为 8×4.8 厘米。较老的 HTC Hero 的屏幕分辨率为 320×480 像素,其物理大小为 6.5×4.5 厘米。这就意味着在 Nexus One 的每个轴上,每厘米有 100 个像素点,而在 Hero 的两个坐标轴上大约每厘米有 71 个像素点。我们可以轻松地计算出每厘米的像素数,如下面的等式所示:

$$每厘米上的像素数(x 轴)=宽度上的像素数/实际宽度(厘米)$$

或者:

$$每厘米上的像素数(y 轴)=高度上的像素数/实际高度(厘米)$$

通常只需在一个轴上计算该等式,因为物理像素是正方形(实际上物理像素是三轴的,但这里将忽略这一点)。

100×100 像素的矩形以厘米为单位该有多大?在 Nexus One 上我们会看到有一个 1×1 厘米的正方形;而在 Hero 上,则会看到一个 1.4×1.4 厘米的正方形。有些情况下需要考虑这一点。例如,我们希望确保按钮在所有屏幕上都足够大,以便响应手指的触摸。这个示例看起来好像使其产生了一个大问题,但其实它通常并不是什么问题。一般我们只需要确保按钮在高密度屏幕上有一个合适的大小(例如,在 Nexus One 上)。这样在低密度的屏幕上它们将会被自动放大到足够大。

2. 纵横比

这里还有另一个问题有待我们去解决,即纵横比。屏幕纵横比是宽度和高度的比值,在像素或厘米为单位下进行计算。我们可以像下面这样计算纵横比:

$$像素纵横比=宽度上的像素数/高度上的像素数$$

或者:

$$物理纵横比=宽度上的厘米数/高度上的厘米数$$

这里使用宽度和高度时,通常指的是在横向模式下的宽度和高度。Nexus One 的像素和物理纵横比大约是 1.66。Hero 的像素和物理纵横比为 1.5。这意味着同样在横向模式下,相对于高度而言,

Nexus One 在 x 轴上有比 Hero 更多的可用像素。图 5-2 通过在这两种设备上分别运行 Replica Island 得到的屏幕截图说明了这一点。

注意: 本书将使用公制系统。这可能对熟练使用英寸和磅的人会有点难以适应。但是,因为后续章节将考虑一些物理学问题,而这些问题通常都是在公制系统中定义的,所以我们最好习惯公制的用法。你只需要记住,1 英寸大约等于 2.54 厘米。

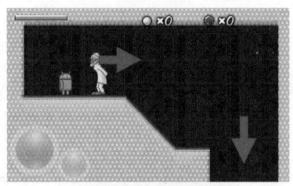

图 5-2　Replica Island 在 Nexus One 上的显示(上图)和在 HTC Hero 上的显示(下图)

Nexus One 在 x 轴上显示更多界面。但在 y 轴上,一切都保持相同。Replica Island 的开发人员是怎么做到的呢?

3. 适应不同纵横比的屏幕

Replica Island 在解决纵横比问题上是一个非常好的示例。游戏最初的设计是想在 480×320 像素的屏幕上,让所有精灵(例如,机器人和医生)、瓷砖背景和 UI 元素(例如,在左下角的按钮和和屏幕上方的状态信息)都能恰当地显示。当游戏在 Hero 上运行时,精灵位图上的每个像素映射到屏幕上的一个像素点。在 Nexus One 中,所有元素在渲染时都被拉伸,所以精灵的每一个像素实际上需要屏幕上的 1.5 个像素。换句话说,一个 32×32 像素的精灵在屏幕上将变成 48×48 像素的大小。这个缩放因子可以很容易地通过下面的公式计算出来:

$$缩放因子(x 轴) = 屏幕宽度的像素数 / 目标宽度的像素数$$

和:

$$缩放因子(y 轴) = 屏幕高度的像素数 / 目标高度的像素数$$

目标的宽度和高度与设计图像资源时针对的屏幕分辨率相同;在 Replica Island 中,尺寸是 480×320 像素。对于 Nexus One 来说,这意味着在 x 轴的缩放系数为 1.66,而 y 轴的缩放系数为 1.5。为什么在两个坐标轴上的缩放因子不同呢?

这是由于两个屏幕分辨率有不同的纵横比。如果我们将 480×320 像素的图像拉伸到 800×480 像素的图像，原始图像将在 x 轴上拉伸。对于大多数游戏，这不会产生太大影响，所以我们可以为特定的目标分辨率简单地绘制图形，并且动态地渲染它们，根据实际屏幕分辨率拉伸图形(记住使用Bitmap.drawBitmap()方法)。

然而，有些游戏需要使用更复杂的方法。图 5-3 显示了 Replica Island 从 480×320 像素到800×480 像素的拉伸，并用一幅模糊的图像展现了它的实际显示情况。

图 5-3　Replica Island 从 480×320 像素拉伸到 800×480 像素的画面，覆盖的模糊图像是游戏在一个 800×480 像素的显示
　　　　屏上实际显示的效果

Replica Island 在 y 轴上使用刚才计算出的缩放因子(1.5)执行正常的拉伸。但是，它没有使用 x 轴的缩放因子(1.66)，因为这将会使图像看起来像被压扁；它使用的是 y 轴的缩放因子。这个小技巧使屏幕上的所有对象保持其正常的比例。32×32 像素的精灵就变成了 48×48 像素，而不是 53×48 像素。然而，这同时也意味着我们的坐标系统不再位于(0, 0)和(479, 319)之间。相反，它现在变为了从(0, 0)到(533, 319)。这就是为什么在 Nexus One 上比在 HTC Hero 上看到更多的 Replica Island 画面。

但是请注意，这一方法可能不适合于一些游戏。例如，如果世界的大小取决于屏幕纵横比，使用宽屏的玩家将更有优势，这对于其他玩家不公平。"星际争霸 2"这样的游戏就是相应的示例。如果你想让整个游戏显示在一个画面中(就像在 Mr. Nom 中一样)，那么使用简单的拉伸方法更好。如果使用另一种版本，在宽屏幕上就会留下空白。

4. 简单的解决方案

Replica Island 具有一个优势：它通过 OpenGL ES(使用硬件加速)来实现拉伸和缩放效果。到目前为止，我们只讨论如何通过 Canvas 类绘制到一个 Bitmap 或 View，在早期的 Android 版本中这要在 CPU 上执行缓慢的运算，而不会用到 GPU 的硬件加速。

因此，我们将使用一个简单的技巧：用 Bitmap 实例的形式给目标分辨率创建一个帧缓冲区。这样，在设计图形资源或通过代码进行渲染时就不必担心实际的屏幕分辨率。我们假定所有设备上屏幕的分辨率是相同的。所有的绘图调用将针对通过 Canvas 实例产生的"虚拟"帧缓冲区位图。完成渲染游戏的帧之后，我们将通过调用 Canvas.drawBitmap()方法，简单地为 SurfaceView 画出这个帧缓冲区的位图，这使得我们可以得到一个拉伸的位图。

如果要使用与 Replica Island 相同的技术，只需调整较大坐标轴上的帧缓冲区大小(即在横向模式下调整 x 轴，在纵向模式下调整 y 轴)。还必须确保填充额外的像素，以保证屏幕上没有空白。

5. 具体实现

现在总结一下前面介绍的内容，形成一个简单的工作计划：

- 为一个固定的目标分辨率设计所有的图形资源(在 Mr. Nom 示例中是 320×480 像素)。
- 我们创建了一个大小与目标分辨率相同的 Bitmap，并且针对它调用所有的绘图函数，从而在一个固定的坐标系统中高效地工作。
- 当完成帧的绘制时，在 SurfaceView 上绘制拉伸后的帧缓冲区的位图。在设备分辨率较低的情况下，图像将被缩小；但在设备分辨率较高的情况下，图像将放大。
- 在进行缩放的时候，必须确保所有用于用户交互的 UI 元素在所有的屏幕密度下都足够大。这是我们结合实际设备的大小和前面提到的公式在图形资源设计阶段所做的事情。

现在我们知道如何处理不同的屏幕分辨率和密度的问题，可以解释在前面实现 SingleTouch- Handler 和 MultiTouchHandler 时遇到的 scaleX 和 scaleY 变量。

我们所有的游戏代码将被调整到与固定目标分辨率(320×480 像素)相适应。如果在分辨率更高或更低的设备上接收到一个触摸事件，这些事件的 x 和 y 坐标将在 View 的坐标系统中定义，而不是在目标分辨率的坐标系统中定义。因此，我们需要将坐标从原坐标系统转换到我们基于缩放因子的系统。下面介绍如何实现这一点：

```
transformed touch x = real touch x * (target pixels on x axis / real pixels on x axis)
transformed touch y =  real touch y * (target pixels on y axis / real pixels on y axis)
```

这里利用一个简单的示例进行说明，目标分辨率为 320×480 像素，设备分辨率为 480×800 像素。如果触摸屏幕的中间，将得到一个坐标为(240, 400)的事件。使用前面的两个公式，得出了下面的等式，结果是在目标坐标系统正中间：

```
transformed touch x = 240 * (320 / 480) = 160
transformed touch y = 400 * (480 / 800) = 240
```

让我们再完成一个示例。假设屏幕的实际分辨率为 240×320 像素，仍然触摸屏幕的正中间，即(120, 160)的位置：

```
transformed touch x = 120 * (320 / 240) = 160
transformed touch y = 160 * (480 / 320) = 240
```

在两种分辨率的情况下结果是相同的。如果将目标因子除以实际因子，然后与实际的触摸事件坐标相乘，就不需要关心这些坐标在实际游戏代码中是如何转变的。所有的触摸坐标将使用固定目标坐标系统表示。

解决这个问题后，我们目前要做的是实现游戏框架的最后几个类。

5.6.2 AndroidPixmap

根据在第 3 章中对 Pixmap 接口的设计，可以看出没有太多要实现的方法。程序清单 5-13 显示了这些代码。

程序清单 5-13 AndroidPixmap.java，包装了一个 Bitmap 的 Pixmap 实现

```
package com.badlogic.androidgames.framework.impl;
```

```java
import android.graphics.Bitmap;

import com.badlogic.androidgames.framework.Graphics.PixmapFormat;
import com.badlogic.androidgames.framework.Pixmap;

public class AndroidPixmap implements Pixmap {
    Bitmap bitmap;
    PixmapFormat format;

    public AndroidPixmap(Bitmap bitmap, PixmapFormat format) {
        this.bitmap = bitmap;
        this.format = format;
    }

    public int getWidth() {
        return bitmap.getWidth();
    }

    public int getHeight() {
        return bitmap.getHeight();
    }

    public PixmapFormat getFormat() {
        return format;
    }

    public void dispose() {
        bitmap.recycle();
    }
}
```

我们所要做的是存储包装的 Bitmap 实例以及这个实例的格式，该格式作为 PixmapFormat 枚举值保存，在第 3 章中已经定义过该枚举。此外，我们实现了 Pixmap 接口的方法，以便能够查询位图的宽度和高度以及它的格式，同时确保像素可以从 RAM 中转储。需要注意的是，bitmap 成员是包的私有成员，可以通过 AndroidGraphics 来访问，下面将实现 AndroidGraphics。

5.6.3　AndroidGraphics：满足绘图需求

第 3 章中设计的 Graphics 接口相当精简有效。它将向帧缓冲区绘制像素、线、矩形和 Pixmap。如前所述，我们将使用一个位图作为帧缓冲区，并且通过 Canvas 类将所有绘图调用转向帧缓冲区。它也负责从资源文件创建 Pixmap 实例。因此，我们将再次调用 AssetManager。程序清单 5-14 显示了 AndroidGraphics 接口的实现代码，并穿插了对代码的解释。

程序清单 5-14　AndroidGraphics.java：实现 Graphics 接口

```java
package com.badlogic.androidgames.framework.impl;

import java.io.IOException;
import java.io.InputStream;

import android.content.res.AssetManager;
```

```
import android.graphics.Bitmap;
import android.graphics.Bitmap.Config;
import android.graphics.BitmapFactory;
import android.graphics.BitmapFactory.Options;
import android.graphics.Canvas;
import android.graphics.Paint;
import android.graphics.Paint.Style;
import android.graphics.Rect;

import com.badlogic.androidgames.framework.Graphics;
import com.badlogic.androidgames.framework.Pixmap;

public class AndroidGraphics implements Graphics {
    AssetManager assets;
    Bitmap frameBuffer;
    Canvas canvas;
    Paint paint;
    Rect srcRect = new Rect();
    Rect dstRect = new Rect();
```

这个类实现了 Graphics 接口。它有一个将用来加载 Bitmap 实例的 AssetManager 成员变量、一个表示人工帧缓冲区的 Bitmap 成员变量、一个用来绘制到人工帧缓冲区的 Canvas 成员变量、一个用来绘图的 Paint,以及用来实现 AndroidGraphics.drawPixmap()方法的两个 Rect 成员。之所以使用最后这 3 个成员,是为了避免每次调用绘图函数时创建这些类的新实例。否则会使垃圾回收器运行异常。

```
public AndroidGraphics(AssetManager assets, Bitmap frameBuffer) {
    this.assets = assets;
    this.frameBuffer = frameBuffer;
    this.canvas = new Canvas(frameBuffer);
    this.paint = new Paint();
}
```

在构造函数中,我们得到了一个 AssetManager 和表示外部的人工帧缓冲区的 Bitmap。我们将这些对象存储在各自的成员中,并且创建将用来绘制人工帧缓冲区的 Canvas 的实例,以及用于一些绘图方法的 Paint。

```
public Pixmap newPixmap(String fileName, PixmapFormat format) {
    Config config = null;
    if (format == PixmapFormat.RGB565)
        config = Config.RGB_565;
    else if (format == PixmapFormat.ARGB4444)
        config = Config.ARGB_4444;
    else
        config = Config.ARGB_8888;

    Options options = new Options();
    options.inPreferredConfig = config;

    InputStream in = null;
    Bitmap bitmap = null;
    try {
        in = assets.open(fileName);
```

```
        bitmap = BitmapFactory.decodeStream(in);
        if (bitmap == null)
            throw new RuntimeException("Couldn't load bitmap from asset '"
                    + fileName + "'");
    } catch (IOException e) {
        throw new RuntimeException("Couldn't load bitmap from asset '"
                + fileName + "'");
    } finally {
        if (in != null) {
            try {
                in.close();
            } catch (IOException e) {
            }
        }
    }
    if (bitmap.getConfig() == Config.RGB_565)
        format = PixmapFormat.RGB565;
    else if (bitmap.getConfig() == Config.ARGB_4444)
        format = PixmapFormat.ARGB4444;
    else
        format = PixmapFormat.ARGB8888;

    return new AndroidPixmap(bitmap, format);
}
```

　　newPixmap()方法尝试使用指定的 PixmapFormat 从资源文件加载位图。首先将 PixmapFormat 转化为一个在第 4 章中用过的 Android Config 类的常量。接下来，创建一个新的 Options 实例，并设置首选的颜色格式。然后，通过 BitmapFactory 从资源文件加载位图。如果出现错误，将抛出 Runtime-Exception。否则，检查 BitmapFactory 使用什么格式加载位图，并将其转化为 PixmapFormat 枚举值。请记住，BitmapFactory 可能决定忽视我们所期望的颜色格式，所以必须检查以确定它使用什么格式解码图像。最后，基于加载的位图和它的 PixmapFormat 构造一个新的 AndroidBitmap 实例，并返回给调用程序。

```
public void clear(int color) {
    canvas.drawRGB((color & 0xff0000) >> 16, (color & 0xff00) >> 8,
        (color & 0xff));
}
```

　　clear()方法提取指定的 32 位 ARGB 颜色参数的红色、绿色和蓝色分量，并调用 Canvas. drawRGB() 方法，该方法用 color 变量清除人工帧缓冲区。这种方法忽略指定颜色的任何 alpha 值，所以不需要提取它们。

```
public void drawPixel(int x, int y, int color) {
    paint.setColor(color);
    canvas.drawPoint(x, y, paint);
}
```

　　drawPixel()方法通过 Canvas.drawPoint()方法为我们的人工帧缓冲区绘制一个像素。首先设置 paint 成员的颜色，并将像素的 x 和 y 坐标与这个颜色值一起传入绘图方法中。

```
public void drawLine(int x, int y, int x2, int y2, int color) {
    paint.setColor(color);
```

```
        canvas.drawLine(x, y, x2, y2, paint);
    }
```

drawLine()方法为人工帧缓冲区绘制指定的线，当调用 Canvas.drawLine()方法时，将再次使用 paint 成员来指定颜色。

```
    public void drawRect(int x, int y, int width, int height, int color) {
        paint.setColor(color);
        paint.setStyle(Style.FILL);
        canvas.drawRect(x, y, x + width - 1, y + width - 1, paint);
    }
```

drawRect()方法首先设置 paint 成员的颜色和样式属性，使我们可以绘制一个填充的彩色矩形。在实际调用 Canvas.drawRect()时，需要将坐标的 x、y、width 和 height 参数转化为矩形在坐标系中的左上角和右下角。对于左上角，只需使用 x 和 y 参数。对于右下角的坐标，将 x 和 y 参数分别加上宽度和高度，然后分别减去 1。例如，如果需要呈现一个 x 和 y 坐标为(10, 10)、宽度和高度分别为 2 的矩形，那么在不减去 1 时，屏幕上显示的矩形将是 3×3 像素的大小。

```
    public void drawPixmap(Pixmap pixmap, int x, int y, int srcX, int srcY,
            int srcWidth, int srcHeight) {
        srcRect.left = srcX;
        srcRect.top = srcY;
        srcRect.right = srcX + srcWidth - 1;
        srcRect.bottom = srcY + srcHeight - 1;

        dstRect.left = x;
        dstRect.top = y;
        dstRect.right = x + srcWidth - 1;
        dstRect.bottom = y + srcHeight - 1;

        canvas.drawBitmap(((AndroidPixmap) pixmap).bitmap, srcRect, dstRect, null);
    }
```

drawPixmap()方法允许绘制 Pixmap 的一部分，首先设置在实际绘图调用中会用到的 Rect 成员的来源和目标。与绘制一个矩形一样，首先要将 x 和 y 坐标连同宽度和高度转化成矩形在坐标系中的左上角和右下角位置。我们仍然需要减 1，否则会超出 1 个像素。接下来，通过 Canvas.drawBitmap()方法执行实际绘制，如果要绘制的 Pixmap 有一个 PixmapFormat.ARGB4444 或 PixmapFormat.-ARGB8888 的颜色深度，该方法会自动执行混合。请注意，必须将 Pixmap 参数转换为 AndroidPixmap 类型，以便能够获取进行 Canvas 实例绘图所需的 bitmap 成员。这一点有些复杂，但我们可以确信传入的 Pixmap 实例会是 AndroidPixmap 类型。

```
    public void drawPixmap(Pixmap pixmap, int x, int y) {
        canvas.drawBitmap(((AndroidPixmap)pixmap).bitmap, x, y, null);
    }
```

第二个 drawPixmap()方法在给定的坐标位置为人工帧缓冲区绘制出完整的 Pixmap。在此，再次做了一些转换来获得 AndroidPixmap 类型的 bitmap 成员。

```
    public int getWidth() {
        return frameBuffer.getWidth();
    }
```

```
public int getHeight() {
    return frameBuffer.getHeight();
}
}
```

最后，通过调用 getWidth()和 getHeight()方法，返回人工帧缓冲区的大小，AndroidGraphics 存储该帧缓冲区以在其内部进行渲染。

还有一个有关图形的类需要实现：AndroidFastRenderView。

5.6.4　AndroidFastRenderView

这个类的名称已经揭示了它的用途。第 4 章中讨论了使用 SurfaceView 在一个单独的线程中实现连续渲染，而且该线程也可以容纳游戏的主循环。我们开发了一个非常简单的类 FastRenderView，它从 SurfaceView 类派生。我们还确保很好地处理活动的生命周期，并建立了一个线程，通过一个 Canvas 实例不断对 SurfaceView 进行渲染。这里将重用这个 FastRenderView 类，并增强它，用它来做其他一些事情：

- 它将保存对 Game 实例的一个引用，从中可以得到一个活跃的 Screen 实例。我们将从 Fast-RenderView 线程中不断调用 Screen.update()和 Screen.present()方法。
- 它会跟踪传递给活跃 Screen 实例的帧时间差。

它将获取人工帧缓冲区，AndroidGraphics 实例在其中绘图。然后将该帧缓冲区绘制到 SurfaceView 中，必要时进行缩放。

程序清单 5-15 显示了如何实现 AndroidFastRenderView 类，并在合适的地方穿插了代码说明。

程序清单 5-15　AndroidFastRenderView.java，执行游戏代码的线程化 SurfaceView

```
Package com.badlogic.androidgames.framework.impl;
import android.graphics.Bitmap;
import android.graphics.Canvas;
import android.graphics.Rect;
import android.view.SurfaceHolder;
import android.view.SurfaceView;

public class AndroidFastRenderView extends SurfaceView implements Runnable {
    AndroidGame game;
    Bitmap framebuffer;
    Thread renderThread = null;
    SurfaceHolder holder;
    volatile boolean running = false;
```

这看起来应该非常熟悉。我们只需要添加两个成员变量：一个 AndroidGame 实例和一个代表人工帧缓冲区的 Bitmap 实例。其他成员变量与第 3 章中的 FastRenderView 成员变量是相同的。

```
public AndroidFastRenderView(AndroidGame game, Bitmap framebuffer) {
    super(game);
    this.game = game;
    this.framebuffer = framebuffer;
    this.holder = getHolder();
}
```

在构造函数中，我们使用 AndroidGame 参数(这是一个活动，稍后将会介绍)调用基类的构造函数，并将其参数存储在对应的成员变量中。与前面的做法一样，再次获得 SurfaceHolder。

```
public void resume() {
    running = true;
    renderThread = new Thread(this);
    renderThread.start();
}
```

resume()方法完全与 FastRenderView.resume()方法相同，所以就不需要再讨论了。它只是确保线程与活动生命周期良好交互。

```
public void run() {
    Rect dstRect = new Rect();
    long startTime = System.nanoTime();
    while(running) {
        if(!holder.getSurface().isValid())
            continue;

        float deltaTime = (System.nanoTime()-startTime) / 1000000000.0f;
        startTime = System.nanoTime();

        game.getCurrentScreen().update(deltaTime);
        game.getCurrentScreen().present(deltaTime);

        Canvas canvas = holder.lockCanvas();
        canvas.getClipBounds(dstRect);
        canvas.drawBitmap(framebuffer, null, dstRect, null);
        holder.unlockCanvasAndPost(canvas);
    }
}
```

run()方法有几个功能值得注意。第一个功能是跟踪每个帧之间的时间差。我们为此使用了 System.nanoTime()，它可以在纳秒级将当前时间作为一个 long 类型的值返回。

注意：一纳秒是一秒钟的十亿分之一。

在每次循环中，首先对上次循环迭代的开始时间和当前时间求差。为了更方便地使用这个时间差，我们将其转换为秒。接下来保存当前的时间戳，用来在下一个迭代中计算时间差。现在我们已经有了时间差，可以调用当前 Screen 实例的 update()和 present()方法，这样更新游戏逻辑和渲染人工帧缓冲区。最后，得到 SurfaceView 的 Canvas 并绘制人工帧缓冲区。通过比较传递给 Canvas.drawBitmap( )方法的目标矩形与帧缓冲区，自动对目标矩形进行缩小或者放大。

请注意，在这里使用了一个快捷方式得到一个目标矩形，通过使用 Canvas.getClipBounds()方法将该矩形延伸到整个 SurfaceView。它将 dstRect 的 top 和 left 成员分别设置为 0 和 0，将 bottom 和 right 成员设置为实际的屏幕尺寸(在 Nexus One 的纵向模式下为 480×800 像素)。该方法的剩余部分与 FastRenderView 测试中相同。它只是确保线程在当前活动被暂停或销毁时会停止。

```
public void pause() {
    running = false;
    while(true) {
        try {
```

```
            renderThread.join();
             return;
        } catch (InterruptedException e) {
            // retry
        }
    }
  }
}
```

这个类的最后一个方法 pause()与 FastRenderView.pause()方法是完全一样的。它只是终止渲染/主循环线程，等待该线程完全终止后再返回。

我们快完成框架的设计了。最后一个要处理的问题是 Game 接口的实现。

5.7　AndroidGame：合并所有内容

我们的游戏开发框架已接近完成。所需要做的是通过实现第 3 章中设计的 Game 接口合并所有内容。为此，我们将使用本章前面创建的类。这里列出了我们要执行的任务：

- 执行窗口管理。对我们而言，这意味着建立一个活动和 AndroidFastRenderView，并且干净利落地处理活动的生命周期。
- 使用和管理 WakeLock，使屏幕画面不会变暗。
- 实例化并分配对 Graphics、Audio、FileIO 和 Input 的引用。
- 管理 Screen 实例，并将它们与活动的生命周期相结合。
- 我们的总体目标是有一个可以派生其他类的 AndroidGame。我们需要在后面实现 Game.getStartScreen()方法来以下面的方式启动游戏。

```
public class MrNom extends AndroidGame {
    public Screen getStartScreen() {
        return new MainMenu(this);
    }
}
```

我们希望你可以理解为什么在进入实际游戏编程前要设计可行的框架。因为在将来编写不是图形密集型的游戏时，我们可以重用这个框架。现在开始讨论程序清单 5-16 中 AndroidGame 的类，中间穿插了一些代码说明。

程序清单 5-16　AndroidGame.java：合并各个部分

```
package com.badlogic.androidgames.framework.impl;

import android.app.Activity;
import android.content.Context;
import android.content.res.Configuration;
import android.graphics.Bitmap;
import android.graphics.Bitmap.Config;
import android.os.Bundle;
import android.os.PowerManager;
import android.os.PowerManager.WakeLock;
import android.view.Window;
import android.view.WindowManager;
```

```
import com.badlogic.androidgames.framework.Audio;
import com.badlogic.androidgames.framework.FileIO;
import com.badlogic.androidgames.framework.Game;
import com.badlogic.androidgames.framework.Graphics;
import com.badlogic.androidgames.framework.Input;
import com.badlogic.androidgames.framework.Screen;

public abstract class AndroidGame extends Activity implements Game {
    AndroidFastRenderView renderView;
    Graphics graphics;
    Audio audio;
    Input input;
    FileIO fileIO;
    Screen screen;
    WakeLock wakeLock;
```

该类的定义首先让 AndroidGame 继承 Activity 类并实现 Game 接口。接下来定义了我们非常熟悉的几个成员。第一个成员是 AndroidFastRenderView,我们将向它绘图,并且它管理主循环线程。Graphics、Audio、Input 和 FileIO 成员变量将被设置为 AndroidGraphics、AndroidAudio、AndroidInput 和 Android-FileIO 的实例,没必要对此大惊小怪。下一个成员变量保存着当前活跃的 Screen 实例。最后有一个成员变量保存着 WakeLock,它将保持使屏幕不至于变暗。

```
@Override
public void onCreate(Bundle savedInstanceState) {
    super.onCreate(savedInstanceState);

    requestWindowFeature(Window.FEATURE_NO_TITLE);
    getWindow().setFlags(WindowManager.LayoutParams.FLAG_FULLSCREEN,
            WindowManager.LayoutParams.FLAG_FULLSCREEN);

    boolean isLandscape = getResources().getConfiguration().orientation ==
Configuration.ORIENTATION_LANDSCAPE;
    int frameBufferWidth = isLandscape ? 480 : 320;
    int frameBufferHeight = isLandscape ? 320 : 480;
    Bitmap frameBuffer = Bitmap.createBitmap(frameBufferWidth,
            frameBufferHeight, Config.RGB_565);

    float scaleX = (float) frameBufferWidth
            / getWindowManager().getDefaultDisplay().getWidth();
    float scaleY = (float) frameBufferHeight
            / getWindowManager().getDefaultDisplay().getHeight();

    renderView = new AndroidFastRenderView(this, frameBuffer);
    graphics = new AndroidGraphics(getAssets(), frameBuffer);
    fileIO = new AndroidFileIO(this);
    audio = new AndroidAudio(this);
    input = new AndroidInput(this, renderView, scaleX, scaleY);
    screen = getStartScreen();
    setContentView(renderView);

    PowerManager powerManager=(PowerManager)getSystemService(Context.POWER_SERVICE);
    wakeLock = powerManager.newWakeLock(PowerManager.FULL_WAKE_LOCK, "GLGame");
}
```

onCreate()的方法是我们熟悉的 Activity 类的启动方法，它必须首先调用基类的 onCreate()方法。接下来使这个 Activity 全屏，与在第 4 章中做的几个测试一样。接下来的几行建立了人工帧缓冲区。根据活动的方向，我们可能要使用一个 320×480 像素的帧缓冲区(纵向模式)或 480×320 像素的帧缓冲区(横向模式)。要确定 Activity 使用的屏幕方向，需要从一个称为 Configuration 的类中获取方向成员变量，这是通过调用 getResources().getConfiguration()函数实现的。根据该成员的值，我们设置帧缓冲区的大小和实例化 Bitmap，在后面的章节中将把该实例传递给 AndroidFastRenderView 和 AndroidGraphics 实例。

注意：Bitmap 实例采用 RGB565 颜色格式。这样就不会浪费内存，并且绘图将会更快一点。

注意：对于我们的 Mr. Nom 游戏，我们使用的目标分辨率为 320×480。这些值被硬编码到 Android-Game 类中。如果你想使用不同的目标分辨率，就相应地修改 AndroidGame。

我们也计算 scaleX 和 scaleY 值，SingleTouchHandler 和 MultiTouchHandler 类将使用它们将触摸事件的坐标变换到固定坐标系统中的位置。

接下来，通过必要构造函数的参数实例化 AndroidFastRenderView、AndroidGraphics、AndroidAudio、AndroidInput 和 AndroidFileIO。最后，调用游戏将实现的 getStartScreen()方法，并设置 AndroidFastRenderView 作为该 Activity 的内容视图。所有这些刚刚实例化的辅助类会在后台做一些其他工作。例如，AndroidInput 类会告知所选的触摸处理程序与 AndroidFastRenderView 通信。

```
@Override
public void onResume() {
    super.onResume();
    wakeLock.acquire();
    screen.resume();
    renderView.resume();
}
```

接下来重写 Activity 类中的 onResume( )方法。与通常一样，第一件事情是调用父类的该方法。然后获得 WakeLock，确保当前 Screen 知道游戏(以及活动)已经恢复。最后，通过 AndroidFastRender-View 恢复渲染线程，这也将启动游戏的主循环，告诉当前 Screen 在每一次迭代中都更新并显示自身。

```
@Override
public void onPause() {
    super.onPause();
    wakeLock.release();
    renderView.pause();
    screen.pause();

    if (isFinishing())
        screen.dispose();
}
```

onPause()方法首先再次调用父类的该方法。接下来，它释放 WakeLock，终止渲染线程。在调用当前 Screen 的 onPause()之前，如果没有终止线程，就会遇到并发问题，因为此时 UI 线程和主循环线程会同时访问 Screen 实例。一旦确定主循环线程不再存活，就可以告诉当前的 Screen 暂停自身。

如果活动将被销毁，还应该通知 Screen 实例，这样它可以做一些必要的清理工作。

```
public Input getInput() {
    return input;
}

public FileIO getFileIO() {
    return fileIO;
}

public Graphics getGraphics() {
    return graphics;
}

public Audio getAudio() {
    return audio;
}
```

getInput()、getFileIO()、getGraphics()和 getAudio()方法在此不需要做过多解释。它们只是将各自的实例返回给调用函数。以后，这些调用函数总会是我们游戏的 Screen 实现之一。

```
public void setScreen(Screen screen) {
    if (screen == null)
        throw new IllegalArgumentException("Screen must not be null");

    this.screen.pause();
    this.screen.dispose();
    screen.resume();
    screen.update(0);
    this.screen = screen;
}
```

从 Game 接口继承的 setScreen()方法第一眼看起来很简单。该方法从一些传统的 null 值检查开始，因为我们不能让一个空白的 Screen 出现。接下来，告知当前 Screen 暂停和销毁自身，以便它可以为新的 Screen 腾出空间。当时间差为零时，新 Screen 会被要求恢复和更新。最后，将 Screen 成员设置为新的 Screen。

让我们来想想，在何时谁将调用此方法。当我们设计 Mr. Nom 时，定义了各种 Screen 实例之间的切换。我们通常将在这些 Screen 实例之一的 update()方法中调用 AndroidGame.setScreen()函数。

假设在一个主菜单 Screen 上使用 update( )方法检查是否按下"Play"按钮。如果按下，则切换到下一个 Screen，这可以通过在 MainMenu.update()方法内调用 AndroidGame.setScreen()方法并为其传递下一个 Screen 实例来实现。在调用 AndroidGame.setScreen()方法后，主菜单 Screen 将重获控制权，并立即返回给调用程序，因为它不再是活跃的 Screen。这种情况下，调用函数是主循环线程中的 AndroidFastRenderView。如果检查主循环中负责更新和渲染活跃 Screen 的部分，会看到 update()方法将在 MainMenu 类上调用，但是 present()方法将在新的当前 Screen 上调用。这将不是一个好的结果，因为我们定义 Screen 接口的方式保证了 resume()和 update()方法在 Screen 被要求显示自身时将至少被调用一次。这就是我们在新 Screen 的 AndroidGame.setScreen()方法中调用这两个方法的原因。Android-Game 类完成了这些处理。

```
public Screen getCurrentScreen() {
    return screen;
```

```
        }
    }
```

最后一个方法是 getCurrentScreen()，它仅返回当前活动的 Screen。

最后，记住 AndroidGame 继承自 Game，而 Game 中有一个称为 getStartScreen()的方法。我们需要实现此方法来开始游戏。

现在，我们已经创建了一个易于使用的 Android 游戏开发框架。现在，我们所需要做的是实现游戏的 Screen。在未来任何要设计的游戏中，只要它们不需要太强大的图形处理能力，我们都可以重用这个框架。如果需要强大的图形处理，则必须使用 OpenGL ES。然而，我们只需在框架中更换图形的那一部分，而处理音频、输入和文件 I/O 的其他所有类都可以重用。

5.8 小结

在这一章中，我们从零开始实现了一个全功能的 2D Android 游戏开发框架，可以在未来的所有游戏中重用(只要它们对图形的要求不是特别高)。非常谨慎的态度帮助我们得到了良好的、可扩展的设计。我们可以使用这部分代码，并用 OpenGL ES 来替换渲染部分，使 Mr. Nom 成为 3D 游戏。

到此为止，一切模板代码都已就绪，现在让我们专注于如何编写游戏！

第**6**章

Mr. Nom 入侵 Android

在第 3 章中，我们完成了 Mr. Nom 的完整设计，包括游戏的机制、一个简单的故事背景、手绘的图形资源和一些基于手绘图定义的画面。在第 5 章中，我们开发了一个全功能的游戏开发框架，利用它能够很容易地将设计的画面显示转化为代码。话不多说，现在开始编写我们的第一个游戏！

6.1　创建资源

在 Mr. Nom 中有两类资源：音频资源和图形资源。我们通过一个很好的开源应用程序 Audacity 和一个不太好的上网本用的麦克风来录制音频资源。我们为按下一个按钮或选择菜单项时发出的声音创建了一种音效，为 Mr. Nom 吃掉一块墨渍时创建了一种音效，还为它吃到了自身时也创建了一种音效。我们使用 OGG 格式把这些音效保存在 assets/文件夹中，分别命名为 click.ogg、eat.ogg 和 bitten.ogg。你可以使用 Audacity 和一个麦克风自己创建这些文件，也可以从 SVN 版本库 (http://code.google.com/p/beginnginandroidgames2/)下载它们。如果你不熟悉 SVN，可以阅读本书的文前页部分，了解如何从 SVN 下载源代码。

本书前面提到在真正的游戏图形设计阶段中将重复使用手绘图。为此，必须首先让它们适合目标屏幕的分辨率。

我们选择针对固定的目标分辨率 320×480 像素(纵向模式)来设计所有的图形资源。这看上去可能有点小，但是这样使我们更加便捷地开发游戏和图形。毕竟，这里的目的是使你看到完整的 Android 游戏开发过程。

对于产品级游戏，要考虑到所有分辨率，并使用较高分辨率的图形，以便游戏在平板电脑大小的屏幕上看上去也很好。可以考虑针对 800×1280 像素这个基准进行开发。扫描所有的手绘图形后，稍稍调整它们的大小。我们将大多数的资源保存在不同的文件里，并将它们中的一些合并到一个文件里。所有图像保存为 PNG 格式。其背景是唯一的一幅 RGB888 格式的图像，其他所有图像保存为 ARGB8888 格式。图 6-1 展示了我们所做的工作。

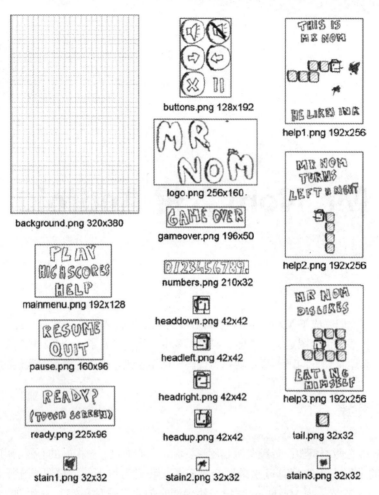

图 6-1　Mr. Nom 的所有图形资源以及各自的文件名和大小(以像素为单位)

下面首先对这些图像做一些解释：

- background.png：这是背景图像，是绘制到帧缓冲区的第一幅图像。它与目标屏幕的分辨率大小相同，原因很明显。

- buttons.png：包含了游戏中需要的所有按钮。把它们放在一个单独的文件中，通过 Graphics.drawPixmap()方法很容易将它们绘制出来，因为该方法允许绘制图像的一部分。当开始使用 OpenGL ES 绘图时将会更多地使用该技术，所以现在最好习惯这种用法。将几幅图像合并后得到的一幅图通常称为图像图集(或者纹理图集或精灵表)。每个按钮的大小都是 64×64 像素，这样便于确定触摸事件是否按下了画面上的按钮。

- help1.png、help2.png、help3.png：这是为 Mr. Nom 帮助界面设计的 3 幅图像。它们都具有相同的大小，这使得它们很容易放置在画面中。

- logo.png：这是在主菜单画面上显示的徽标。

- mainmenu.png：这幅图像向玩家展示了主菜单的 3 个选项，选择其中之一将触发各自的画面切换。每一个选项都有大约 42 像素的高度，这样可以轻松地检测哪个选项被选中。

- ready.png、pause.png 和 gameover.png：当游戏即将开始、暂停或者结束时，将绘制这些图像。
- numbers.png：这幅图像包含了所有的数字，将在稍后用于高分榜中。需要记住的是，图像中的数字具有相同的宽度和高度(20×32 像素)，只有最后的点是 10×32 像素大小。以后我们可以使用这些图像，轻松地呈现需要的任何数值。
- tail.png：这幅图像是 Mr. Nom 的尾巴，更确切地说是它的尾巴的一部分。这幅图像的大小是 32×32 像素。
- headdown.png、headleft.png、headright.png、headup.png：这些图像是 Mr. Nom 的头部，它所移动的各个方向都对应一幅图像。因为它有一个帽子，所以必须使这些图像比尾巴图像更大一点。每幅头部图像的大小是 42×42 像素。
- stain1.png、stain2.png、stain3.png：这些图像是可以渲染的 3 种类型的墨水渍。我们设计了 3 种类型，使游戏画面更加多样化。它们的大小是 32×32 像素，与尾巴图像具有相同的大小。

现在开始实现画面的各种显示。

6.2 建立项目

第 5 章提到，我们将合并框架代码和 Mr. Nom 的代码。所有关于 Mr. Nom 的类将放在包 com.badlogic.androidgames.mrnom 中。此外，还必须修改在第 4 章中已经列出的清单文件。默认的活动将称为 MrNomGame。只需按照第 4 章中介绍的 "8 个简单步骤建立 Android 游戏项目" 中的 8 个步骤，合理地设置<activity>的属性(例如，使游戏固定在纵向模式下，并且让应用程序处理配置的变化)，并给应用程序指定适当的权限(写入到外部存储、使用唤醒锁等)。

前面章节中所介绍的所有资源均放在项目文件夹 assets/中。此外，必须把 ic_launcher.png 文件放入 res/drawable、res/drawable-ldpi、res/drawable-mdpi、res/drawable-hdpi 和 res/drawable-xhdpi 文件夹中。我们取出 Mr. Nom 的 headright.png，将其重命名为 ic_launcher.png，并在调整其大小后放入每个文件夹中。

接下来就把游戏代码放到 Eclipse 项目的 com.badlogic.androidgames.mrnom 包中！

6.3 MrNomGame：主活动

我们的应用程序需要一个主入口点，在 Android 中称作默认活动。我们将这个默认的活动命名为 MrNomGame，并让它继承自 AndroidGame 类(这是在第 5 章实现的运行游戏所需的类)。在以后的工作中，它将负责创建和运行游戏的第一个画面。程序清单 6-1 显示了 MrNomGame 类。

程序清单 6-1　MrNomGame.java；主活动/游戏的混合体

```
package com.badlogic.androidgames.mrnom;

import com.badlogic.androidgames.framework.Screen;
import com.badlogic.androidgames.framework.impl.AndroidGame;
```

```
public class MrNomGame extends AndroidGame {
    public Screen getStartScreen() {
        return new LoadingScreen(this);
    }
}
```

我们需要做的是从 AndroidGame 中派生并实现 getStartScreen()方法,它将返回一个 Loading- Screen 类的实例(稍后将实现它)。请记住,这将让我们一开始就拥有游戏所需要的一切元素,从音频、图形、输入、文件 I/O 的不同模块的设置,到主循环线程的启动。非常简单,不是吗?

6.3.1 资源:便捷的资源存储

加载画面时将载入游戏中的所有资源。但这些内容存储在哪里呢?要存储它们,我们会用一些在 Java 中很少用到的方法:创建一个拥有一系列静态公有成员的类,这些成员用于保存从资源文件中加载的所有 Pixmap 和 Sound。程序清单 6-2 展示了这个类。

程序清单 6-2 Assets.java;保存所有的 Pixmap 和 Sound 资源以便访问它们

```
package com.badlogic.androidgames.mrnom;

import com.badlogic.androidgames.framework.Pixmap;
import com.badlogic.androidgames.framework.Sound;

public class Assets {
    public static Pixmap background;
    public static Pixmap logo;
    public static Pixmap mainMenu;
    public static Pixmap buttons;
    public static Pixmap help1;
    public static Pixmap help2;
    public static Pixmap help3;
    public static Pixmap numbers;
    public static Pixmap ready;
    public static Pixmap pause;
    public static Pixmap gameOver;
    public static Pixmap headUp;
    public static Pixmap headLeft;
    public static Pixmap headDown;
    public static Pixmap headRight;
    public static Pixmap tail;
    public static Pixmap stain1;
    public static Pixmap stain2;
    public static Pixmap stain3;

    public static Sound click;
    public static Sound eat;
    public static Sound bitten;
}
```

对于从资源中加载的每个图像和声音文件,都有一个静态成员与之相对应。如果要使用这些资源,可以像下面这样做:

```
game.getGraphics().drawPixmap(Assets.background, 0, 0)
```

或者是像这样做：

```
Assets.click.play(1);
```

这非常方便。但是请注意，因为它们不是 final 变量，所以无法防止我们覆盖这些静态成员变量。但只要不覆盖它们，一切就都是安全的。这些公共的、非 final 类型的成员变量使这个"设计模式"成为反模式。对于我们的游戏来说，稍微懒惰一点不做处理也是可以的。一个更好的解决方案是将资源隐藏在单元素类的 setter 和 getter 方法后面。尽管如此，我们仍将坚持使用简化版的资源管理方案。

6.3.2　设置：跟踪用户的选项设置和高分榜

在加载画面时，还有两个元素需要加载：用户设置和高分榜。如果你回头看看第 3 章中介绍的主菜单和高分榜的画面显示，就会发现游戏允许用户切换声音，并存储前五个高得分。将这些设置保存到外部存储中，在下一次游戏开始时就可以重新加载它们。为此，我们将实现另一个称为 Settings 的简单类，如程序清单 6-3 所示，其中穿插了对代码的解释。

程序清单 6-3　Settings.java；用于存储我们的设置，以及加载和保存它们

```
package com.badlogic.androidgames.mrnom;

import java.io.BufferedReader;
import java.io.BufferedWriter;
import java.io.IOException;
import java.io.InputStreamReader;
import java.io.OutputStreamWriter;

import com.badlogic.androidgames.framework.FileIO;

public class Settings {
    public static boolean soundEnabled = true;
    public static int[] highscores = new int[] { 100, 80, 50, 30, 10 };
```

音效是否播放是由一个名为 soundEnabled 的公有静态布尔变量所决定的。高得分则存储在一个包含 5 个元素的整型数组里，按从高到低的顺序排列。我们为这两个变量设置合理的默认值。可以用访问 Assets 类的成员变量的方式来访问这两个成员变量。

```
public static void load(FileIO files) {
    BufferedReader in = null;
    try {
        in = new BufferedReader(new InputStreamReader(
                files.readFile(".mrnom")));
        soundEnabled = Boolean.parseBoolean(in.readLine());
        for (int i = 0; i < 5; i++) {
            highscores[i] = Integer.parseInt(in.readLine());
        }
```

```
        } catch (IOException e) {
            // :( It's ok we have defaults
        } catch (NumberFormatException e) {
            // :/ It's ok, defaults save our day
        } finally {
            try {
                if (in != null)
                    in.close();
            } catch (IOException e) {
            }
        }
    }
```

    静态方法 load()试图从外部存储中的一个名为.mrnom 的文件中加载设置项。它需要一个 FileIO 实例，所以我们将一个 FileIO 实例传递给该方法。它假设声音设置和每项高得分的条目分别存储在一个单独的行中，并且可以简单地将它们读取进来。如果某些地方出错(例如，如果外部存储不可用或暂时没有设置文件)，则只是简单地使用默认值，而忽略这些加载失败。

```
public static void save(FileIO files) {
    BufferedWriter out = null;
    try {
        out = new BufferedWriter(new OutputStreamWriter(
                files.writeFile(".mrnom")));
        out.write(Boolean.toString(soundEnabled));
        for (int i = 0; i < 5; i++) {
            out.write(Integer.toString(highscores[i]));
        }
    } catch (IOException e) {
    } finally {
        try {
            if (out != null)
                out.close();
        } catch (IOException e) {
        }
    }
}
```

    接下来要介绍的是 save()方法。它获取当前设置并将其转化为字符串存储到外部存储器上的.mrnom 文件中(即/sdcard/.mrnom)。声音设置和每个高得分的条目分别存储在该文件中的一个单独行中，以供 load()方法使用。如果某些地方出错，只需忽略该错误，并使用前面定义的默认值。在一款优秀的游戏中，你可能想通知用户加载出错。

    值得注意的是，Android API 8 中添加了更多专用方法来处理托管的外部存储。新添加的 Context.getExternalFilesDir()方法在外部存储中提供了一个不会影响 SD 卡的根目录或者内部闪存的位置，而且在应用程序卸载时它会被清理。当然，添加对这种功能的支持意味着你需要为 API 8 及更高版本动态加载一个类，或者将最低 SDK 版本设为 8，这会失去向后的兼容性。为简单起见，Mr. Nom 将使用较早版本 API 1 进行外部存储，但如果需要动态加载类的示例，看看第 5 章的 TouchHandler 的代码就可以了。

```
public static void addScore(int score) {
    for (int i = 0; i < 5; i++) {
        if (highscores[i] < score) {
            for (int j = 4; j > i; j--)
                highscores[j] = highscores[j - 1];
            highscores[i] = score;
            break;
        }
    }
}
```

最后一个方法 addScore()是一种简便方法。我们将用它在高分榜中添加一个新的得分，并根据要插入的得分自动排列高分榜的顺序。

6.3.3　LoadingScreen：从磁盘获取资源

有了上面的这些类，现在可以轻松地实现载入画面。程序清单 6-4 展示了这些代码。

程序清单 6-4　LoadingScreen.java；用于加载所有资源和设置

```
package com.badlogic.androidgames.mrnom;

import com.badlogic.androidgames.framework.Game;
import com.badlogic.androidgames.framework.Graphics;
import com.badlogic.androidgames.framework.Screen;
import com.badlogic.androidgames.framework.Graphics.PixmapFormat;

public class LoadingScreen extends Screen {
    public LoadingScreen(Game game) {
        super(game);
    }
```

我们使 LoadingScreen 类从第 3 章中定义的 Screen 类继承。这就要求我们实现一个接受 Game 实例的构造函数，将其传递给父类构造函数。请注意，此构造函数将在前面定义过的 MrNom-Game.getStartScreen()方法中调用。

```
public void update(float deltaTime) {
    Graphics g = game.getGraphics();
    Assets.background = g.newPixmap("background.png", PixmapFormat.RGB565);
    Assets.logo = g.newPixmap("logo.png", PixmapFormat.ARGB4444);
    Assets.mainMenu = g.newPixmap("mainmenu.png", PixmapFormat.ARGB4444);
    Assets.buttons = g.newPixmap("buttons.png", PixmapFormat.ARGB4444);
    Assets.help1 = g.newPixmap("help1.png", PixmapFormat.ARGB4444);
    Assets.help2 = g.newPixmap("help2.png", PixmapFormat.ARGB4444);
    Assets.help3 = g.newPixmap("help3.png", PixmapFormat.ARGB4444);
    Assets.numbers = g.newPixmap("numbers.png", PixmapFormat.ARGB4444);
    Assets.ready = g.newPixmap("ready.png", PixmapFormat.ARGB4444);
    Assets.pause = g.newPixmap("pausemenu.png", PixmapFormat.ARGB4444);
    Assets.gameOver = g.newPixmap("gameover.png", PixmapFormat.ARGB4444);
    Assets.headUp = g.newPixmap("headup.png", PixmapFormat.ARGB4444);
    Assets.headLeft = g.newPixmap("headleft.png", PixmapFormat.ARGB4444);
    Assets.headDown = g.newPixmap("headdown.png", PixmapFormat.ARGB4444);
```

```
Assets.headRight = g.newPixmap("headright.png", PixmapFormat.ARGB4444);
Assets.tail = g.newPixmap("tail.png", PixmapFormat.ARGB4444);
Assets.stain1 = g.newPixmap("stain1.png", PixmapFormat.ARGB4444);
Assets.stain2 = g.newPixmap("stain2.png", PixmapFormat.ARGB4444);
Assets.stain3 = g.newPixmap("stain3.png", PixmapFormat.ARGB4444);
Assets.click = game.getAudio().newSound("click.ogg");
Assets.eat = game.getAudio().newSound("eat.ogg");
Assets.bitten = game.getAudio().newSound("bitten.ogg");
Settings.load(game.getFileIO());
game.setScreen(new MainMenuScreen(game));
}
```

接下来是 update()方法的实现，它用于加载资源和设置。对于图像资源，只是通过 Graphics.new-Pixmap()方法新建一个 Pixmap。请注意，这里指定了 Pixmap 的颜色格式。背景图像是 RGB565 格式，其他所有图像是 ARGB4444 格式(如果 BitmapFactory 采纳我们的提示)。这样做是为了节省内存空间，并在以后加快渲染画面。原始图像以 RGB888 和 ARGB8888 格式存储为 PNG 图像。同时还加载了 3 种音效，并将它们存储在 Assets 类各自的成员变量中。接下来，通过 Settings.load()方法从外部存储加载设置。最后切换到 MainMenuScreen 画面，之后将由它控制程序的执行。

```
public void present(float deltaTime) {

}

public void pause() {

}

public void resume() {

}

public void dispose() {

}
}
```

其他方法都只是占位程序，不执行任何操作。由于 update()方法在加载所有资源后将立刻触发一个画面切换，所以这些方法在此画面显示时不做任何事情。

6.4　主菜单画面

主菜单画面是非常单调的。它只是呈现徽标、主菜单选项和音效设置的切换按钮。它所做的就是在触摸主菜单选项或音效设置切换按钮时做出回应。要实现这一点，我们需要知道两件事情：在屏幕的什么地方呈现图像，在屏幕的什么区域触摸会触发一个画面切换或改变声音的打开或关闭状态。图 6-2 显示了将在屏幕上不同的地方显示的图像。通过这种方式，可以直接计算出触摸区域的位置。

图 6-2　主菜单画面。坐标指定了我们显示不同图像的位置，轮廓显示了触摸区域

计算游戏的徽标和主菜单选项图像的 x 轴坐标，使它们可以位于 x 轴的中间。接下来实现画面显示。程序清单 6-5 显示了这些代码。

程序清单 6-5　MainMenuScreen.java，主菜单画面

```java
package com.badlogic.androidgames.mrnom;

import java.util.List;

import com.badlogic.androidgames.framework.Game;
import com.badlogic.androidgames.framework.Graphics;
import com.badlogic.androidgames.framework.Input.TouchEvent;
import com.badlogic.androidgames.framework.Screen;

public class MainMenuScreen extends Screen {
    public MainMenuScreen(Game game) {
        super(game);
    }
```

我们仍然使这个类继承自 Screen，并为其实现一个适当的构造函数。

```java
public void update(float deltaTime) {
    Graphics g = game.getGraphics();
    List < TouchEvent > touchEvents = game.getInput().getTouchEvents();
    game.getInput().getKeyEvents();
    int len = touchEvents.size();
    for(int i = 0; i < len; i++) {
        TouchEvent event = touchEvents.get(i);
        if(event.type == TouchEvent.TOUCH_UP) {
            if(inBounds(event, 0, g.getHeight() - 64, 64, 64)) {
                Settings.soundEnabled = !Settings.soundEnabled;
                if(Settings.soundEnabled)
                    Assets.click.play(1);
            }
            if(inBounds(event, 64, 220, 192, 42) ) {
                game.setScreen(new GameScreen(game));
                if(Settings.soundEnabled)
                    Assets.click.play(1);
                return;
```

```
        }
        if(inBounds(event, 64, 220 + 42, 192, 42) ) {
            game.setScreen(new HighscoreScreen(game));
            if(Settings.soundEnabled)
                Assets.click.play(1);
            return;
        }
        if(inBounds(event, 64, 220 + 84, 192, 42) ) {
            game.setScreen(new HelpScreen(game));
            if(Settings.soundEnabled)
                Assets.click.play(1);
            return;
        }
    }
  }
}
```

现在来看 update()方法，这里将对所有的触摸事件进行检查。首先从 Game 接口提供给我们的 Input 实例中获取 TouchEvent 和 KeyEvent 实例。请注意，这里并不使用 KeyEvent，但仍然获取它们以清除内部缓冲区(是的，这稍微有点讨厌，但我们必须形成这样一个习惯)。然后遍历以上所有的 TouchEvent 实例，直至找到一个 TouchEvent.TOUCH_UP 类型的事件(也可以寻找 TouchEvent.-TOUCH_DOWN 事件，但大多数的用户界面中用 up 事件来表示 UI 组件被按下)。

一旦有了匹配的事件，就检查是否单击了音效切换按钮或一个主菜单选项。为了使代码变得更整洁，我们编写了一个 inBounds()方法，它有 5 个参数，分别是一个触摸事件、x 轴和 y 轴坐标以及宽度和高度。该方法用于检查触摸事件是否在这些参数定义的矩形内，并返回 true 或 false。

如果音效切换按钮被按下，只需将 Settings.soundEnabled 的布尔值取反。在主菜单中有选项被按下的情况下，就通过实例化它并用 Game.setScreen()设置它来切换到相应的画面显示。这种情况下，可以立即返回，因为 MainMenuScreen 已经没有事情可做。在切换按钮或主菜单选项被按下且音效启用的情况下，还会播放点击声。

请记住，所有触摸事件都相对于目标分辨率 320×480 像素进行报告，这得益于在第 5 章中讨论的触摸事件处理程序实现的缩放处理：

```
private boolean inBounds(TouchEvent event, int x, int y, int width, int height) {
    if(event.x > x && event.x < x + width - 1 &&
       event.y > y && event.y < y + height - 1)
        return true;
    else
        return false;
}
```

刚才已经讨论过 inBounds()方法：传入一个 TouchEvent 和一个矩形框，它会告诉你触摸事件的坐标是否在该矩形内。

```
public void present(float deltaTime) {
    Graphics g = game.getGraphics();

    g.drawPixmap(Assets.background, 0, 0);
    g.drawPixmap(Assets.logo, 32, 20);
    g.drawPixmap(Assets.mainMenu, 64, 220);
    if(Settings.soundEnabled)
```

```
        g.drawPixmap(Assets.buttons, 0, 416, 0, 0, 64, 64);
    else
        g.drawPixmap(Assets.buttons, 0, 416, 64, 0, 64, 64);
}
```

present()方法可能是你最期待的函数，但它并不是那么令人兴奋。我们的游戏框架使得渲染主菜单画面变得很简单。我们所做的只是在(0, 0)处渲染背景，这将清除帧缓冲区，所以没必要调用 Graphics.clear()。接下来，在如图 6-2 所示的坐标位置绘出游戏徽标和主菜单选项。我们在该方法的最后根据当前设置绘制音效切换按钮。正如你看到的那样，我们使用了相同的 Pixmap，但只绘制它的适当部分(音效切换按钮，参见图 6-1)。这非常简单。

```
public void pause() {
    Settings.save(game.getFileIO());
}
```

最后要讨论的部分是 pause()方法。既然可以改变该画面上的一个设置，就必须确保将其持久保存到外部存储中。有了 Settings 类，一切都很容易！

```
public void resume() {

}

public void dispose() {

}
}
```

resume()和 dispose()方法在这个画面显示中没有任何作用。

6.5　HelpScreen 类

接下来实现以前在 update()方法中使用的 HelpScreen、HighscoreScreen 和 GameScreen 类。

第 3 章中定义了 3 个帮助画面，每一个或多或少解释了游戏操作的一个方面。现在直接在 Screen 上实现它们，分别称为 HelpScreen、HelpScreen2 和 HelpScreen3。它们都有一个按钮，用于启动画面的切换。HelpScreen3 画面将切换回 MainMenuScreen。图 6-3 显示了 3 个帮助画面上的绘图坐标和触摸区域。

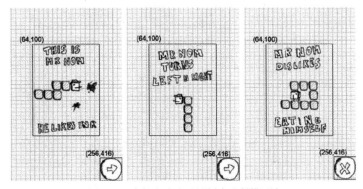

图 6-3　3 个帮助画面、绘图坐标和触摸区域

看起来这些实现都很简单。首先介绍 HelpScreen 类,如程序清单 6-6 所示。

程序清单 6-6   HelpScreen.java,第一个帮助画面

```java
package com.badlogic.androidgames.mrnom;

import java.util.List;

import com.badlogic.androidgames.framework.Game;
import com.badlogic.androidgames.framework.Graphics;
import com.badlogic.androidgames.framework.Input.TouchEvent;
import com.badlogic.androidgames.framework.Screen;

public class HelpScreen extends Screen {
    public HelpScreen(Game game) {
        super(game);
    }
    @Override
    public void update(float deltaTime) {
        List < TouchEvent > touchEvents = game.getInput().getTouchEvents();
        game.getInput().getKeyEvents();

        int len = touchEvents.size();
        for(int i = 0; i < len; i++) {
            TouchEvent event = touchEvents.get(i);
            if(event.type == TouchEvent.TOUCH_UP) {
              if(event.x > 256 && event.y > 416 ) {
                  game.setScreen(new HelpScreen2(game));
                  if(Settings.soundEnabled)
                      Assets.click.play(1);
                  return;
              }
            }
        }
    }


    @Override
    public void present(float deltaTime) {
        Graphics g = game.getGraphics();
        g.drawPixmap(Assets.background, 0, 0);
        g.drawPixmap(Assets.help1, 64, 100);
        g.drawPixmap(Assets.buttons, 256, 416, 0, 64, 64, 64);
    }

    @Override
    public void pause() {

    }

    @Override
    public void resume() {

    }

    @Override
```

```
public void dispose() {

    }
}
```

同样很简单。从 Screen 上派生，并实现一个适当的构造函数。接着，用到我们熟悉的 update()方法，它只是检查底部的按钮是否被按下。如果被按下，将播放单击声音，并切换到 HelpScreen2。

present()方法只是再次显示背景图像以及帮助图像和按钮。

HelpScreen2 和 HelpScreen3 类看起来是一样的，唯一的区别在于它们绘制的帮助图像和切换到的画面不同。我们可以不必再查看这部分的代码。现在开始高分榜的画面显示吧！

6.6　高分榜画面

高分榜的画面只是绘制 Settings 类中存储的 5 个高分，再加上一个好看的标题，告诉玩家他/她看到的是高分榜。按下左下角的按钮时会切换回主菜单。有趣之处是如何呈现高分。让我们先来看看在屏幕的什么地方显示这些图像，如图 6-4 所示。

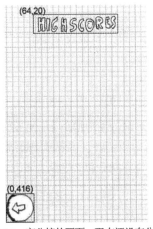

图 6-4　高分榜的画面，现在还没有分数

这看起来很容易，与实现其他画面的方式一样。但如何才能绘制出动态得分呢？

6.6.1　渲染数字

我们有一个图像资源文件，名为 numbers.png，它包含了 0～9 的所有数字和一个点。每个数字是 20×32 像素的大小，点是 10×32 像素的大小。数字是按从左至右升序排列的。高分榜画面应显示 5 行高分，每行显示 5 个高分中的其中一个。这样的行会从高分的排名开始(例如，"1." 或 "5.")，后跟一个空格，然后是实际得分。如何才能做到这一点？

在这里有两件事情需要处理：numbers.png 图像和 Graphics.drawPixmap()，后者使我们能够在画面上绘制图像的一部分。假设默认高分的第一行(字符串 "1. 100")应该在坐标(20, 100)的位置渲染，以便使数字 1 的左上角的坐标与这个坐标重合。我们像下面这样调用 Graphics. drawPixmap()函数：

```
game.getGraphics().drawPixmap(Assets.numbers, 20, 100, 20, 0, 20, 32);
```

我们知道，数字 1 有 20 个像素的宽度。而字符串中的下一个字符将在坐标(20+20,100)的位置呈现。在字符串"1. 100"中，这个字符是一个点，它在 numbers.png 图像中有 10 个像素的宽度：

```
game.getGraphics().drawPixmap(Assets.numbers, 40, 100, 200, 0, 10, 32);
```

字符串中的下一个字符需要在(20+20+10,100)的坐标位置渲染。该字符是一个空格，并不需要绘制。我们需要做的是再次给 x 轴加上 20 个像素，因为我们假设这个宽度是空格字符的宽度。下一个字符 1 将呈现在(20+20+10+20,100)的坐标位置。到此为止，你大概已经知道坐标位置是怎么一种模式了吧？

给定字符串中第一个字符的左上角的坐标，就可以计算字符串的每个字符的坐标位置，画出它，然后根据我们刚刚绘制的字符，为下一个字符的 x 坐标增加 20 或 10 个像素。

我们还需要弄清楚给出当前字符后应该绘制 numbers.png 图像的哪一部分。为此，需要该部分左上角位置的 x 和 y 坐标，以及其宽度和高度。y 坐标将永远为零，从图 6-1 看，这应该是显而易见的。高度也是一个常量，在我们的示例游戏中为 32。宽度是 20 个像素(如果字符串中的字符是一个数字)或 10 个像素(如果它是一个点)。唯一需要计算的是 numbers.png 图像中该部分的 x 坐标。在这里可以通过使用一个简单技巧来实现该操作。

在一个字符串中，字符可以被解释为 Unicode 字符或 16 位整数。这意味着，实际上我们可以使用这些字符代码进行计算。0～9 的字符的整数表示是按升序排列的。可以利用这一事实来计算 number.png 中数字的 x 坐标，如下所示：

```
char character = string.charAt(index);
int x = (character - '0') * 20;
```

对于字符 0 将得出结果为 0，对于字符 3 将得出 3×20=60，依此类推。这是每个数字的 x 坐标部分。当然，对于点字符，此方法不适用，所以需要区别对待。让我们总结一下，并且编写一个方法，给定高分行的字符串和渲染开始位置的 x 和 y 坐标，就可以绘制高分榜中的每一行。

```
public void drawText(Graphics g, String line, int x, int y) {
    int len = line.length();
    for (int i = 0; i < len; i++) {
        char character = line.charAt(i);

        if (character == ' ') {
            x += 20;
            continue;
        }

        int srcX = 0;
        int srcWidth = 0;
        if (character == '.') {
            srcX = 200;
            srcWidth = 10;
        } else {
            srcX = (character - '0') * 20;
            srcWidth = 20;
        }

        g.drawPixmap(Assets.numbers, x, y, srcX, 0, srcWidth, 32);
        x += srcWidth;
```

```
        }
    }
```

我们遍历字符串中的每个字符。如果当前字符是一个空格，那么只是给 x 坐标增加 20 个像素。否则，计算出 x 坐标和当前字符区域在 numbers.png 图像中的宽度。当前字符或者是一个数字，或者是一个点。然后显示当前字符，并且给 x 轴坐标增加刚刚绘制的字符的宽度。如果字符串中包含空格、数字和点以外的字符，这种方法当然会出问题。你是否能想到一种方法，使其可以对任何字符串都适用？

6.6.2　画面的实现

掌握了这些新知识，现在很容易实现 HighscoreScreen 类，如程序清单 6-7 所示。

程序清单 6-7　HighscoreScreen.java，展示到目前为止最高得分

```java
package com.badlogic.androidgames.mrnom;

import java.util.List;

import com.badlogic.androidgames.framework.Game;
import com.badlogic.androidgames.framework.Graphics;
import com.badlogic.androidgames.framework.Screen;
import com.badlogic.androidgames.framework.Input.TouchEvent;

public class HighscoreScreen extends Screen {
    String lines[] = new String[5];

    public HighscoreScreen(Game game) {
        super(game);

        for (int i = 0; i < 5; i++) {
            lines[i] = "" + (i + 1) + ". " + Settings.highscores[i];
        }
    }
```

因为我们希望保持与垃圾回收器的良好关系，所以在一个字符串数组成员中存储了这 5 个高分行的字符串。我们根据构造函数中的 Settings.highscores 数组构造了字符串。

```java
    @Override
    public void update(float deltaTime) {
        List < TouchEvent > touchEvents = game.getInput().getTouchEvents();
        game.getInput().getKeyEvents();

        int len = touchEvents.size();
        for (int i = 0; i < len; i++) {
            TouchEvent event = touchEvents.get(i);
            if (event.type == TouchEvent.TOUCH_UP) {
                if (event.x < 64 && event.y > 416) {
                    if(Settings.soundEnabled)
                        Assets.click.play(1);
                    game.setScreen(new MainMenuScreen(game));
                    return;
```

```
        }
      }
    }
  }
```

接下来定义了 update()方法。在该方法中要做的就是检查触摸事件中按下的是否是左下角的按钮。如果是，将播放单击声音并切换回 MainMenuScreen 画面。

```
@Override
public void present(float deltaTime) {
    Graphics g = game.getGraphics();

    g.drawPixmap(Assets.background, 0, 0);
    g.drawPixmap(Assets.mainMenu, 64, 20, 0, 42, 196, 42);

    int y = 100;
    for (int i = 0; i < 5; i++) {
        drawText(g, lines[i], 20, y);
        y += 50;
    }

    g.drawPixmap(Assets.buttons, 0, 416, 64, 64, 64, 64);
}
```

因为有了前面定义的强大的 drawText()方法，present()方法就变得相当简单。像往常一样首先渲染背景图像，其次是 Assets.mainmenu 图像的"HIGHSCORES"部分。可将它存储在单独文件中，但我们选择重用它以达到释放更多内存的目的。

接下来，遍历在构造函数中创建的 5 个高分行的字符串。用 drawText()方法绘制每一行。第一行从(20, 100)开始，下一行将在(20, 150)的位置显示，依此类推。只需为文本的每行在 y 轴增加 50 像素，使各行之间有一个间距，这样就有一个很好的平行效果。绘制按钮后就完成了该方法。

```
public void drawText(Graphics g, String line, int x, int y) {
    int len = line.length();
    for (int i = 0; i < len; i++) {
        char character = line.charAt(i);

        if (character == ' ') {
            x += 20;
            continue;
        }

        int srcX = 0;
        int srcWidth = 0;
        if (character == '.') {
            srcX = 200;
            srcWidth = 10;
        } else {
            srcX = (character - '0') * 20;
            srcWidth = 20;
        }

        g.drawPixmap(Assets.numbers, x, y, srcX, 0, srcWidth, 32);
        x += srcWidth;
```

```
        }
    }

    @Override
    public void pause() {

    }

    @Override
    public void resume() {

    }

    @Override
    public void dispose() {

    }
}
```

其余方法的作用不言自明。接下来探讨 Mr. Nom 游戏的最后一部分：游戏画面。

6.7　抽象 Mr. Nom 的世界：模型、视图、控制器

到目前为止，我们只实现了枯燥用户界面的一些内容以及用于资源和设置的一些常见代码。现在，将提取 Mr. Nom 的世界以及它的所有元素。我们会让 Mr. Nom 从画面分辨率中解放出来，让它活在自己的小世界里，有自己的小坐标系统。

如果你是一位资深程序员，那么可能听说过设计模式。可以把它们看做是针对某种场景设计代码的策略。其中一些是学术性的，其他一些在现实世界中也有使用。对于游戏开发，我们可以借用模型-视图-控制器(Model-View-Controller，MVC)设计模式的一些想法。这种模式经常被数据库和 Web 社区用来将数据模型从表示层和数据操作层中分离。我们并不严格遵循这个设计模式，而是将其改为一种更简单的形式。

这对于 Mr. Nom 意味着什么呢？首先，需要对我们的世界做出一个抽象表示，它独立于任何位图、声音、帧缓冲区或输入事件。我们将以面向对象的方式，用一些简单的类来模拟 Mr. Nom 的世界。我们将有一个墨渍类和一个表示 Mr. Nom 自身的类。Mr. Nom 是由头部和尾部部分组成的，这也将通过不同的类来表示。为了将各个部分结合起来，使用一个了解所有信息的类来代表 Mr. Nom 的世界，包括墨渍和 Mr. Nom 自己。所有这一切都是 MVC 的"模型"部分。

MVC 中的视图代码将负责显示 Mr. Nom 的世界。我们用一个类或方法以读取世界的当前状态，并渲染到屏幕上。如何渲染世界与模型类无关，这是从 MVC 中可以学到的最重要的经验。模型类与其他的一切内容是相互独立的，但视图类和方法则依赖于模型类。

最后，我们使用 MVC 中的控制器。它告诉模型类根据用户输入或时间变化等来改变自己的状态。模型类为控制器提供了方法(例如，"将 Mr. Nom 向左转"的命令)，这样控制器可以用来修改模型的状态。模型类中没有代码来直接访问触摸屏或加速计等。这样就可以保持模型类与外部没有依赖关系。

这可能听起来很复杂，你可能会疑惑为什么要这样做。尽管如此，这样做也是有好处的。我们可以实现所有的游戏逻辑，而不必了解图形、音频或输入设备。同时可以修改游戏世界的显示，而

不必改变模型类。我们甚至可以走得更远，将一个 2D 的游戏转化为 3D 的游戏。通过使用控制器，可以轻松地添加对新的输入设备的支持。它所做的就是将输入事件转换为模型类的方法调用。你想通过加速计来改变 Mr. Nom 的方向么？没有问题，在控制器中读取加速计的值并把它们转换成 Mr. Nom 模型中的方法"Mr. Nom 向左转"或"Mr. Nom 向右转"。你想添加对蓝牙手柄的支持吗？没有问题，与加速计的情况是一样的！使用控制器的最大好处是，不改变 Mr. Nom 中的任何一行代码就可以实现这些功能。

让我们从定义 Mr. Nom 的世界开始。要做到这一点，首先脱离严格的 MVC 模式，用图形资源来说明基本的思路。这也将帮助我们在稍后实现视图组件(以像素为单位，渲染 Mr. Nom 的抽象世界)。

图 6-5 在网格中显示了叠加 Mr. Nom 世界的游戏画面。

请注意，Mr. Nom 的世界局限于一个 10×13 单元格的空间里。我们将单元格放在一个左上角为原点(0, 0)、右下角为 (9, 12)的坐标系统内。Mr. Nom 的任何部分都必须在这些单元格之中，因此，在这个世界中，必须全部是整型的 x 和 y 坐标。在这个世界中，墨水渍同样是这种情况。Mr. Nom 的每个部分正好是 1×1 个单位的单元格大小。请注意，单位的类型并不重要，这是我们自己幻想的世界，与 SI 系统或像素无关！

Mr. Nom 不能脱离这个小世界。如果穿过了界面的边缘，它将从另一端出现，并且它的所有部分将跟随(在这里与实际

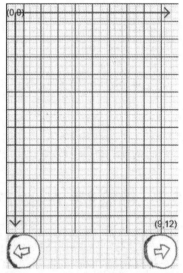

图 6-5　Mr. Nom 世界与游戏画面的叠加

生活上有相同的问题，在任何方向你一直走下去，就会回到出发点)。Mr. Nom 只可以逐个单元格前进。它所有的部分将始终位于整数坐标位置。例如，它永远不会占据两个半单元格。

注意：如前所述，这里使用的不是一个严格意义上的 MVC 模式。如果你对真正意义上的 MVC 模式有兴趣，我们建议你阅读 *Design Patterns: Elements of Reusable Object-Oriented Software*，由 Erich Gamm、Richard Helm、Ralph Johnson 和 John M. Vlissides (所谓的"四人组")编写(Addison-Wesley 出版，1994)。在他们的著作中，MVC 模式称为观察者模式。

6.7.1　Stain 类

Mr. Nom 世界里最简单的对象是墨渍。它只是停留在界面的某个单元格中，等待被吃掉。当我们设计 Mr. Nom 时，为墨渍创建了 3 种不同的视觉效果。墨渍的类型在 Mr. Nom 的世界中没有什么作用，但仍把它包括在 Stain 类里面。程序清单 6-8 显示了 Stain 类。

程序清单 6-8　Stain.java

```
package com.badlogic.androidgames.mrnom;

public class Stain {
    public static final int TYPE_1 = 0;
    public static final int TYPE_2 = 1;
    public static final int TYPE_3 = 2;
```

```java
    public int x, y;
    public int type;

    public Stain(int x, int y, int type) {
        this.x = x;
        this.y = y;
        this.type = type;
    }
}
```

Stain 类分别定义了 3 个公有静态常量来编码这 3 种类型的墨渍。每个 Stain 由 3 个成员变量组成：Mr. Nom 世界中的 x 和 y 坐标，以及墨渍类型，这是先前已经定义过的常量之一。为了简化代码，这里没有包括 getter 和 setter 方法(但通常会包含它们)。我们用一个不错的构造函数结束这个类，利用该构造函数能够很容易地实例化一个墨水渍实例。

要注意的一件事情是该墨水渍缺乏与任何图形、声音或其他类的联系。Stain 类是一个独立的类，编码了 Mr. Nom 世界里墨渍的属性。

6.7.2　Snake 和 SnakePart 类

Mr. Nom 像是一根移动的链条，由相互关联的部分组成，当选择其中的一部分拖动时，它将沿着拖动的方向移动。在 Mr. Nom 的世界里，每个部分都占有一个单元格，就像墨渍一样。我们的模型不区分头和尾巴部分，所以可以使用一个类来表示 Mr. Nom 的这两个部分。程序清单 6-9 显示了 SnakePart 类，它用来定义 Mr. Nom 的这两个部分。

程序清单 6-9　SnakePart.java

```java
package com.badlogic.androidgames.mrnom;

public class SnakePart {
    public int x, y;

    public SnakePart(int x, int y) {
        this.x = x;
        this.y = y;
    }
}
```

这与 Stain 类在本质上是相同的，我们仅仅去掉 Stain 类的 type 成员变量。在 Mr. Nom 世界模型中，第一个非常有趣的类是 Snake 类。让我们想想它能够做些什么：

- 它必须存储头部和尾部的部分。
- 它必须知道 Mr. Nom 当前的行进方向。
- 当 Mr. Nom 吃掉一个墨水渍时，尾部必须能长出新的一节。
- 它必须能够在当前方向每次移动一个单元格。

第一项和第二项是很容易实现的。我们只需要一个 SnakePart 实例的列表，列表中的第一个部分是头部，其他部分则作为尾巴。Mr. Nom 可以向上、向下、向左、向右移动。可以用一些常量来给它们编码，并在 Snake 类中的一个成员里存储当前的方向。

第三项其实也并不复杂。我们只是将一个 SnakePart 添加到已有的部分列表。但问题是，应该在什么位置添加该部分？可能听起来有些奇怪，但我们分配给它的位置与队伍中的最后一个部分相同。当我们懂得如何实现前面列表的最后一项——移动 Mr. Nom 后，一切就变得很清晰。

图 6-6 显示了 Mr. Nom 的初始配置。它由 3 个部分组成，头部在坐标(5, 6)处，两个尾部部分分别在在(5, 7)和(5, 8)处。

列表中的部分从头部开始，在尾部结束。当 Mr. Nom 向前行进一个单元格时，它的头后面的所有部分都跟着前行。然而，Mr. Nom 的各个部分可能不在一条直线上，如图 6-6 所示，所以 Mr. Nom 所有部分简单地向一个方向移动是不够的。还必须做一点更复杂的处理。

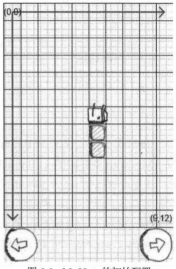

图 6-6　Mr. Nom 的初始配置

我们需要从列表的最后部分开始，虽然这听起来有悖常理。我们将其移动到上一个单元格的位置，并对列表中除了头部以外的所有其他部分重复这样做，因为头部之前没有任何元素。对于头部，我们检查 Mr. Nom 是朝哪个方向移动的，并相应地改变头部的位置。图 6-7 呈现了更复杂一点的 Mr. Nom 配置。

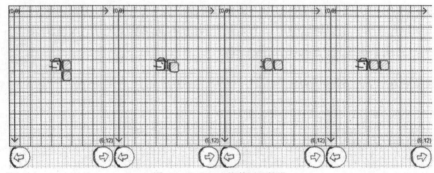

图 6-7　Mr. Nom 拖着尾巴前进

这个移动策略与吞食墨渍的策略都很有效。将一个新的部分添加到 Mr. Nom 时，在下一次 Mr. Nom 移动时，它会停留在与前一个部分相同的位置。另外请注意，如果它穿过了界面的边缘，那么这将使我们能够轻松地实现 Mr. Nom 绕到界面另一边的效果。在这里仅需设置头部的位置，其余部分是自动完成的。

有了所有这些信息，现在就可以实现 Snake 类来表示 Mr. Nom。程序清单 6-10 显示了这些代码。

程序清单 6-10　Snake.java；Mr. Nom 的代码实现

```java
package com.badlogic.androidgames.mrnom;

import java.util.ArrayList;
import java.util.List;

public class Snake {
    public static final int UP = 0;
    public static final int LEFT = 1;
```

```
    public static final int DOWN = 2;
    public static final int RIGHT = 3;

    public List < SnakePart > parts = new ArrayList < SnakePart > ();
    public int direction;
```

首先定义一系列的常量来编码 Mr. Nom 的行进方向。记住 Mr. Nom 只能左转或右转，所以定义常量值的方式是至关重要的。这样我们就可以通过将当前方向常量加 1 或减 1 来把方向旋转 90°。

接下来定义一个 parts 列表，它包含 Mr. Nom 所有的部分。其中的第一项是头部，其他项是尾巴部分。Snake 类中的第二个成员变量用来保存 Mr. Nom 当前的行进方向。

```
    public Snake() {
        direction = UP;
        parts.add(new SnakePart(5, 6));
        parts.add(new SnakePart(5, 7));
        parts.add(new SnakePart(5, 8));
    }
```

在构造函数中，我们设定了初始的 Mr. Nom 包含有头部和两个尾部，大致定位在领域内的中央位置，如图 6-6 所示。同时还设置了行进方向为 Snake.UP，从而当要求它前行时，Mr. Nom 将向上移动一个单元格。

```
    public void turnLeft() {
        direction += 1;
        if(direction > RIGHT)
            direction = UP;
    }

    public void turnRight() {
        direction - = 1;
        if(direction < UP)
            direction = RIGHT;
    }
```

turnLeft()和 turnRight()方法只修改了 Snake 类的方向成员。向左转需要增加 1，向右转则减 1。我们还必须确保当 direction 的值超出了前面定义的常量范围后使 Mr. Nom 从另一个方向绕进来。

```
    public void eat() {
        SnakePart end = parts.get(parts.size()-1);
        parts.add(new SnakePart(end.x, end.y));
    }
```

接下来是 eat()方法。它所做的就是在列表的末尾添加一个新的 SnakePart，这个新的部分将与当前的尾部末端有相同的位置坐标。下一次 Mr. Nom 前进时，这些重叠的部分将向前移动，从而分开，这在前面已经讨论过。

```
    public void advance() {
        SnakePart head = parts.get(0);

        int len = parts.size() - 1;
        for(int i = len; i > 0; i--) {
            SnakePart before = parts.get(i-1);
            SnakePart part = parts.get(i);
```

```
                part.x = before.x;
                part.y = before.y;
        }
        if(direction == UP)
            head.y - = 1;
        if(direction == LEFT)
            head.x - = 1;
        if(direction == DOWN)
            head.y += 1;
        if(direction == RIGHT)
            head.x += 1;

        if(head.x < 0)
            head.x = 9;
        if(head.x > 9)
            head.x = 0;
        if(head.y < 0)
            head.y = 12;
        if(head.y > 12)
            head.y = 0;
    }
```

下面将讨论的方法是 advance()，它实现了如图 6-7 所示的逻辑。首先，从最后一部分开始，将每个部分移动到它之前的部分的位置，头部排除在这一机制之外。然后根据 Mr. Nom 的当前方向移动头部。最后执行一些检查，以确保 Mr. Nom 不至于移动到它的世界之外。如果走出它的世界，我们将使它在另一边进入界面。

```
public boolean checkBitten() {
    int len = parts.size();
    SnakePart head = parts.get(0);
    for(int i = 1; i < len; i++) {
        SnakePart part = parts.get(i);
        if(part.x == head.x && part.y == head.y)
            return true;
    }
    return false;
}
```

最后一个方法 checkBitten()是一个辅助方法，用来检查 Mr. Nom 是否咬到自己的尾巴。它所做的就是检查尾巴部分是否与头部在同一位置。如果这种情况发生，Mr. Nom 就会死掉，游戏也将结束。

6.7.3　World 类

最后一个模型类是 World。World 类有下面几个任务要履行：

● 跟踪 Mr. Nom(Snake 实例)以及掉落到它的世界上的墨渍。永远只能有一个墨渍在这个世界里。

● 提供一个基于时间的方法来更新 Mr. Nom(例如，它应该每 0.5 秒前进一个单元格)。这个方法还将检查 Mr. Nom 是否吃掉一个墨渍或咬到自己。

- 跟踪得分，就是将吃到的墨渍个数乘以 10。
- Mr. Nom 每吃够 10 个墨渍后将加快移动速度。这将会使游戏更具挑战性。
- 跟踪 Mr. Nom 是否还活着。我们将使用这个方法来确定是否结束游戏。
- 在 Mr. Nom 吞掉当前墨水渍的情况下，创建一个新的墨渍(一个微妙但很重要且十分复杂的任务)。

在上面这个任务列表上，我们只有两项任务尚未讨论：以一个基于时间的方式更新世界，以及放置一个新的墨水渍。

1. Mr. Nom 基于时间的移动

在第 3 章中介绍了基于时间的移动。这基本上意味着，我们定义了所有的游戏对象的速度，计算自上次更新后经过的时间(时间差)，并用时间差乘以它们的速度作为对象的移动距离。在第 3 章列举的示例中，使用了浮点型的值来实现这一点。但是 Mr. Nom 的身体部分在整数位置，所以我们需要弄清楚在这种情况下如何使这些对象前进。

首先来定义 Mr. Nom 的速度。Mr. Nom 的世界有时间，我们以秒作为时间单位。最初，Mr. Nom 每 0.5 秒钟移动一个单元格。我们所需要做的是跟踪自上次 Mr. Nom 移动之后所经过的时间。如果累计时间超过 0.5 秒，就调用 Snake.advance()方法并将时间累加器清零。时间差是从哪里得到的呢？想一想我们学过的 Screen.update()方法，它可以得到帧的时间差。我们只是将之传递给 World 类的 update 方法，这样就可以做到累加。为了使游戏更加具有挑战性，当 Mr.Nom 每吃掉 10 个墨渍时，将时间阈值减 0.05 秒。当然，我们必须确保时间差不会达到阈值 0，否则 Mr. Nom 会以无穷大的速度前进。

2. 放置墨渍

我们要解决的第二个问题是，当 Mr. Nom 吃掉一个墨渍后，如何放置一个新的墨渍。它应该随机出现在世界上的任何一个单元格。因此，可以在一个随机位置实例化一个新的 Stain，对吗？但是，实际上没有那么容易。

想象一下，Mr. Nom 占用了相当数量的单元格。有可能发生的一种情况是，墨渍会正好放置在已经被 Mr. Nom 占据的地方，随着 Mr. Nom 不断增大，这种可能性也在增加。因此，必须找到一个目前未被 Mr. Nom 占据的单元格。仍然很简单吧，对不对？只要遍历所有单元格，并使用第一个未被 Mr. Nom 占据的单元格即可。

但这不够理想。如果从相同的位置开始搜寻，墨渍不会随机放置。相反，从界面上的随机位置开始，扫描所有的单元格，直到到达世界的尽头，如果还没有找到一个可用的单元格，将继续扫描开始位置上方的所有单元格。

我们如何检查一个单元格是可用的呢？最简单的解决方法是检查所有单元格，获取每个单元格的 x 和 y 坐标，并检查所有 Mr. Nom 的身体部分都不在这些坐标上。一共有 10×13 =130 个单元格，而 Mr.Nom 可以占据 55 个单元格。这将要执行 130×55=7150 次检查！诚然，大多数设备可以处理这么多的数据量，但可以用更好的方法解决这个问题。

我们将创建一个布尔型的二维数组，每个数组元素代表了界面上的一个单元格。当需要放置一个新的墨渍时，首先要检查 Mr. Nom 的所有部分并将数组中被 Mr. Nom 占据部分的那些元素设置为 true。然后，只需要选择一个随机的位置开始扫描，直到找到一个空闲的单元格可以放置墨水渍。Mr. Nom 将被分成 55 个部分，这样将执行 130+55=185 次检查。这样做就好多了！

3. 决定游戏什么时候结束

还有最后一件事情不得不考虑：如果所有的墨水渍都被 Mr. Nom 吃掉，应该怎么办？这种情况下，游戏将结束，而 Mr. Nom 将占据整个画面。由于 Mr. Nom 每次吃掉一个墨水渍就会增加 10 分，所以最高得分应是((10×13) − 3)×10 =1270 分(记住，Mr. Nom 在开始状态下已经有了 3 个部分)。

4. 实现 World 类

还有很多的内容需要实现，让我们开始吧。程序清单 6-11 显示了 World 类的代码。

程序清单 6-11　World.java

```java
package com.badlogic.androidgames.mrnom;

import java.util.Random;

public class World {
    static final int WORLD_WIDTH = 10;
    static final int WORLD_HEIGHT = 13;
    static final int SCORE_INCREMENT = 10;
    static final float TICK_INITIAL = 0.5f;
    static final float TICK_DECREMENT = 0.05f;

    public Snake snake;
    public Stain stain;
    public boolean gameOver = false;;
    public int score = 0;

    boolean fields[][] = new boolean[WORLD_WIDTH][WORLD_HEIGHT];
    Random random = new Random();
    float tickTime = 0;
    float tick = TICK_INITIAL;
```

像往常一样，首先定义一些常量，在这里是以单元格为单位的世界的宽度和高度、每次 Mr. Nom 吃掉一个墨渍要增加的分数、用来使 Mr.Nom 前进的最初的时间间隔(称为 tick)，以及在 Mr.Nom 吃掉了 10 个墨渍后用于降低 tick 的值，这是为了加快 Mr. Nom 的移动速度。

接下来定义一些公有成员变量：一个 Snake 实例、一个 Stain 实例、一个用来存储游戏是否已经结束的布尔值，以及当前得分。

另外，我们定义了 4 个包私有成员：二维数组，将用来放置一个新的墨渍；Random 类的实例，通过它产生随机数，用于放置墨渍和生成它的类型；时间累加器变量 tickTime，将向其增加帧的时间差；以及持续时间，它定义了移动 Mr. Nom 的速率。

```java
public World() {
    snake = new Snake();
    placeStain();
}
```

在构造函数中创建了一个 Snake 类的实例，它将具有如图 6-6 所示的初始配置。我们还通过 placeStain()方法来随机放置第一个墨渍。

```java
private void placeStain() {
```

```
    for (int x = 0; x < WORLD_WIDTH; x++) {
        for (int y = 0; y < WORLD_HEIGHT; y++) {
            fields[x][y] = false;
        }
    }

    int len = snake.parts.size();
    for (int i = 0; i < len; i++) {
        SnakePart part = snake.parts.get(i);
        fields[part.x][part.y] = true;
    }

    int stainX = random.nextInt(WORLD_WIDTH);
    int stainY = random.nextInt(WORLD_HEIGHT);
    while (true) {
        if (fields[stainX][stainY] == false)
            break;
        stainX += 1;
        if (stainX >= WORLD_WIDTH) {
            stainX = 0;
            stainY += 1;
            if (stainY >= WORLD_HEIGHT) {
                stainY = 0;
            }
        }
    }
    stain = new Stain(stainX, stainY, random.nextInt(3));
}
```

placeStain()方法实现了前面讨论过的放置策略。我们首先清除单元格数组。接下来将被蛇占据的单元格部分设置为 true。最后，从一个随机位置开始扫描数组，寻找一个未被占据的单元格。一旦发现一个这样的单元格，则创建一个随机类型的墨渍。请注意，如果所有的单元格都被 Mr. Nom 占据，循环永远不会终止。必须在下一个方法中确保不会发生这种事情。

```
public void update(float deltaTime) {
    if (gameOver)
        return;

    tickTime += deltaTime;

    while (tickTime > tick) {
        tickTime -= tick;
        snake.advance();
        if (snake.checkBitten()) {
            gameOver = true;
            return;
        }

        SnakePart head = snake.parts.get(0);
        if (head.x == stain.x && head.y == stain.y) {
            score += SCORE_INCREMENT;
            snake.eat();
            if (snake.parts.size() == WORLD_WIDTH * WORLD_HEIGHT) {
                gameOver = true;
```

```
        return;
    } else {
        placeStain();
    }

    if (score % 100 == 0 && tick - TICK_DECREMENT > 0) {
        tick - = TICK_DECREMENT;
    }
        }
      }
    }
  }
```

update()方法将基于我们传递给它的时间差来更新 World 和其中的所有对象。这个方法将被游戏画面的每一帧所调用，因此 World 将不断被更新。我们首先检查游戏是否结束。如果游戏结束，就没必要更新任何内容。接下来，给累加器添加时间差。while 循环将使用尽可能多的已累加 tick 进行计算(例如，当 tickTime 是 1.2s 且一个 tick 取 0.5 秒时，我们可以更新世界两次，留 0.2 秒给累加器)。这称为固定时间步长仿真。

在每一次迭代中，先从累加器中减去间隔时间。接下来将告知 Mr. Nom 前进。随后检查它是否咬到自己，如果咬到，就设置游戏结束标志。最后，检查 Mr. Nom 的头部和墨渍是否在同一个单元格中。如果是这样，我们增加得分，并让 Mr. Nom 增长。接下来，检查 Mr. Nom 是否由这个界面上的所有单元格所构成。如果是这样，游戏就结束了，从主函数返回。否则，用 placeStain()方法放置一个新墨渍。我们做的最后一件事情就是检查 Mr. Nom 是否刚刚吃掉 10 个墨渍。如果是这样，并且阈值时间大于 0，就将时间间隔减少 0.05 秒。时间间隔将缩短，从而使 Mr. Nom 加快运动速度。

到此为止，模型类已经全部完成。最后一件事情就是实现游戏的画面！

6.8 GameScreen 类

在这里有多个画面需要实现。让我们来看看在画面上做些什么工作。

- 在第 3 章定义的 Mr. Nom 设计中，游戏画面可以有 4 种状态：等待用户确认他/她已经准备好，运行游戏，处于暂停状态，以及在游戏结束状态等待用户单击一个按钮。
  - 在就绪状态下，只是要求用户触摸画面来开始游戏。
  - 在运行状态中，更新世界并渲染它，当玩家按下画面底部的一个按钮时告诉 Mr. Nom 左转及右转。
  - 在暂停状态，简单地显示两个选项：一个恢复游戏，另一个则退出游戏。
  - 在游戏结束状态，告诉用户游戏结束，并为他提供一个触摸按钮，这样就可以返回到主菜单。
- 对于每一种状态，要实现不同的 update()和 present()方法，因为每个状态做不同的事情，并显示不同的用户界面。
- 一旦游戏结束，如果产生一个高得分，就要确保存储该得分。

这是一项相当复杂的任务，需要处理比平常更多的代码。我们将分解这个类的源代码。在深入研究代码之前，让我们展示如何安排每个状态的不同 UI 元素。图 6-8 显示了 4 个不同的状态。

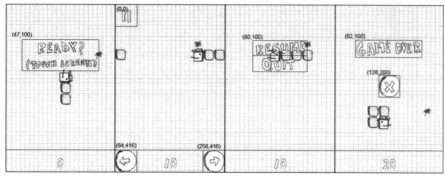

图 6-8　4 个状态下的游戏画面：准备、运行、暂停和游戏结束

请注意，我们在游戏画面的底部也显示得分，用一条线将底部的按钮和 Mr. Nom 的世界分开。显示得分与在 HighscoreScreen 中使用的方法相同。此外，基于得分字符串的宽度将它放在底部中心的水平位置。

最后需要理解的是如何基于 Mr. Nom 的世界模型来渲染它。这其实很容易。我们可以回头再看一下图 6-1 和图 6-5。每个单元格都是 32×32 像素的大小。墨渍的图像是 32×32 像素的大小，尾巴同样也是这般大小。Mr. Nom 各个方向的头部图像是 42×42 像素，所以它们并不与一个单元格完全重合。尽管如此，这并不是一个问题。在渲染 Mr. Nom 的世界时，我们需要做的将每一个墨水渍和蛇的各个部分的坐标乘以 32，以得到相应对象的中心在画面中的像素点，例如，一个墨水渍在世界中的坐标是(3, 2)，则以像素为单位，其中心在画面上的坐标为 96×64。基于这些中心，剩下来要做的是使用合适的资源，并使其中心围绕这些坐标。现在开始编程。程序清单 6-12 显示了GameScreen 类。

程序清单 6-12　GameScreen.java

```java
package com.badlogic.androidgames.mrnom;

import java.util.List;
import android.graphics.Color;
import com.badlogic.androidgames.framework.Game;
import com.badlogic.androidgames.framework.Graphics;
import com.badlogic.androidgames.framework.Input.TouchEvent;
import com.badlogic.androidgames.framework.Pixmap;
import com.badlogic.androidgames.framework.Screen;

public class GameScreen extends Screen {
    enum GameState {
        Ready,
        Running,
        Paused,
        GameOver
    }

    GameState state = GameState.Ready;
    World world;
    int oldScore = 0;
    String score = "0";
```

首先定义一个枚举 GameState 来对这 4 个状态(就绪、运行、暂停和游戏结束)进行编码。接下来定义一个保存画面当前状态的成员变量、一个保存 World 实例的成员变量，以及两个分别以整数形式和字符串形式保存当前显示的得分的成员变量。我们使用最后两个成员变量的原因是，在每次显示得分时，不需要不断地从 World.score 成员中创建新的字符串。相反，我们将缓存字符串，只有当得分发生变化时才创建一个新得分。这样，就不会与垃圾回收器产生冲突。

```java
public GameScreen(Game game) {
    super(game);
    world = new World();
}
```

构造函数只是调用父类的构造函数并创建一个新的 World 实例。在构造函数返回到调用函数时，游戏的画面将处于就绪状态。

```java
@Override
public void update(float deltaTime) {
    List < TouchEvent > touchEvents = game.getInput().getTouchEvents();
    game.getInput().getKeyEvents();

    if(state == GameState.Ready)
        updateReady(touchEvents);
    if(state == GameState.Running)
        updateRunning(touchEvents, deltaTime);
    if(state == GameState.Paused)
        updatePaused(touchEvents);
    if(state == GameState.GameOver)
        updateGameOver(touchEvents);
}
```

接下来是画面的 update()方法。它所做的就是从输入模块获取 TouchEvent 和 KeyEvent，然后基于当前的状态，委托 4 个更新方法中的一个来进行更新。

```java
private void updateReady(List < TouchEvent > touchEvents) {
    if(touchEvents.size() > 0)
        state = GameState.Running;
}
```

下一个方法称为 updateReady()。当画面处在就绪状态时，它会被调用。它所做的就是检查画面是否被触摸。如果被触摸，将状态改为运行。

```java
private void updateRunning(List < TouchEvent > touchEvents, float deltaTime) {
    int len = touchEvents.size();
    for(int i = 0; i < len; i++) {
        TouchEvent event = touchEvents.get(i);
        if(event.type == TouchEvent.TOUCH_UP) {
            if(event.x < 64 && event.y < 64) {
                if(Settings.soundEnabled)
                    Assets.click.play(1);
                state = GameState.Paused;
                return;
            }
        }
        if(event.type == TouchEvent.TOUCH_DOWN) {
```

```
        if(event.x < 64 && event.y > 416) {
            world.snake.turnLeft();
        }
        if(event.x > 256 && event.y > 416) {
            world.snake.turnRight();
        }
    }
}

world.update(deltaTime);
if(world.gameOver) {
    if(Settings.soundEnabled)
        Assets.bitten.play(1);
    state = GameState.GameOver;
}
if(oldScore != world.score) {
    oldScore = world.score;
    score = "" + oldScore;
    if(Settings.soundEnabled)
        Assets.eat.play(1);
}
}
```

updateRunning()方法首先检查画面左上角的暂停按钮是否被按下。如果被按下，则将状态设置为"暂停"。然后，检查画面底部的控制器按钮是否被按下。注意，在这里不检查触摸离开事件，只检查触摸事件。如果任一按钮被按下，那么系统将告诉 Snake 实例在世界中左转或右转。Update-Running()方法包含了 MVC 模式控制器的代码！在检查所有的触摸事件后，告诉画面在指定时间间隔之后进行更新。如果游戏结束，则相应地改变状态，同时播放 bitten.ogg 声音。接下来，检查之前的得分，如果与 World 里面存储的得分不同，我们就知道两件事情：Mr. Nom 吃掉一个墨渍，必须更新得分字符串。这种情况下，播放 eat.ogg 声音。接着需要做的是更新运行状态。

```
private void updatePaused(List < TouchEvent > touchEvents) {
    int len = touchEvents.size();
    for(int i = 0; i < len; i++) {
        TouchEvent event = touchEvents.get(i);
        if(event.type == TouchEvent.TOUCH_UP) {
            if(event.x > 80 && event.x <= 240) {
                if(event.y > 100 && event.y <= 148) {
                    if(Settings.soundEnabled)
                        Assets.click.play(1);
                    state = GameState.Running;
                    return;
                }
                if(event.y > 148 && event.y < 196) {
                    if(Settings.soundEnabled)
                        Assets.click.play(1);
                    game.setScreen(new MainMenuScreen(game));
                    return;
                }
            }
        }
    }
}
```

updatePaused()方法仍然首先检查主菜单中是否有一个选项被触摸，并相应地更改其状态。

```java
private void updateGameOver(List < TouchEvent > touchEvents) {
    int len = touchEvents.size();
    for(int i = 0; i < len; i++) {
        TouchEvent event = touchEvents.get(i);
        if(event.type == TouchEvent.TOUCH_UP) {
            if(event.x >= 128 && event.x <= 192 &&
                event.y >= 200 && event.y <= 264) {
                if(Settings.soundEnabled)
                    Assets.click.play(1);
                game.setScreen(new MainMenuScreen(game));
                return;
            }
        }
    }
}
```

updateGameOver()方法仅仅检查画面中间的按钮是否被按下。如果是，就将画面切换回主菜单画面。

```java
@Override
public void present(float deltaTime) {
    Graphics g = game.getGraphics();

    g.drawPixmap(Assets.background, 0, 0);
    drawWorld(world);
    if(state == GameState.Ready)
        drawReadyUI();
    if(state == GameState.Running)
        drawRunningUI();
    if(state == GameState.Paused)
        drawPausedUI();
    if(state == GameState.GameOver)
        drawGameOverUI();

    drawText(g, score, g.getWidth() / 2 - score.length()*20 / 2, g.getHeight() - 42);
}
```

接下来是渲染方法。present()方法首先绘制背景图像，因为这是在所有状态中都需要的。接下来调用各状态的绘制方法。最后渲染 Mr. Nom 的世界，并在画面底部的中间绘制得分。

```java
private void drawWorld(World world) {
    Graphics g = game.getGraphics();
    Snake snake = world.snake;
    SnakePart head = snake.parts.get(0);
    Stain stain = world.stain;

    Pixmap stainPixmap = null;
    if(stain.type == Stain.TYPE_1)
        stainPixmap = Assets.stain1;
    if(stain.type == Stain.TYPE_2)
        stainPixmap = Assets.stain2;
    if(stain.type == Stain.TYPE_3)
        stainPixmap = Assets.stain3;
```

```
        int x = stain.x * 32;
        int y = stain.y * 32;
        g.drawPixmap(stainPixmap, x, y);

        int len = snake.parts.size();
        for(int i = 1; i < len; i++) {
            SnakePart part = snake.parts.get(i);
            x = part.x * 32;
            y = part.y * 32;
            g.drawPixmap(Assets.tail, x, y);
        }

        Pixmap headPixmap = null;
        if(snake.direction == Snake.UP)
            headPixmap = Assets.headUp;
        if(snake.direction == Snake.LEFT)
            headPixmap = Assets.headLeft;
        if(snake.direction == Snake.DOWN)
            headPixmap = Assets.headDown;
        if(snake.direction == Snake.RIGHT)
            headPixmap = Assets.headRight;
        x = head.x * 32 + 16;
        y = head.y * 32 + 16;
        g.drawPixmap(headPixmap,x-headPixmap.getWidth()/2,y-headPixmap.getHeight()/2);
    }
```

正如刚才讨论过的那样，drawWorld()方法用来绘制世界。它首先使用 Pixmap 渲染墨水渍，然后绘制它到画面水平中心位置。接着，绘制 Mr. Nom 的所有尾巴部分，这是非常简单的。最后，根据 Mr. Nom 的行进方向来选择头部使用的 Pixmap，并根据头部在画面坐标中的位置绘制该 Pixmap。与其他对象相似，我们使该图像的中心位于这个位置。这些是 MVC 中的视图代码。

```
private void drawReadyUI() {
    Graphics g = game.getGraphics();

    g.drawPixmap(Assets.ready, 47, 100);
    g.drawLine(0, 416, 480, 416, Color.BLACK);
}

private void drawRunningUI() {
    Graphics g = game.getGraphics();

    g.drawPixmap(Assets.buttons, 0, 0, 64, 128, 64, 64);
    g.drawLine(0, 416, 480, 416, Color.BLACK);
    g.drawPixmap(Assets.buttons, 0, 416, 64, 64, 64, 64);
    g.drawPixmap(Assets.buttons, 256, 416, 0, 64, 64, 64);
}

private void drawPausedUI() {
    Graphics g = game.getGraphics();

    g.drawPixmap(Assets.pause, 80, 100);
    g.drawLine(0, 416, 480, 416, Color.BLACK);
}
```

```
    private void drawGameOverUI() {
        Graphics g = game.getGraphics();

        g.drawPixmap(Assets.gameOver, 62, 100);
        g.drawPixmap(Assets.buttons, 128, 200, 0, 128, 64, 64);
        g.drawLine(0, 416, 480, 416, Color.BLACK);
    }

    public void drawText(Graphics g, String line, int x, int y) {
        int len = line.length();
        for (int i = 0; i < len; i++) {
            char character = line.charAt(i);

            if (character == ' ') {
                x += 20;
                continue;
            }

            int srcX = 0;
            int srcWidth = 0;
            if (character == '.') {
                srcX = 200;
                srcWidth = 10;
            } else {
                srcX = (character - '0') * 20;
                srcWidth = 20;
            }

            g.drawPixmap(Assets.numbers, x, y, srcX, 0, srcWidth, 32);
            x += srcWidth;
        }
    }
```

drawReadUI()、drawRunningUI()、drawPausedUI()和 drawGameOverUI()对我们来说已不是什么新鲜事。它们一如既往地基于图 6-8 所示的坐标来执行同样的用户界面渲染。drawText()方法与HighscoreScreen 中的对应方法相同，所以在这里不再重复讨论。

```
    @Override
    public void pause() {
        if(state == GameState.Running)
            state = GameState.Paused;
        if(world.gameOver) {
            Settings.addScore(world.score);
            Settings.save(game.getFileIO());
        }
    }

    @Override
    public void resume() {

    }

    @Override
    public void dispose() {
```

```
    }
}
```

最后，还有一个重要的方法 pause()，当活动暂停或者游戏画面被另一个画面取代时，它将被调用。这是保存设置的一个好地方。首先，将游戏状态设为暂停状态。如果 pause()方法由于活动暂停而被调用，那么这可以确保当该用户回到游戏时，会被要求恢复游戏。这样做是有好处的，因为立即从上次离开游戏时的状态开始会让人感到很不舒服。接下来，检查游戏的画面是否处于游戏结束的状态。如果是，就根据玩家的得分将其保存或者不保存到高分榜中，并在外部存储中保存所有的设置。

就是这样。我们从头开始编写一个完整的 Android 游戏！你可以为自己感到自豪，因为我们已经掌握了所有必要的主题，可以创建几乎任何我们喜欢的游戏。从这里开始，其他的一切就只剩下装饰和美化了。

6.9　小结

这一章在自己的框架上用花哨的方式(虽然没有音乐)实现了一个完整的游戏。你了解到为什么需要将视图、控制器与模型分离，学会了不需要用像素的形式来定义游戏世界。我们可以利用本章的代码，并用 OpenGL ES 替换渲染部分，使 Mr. Nom 变成 3D 游戏。我们还可以通过向 Mr. Nom 添加动画，添加一些色彩和新的游戏机制等，以使当前的游戏更加丰富多彩。不过，我们也仅仅触及到游戏开发的皮毛而已。

继续阅读本书之前，我们建议使用这些游戏代码，并尽量地尝试它们。你可以添加一些新的游戏模式、增加能量的物品或者敌人——任何你能想到的对象都可以添加。

第 7 章将增强图形编程方面的知识，使游戏看上去更加美观，同时也向 3D 世界迈出第一步！

第 **7** 章

OpenGL ES 介绍

Mr. Nom 游戏是相当成功的。由于有初期良好的设计和已经完成的游戏框架,在实际实现 Mr. Nom 时非常容易。Mr. Nom 游戏可以在低端设备上流畅运行是其最令人高兴的地方。当然,该游戏并不是很复杂,或者说它不是一个拥有大量生动图形的游戏,因此使用 Canvas API 进行渲染是一个非常好的主意。

然而,当你需要开发复杂的游戏时会遇到困难,因为 Canvas 无法实现那种程度的视觉复杂性。如果你想要漂亮的 3D 效果,Canvas 也同样无能为力。那么,我们该怎么办呢?

这就是 OpenGL ES 大显身手的地方了。本章将简述 OpenGL ES 是什么以及它能实际做什么。这里将关注 OpenGL ES 在 2D 图形中的应用,不涉及与使用该 API 设计 3D 图形有关的复杂数学运算(3D 部分将在后续章节中介绍)。我们将从最基本的部分开始,并逐渐深入讲解。首先,让我们来了解 OpenGL ES 是什么。

7.1 OpenGL ES 概述以及关注它的原因

OpenGL ES 是特别针对移动和嵌入式设备而设计的(3D)图形编程业界标准。它由 Khronos 组织定义并进行维护和推广,该组织由包括 ATI、NVIDIA 和 Intel 在内的众多企业联合组成。

目前一共有 4 个版本的 OpenGL ES:1.0、1.1、2.0 以及新近发布的 3.0。本书讲解前两个标准。所有的 Android 设备都支持 OpenGL ES 1.0,绝大多数也支持 1.1 标准。标准 1.1 在 1.0 的基础上增加了一些新功能。OpenGL ES 2.0 不兼容 1.x 版本。因此,要么使用 1.x 版,要么使用 2.0 版,两者不能够同时使用。其中的缘由是,1.x 版本采用一种称为固定渲染管道(fixed-function pipeline)的编程模型,而 2.0 版本允许通过着色器以编程方式定义部分渲染管道。大多数第二代设备已经支持 OpenGL ES 2.0,但是学习使用着色器进行 3D 编程不太容易。OpenGL ES 1.x 可以满足绝大多数游戏的需求,因此本书仍然讲解 1.x 版本。OpenGL ES 3.0 太新,在撰写本书时,还没有哪个设备实现了该标准。设备制造商们需要一点时间才能跟上这个标准。

注意:模拟器支持 OpenGL ES 1.0 和 2.0。但是,它实现的模拟并不完善。而且,虽然 OpenGL

ES 是一个标准，但是不同的制造商以不同的方式解释它，而且不同设备之间的性能有很大的差异，所以要在多种设备上进行测试以确保兼容尽可能多的设备。我们将设计几个可以工作在任何设备上的实用类。

Khronos 组织把 OpenGL ES 的 API 以 C 头文件集合的形式进行发布，同时也包含了详尽的规范来说明在这些头文件中定义的 API 是如何工作的，例如说明了如何对像素和线条进行渲染。硬件厂商根据规范在它们的 GPU 驱动程序的顶层实现了这些 API。在以下网址可以找到所有这些规范以及其他信息：http://www.khronos.org/opengles。

这些 API 的实现会稍有不同：有些公司严格遵循标准(如 PowerVR)，而其他一些公司并没有严格遵循标准。这导致了有时会产生一些与 GPU 相关的 bug，它们与硬件厂商的驱动程序有关，而与 Android 系统本身没有任何关系。本书在讲解 OpenGL ES 的过程中会对遇到的任何与设备相关的问题进行说明。

注意：OpenGL ES 与拥有更多功能的 OpenGL 桌面版标准有着千丝万缕的关系。它派生自后者，并对其中一些功能进行了删减。尽管如此，仍然可以写出在两种标准下都运行的程序，这对在桌面版本上移植你的游戏尤为重要。

那么，OpenGL ES 究竟可以做什么呢？简短的答案是它是一个精简有效的三角渲染器。详细答案就稍有点复杂了。

7.1.1 编程模型：一个比喻

OpenGL ES 是一个通用的 3D 图形编程 API，它有非常友好且易于理解的编程模型，该模型可以用一个简单的比喻来描述。

OpenGL ES 的工作方式类似于照相机。拍照的第一步是必须有用于照相的场景。这个场景由一些物体组成，例如一个桌子上有许多物体。它们相对于照相机有各自的位置和方向，同时也有不同的材质和纹理。玻璃是半透明的且有些反光，桌子可能是木质的，杂志上有政治家最新的照片等。其中一些物体还可能一直在移动(如一只果蝇)。照相机可能也有些属性，例如焦距、视场、图像分辨率、照片大小以及照相机自身的位置和方向(相对于一些参照物)。即使物体和照相机都在移动，当按下快门的时候，仍然可以捕捉到场景的静态图像(忽略快门速度，从而假设始终能获得清晰的图像)。在这个瞬间，所有的物体都被定格并可以很好地区分，拍摄的照片可以准确地反映位置、方向、纹理、材质和光线等信息。图 7-1 显示的是一个抽象场景，该场景含有一个照相机、一个光源和 3 个不同材质的物体。

相对于场景的原点，每个物体都有位置和方向。照相机(用人眼表示)相对于场景的原点也有其位置。图 7-1 中的锥体就是所谓的视见体积或视锥，它显示了照相机的朝向以及能够捕捉到的场景的大小。旁边带有射线的小白球就是场景中的光源，它相对场景的原点也有其位置。

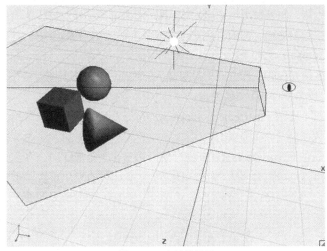

图 7-1 一个抽象场景

上述抽象场景可以直接映射到 OpenGL ES，但在这之前需要对用到的事物进行定义：

- **对象(又称为模型)**：通常由 4 组属性组成：几何形状、颜色、纹理和材质。几何形状是由一组三角形描述的，每个三角形由 3D 空间中的 3 个点组成，如图 7-1 所示，使用相对坐标系统原点的 x、y、z 坐标进行表示。需要注意的是，图 7-1 中的 z 轴是指向我们的。颜色通常采用 RGB 值表示，纹理和材质的内容更复杂一些，这将在随后部分进行讲解。

- **光源**：OpenGL ES 提供了一组有着多种属性的不同类型的光源。它们只是在 3D 空间中有着位置或方向的数学意义上的对象，并添加了诸如颜色等属性。

- **照相机**：这也是一个 3D 空间中有着位置和方向的数学意义上的对象。额外增加的参数使得它像真实的照相机一样，可以控制拍摄的图像的大小。所有这些东西定义了一个视见体积或视锥(如图 7-1 中切掉顶端的锥体所示)。照相机可以拍摄到这个锥体范围里的任何对象，而锥体之外的对象不会包含在最终图像中。

- **视口**：它定义了最终图像的大小和分辨率。它类似于模拟相机使用的胶片类型或数码相机拍摄照片时使用的图像分辨率。

基于以上这些要素，OpenGL ES 就可以在需要的场景中以照相机的视角得到一个 2D 位图。此处定义的是 3D 空间内的概念，那么 OpenGL ES 要怎么把它们映射到二维空间呢？

7.1.2 投影

通过所谓的"投影"可以完成 2D 映射。前面已经提到 OpenGL ES 主要处理三角形，一个三角形在 3D 空间中由 3 个点确定。OpenGL ES 需要知道这些 3D 空间点在帧缓冲区的像素坐标系统中的坐标，才能够把三角形渲染到帧缓冲区中。当得到这 3 个点的坐标后，OpenGL ES 可以轻松地在帧缓冲区中画出三角形所包围的像素。利用 Canvas，也可以自己编写一个简单的 OpenGL ES 实现，完成 3D 空间点到 2D 平面点的投影功能，并绘制出它们之间的线条。

在 3D 图形处理中，通常使用两种投影方式。

- **平行或正交投影**：如果使用过 CAD 类软件，那么可能已经对该投影有些了解。对象到照相机的距离对平行投影而言没有任何影响，对象在最终图像中始终具有同样的大小。OpenGL ES 使用此类投影渲染 2D 图像。

- **透视投影**：这是人眼的工作方式。对象离人眼越远，其在视网膜上的投影就越小。OpenGL ES 使用此类投影进行 3D 图像处理。

这两种投影都需要一个投影面(projection plane)。它与人眼的视网膜非常相像，是光线最终产生图像的地方。数学意义上的平面是无限的，而视网膜的大小是有限的。在图 7-1 中，OpenGL ES 的"视网膜"是视锥顶层的矩形。OpenGL ES 将对象投影到这个矩形区域，它称为"近裁剪面"(near clipping plane)，并有其自身的 2D 坐标系统。图 7-2 从照相机的视角再次显示了近裁剪面，并添加了坐标系统。

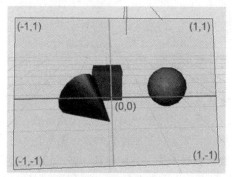

图 7-2　近裁剪面(也称为投影面)及其坐标系统

要注意的是，近裁剪面的坐标系统不是固定不变的。它可以根据需要任意调整，使其工作在任意坐标系统中(例如可以操作 OpenGL ES，使得坐标原点位于左下角，设置"视网膜"的可视范围为在 x、y 轴上分别是 480、320 个单位的区域)。是不是感觉有些熟悉呢？是的，OpenGL ES 允许为投影点任意指定坐标系统。

一旦确定了视锥，OpenGL ES 就会从三角形的每个点向投影面射出一条射线。平行投影和透视投影的不同之处在于这些射线的方向。图 7-3 显示了自上而下查看时两者的不同之处。

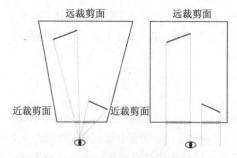

图 7-3　透视投影(左)和平行投影(右)

在透视投影中，射线从三角形的点射向照相机(在这里是眼睛)。在投影面上，越远的对象投影越小。当使用平行投影时，射线垂直射向投影面。这种情况下，不论对象离投影面多远，投影的大小与对象的大小始终保持一致。

如前所述，OpenGL ES 把投影面称为近裁剪面。同样，视锥的所有面都有类似的名称。离照相机最远的投影面称为远裁剪面，其他的面分别称为上、下、左、右裁剪面。任何在这些裁剪面之外的区域都不会被渲染。部分包含在视锥里的对象将被裁剪,这意味着在视锥之外的部分将不可见。这就是"裁剪面"名称的由来。

你可能会很好奇为什么图 7-3 中平行投影的视锥是一个矩形。这是因为投影实际是由定义裁剪面的方式控制的。在透视投影的示例中,上下左右 4 个裁剪面都不是垂直于近、远两个裁剪面的(图 7-3 只显示了左右两个裁剪面)。而在平行投影的示例中,这些裁剪面都垂直于近、远裁剪面,这就使得 OpenGL ES 必须渲染与对象同等大小的区域,而不论对象离照相机有多远。

7.1.3　规范化设备空间和视口

只要 OpenGL ES 计算出三角形在近裁剪面上的投影点,它就可以把它们最终转换成帧缓冲区中的像素坐标。要达到这样的目的,OpenGL ES 必须先将这些投影点变换到所谓的规范化设备空间(normalized device space),这等价于图 7-2 中的坐标系统。基于这些规范化设备空间的坐标,OpenGL ES 通过下面的简单公式计算出最终的帧缓冲区像素坐标:

```
pixelX = (norX + 1) / (viewportWidth + 1) + norX
pixelY = (norY + 1) / (viewportHeight + 1) + norY
```

此处,norX 和 norY 是一个 3D 空间点在规范化设备空间中的坐标,viewportWidth 和 viewportHeight 是视口分别在 x 轴和 y 轴上的取值,单位为像素。因为 OpenGL ES 会自动进行这些坐标变换,所以不必为规范化设备坐标耗费太多精力。我们所需要关心的是视口和视锥。稍后将探讨如何指定一个视锥及相应的投影。

7.1.4　矩阵

OpenGL ES 采用矩阵的形式来描述投影。对我们而言,不必了解矩阵的内部是如何工作的,只需要了解它们如何处理场景中定义的点。下面是矩阵工作方式的要点:

- 用矩阵对变换进行编码后,这个变换就可以应用到一个点上。这个变换可以是投影、平移(点在其中进行迁移)、旋转(绕着一个点或坐标轴)或者是缩放等。
- 通过矩阵与点相乘的方式可以把变换应用到点上。例如,一个矩阵编码了一个平移,这个平移表示 x 轴上 10 个单位的移动,当把这个矩阵与一个点相乘时,这个点将沿 x 轴移动 10 个单位。这样就改变了这个点的坐标。
- 通过矩阵相乘的方式,可以把一连串独立的变换矩阵整合成一个矩阵。当将这个矩阵与一个点相乘时,所有的变换都将施加到这个点上。变换的应用顺序依赖于矩阵相乘的顺序。
- 有一个称为单位矩阵(identity matrix)的特殊矩阵,将它与其他矩阵或点相乘,不会有任何变化。点或矩阵与单位矩阵相乘就像数字与 1 相乘一样,不会有任何变化。在学习 OpenGL ES 如何处理矩阵(参见关于矩阵模式和活动矩阵的部分)之后,你就会对单位矩阵的重要性有清晰的认识。这是一个典型的"先有鸡还是先有蛋"的问题。

注意:这里谈到的点是 3D 空间中的点。

OpenGL ES 有 3 种矩阵可以应用到模型中的点上:

- **模型视图矩阵**：这种矩阵可以用来移动、旋转或缩放三角形的点("模型"部分)。这种矩阵也可以用来确定照相机的位置和方向("视图"部分)。
- **投影矩阵**：这种矩阵编码投影以及对应照相机的视锥。
- **纹理矩阵**：这种矩阵允许我们操作纹理坐标(稍后将进行探讨)。然而，由于部分设备的驱动程序问题，OpenGL ES 的这部分会在一些设备上出现问题，因此本书将避免使用此种矩阵。

7.1.5 渲染管道

OpenGL ES 会对这 3 种矩阵进行记录。每次对矩阵赋值之后，OpenGL ES 会一直保存这个矩阵，直到矩阵被再次赋值。按照 OpenGL ES 的说法，这称为一个状态。OpenGL ES 不仅记录矩阵的状态，还记录诸如是否设置半透明混合(alpha-blend)处理、是否需要考虑光照、是否需要对几何形状设置纹理等。OpenGL ES 实质上是一个巨大的状态机。需要设置它的当前状态，输入对象的几何形状，并告诉它渲染一幅图像。下面将探讨这个强大的三角形渲染机是如何处理三角形的。图 7-4 显示的是一个极高层次的、简化的 OpenGL ES 渲染管道。

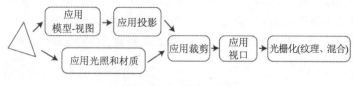

图 7-4　三角形的处理流程

该管道处理一个三角形的流程如下：

(1) 首先用模型视图矩阵对三角形进行变换，这意味着三角形的所有点都与这个矩阵相乘。该乘法可以在世界中移动三角形的点。

(2) 上述步骤的结果再与投影矩阵相乘，将 3D 空间点映射到 2D 的投影面上。

(3) 在执行上述两步之间(或与它们同时进行)，设置三角形需要的光线、材质和颜色。

(4) 上述步骤全部完成之后，通过应用视口变换，用"视网膜"对投影的三角形进行裁剪，并将其转换成帧缓冲区坐标。

(5) 最后，OpenGL 将带有颜色的三角形的像素填充到帧缓冲区中。颜色由光线、三角形的纹理和混合状态产生，其中混合状态标识三角形的每个像素是否与帧缓冲区中对应的像素进行组合。

我们需要了解如何把几何图形和纹理交给 OpenGL ES 和如何设置每步处理使用的状态。在开始之前，还需要了解如何从 Android 调用 OpenGL ES。

注意：这个 OpenGL ES 管道的高层次描述基本上是正确的，但它过于简化，并且忽略了一些重要细节，这些细节将在随后章节介绍。另一个需要注意之处是，OpenGL ES 执行投影时，实际上并不是投影到 2D 坐标系统上，而是投影到一个四维的齐次坐标系统上。这是一个非常复杂的数学问题，为简单起见，我们将其简化，认为 OpenGL ES 是投影到 2D 坐标系统上。

7.2　准备工作

本章剩下的内容与第 4 章讨论 Android API 基础时一样，会列举许多小示例。本章将使用第 4 章中用过的启动类，该类显示了一个可以启动的测试活动的列表。此处唯一一发生变化的是通过反射实例化的活动的名称，以及活动所在的包。本章所有示例都包含在包 com.badlogic.androidgames.glbasics 中。剩余的代码保持相同。新的启动活动命名为 GLBasicsStarter，并复制第 5 章的所有代码，即 com.badlogic.androidgames.framework 包和其子包。本章将编写一些新的框架类和辅助类，它们保存在 com.badlogic.androidgames.framework 包和其子包中。

由于每个小示例都是一个活动，在清单文件中都必须有其条目，因此也需要创建一个清单文件。所有的示例都使用固定的方向(根据示例不同，要么纵向，要么横向)，并且可以处理 keyboard、keyboardHidden 和 orientationChange 事件。这些设置与第 4 章基本相同。

那么，让我们开始吧。

7.3　GLSurfaceView：从 2008 年开始，事情变得简单了

首先，我们需要某种类型的 View，它允许使用 OpenGL ES 进行绘图。在 Android API 中，提供了这样一个视图，它称为 GLSurfaceView，派生自 SurfaceView 类，而后一个类在 Mr. Nom 中已经用于绘制世界。

为了不打断 UI 线程的执行，还需要一个独立的主循环线程。令人惊喜的是，GLSurfaceView 已经自动实现了这样的一个线程。在使用时需要做的是实现一个名为 GLSurfaceView.Renderer 的监听器接口(listener interface)，并将其注册到 GLSurfaceView 中。该接口有 3 个方法：

```
interface Renderer {
    public void onSurfaceCreated(GL10 gl, EGLConfig config);

    public void onSurfaceChanged(GL10 gl, int width, int height);

    public void onDrawFrame(GL10 gl);
}
```

每当创建 GLSurfaceView 时，都会调用 onSurfaceCreated()方法。这种情况发生在该活动第一次启动和每次从暂停状态返回到该活动的时候。该方法有两个输入参数，分别是 GL10 实例和 EGLConfig。GL10 实例将命令发给 OpenGL ES，EGLConfig 则设置 Surface 的属性，例如颜色和深度等。通常会忽略 EGLConfig，在 onSurfaceCreated()方法中设置自己的几何形状和纹理。

每当需要调整 Surface 大小的时候，会调用 onSurfaceChanged()方法。其输入参数包括新 Surface 的宽和高(均以像素为单位)。如果要发出 OpenGL ES 命令，还需要一个 GL10 实例参数。

onDrawFrame()方法很有趣，其本质上与 Screen.render()方法类似，由 GLSurfaceView 自动建立的渲染线程频繁调用。在该方法内进行所有的渲染。

除了注册 Renderer 监听器之外，还必须在活动的 onPause()/onResume()方法中调用 GLSurfaceView.onPause()/onResume()。原因很简单。GLSurfaceView 将在其 onResume()方法中启动渲染线程，而在其 onPause()方法中关闭它。这意味着当活动暂停时，将不会调用监听器，因为调用监听器的渲染线程也将暂停。

这带来的唯一坏处是：每一次活动暂停都将导致 GLSurfaceView 界面的销毁。当活动恢复执行时(GLSurfaceView.onResume()被调用)，GLSurfaceView 会重新实例化一个新的 OpenGL ES 渲染界面，并通过调用监听器的 onSurfaceCreated()方法进行通知。这同时也导致丢失所有的 OpenGL ES 状态，包括纹理等。这种情况下，不得不重新加载这些设置。这就是众所周知的"上下文丢失"(context loss)。这里"上下文"一词的来源是：OpenGL ES 将创建的每个界面与一个保存当前状态的上下文联系在一起。当销毁界面时，上下文也同时丢失。我们将合理地设计游戏，处理这种上下文丢失的问题。

注意：实际上，上下文和界面的创建与销毁工作由 EGL 负责。EGL 是 Khronos 组织的另一个标准，它定义了操作系统的 UI 是如何与 OpenGL ES 一起工作的，以及操作系统是如何授权 OpenGL ES 操作底层图形硬件的。它包含了界面创建和上下文管理。因为 GLSurfaceView 会处理 EGL，绝大多数情况下不必理会它。

根据惯例，首先实现一个简短示例，它在每帧中使用随机颜色来清屏。程序清单 7-1 显示了相应的代码，中间穿插了一些代码说明。

程序清单 7-1　GLSurfaceViewTest.java；清屏程序

```
package com.badlogic.androidgames.glbasics;

import java.util.Random;

import javax.microedition.khronos.egl.EGLConfig;
import javax.microedition.khronos.opengles.GL10;

import android.app.Activity;
import android.opengl.GLSurfaceView;
import android.opengl.GLSurfaceView.Renderer;
import android.os.Bundle;
import android.util.Log;
import android.view.Window;
import android.view.WindowManager;

public class GLSurfaceViewTest extends Activity {
    GLSurfaceView glView;

public void onCreate(Bundle savedInstanceState) {
    super.onCreate(savedInstanceState);
    requestWindowFeature(Window.FEATURE_NO_TITLE);
    getWindow().setFlags(WindowManager.LayoutParams.FLAG_FULLSCREEN,
            WindowManager.LayoutParams.FLAG_FULLSCREEN);
    glView = new GLSurfaceView(this);
    glView.setRenderer(new SimpleRenderer());
    setContentView(glView);
}
```

在类中保存一个 GLSurfaceView 实例的引用作为类的成员。在 onCreate()方法中，将应用程序设置为全屏模式，创建 GLSurfaceView，设置 Renderer 的实现，以及设置 GLSurfaceView 作为活动的内容视图。

```
@Override
public void onResume() {
    super.onPause();
```

```
        glView.onResume();
    }

    @Override
    public void onPause() {
        super.onPause();
        glView.onPause();
    }
```

在 onResume()和 onPause()方法中，调用它们的父类方法以及各自的 GLSurfaceView 方法。在这些方法中将启动和关闭 GLSurfaceView 的渲染线程，这又会在适当的时候触发 Renderer 实现的回调方法。

```
    static class SimpleRenderer implements Renderer {
        Random rand = new Random();

        @Override
        public void onSurfaceCreated(GL10 gl, EGLConfig config) {
            Log.d("GLSurfaceViewTest", "surface created");
        }

        @Override
        public void onSurfaceChanged(GL10 gl, int width, int height) {
            Log.d("GLSurfaceViewTest", "surface changed: " + width + "x"
                    + height);
        }

        @Override
        public void onDrawFrame(GL10 gl) {
            gl.glClearColor(rand.nextFloat(), rand.nextFloat(),
                    rand.nextFloat(), 1);
            gl.glClear(GL10.GL_COLOR_BUFFER_BIT);
        }
    }
}
```

代码的最后一部分是 Renderer 的实现，它只是在 onSurfaceCreated()和 onSurfaceChanged()方法中记录一些信息。真正有趣的部分是 onDrawFrame()方法。

如前所述，可以通过 GL10 实例访问 OpenGL ES API。GL10 中“10”的含义是可以使用 OpenGL ES 1.0 标准中定义的所有函数。我们现在只会用到该标准中的函数。类中所有的方法都映射到该标准中定义的 C 函数，每个方法都按照 OpenGL ES 惯例以 gl 前缀开头。

第一个被调用的 OpenGL ES 方法是 glClearColor()。当发出清屏命令时，采用该方法设置清屏使用的颜色。OpenGL 中的颜色几乎总是使用 RGBA 值，每个分量的取值范围为 0~1。颜色的定义方式有多种，如 RGB565，但现在将使用浮点型表示。OpenGL ES 会记住清屏时使用的颜色，因此只需在清屏时设置一次即可。glClearColor()设置的颜色是 OpenGL ES 的一个状态。

接下来调用的 glClear()方法才真正地使用前面指定的清屏颜色进行清屏。该方法只有一个参数，该参数指明了清理哪个缓冲区。OpenGL ES 不仅仅只有表示像素的帧缓冲区，还有其他类型的缓冲区。其他几种类型的缓冲区将在第 10 章中进行讲述，此处仅关注保存像素的帧缓冲区。OpenGL ES 将其称为颜色缓冲区(color buffer)。通过设置常量 GL10.GL_COLOR_ BUFFER_BIT 来告诉 OpenGL ES 要清理这个缓冲区。

OpenGL ES 包含许多常量，它们全部在 GL10 的接口中定义成静态公有成员。与方法一样，每个常量都有 GL_前缀。

这就是我们的第一个 OpenGL ES 应用程序。你可能已经知道界面将是什么样子的，因此这里不给出它的屏幕截图。

注意：永远不要在另一个线程中调用 OpenGL ES。这是第一条(也是最后一条)戒律。这是由于 OpenGL ES 是被设计为用在单线程中，而且不是线程安全的。在多线程中使用它会产生不可预期的结果，而且许多的驱动程序并不能与它一起很好地工作，而且在多线程中使用它也不会带来真正的好处。

7.4 GLGame：实现游戏接口

在第 6 章中，我们实现了 AndroidGame 类，它包含了音频、文件 I/O、图形和用户输入处理等方面的子模块。为在后面的 2D OpenGL ES 游戏中重用上述这些模块，我们需要实现一个名为 GLGame 的新类，这个类实现前面定义的 Game 接口。

首先，你会注意到依靠现有的关于 OpenGL ES 的知识几乎是不可能实现 Graphics 接口的。在这里将不会实现它，这是因为 OpenGL 不太适合作为该 Graphics 接口的编程模型。替代方法是实现一个新类 GLGraphics，该类可以记录从 GLSurfaceView 获得的 GL10 实例的变化。程序清单 7-2 给出了代码。

程序清单 7-2 GLGraphics.java：记录 GLSurfaceView 和 GL10 实例

```java
package com.badlogic.androidgames.framework.impl;

import javax.microedition.khronos.opengles.GL10;

import android.opengl.GLSurfaceView;

public class GLGraphics {
    GLSurfaceView glView;
    GL10 gl;

    GLGraphics(GLSurfaceView glView) {
        this.glView = glView;
    }

    public GL10 getGL() {
        return gl;
    }

    void setGL(GL10 gl) {
        this.gl = gl;
    }

    public int getWidth() {
        return glView.getWidth();
    }

    public int getHeight() {
        return glView.getHeight();
```

```
        }
    }
```

该类只有几个 getter 和 setter 方法。注意，该类将在 GLSurfaceView 的渲染线程中使用。如前所述，在另外的线程中调用 UI 线程中的 View 的方法可能会存在问题，但在本例中可以不考虑这个问题，这是因为此处只是查询 GLSurfaceView 的宽度和高度。

GLGame 类比 GLGraphics 稍复杂一点。它借用了 AndroidGame 类的绝大多数代码，唯一复杂的地方是渲染线程和 UI 线程之间的同步。程序清单 7-3 是 GLGame 的代码。

程序清单 7-3　GLGame.java，复杂的 OpenGL ES Game 实现

```java
package com.badlogic.androidgames.framework.impl;

import javax.microedition.khronos.egl.EGLConfig;
import javax.microedition.khronos.opengles.GL10;

import android.app.Activity;
import android.content.Context;
import android.opengl.GLSurfaceView;
import android.opengl.GLSurfaceView.Renderer;
import android.os.Bundle;
import android.os.PowerManager;
import android.os.PowerManager.WakeLock;
import android.view.Window;
import android.view.WindowManager;
import com.badlogic.androidgames.framework.Audio;

import com.badlogic.androidgames.framework.FileIO;
import com.badlogic.androidgames.framework.Game;
import com.badlogic.androidgames.framework.Graphics;
import com.badlogic.androidgames.framework.Input;
import com.badlogic.androidgames.framework.Screen;

public abstract class GLGame extends Activity implements Game, Renderer {
    enum GLGameState {
        Initialized,
        Running,
        Paused,
        Finished,
        Idle
    }

    GLSurfaceView glView;
    GLGraphics glGraphics;
    Audio audio;
    Input input;
    FileIO fileIO;
    Screen screen;
    GLGameState state = GLGameState.Initialized;
    Object stateChanged = new Object();
    long startTime = System.nanoTime();
    WakeLock wakeLock;
```

该类派生自 Activity 类，并实现了 Game 和 GLSurfaceView.Renderer 接口。它包含了一个名为 GLGameState 的枚举，用来记录 GLGame 实例的当前状态。稍后将看到如何使用它们。

GLGame 类的成员包含了一个 GLSurfaceView 实例和一个 GLGraphics 实例，还包含了 Audio、Input、FileIO 和 Screen 实例，就像 AndroidGame 类一样，这些实例都是编写游戏所需要的。成员变量 state 通过 GLGameState 枚举记录当前程序所处的状态。成员变量 stateChanged 是用来同步 UI 线程和渲染线程的对象。最后，使用一个成员变量记录时间差，使用一个 WakeLock 变量以防屏幕变暗。

```
@Override
public void onCreate(Bundle savedInstanceState) {
    super.onCreate(savedInstanceState);
    requestWindowFeature(Window.FEATURE_NO_TITLE);
    getWindow().setFlags(WindowManager.LayoutParams.FLAG_FULLSCREEN,
                         WindowManager.LayoutParams.FLAG_FULLSCREEN);
    glView = new GLSurfaceView(this);
    glView.setRenderer(this);
    setContentView(glView);

    glGraphics = new GLGraphics(glView);
    fileIO = new AndroidFileIO(getAssets());
    audio = new AndroidAudio(this);
    input = new AndroidInput(this, glView, 1, 1);
    PowerManager powerManager = (PowerManager)
        getSystemService(Context.POWER_SERVICE);
    wakeLock = powerManager.newWakeLock(PowerManager.FULL_WAKE_LOCK, "GLGame");
}
```

在 onCreate()方法中，仍然进行常规的设置操作。该方法中将活动设为全屏模式，实例化 GLSurfaceView 并将其设成内容视图。同时，实例化了实现框架接口的其他类，例如 AndroidFileIO 或 AndroidInput 等类。要注意的是，该示例重用了 AndroidGame 中除了 AndroidGraphics 类以外的所有类。另一个需要注意的方面是此处没有像 AndroidGame 中那样让 AndroidInput 类来缩放触摸点的坐标以适应设备的分辨率。这里缩放比例的值均置为 1，因此使用的是真实的触摸屏坐标。随后的部分将说明为什么要这样设置。代码片段的最后创建了一个 WakeLock 实例。

```
public void onResume() {
    super.onResume();
    glView.onResume();
    wakeLock.acquire();
}
```

在 onResume()方法中，GLSurfaceView 通过调用自身的 onResume()方法启动渲染线程。在该方法中也通过 acquire()方法获取了 WakeLock。

```
@Override
public void onSurfaceCreated(GL10 gl, EGLConfig config) {
    glGraphics.setGL(gl);

    synchronized(stateChanged) {
        if(state == GLGameState.Initialized)
            screen = getStartScreen();
        state = GLGameState.Running;
        screen.resume();
        startTime = System.nanoTime();
    }
}
```

接下来在渲染线程中调用的方法是 onSurfaceCreate()。这里将说明如何使用枚举类型变量 state。如果程序是第一次启动，state 值就等于 GLGameState.Initialized，此时调用 getStartScreen()方法返回到游戏的开始画面。如果程序并非处于初始状态，而是已经开始运行，那么只需从暂停状态恢复即可。不管怎样，把 state 设为 GLGameState.Running，并调用当前 Screen 的 resume()方法。此处也要记录当前时间，这样可以在以后计算时间差。

同步是必要的，因为在同步块中使用的成员在 UI 线程的 onPause()方法中也可能被操作。这是需要尽力避免的，因此应当给对象加锁。这里可以使用 GLGame 实例本身，或者使用适当的锁。

```java
public void onSurfaceChanged(GL10 gl, int width, int height) {

}
```

onSurfaceChanged()方法基本上只是一个占位方法，此处不做任何事情。

```java
public void onDrawFrame(GL10 gl) {
    GLGameState state = null;

    synchronized(stateChanged) {
        state = this.state;
    }

    if(state == GLGameState.Running) {
        float deltaTime = (System.nanoTime()-startTime) / 1000000000.0f;
        startTime = System.nanoTime();

        screen.update(deltaTime);
        screen.present(deltaTime);
    }

    if(state == GLGameState.Paused) {
        screen.pause();
        synchronized(stateChanged) {
            this.state = GLGameState.Idle;
            stateChanged.notifyAll();
        }
    }

    if(state == GLGameState.Finished) {
        screen.pause();
        screen.dispose();
        synchronized(stateChanged) {
            this.state = GLGameState.Idle;
            stateChanged.notifyAll();
        }
    }
}
```

onDrawFrame()方法是执行所有工作的主体，它尽可能多地被渲染线程调用。这里检查游戏的当前状态并做出相应的处理。由于 UI 线程的 onPause()方法也可以设置状态，因此在使用它时需要进行同步操作。

如果游戏正在进行，那么将计算时间差并通知当前 Screen 进行更新操作以显示自身。

如果游戏暂停，那么当前的 Screen 也会暂停，state 的状态被设置为 GLGameState.Idle，用来标识从 UI 线程收到暂停的请求。一旦上述情况在 UI 线程上的 onPause()方法中发生，就通知 UI 线程现在可以真正地暂停应用程序。这里的通知是必要的，因为必须确保渲染线程的暂停/关闭对应于 UI 线程上的活动的暂停/关闭。

如果正在关闭活动(不是暂停)，那么 state 设置为 GLGameState.Finished。在此种情况下，当前 Screen 会暂停并关闭自己，然后向等待渲染线程完成关闭操作的 UI 线程发送另一个通知。

```
@Override
public void onPause() {
    synchronized(stateChanged) {
        if(isFinishing())
            state = GLGameState.Finished;
        else
            state = GLGameState.Paused;
        while(true) {
            try {
                stateChanged.wait();
                break;
            } catch(InterruptedException e) {
            }
        }
    }
    wakeLock.release();
    glView.onPause();
    super.onPause();
}
```

onPause()方法是常用的发送活动通知的方式。当活动暂停时，UI 线程会调用该方法。根据应用程序是关闭还是暂停来设置状态，并等待渲染线程处理新的状态。采用标准的 Java 等待/通知 (wait/notify)机制实现这一点。

最后释放 WakeLock，告诉 GLSurfaceView 和 Activity 暂停，有效地关闭渲染线程和销毁 OpenGL ES 界面，这会导致发生前面提到的我们不愿看到的 OpenGL ES 上下文丢失。

```
public GLGraphics getGLGraphics() {
    return glGraphics;
}
```

getGLGraphics()是一个只能通过 GLGame 类访问的新方法，它返回存储的 GLGraphics 实例，这样就可以使用 Screen 实现中的 GL10 接口。

```
public Input getInput() {
    return input;
}

@Override
public FileIO getFileIO() {
    return fileIO;
}

public Graphics getGraphics() {
    throw new IllegalStateException("We are using OpenGL!");
}

public Audio getAudio() {
    return audio;
```

```
        }

        public void setScreen(Screen screen) {
            if (screen == null)
                throw new IllegalArgumentException("Screen must not be null");

            this.screen.pause();
            this.screen.dispose();
            screen.resume();
            screen.update(0);
            this.screen = screen;
        }

        public Screen getCurrentScreen() {
            return screen;
        }
    }
```

该类的余下部分与以前一样工作。为了防止偶然地试图访问标准 Graphics 实例的情况，此处抛出一个异常，提示 GLGame 并不支持标准 Graphics。通过 GLGame.getGLGraphics()方法得到 GLGraphics 方法来代替标准 Graphics。

那么，为什么要这么费力地与渲染线程同步呢？这是因为它可以使 Screen 的实现在渲染线程中完整有效。所有 Screen 方法都在渲染线程中执行。如果需要使用 OpenGL ES 的功能，就必须这么做。记住，只能在渲染线程中使用 OpenGL ES。

下面通过一个示例来进行说明。程序清单 7-4 显示的是使用 GLGame 和 Screen 时本章的第一个示例的外观。

程序清单 7-4　GLGameTest.java；更多的画面清理，现在 GLGame 更加完备

```
package com.badlogic.androidgames.glbasics;

import java.util.Random;

import javax.microedition.khronos.opengles.GL10;

import com.badlogic.androidgames.framework.Game;
import com.badlogic.androidgames.framework.Screen;
import com.badlogic.androidgames.framework.impl.GLGame;
import com.badlogic.androidgames.framework.impl.GLGraphics;

public class GLGameTest extends GLGame {
    public Screen getStartScreen() {
        return new TestScreen(this);
    }

    class TestScreen extends Screen {
        GLGraphics glGraphics;
        Random rand = new Random();

        public TestScreen(Game game) {
            super(game);
            glGraphics = ((GLGame) game).getGLGraphics();
        }

        @Override
        public void present(float deltaTime) {
```

```
                     GL10 gl = glGraphics.getGL();
                     gl.glClearColor(rand.nextFloat(), rand.nextFloat(),
                            rand.nextFloat(), 1);
                     gl.glClear(GL10.GL_COLOR_BUFFER_BIT);
             }

             @Override
             public void update(float deltaTime) {
             }

             @Override
             public void pause() {
             }

             @Override
             public void resume() {
             }

             @Override
             public void dispose() {
             }
         }
     }
```

该示例程序与上一个示例基本相同。不同的地方有两处：一是 GLGameTest 继承自 GLGame 而不是 Activity，二是使用 Screen 实现替代 GLSurfaceView.Renderer 实现。

在接下来的示例中，示例程序的总体框架是一样的，因此只关注每个示例中与 Screen 实现相关的部分。当然，还必须在启动活动和清单文件中添加示例 GLGame 实现。

基于以上这些准备工作，下面来渲染第一个三角形。

7.5 绘制一个红色的三角形

通过前面章节的讲述，你应该已经了解到在使用 OpenGL ES 绘制几何图形之前需要进行一些设置。其中，有两个设置是我们最关心的：投影矩阵(以及相应的视锥)和视口。视口用来控制输出图像的大小和渲染输出在帧缓冲区中的位置。

7.5.1 定义视口

OpenGL ES 使用视口将投影到近裁剪面的点的坐标变换为帧缓冲区的像素坐标。通过 OpenGL ES，利用下面的方法可以使用帧缓冲区的一部分或者全部：

```
   GL10.glViewport(int x, int y, int width, int height)
```

x 和 y 坐标表示帧缓冲区中视口的左上角，width 和 height 表示视口的大小，单位是像素。需要注意的是 OpenGL ES 假定帧缓冲区坐标系统的原点在屏幕左下角。通常情况下，将 x 和 y 设置为 0，width 和 height 设置为屏幕的分辨率，也就是全屏模式。当然也可以操作 OpenGL ES，使得该方法只使用帧缓冲区的一部分，它会自动缩放渲染输出以适应这部分区域。

注释： 虽然看起来像是该方法设置了渲染用的 2D 坐标系统，但实际上并非如此。它只是定义了 OpenGL ES 用来输出最终图像的帧缓冲区部分。2D 坐标系统是通过投影和模型-视图矩阵定义的。

7.5.2　定义投影矩阵

接下来，需要定义投影矩阵。由于本章只关注 2D 图形，因此只使用平行投影。那么，应当如何处理呢？

1. 矩阵模式与活动矩阵

前面已经讨论过，OpenGL ES 会记录 3 个矩阵：投影矩阵、模型-视图矩阵和纹理矩阵(继续忽略它)。OpenGL ES 提供了一组方法来修改这些矩阵。在使用这些矩阵之前，必须告诉 OpenGL ES 要操作哪个矩阵。该操作可以由下面的方法完成：

```
GL10.glMatrixMode(int mode)
```

参数 mode 可以是 GL10.GL_PROJECTION、GL10.GL_MODELVIEW 或者 GL10.GL_TEXTURE。这些常量各自对应哪个矩阵是很明显的。矩阵操作方法的所有后续调用使用的矩阵都是该方法中设定的矩阵，直到再次调用该方法设定新的活动矩阵。这个矩阵模式是 OpenGL ES 的状态之一(如果应用程序暂停并恢复，上下文会丢失，导致此模式也会丢失)。为使任何后续调用都能够操作投影矩阵，可采用以下方式调用该方法：

```
gl.glMatrixMode(GL10.GL_PROJECTION);
```

2. 使用 glOrthof 设置正交投影

OpenGL ES 提供了下面的方法，该方法可以把活动矩阵设置成一个正交投影矩阵：

```
GL10.glOrthof(int left, int right, int bottom, int top, int near, int far)
```

这看起来像是在视锥裁剪面上做了一些操作，事实确实如此。那么这里应该设置什么值呢？

OpenGL ES 有一个标准坐标系统，如图 7-5 所示。坐标系统的正 x 轴指向右，正 y 轴指向上，正 z 轴指向我们。可以通过 glOrthof()方法定义在该坐标系统下平行投影的视锥。如果重新看一下图 7-3，会发现平行投影的视锥具有盒子形状。glOrthof()的参数可以解释为指定了视锥盒子的其中两个角。图 7-5 说明了这一点。

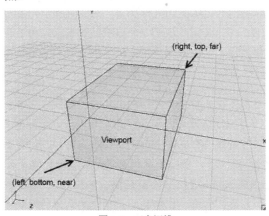

图 7-5　正交视锥

视锥的正面将直接映射到视口上。在全屏视口的情况下,假设是从(0, 0)到(480, 320)(例如 Hero 的横向模式),则正面的左下角将映射到屏幕的左下角,正面的右上角也将映射到屏幕的右上角。OpenGL 会自动缩放图像。

由于需要进行 2D 图形处理,因此必须指明角点(左,底,前)和(右,顶,后)(见图 7-5),这样可以工作在一种像素坐标系下,就像在 Canvas 和 Mr. Nom 中所做的一样。下面演示了如何建立这样的一个坐标系:

```
gl.glOrthof(0, 480, 0, 320, 1, -1);
```

图 7-6 显示了这个视锥。

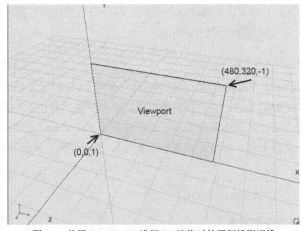

图 7-6　使用 OpenGL ES 进行 2D 渲染时的平行投影视锥

虽然视锥非常薄,但在 2D 模式下,这样是没有问题的。坐标系统的可视范围是从(0, 0, 1)到(480, 320, -1)。在这个盒状区域里的任何点在屏幕上都是可见的。这些点投影到盒状区域的正面,也就是近裁剪面。不论这些投影的尺寸有多大,它们都将被拉伸到视口上。例如一个处于横向模式的 Nexus One,它的分辨率是 800×480 像素。当按照前面提到的大小设定视锥时,可在分辨率是 480×320 像素的坐标系统下工作,OpenGL 将会把这个坐标系统拉伸到 800×480 帧缓冲区上(如果将视口定义到整个帧缓冲区上)。最重要的这与使用的视锥毫无冲突。因此也可以使用角点是(-1, -1, 100)和(2, 2, -100)的盒状区域。所有落在盒状区域内的对象都是可见的,并且会被自动拉伸。

需要注意的是要对近裁剪面和远裁剪面进行设置。由于本章中完全忽略 z 轴,你可能会认为最好将 near 和 far 参数都设置成 0。其实,这是一个很糟糕的主意。为了能够安全可靠地使用视锥,需要给它的 z 轴分配一些缓冲区。所有几何图形上的点的 z 值都设置为 0,这样所有点就都定义在 x-y 平面上——自始至终都是 2D。

注意: 你可能已经注意到了现在的 y 轴是指向上方的,并且坐标原点在屏幕的左下角。虽然诸如 Canvas、UI 框架和其他很多 2D 渲染 API 都是使用 y 轴向下、坐标原点在左上角的约定,但是使用这个“新”坐标系统来进行游戏编程实际上是更方便的。例如,如果 Super Mario 正在跳起,你难道不希望当他做这个动作的时候 y 坐标是增加而不是减少吗?你是否想在其他的坐标系统中工作?可以,只要将 glOrthof()的 bottom 和 top 参数调换一下就行。同样需要指出的是,虽然从几何的观点来讲,视锥的图解基本上是正确的,但实际上 glOrthof()认为的近裁剪面和远裁剪面还是有少许不同的。其中的原因有些复杂,所以在这里假定前面的图解是正确的。

3. 有用的代码片段

下面是本章所有示例都要使用的一段代码。这段代码使用黑色进行清屏，设置视口使其延伸到整个帧缓冲区，设置投影矩阵(由此也设置了视锥)。通过这些设置，就可以在比较舒适的坐标系统下进行工作，该坐标系统的坐标原点设定在屏幕的左下角，y 轴指向上方。

```
gl.glClearColor(0,0,0,1);
gl.glClear(GL10.GL_COLOR_BUFFER_BIT);
gl.glViewport(0, 0, glGraphics.getWidth(), glGraphics.getHeight());
gl.glMatrixMode(GL10.GL_PROJECTION);
gl.glLoadIdentity();
gl.glOrthof(0, 320, 0, 480, 1, -1);
```

这里为什么会有 glLoadIdentity()的身影呢？其实，OpenGL ES 提供的大多数操作活动矩阵的方法并不是直接设置活动矩阵。实际上的做法是，这些方法根据它们携带的参数构造一个临时矩阵，并用这个矩阵与当前的矩阵相乘。glOrthof()方法也不例外。因此，如果在每一帧中都调用 glOrthof()，那么每次调用投影矩阵都会与其自身相乘，这是相当糟糕的情况。为了避免这种状况，在与投影矩阵相乘之前需要确保在合适的地方有一个干净的单位矩阵。记住，一个矩阵与单位矩阵相乘，则该矩阵保持不变。这正是调用 glLoadIdentity()的作用所在。可以把它看成首先加载值 1，然后将其与投影矩阵相乘(在本例中，投影矩阵由 glOrthof()产生)。

需要注意的是，坐标系统由(0, 0, 1)至(320, 480, -1)——这是纵向模式渲染。

7.5.3　指定三角形

接下来，必须向 OpenGL ES 指明将要渲染的三角形。首先，定义一个三角形的组成部分：
- 一个三角形由 3 个点组成；
- 每个点都称为顶点；
- 一个顶点对应 3D 空间中的一个位置；
- 3D 空间中的一个位置由 3 个浮点数表示，分别是 x、y、z 坐标；
- 一个顶点可以有一些附加属性，例如颜色或者纹理坐标(将在稍后讲述)，这些属性也由浮点数表示。

OpenGL ES 采用数组形式定义三角形。但是，OpenGL ES 实际上是通过 C API 提供接口，因此无法使用标准 Java 数组。这里使用的替代方法是采用 Java 的 NIO 缓冲区，该缓冲区是一段连续字节的内存块。

1. NIO 缓冲区的一点题外话

为了保证完全准确，需要使用直接 NIO 缓冲区。这意味着这块内存不是在虚拟机的堆内存中，而是在主机的堆内存中。为构造这样的一个直接 NIO 缓冲区，可以使用下面的代码：

```
ByteBuffer buffer = ByteBuffer.allocateDirect(NUMBER_OF_BYTES);
buffer.order(ByteOrder.nativeOrder());
```

上面的代码将分配一个总长 NUMBER_OF_BYTES 字节的 ByteBuffer，并且保证字节的顺序等于底层的 CPU 的字节顺序。一个 NIO 缓冲区有 3 个属性：

- Capacity：缓冲区可以容纳的元素的总个数；
- Position：下一个元素将要写入或读取的当前位置；
- Limit：最后一个元素的索引加 1。

一个缓冲区的容量实际上是它的大小。在本例中，ByteBuffer 的容量是字节数。Position 和 Limit 属性可以看成是在缓冲区中从位置开始到界限(不包括在内)为止定义的一个段。

既然需要使用浮点数表示顶点，那么最好不用处理字节。幸运的是，可将 ByteBuffer 实例转换成 FloatBuffer 实例，这样就可以使用浮点数了：

```
FloatBuffer floatBuffer = buffer.asFloatBuffer();
```

在 FloatBuffer 中，容量、位置和界限都是浮点型。这些缓冲区的使用方式也很简单——如下面的代码所示：

```
float[] vertices = { ... definitions of vertex positions etc ...;
floatBuffer.clear();
floatBuffer.put(vertices);
floatBuffer.flip();
```

首先使用标准的 Java 浮点型数组定义数据。在将浮点型数组存入缓冲区之前，需要通过 clear() 方法将缓冲区清空。这样做实际上并不擦除任何数据，它只是把位置属性设为 0，把界限属性设为容量。接下来使用 FloatBuffer.put(float[] array)方法从缓冲区的当前位置开始将全部内容复制到缓冲区中。在复制完成后，缓冲区的位置属性值将加上数组的长度。接着，put()方法会给复制到缓冲区中的最后一个数组的数据附加其他数据。最后调用的 FloatBuffer.flip()只是将位置值和界限值交换。

对于这个示例，假设顶点数组是 5 个浮点数的大小，并且 FloatBuffer 有足够的容量来存储这 5 个浮点数。在调用 FloatBuffer.put()后，缓冲区的位置属性值是 5(索引 0 到 4 已经被数组的 5 个浮点数占有)。界限值仍然等于缓冲区的容量值。在调用 FloatBuffer.flip()之后，位置值设置为 0，而界限值设置为 5。任何想要从缓冲区中读取数据的一方都将知道它应该从索引为 0~4 的区间读取数据(记住界限值是不包括在内的)，并且这也是 OpenGL ES 需要准确知道的。然而，需要注意的是，OpenGL ES 会忽略界限。通常，除需要将缓冲区传递给它之外，还需要告诉它读取元素的数量。此处没有错误检查，因此需要小心。

有时，在填充完缓冲区后，手动设置位置属性是很有用的。通过调用下面的方法可以实现该功能：

```
FloatBuffer.position(int position)
```

当需要临时给一个填充过的缓冲区设置一个非零位置值，以便 OpenGL ES 将从指定的位置开始进行读取时，这个方法就会派上用场。

2. 将顶点发送到 OpenGL ES

那么，如何定义三角形 3 个顶点的位置呢？假定坐标系统是从(0, 0, 1)到(320, 480, -1)，可以在如下所示的代码片段中定义它：

```
ByteBuffer byteBuffer = ByteBuffer.allocateDirect(3 * 2 * 4);
byteBuffer.order(ByteOrder.nativeOrder());
FloatBuffer vertices = byteBuffer.asFloatBuffer();
vertices.put(new float[] {    0.0f,    0.0f,
```

```
                          319.0f,   0.0f,
                          160.0f, 479.0f });
vertices.flip();
```

前 3 行代码你应该已经很熟悉了。唯一值得注意的部分是分配了多少个字节。这里有 3 个顶点，每一个顶点是由一个给定 x、y 坐标的位置组成的。每一个坐标值是一个浮点数，占据 4 个字节。3 个顶点数量乘以两个坐标值数量，再乘以 4 个字节数量，因此这个三角形共需要 24 个字节。

注意： 只能使用 x、y 坐标指定顶点，OpenGL ES 会自动将 z 坐标置 0。

接下来，在缓冲区中使用一个浮点数组保存顶点的位置。三角形从左下角(0, 0)坐标开始，直到视锥/屏幕的右边缘(319, 0)，然后到达视锥/屏幕顶边缘的中部。作为一个使用 NIO 缓冲区的好习惯，在缓冲区上也使用了 flip()方法。这样，位置将被设置为 0，界限值将被设置为 6(记住，FloatBuffer 的界限和位置值都是浮点型，而不是字节)。

一旦 NIO 缓冲区可用，OpenGL ES 便可根据它的当前状态(即视口和投影矩阵)进行绘制。示例代码如下所示：

```
gl.glEnableClientState(GL10.GL_VERTEX_ARRAY);
gl.glVertexPointer( 2, GL10.GL_FLOAT, 0, vertices);
gl.glDrawArrays(GL10.GL_TRIANGLES, 0, 3);
```

glEnableClientState()方法的调用是有点遗留问题的。它告诉 OpenGL ES 这些需要绘制的顶点都有一个位置。说它有点问题的原因有以下两点：

- 常量名为 GL10.GL_VERTEX_ARRAY，这容易造成混淆。命名为 G10.GL_POSITION_ARRAY 会更好一点。
- 因为无法绘制任何没有位置的物体，所以调用该方法有些多余。但仍然这样做的目的是为了满足 OpenGL ES 的要求。

在调用 glVertexPointer()方法时，需要告诉 OpenGL ES 从何处取得顶点的位置和其他一些附加信息。第一个参数告诉 OpenGL ES 每个顶点位置是由 x、y 坐标组成的。如果需要指定 x、y 和 z 的值，那么要将该参数设置为 3。第二个参数告诉 OpenGL ES 坐标所使用的数据类型。在本例中是 GL10.GL_FlOAT，这说明坐标值使用的是浮点型，占用 4 个字节。第三个参数是步长，告诉 OpenGL 顶点位置值之间的字节距离。在本例中，步长为零，说明位置值是紧密封装的(vertex1(x, y)、vertex2(x, y)等)。最后一个参数是 FloatBuffer，对于它需要记住两点：

- FloatBuffer 代表原生堆中的一个内存块，并有一个起始地址。
- FloatBuffer 的位置是从起始地址开始的偏移量。

OpenGL ES 将管理该缓冲区的起始地址并将缓冲区的位置设为浮点数所在的位置。当需要绘制缓冲区中的内容时，OpenGL ES 将从该位置读取这些顶点值。顶点指针(应该称为位置指针)是 OpenGL ES 的一个状态。只要该值未改动(上下文也未丢失)，OpenGL ES 将记住并在所有需要使用顶点位置的子调用中使用它。

最后调用 glDrawArrays()方法，它将绘制三角形。第一个参数指明了将要绘制的物体类型。在本例中，通过 GL10.GL_TRIANGLES 指明将渲染三角形。下一个参数是与顶点指针指向的第一个顶点相关连的偏移量。该偏移量是以顶点为单位进行测量的，而不是以字节或浮点为单位。如果指定了多个三角形，那么可以使用这个偏移量渲染三角形列表的一个子集。最后一个参数告诉 OpenGL ES 渲染时使用的顶点数量，在本例中是 3 个顶点。需要注意的是，如果绘制的是

GL10.GL_TRIANGLES 类型，顶点数量就必须是 3 的倍数。对于其他类型，规则会稍有不同。

一旦发出了 glVertexPointer()命令，OpenGL ES 将把顶点位置传输到 GPU 并进行存储以供后续渲染命令使用。每当 OpenGL ES 渲染顶点时，它读取顶点位置数据，这些数据是最近一次使用 glVertexPointer()指定的。

每个顶点可能拥有多个属性，而不仅仅只是位置。其他属性可能是顶点的颜色。这些属性通常称为顶点属性。

你可能会很好奇，这里只指定了三角形的位置信息，那么 OpenGL ES 是怎么知道三角形的颜色的。实际情况是当没有指定顶点属性时，OpenGL ES 会将这些属性设为默认值。绝大多数默认值可以直接设置。例如，当需要为绘制的所有顶点设置默认颜色时，使用如下所示的方法：

```
GL10.glColor4f(float r, float g, float b, float a)
```

这个方法将为所有未指定颜色的顶点设置默认颜色。颜色值采用 RGBA 格式，取值区间为 0.0～1.0，与前面提到的清屏颜色是一样的。OpenGL ES 的默认颜色值从(1, 1, 1, 1)开始，这意味着从完全不透明的纯白色开始。

这些就是使用 OpenGL ES 渲染一个自定义平移投影的三角形需要的所有代码。总共仅有 16 行代码，它们完成了清屏、设置视口与投影矩阵、创建存储顶点位置的 NIO 缓冲区和绘制三角形。本书用了一些篇幅来讲解这些内容。当然可以去掉这些细节进行粗略的讲解。但问题是 OpenGL ES 是相当复杂的，并且为了避免出现空白屏的情况，最好清楚了解这些内容而不仅仅是复制粘贴代码。

7.5.4　综合示例

本节最后通过一个 GLGame 和 Screen 实现将所有代码进行整合。程序清单 7-5 显示了完整示例。

程序清单 7-5　FirstTriangleTest.java

```
package com.badlogic.androidgames.glbasics;

import java.nio.ByteBuffer;
import java.nio.ByteOrder;
import java.nio.FloatBuffer;

import javax.microedition.khronos.opengles.GL10;

import com.badlogic.androidgames.framework.Game;
import com.badlogic.androidgames.framework.Screen;
import com.badlogic.androidgames.framework.impl.GLGame;
import com.badlogic.androidgames.framework.impl.GLGraphics;

public class FirstTriangleTest extends GLGame {
    @Override
    public Screen getStartScreen() {
        return new FirstTriangleScreen(this);
    }
}
```

FirstTriangleTest 类派生自 GLGame，并实现了 Game.getStartScreen()方法。在该方法中创建了一个新的 FirstTriangleScreen，它将被 GLGame 频繁地更新和展现。需要注意，当该方法被调用时，程序已经处于主循环中——或在 GLSurfaceView 渲染线程中——因此可在 FirstTriangleScreen 类的构造函数中使用该方法。下面仔细地看一看 Screen 的实现代码：

```java
class FirstTriangleScreen extends Screen {
    GLGraphics glGraphics;
    FloatBuffer vertices;

    public FirstTriangleScreen(Game game) {
        super(game);
        glGraphics = ((GLGame)game).getGLGraphics();

        ByteBuffer byteBuffer = ByteBuffer.allocateDirect(3 * 2 * 4);
        byteBuffer.order(ByteOrder.nativeOrder());
        vertices = byteBuffer.asFloatBuffer();
        vertices.put( new float[] {    0.0f,    0.0f,
                                     319.0f,    0.0f,
                                     160.0f,  479.0f});

        vertices.flip();
    }
```

FirstTriangleScreen 类有两个成员：GLGraphics 实例和用来存储三角形 3 个顶点的 2D 位置的 FloatBuffer。在构造函数中，从 GLGame 中获取 GLGraphics 实例，使用前面所示的代码片段创建并填充 FloatBuffer。Screen 构造函数接受一个 Game 实例作为参数，所以必须将它转换成一个 GLGame 实例，这样才可以使用 GLGame.getGLGraphics()方法。

```java
@Override
public void present(float deltaTime) {
    GL10 gl = glGraphics.getGL();
    gl.glViewport(0, 0, glGraphics.getWidth(), glGraphics.getHeight());
    gl.glClear(GL10.GL_COLOR_BUFFER_BIT);
    gl.glMatrixMode(GL10.GL_PROJECTION);
    gl.glLoadIdentity();
    gl.glOrthof(0, 320, 0, 480, 1, -1);

    gl.glColor4f(1, 0, 0, 1);
    gl.glEnableClientState(GL10.GL_VERTEX_ARRAY);
    gl.glVertexPointer( 2, GL10.GL_FLOAT, 0, vertices);
    gl.glDrawArrays(GL10.GL_TRIANGLES, 0, 3);
}
```

present()方法反映了前面所讨论过的内容：设置视口、清屏、设置投影矩阵等，以便我们在自定义的坐标系统下工作，设置默认的顶点颜色(示例中是红色)，指明顶点的位置并通知 OpenGL ES 在哪里可以找到这些顶点位置，并最终渲染出一个红色的小三角形。

```java
@Override
public void update(float deltaTime) {
    game.getInput().getTouchEvents();
    game.getInput().getKeyEvents();
}

@Override
public void pause() {

}

@Override
```

```
public void resume() {

}

@Override
public void dispose() {

}
}
}
```

该类的剩余部分只是一些样板代码。在 update()方法中，必须确保事件缓冲区没有填满。剩下的代码不做任何工作。

注意：从这里开始，将只关注 Screen 类本身，因为包含它的 GLGame 的派生类(例如 FirstTriangle-Test)将保持不变。同时也将删除任何空的或样板式的代码以便减小代码量。接下来的示例之间的不同只在于成员变量、构造函数和展现方法。

图 7-7 显示了程序清单 7-5 的输出结果。

从 OpenGL ES 的最佳实践来看，在前面的示例中我们做错了以下几件事情：

- 在没有需求的地方，仍然一遍又一遍地将同一状态设为相同值。在 OpenGL ES 中改变状态的开销是巨大的——因此能省则省。在单一帧中，应当尽力减少状态改变的次数。
- 视口和投影矩阵一经设置就不会再改变。应当将这些代码移到 resume()方法中，该方法只在 OpenGL ES 界面每次(重新)创建的时候被调用；这样也处理了 OpenGL ES 的上下文丢失。
- 应当将设置颜色的代码移到 resume()方法中，这些代码设置的颜色用来清除或设置默认的顶点颜色。这两种颜色也不会改变。
- 应当将 glEnableClientState()和 glVertexPointer()方法移动到 resume()中。

图 7-7 第一个有吸引力的三角形

- 唯一需要在每一帧中都调用的方法是 glClear()和 glDrawArrays()。这两种方法都使用 OpenGL ES 的当前状态，只要我们不修改，并且不会因为活动暂停和恢复而丢失上下文，当前的状态就将保持不变。

如果在实际操作中使用这些优化技巧，那么在主循环中将只需要两个 OpenGL ES 调用。为了清晰起见，现在不使用这种最小状态变化的优化手段。当开始实现第一个 OpenGL ES 游戏时，应该尽可能地按照这些操作来保证得到良好的性能。

下面给三角形顶点添加一些属性，从颜色开始。

注意：非常仔细的读者可能已经注意到，在图 7-7 中，三角形的右下角实际上丢失了一个像素。这看起来像是一个典型的一位偏移错误，但实际上这是因为 OpenGL ES 光栅化(绘制像素)三角形时所采用的方式造成的。有一个特定的三角形光栅处理规则导致了这个问题。不过不必担心——绝大多数时候，我们需要关注的是渲染 2D 矩形(由两个三角形组成)，其中不会存在这个问题。

7.6　指定每个顶点的颜色

在上一个示例中，通过使用 glColor4f()为所有的顶点设置了一个全局的默认颜色。但有时需要更多细粒度的控制(例如，需要为每个顶点设置颜色)。OpenGL ES 提供了这样的功能，并且非常简单易用。需要做的只是将 RGBA 浮点分量加到每个顶点，并告诉 OpenGL ES 在哪里可以找到每个顶点的颜色，这与告诉它从哪里获取每个顶点的位置非常相似。下面从为每个顶点添加颜色开始：

```java
int VERTEX_SIZE = (2 + 4) * 4;
ByteBuffer byteBuffer = ByteBuffer.allocateDirect(3 * VERTEX_SIZE);
byteBuffer.order(ByteOrder.nativeOrder());
FloatBuffer vertices = byteBuffer.asFloatBuffer();
vertices.put( new float[] {   0.0f,     0.0f,   1, 0, 0, 1,
                            319.0f,     0.0f,   0, 1, 0, 1,
                            160.0f,   479.0f,   0, 0, 1, 1});
vertices.flip();
```

首先，需要给这 3 个顶点分配一个 ByteBuffer 空间。那么，ByteBuffer 需要多大空间呢？每个顶点需要两个坐标和 4 个(RGBA)颜色分量，因此一共需要 6 个浮点数。每个浮点数占有 4 个字节，也就是说，一个顶点需要 24 个字节，将该信息存储在 VERTEX_SIZE 中。当调用 ByteBuffer.allocate-Direct()方法时，只需将顶点数乘以 VERTEX_SIZE 就可得到需要的 ByteBuffer 空间。剩下的部分就更不需要解释。使用一个 FloatBuffer 来处理 ByteBuffer 并使用 put()将顶点保存到 ByteBuffer 中。浮点数组的每一行都按顺序保存 x、y 坐标和顶点的 R、G、B、A 颜色分量。

如果需要渲染它，就必须告诉 OpenGL ES 这些顶点不但有位置信息，还有颜色属性。像以前一样，首先调用 glEnableClientState()。

```java
gl.glEnableClientState(GL10.GL_VERTEX_ARRAY);
gl.glEnableClientState(GL10.GL_COLOR_ARRAY);
```

现在 OpenGL ES 知道它可以得到每个顶点的位置和颜色信息，还需要告诉它从哪里可以获得这些信息：

```java
vertices.position(0);
gl.glVertexPointer(2, GL10.GL_FLOAT, VERTEX_SIZE, vertices);
vertices.position(2);
gl.glColorPointer(4, GL10.GL_FLOAT, VERTEX_SIZE, vertices);
```

我们首先设置 FloatBuffer 的位置。FloatBuffer 从 0 开始保存这些顶点。这个位置指向缓冲区中第一个顶点的 x 坐标。接下来调用 glVertexPointer()方法。唯一与前面示例不同的地方是这里需要指明顶点的大小(记住，以字节为单位)。OpenGL ES 将从指定的缓冲区的起始位置读取顶点位置。第一个顶点位置的地址增加 VERTEX_SIZE 字节后得到第二个顶点位置的地址，依此类推。

接下来，设置第一个顶点的 R 颜色分量在缓冲区中的位置并调用 glColorPointer()方法，该方法告诉 OpenGL ES 在哪里可以找到顶点的颜色。第一个参数是每个颜色的分量数。分量数一直都是 4，这是因为 OpenGL ES 要求每个顶点的颜色由 R、G、B 和 A 四个分量组成。第二个参数指明了每个分量的类型。与顶点的坐标一样，再次使用 GL10.GL_FLOAT 来声明每个颜色分量都是浮点型，并且取值范围为 0～1。第三个参数是顶点颜色间的步长。自然地，它与顶点位置间的步长是一样的。最后一个参数则是顶点缓冲区。

只要在调用 glColorPointer() 之前调用 vertices.position(2)，OpenGL ES 就会知道第一个顶点的颜色是从缓冲区中的第三个浮点数开始的。如果不将缓冲区的位置设为 2，OpenGL ES 将从位置 0 开始读取颜色值。这将出现错误，因为这是第一个顶点的 x 坐标的位置。图 7-8 显示的是 OpenGL ES 从哪里读取顶点属性并如何按属性从一个顶点跳到下一个顶点。

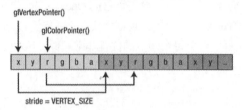

图 7-8　顶点的 FloatBuffer，开始地址是 OpenGL ES 开始读取位置/颜色的地方，步长用来跳到下一个位置/颜色

为绘制三角形，需要再次调用 glDrawElements() 方法，该方法告诉 OpenGL ES 使用 FloatBuffer 中的前 3 个顶点绘制一个三角形。

```
gl.glDrawElements(GL10.GL_TRIANGLES, 0, 3);
```

由于启用了 GL10.GL_VERTEX_ARRAY 和 GL10.GL_COLOR_ARRAY，OpenGL ES 知道它应该使用由 glVertexPointer() 和 glColorPointer() 设置的属性。它将忽略默认颜色，因为已经为每个顶点指定了颜色。

注释： 此处指定顶点位置和颜色的方法称为交叉方式(interleaving)。这意味着同一个顶点的属性封装在一个连续内存块中。还有另一种实现方式：非交叉顶点数组(noninterleaved vertex arrays)。它需要使用两个 FloatBuffer，一个用来存储位置，另一个用来存储颜色。因为交叉方式在内存存储方面有诸多好处，因此此处不讨论非交叉顶点数组方式。

现在，将所有代码整合到一个新的 GLGame 和 Screen 实现中会是一件非常轻松的工作。程序清单 7-6 显示了摘自文件 ColoredTriangleTest.java 的代码，其中删除了样板代码。

程序清单 7-6　节选自 ColoredTriangleTest.java：位置和颜色属性交叉在一起

```
class ColoredTriangleScreen extends Screen {
    final int VERTEX_SIZE = (2 + 4) * 4;
    GLGraphics glGraphics;
    FloatBuffer vertices;

    public ColoredTriangleScreen(Game game) {
        super(game);
        glGraphics = ((GLGame) game).getGLGraphics();

        ByteBuffer byteBuffer = ByteBuffer.allocateDirect(3 * VERTEX_SIZE);
        byteBuffer.order(ByteOrder.nativeOrder());
        vertices = byteBuffer.asFloatBuffer();
        vertices.put( new float[] {    0.0f,    0.0f, 1, 0, 0, 1,
                                     319.0f,    0.0f, 0, 1, 0, 1,
                                     160.0f,  479.0f,  0, 0, 1, 1});
        vertices.flip();
    }

    @Override
```

```
public void present(float deltaTime) {
    GL10 gl = glGraphics.getGL();
    gl.glViewport(0, 0, glGraphics.getWidth(), glGraphics.getHeight());
    gl.glClear(GL10.GL_COLOR_BUFFER_BIT);
    gl.glMatrixMode(GL10.GL_PROJECTION);
    gl.glLoadIdentity();
    gl.glOrthof(0, 320, 0, 480, 1, -1);

    gl.glEnableClientState(GL10.GL_VERTEX_ARRAY);
    gl.glEnableClientState(GL10.GL_COLOR_ARRAY);

    vertices.position(0);
    gl.glVertexPointer(2, GL10.GL_FLOAT, VERTEX_SIZE, vertices);
    vertices.position(2);
    gl.glColorPointer(4, GL10.GL_FLOAT, VERTEX_SIZE, vertices);
    gl.glDrawArrays(GL10.GL_TRIANGLES, 0, 3);
}
```

它看起来仍然很简单。与前面的示例相比，改动的部分是在 FloatBuffer 中为每个顶点增加了 4 个颜色分量并启用了 GL10.GL_COLOR_ARRAY。最棒的事情是，在下面示例中增加的顶点属性将采用同样的方式。需要做的仅仅是告诉 OpenGL ES 不要使用指定属性的默认值，而是从 FloatBuffer 中查找替代的属性值即可。该属性值从一个指定的位置开始，并可以按 VERTEX_SIZE 字节依次查找。

现在也可以关闭 GL10.GL_COLOR_ARRAY，这样 OpenGL ES 可以再次使用默认的顶点颜色。对于默认的顶点颜色，可以采用之前的方式，通过 glColor4f() 方法设置。为关闭 GL10.GL_COLOR_ARRAY，可以调用：

```
gl.glDisableClientState(GL10.GL_COLOR_ARRAY);
```

OpenGL ES 将只是关闭从 FloatBuffer 读取颜色的功能。如果已经通过 glColorPointer() 方法设置了颜色指针，OpenGL ES 将记住该指针，即使我们告诉 OpenGL ES 不要使用该指针也同样如此。

为了完成这个示例，下面看看前面的程序运行后的输出。图 7-9 显示的是一个屏幕截图。

它非常简洁漂亮。此处没有对 OpenGL ES 如何使用指定的 3 种颜色做出任何假设(左下顶点使用红色，右下顶点使用绿色，上顶点使用蓝色)。OpenGL ES 将自动在顶点之间填充颜色。这样，就可以轻松地创建漂亮的渐变。然而，只有颜色并不能一直满足需求。我们还希望能够使用 OpenGL ES 绘制图像。这就是所谓的纹理映射发挥作用的地方。

图 7-9　每个顶点都设置颜色的三角形

7.7 纹理映射：轻松地创建壁纸

在实现 Mr. Nom 时，加载了一些位图并直接把它们绘制在帧缓冲区上——没有旋转，只有一点点缩放，这很容易实现。在 OpenGL ES 中，我们更多关心三角形，因为它们可以指向任意的方向或随意缩放。那么，在 OpenGL 中怎么渲染位图呢？

只需要将位图加载到 OpenGL ES(最终会加载到 GPU 中，GPU 它有自己的专用 RAM)，为三角形的每个顶点增加一个新属性，告诉 OpenGL ES 渲染这个三角形并把位图(OpenGL ES 也称其为纹理)应用到这个三角形上。下面首先看看需要为顶点指定哪些新的属性。

7.7.1 纹理坐标

为将一个位图映射到一个三角形上，需要为三角形的每个顶点增加纹理坐标(texture coordinates)。什么是纹理坐标？它把纹理(上传的位图)中的一个点映射到三角形的一个顶点上。纹理映射通常都是 2D 的。

相对位置坐标称为 x、y、z，纹理坐标通常称为 u、v，或 s、t，这依赖于图像程序员所处的圈子。OpenGL ES 将它们称为 s、t，因此本书也将使用这一称法。如果你阅读的网络资料采用的是 u/v 命名法，不要感到困惑：它们和 s、t 是一样的。那么，这个坐标看起来是什么样子的呢？图 7-10 显示的是在 OpenGL ES 中加载 Bob 后，Bob 在纹理坐标系统中的样子。

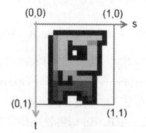

图 7-10　在纹理坐标系统下加载到 OpenGL ES 中的 Bob

这里有些比较有趣的事情。首先，s 等价于标准坐标系统里的 x 坐标，t 等价于 y 坐标。s 轴指向右，t 轴指向下。坐标系统的原点刚好落在 Bob 图像的左上角。图像的右下角映射到(1, 1)。

那么，像素坐标发生了什么变化呢？看起来，OpenGL ES 好像并不太喜欢它们。上传的任何图像，不论它有多宽和多高的像素，都被嵌入到这个坐标系统里。图像的左上角一直都是(0, 0)，右下角也一直都是(1, 1)——即使宽度是高度的两倍。这称为规范化坐标，并且这有时确实会使我们的工作更简单。那么，怎么将 Bob 映射到三角形上呢？只需要给出三角形每个顶点在 Bob 坐标系统中的纹理坐标对即可。图 7-11 显示的是几个配置。

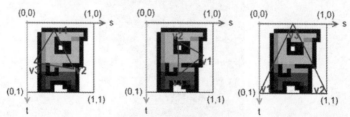

图 7-11　3 个不同的三角形映射到 Bob，三角形的顶点分别命名为 v1、v2 和 v3

三角形的顶点可以任意映射到纹理坐标系统。需要注意的是三角形在位置坐标系统和纹理坐标系统中的朝向不必相同。这两个坐标系统是完全不耦合的。下面看看如何把这些纹理坐标添加到顶点中：

```
int VERTEX_SIZE = (2 + 2) * 4;
ByteBuffer byteBuffer = ByteBuffer.allocateDirect(3 * VERTEX_SIZE);
byteBuffer.order(ByteOrder.nativeOrder());
vertices = byteBuffer.asFloatBuffer();
vertices.put( new float[] {     0.0f,     0.0f,  0.0f, 1.0f,
                              319.0f,     0.0f,  1.0f, 1.0f,
                              160.0f,   479.0f,  0.5f, 0.0f});
vertices.flip();
```

这非常简单。需要做的所有事情是必须保证缓冲区有足够的空间，然后依次添加每个顶点的纹理坐标。前面的代码对应图 7-10 中最右边的映射。需要注意的是顶点的位置仍然按通常的坐标系统给出，该坐标系统是通过投影定义的。如果需要的话，也可以像前面的示例一样给每个顶点添加颜色属性。OpenGL ES 会把顶点间填充的颜色和三角形映射部分的纹理颜色进行动态混合。当然，还要根据需要调整缓冲区的大小和 VERTEX_SIZE 常量(例如(2+4+2)×4)。为了告诉 OpenGL ES 顶点含有纹理坐标数据，需要再次使用 glEnableClientState()和 glTexCoordPointer()方法，它们的作用与 glVertexPointer()和 glColorPointer()相同(能从中看出一种模式吗？)。

```
gl.glEnableClientState(GL10.GL_VERTEX_ARRAY);
gl.glEnableClientState(GL10.GL_TEXTURE_COORD_ARRAY);

vertices.position(0);
gl.glVertexPointer(2, GL10.GL_FLOAT, VERTEX_SIZE, vertices);
vertices.position(2);
gl.glTexCoordPointer(2, GL10.GL_FLOAT, VERTEX_SIZE, vertices);
```

好的，看起来非常相似。剩下的问题是如何把纹理上传到 OpenGL ES 和告诉它把纹理映射到三角形上。自然地，这看起来会有点复杂。不过不必害怕，这仍然很简单。

7.7.2　上传位图

首先，必须上传位图。下面是如何在 Android 中如何实现它：

```
Bitmap bitmap = BitmapFactory.decodeStream(game.getFileIO().readAsset("bobrgb888.png"));
```

这里，按照 RGB888 配置加载 Bob。接下来需要告诉 OpenGL ES 创建一个新的纹理。OpenGL ES 对一些事物有相应的对象概念，例如纹理。使用下面的方法创建纹理对象：

```
GL10.glGenTextures(int numTextures, int[] ids, int offset)
```

第一个参数指明需要创建多少个纹理对象。通常只需创建一个这样的对象。第二个参数是一个整型数组，OpenGL ES 把生成的纹理对象的 ID 保存到该数组中。最后一个参数只是告诉 OpenGL ES 从数组的何处开始保存 ID。

前面已经讲过，OpenGL ES 是以 C 语言 API 的方式提供的。它自然无法为一个新的纹理返回一个 Java 对象。作为替代方法，它提供了纹理的 ID 或句柄。每当需要 OpenGL ES 处理指定的纹理时，只需要指定它的 ID 即可。因此这里有一个更全的代码片段，显示了如何生成一个新的纹理对象和取得它的 ID。

```
int textureIds[] = new int[1];
gl.glGenTextures(1, textureIds, 0);
int textureId = textureIds[0];
```

纹理对象仍是空的,这意味着它还没有任何图像数据。下面上传位图。首先,需要做的是绑定纹理。在 OpenGL ES 中绑定某种对象,意味着在后续所有的调用中使用指定的对象,直到再次更改绑定。此处需要绑定的是一个纹理对象,使用 glBindTexture()方法来实现。一旦绑定了一个纹理,就可以操作它的属性,如它的图像数据。下面介绍如何上传 Bob 到这个新的纹理对象:

```
gl.glBindTexture(GL10.GL_TEXTURE_2D, textureId);
GLUtils.texImage2D(GL10.GL_TEXTURE_2D, 0, bitmap, 0);
```

首先使用 glBindTexture()方法绑定纹理对象。第一个参数指明了需要绑定的纹理的类型。Bob 图像是 2D 的,因此,使用 GL10.GL_TEXTURE_2D。还有其他一些纹理类型,但本书中不需要使用它们,而是在需要使用纹理类型的方法中一直使用 GL10.GL_TEXTURE_2D。第二个参数是纹理的 ID。一旦该方法返回,后续所有使用 2D 纹理的方法都使用这个纹理对象。

接下来的方法调用了 GLUtils 类的一个方法,GLUtils 类由 Android 框架提供。通常上传纹理图像的任务都是十分复杂的;该类可以提供帮助,需要做的是指明纹理类型(GL10.GL_TEXTURE_2D)、多纹理映射层次(将在第 11 章中讲到,默认为 0)、需要上传的位图和一个在所有情况下都要设为 0 的参数。在此调用之后,图像数据就加载到纹理对象上。

注意:纹理对象和它的图像数据实际上都保存在视频 RAM 中,而不是通常的 RAM 中。当 OpenGL ES 上下文销毁后(例如,活动暂停和继续时),纹理对象(和图像数据)将会丢失。这意味着在 OpenGL ES 上下文(重新)创建时,都必须重新创建纹理对象并重新上传图像数据。如果不这样做,那么只会看到一个白色三角形。

7.7.3 纹理过滤

在使用纹理对象之前,还有一件事情需要做。三角形所在屏幕上占据的区域可能比纹理投影的区域大很多或小很多。例如,图 7-10 的 Bob 图像的大小是 128×128 像素。三角形映射了一半的图像,只使用了纹理的(128×128)/2 像素(也称为纹元)。当使用先前定义的坐标在屏幕上绘制这个三角形时,它将占据(320×480)/2 像素。这样在屏幕上使用的像素远比纹理映射获取的像素多得多。当然也可能出现另外的状况:在屏幕上使用的像素比纹理映射的区域小很多。第一种情况称为放大倍数(magnification),而第二种情况称为缩小倍数(minification)。对于每种情况,都需要告诉 OpenGL ES 应该把纹理放大还是缩小。放大和缩小操作在 OpenGL ES 中也称为放大倍数和缩小倍数过滤器。这些过滤器是纹理对象的属性,就像图像数据一样。在设置它们之前,需要确定纹理对象已经通过 glBindTexture()调用进行了绑定。如果已经绑定,则可以像下面这样进行设置:

```
gl.glTexParameterf(GL10.GL_TEXTURE_2D,GL10.GL_TEXTURE_MIN_FILTER,GL10.GL_NEAREST);
gl.glTexParameterf(GL10.GL_TEXTURE_2D,GL10.GL_TEXTURE_MAG_FILTER,GL10.GL_NEAREST);
```

两次调用都使用了方法 GL10.glTexParameterf(),该方法可以设置纹理的属性。在第一个调用中指明了缩小倍数过滤器;在第二个调用中使用了放大倍数过滤器。该方法的第一个参数是纹理类型,此处使用的是默认的 GL10.GL_TEXTURE_2D。第二个参数告诉该方法将要设置的是哪个属性——在本例中是 GL10.GL_TEXTURE_MIN_FILTER 和 GL10.GL_TEXTURE_ MAG_FILTER。最后一个参数指明了过滤器的类型。此处有两个选择：GL10.GL_NEAREST 和 GL10.GL_LINEAR。

第一种过滤器总是选择要映射到像素的纹理映射中最接近的纹元。第二种过滤器类型采样距待处理的三角形像素最近的 4 个纹元，取它们的平均值之后得到该像素的最终颜色。如果需要得到像素化的图像，可以使用第一种类型的过滤器，而如果想要得到平滑的图像，则需要使用第二种类型的过滤器。图 7-12 显示了这两类过滤器之间的不同。

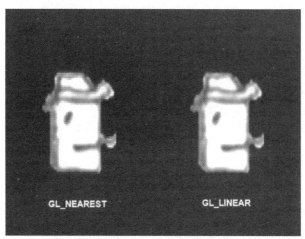

图 7-12　GL10.GL_NEAREST 与 GL10.GL_LINEAR 的对比。第一种类型
的过滤器得到像素化的图像，第二种类型则平滑图像

现在纹理对象已经得到完整的定义：创建一个 ID，设置图像数据，明确使用的过滤器以保证渲染的质量。一旦定义完纹理，取消纹理绑定是通常的做法。当不再需要加载的位图时，也应当对其进行回收。为什么要浪费内存呢？下面的代码片段可以实现该功能：

```
gl.glBindTexture(GL10.GL_TEXTURE_2D, 0);
bitmap.recycle();
```

0 是一个特殊的 ID，它告诉 OpenGL ES 应当解除当前绑定的对象。当然，如果还需要使用这个绘制三角形，就要重新将其绑定。

7.7.4　释放纹理

当不再需要纹理对象时，知道如何从视频 RAM 删除它是非常有用的(就像使用 Bitmap. recycle() 释放位图内存一样)。下面的代码片段可以实现该功能：

```
gl.glBindTexture(GL10.GL_TEXTURE_2D, 0);
int textureIds = { textureid };
gl.glDeleteTextures(1, textureIds, 0);
```

需要注意的是，在删除纹理对象之前必须确保它当前并未被绑定。剩下的部分与如何使用 glGenTexture()方法创建一个纹理对象非常相似。

7.7.5 有用的代码片段

为便于参考，此处给出在 Android 中创建纹理对象、加载图像数据和设置过滤器的完整代码片段。

```
Bitmap bitmap = BitmapFactory.decodeStream(game.getFileIO().readAsset("bobrgb888.png"));
int textureIds[] = new int[1];
gl.glGenTextures(1, textureIds, 0);
int textureId = textureIds[0];
gl.glBindTexture(GL10.GL_TEXTURE_2D, textureId);
GLUtils.texImage2D(GL10.GL_TEXTURE_2D, 0, bitmap, 0);
gl.glTexParameterf(GL10.GL_TEXTURE_2D, GL10.GL_TEXTURE_MIN_FILTER, GL10.GL_NEAREST);
gl.glTexParameterf(GL10.GL_TEXTURE_2D, GL10.GL_TEXTURE_MAG_FILTER, GL10.GL_NEAREST);
gl.glBindTexture(GL10.GL_TEXTURE_2D, 0);
bitmap.recycle();
```

这段代码最重要的部分是一旦完成操作，就回收位图。否则将浪费内存。这时，图像数据已经安全地存储在视频 RAM 中的纹理对象内(直到上下文丢失且需要重新加载它)。

7.7.6 启用纹理

在能够使用纹理绘制三角形之前，还需要做一件事情。需要绑定纹理，并告诉 OpenGL ES 应该把纹理应用到我们想要渲染的所有三角形上。但是，纹理映射是否能够执行则是 OpenGL ES 的另一个状态，可以通过下面的方法将其启用或关闭：

```
GL10.glEnable(GL10.GL_TEXTURE_2D);
GL10.glDisable(GL10.GL_TEXTURE_2D);
```

它们看起来似乎有些熟悉。在前面的小节中，当需要启用/关闭顶点属性时使用 glEnableClient-State()/glDisableClientState()。我们提到，它们是从 OpenGL 早期遗留下来的方法。它们没有被整合到 glEnable()/glDisable() 中是有原因的，但不在这里讨论。只需要记住使用 glEnableClient-State()/glDisableClientState()方法启用和关闭顶点属性，使用 glEnable()/glDisable()处理 OpenGL 的其他状况，例如纹理化。

7.7.7 综合示例

现在，通过一个小的示例将所有的代码整合到一起。程序清单 7-7 显示了节选自源文件 Textured-TriangleTest.java 的代码，列出了该源文件中包含的 TexturedTriangleScreen 类的相关部分。

程序清单 7-7　节选自 TexturedTriangleTest.java；对三角形加载纹理

```
class TexturedTriangleScreen extends Screen {
    final int VERTEX_SIZE = (2 + 2) * 4;
    GLGraphics glGraphics;
    FloatBuffer vertices;
    int textureId;

    public TexturedTriangleScreen(Game game) {
        super(game);
```

```
        glGraphics = ((GLGame) game).getGLGraphics();

        ByteBuffer byteBuffer = ByteBuffer.allocateDirect(3 * VERTEX_SIZE);
        byteBuffer.order(ByteOrder.nativeOrder());
        vertices = byteBuffer.asFloatBuffer();
        vertices.put( new float[] {      0.0f,   0.0f,  0.0f, 1.0f,
                                       319.0f,   0.0f,  1.0f, 1.0f,
                                       160.0f,  479.0f, 0.5f, 0.0f});
        vertices.flip();
        textureId = loadTexture("bobrgb888.png");
    }

    public int loadTexture(String fileName) {
        try {
            Bitmap bitmap =
              BitmapFactory.decodeStream(game.getFileIO().readAsset(fileName));
            GL10 gl = glGraphics.getGL();
            int textureIds[] = new int[1];
            gl.glGenTextures(1, textureIds, 0);
            int textureId = textureIds[0];
            gl.glBindTexture(GL10.GL_TEXTURE_2D, textureId);
            GLUtils.texImage2D(GL10.GL_TEXTURE_2D, 0, bitmap, 0);
            gl.glTexParameterf(GL10.GL_TEXTURE_2D, GL10.GL_TEXTURE_MIN_FILTER,
                GL10.GL_NEAREST);
            gl.glTexParameterf(GL10.GL_TEXTURE_2D, GL10.GL_TEXTURE_MAG_FILTER,
                GL10.GL_NEAREST);
            gl.glBindTexture(GL10.GL_TEXTURE_2D, 0);
            bitmap.recycle();
            return textureId;
        } catch(IOException e) {
            Log.d("TexturedTriangleTest", "couldn't load asset 'bobrgb888.png'!");
            throw new RuntimeException("couldn't load asset '" + fileName + "'");
        }
    }

    @Override
    public void present(float deltaTime) {
        GL10 gl = glGraphics.getGL();
        gl.glViewport(0, 0, glGraphics.getWidth(), glGraphics.getHeight());
        gl.glClear(GL10.GL_COLOR_BUFFER_BIT);
        gl.glMatrixMode(GL10.GL_PROJECTION);
        gl.glLoadIdentity();
        gl.glOrthof(0, 320, 0, 480, 1, -1);

        gl.glEnable(GL10.GL_TEXTURE_2D);
        gl.glBindTexture(GL10.GL_TEXTURE_2D, textureId);

        gl.glEnableClientState(GL10.GL_VERTEX_ARRAY);
        gl.glEnableClientState(GL10.GL_TEXTURE_COORD_ARRAY);

        vertices.position(0);
        gl.glVertexPointer(2, GL10.GL_FLOAT, VERTEX_SIZE, vertices);
        vertices.position(2);
        gl.glTexCoordPointer(2, GL10.GL_FLOAT, VERTEX_SIZE, vertices);
        gl.glDrawArrays(GL10.GL_TRIANGLES, 0, 3);
    }
```

此处将纹理加载的部分写入到一个名为 loadTexture()的方法中，只要向该方法提供位图的文件名即可将其加载。该方法返回 OpenGL ES 生成的纹理对象 ID。在 present()方法中使用该 ID 可以将对应的纹理进行绑定。

对于三角形的定义并不必过多地惊讶；此处只是为每个顶点增加了纹理坐标。

present()方法的工作方式一如既往：清屏和设置投影矩阵。接着，通过调用 glEnable()启用纹理映射和绑定纹理对象。剩下的部分同之前的做法一样：启用需要使用的顶点属性，告诉 OpenGL ES 在哪里可以找到顶点和使用的步长，最后调用 glDrawArrays()方法绘制三角形。图 7-13 是这段代码的输出。

图 7-13　将 Bob 纹理映射到三角形上

最后还有一件非常重要的事情没有提到：所有加载的位图的宽度和高度都必须是 2 的次幂。记住它，否则会出现问题。

那么，这实际上意味着什么呢？在示例中使用的 Bob 图像的大小是 128×128 像素。128 是 2 的 7 次幂(2×2×2×2×2×2×2)。其他有效的图像大小可以是 2×8、32×16、128×256 等。对于图像的大小也是有限制的。但是，它依赖于硬件。OpenGL ES 1.x 标准没有指明所支持的纹理大小的下限。但从实际经验上看，似乎 512×512 像素的纹理可以在当前所有 Android 设备上使用(并且也可以工作在所有后续的设备上)。甚至可以大胆地说，1024×1024 也是可以的。

另一个到现在一直被忽视的问题是纹理的颜色深度。幸运的是，GLUtils.texImage2D()方法可以很好地处理这个问题。使用该方法可以把图像数据上传到 GPU。OpenGL ES 可以处理诸如 RGBA8888、RGB565 等颜色深度。应当总是使用尽可能低的颜色深度以降低带宽。例如，像前面的章节一样，可使用 BitmapFactory.Options 类把 RGB888 位图转换为 RGB565。一旦加载了适当颜色深度的 Bitmap 实例，GLUtils.texImage2D()就进行接管并确保 OpenGL ES 得到正确格式的图像数据。当然，应该总是检查颜色深度的降低是否影响到游戏的逼真度。

7.7.8　Texture 类

为了减少后续示例的代码量，此处提供一个名为 Texture 的辅助类。它从一个资源文件中加载位图并创建一个纹理对象。它也封装一些方便易用的方法来绑定和清理纹理。程序清单 7-8 给出了相关代码。

程序清单 7-8　Texture.java，一个简单的 OpenGL ES Texture 类

```java
package com.badlogic.androidgames.framework.gl;

import java.io.IOException;
import java.io.InputStream;

import javax.microedition.khronos.opengles.GL10;

import android.graphics.Bitmap;
import android.graphics.BitmapFactory;
import android.opengl.GLUtils;

import com.badlogic.androidgames.framework.FileIO;
import com.badlogic.androidgames.framework.impl.GLGame;
import com.badlogic.androidgames.framework.impl.GLGraphics;

public class Texture {
    GLGraphics glGraphics;
    FileIO fileIO;
    String fileName;
    int textureId;
    int minFilter;
    int magFilter;
    int width;
    int heigh;

    public Texture(GLGame glGame, String fileName) {
        this.glGraphics = glGame.getGLGraphics();
        this.fileIO = glGame.getFileIO();
        this.fileName = fileName;
        load();
    }

    private void load() {
        GL10 gl = glGraphics.getGL();
        int[] textureIds = new int[1];
        gl.glGenTextures(1, textureIds, 0);
        textureId = textureIds[0];

        InputStream in = null;
        try {
            in = fileIO.readAsset(fileName);
            Bitmap bitmap = BitmapFactory.decodeStream(in);
            Width = bitmap .getwidth();
            Heigh = bitmap .getheigh();
            gl.glBindTexture(GL10.GL_TEXTURE_2D, textureId);
            GLUtils.texImage2D(GL10.GL_TEXTURE_2D, 0, bitmap, 0);
            setFilters(GL10.GL_NEAREST, GL10.GL_NEAREST);
            gl.glBindTexture(GL10.GL_TEXTURE_2D, 0);
        } catch (IOException e) {
            throw new RuntimeException("Couldn't load texture '" + fileName +"'", e);
        } finally {
            if(in != null)
                try { in.close(); } catch (IOException e) { }
        }
    }
```

```
public void reload() {
    load();
    bind();
    setFilters(minFilter, magFilter);
    glGraphics.getGL().glBindTexture(GL10.GL_TEXTURE_2D, 0);
}

public void setFilters(int minFilter, int magFilter) {
    this.minFilter = minFilter;
    this.magFilter = magFilter;
    GL10 gl = glGraphics.getGL();
    gl.glTexParameterf(GL10.GL_TEXTURE_2D, GL10.GL_TEXTURE_MIN_FILTER, minFilter);
    gl.glTexParameterf(GL10.GL_TEXTURE_2D, GL10.GL_TEXTURE_MAG_FILTER, magFilter);
}

public void bind() {
    GL10 gl = glGraphics.getGL();
    gl.glBindTexture(GL10.GL_TEXTURE_2D, textureId);
}

public void dispose() {
    GL10 gl = glGraphics.getGL();
    gl.glBindTexture(GL10.GL_TEXTURE_2D, textureId);
    int[] textureIds = { textureId };
    gl.glDeleteTextures(1, textureIds, 0);
}
}
```

该类中唯一值得关注的是 reload() 方法,当 OpenGL ES 上下文丢失时可以使用它。同时也需要注意的是只有在实际绑定纹理之后,setFilters() 方法才会有效。否则,该方法在当前绑定的纹理上设置过滤器。

当然也可以为顶点缓冲区编写一个辅助方法。但在这之前还需要讨论索引顶点。

7.8 索引顶点:重用是有好处的

在此之前采用的方式都是定义三角形列表,其中每个三角形都有自己的顶点集。前面只是绘制了一个三角形,但添加更多三角形并不难。

但是,在有些情况下,两个或多个三角形会共用一些顶点。根据前面介绍的知识,设想一下如何渲染一个矩形。可以简单地定义两个三角形,其中有两个顶点具有相同的位置、颜色和纹理坐标。但可以采用更好的方法。图 7-14 显示使用旧方法和新方法渲染一个矩形。

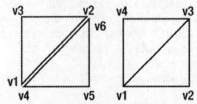

图 7-14　使用 6 个顶点的两个三角形渲染一个矩形(左)和使用 4 个顶点进行渲染的矩形(右)

不再重复顶点 v1、v2 到顶点 v4、v6,而只是定义这些顶点一次。在本例中,仍然渲染两个三角形,但很明确地告诉 OpenGL ES 每个三角形使用哪些顶点(例如,第一个三角形使用 v1、v2 和 v3,第二个三角形使用 v3、v4 和 v1)。每个三角形使用的顶点是通过顶点数组中的索引定义的。数组中第一个顶点的索引值是 0,第二个顶点的索引值是 1,依此类推。对于本例的矩形,索引列表如下所示:

```
short[] indices = { 0, 1, 2,
                    2, 3, 0 };
```

顺便提一下,OpenGL ES 要求索引值使用短整型(这并不完全正确,我们也可以使用字节)。然而,就像顶点数据一样,并不能够将一个短整型数组传给 OpenGL ES。这就需要一个直接的 ShortBuffer。之前已经讲过应当如何处理该问题。

```
ByteBuffer byteBuffer = ByteBuffer.allocate(indices.length * 2);
byteBuffer.order(ByteOrder.nativeOrder());
ShortBuffer shortBuffer = byteBuffer.asShortBuffer();
shortBuffer.put(indices);
shortBuffer.flip();
```

一个短整型需要 2 字节内存空间,因此需要为 ShortBuffer 分配 indices.length×2 个字节。为了更容易地处理 ByteBuffer,将其重新设为原生顺序(native order)并采用 ShortBuffer 方式处理。剩下要做的就是将索引放到 ShortBuffer 中并进行颠倒处理,从而正确地设置界限和位置。

如果采用两个使用索引的三角形把 Bob 绘制成矩形,则需要采用如下方式定义顶点:

```
ByteBuffer byteBuffer = ByteBuffer.allocateDirect(4 * VERTEX_SIZE);
byteBuffer.order(ByteOrder.nativeOrder());
vertices = byteBuffer.asFloatBuffer();
vertices.put(new float[] { 100.0f, 100.0f, 0.0f, 1.0f,
                           228.0f, 100.0f, 1.0f, 1.0f,
                           228.0f, 229.0f, 1.0f, 0.0f,
                           100.0f, 228.0f, 0.0f, 0.0f });
vertices.flip();
```

顶点的顺序与图 7-14 右边部分完全一样。需要告诉 OpenGL ES 顶点包含位置和纹理坐标,以及通过调用 glEnableClientState()和 glVertexPointer()/glTexCoordPointer()从何处获得这些信息。唯一的不同之处在于实际绘制这两个三角形的方法。

```
gl.glDrawElements(GL10.GL_TRIANGLES, 6, GL10.GL_UNSIGNED_SHORT, indices);
```

该方法实际上与 glDrawArrays()非常相似。第一个参数指明了需要渲染的基本类型——本例中是一个三角形列表。第二个参数指定使用了多少个顶点,本例中使用了 6 个顶点。第三个参数指明了索引的类型——本例中使用无符号短整型。需要注意的是 Java 没有无符号类型数据。但是,因为有符号数采用了反码编码方式,所以使用包含有符号短整型数的 ShortBuffer 是安全的。最后一个参数是保存 6 个索引的 ShortBuffer。

OpenGL ES 接下来会做些什么呢?它知道需要渲染三角形。由于指定了需要渲染的 6 个顶点,因此它知道将要渲染两个三角形。但它并不是从顶点数组中依次读取顶点,而是从索引缓冲区中依次读取顶点索引并使用它们。

7.8.1 代码整合

程序清单 7-9 是经过整合后的代码。

程序清单 7-9 节选自 IndexedTest.java；绘制两个索引三角形

```
class IndexedScreen extends Screen {
    final int VERTEX_SIZE = (2 + 2) * 4;
    GLGraphics glGraphics;
    FloatBuffer vertices;
    ShortBuffer indices;
    Texture texture;

    public IndexedScreen(Game game) {
        super(game);
        glGraphics = ((GLGame) game).getGLGraphics();

        ByteBuffer byteBuffer = ByteBuffer.allocateDirect(4 * VERTEX_SIZE);
        byteBuffer.order(ByteOrder.nativeOrder());
        vertices = byteBuffer.asFloatBuffer();
        vertices.put(new float[] { 100.0f, 100.0f, 0.0f, 1.0f,
                                   228.0f, 100.0f, 1.0f, 1.0f,
                                   228.0f, 228.0f, 1.0f, 0.0f,
                                   100.0f, 228.0f, 0.0f, 0.0f });
        vertices.flip();

        byteBuffer = ByteBuffer.allocateDirect(6 * 2);
        byteBuffer.order(ByteOrder.nativeOrder());
        indices = byteBuffer.asShortBuffer();
        indices.put(new short[] { 0, 1, 2,
                                  2, 3, 0 });
        indices.flip();

        texture = new Texture((GLGame)game, "bobrgb888.png");
    }

    @Override
    public void present(float deltaTime) {
        GL10 gl = glGraphics.getGL();
        gl.glViewport(0, 0, glGraphics.getWidth(), glGraphics.getHeight());
        gl.glClear(GL10.GL_COLOR_BUFFER_BIT);
        gl.glMatrixMode(GL10.GL_PROJECTION);
        gl.glLoadIdentity();
        gl.glOrthof(0, 320, 0, 480, 1, -1);

        gl.glEnable(GL10.GL_TEXTURE_2D);
        texture.bind();

        gl.glEnableClientState(GL10.GL_TEXTURE_COORD_ARRAY);
        gl.glEnableClientState(GL10.GL_VERTEX_ARRAY);

        vertices.position(0);
        gl.glVertexPointer(2, GL10.GL_FLOAT, VERTEX_SIZE, vertices);
        vertices.position(2);
        gl.glTexCoordPointer(2, GL10.GL_FLOAT, VERTEX_SIZE, vertices);
```

```
    gl.glDrawElements(GL10.GL_TRIANGLES, 6, GL10.GL_UNSIGNED_SHORT, indices);
}
```

注意，这里使用了 Texture 类，它显著减少了代码量。图 7-15 显示了输出结果，Bob 已经较为完整了。

现在，这已经非常接近 Canvas 的使用方式了。当不再受轴对齐矩形的限制时，使用方式也更加方便。

图 7-15　采用索引方式的 Bob

这个示例涵盖了目前讲授的关于顶点的一切内容。可以看到，每个顶点必须至少有一个位置，并且可以有附加属性，如采用 4 个浮点形式的 RGBA 颜色值和纹理坐标。同时也看到通过索引可以重用顶点，这样就能够避免重复。这带来了一点小的性能提升，因为 OpenGL ES 不必使用比实际需要更多的顶点与投影和模型视图矩阵相乘(这并不是完全正确的，但我们仍然使用这样的解释)。

7.8.2　Vertices 类

为了使代码变得更易于使用，下面将创建一个 Vertices 类，该类有一个最大顶点数，并且可以使用索引进行渲染。它也可以启用所有渲染需要使用的状态，并在渲染结束后清理这些状态，这样其他的代码可以使用一个干净的 OpenGL ES 状态集。程序清单 7-10 显示的是这个易用的 Vertices 类。

程序清单 7-10　Vertices.java；封装(索引)顶点

```java
package com.badlogic.androidgames.framework.gl;

import java.nio.ByteBuffer;
import java.nio.ByteOrder;
import java.nio.FloatBuffer;
import java.nio.ShortBuffer;

import javax.microedition.khronos.opengles.GL10;

import com.badlogic.androidgames.framework.impl.GLGraphics;

public class Vertices {
```

```
    final GLGraphics glGraphics;
    final boolean hasColor;
    final boolean hasTexCoords;
    final int vertexSize;
    final FloatBuffer vertices;
    final ShortBuffer indices;
```

Vertices 类有一个引用指向 GLGraphics 实例，因此当需要的时候可以通过它使用 GL10 实例。该类也保存了顶点是否有颜色和纹理坐标。这给使用带来极大的便利，因为可以根据渲染的需要选择最小的属性集。该类也保存了一个用来存储顶点的 FloatBuffer 和一个存储可选索引的 ShortBuffer。

```
public Vertices(GLGraphics glGraphics, int maxVertices, int maxIndices, boolean
        hasColor, boolean hasTexCoords) {
    this.glGraphics = glGraphics;
    this.hasColor = hasColor;
    this.hasTexCoords = hasTexCoords;
    this.vertexSize = (2 + (hasColor?4:0) + (hasTexCoords?2:0)) * 4;

    ByteBuffer buffer = ByteBuffer.allocateDirect(maxVertices * vertexSize);
    buffer.order(ByteOrder.nativeOrder());
    vertices = buffer.asFloatBuffer();

    if(maxIndices > 0) {
        buffer = ByteBuffer.allocateDirect(maxIndices * Short.SIZE / 8);
        buffer.order(ByteOrder.nativeOrder());
        indices = buffer.asShortBuffer();
    } else {
        indices = null;
    }
}
```

在构造函数中，需要指明 Vertices 实例能够支持的最大顶点和索引数量，以及顶点是否有颜色或纹理坐标。在构造函数中，据此设置成员变量和实例化缓冲区。需要注意的是，如果 maxIndices 是 0，ShortBuffer 将被设为 null。这种情况下，渲染将不使用索引。

```
public void setVertices(float[] vertices, int offset, int length) {
    this.vertices.clear();
    this.vertices.put(vertices, offset, length);
    this.vertices.flip();
}

public void setIndices(short[] indices, int offset, int length) {
    this.indices.clear();
    this.indices.put(indices, offset, length);
    this.indices.flip();
}
```

接下来是 setVertices()和 setIndices()方法。后者在顶点实例中没有保存索引时抛出一个 NullPointerException 异常。此处需要做的是清理缓冲区并复制数组的内容。

```
public void draw(int primitiveType, int offset, int numVertices) {
    GL10 gl = glGraphics.getGL();

    gl.glEnableClientState(GL10.GL_VERTEX_ARRAY);
    vertices.position(0);
```

```
gl.glVertexPointer(2, GL10.GL_FLOAT, vertexSize, vertices);

if(hasColor) {
    gl.glEnableClientState(GL10.GL_COLOR_ARRAY);
    vertices.position(2);
    gl.glColorPointer(4, GL10.GL_FLOAT, vertexSize, vertices);
}

if(hasTexCoords) {
    gl.glEnableClientState(GL10.GL_TEXTURE_COORD_ARRAY);
    vertices.position(hasColor?6:2);
    gl.glTexCoordPointer(2, GL10.GL_FLOAT, vertexSize, vertices);
}

if(indices!=null) {
    indices.position(offset);
    gl.glDrawElements(primitiveType, numVertices, GL10.GL_UNSIGNED_SHORT,
        indices);
} else {
    gl.glDrawArrays(primitiveType, offset, numVertices);
}

if(hasTexCoords)
    gl.glDisableClientState(GL10.GL_TEXTURE_COORD_ARRAY);

if(hasColor)
    gl.glDisableClientState(GL10.GL_COLOR_ARRAY);
    }
}
```

Vertices 类的最后一个方法是 draw()。它接受一个基本类型参数(例如 GL10.GL_TRIANGLES)、顶点缓冲区中的偏移量(如果使用索引，则是索引缓冲区)和渲染需要使用的顶点数。根据顶点是否有颜色和纹理坐标，启用相关的 OpenGL ES 状态和告诉 OpenGL ES 从哪里获取数据。当然，总是要对顶点位置做同样的处理。根据是否使用索引来决定是调用 glDrawElements()还是 glDrawArrays()。需要注意的是，偏移量参数也可以用在使用索引渲染的情形：只需要根据情况简单地设置索引缓冲区的位置，这样 OpenGL ES 就会从偏移的位置(而不是从第一个索引)开始读取索引。draw()方法做的最后一件事情是清理 OpenGL ES 的状态。通过调用 glDisableClientState()，根据顶点的属性情况使用参数 GL10.GL_COLOR_ARRAY 或 GL10.GL_TEXTURE_COORD_ARRAY。这么做是必要的，因为其他的顶点实例不一定会使用这些属性。如果需要渲染其他的 Vertices 实例，OpenGL ES 仍会查找颜色和/或纹理坐标。

可以使用下面的代码片段替换示例程序的构造函数中冗长的代码：

```
Vertices vertices = new Vertices(glGraphics, 4, 6, false, true);
vertices.setVertices(new float[] {100.0f, 100.0f, 0.0f, 1.0f,
                                  228.0f, 100.0f, 1.0f, 1.0f,
                                  228.0f, 228.0f, 1.0f, 0.0f,
                                  100.0f, 228.0f, 0.0f, 0.0f }, 0, 16);
vertices.setIndices(new short[] { 0, 1, 2, 2, 3, 0 }, 0, 6);
```

同样地，可以使用下面的简单调用来代替设置顶点属性数组和渲染工作的调用：

```
vertices.draw(GL10.GL_TRIANGLES, 0, 6);
```

现在对于 2D OpenGL ES 渲染来说，Vertices 类和 Texture 类是非常好的基础。然而，为了完全重现 Canvas 的渲染能力，我们还需要进行混合。下面看看如何实现。

7.9 半透明混合处理

在 OpenGL ES 中很容易启用半透明混合处理。这只需要调用两个方法：

```
gl.glEnable(GL10.GL_BLEND);
gl.glBlendFunc(GL10.GL_SRC_ALPHA, GL10.GL_ONE_MINUS_SRC_ALPHA);
```

第一个方法已经是很熟悉的了：它只是通知 OpenGL ES 从现在开始对渲染的所有三角形启用半透明混合处理。第二个方法稍复杂一些。它指明了来源色(source color)和目的色(destination)如何组合。在第 3 章中曾说明过，来源色和目的色的组合方式是由混合公式决定的。方法 glBlendFunc()只是告诉 OpenGL ES 使用哪类公式。这里的参数指明了来源色和目的色将采用第 3 章中的混合公式进行处理。这等价于 Canvas 混合 Bitmap 的方式。

OpenGL ES 中的混合处理是非常强大和复杂的。对于本书的目的来说，将忽略这些细节，只是在需要使用帧缓冲区混合三角形时使用混合功能即可——就像使用 Canvas 混合 Bitmap 一样。

第二个问题是来源色和目的色的来源。后者便于解释：它是帧缓冲区中那些即将要绘制的三角形覆盖的像素颜色。来源色实际上是两种颜色的混合体：

- **顶点颜色**：它要么是通过 glColor4f()为所有顶点确定的颜色，要么是以每个顶点为基础增加的颜色属性。
- **纹元颜色**：正如前面提到的那样，一个纹元是纹理上的一个像素。当使用纹理映射渲染三角形时，OpenGL ES 会为三角形的每个像素混合纹元颜色和顶点颜色。

如果没有对三角形进行纹理映射，来源色就是顶点的颜色。如果对三角形进行了纹理映射，三角形每个像素的来源色就是顶点颜色和纹元颜色的混合色。可使用 glTexEnv()方法来指明顶点颜色和纹元颜色的混合方式。默认方式是使用纹元颜色调整顶点颜色，方法是将两种颜色的相对应的分量相乘(顶点 r×纹元 r，依此类推)。对于本书的所有示例而言，这正是我们需要的方式，所以我们不探讨 glTexEnv()。但是，也有几个非常特殊的示例需要改变顶点和纹元颜色的混合方式。与 glBlendFunc()一样，我们忽略这些细节并使用默认方式。

当加载的纹理图像没有 alpha 通道时，OpenGL ES 会自动将每个像素的 alpha 值设为 1。如果加载的图像是 RGBA8888 格式，OpenGL ES 将使用提供的 alpha 值进行混合。

对于顶点颜色，总是需要指明 alpha 分量，不论是使用最后一个参数是 alpha 值的 glColor4f()，还是采用为每个顶点指明 4 个颜色分量(最后一个分量也是 alpha 值)的方式。

下面通过一个示例来进行说明。此处将 Bob 绘制两次：一次是使用图像 bobrgb888.png，该图像的像素没有 alpha 通道；第二次是使用图像 bobargb8888.png，它包含 alpha 信息。注意 PNG 格式图像实际采用 ARGB8888 格式而非 RGBA8888 格式存储像素。幸运的是，上传纹理图像数据的 GLUtils.texImage2D()方法会自动进行格式的转换。程序清单 7-11 显示示例代码，其中使用了 Texture 和 Vertices 类。

程序清单 7-11 节选自 BlendingTest.java；混合的应用

```
class BlendingScreen extends Screen {
```

```
GLGraphics glGraphics;
Vertices vertices;
Texture textureRgb;
Texture textureRgba;

public BlendingScreen(Game game) {
    super(game);
    glGraphics = ((GLGame)game).getGLGraphics();

    textureRgb = new Texture((GLGame)game, "bobrgb888.png");
    textureRgba = new Texture((GLGame)game, "bobargb8888.png");

    vertices = new Vertices(glGraphics, 8, 12, true, true);
    float[] rects = new float[] {
            100, 100, 1, 1, 1, 0.5f, 0, 1,
            228, 100, 1, 1, 1, 0.5f, 1, 1,
            228, 228, 1, 1, 1, 0.5f, 1, 0,
            100, 228, 1, 1, 1, 0.5f, 0, 0,

            100, 300, 1, 1, 1, 1, 0, 1,
            228, 300, 1, 1, 1, 1, 1, 1,
            228, 428, 1, 1, 1, 1, 1, 0,
            100, 428, 1, 1, 1, 1, 0, 0
    };
    vertices.setVertices(rects, 0, rects.length);
    vertices.setIndices(new short[] {0, 1, 2, 2, 3, 0,
                                     4, 5, 6, 6, 7, 4 }, 0, 12);
}
```

BlendingScreen 实现包含了一个存储有两个矩形的 Vertices 实例和两个 Texture 实例——一个存有 RGBA8888 格式的 Bob 图像，另一个存有 RGB888 格式的 Bob 图像。在构造函数中，分别从文件 bobrgb888.png 和 bobargb8888.png 中加载这两个纹理，并采用 Texture 类和 GLUtils.texImage2D() 将 ARGB8888 的 PNG 图像转换为 OpenGL ES 需要的 RGBA8888 格式。接下来定义了顶点和索引。第一个矩形由 4 个顶点组成，映射到 RGB888 格式的 Bob 纹理上。第二个矩形映射到 RGBA8888 格式的图像上，并渲染在 RGB888 格式的 Bob 纹理上方 200 个单位处。注意第一个矩形顶点的颜色均为(1, 1, 1, 0.5f)，而第二个矩形顶点的颜色为(1, 1, 1, 1)。

```
@Override
public void present(float deltaTime) {
    GL10 gl = glGraphics.getGL();
    gl.glViewport(0, 0, glGraphics.getWidth(), glGraphics.getHeight());
    gl.glClearColor(1,0,0,1);
    gl.glClear(GL10.GL_COLOR_BUFFER_BIT);
    gl.glMatrixMode(GL10.GL_PROJECTION);
    gl.glLoadIdentity();
    gl.glOrthof(0, 320, 0, 480, 1, -1);

    gl.glEnable(GL10.GL_BLEND);
    gl.glBlendFunc(GL10.GL_SRC_ALPHA, GL10.GL_ONE_MINUS_SRC_ALPHA);

    gl.glEnable(GL10.GL_TEXTURE_2D);
    textureRgb.bind();
    vertices.draw(GL10.GL_TRIANGLES, 0, 6 );

    textureRgba.bind();
```

```
        vertices.draw(GL10.GL_TRIANGLES, 6, 6 );
    }
```

在 present()方法中，像前面一样使用红色清屏并设置了投影矩阵。接着启用了 alpha 混合并设置了正确的混合公式。最后启用了纹理映射并渲染这两个矩形。第一个矩形使用 RGB888 纹理进行渲染，第二个矩形使用 RGBA8888 纹理进行渲染。两个矩形都保存在同一 Vertices 实例中，这样可以通过 vertices.draw()使用偏移量。图 7-16 显示了代码的输出。

在 RGB888 格式 Bob 的情况中，混合是通过每个顶点颜色的 alpha 值实现的。由于将 alpha 值设为 0.5f，因此 Bob 变成 50%的透明度。

在 RGBA8888 格式 Bob 的情况中，所有顶点颜色的 alpha 值都是 1。然而，由于纹理的背景像素的 alpha 值是 0，并且顶点和纹元颜色被混合，因此该版本的 Bob 的背景消失。如果将顶点颜色的 alpha 值也设为 0.5f，那么 Bob 将也会变成 50%的透明度。图 7-17 显示了这种情形。

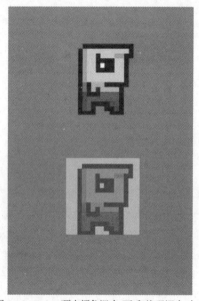

图 7-16　Bob，顶点颜色混合(下)和纹理混合(上)

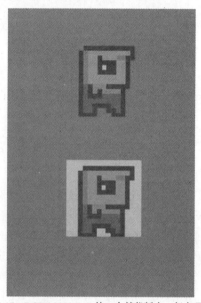

图 7-17　RGBA8888 Bob 的一个替代版本，每个顶点 alpha 值为 0.5f(屏幕中上边的 Bob)

以上这些就是关于 OpenGL ES 在 2D 混合中需要了解的知识。

还有一件很重要的事情需要指出：混合的开销很大。因此，不要过度使用。目前的移动 GPU 都不能对大量像素进行很好的混合。只有在确实需要的时候才使用混合。

7.10　更多图元：点、线、条和扇

本书之前提到 OpenGL ES 是一个庞大且复杂的三角形渲染机，这并不是百分之百正确的。实际上，OpenGL ES 也可以渲染点和线。它们也是通过顶点的方式定义的，这样前面讲述的所有内容仍然可以应用(添加纹理、为每个顶点设置颜色等)。我们所要做的是，在调用 glDrawArrays()/glDrawElements()渲染这些图元时使用其他的图元类型，而不是使用 GL10.GL_TRIANGLES。当然也可以使用索引渲染这些图元，不过这显得有点多余(至少在渲染点的情况下是如此)。图 7-18 列出了

OpenGL ES 提供的所有图元类型。

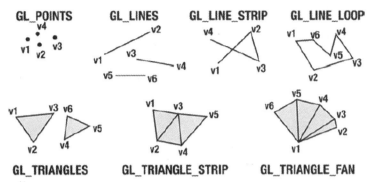

图 7-18　OpenGL ES 可以渲染的所有图元

下面简单介绍一下这些图元:

- **点**: 对于点,每个顶点都是自己的图元。
- **线**: 线由两个顶点组成。就像三角形一样,有 2×n 个顶点就可以定义 n 条线。
- **线条**: 所有顶点都属于一条长线。
- **线圈**: 有点类似线条,不同之处在于 OpenGL ES 会自动从最后一个顶点绘制一条线到第一个顶点。
- **三角形**: 每个三角形由 3 个顶点组成。
- **三角带**: 需要确定三角形数加 1 个顶点,而不是 3 个顶点。OpenGL ES 会从(v1, v2, v3)构造第一个三角形,从(v2, v3, v4)构造第二个顶点,依此类推。
- **三角扇**: 所有的三角形共享一个基点(v1)。第一个三角形是(v1, v2, v3),第二个三角形是(v1, v3, v4),依此类推。

三角带和三角扇不如纯三角形列表灵活。但是由于它们需要较少的顶点与投影矩阵和模型视图矩阵相乘,因此在性能上会有些许提升。尽管如此,本书中仍然坚持使用三角形列表,这是因为它们更易于使用,并在使用索引时可以达到类似的性能。

点和线在 OpenGL ES 中会有些奇怪。当使用一个像素最优(pixel-perfect)平面投影时(例如,屏幕分辨率是 320×480,并且 glOrthor()调用也使用相同的值),在所有情况下仍然不会得到像素最优渲染。依据菱形出口规则(diamond exit rule),点和线的顶点位置会有 0.375f 的偏移量。如果需要渲染像素最优的点和线,那么一定要记住这条规则。我们已经看到,三角形存在类似的问题。但是,通常在 2D 中绘制矩形时不会碰到这样的问题。

当渲染的图元不是 GL10.GL_TRIANGLES 而是其他图元时,只需要使用如图 7-17 所示的相应图元的常量即可,我们不再列举示例。大多数情况下,我们将尽量使用三角形,特别是在进行 2D 图形编程的时候。

现在研究 OpenGL ES 提供的下一项: 全能的模型视图矩阵。

7.11　2D 变换: 操作模型视图矩阵

到目前为止,我们所做的是采用三角形的形式定义静态几何图形,没有移动、旋转和缩放。同时,即使顶点数据保持不变(例如,由两个加载了纹理和颜色的三角形组成的矩形的宽和高),当需要在不同的地方绘制相同的矩阵时，仍然必须复制这些顶点。现在回头看看程序清单 7-11 并忽略顶点的颜色属性。这两个矩形的不同仅仅是 y 坐标相差了 200 单位。如果能够找到一种可以不用改变顶点数据即可移动它们的方式，就可以只定义 Bob 矩形一次，而在不同地方对它进行绘制。这就是使用模型视图矩阵的目的。

7.11.1　世界空间和模型空间

为了能够理解世界和模型的原理，必须想象一下这个正交视锥盒子的外面。这个视锥在一个特殊的坐标系统下，这个坐标系统称为世界空间。这个空间是所有顶点最终出现之处。

到目前为止，描述的所有顶点位置是相对于世界空间原点的绝对坐标(与图 7-5 相比较)。但我们真正需要的是独立于世界空间坐标系统的顶点位置定义。可以通过给每个模型(例如，Bob 的矩形、一艘太空船等)设置自己的坐标系统实现这一目的。这称为模型空间，我们在这个坐标系统中定义模型顶点的位置。图 7-19 在 2D 空间中对这个概念进行了说明，该说明同样适用于 3D 空间(只需要添加一个 z 轴)。

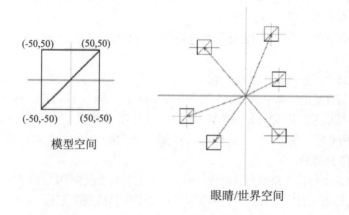

图 7-19　在模型空间定义模型，并在领域空间的不同地方进行重用和渲染

图 7-19 中的模型是通过 Vertices 实例定义的，例如：

```
Vertices vertices = new Vertices(glGraphics, 4, 12, false, false);
vertices.setVertices(new float[] {-50, -50,
                                   50, -50,
                                   50, 50,
                                   -50, 50 }, 0, 8);
vertices.setIndices(new short[] {0, 1, 2, 2, 3, 0}, 0, 6);
```

为便于讨论，此处省略了顶点颜色或纹理坐标。当不做任何改动渲染这个模型时，在最终图像中它将被放置在领域空间原点的周围。如果需要在不同的地方进行渲染——例如，它的中心在领域空间的(200, 300)——那么需要像下面这样重新定义顶点位置：

```
vertices.setVertices(new float[] {-50 + 200, -50 + 300,
                                   50 + 200, -50 + 300,
                                   50 + 200, 50 + 300,
                                   -50 + 200, 50 + 300 }, 0, 8);
```

接下来调用 vertices.draw()时，模型将会以(200, 300)为中心被渲染。这是不是有点让人厌烦呢？

7.11.2　再次讨论矩阵

记得先前简单地讨论过矩阵吗？此前讨论过矩阵是如何对变换进行编码的，例如平移、旋转和缩放。投影矩阵用来把顶点投影到投影面上，这被编码成一种特殊的变换类型：投影。

矩阵是解决前述问题的关键。通过设置一个矩阵来编码一个平移，这样就可以替代使用手动重定义顶点位置来移动它们的方式。由于 OpenGL ES 的投影矩阵已经被 glOrthof()指定的正交投影矩阵所占用，因此需要使用一个不同的 OpenGL ES 矩阵：模型视图矩阵。下面介绍如何渲染模型，使它在眼睛/世界空间下从源位置移到一个指定位置：

```
gl.glMatrixMode(GL10.GL_MODELVIEW);
gl.glLoadIdentity();
gl.glTranslatef(200, 300, 0);
vertices.draw(GL10.GL_TRIANGLES, 0, 6);
```

首先，需要告诉 OpenGL ES 将要操作的是哪个矩阵。本例中是模型视图矩阵，它是通过常量 GL10.GL_MODELVIEW 指定的。接下来，需要确保模型视图矩阵被设置成单位矩阵。基本上只是覆盖其中的内容——在一定程度上清空了矩阵。接下来的调用是奇迹发生的地方。

glTranslatef()方法有 3 个输入参数：平移发生在 x、y 和 z 轴上。为了把模型的原点放置到眼睛/世界空间的(200, 300)，需要设置一个平移，它的 x 轴是 200 个单位，y 轴是 300 个单位。由于平移发生在 2D 空间，因此忽略 z 轴并把 z 轴的平移分量设为 0。由于没有设置顶点的 z 坐标，因此它们将会默认设置为 0。0 加上 0 等于 0，因此顶点仍将在 x-y 面上。

从现在开始，OpenGL ES 的模型视图矩阵会使用(200, 300, 0)编码一个平移，这个平移会应用到所有经过 OpenGL ES 管道的顶点上。如果重新看一看图 7-4，就会发现 OpenGL ES 先将每个顶点与模型视图矩阵相乘，然后再应用投影矩阵。到刚才为止，模型视图矩阵被设置成一个单位矩阵 (OpenGL ES 的默认值)，因此它不会对顶点产生影响。但调用 glTranslatef()改变了这种情况，并在顶点被投影前对它们进行了移动。

当然，这些操作在运行中完成；Vertices 实例中的值根本没有改变。Vertices 实例的任何永久改变都能够被注意到，这是因为此时投影矩阵可能已经改变。

7.11.3　第一个使用平移的示例

平移可以用来做什么呢？假设要在不同的地方渲染 100 个 Bob。此外，要让它们在屏幕上移动，每当它们碰到屏幕(更准确地说是平行投影视锥的一个面，它刚好与屏幕的宽度一致)的边缘时会改变方向。使用一个大型 Vertices 实例来存储这 100 个矩形的顶点———个矩形对应一个 Bob——并且在每帧都重新计算顶点的位置。更简单的方法是使用一个小的 Vertices 实例，它只存储一个矩阵(Bob 的模型)并利用模型视图矩阵实时移动它，从而实现重用。接下来定义 Bob 模型：

```
Vertices bobModel = new Vertices(glGraphics, 4, 12, false, true);
bobModel.setVertices(new float[] {-16, -16, 0, 1,
                                   16, -16, 1, 1,
                                   16, 16, 1, 0,
                                  -16, 16, 0, 0, }, 0, 8);
```

```
bobModel.setIndices(new short[] {0, 1, 2, 2, 3, 0}, 0, 6);
```

每个 Bob 的尺寸都是 32×32 个单位,同时也加载了纹理(使用 bobrgb888.png 来确定每个 Bob 的宽度)。

1. 将 Bob 写成一个类

下面定义一个简单的 Bob 类。它的主要作用是存储 Bob 实例的位置,并根据时间差在 Bob 的当前方向上移动它的位置,就像移动 Mr. Nom 一样(不同之处在于不是在网格中进行移动)。update() 方法也将确保 Bob 不会移出视界边缘。程序清单 7-12 显示了 Bob 类。

程序清单 7-12　Bob.java

```java
package com.badlogic.androidgames.glbasics;

import java.util.Random;

class Bob {
    static final Random rand = new Random();
    public float x, y;
    float dirX, dirY;

    public Bob() {
        x = rand.nextFloat() * 320;
        y = rand.nextFloat() * 480;
        dirX = 50;
        dirY = 50;
    }

    public void update(float deltaTime) {
        x = x + dirX * deltaTime;
        y = y + dirY * deltaTime;

        if (x < 0) {
            dirX = -dirX;
            x = 0;
        }

        if (x > 320) {
            dirX = -dirX;
            x = 320;
        }

        if (y < 0) {
            dirY = -dirY;
            y = 0;
        }

        if (y > 480) {
            dirY = -dirY;
            y = 480;
        }
    }
}
```

当构造 Bob 时,它会把自己放置到一个随机位置上。所有的 Bob 在初始时都朝一个方向移动:

每秒(乘以时间差)向右和向上各移动 50 个单位。在 update()方法中，在 Bob 的当前移动方向上以基于时间的方式移动它，并且检查它是否脱离视锥的边界。如果是，则反转其方向，确保它仍然在视锥中。

现在假设实例化了 100 个 Bob，如下所示：

```java
Bob[] bobs = new Bob[100];
for(int i = 0; i < 100; i++) {
    bobs[i] = new Bob();
}
```

下面的代码渲染每一个 Bob(假设已经清屏，设置了投影矩阵并绑定了纹理)：

```java
gl.glMatrixMode(GL10.GL_MODELVIEW);
for(int i = 0; i < 100; i++) {
    bob.update(deltaTime);
    gl.glLoadIdentity();
    gl.glTranslatef(bobs[i].x, bobs[i].y, 0);
    bobModel.render(GL10.GL_TRIANGLES, 0, 6);
}
```

这是不是非常整洁呢？对于每个 Bob 实例，调用它的 update()方法，该方法将移动 Bob 的位置并保证它不脱离边界。接下来，把 OpenGL ES 的模型视图矩阵设置为单位矩阵。然后在 glTranslatef()方法中使用了当前 Bob 实例的当前 x、y 坐标。当在接下来的调用中渲染 Bob 模型时，所有顶点都会以 Bob 的当前位置进行偏移——这正是我们想要的结果。

2. 代码整合

下面将其整合成一个完整示例。程序清单 7-13 是它的代码，中间穿插了一些代码说明。

程序清单 7-13 BobTest.java；100 个移动的 Bob

```java
package com.badlogic.androidgames.glbasics;

import javax.microedition.khronos.opengles.GL10;

import com.badlogic.androidgames.framework.Game;
import com.badlogic.androidgames.framework.Screen;
import com.badlogic.androidgames.framework.gl.FPSCounter;
import com.badlogic.androidgames.framework.gl.Texture;
import com.badlogic.androidgames.framework.gl.Vertices;
import com.badlogic.androidgames.framework.impl.GLGame;
import com.badlogic.androidgames.framework.impl.GLGraphics;

public class BobTest extends GLGame {
    public Screen getStartScreen() {
        return new BobScreen(this);
    }

    class BobScreen extends Screen {
        static final int NUM_BOBS = 100;
        GLGraphics glGraphics;
        Texture bobTexture;
        Vertices bobModel;
        Bob[] bobs;
```

BobScreen 类包含了一个纹理(从 bobrbg888.png 中加载)、一个存有 Bob 模型(一个简单的有纹理的矩形)的 Vertices 实例和一个 Bob 实例数组。同时也定义了一个常量 NUM_BOBS，通过它可以修改屏幕上 Bob 的数量。

```
public BobScreen(Game game) {
    super(game);
    glGraphics = ((GLGame)game).getGLGraphics();

    bobTexture = new Texture((GLGame)game, "bobrgb888.png");

    bobModel = new Vertices(glGraphics, 4, 12, false, true);
    bobModel.setVertices(new float[] {-16, -16, 0, 1,
                                       16, -16, 1, 1,
                                       16, 16, 1, 0,
                                      -16, 16, 0, 0, }, 0, 16);
    bobModel.setIndices(new short[] {0, 1, 2, 2, 3, 0}, 0, 6);

    bobs = new Bob[100];
    for(int i = 0; i < 100; i++) {
        bobs[i] = new Bob();
    }
}
```

构造函数的工作是加载纹理、创建模型和实例化 NUM_BOBS 个 Bob 实例。

```
@Override
public void update(float deltaTime) {
    game.getInput().getTouchEvents();
    game.getInput().getKeyEvents();

    for(int i = 0; i < NUM_BOBS; i++) {
        bobs[i].update(deltaTime);
    }
}
```

update()方法可以对 Bob 实例进行更新。同时也要确保输入事件的缓冲区是空的。

```
@Override
public void present(float deltaTime) {
    GL10 gl = glGraphics.getGL();
    gl.glClearColor(1,0,0,1);
    gl.glClear(GL10.GL_COLOR_BUFFER_BIT);
    gl.glMatrixMode(GL10.GL_PROJECTION);
    gl.glLoadIdentity();
    gl.glOrthof(0, 320, 0, 480, 1, -1);

    gl.glEnable(GL10.GL_TEXTURE_2D);
    bobTexture.bind();

    gl.glMatrixMode(GL10.GL_MODELVIEW);
    for(int i = 0; i < NUM_BOBS; i++) {
        gl.glLoadIdentity();
        gl.glTranslatef(bobs[i].x, bobs[i].y, 0);
        gl.glRotatef(45, 0, 0, 1);
        gl.glScalef(2, 0.5f, 0);
        bobModel.draw(GL10.GL_TRIANGLES, 0, 6);
```

```
        }
    }
```

在 present()方法中，执行了清屏、设置投射矩阵、启用纹理和绑定 Bob 纹理等操作。最后几行
代码负责对每个 Bob 实例进行渲染。由于 OpenGL ES 可以记住其自身的状态，因此只需设置活动
矩阵一次即可(在本例的余下代码中将修改模型视图矩阵)。然后对所有的 Bob 进行遍历，依据当前
Bob 位置把模型视图矩阵设成平移矩阵，并且渲染被模型视图矩阵自动移动的模型。

```
    @Override
    public void pause() {
    }

    @Override
    public void resume() {
    }

    @Override
    public void dispose() {
        }
    }
}
```

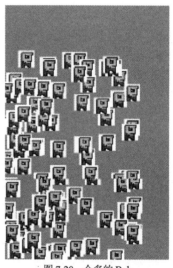

图 7-20　众多的 Bob

这里再次使用了在 Mr. Nom 中用过的 MVC 模式，它非
常适合进行游戏编程。Bob 的逻辑与它的显示是完全无关联
的，这一点很好，因为这样可以很容易用更复杂的内容替换
它的显示。图 7-20 显示了这个示例运行几秒后的输出。

这还不是变换带来的乐趣的终点。不知你是否还记得前
面提到过的变换：旋转和缩放。

7.11.4　更多的变换

除 glTranslatef()方法之外，OpenGL ES 还提供了另外两个用于变换的方法：glRotatef()和 glScalef()。

1. 旋转

下面是 glRotatef()的签名：

```
GL10.glRotatef(float angle, float axisX, float axisY, float axisZ);
```

第一个参数是顶点需要旋转的角度，单位是度。那么剩余的参数是什么含义呢？

当旋转物体时，是把它绕着一个轴进行旋转的。那么什么是轴呢？前面章节已经讲过 3 个轴：x
轴、y 轴和 z 轴。可以把这 3 个轴表示为向量。x 轴的正向可以使用(1, 0, 0)进行描述，y 轴的正向是
(0, 1, 0)，z 轴的正向是(0, 0, 1)。正如你所看到的那样，向量是有方向的，在这个示例中是在 3D 空
间内。Bob 的方向也是一个向量，但它是在 2D 空间中。向量也可以有位置，如 2D 空间中 Bob 的
位置。

为了定义旋转 Bob 模型时需要的旋转轴，让我们先回到 3D 空间中。图 7-21 显示了前面的代码
在 3D 空间中定义的 Bob 模型(采用纹理来指示方向)。

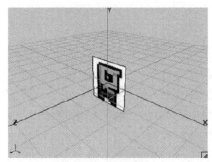

图 7-21　3D 中的 Bob

由于没有为 Bob 的顶点定义 z 坐标，因此 z 坐标是嵌入在 3D 空间的 x-y 面中的(实际上是模型空间)。如果想要旋转 Bob，则可以使它绕着任何轴旋转：x 轴、y 轴或 z 轴，甚至可以是一个看起来比较疯狂的轴(0.75, 0.75, 0.75)。但为了满足 2D 图形编程的需要，在 x-y 面中旋转 Bob 会合理一些。更进一步，使用 z 轴的正轴作为旋转轴，其定义为(0, 0, 1)。旋转是绕着 z 轴逆时针进行的。像下面这样调用 glRotatef()方法，可以产生如图 7-22 所示的旋转效果。

```
gl.glRotatef(45, 0, 0, 1);
```

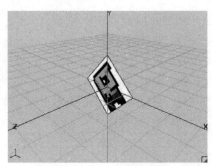

图 7-22　Bob，沿 z 轴旋转 45°

2. 缩放

可以像下面这样使用 glScalef()缩放 Bob 模型：

```
glScalef(2, 0.5f, 1);
```

如果给定 Bob 初始模型的姿势，会得到如图 7-23 所示的新朝向。

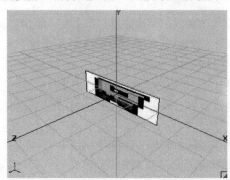

图 7-23　Bob，x 轴放大 2 倍，y 轴变成原来的 0.5 倍

3. 合并变换

现在讨论通过将多个矩阵相乘得到一个新的矩阵来合并多个矩阵的效果。所有的方法——glTranslatef()、glScalef()、glRotatef()和 glOrthof()——实际上就是这样做的。它们在内部使用传递给它们的参数创建了一个临时矩阵,并用这个矩阵与当前活动矩阵相乘。下面合并 Bob 的旋转和缩放:

```
gl.glRotatef(45, 0, 0, 1);
gl.glScalef(2, 0.5f, 1);
```

这会使 Bob 模型看起来如图 7-24 所示(记住,它仍在模型空间中)。

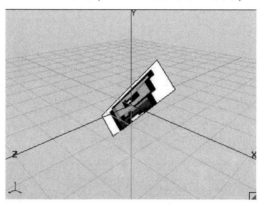

图 7-24　Bob,先缩放后旋转(还是看起来不太好)

那么,如果像下面这样应用变换会发生什么:

```
gl.glScalef(2, 0.5, 0);
gl.glRotatef(45, 0, 0, 1)
```

图 7-25 给出了答案。

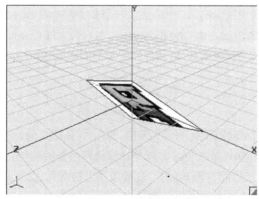

图 7-25　Bob,先旋转后缩放

这已经不是我们熟悉的 Bob。这里发生了什么呢?看看这段代码,它实际的意图是希望图 7-25 与图 7-24 看起来相似。在第一段代码中,对 Bob 先进行了旋转,然后进行了缩放,是这样吗?

不是如此。OpenGL ES 中多个矩阵相乘的方式决定了这些矩阵对应的变换应用到模型上的顺序。与当前活动矩阵相乘的最后一个矩阵会第一个应用到模型上。因此,如果想要缩放、旋转和平移 Bob,那么这些方法的准确调用顺序如下:

```
glTranslatef(bobs[i].x, bobs[i].y, 0);
glRotatef(45, 0, 0, 1);
glScalef(2, 0.5f, 1);
```

如果将 BobScreen.present()方法中的循环更改为如下代码:

```
gl.glMatrixMode(GL10.GL_MODELVIEW);
for(int i = 0; i <NUM_BOBS; i++) {
    gl.glLoadIdentity();
    gl.glTranslatef(bobs[i].x, bobs[i].y, 0);
    gl.glRotatef(45, 0, 0, 1);
    gl.glScalef(2, 0.5f, 0);
    bobModel.draw(GL10.GL_TRIANGLES, 0, 6);
}
```

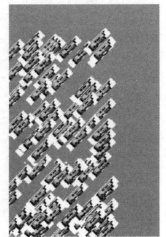

其输出如图 7-26 所示。

如果刚开始学习使用 OpenGL,则很容易弄乱这些矩阵操作的顺序。一定要记住:最后指定的矩阵最先使用。

最简单的熟悉模型视图变换的方式是频繁地使用它。建议你修改 BobTest.java 源文件的内部循环并观察修改后的效果。注意,在渲染每个模型时可以根据需要指定任意数量的变换。你可以添加更多的旋转、平移和缩放。随意使用这些变换可以熟悉它们的用法。

通过最后的这个示例,你基本上已经可以了解使用 OpenGL ES 编写 2D 游戏的所有方面。

图 7-26   100 个 Bob 在区域空间中缩放、旋转和平移它们的位置

7.12   性能优化

如果这个示例运行在功能强大的第二代设备上,例如 Droid 或 Nexus One,它将运行得非常流畅。但如果是让它运行在 Hero 上,就不会那么流畅。前面提到过 OpenGL ES 是用来进行快速图像渲染的,但是这要求在使用 OpenGL ES 时按照它要求的方式进行。

7.12.1   测量帧率

BobTest 是一个可以用来演示优化的完美示例。在进行优化之前,需要对性能进行评估。眼睛观察是不够精确的。检测程序性能的更好方式是计算每秒渲染的帧数。第 3 章中提到过垂直同步 (vertical synchronization),或者简称为 vsync。目前市场上的所有 Android 设备都启用了这项功能,并且限制了每秒帧数(FPS)的最大值为 60。当程序运行在这个帧率上时,就说明程序的代码足够好了。

注意: 60 FPS 看起来是非常好的,但实际上在很多 Android 设备上很难达到如此高的性能。高分辨率的平板电脑有许多的像素需要填充,即使只是进行清屏。一般情况下游戏的渲染速率能够超过 30 FPS 就很让人满意了。不过更高的帧率没有坏处。

下面实现了一个辅助类,该类可以计算 FPS 并定期输出该值。程序清单 7-14 显示的是 FPSCounter 类

的代码。

程序清单 7-14　FPSCounter.java：计算每秒的帧数并将它们记录到 LogCat

```java
package com.badlogic.androidgames.framework.gl;

import android.util.Log;

public class FPSCounter {
    long startTime = System.nanoTime();
    int frames = 0;

    public void logFrame() {
        frames++;
        if(System.nanoTime() - startTime >= 1000000000) {
            Log.d("FPSCounter", "fps: " + frames);
            frames = 0;
            startTime = System.nanoTime();
        }
    }
}
```

将该类的一个实例嵌入 BobScreen 类中，并在 BobScreen.present()方法中调用 logFrame()方法。下面是使用该方法在 Hero(运行 Android 1.5)、Droid(运行 Android 2.2)和 Nexus One(Android 2.2.1)中的输出。

```
Hero:
12-10 03:27:05.230: DEBUG/FPSCounter(17883): fps: 22
12-10 03:27:06.250: DEBUG/FPSCounter(17883): fps: 22
12-10 03:27:06.820: DEBUG/dalvikvm(17883): GC freed 21818 objects / 524280 bytes in
132ms
12-10 03:27:07.270: DEBUG/FPSCounter(17883): fps: 20
12-10 03:27:08.290: DEBUG/FPSCounter(17883): fps: 23

Droid:
12-10 03:29:44.825: DEBUG/FPSCounter(8725): fps: 39
12-10 03:29:45.864: DEBUG/FPSCounter(8725): fps: 38
12-10 03:29:46.879: DEBUG/FPSCounter(8725): fps: 38
12-10 03:29:47.879: DEBUG/FPSCounter(8725): fps: 39
12-10 03:29:48.887: DEBUG/FPSCounter(8725): fps: 40

Nexus One:
12-10 03:28:05.923: DEBUG/FPSCounter(930): fps: 43
12-10 03:28:06.933: DEBUG/FPSCounter(930): fps: 43
12-10 03:28:07.943: DEBUG/FPSCounter(930): fps: 44
12-10 03:28:08.963: DEBUG/FPSCounter(930): fps: 44
12-10 03:28:09.973: DEBUG/FPSCounter(930): fps: 44
12-10 03:28:11.003: DEBUG/FPSCounter(930): fps: 43
12-10 03:28:12.013: DEBUG/FPSCounter(930): fps: 44
```

在第一次检测之后，可以看到如下信息：

- Hero 比 Droid 和 Nexus One 慢两倍。
- Nexus One 比 Droid 要稍快一点。
- 在 Hero 的进程中产生了一些垃圾。

该列表中的最后一项让人有些迷惑。在这 3 个设备上运行的是相同的代码。在进一步的检测发现，

present()和 update()方法也没有分配任何临时的对象。那么在 Hero 中发生了什么事情呢？

7.12.2　Android 1.5 平台下 Hero 的奇特案例

原来是 Android 1.5 中有一个 bug。或者也不能叫一个 bug，这只是因为一些非常草率的编程导致的结果。前面讲过，顶点和索引是使用直接 NIO 缓冲区保存的。它们实际上是原生堆内存中的内存块。每次调用 glVertexPointer()、glColorPointer()或其他任何 glXXXPointer()方法时，OpenGL ES 都会尝试获取该缓冲区的原生堆内存的地址来查找顶点，并把这些顶点数据传送到视频 RAM。Android 1.5 的问题是每次请求直接 NIO 缓冲区的地址时，它都会产生一个名为 PlatformAddress 的临时对象。由于需要大量调用 glXXXPointer()和 glDrawElements()方法(记住，后者从直接 ShortBuffer 获取地址)，Android 会分配大量的临时 PlatformAdress 实例，对此是无法改变的(实际上是有一个解决方法的，但现在对此不予以讨论)。只需要知道，在 Android 1.5 中使用 NIO 缓冲区是很糟糕的。

7.12.3　造成 OpenGL ES 渲染如此慢的原因

Hero 比第二代设备慢并不让人吃惊。然而，Droid 中的 PowerVR 芯片比 Nexus One 的 Adreno 芯片要稍快一些，这个结果就稍有些奇怪了。进一步观察之后可以发现这种不同的原因不是因为 GPU 的性能，而是在每帧中都需要调用大量的 OpenGL ES 方法，Java 原生接口方法的调用开销是很高的。这意味着实际上调用的是 C 代码，在 Dalvik 中的开销要比调用一个 Java 方法高。Nexus One 有一个 JIT 编译器，可以对这种情况进行一点优化。因此，可以假定这里的不同是源自 JIT 编译器(这可能不完全正确)。

现在总结一下哪些方面对 OpenGL ES 来说是不好的：
- 在每一帧中改变状态很多次(例如，混合、启用/关闭纹理映射等)；
- 在每一帧中改变矩阵很多次；
- 在每一帧中绑定纹理很多次；
- 在每一帧中改变顶点、颜色和纹理坐标指针很多次。

改变状态的代价是很高的。为什么呢？GPU 的工作方式很像工厂的组装线。组装线的前端处理新进工件，末端则根据组装线前面阶段的处理完成最终的成品。可以使用一个汽车工厂进行类比。

生产线有几个状态，例如工人使用的工具、用于组装汽车不同部分的螺钉、汽车需要喷涂的颜色等。真正的汽车工厂是有多条组装线的，但这里假定只有一条。只要不改变任何状态，那么这个生产线的各部分都是非常繁忙的。然而在改变状态时，直到当前所有的汽车都组装完成后，生产线才会停止。只有在这个时候才可以真正地改变状态，并使用喷漆、螺钉等组装汽车。

这里的关键点是 glDrawElements()或 glDrawArrays()方法在被调用后并不是立即执行的。这些命令被放置在一个缓冲区中，并由 GPU 异步执行。这意味着绘制方法的调用不会阻塞。因此试图测量 glDrawElements()耗费的时间并不是一个好的想法，因为实际的工作可能是在测量发生之后执行的。这就是测量 FPS 的原因。当帧缓冲区交换之后(对 OpenGL ES 也使用双缓冲区)，OpenGL ES 将确保所有还未执行的操作执行完毕。

把汽车工厂的示例类比到 OpenGL ES 的执行方式。当新的三角形通过 glDrawElements()或 glDrawArrays()方法调用进入命令缓冲区后，GPU 管道可能会先完成当前正在处理的三角形的渲染(例如，一个三角形可能正处在管道的光栅处理状态)，这些渲染方法是早前调用的。下面列出一些

提示:

- 改变当前绑定的纹理的代价是昂贵的。命令缓冲区中使用了纹理且还没有被处理的三角形必须首先进行渲染。管道将会停止。
- 改变顶点、颜色和纹理坐标指针是昂贵的。命令缓冲区中使用旧指针且还没有被渲染的三角形必须首先渲染。管道将会停止。
- 改变混合状态的代价是昂贵的。命令缓冲区中需要/不需要混合且还未被渲染的三角形必须首先渲染。管道将会停止。
- 改变模型视图或投影矩阵的代价是昂贵的。命令缓冲区中应当应用旧矩阵且还未被处理的三角形必须首先渲染。管道将会停止。

所有这些提示的精髓就是减少任何状态的改变。

7.12.4 移除不必要的状态改变

下面分析 BobTest 的 present()方法,看看能做哪些改变。下面是引用的代码片段(添加了 FPSCounter,并使用了 glRotatef()和 glScalef()):

```
@Override
public void present(float deltaTime) {
    GL10 gl = glGraphics.getGL();
    gl.glViewport(0, 0, glGraphics.getWidth(), glGraphics.getHeight());
    gl.glClearColor(1,0,0,1);
    gl.glClear(GL10.GL_COLOR_BUFFER_BIT);
    gl.glMatrixMode(GL10.GL_PROJECTION);
    gl.glLoadIdentity();
    gl.glOrthof(0, 320, 0, 480, 1, -1);

    gl.glEnable(GL10.GL_TEXTURE_2D);
    bobTexture.bind();

    gl.glMatrixMode(GL10.GL_MODELVIEW);
    for(int i = 0; i < NUM_BOBS; i++) {
        gl.glLoadIdentity();
        gl.glTranslatef(bobs[i].x, bobs[i].y, 0);
        gl.glRotatef(45, 0, 0, 1);
        gl.glScalef(2, 0.5f, 1);
        bobModel.draw(GL10.GL_TRIANGLES, 0, 6);
    }
    fpsCounter.logFrame();
}
```

首先可以做的是移动 glViewport()和 glClearColor()方法以及调用为 BobScreen.resume()方法设置投影矩阵的方法。清屏颜色不会改变,视口和投影矩阵也不会改变。为什么不把设置像视口或投影矩阵这样的 OpenGL ES 固定状态的代码放在 BobScreen 的构造函数中呢? 这是因为需要有应对上下文丢失的措施。我们进行的所有 OpenGL ES 状态修改将会丢失,并且当屏幕的 resume()方法被调用时,上下文将被重建,并且所有丢失的状态都需要重新设置。我们也在 resume()方法中放置 glEnable()和纹理绑定调用。毕竟,我们希望纹理一直都是启用的,并且也一直使用同一个 Bob 纹理。因此,需要在 resume()方法中调用 texture.reload(),这样在上下文丢失的情况下也会重新加载纹理图像数据。

下面是修改过的 present()和 resume()方法：

```
@Override
public void resume() {
    GL10 gl = glGraphics.getGL();
    gl.glViewport(0, 0, glGraphics.getWidth(), glGraphics.getHeight());
    gl.glClearColor(1, 0, 0, 1);
    gl.glMatrixMode(GL10.GL_PROJECTION);
    gl.glLoadIdentity();
    gl.glOrthof(0, 320, 0, 480, 1, -1);

    bobTexture.reload();
    gl.glEnable(GL10.GL_TEXTURE_2D);
    bobTexture.bind();
}

@Override
public void present(float deltaTime) {
    GL10 gl = glGraphics.getGL();
    gl.glClear(GL10.GL_COLOR_BUFFER_BIT);

    gl.glMatrixMode(GL10.GL_MODELVIEW);
    for(int i = 0; i < NUM_BOBS; i++) {
        gl.glLoadIdentity();
        gl.glTranslatef(bobs[i].x, bobs[i].y, 0);
        gl.glRotatef(45, 0, 0, 1);
        gl.glScalef(2, 0.5f, 0);
        bobModel.draw(GL10.GL_TRIANGLES, 0, 6);
    }

    fpsCounter.logFrame();
}
```

运行“改进”版本后，3 个设备的性能如下：

```
Hero:
12-10  04:41:56.750: DEBUG/FPSCounter(467): fps: 23
12-10  04:41:57.770: DEBUG/FPSCounter(467): fps: 23
12-10  04:41:58.500: DEBUG/dalvikvm(467): GC freed 21821 objects / 524288 bytes in 133ms
12-10  04:41:58.790: DEBUG/FPSCounter(467): fps: 19
12-10  04:41:59.830: DEBUG/FPSCounter(467): fps: 23

Droid:
12-10 04:45:26.906: DEBUG/FPSCounter(9116): fps: 39
12-10 04:45:27.914: DEBUG/FPSCounter(9116): fps: 41
12-10 04:45:28.922: DEBUG/FPSCounter(9116): fps: 41
12-10 04:45:29.937: DEBUG/FPSCounter(9116): fps: 40

Nexus One:
12-10 04:37:46.097: DEBUG/FPSCounter(2168): fps: 43
12-10 04:37:47.127: DEBUG/FPSCounter(2168): fps: 45
12-10 04:37:48.147: DEBUG/FPSCounter(2168): fps: 44
12-10 04:37:49.157: DEBUG/FPSCounter(2168): fps: 44
12-10 04:37:50.167: DEBUG/FPSCounter(2168): fps: 44
```

可以看到，通过优化，所有设备的性能都稍有改进。当然，效果不是非常大。这是因为最初是在帧的开始处调用这些方法，那个时候管道中还没有三角形。

7.12.5　减小纹理大小意味着需要获取更少的像素

那么还有哪些可以更改的方面呢？有些方面并不是那么明显。Bob 实例的大小是 32×32 个单位，而所用的投影平面是 320×480 个单位。在 Hero 上，这会是一个像素最优渲染。在 Nexus One 或 Droid 中，坐标系统的一个单位会比一个像素稍小。在任何情况下，纹理的大小实际上是 128×128 像素。由于并不需要那么高的分辨率，因此可以将纹理图像 bobrgb888.png 调整为 32×32 像素。将新图像命名为 bobrgb888-32x32.png。使用这个更小的纹理后，下面是每个设备的 FPS：

```
Hero:
12-10 04:48:03.940: DEBUG/FPSCounter(629): fps: 23
12-10 04:48:04.950: DEBUG/FPSCounter(629): fps: 23
12-10 04:48:05.860: DEBUG/dalvikvm(629): GC freed 21812 objects / 524256 bytes in 134ms
12-10 04:48:05.990: DEBUG/FPSCounter(629): fps: 21
12-10 04:48:07.030: DEBUG/FPSCounter(629): fps: 24

Droid:
12-10 04:51:11.601: DEBUG/FPSCounter(9191): fps: 56
12-10 04:51:12.609: DEBUG/FPSCounter(9191): fps: 56
12-10 04:51:13.625: DEBUG/FPSCounter(9191): fps: 55
12-10 04:51:14.641: DEBUG/FPSCounter(9191): fps: 55

Nexus One:
12-10 04:48:18.067: DEBUG/FPSCounter(2238): fps: 53
12-10 04:48:19.077: DEBUG/FPSCounter(2238): fps: 56
12-10 04:48:20.077: DEBUG/FPSCounter(2238): fps: 53
12-10 04:48:21.097: DEBUG/FPSCounter(2238): fps: 54
```

这在第二代设备中产生了巨大的区别。原来这些设备的 GPU 最讨厌的就是扫描大量的像素。对于从纹理中获取纹元和向屏幕上渲染三角形来说也是如此。这些 GPU 获取纹元和向帧缓冲区中渲染像素的速率称为填充率(fill rate)。所有第二代 GPU 都有填充率的限制，因此应当尽量使用小的纹理(或只把三角形映射到它们的一小部分上)，并避免在屏幕上渲染巨大的三角形。我们也需要留意重叠：重叠的三角形越少越好。

注意：实际上，重叠对于像 Droid 上的 PowerVR SGX 530 这样的 GPU 并不是严重的问题。这些 GPU 具有称为瓦片纹理延迟渲染(tile-based deferred rendering)的特殊机制，该机制可以根据特定条件去除大量的重叠。尽管如此，我们仍应关注屏幕上那些不可见的像素。

在 Hero 中，减小纹理图像大小只带来了一点点性能提升。这是什么原因造成的呢？

7.12.6　减少 OpenGL ES/JNI 方法的调用

第一个要考虑的情况是，当为每个 Bob 渲染模型时，每帧中有大量的 OpenGL ES 方法调用。首先，每个 Bob 有 4 个矩阵操作。如果不需要旋转或缩放，那么可以减少到两个调用。下面是当内循环中只使用 glLoadIdentity()和 glTranslatef()时每个设备的 FPS 数：

```
Hero:
12-10 04:57:49.610: DEBUG/FPSCounter(766): fps: 27
12-10 04:57:49.610: DEBUG/FPSCounter(766): fps: 27
```

```
12-10 04:57:50.650: DEBUG/FPSCounter(766): fps: 28
12-10 04:57:50.650: DEBUG/FPSCounter(766): fps: 28
12-10 04:57:51.530: DEBUG/dalvikvm(766): GC freed 22910 objects / 568904 bytes in 128ms

Droid:
12-10 05:08:38.604: DEBUG/FPSCounter(1702): fps: 56
12-10 05:08:39.620: DEBUG/FPSCounter(1702): fps: 57
12-10 05:08:40.628: DEBUG/FPSCounter(1702): fps: 58
12-10 05:08:41.644: DEBUG/FPSCounter(1702): fps: 57

Nexus One:
12-10 04:58:01.277: DEBUG/FPSCounter(2509): fps: 54
12-10 04:58:02.287: DEBUG/FPSCounter(2509): fps: 54
12-10 04:58:03.307: DEBUG/FPSCounter(2509): fps: 55
12-10 04:58:04.317: DEBUG/FPSCounter(2509): fps: 55
```

移除这两个矩阵操作后，Hero 上的性能有不少的提升，Droid 和 Nexus One 也有少许性能提升。当然，这多少有点作弊嫌疑：如果需要对 Bob 进行旋转和缩放，就不可避免地需要增加这两个调用。然而，当只是做 2D 渲染时，可以使用一个小技巧来避免所有的矩阵操作(第 8 章将对此进行讲述)。

OpenGL ES 是 C API，通过 JNI 进行封装后提供给 Java。这意味着调用任何 OpenGL ES 方法都需要通过这层 JNI 封装才能实际使用原生 C 的功能。这是 Android 早期版本中代价较大的地方，不过在较新的版本中情况要好很多。如上所示，这方面的影响并不大，在实际操作占用的时间远大于调用本身所占用的时间时尤其如此。

7.12.7　绑定顶点的概念

那么，还有哪些可以改进的方面呢？再次审视一下当前的 present()方法(去除了 glRotatef()和 glScalef())：

```java
public void present(float deltaTime) {
    GL10 gl = glGraphics.getGL();
    gl.glClear(GL10.GL_COLOR_BUFFER_BIT);

    gl.glMatrixMode(GL10.GL_MODELVIEW);
    for(int i = 0; i < NUM_BOBS; i++) {
        gl.glLoadIdentity();
        gl.glTranslatef(bobs[i].x, bobs[i].y, 0);
        bobModel.draw(GL10.GL_TRIANGLES, 0, 6);
    }

    fpsCounter.logFrame();
}
```

它看起来是最优代码，是吗？实际上它不是最优的。首先还可以把 gl.glMatrixMode()方法移到 resume()方法中。但正如前面已经看到的那样，这并不会极大地提升性能。第二个可以进行优化的地方就有点巧妙了。

我们使用 Vertices 类存储和渲染 Bob 模型。记得 Vertices.draw()方法吗？再来分析一次：

```java
public void draw(int primitiveType, int offset, int numVertices) {
    GL10 gl = glGraphics.getGL();
```

```
gl.glEnableClientState(GL10.GL_VERTEX_ARRAY);
vertices.position(0);
gl.glVertexPointer(2, GL10.GL_FLOAT, vertexSize, vertices);

if(hasColor) {
    gl.glEnableClientState(GL10.GL_COLOR_ARRAY);
    vertices.position(2);
    gl.glColorPointer(4, GL10.GL_FLOAT, vertexSize, vertices);
}

if(hasTexCoords) {
    gl.glEnableClientState(GL10.GL_TEXTURE_COORD_ARRAY);
    vertices.position(hasColor?6:2);
    gl.glTexCoordPointer(2, GL10.GL_FLOAT, vertexSize, vertices);
}

if(indices!=null) {
    indices.position(offset);
    gl.glDrawElements(primitiveType, numVertices, GL10.GL_UNSIGNED_SHORT, indices);
} else {
    gl.glDrawArrays(primitiveType, offset, numVertices);
}

if(hasTexCoords)
    gl.glDisableClientState(GL10.GL_TEXTURE_COORD_ARRAY);

if(hasColor)
    gl.glDisableClientState(GL10.GL_COLOR_ARRAY);
}
```

现在再看看前面的循环。注意到什么没有？每个 Bob 都通过 glEnableClientState()一遍又一遍地启用了同样的顶点属性。实际上只需要设置一次，因为这些 Bob 使用的是同一个模型，这个模型使用的是相同的顶点属性。接下来的一个大问题是对每个 Bob 都调用了 glXXXPointer()。这些指针也是 OpenGL ES 的状态，只需要设置它们一次即可，因为它们一旦设置就不再更改。那么要如何修改呢？下面是稍加重写的 Vertices.draw()方法：

```
public void bind() {
    GL10 gl = glGraphics.getGL();

    gl.glEnableClientState(GL10.GL_VERTEX_ARRAY);
    vertices.position(0);
    gl.glVertexPointer(2, GL10.GL_FLOAT, vertexSize, vertices);

    if(hasColor) {
        gl.glEnableClientState(GL10.GL_COLOR_ARRAY);
        vertices.position(2);
        gl.glColorPointer(4, GL10.GL_FLOAT, vertexSize, vertices);
    }

    if(hasTexCoords) {
        gl.glEnableClientState(GL10.GL_TEXTURE_COORD_ARRAY);
        vertices.position(hasColor?6:2);
        gl.glTexCoordPointer(2, GL10.GL_FLOAT, vertexSize, vertices);
    }

}
```

```
public void draw(int primitiveType, int offset, int numVertices) {
    GL10 gl = glGraphics.getGL();

    if(indices!=null) {
        indices.position(offset);
        gl.glDrawElements(primitiveType, numVertices, GL10.GL_UNSIGNED_SHORT, indices);
    } else {
        gl.glDrawArrays(primitiveType, offset, numVertices);
    }
}

public void unbind() {
    GL10 gl = glGraphics.getGL();
    if(hasTexCoords)
        gl.glDisableClientState(GL10.GL_TEXTURE_COORD_ARRAY);

    if(hasColor)
        gl.glDisableClientState(GL10.GL_COLOR_ARRAY);
}
```

看出做了哪些修改吗？这里处理顶点和所有指针的方式就如同处理纹理一样。通过一个 Vertices.bind()调用绑定顶点指针。从此处开始，每次的 Vertices.draw()调用都会使用这些已经绑定的顶点，就像绘制调用每次使用当前绑定的纹理一样。在一个顶点实例完成渲染后，需要调用 Vertices.unbind()来关闭其他 Vertices 实例可能不会用到的顶点属性。保持 OpenGL ES 的状态干净是一种很好的做法。现在的 present()方法如下所示(我们还将 glMatrixMode(GL10. GLMODELVIEW) 调用移动到 resume()中)：

```
@Override
public void present(float deltaTime) {
    GL10 gl = glGraphics.getGL();
    gl.glClear(GL10.GL_COLOR_BUFFER_BIT);

    bobModel.bind();
    for(int i = 0; i < NUM_BOBS; i++) {
        gl.glLoadIdentity();
        gl.glTranslatef(bobs[i].x, bobs[i].y, 0);
        bobModel.draw(GL10.GL_TRIANGLES, 0, 6);
    }
    bobModel.unbind();

    fpsCounter.logFrame();
}
```

这个高效的方法在每帧中只调用 glXXXPointer()和 glEnableClientState()方法一次。这样可以节省将近 100×6 次对 OpenGL ES 的调用。这对性能来说是一个巨大的提升。

```
Hero:
12-10 05:16:59.710: DEBUG/FPSCounter(865): fps: 51
12-10 05:17:00.720: DEBUG/FPSCounter(865): fps: 46
12-10 05:17:01.720: DEBUG/FPSCounter(865): fps: 47
12-10 05:17:02.610: DEBUG/dalvikvm(865): GC freed 21815 objects / 524272 bytes in 131ms
12-10 05:17:02.740: DEBUG/FPSCounter(865): fps: 44
12-10 05:17:03.750: DEBUG/FPSCounter(865): fps: 50

Droid:
```

```
12-10 05:22:27.519: DEBUG/FPSCounter(2040): fps: 57
12-10 05:22:28.519: DEBUG/FPSCounter(2040): fps: 57
12-10 05:22:29.526: DEBUG/FPSCounter(2040): fps: 57
12-10 05:22:30.526: DEBUG/FPSCounter(2040): fps: 55

Nexus One:
12-10 05:18:31.915: DEBUG/FPSCounter(2509): fps: 56
12-10 05:18:32.935: DEBUG/FPSCounter(2509): fps: 56
12-10 05:18:33.935: DEBUG/FPSCounter(2509): fps: 55
12-10 05:18:34.965: DEBUG/FPSCounter(2509): fps: 54
```

现在 3 个设备的表现基本上在同一水平了。Droid 表现得最好，其次是 Nexus One。最弱的 Hero 的表现也相当不错。我们从未优化时的 22 FPS 提高到 50 FPS。性能的提升增加了超过 100%。经过优化的 Bob 测试程序基本上达到最优状态。

当然，新的可绑定的 Vertices 类也有一些限制：

- 当 Vertices 实例没有绑定时，只能设置顶点和索引数据，因为其他信息的加载是在 Vertices.bind()中执行的。

- 不能一次绑定两个 Vertices 实例。这意味着在任意时刻只能渲染一个 Vertices 实例。这通常并不是一个大的问题，鉴于性能上的大幅提升，我们将采用这种方式。

7.12.8　写在结束之前

在使用诸如矩形这样的平面几何图形进行 2D 图像编程时，还可以进行一项优化。这将在第 8 章中进行讲述。其关键词是批处理(batching)，这意味着减少 glDrawElements()/glDrawArrays()调用的数量。3D 图像编程中对应的关键词是实例化(instancing)，但这在 OpenGL ES 1.x 中是无法使用的。

在结束本章之前，还需要再提及两件事情。首先，在运行 BobText 或 OptimizedBobTest(包含刚开发的超级优化的代码)时，需要注意的是 Bob 在屏幕上多少是有些摇晃的。这是因为传递给 glTranslatef()方法的位置数据是浮点型的。像素最优渲染的问题是 OpenGL ES 对顶点位置的小数部分非常敏感。无法真正地解决这个问题。在实际游戏中，这种效果不太明显或甚至不存在，在我们将要实现的下一个游戏中可以看到这一点。除其他方法外，我们可利用一个更加多样化的背景在一定程度上隐藏这种影响。

第二件需要指出的事情是如何解释 FPS 的测量结果。正如前面看到的输出，FPS 有些波动。这归因于与游戏程序一起运行的后台进程。不可能使游戏程序拥有所有的系统资源，必须记住这一点。当对程序进行优化的时候，不要认为没有任何的后台进程。按照自己正常使用手机的情况，在手机上运行应用程序，这样可以反映出用户在使用该应用程序时得到的体验。

在此可以以不错的成绩来结束本章。但需要提醒的是，只有在代码可以工作且真正有性能问题之后才能开始进行优化。过早的优化常常导致不得不重写整个渲染代码，这可能会使它变得难以维护。

7.13　小结

OpenGL ES 是十分庞大的。本章针对游戏编程的需要缩小篇幅进行介绍，使它更容易使用。本章讨论了 OpenGL ES 是什么(一个精练有效的三角形渲染机)和它是如何工作的。探讨了如何通过顶点使用 OpenGL ES 功能，如何创建纹理和如何使用状态(例如混合)得到更好的效果。本章还讲述了投影以及它们是如何与矩阵联系的。虽然没有讨论矩阵内部的情况，但讲解了如何使用它们对可重用的模型进行旋转、缩放以及将其从模型空间移动到世界空间。当稍后使用 OpenGL ES 进行 3D 编程时，你会发现其实我们已经学习了需要知道的 90%的内容。需要我们做的是改变投影和给顶点添加 z 坐标(还有一些其他内容，但那些是更高层的内容)。但在此之前将会使用 OpenGL ES 编写一款不错的 2D 游戏。第 8 章中将介绍一些编写这个游戏所需的 2D 编程技术。

第**8**章

2D 游戏编程技巧

第 7 章讲述了 OpenGL ES 提供了相当多的功能可用于 2D 图像编程，如可以容易地实现旋转和缩放，并将视锥体自动伸展到视口上。它在性能上也比 Canvas 优越。

现在来探讨一些更高级的 2D 游戏编程的主题。在写到 Mr. Nom 的时候，曾不自觉地使用过其中一部分概念，包括基于时间的状态更新和图像图集。接下来的许多内容实际也是非常直观的，很可能你早晚也会想出一样的解决方法，但这并不妨碍你学习这些内容。

2D 游戏编程中有几个极其重要的概念，其中的一些与图形相关，而另一些是关于如何展示和模拟游戏世界的。所有这些概念有一个共同点：它们都涉及一些线性代数和三角学知识。不必担心，编写像 Super Mario Brothers 这样的游戏所要求的数学水平并不高。下面先回顾一下 2D 线性代数和三角学的一些概念。

8.1 准备工作

与前面的"理论性"章节一样，本章将创建几个示例并通过这些示例来观察所发生的事情。本章将重用第 7 章中开发的类，主要是 GLGame、GLGraphics、Texture 和 Vertices 类，同时还有余下的框架类。

按照第 7 章中的方式建立一个新项目。将 com.badlogic.androidgames.framework 包复制到新项目中，然后创建一个新包 com.badlogic.androidgames.gamedev2d。

添加一个启动类 GameDev2DStarter。它重用了 GLBasicsStarter 的代码，仅仅替换了测试的类名而已。修改清单文件，以便启动这个新的启动类。同时针对要开发的每个测试，在清单文件中添加对应的<activity>条目。

每个测试也是 Game 接口的一个实例，并且实际的测试逻辑是以 Screen 的形式实现的，这个 Screen 像前面的章节一样包含在测试的 Game 实现中。本章为节省篇幅将只介绍与 Screen 有关的部分。每个测试程序的 GLGame 和 Screen 的命名规范仍然是 XXXTest 和 XXXScreen。

接下来开始讨论向量。

8.2 向量

在第 7 章中讲到不要把向量与位置混为一谈。这是不完全正确的，因为在有些空间中可以(并将要)通过向量来表示位置。向量实际上可以有很多种解释：

- **位置**：已经在本书前面的内容中使用了，用来表示实体相对于坐标系原点的坐标。
- **速度和加速度**：它们是一些物理量，将在下一节中谈到。虽然过去习惯上将速度和加速度认为是一个值，但事实上它们应该被表示成 2D 或 3D 向量。它们不仅仅表示一个实体的速度(例如一辆车的时速为 100 千米)，还表示了该实体运动的方向。需要注意的是，这种向量解释没有说明向量是相对于原点给出的。这是合理的，因为一辆汽车的速度和方向与其位置无关。设想一辆汽车以 100 千米/时的时速行驶在西北方向一条笔直的高速公路上。只要其速度和方向不变，那么速度向量也不会改变，不过它的位置会改变。
- **方向和距离**：方向与速度类似，但通常缺少物理量。可以使用这样的向量解释来编码状态，例如这个实体指向东南方向。距离表示一个位置到另一位置的远近和方向。

图 8-1 举例说明上述解释。

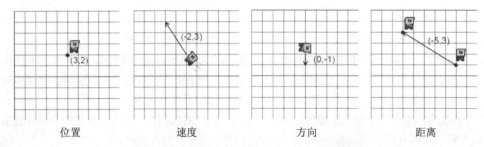

图 8-1 表示成向量的 Bob 的位置、速度、方向和距离

当然图 8-1 所表示的内容并不全面。向量可以有许多解释。然而对于游戏开发来说，这 4 个基本解释已经足够了。

图 8-1 没有说明的是向量分量的单位。必须确保单位是合理的(例如 Bob 的速度单位可能是米/秒，它每秒向左移动 2 米并向上移动 3 米)。位置和距离也是一样的，例如也可以把它们的单位设定为米。但 Bob 的方向是比较特殊的——它是没有单位的。如果想在保持方向的物理特征独立时指定一个对象的大致方向，这迟早会派上用场。可以对 Bob 的速度采用这种方式，使用一个方向向量保存速度方向，使用一个单一的值保存其速率。单一的值也被称为标量(scalar)。方向向量的长度必须为 1，稍后将对此进行讨论。

8.2.1 使用向量

向量的强大之处在于可以非常容易地对其进行操作和合并，但之前需要定义向量的表示方式。下面是向量的一个半数学化的表示：

```
v =(x, y)
```

这样的表示方式在本书中已出现过多次。在 2D 空间中，每个向量都有一个 x 分量和一个 y 分量(本章中将只讨论 2D 情形)。两个向量也可以相加：

```
c = a + b = (a.x, a.y) + (b.x, b.y) = (a.x + b.x, a.y + b.y)
```

把这些分量相加就可以得到最终向量。可试着将图 8-1 中的向量相加，例如把 Bob 的位置 p=(3, 2)加上它的速度 v=(-2, 3)，可以得到一个新位置 p'=(3 + -2, 2 + 3)=(1, 5)。p 后面的撇号只是表示得到了一个新的向量 p。当然，这个小操作只有在位置和速度单位相符的情况下才是有意义的。本例中假定位置的单位是米(m)，速度的单位是米/秒(m/s)，因此是相符的。

当然，向量也可以做减法：

```
c = a - b = (a.x, a.y) - (b.x, b.y) = (a.x - b.x, a.y - b.y)
```

需要将两个向量的分量相减。但请注意，一个向量减去另一个向量时的顺序是非常重要的。以图 8-1 中最右边的图为例，有一个绿色的 Bob 在 pg=(1, 4)，一个红色的 Bob 在 pr=(6, 1)，这里 pg 和 pr 分别代表绿 Bob 和红 Bob 各自的位置。当距离向量是从绿 Bob 到红 Bob 时，计算方法如下：

```
d = pg - pr = (1, 4) - (6, 1) = (-5, 3)
```

这有些奇怪，那个向量实际上是从红 Bob 指向绿 Bob！而为了得到从绿 Bob 指向红 Bob 的方向向量，就必须颠倒减法的顺序：

```
d = pr - pg = (6, 1) - (1, 4) = (5, -3)
```

如果想要得到从位置 a 到位置 b 的距离向量，使用下面的通用公式：

```
d = b - a
```

也就是说总是用终点位置减去起始位置。刚开始这会使人有些困惑，但一旦想明白，就会发现它是绝对有道理的，在草稿纸上试一试吧。

也可以把向量与标量相乘(记住，标量只是一个单一值)：

```
a' = a * scalar = (a.x * scalar, a.y * scalar)
```

需要把向量的每一个分量都与标量相乘，这用于缩放向量的长度。以图 8-1 的方向向量为例，假设 d=(0, -1)，如果将标量 s=2 与它相乘，则可以使其长度变为 2 倍：d×s=(0, -1×2)=(0, -2)。当然，也可以使用小于 1 的标量使它变小，d 乘以 s=0.5 得到一个新的向量 d'=(0, -0.5)。

说到长度，也可以计算一个向量的长度(以给定的单位)

```
|a| = sqrt(a.x*a.x + a.y*a.y)
```

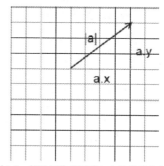

符号|a|表示向量的长度。如果在学校学过线性代数，你可能认识这个向量长度的公式。它把勾股定理应用到 2D 向量上。向量的 x 和 y 分量构成一个直角三角形的两条边，第三条边就是向量的长度。图 8-2 对此进行了说明。

向量的长度总是正值或零，这是由平方根的属性决定的。如果把这个公式应用到红 Bob 和绿 Bob 之间的距离向量上，将得到它们之间的距离(假定位置的单位是米)。

图 8-2 毕达哥拉斯可能也会非常喜欢向量

```
|pr - pg| = sqrt(5*5 + -3*-3) = sqrt(25 + 9) = sqrt(34) ~= 5.83
```

注意，如果计算|pr－pg|也可以得到相同的值，这是因为长度与向量的方向无关。这也暗示着当用一个向量乘以标量时，它的长度会发生相应的变化。给定一个原始长度为 1 个单位的向量 d=(0，－1)，将它乘以 2.5 后得到一个长度为 2.5 的新向量。

方向向量通常是不带任何单位的，可以通过乘以一个标量使它们带上单位—— 例如，一个方向向量 d=(0, 1)乘以一个速率常量 s=100 米/秒可以得到一个速度向量 v = (0×100, 1×100) = (0, 100)，因此推荐使方向向量的长度为 1。长度为 1 的向量称为单位向量(unit vector)。任何一个向量的每个分量都除以该向量的长度可以使该向量单位化：

d' = (d.x/|d|, d.y/|d|)

记住|d|只表示向量 d 的长度，下面举例说明。假设有一个方向向量指向东北：d=(1, 1)。看起来这个向量已经是单位长度了，因为两个分量都是 1，对吗？当然不对：

|d| = sqrt(1*1 + 1*1) = sqrt(2) ~= 1.44

可以通过使这个向量成为单位向量进行修正：

d' = (d.x/|d|, d.y/|d|) = (1/|d|, 1/|d|) ~= (1/1.44, 1/1.44) = (0.69, 0.69)

这也称为规范化向量，意味着使它的长度为 1。利用这个技巧可以由距离向量创建一个单位长度的方向向量。当然必须小心零长度向量，因为此时会用零做除数。

8.2.2　一点三角学的知识

下面讨论一点三角学的知识。在三角学中有两个非常重要的函数：余弦和正弦。它们都只有一个参数：角。通常习惯使用度数表示角(例如，45°或 360°)。然而在绝大多数的数学程序库中，三角函数都使用弧度表示角。通过下面的公式可以很容易地在度数和弧度之间进行转换：

```
degreesToRadians(angleInDegrees) = angleInDegrees / 180 * pi
radiansToDegrees(angle) = angleInRadians / pi * 180
```

这里 pi 是一个常见的超级常量，其值约为 3.14159265，pi 弧度等于 180°，这就是上面两个计算公式的由来。

那么对于给定的角，余弦和正弦实际上进行什么计算呢？它们计算单位长度的向量的 x 和 y 分量，这个向量是相对于原点的。图 8-3 对此进行了说明。

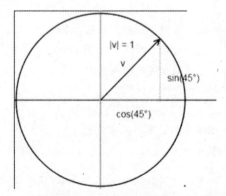

图 8-3　余弦和正弦产生一个单位向量它的端点在单位圆上

给定一个角，可以如下所示创建一个单位长度的方向向量：

```
v = (cos(angle), sin(angle))
```

也可以依据 x 轴计算向量的角度：

```
angle = atan2(v.y, v.x)
```

atan2 函数是人为构造的。它使用反正切函数(它是正切函数的倒数，正切函数是三角形中另外的基本函数)构造一个角度，范围从－180°到180°(或－pi 到 pi，如果角度以弧度形式返回的话)。它的内部实现有些复杂，但并不影响这里的讲解。参数是向量的 y 和 x 分量。需要注意的是 atan2 使用的向量不必是单位向量。还要注意这里先给出 y 分量，然后是 x 分量——但这取决于所用的数学程序库。这是通常产生错误的地方。

下面列举一些示例。给定一个向量 v = (cos(97°),sin(97°))，atan2(sin(97°),cos(97°))的结果是97°。这很简单。使用一个向量 v=(1,－1)可以得到 atan2(–1, 1)=－45°。因此如果向量的 y 分量是负数，将得到一个范围是 0°～－180°的负角。如果 atan2 的输出是负值，则可以通过加 360°(或2pi)进行修正。在这个例子中得到的值是 315°。

最后应用到向量上的操作是把它旋转一定的角度。下面的派生公式有些复杂，但我们只需要知道如何使用它们，而不必去了解正交向量(提示：如果你想了解这方面的内容，可以在网上搜索这个关键词)。下面就是这个神奇的伪代码：

```
v.x' = cos(angle) * v.x - sin(angle) * v.y
v.y' = sin(angle) * v.x + cos(angle) * v.y
```

这比预期的要简单得多。不论你对这个向量如何解释，它将使任何向量绕着原点逆时针旋转。

通过向量的加法、减法和与标量相乘的乘法，实际可以实现所有的 OpenGL 的矩阵操作。这可以作为进一步增加第 7 章中的 BobTest 性能的解决方法中的一部分。接下来会对此进行讲解。现在重点介绍所讨论的内容并将其转化为代码。

8.2.3　实现一个向量类

为 2D 向量创建一个易于使用的向量类，称其为 Vector2。它有两个成员，用来保存向量的 x 和 y 分量。另外它还应该有一些方法可以实现下面的操作：

- 向量的加法和减法
- 将向量的分量与标量相乘
- 计算向量的长度
- 规范化一个向量
- 计算向量与 x 轴之间的角度
- 旋转向量

Java 缺少运算符重载，因此必须采用一种机制使 Vector2 类更加方便。理想情况如下所示：

```
Vector2 v = new Vector2();
v.add(10,5).mul(10).rotate(54);
```

通过使每个 Vector2 方法都返回一个其自身的引用，很容易就能达到这个目的。当然也希望能够重载像 Vector2.add()这样的方法，以便传递两个浮点数或者是另一个 Vector2 的实例。程序清单 8-1 显示了全部的 Vector2 类，并在合适的地方做了说明。

程序清单 8-1　Vector2.java：实现一些漂亮的 2D 向量功能

```java
package com.badlogic.androidgames.framework.math;

import android.util.FloatMath;

public class Vector2 {
    public static float TO_RADIANS = (1 / 180.0f) * (float) Math.PI;
    public static float TO_DEGREES = (1 / (float) Math.PI) * 180;
    public float x, y;

    public Vector2() {
    }

    public Vector2(float x, float y) {
        this.x = x;
        this.y = y;
    }

    public Vector2(Vector2 other) {
        this.x = other.x;
        this.y = other.y;
    }
```

该类被放在包 com.badlogic.androidgames.framework.math 中，这个包存放任何与数学相关的类。

首先定义两个静态常量 TO_RADIANS 和 TO_DEGREES。要转换以弧度给出的角度，只需要把它乘以 TO_DEGREES 即可；要把以度数给出的角转换成弧度，则把它乘以 TO_RADIANS。你可以通过检查先前定义的两个角度到弧度的转换公式对上述讨论进行复核。使用这个小技巧可以避免除法操作并提升程序运行的速度。

接下来定义两个成员 x 和 y，它们用来存储向量的分量，也定义了一组并不复杂的构造函数：

```java
public Vector2 cpy() {
    return new Vector2(x, y);
}
```

cpy()方法将创建当前向量实例的一个副本并将其返回。如果需要对一个向量的副本进行操作，这会非常有用，这种方式可以保护原始向量的值不被改动。

```java
public Vector2 set(float x, float y) {
    this.x = x;
    this.y = y;
    return this;
}

public Vector2 set(Vector2 other) {
    this.x = other.x;
    this.y = other.y;
    return this;
}
```

set()方法允许根据两个浮点参数或另外的向量来设置向量的 x 和 y 分量，该方法返回对该向量的引用，这样就可以将前面讨论的操作链接起来。

```
public Vector2 add(float x, float y) {
    this.x += x;
    this.y += y;
    return this;
}

public Vector2 add(Vector2 other) {
    this.x += other.x;
    this.y += other.y;
    return this;
}

public Vector2 sub(float x, float y) {
    this.x -= x;
    this.y -= y;
    return this;
}

public Vector2 sub(Vector2 other) {
    this.x -= other.x;
    this.y -= other.y;
    return this;
}
```

add()和 sub()方法具有两个形式：其一是使用两个浮点参数，其二是使用 Vector2 实例。所有的 4 个方法都返回向量的一个引用，这样就可以将操作连接起来。

```
public Vector2 mul(float scalar) {
    this.x *= scalar;
    this.y *= scalar;
    return this;
}
```

mul()方法只是将向量的 x 和 y 分量乘以给定的标量值，并且也返回向量的引用以便链接操作。

```
public float len() {
    return FloatMath.sqrt(x * x + y * y);
}
```

如前所述，len()方法能精确计算出向量长度。需要注意的是，此处使用了 FloatMath 类替代了 Java SE 提供的通用 Math 类，它是一个特殊的 Android API 类，使用浮点类型而不是双精度型，而且比 Math 类稍快一些(至少在旧版 Android 中是这样的)。

```
public Vector2 nor() {
    float len = len();
    if (len != 0) {
        this.x /= len;
        this.y /= len;
    }
    return this;
}
```

nor()方法把向量规范化到单位长度。首先内部使用 len()方法计算长度。如果长度为零，就可以提早返回并避免除零错误。反之,用它除以向量的每个分量得到单位长度向量。为了能够链接操作,仍然返回向量的引用。

```java
public float angle() {
    float angle = (float) Math.atan2(y, x) * TO_DEGREES;
    if (angle < 0)
        angle += 360;
    return angle;
}
```

如前所述,angle()方法使用 atan2()方法计算向量与 x 轴之间的夹角。由于 FloatMath 类未提供该方法,因此只能使用 Math.atan2()方法。它返回的角度是弧度的形式,可以通过与 TO_DEGREES 相乘将其转换成度数。如果角度小于零,则将其加上 360°,这样便可返回一个区间在 0°～360°的值。

```java
public Vector2 rotate(float angle) {
    float rad = angle * TO_RADIANS;
    float cos = FloatMath.cos(rad);
    float sin = FloatMath.sin(rad);

    float newX = this.x * cos - this.y * sin;
    float newY = this.x * sin + this.y * cos;

    this.x = newX;
    this.y = newY;

    return this;
}
```

rotate()方法使向量绕原点旋转给定的角度。由于 FloatMath.cos()和 FloatMath.sin()方法要求角度是弧度形式,需要先把度数转换成弧度。接下来使用了前面定义的公式计算向量的新的 x 和 y 分量,并最终返回这个向量以便链接。

```java
public float dist(Vector2 other) {
    float distX = this.x - other.x;
    float distY = this.y - other.y;
    return FloatMath.sqrt(distX * distX + distY * distY);
}

public float dist(float x, float y) {
    float distX = this.x - x;
    float distY = this.y - y;
    return FloatMath.sqrt(distX * distX + distY * distY);
}
```

最后,有两个方法计算两个向量之间的距离。

这就是漂亮的 Vector2 类,在以后的代码中将用它来展现位置、速度、距离和方向。下面使用一个简单示例使你对这个新类建立起感性认识。

8.2.4　一个简单的用法示例

下面是对这个简单测试程序的一些需求：

- 使用三角形来模拟炮，它有固定的位置。三角形的中心设在(2.4, 0.5)。
- 每次触摸屏幕时，三角形都会发生旋转，指向触摸点。
- 视锥体将显示介于(0, 0)到(4.8, 3.2)之间的区域。使用自定义的坐标系代替像素坐标系，其中 1 个单位等于 1 米。同时程序工作在横向模式。

现在需要考虑很多事情。前面已经讲过如何在模型空间中定义三角形——使用 Vertices 实例。这个三角炮的默认方向是指向右，角度为 0°。图 8-4 显示了模型空间中的这个三角炮。

当渲染这个三角形时，使用 glTranslatef()将其移到空间的(2.4, 0.5)上。

我们希望能够旋转三角炮，使其尖点指向屏幕上最后的触摸点。为此，需要确定最后一次的触摸事件的发生点。GLGame.getInput().getTouchX()和 getTouchY()方法将返回触摸点的屏幕坐标，该坐标所处坐标系的原点在左上角。同在 Mr.Nom 中的做法不同，Input 实例不会把这些事件放到一个固定坐标系中。相反，这些触摸坐标需要转换成世界坐标。在 Mr. Nom 的触摸处理程序和基于 Canvas 的游戏框架中已经这样做了；这次唯一的不同之处是坐标系的范围有点小并且 y 轴是指向上的。以下的伪代码显示了如何实现一般情况下的转换，这非常像第 5 章中的触摸处理程序：

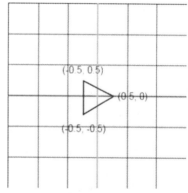

图 8-4　模型空间中的三角炮

```
worldX = (touchX / Graphics.getWidth()) *
viewFrustmWidth
worldY = (1 - touchY / Graphics.getHeight()) * viewFrustumHeight
```

通过把触摸坐标除以屏幕分辨率将其规范化到(0, 1)区间中。以 y 坐标为例，用 1 减去触摸事件规范化后的 y 坐标来翻转 y 轴。剩下的就是根据视锥体的宽度和高度缩放 x 和 y 坐标了——在本例中是 4.8 和 3.2。根据 worldX 和 worldY 可以构建一个 Vector2，用来存储触摸点在世界坐标系中的位置。

最后要做的是计算三角炮旋转的角度。图 8-5 显示了世界坐标系中的三角炮和一个触摸点。

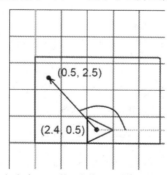

图 8-5　默认状态下指向右(角度=0°)的三角炮、一个触摸点和三角炮需要旋转的角度。

矩形是视锥体将在屏幕上显示的世界区域：从(0, 0)到(4.8, 3.2)

从三角炮的中心(2.4, 0.5)到触摸点创建一个距离向量(记住，必须从触摸点减去三角炮的中心，而不是相反)。一旦得到距离向量，就可以使用 Vector2.angle()方法计算角度。可通过 **glRotatef()**将模型旋转该角度。

程序清单 8-2 显示了 CannonScreen 的相关部分，它是 CannonTest 类的一部分。我们在合适的地方添加了一些代码说明。

程序清单 8-2　节选自 CannonTest.java；触摸屏幕将旋转三角炮

```java
class CannonScreen extends Screen {
    float FRUSTUM_WIDTH = 4.8f;
    float FRUSTUM_HEIGHT = 3.2f;
    GLGraphics glGraphics;
    Vertices vertices;
    Vector2 cannonPos = new Vector2(2.4f, 0.5f);
    float cannonAngle = 0;
    Vector2 touchPos = new Vector2();
```

如前所述，从两个定义了视锥体宽度和高度的常量开始。接下来是一个 GLGraphics 实例和一个 Vertices 实例。三角炮的位置存储在一个 Vector2 中并且角度是浮点型的。最后还有另外一个 Vector2 实例，它用来计算从原点到触摸点的向量与 x 轴之间的角度。

为什么把 Vector2 实例存储为类成员呢？这样可以在每次需要的时候将它们进行实例化，不过这样会给垃圾回收造成负担。一般情况下，尽可能一次实例化所有 Vector2 实例，然后尽可能地重用它们。

```java
    public CannonScreen(Game game) {
        super(game);
        glGraphics = ((GLGame) game).getGLGraphics();
        vertices = new Vertices(glGraphics, 3, 0, false, false);
        vertices.setVertices(new float[] {-0.5f, -0.5f,
                                           0.5f, 0.0f,
                                          -0.5f, 0.5f }, 0, 6);
    }
```

在构造函数中，获取 GLGraphics 实例并根据图 8-4 创建三角形。

```java
    @Override
    public void update(float deltaTime) {
        List<TouchEvent> touchEvents = game.getInput().getTouchEvents();
        game.getInput().getKeyEvents();

        int len = touchEvents.size();
        for (int i = 0; i < len; i++) {
            TouchEvent event = touchEvents.get(i);

            touchPos.x = (event.x / (float) glGraphics.getWidth())
                    * FRUSTUM_WIDTH;
            touchPos.y = (1 - event.y / (float) glGraphics.getHeight())
                    * FRUSTUM_HEIGHT;
            cannonAngle = touchPos.sub(cannonPos).angle();
        }
    }
```

接下来是 update() 方法，它只是循环所有的 TouchEvents 事件并计算三角炮的角度，这需要分几步完成。首先，如前所述，把触摸事件的屏幕坐标转换到世界坐标系。将触摸事件的世界坐标保存在 touchPoint 成员中，然后从 touchPoint 向量中减去三角炮的位置，得到向量如图 8-5 所示。最后计算这个向量与 x 轴之间的夹角。一切就是这样简单！

```
@Override
public void present(float deltaTime) {

    GL10 gl = glGraphics.getGL();
    gl.glViewport(0, 0, glGraphics.getWidth(), glGraphics.getHeight());
    gl.glClear(GL10.GL_COLOR_BUFFER_BIT);
    gl.glMatrixMode(GL10.GL_PROJECTION);
    gl.glLoadIdentity();
    gl.glOrthof(0, FRUSTUM_WIDTH, 0, FRUSTUM_HEIGHT, 1, -1);
    gl.glMatrixMode(GL10.GL_MODELVIEW);
    gl.glLoadIdentity();

    gl.glTranslatef(cannonPos.x, cannonPos.y, 0);
    gl.glRotatef(cannonAngle, 0, 0, 1);
    vertices.bind();
    vertices.draw(GL10.GL_TRIANGLES, 0, 3);
    vertices.unbind();
}
```

present() 方法仍像以前一样完成一些枯燥的工作。我们设置视口、清屏、使用视锥体的宽度和高度设置正交投影矩阵，并通知 OpenGL ES 所有后续的矩阵操作都在模型-视图矩阵上工作。加载单位矩阵来“清理”模型-视图矩阵。接着把模型-视图矩阵(单位矩阵)乘以平移矩阵，这将把三角形的顶点由模型空间变换到领域空间。调用 glRotatef()，其作为参数的角度是通过 update() 方法得到的，这样三角形在平移之前将在模型空间中进行旋转。记住，变换是以逆序进行的——最后指定的变换最先应用。最后绑定三角形的顶点，对其渲染并解除绑定。

```
@Override
public void pause() {

}

@Override
public void resume() {

}

@Override
public void dispose() {

}
}
```

现在得到一个三角形，它会根据每次的触摸事件进行变化。图 8-6 显示了触摸屏幕左上角后的输出。

图 8-6　三角炮响应左上角的触摸事件

需要注意的是，不论是在三角炮的位置上渲染三角形还是把一个矩形纹理映射到三角炮的图像上都没有关系——OpenGL ES 一点都不关心。我们也可以在 present()方法中进行所有的矩阵操作。采用这种方式很容易记录 OpenGL ES 的状态，并且也可以在一个 present()调用中使用多个视锥体(例如，一个视锥体可以设置成以米为单位的空间来渲染世界，另一个视锥体则以像素为单位的空间来渲染 UI 元素)。从第 7 章看到，这对性能的影响并不是特别大，因此多数情况下采用这种方式是没有问题的，只要记住在需要时可对此进行优化。

从现在开始向量将是最有利的工具。使用它们可以描述世界中所有的事物，也可以实现一些基本的物理定律。如果一座炮无法进行射击，那它还有什么用处呢？

8.3　2D 物理定律浅析

本节将会用到一些非常简单并且是被简化了的物理定律。游戏需要对现实做最好的虚拟，它们尽可能地进行简化以避免潜在的繁重计算。游戏中对象的行为不需要百分之百地符合物理定律，它只要看起来足够可信就可以了。有时候甚至不希望看到在物理上非常准确的行为(例如希望一组对象向下掉落，而另外一组对象向上漂浮)。

像比较原始的 Super Mario Brothers 这样的游戏也会遵守一些基本的牛顿物理定律，这些定律非常简单，也非常容易实现。本节只讨论和实现一个满足游戏中对象最低要求的简单的物理模型。

8.3.1　牛顿和欧拉，永远的好朋友

最应关注的是所谓的质点(point mass)运动的运动定律。运动定律描述了随着时间的推移，物体的位置、速度和加速度发生的变化。质点的含义是把对象近似为一个有质量的无限小的点上。本书不讨论诸如扭矩之类的情况——对象绕其质量中心的旋转速度，因为这是一个相当复杂的问题域，它的内容可以用一本书来描述了。我们只关注对象的三个属性：

- **位置**：对象的位置是某个空间中的一个向量——在本章中是 2D 空间。通常其单位是米。
- **速度**：对象的速度是每秒中它位置的变化。速度是一个 2D 向量，它由单位长度方向向量和速率组成。单位长度方向向量是对象的移动方向，速率的单位是米/秒。需要注意的是，速率只是速度向量的长度；如果使用速率把速度向量规范化，可得到单位长度的方向向量。

- **加速度**：对象的加速度是它每秒中速度的变化。它可以表示成标量，只影响速度的速率(速度向量的长度)，或者表示成一个 2D 向量，这样可以得到 x 轴和 y 轴上的不同的加速度。此处采用后者，因为它更便于用在弹道学等的定律中。加速度的单位是米/秒^2，因为每秒中速度都在发生改变。

当对于给定的时间点已经知道对象的这三个属性后，就对它们进行积分来模拟对象随时间的运动轨迹，在 Mr. Nom 和 BobTest 类中已经这样做了。这两个例子中没有使用加速度，只是将速度设为一个固定的向量。下面的代码说明了通常情况下如何对对象的加速度、速度和位置进行积分：

```
Vector2 position = new Vector2();
Vector2 velocity = new Vector2();
Vector2 acceleration = new Vector2(0, -10);
while(simulationRuns) {
    float deltaTime = getDeltaTime();
    velocity.add(acceleration.x * deltaTime, acceleration.y * deltaTime);
    position.add(velocity.x * deltaTime, velocity.y * deltaTime);
}
```

这就是所谓的欧拉积分(numerical Euler integration)，它是游戏中使用的最直观的积分方法。初始状态时，位置是(0, 0)，速度是(0, 0)，加速度是(0, - 10)，这意味着速度将沿着 y 轴每秒增加 1 米，而在 x 轴上没有任何的移动。在进入积分循环之前，对象是保持在原地的。在循环中，先使用加速度乘以时间差来更新速度，然后使用速度乘以时间差更新位置。这就是积分所做的事。

注释：像往常一样，以上论述并不全面。欧拉积分是一种“不稳定”的积分方法，应当尽量避免使用。通常会采用一种叫做 Verlet 积分法的变体，这种方法有些复杂。对于本节所要实现的目的来说，欧拉积分法已经足够了。

8.3.2　力和质量

你可能想知道加速度是从哪里来的，这个问题有很多答案。汽车的加速度来自于它的引擎，引擎通过把力施加到汽车上来使车加速，但还有其他来源。汽车也受重力影响而有向着地心的加速度。它没有掉向地心只是因为它无法穿透地面，地面抵消了重力。因此总的规律是：

力 = 质量 × 加速度

重新排列后得到下面的公式：

加速度 = 力 / 质量

力的单位采用国际标准单位牛顿。如果加速度采用向量形式，那么力也必须是向量形式，因此力是有方向的。例如，重力的方向是向下的(0, - 1)。加速度也取决于物体的质量，物体的质量越大，就需要施加更大的力才能达到与小质量物体相同的加速度，这可以由前面的公式直接推导得出。

然而对于简单的游戏，可以忽略质量和力，仅使用速度和加速度。在前面的伪代码中，设置的加速度是(0, - 10)米/秒 ^{2}，这是物体落向地球时加速度的约值，它与物体的质量无关(忽略空气阻力等因素)。

8.3.3 理论上的运动

使用前面的例子让物体落向地球。假定循环 10 次并且 getDeltaTime()每次都返回 0.1 秒，那么每步执行时的位置和速度如下所示：

```
time=0.1, position=(0.0,-0.1), velocity=(0.0,-1.0)
time=0.2, position=(0.0,-0.3), velocity=(0.0,-2.0)
time=0.3, position=(0.0,-0.6), velocity=(0.0,-3.0)
time=0.4, position=(0.0,-1.0), velocity=(0.0,-4.0)
time=0.5, position=(0.0,-1.5), velocity=(0.0,-5.0)
time=0.6, position=(0.0,-2.1), velocity=(0.0,-6.0)
time=0.7, position=(0.0,-2.8), velocity=(0.0,-7.0)
time=0.8, position=(0.0,-3.6), velocity=(0.0,-8.0)
time=0.9, position=(0.0,-4.5), velocity=(0.0,-9.0)
time=1.0, position=(0.0,-5.5), velocity=(0.0,-10.0)
```

一秒后物体下落了 5.5 米，速度达到了(0，-10)米/秒，直线朝地心方向移动(当然直到它撞到地面)。

由于没有考虑空气阻力，物体下降的速率将一直增加，没有尽头。通过检查当前速度的长度(它等于物体的速率)来规定一个最大速度。

维基百科的资料显示，人在做自由落体时会有一个最大速度或称最终速度，约为 125 英里/小时，转换成米/秒(125×1.6×1 000/3 600)即得到 55.5 米/秒。为使模拟更加逼真，将循环修改成如下所示：

```
while(simulationRuns) {
    float deltaTime = getDeltaTime();
    if(velocity.len() < 55.5)
        velocity.add(acceleration.x * deltaTime, acceleration.y * deltaTime);
    position.add(velocity.x * deltaTime, velocity.y * deltaTime);
}
```

只要物体的速率(速度向量的长度)小于 55.5 米/秒，就使用加速度来增加速度。当达到最终速度，就不再使用加速度对其进行增加。这种设置速度上限的方法被频繁用在众多游戏中。

也可以通过在 x 轴上增加一个加速度产生风的效果，如(- 1, 0)米/秒^2。为了达到这样的效果，只需要在把加速度施加到速度之前，对重力加速度和风力加速度进行相加即可：

```
Vector2 gravity = new Vector2(0,-10);
Vector2 wind = new Vector2(-1,0);
while(simulationRuns) {
    float deltaTime = getDeltaTime();
    acceleration.set(gravity).add(wind);
    if(velocity.len() < 55.5)
        velocity.add(acceleration.x * deltaTime, acceleration.y * deltaTime);
    position.add(velocity.x * deltaTime, velocity.y * deltaTime);
}
```

当然也可以忽略所有加速度使物体只有一个固定速度，在 BobTest 中已经这样做过了。只有当 Bob 碰到边缘才改变它的速度，并且这种改变是瞬间完成的。

8.3.4　运动的实现

即使是最简单的模型在实际中也有无限种可能性。下面对 CannonTest 进行扩展，让它可以发射炮弹：

- 用户的手指在屏幕上进行拖拽时，三角炮可以跟踪它，这样可以确定发射炮弹的角度。
- 一旦收到触摸离开事件，三角炮将向它指向的方向发射炮弹。炮弹的初始速度将是炮的方向和炮弹初始速率的组合。初始速率等于三角炮和触摸点间的距离。触摸点越远，炮弹飞得越快。
- 只要没有新的触摸离开事件，炮弹将一直飞。
- 使视锥体扩大两倍，使其从(0, 0)到(9.6, 6.4)，这样可以看到更多空间。另外将三角炮的位置设定在(0, 0)。注意，空间中所有的单位为米。
- 将炮弹渲染成大小为 0.2 米×0.2 米或 20 厘米×20 厘米的红色矩形，这比较接近真实的炮弹，当然也可以选择更接近真实的尺寸。

炮弹的初始位置是(0, 0)——与三角炮的位置相同，速度也是(0, 0)。由于在每次更新中考虑了重力，炮弹将向下落。

一旦检测到一个触摸离开事件，炮弹的位置将重新回到(0, 0)，并且它的初始速度是 (Math.cos(cannonAngle), Math.sin(cannonAngle))。这可以确保炮弹的飞行方向是三角炮所指的方向。触摸点到三角炮的距离与速度相乘的结果设为速率。触摸点离三角炮越近，炮弹飞得越慢。

听起来很容易，那么试着来实现它。将 CannonTest.java 文件的代码复制到一个新的文件，命名为 CannonGravityTest.java，并把文件中包含的类重命名为 CannonGravityTest 和 CannonGravityScreen。程序清单 8-3 显示 CannonGravityScreen 类，并穿插了一些代码说明。

程序清单 8-3　节选自 CannonGravityTest

```
class CannonGravityScreen extends Screen {
    float FRUSTUM_WIDTH = 9.6f;
    float FRUSTUM_HEIGHT = 6.4f;
    GLGraphics glGraphics;
    Vertices cannonVertices;
    Vertices ballVertices;
    Vector2 cannonPos = new Vector2();
    float cannonAngle = 0;
    Vector2 touchPos = new Vector2();
    Vector2 ballPos = new Vector2(0,0);
    Vector2 ballVelocity = new Vector2(0,0);
    Vector2 gravity = new Vector2(0,-10);
```

需要修改的内容并不多。将视锥体的尺寸扩大到原来的两倍，将 FRUSTUM_WIDTH 和 FRUSTUM_HEIGHT 分别设为 9.6 和 6.2，这意味着可以看到 9.2 米×6.2 米的矩形区域。由于需要绘制炮弹，还需要增加一个称为 ballVertices 的 Vertices 实例，它将存储矩形炮弹的 4 个顶点和 6 个索引。新成员 ballPos 和 ballVelocity 存储炮弹的位置和速度，同时 gravity 成员变量是重力加速度，它在程序的整个生命周期都是一个(0, - 10)米/秒^{2}的常量。

```java
public CannonGravityScreen(Game game) {
    super(game);
    glGraphics = ((GLGame) game).getGLGraphics();
    cannonVertices = new Vertices(glGraphics, 3, 0, false, false);
    cannonVertices.setVertices(new float[] { -0.5f, -0.5f,
                                              0.5f, 0.0f,
                                             -0.5f, 0.5f }, 0, 6);
    ballVertices = new Vertices(glGraphics, 4, 6, false, false);
    ballVertices.setVertices(new float[] { -0.1f, -0.1f,
                                            0.1f, -0.1f,
                                            0.1f, 0.1f,
                                           -0.1f, 0.1f }, 0, 8);
    ballVertices.setIndices(new short[] {0, 1, 2, 2, 3, 0}, 0, 6);
}
```

在构造函数中创建了另外的矩形炮弹的 Vertices 实例。在模型空间中对它进行定义,4 个顶点分别是(-0.1, -0.1)、(0.1, -0.1)、(0.1, 0.1)和(-0.1, 0.1)。本例中使用索引绘制,因此需要指定 6 个顶点:

```java
@Override
public void update(float deltaTime) {
    List<TouchEvent> touchEvents = game.getInput().getTouchEvents();
    game.getInput().getKeyEvents();

    int len = touchEvents.size();
    for (int i = 0; i < len; i++) {
        TouchEvent event = touchEvents.get(i);

        touchPos.x = (event.x / (float) glGraphics.getWidth())
                * FRUSTUM_WIDTH;
        touchPos.y = (1 - event.y / (float) glGraphics.getHeight())
                * FRUSTUM_HEIGHT;
        cannonAngle = touchPos.sub(cannonPos).angle();

        if(event.type == TouchEvent.TOUCH_UP) {
            float radians = cannonAngle * Vector2.TO_RADIANS;
            float ballSpeed = touchPos.len();
            ballPos.set(cannonPos);
            ballVelocity.x = FloatMath.cos(radians) * ballSpeed;
            ballVelocity.y = FloatMath.sin(radians) * ballSpeed;
        }
    }
    ballVelocity.add(gravity.x * deltaTime, gravity.y * deltaTime);
    ballPos.add(ballVelocity.x * deltaTime, ballVelocity.y * deltaTime);
}
```

update()方法需要稍加修改。世界坐标中的触摸点和三角炮的角度的计算是一样的。第一个加法是在事件处理循环中的 if 语句里。一旦检测到触摸离开事件,炮弹就要准备发射了。首先需要把三角炮的发射角度转换成弧度,稍后将使用 FastMath.cos()和 FastMath.sin()进行转换。接着计算三角炮和触摸点之间的距离,这将是炮弹的速率。炮弹位置设置在三角炮的位置上。最后计算炮弹的初始速度。如前所述,根据三角炮的角度使用正弦和余弦构造方向向量。把这个方向向量乘以炮弹的速率,得到最终的炮弹速度。有趣的是炮弹从一开始就有这样的速度。在真实的世界中,炮弹是从 0

米/秒加速到某个速度，这个速度是空气阻力、重力和三角炮施加的力的总和的结果。这里可以进行简化，认为加速发生在非常小的时间窗口(几百毫秒)。最后要做的是在 update()方法中更新炮弹的速度并调整炮弹的位置。

```
@Override
    public void present(float deltaTime) {

        GL10 gl = glGraphics.getGL();
        gl.glViewport(0, 0, glGraphics.getWidth(), glGraphics.getHeight());
        gl.glClear(GL10.GL_COLOR_BUFFER_BIT);
        gl.glMatrixMode(GL10.GL_PROJECTION);
        gl.glLoadIdentity();
        gl.glOrthof(0, FRUSTUM_WIDTH, 0, FRUSTUM_HEIGHT, 1, -1);
        gl.glMatrixMode(GL10.GL_MODELVIEW);

        gl.glLoadIdentity();
        gl.glTranslatef(cannonPos.x, cannonPos.y, 0);
        gl.glRotatef(cannonAngle, 0, 0, 1);
        gl.glColor4f(1,1,1,1);
        cannonVertices.bind();
        cannonVertices.draw(GL10.GL_TRIANGLES, 0, 3);
        cannonVertices.unbind();

        gl.glLoadIdentity();
        gl.glTranslatef(ballPos.x, ballPos.y, 0);
        gl.glColor4f(1,0,0,1);
        ballVertices.bind();
        ballVertices.draw(GL10.GL_TRIANGLES, 0, 6);
        ballVertices.unbind();
    }
```

在 present()方法中增加了渲染矩形炮弹的代码。在渲染完表示三角炮的三角形后渲染炮弹，这意味着在渲染矩形之前必须清理模型视图矩阵。使用 glLoadIdentity()来实现这一功能，然后使用 glTranslatef()方法在炮弹的当前位置上把表示炮弹的矩形从模型空间转换到世界空间。

```
@Override
public void pause() {

}

@Override
public void resume() {

}

@Override
public void dispose() {

}
}
```

如果运行这个示例并触摸屏幕几次，就可以感觉出炮弹是如何飞行的。图 8-7 显示了输出(由于这只是个静态图片，所以并不能给人留下深刻印象)。

图 8-7　三角炮发射红色矩形

这些物理定律已经可以满足当前的需要了。使用这个简单的模型可以模拟除炮弹以外更多的事物，例如 Super Mario 也可以采用同样的方式进行模拟。如果玩过 Super Mario Brothers，会发现当 Mario 跑动的时候，会花费一点时间才能达到他的最大速度。这可以通过使用一个非常快的加速度和速度上限实现，如前面的伪代码所示。跳跃的实现方式与发射炮弹的方式非常相似。Mario 的当前速度可以通过一个 y 轴上的初始跳跃速度(记住可以像其他向量一样把速度进行叠加)进行调整。如果他悬空了，可以对他施加重力加速度使他落回地面。x 方向上的速度不受 y 方向的影响，可以使用左右方向键改变 x 轴的速度。这个简单模型的好处是它可以使用少量的代码实现较复杂的行为。当你编写下一个游戏时也可以使用类似的物理定律。

只是发射炮弹并不是非常有趣，通常希望炮弹能够击中目标。这就需要进行碰撞检测，这将在下一节中进行讲解。

8.4　2D 碰撞检测和对象表示

当移动对象时，通常会希望它们相互作用。这种互动的一种简单的模型就是碰撞检测。当两个对象以某种方式重叠时，就称这两个对象发生了碰撞。在 Mr. Nom 中，当检测 Mr. Nom 是否吃到它自己或墨渍时，已经使用了简单的碰撞检测。

伴随着碰撞检测的是碰撞响应：一旦认定两个对象发生碰撞了，需要通过一种合理的方式调整对象的位置和/或移动来进行响应。例如，当 Super Mario 跳到一个 Goomba 上时，这个 Goomba 就会死去，而 Mario 执行另一个小跳跃。更详细的例子是两个或多个台球之间发生的碰撞和响应。本书不对这类碰撞响应进行过多的讨论，否则就偏离目标了。碰撞响应通常是改变对象的状态(例如，让一个对象爆炸或死掉，收集硬币并设置比分等等)。这种响应和具体的游戏有关，本节不对此进行讨论。

那么如何判断两个对象是否发生碰撞呢？首先需要考虑的是何时检测碰撞。如果对象遵守一些简单的如上一节讨论的物理模型，则可以在当前帧中根据时间间隔移动了所有的对象之后进行检测。

8.4.1　边界形状

一旦确定了对象的最终位置，就可以进行碰撞测试了，最终也就是要测试是否发生重叠。但是是什么发生重叠？每个对象都需要一些数学上定义的形状或形态作为其边界。正确的称谓是边界形状(bounding shape)。图 8-8 显示了边界形状的一些选择。

三角网格　　　　　　轴对齐边界盒　　　　　　　边界圆

图 8-8　Bob 的不同类型的边界形状

图 8-8 中的三种类型的边界形状的属性如下所述：

- **三角网格**：这种边界使用一组三角形尽可能地贴近对象的轮廓。它要求最多的存储空间并且非常难于构造，同时测试的开销很大，但是它可以得到最精确的结果。这些三角形不需要进行渲染，只是存储它们用以进行碰撞检测。这个网格可以以顶点列表的形式进行存储，每三个相邻的顶点组成一个三角形。为节省空间，也可以使用索引的顶点列表。
- **轴对齐边界盒**：这种类型的边界是一个轴对齐的矩形，这意味着底部和顶部的边缘始终与 x 轴对齐，左部和右部的边缘始终与 y 轴对齐。它可以迅速地进行碰撞检测，但是其精度不如三角网格。边界盒通常以对象左下角的位置加上它的宽度和高度的形式存储的(在 2D 的情形下这也称为边界矩形)。
- **边界圆**：这种类型的边界是能够包围对象的最小圆。它可以非常迅速地进行碰撞检测，但也是三种边界中精度最差的。这个圆通常以其圆心和半径的形式进行存储。

除了对象的位置、大小和方向，游戏中的每个对象都有一个边界形状包围着它。当对象移动时，也就是说在物理积分的步骤中，可以根据对象的位置、大小和方向调整边界形状的位置、大小和方向。

调整位置非常容易：只需要相应移动边界形状即可。在三角网格的情况中移动每个顶点即可，在边界矩形情况中移动左下角即可，在边界圆情况中移动圆心即可。

缩放边界形状就稍难一些，需要定义缩放所围绕的点。这通常是对象的位置，也就是对象的中心。如果采用这种约定，缩放也是非常容易的。对于三角网格则缩放每个顶点坐标；对于边界矩形则缩放它的宽、高以及左下角的位置；对于边界圆则缩放它的半径(圆心等于对象的中心)。

旋转边界形状也依赖于定义旋转所围绕的点。使用前面提到的约定(对象的中心也是旋转的中心)，旋转也变得非常容易。对于三角网格的情形，绕着对象中心旋转所有的顶点。对于边界圆的情形，什么都不必做，不论如何旋转对象半径都保持不变。边界矩形的情形有点复杂。需要构造所有的 4 个角点并旋转它们，然后找到能够包围这 4 个点的轴对齐边界矩形。图 8-9 显示了旋转之后的三种边界形状。

图 8-9　旋转边界形状，使用对象中心作为旋转点

旋转三角网格或边界圆相当容易，但轴对齐边界盒的结果就不是那么的令人满意了。注意，初始对象的边界形状比旋转之后的要更贴合对象。边框盒有一种更加适合旋转的变体，称为方向边界形状(oriented bounding shape)，但是其缺点是难以计算。对于我们的需要(以及多数游戏)，到目前为止讨论的边界形状已经足够了。如果想要更详细地了解方向边界形状，并深入研究碰撞检测，推荐阅读 Christer Ericson 撰写的 Real-Time Collision Detection 一书。

另外一个问题就是：最开始如何创建 Bob 的边界形状？

8.4.2　构造边界形状

图 8-8 中为 Bob 图像手工构造边界形状。但是，如果 Bob 图像是以像素的形式给定的，而世界空间操作的单位是米，那该怎么办？这个问题的解决方法涉及规范化和模型空间。当使用 OpenGL 渲染 Bob 时，设想一下在模型空间中为 Bob 使用的两个三角形。这个矩形的中心在模型空间的原点，并且矩形与 Bob 的纹理图像有相同的宽高比(例如，纹理的 32×32 像素对应模型空间中的 2m×2m)。现在可以使用 Bob 纹理并计算出边界形状的点在模型空间中的位置。图 8-10 显示了在模型空间中如何构造 Bob 的边界形状。

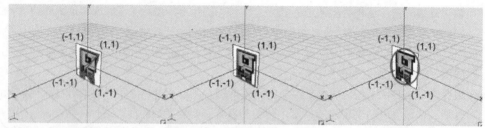

图 8-10　模型空间中 Bob 的边界形状

这个方法看起来可能有点繁琐，但实现的步骤却并不难。首先需要记住的是纹理映射的工作方式，需要为 Bob 矩形(由两个三角形组成)的每个顶点指明纹理空间中的坐标。不论图像实际像素上的宽和高是多数，纹理图像左上角在纹理空间中的位置是(0, 0)且左下角是(1, 1)。为了把图像从像素空间转换到纹理空间，需要使用如下的变换公式：

```
u = x / imageWidth
v = y / imageHeight
```

这里，u 和 v 是像素对应的纹理坐标，这个像素由图像空间中的 x 和 y 确定。imageWidth 和 imageHeight 是图像尺寸，以像素为单位(在 Bob 的例子中是 32×32)。图 8-11 显示了 Bob 图像的中心如何映射到纹理空间。

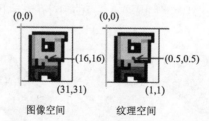

图 8-11　把一个像素从图像空间映射到纹理空间

纹理被应用到模型空间中定义的一个矩形上。在图 8-10 中，矩形的左上角在(-1, 1)，右下角在(1, -1)。在世界空间中使用的单位是米，所以矩形的宽和高都是 2 米。另外，左上角的纹理坐标是(0, 0)，而右下角的纹理坐标是(1, 1)，因此可以把这个纹理完整地映射到 Bob 上。但在介绍纹理图集的小节中你会发现情况并不总是这样的。

现在需要一种更通用的方式来实现纹理到模型空间的映射。为简单起见，只映射在纹理和模型空间中轴对齐的矩形，假设映射是从纹理空间中轴对齐的矩形区域到模型空间中轴对齐的矩形。对于这一转换，需要知道模型空间中矩形的宽和高以及纹理空间中的宽和高。在 Bob 的例子中，在模型空间中有一个 2×2 的矩形，在纹理空间中有一个 1×1 的矩形(因为需要映射完整的纹理到矩形上)，同时也需要知道每个矩形左上角在相应空间中的坐标。对于模型空间中的矩形，其坐标是(-1, 1)；而对于纹理空间中的矩形，其坐标是(0, 0)(因为映射的是完整的纹理，而不是其中的一部分)。有了这些信息和要映射到模型空间的像素的 u 与 v 的坐标，可以使用下面的两个公式来实现这种转换：

```
mx = (u - minU) / (tWidth) × mWidth + minX
my = (1 - ((v - minV) / (tHeight))× mHeight - minY
```

变量 u 和 v 是像素到纹理空间最后转换中计算得到的坐标。变量 minU 和 minV 是从纹理空间映射的区域的左上角的坐标。变量 tWidth 和 tHeight 是纹理空间区域的宽和高。变量 mWidth 和 mHeight 是模型空间矩形的宽和高。你可能已经猜到了，变量 minX 和 minY 是模型空间中矩形左上角的坐标。最终计算得到了 mx 和 my，它们是模型空间中转换后的坐标。

这两个公式使用 u 和 v 坐标，并把它们映射 0～1 的区间，然后在模型空间中缩放和定位它们。图 8-12 显示了纹理空间中的一个纹元和将它映射到模型空间中的一个矩形上的过程。在边上可以看到 tWidth、tHeight 以及 mWidth、mHeight。每个矩形的左上角对应于纹理空间中的(minU, minV)和模型空间中的(minX, minY)。

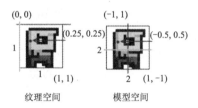

图 8-12　从纹理空间到模型空间的映射

将前两个公式进行代换，可得到直接从像素空间到模型空间的公式：

```
mx = ((x/imageWidth) - minU) / (tWidth) * mWidth + minX
my = (1 - (((y/imageHeight) - minV) / (tHeight)) * mHeight - minY
```

根据通过纹理映射映射到对象矩形上的图像，可以使用这两个公式计算对象的边界形状。对于三角网格的情况，这可能让人感觉有些繁琐；对于边界矩形和边界圆要容易很多。通常情况下不采用这么困难的方式，而是尝试创建纹理，这样至少边界矩形与 OpenGL ES 渲染的对象矩形有相同的宽高比。通过这种方式可以直接从对象图像的尺寸构造边界矩形，边界圆也采用同样的方式。

现在已经了解了如何给 2D 对象构造一个合适的边界形状。但是记住，当在游戏世界中创建图形资源和定义对象的单位与大小时，需要手动定义边界形状的尺寸，然后在代码中使用这些尺寸进行对象间的碰撞检测。

8.4.3　游戏对象的属性

Bob 的代码量再增加。除了用于渲染的网格之外(映射到 Bob 图像纹理的矩形)，现在需要第二个数据结构来以某种方式保存它的边界。重要的是，虽然在模型空间中为映射后的 Bob 建立了边界模型，但实际的边界是独立于 Bob 矩形映射到的纹理区域。当创建边界形状时，尽可能使这个边界贴近纹理中 Bob 图像的轮廓。不过不论纹理图像是 32×32 像素还是 128×128 像素都没有关系。对象有如下的三个属性组：

- 它有位置、方向、尺寸、**速度和加速度**。通过这些属性可以应用前一节中的物理模型。当然有的对象可能是静止的，因此只有位置、方向和尺寸。通常情况下也会省略掉方向和尺寸。对象的位置也通常设置为模型空间的原点，如图 8-10 所示。这使得计算更加容易。
- 它的边界形状(通常在模型空间中围绕着对象的中心进行构造)。这通常与它的位置相一致，并且与对象的方向和尺寸对齐，如图 8-10 所示。这可以确定对象的一个边界并在世界空间中定义它的大小。这个形状可以很复杂，例如使用几个边界形状组合成的形状。
- 它的图像显示。如图 8-12 所示，使用两个三角形组成一个 Bob 的矩形并且使用纹理贴图将图像映射到矩形。矩形是在模型空间中定义的，但并不必等于边界形状，如图 8-10 所示。发送给 OpenGL ES 的 Bob 的图像矩形比 Bob 的边界矩形要稍大一点。

这些独立的属性允许使用模型视图控制器(Model-View-Controller，MVC)模式。

- 在模型方面，Bob 的物理属性由位置、尺寸、旋转、速度、加速度和边界形状构成。Bob 的位置、尺寸和方向决定了它的边界形状在世界空间中的位置。
- 视图只使用 Bob 的图像表示(也就是定义在模型空间中的两个映射过纹理的三角形)，并根据 Bob 的位置、旋转和尺寸在它们的世界空间位置上进行渲染。这里可以像先前那样使用 OpenGL ES 的矩阵操作。
- 控制器负责根据用户输入(例如按下左转按钮控制 Bob 向左移动)和力的作用(如前一节中施加在炮弹上的重力加速度)更新 Bob 的物理属性。

当然，Bob 的边界形状和纹理的图像表示有一些相同的地方，这是因为边界形状是基于图像表示建立的。因此这个 MVC 模式不是完全干净的，但仍可以接受。

8.4.4　宽阶段和窄阶段碰撞检测

那么如何检测对象和它们的边界形状之间的碰撞呢？碰撞检测有两个阶段：

- **宽阶段(Broad phase)**：在这个阶段中会搜寻可能发生碰撞的对象。假设有 100 个能够相互碰撞的对象。如果选择检测每个对象与其他所有的对象的碰撞，那么需要执行 100×100/2 次重叠测试。这种单纯地重叠测试的渐进复杂度约为 $O(n^2)$，这意味着需要 n^2 步才能完成(实际上只要一半步数就可以完成了，但是渐进复杂度忽略任何常量)。在一个良好的非蛮力式宽阶段检测中，会尝试搜寻那些实际有可能发生碰撞的对象对。其他的对(例如两个对象相隔很远而不可能发生碰撞)将不会被检测。采用这种方式可以减少计算量，因为窄阶段检测的开销通常是很大的。
- **窄阶段(Narrow phase)**：一旦发现那些可能发生碰撞的对象对后，就需要通过对它们的边界形状进行重叠测试来判断它们是否真的发生碰撞。

本书先讲解窄阶段检测，然后讲解宽阶段检测，因为宽阶段检测依赖于游戏的一些特征，而窄阶段检测可以独立实现。

1. 窄阶段检测

在完成宽阶段检测之后，就必须检查潜在碰撞对象的边界形状是否发生重叠。如前所述，边界形状有多种形式。创建三角网格是计算量最大和最繁琐的，因此在绝大多数的 2D 游戏中通常使用边界矩形和边界圆。本书将重点讲解这两种形状。

圆碰撞

边界圆是检测两个对象是否发生碰撞的开销最低的方式。下面定义一个简单的 Circle 类，程序如清单 8-4 所示。

程序清单 8-4　Circle.java，一个简单的 Circle 类

```java
package com.badlogic.androidgames.framework.math;

public class Circle {
    public final Vector2 center = new Vector2();
    public float radius;

    public Circle(float x, float y, float radius) {
        this.center.set(x,y);
        this.radius = radius;
    }
}
```

该类中将圆心存储为 Vector2，将半径存储为简单的浮点型。那么如何测试两个圆是否发生重叠呢？来看一下图 8-13。

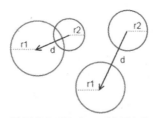

图 8-13　两个圆发生重叠(左)，两个圆未发生重叠(右)

它非常简单，而且计算效率很高，所要做的工作是计算两个圆心的距离。如果距离大于两个半径之和，那么说明两个圆没有发生重叠，代码如下：

```java
public boolean overlapCircles(Circle c1, Circle c2) {
    float distance = c1.center.dist(c2.center);
    return distance <= c1.radius + c2.radius;
}
```

代码首先计算两个圆心间的距离，然后检查这个距离是否小于或等于两个半径之和。

在 Vector2.dist()方法中必须进行开方运算，但开方计算的开销很大。那么有没有更快捷的方法呢？有——这需要重新制定判定条件：

```
sqrt(dist.x × dist.x + dist.y × dist.y) <= radius1 + radius2
```

对不等式两边同时进行指数运算可避免开方运算，如下所示：

```
dist.x × dist.x + dist.y × dist.y <= (radius1 + radius2) × (radius1 + radius2)
```

用不等式右侧的加法和乘法替换开方运算，这样会好很多。下面创建 Vector2.distSquared()
函数，它返回两个向量之间开方后的距离：

```java
public float distSquared(Vector2 other) {
    float distX = this.x - other.x;
    float distY = this.y - other.y;
    return distX*distX + distY*distY;
}
```

我们还应该添加另一个 distSquared()方法，它以两个浮点数(x 和 y)为参数，而不是以向量为参数。
overlapCircles()方法将变成以下形式：

```java
public boolean overlapCircles(Circle c1, Circle c2) {
    float distance = c1.center.distSquared(c2.center);
    float radiusSum = c1.radius + c2.radius;
    return distance <= radiusSum * radiusSum;
}
```

矩形碰撞

接下来讨论矩形碰撞。首先需要一个能够表示矩形的类。如前所述，矩形是通过它左下角的位
置加上它的宽与高来定义的，如程序清单 8-5 所示。

程序清单 8-5 Rectangle.java，一个 Rectangle 类

```java
package com.badlogic.androidgames.framework.math;

public class Rectangle {
    public final Vector2 lowerLeft;
    public float width, height;

    public Rectangle(float x, float y, float width, float height) {
        this.lowerLeft = new Vector2(x,y);
        this.width = width;
        this.height = height;
    }
}
```

上述代码使用 Vector2 存储左下角的位置，并使用两个浮点型变量存储宽和高。那么如何检测
两个矩形是否重叠呢？图 8-14 应该会对你有所启发。

图 8-14 许多重叠和未重叠的矩形

前两种情况是部分重叠和未重叠的情况，它们都是容易理解的。最后一个就有些让人惊讶了。

一个矩阵可以被完全包含在另一个矩阵中，这也可能发生在圆的情况中。但是如果一个圆包含在另一个圆中，前面讲到的圆重叠检测会返回正确的结果。

矩形重叠检测乍看之下有些复杂。但如果使用一点逻辑，就能创建一个非常简单的测试方法。下面是检测两个矩形是否重叠的最简单方法：

```java
public boolean overlapRectangles(Rectangle r1, Rectangle r2) {
    if(r1.lowerLeft.x < r2.lowerLeft.x + r2.width &&
        r1.lowerLeft.x + r1.width > r2.lowerLeft.x &&
        r1.lowerLeft.y < r2.lowerLeft.y + r2.height &&
        r1.lowerLeft.y + r1.height > r2.lowerLeft.y)
        return true;
    else
        return false;
}
```

这初看起来有些难以理解，下面来逐个讲解每个条件。第一个条件表示第一个矩形的左边缘必须在第二个矩形右边缘的左边。第二个条件表示第一个矩形的右边缘必须在第二个矩形左边缘的右边。余下的两个条件表示顶部和底部的边缘也要满足类似的要求。如果所有的条件都满足了，则说明两个矩形发生了重叠。对照图 8-14 仔细验证，它也涵盖了一个矩形包含在另一个矩形内的情况。

圆/矩形碰撞

那么能否进行圆与矩形的重叠检测呢？这是可以的，但有些难度，来看一下图 8-15。

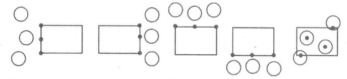

图 8-15　一个圆和一个矩形间的重叠测试，方法是寻找矩形上/内离圆最近的点

圆和矩形之间重叠测试的总策略如下：

- 寻找矩形上或矩形内离圆心最近的 x 坐标。除非圆心包含在矩形内，否则这个坐标要么在矩形的左边缘上，要么在其右边缘上。如果圆心包含在矩形内，那么圆心的 x 坐标就是最近的 x 坐标。
- 寻找矩形上或矩形内离圆心最近的 y 坐标。除非圆心包含在矩形内，否则这个坐标要么在矩形的上边缘上，要么在其下边缘上。如果圆心包含在矩形内，那么圆心的 y 坐标就是最近的 y 坐标。
- 如果最近点的 x、y 坐标都在圆内，那么圆和矩形发生重叠。

虽然图 8-15 没有显示出来，但该方法也适用于圆完全包含矩形的情况。代码如下：

```java
public boolean overlapCircleRectangle(Circle c, Rectangle r) {
    float closestX = c.center.x;
    float closestY = c.center.y;

    if(c.center.x < r.lowerLeft.x) {
        closestX = r.lowerLeft.x;
    }
    else if(c.center.x > r.lowerLeft.x + r.width) {
        closestX = r.lowerLeft.x + r.width;
```

```
        }
        if(c.center.y < r.lowerLeft.y) {
            closestY = r.lowerLeft.y;
        }
        else if(c.center.y > r.lowerLeft.y + r.height) {
            closestY = r.lowerLeft.y + r.height;
        }

        return c.center.distSquared(closestX, closestY) < c.radius * c.radius;
    }
```

描述看上去比实现起来复杂得多。首先确定矩形离圆最近的点，然后检测这个点是否在圆内。如果在圆内，那么圆和矩形发生了重叠。

注意，这里给 Vector2 增加了一个重载的 distSquared()方法，这个重载方法的参数不是 Vector2 型，而是两个浮点型变量。dist()方法也做了同样的修改。

代码整合

检测一个点是否在圆或矩形内也是非常有用的。下面再编写两个方法并把它们放到一个名为 OverlapTester 的类中，该类中还包含前面定义的其他三个方法，如程序清单 8-6 所示。

程序清单 8-6　OverlapTester.java；测试圆、矩形和点之间的重叠情况

```java
package com.badlogic.androidgames.framework.math;

public class OverlapTester {
    public static boolean overlapCircles(Circle c1, Circle c2) {
        float distance = c1.center.distSquared(c2.center);
        float radiusSum = c1.radius + c2.radius;
        return distance <= radiusSum * radiusSum;
    }

    public static boolean overlapRectangles(Rectangle r1, Rectangle r2) {
        if(r1.lowerLeft.x < r2.lowerLeft.x + r2.width &&
           r1.lowerLeft.x + r1.width > r2.lowerLeft.x &&
           r1.lowerLeft.y < r2.lowerLeft.y + r2.height &&
           r1.lowerLeft.y + r1.height > r2.lowerLeft.y)
            return true;
        else
            return false;
    }

    public static boolean overlapCircleRectangle(Circle c, Rectangle r) {
        float closestX = c.center.x;
        float closestY = c.center.y;

        if(c.center.x < r.lowerLeft.x) {
            closestX = r.lowerLeft.x;
        }
        else if(c.center.x > r.lowerLeft.x + r.width) {
            closestX = r.lowerLeft.x + r.width;
        }

        if(c.center.y < r.lowerLeft.y) {
```

```
            closestY = r.lowerLeft.y;
        }
        else if(c.center.y > r.lowerLeft.y + r.height) {
            closestY = r.lowerLeft.y + r.height;
        }

        return c.center.distSquared(closestX, closestY) < c.radius * c.radius;
    }

    public static boolean pointInCircle(Circle c, Vector2 p) {
        return c.center.distSquared(p) < c.radius * c.radius;
    }

    public static boolean pointInCircle(Circle c, float x, float y) {
        return c.center.distSquared(x, y) < c.radius * c.radius;
    }

    public static boolean pointInRectangle(Rectangle r, Vector2 p) {
        return r.lowerLeft.x <= p.x && r.lowerLeft.x + r.width >= p.x &&
               r.lowerLeft.y <= p.y && r.lowerLeft.y + r.height >= p.y;
    }

    public static boolean pointInRectangle(Rectangle r, float x, float y) {
        return r.lowerLeft.x <= x && r.lowerLeft.x + r.width >= x &&
               r.lowerLeft.y <= y && r.lowerLeft.y + r.height >= y;
    }
}
```

至此完成了一个全功能的 2D 数学库，它可以应用到本书中所有的物理模型和碰撞检测上。下面将详细讲解宽阶段检测。

2. 宽阶段检测

那么如何实现宽阶段检测的功能呢？图 8-16 显示了 Super Mario Brothers 的一个典型场景。

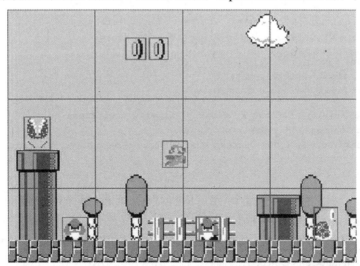

图 8-16　Super Mario 和他的敌人们。围绕着对象的方框是它们的边界矩形；大方框把整个画面划分成网格

你是否已经猜出减少检测的方法呢？图 8-16 中的网格表示划分画面的单元格。每个单元格的大

小相等,并且整个画面都被划分成单元格。Mario 现在在其中的两个单元格中,其他可能与 Mario 发生碰撞的对象都在不同的单元格中。因此不需要做任何的碰撞检测,因为 Mario 与这个场景中的其他对象都不在一个单元格中,要做的工作如下所示:

- 根据物理和控制器步骤更新画面中所有的对象。
- 根据每个对象的位置更新该对象的边界形状的位置,当然也包含该对象的方向和尺寸。
- 根据每个对象的边界形状寻找包含该对象的一个或几个单元格,并将其添加到这些单元格所包含的对象列表里。
- 只检测可以发生碰撞且位于相同单元格的对象对之间的碰撞(例如 Goomba 不能够与其他的 Goomba 发生碰撞)。

这就是所谓的空间散列网格(spatial hash grid)宽阶段检测,它非常容易实现。首先需要定义单元格的大小,这高度依赖于游戏世界的规模和所使用的单位。

8.4.5 一个详细的示例

下面根据炮弹的示例来开发一个空间散列网格宽阶段阶段检测。本节将重写这个示例以便纳入前面所有的内容。除了三角炮和炮弹,还会添加射击的目标。为了方便起见,目标使用正方形,大小设为 0.5m×0.5m。这些正方形是静止不动的,三角炮也是静止的,唯一能够移动的是炮弹。这个游戏中的对象可以分为静止的和动态的两类,下面设计一个类来表示这样的对象。

1. GameObject、DynamicGameObject 和 Cannon

下面从静态情况(也即基本情况)开始,如程序清单 8-7 所示。

程序清单 8-7　GameObject.java,一个有位置和边界的静态对象

```
package com.badlogic.androidgames.framework;

import com.badlogic.androidgames.framework.math.Rectangle;
import com.badlogic.androidgames.framework.math.Vector2;

public class GameObject {
    public final Vector2 position;
    public final Rectangle bounds;

    public GameObject(float x, float y, float width, float height) {
        this.position = new Vector2(x,y);
        this.bounds = new Rectangle(x-width/2, y-height/2, width, height);
    }
}
```

游戏中的每一个对象都有位置,这个位置就是它的中心。此外,每个对象都有一个边界形状——在本例中是一个矩形。在构造函数中根据参数设置位置和边界矩形(它的中心设置为对象的中心)。

对于动态的对象即运动的对象,需要记录它们的速度和加速度(如果可以自行加速——如通过引擎或推进器)。DynamicGameObject 类的代码如程序清单 8-8 所示。

程序清单 8-8　DynamicGameObject.java;使用速度和加速度向量扩展 GameObject

```
package com.badlogic.androidgames.framework;
```

```java
import com.badlogic.androidgames.framework.math.Vector2;

public class DynamicGameObject extends GameObject {
    public final Vector2 velocity;
    public final Vector2 accel;

    public DynamicGameObject(float x, float y, float width, float height) {
        super(x, y, width, height);
        velocity = new Vector2();
        accel = new Vector2();
    }
}
```

代码对 GameObject 类进行了扩展并继承了位置和边界成员，此外还创建了速度和加速度向量。在新的动态游戏对象初始化之后，它的速度和加速度均为零。

在炮弹的示例中有三角炮、炮弹和目标。炮弹是 DynamicGameObject 类型的，它依据我们的简单物理模型进行移动。目标是静态的，可以使用标准的 GameObject 实现。三角炮也可以通过 GameObject 类进行实现。下面将从 GameObject 类派生一个 Cannon 类，并在这个派生类中添加一个字段用以存储三角炮当前的角度。代码如程序清单 8-9 所示。

程序清单 8-9　Cannon.java：使用角度扩展 GameObject

```java
package com.badlogic.androidgames.gamedev2d;

public class Cannon extends GameObject {
    public float angle;

    public Cannon(float x, float y, float width, float height) {
        super(x, y, width, height);
        angle = 0;
    }
}
```

以上将游戏中表示对象所需的所有数据很好地封装起来。每当需要特定类型的对象(例如三角炮)时，如果这个对象是静态的，则从 GameObject 进行派生，如果它有速度和加速度，则从 DynamicGame-Object 派生。

注释： 继承的过度使用会产生一些让人头疼的问题，并导致非常繁复的代码框架。不要只是为了使用它而使用它。之前用的简单的类继承是没有问题的，但不应有太多的层次(例如对 Cannon 进行扩展)。游戏对象还有不同的表示方式，它使用组合来消除继承，但是对于本书的需求，简单的继承已经足够了。如果对其他的表示方式感兴趣，可以在互联网上搜索 "composites" 或者 "mixins"。

2. 空间散列网格

三角炮的边界矩形的大小是 1m×1m，炮弹的边界矩形大小是 0.2m×0.2m，每个目标的边界矩形的大小是 0.5m×0.5m。为简单起见，这些边界矩形的中心设在对象的位置上。

当三角炮的示例开始运行时，可以在随机位置设置一定数量的目标。下面代码显示了如何设置对象：

```java
Cannon cannon = new Cannon(0, 0, 1, 1);
DynamicGameObject ball = new DynamicGameObject(0, 0, 0.2f, 0.2f);
```

```
GameObject[] targets = new GameObject[NUM_TARGETS];
for(int i = 0; i < NUM_TARGETS; i++) {
    targets[i] = new GameObject((float)Math.random() * WORLD_WIDTH,
                                (float)Math.random() * WORLD_HEIGHT,
                                0.5f, 0.5f);
}
```

WORLD_WIDTH 和 WORLD_HEIGHT 常量定义了游戏世界的大小。所有的事情都发生在从(0, 0)到(WORLD_WIDTH, WORLD_HEIGHT)的矩形区域中。图 8-17 显示的是游戏世界中的一个小的实体模型。

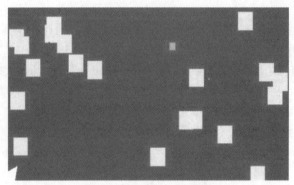

图 8-17　游戏世界的实体模型

在稍后的章节中游戏世界看起来如图 8-17 所示，但是现在需要在其上面叠加一个空间散列网格。那么散列网格单元格的尺寸多大才合适呢？这里没有万能的解决方案，但根据我们的经验，使它们是场景中最大对象的 5 倍比较合适。在本例中，最大的对象是三角炮，但是它不与任何对象发生碰撞。因此网格的尺寸的设置是基于场景中第二大对象的尺寸，这个第二大对象就是目标，它们的大小是 0.5×0.5 米，这样一个单元格的大小是 2.5×2.5 米。图 8-18 显示的是叠加网格后的游戏世界。

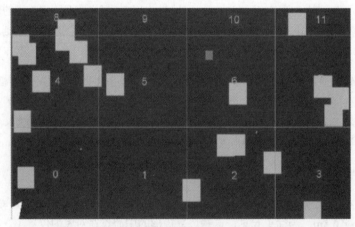

图 8-18　游戏世界上叠加空间散列网格，分成 12 个单元格

单元格的数量是固定不变的——本例中是 12 个。每个单元格都有一个单独的编号，编号从左下单元格开始，它的 ID 是 0。注意，顶部单元格实际上超出了画面，这没关系，只要保证所有的对象都在游戏世界的边界里即可。

这里需要找到一个对象属于那(几)个单元格。理想情况是计算得到包含对象的那些单元格的 ID，因此使用下面的数据结构保存单元格：

```
List<GameObject>[] cells;
```

可将每个单元格都表示成一个 GameObject 类型的列表，空间散列网格自身则是一个由 GameObject 类型列表组成的数组。

现在可以确定包含对象的单元格的 ID。如图 8-18 所示，一些目标跨越了两个单元格。实际上小对象可以跨 4 个单元格，而大于单元格的大对象可能会跨更多的单元格，因此单元格的大小必须是游戏中最大对象的大小的倍数才能防止出现这种情况。这样就不会出现一个对象被超过 4 个单元格包含的可能。

为了计算对象所在单元格的 ID，只需要取得它的边界矩形的 4 个角点并检查每个角点在哪个单元格中。确定点所在的单元格非常容易——只需要把它的坐标除以单元格的宽度。比方说有个点在 (3, 4)，单元格大小是 2.5m×2.5m，这个点可能在图 8-18 中 ID 为 5 的单元格中。

每个点的坐标除以单元格大小得到 2D 整型坐标，如下所示：

```
cellX = floor(point.x / cellSize) = floor(3 / 2.5) = 1
cellY = floor(point.y / cellSize) = floor(4 / 2.5) = 1
```

从这些单元格坐标可以很容易地得到单元格 ID：

```
cellId = cellX + cellY × cellsPerRow = 1 + 1 × 4 = 5
```

常量 cellsPerRow 是覆盖画面的单元格在 x 轴方向上的数量：

```
cellsPerRow = ceil(worldWidth / cellSize) = ceil(9.6 / 2.5) = 4
```

使用如下方法计算每列所需的单元格数量：

```
cellsPerColumn = ceil(worldHeight / cellSize) = ceil(6.4 / 2.5) = 3
```

基于此可以很容易地实现空间散列网格。使用显示画面的大小和理想的单元格大小就可以把它建立起来。假设所有的动作都发生在画面的正象限中，这意味着画面中所有点的 x 和 y 坐标都是正值，这个约束是可接受的。

根据这些参数可以确定空间散列网格有多少个单元格(cellsPerRow×cellsPerColumn)。同时也增加了一个可把对象插入到网格中的简单方法，它使用对象的边界来确定对象包含在哪些单元格中，然后将对象加入单元格包含的对象列表中。如果对象的边界形状的一个角点落在了网格之外，那么就忽略这个角点。

在每一帧中，对象位置更新后，所有对象都被重新插入到空间散列网格中。然而在三角炮的示例中有些对象的位置是不动的，因此每帧中都把它们重新插入是非常浪费的。通过每个单元格都保存两个列表可以在动态对象和静止对象之间做出区分。一个列表在每帧中都进行更新并且只保存运动的对象，而另一个列表保存静态对象，只有新的静态对象插入时才进行修改。

最后还需要一个方法，用于返回可能与其他对象发生碰撞的对象所处的单元格中包含的对象的列表。该方法检测所关注的对象所处的单元格，获取这些单元格中的动态和静态对象的列表，并把它们返回给调用者。当然，必须保证返回值中没有任何重复，而重复现象通常发生在对象跨多个单元格的情形中。

程序如清单 8-10 所示。稍后将讨论 SpatialHashGrid.getCellIds()方法，它要复杂一些。

程序清单 8-10　摘自 SpatialHashGrid.java；空间散列网格实现

```java
package com.badlogic.androidgames.framework;

import java.util.ArrayList;
import java.util.List;

import com.badlogic.androidgames.framework.GameObject;

import android.util.FloatMath;

public class SpatialHashGrid {
    List<GameObject>[] dynamicCells;
    List<GameObject>[] staticCells;
    int cellsPerRow;
    int cellsPerCol;
    float cellSize;
    int[] cellIds = new int[4];
    List<GameObject> foundObjects;
```

如前所述，我们使用两个单元格列表，一个用来存储动态对象，一个存储静态对象。代码中也保存了每行和每列的单元格，使用它们来判断一个点是否处在画面中。单元格的大小也是需要保存的。cellIds 数组是工作数组，用来暂存 GameObject 所处的 4 个单元格的 ID。如果对象只在一个单元格中，那么数组的第一个元素就被设置为这个单元格的 ID，该单元格完全包含这个对象。如果对象处于两个单元格中，数组的头两个元素设置为单元格 ID，依此类推。为了能够标出单元格 ID 的数量，将数组中空的元素设置为-1。foundObjects 列表也是一个工作列表，可以在调用getPotentialColliders()时返回。为什么使用两个成员而不是每次需要的时候实例化一个新的数组和列表呢？这是因为我们考虑到了垃圾回收机制的存在。

```java
@SuppressWarnings("unchecked")
public SpatialHashGrid(float worldWidth, float worldHeight, float cellSize) {
    this.cellSize = cellSize;
    this.cellsPerRow = (int)FloatMath.ceil(worldWidth/cellSize);
    this.cellsPerCol = (int)FloatMath.ceil(worldHeight/cellSize);
    int numCells = cellsPerRow * cellsPerCol;
    dynamicCells = new List[numCells];
    stat icCells = new List[numCells];
    for(int i = 0; i < numCells; i++) {
        dynamicCells[i] = new ArrayList<GameObject>(10);
        staticCells[i] = new ArrayList<GameObject>(10);
    }
    foundObjects = new ArrayList<GameObject>(10);
}
```

上述类的构造函数需要输入画面大小和希望的单元格大小。通过这些参数可以计算出需要多少单元格，并实例化单元格数组和每个单元格包含的对象列表。这里也初始化 foundObjects 列表。所有实例化后的 ArrayList 的初始容量是 10 个 GameObject 实例，这样可以避免内存分配。此处假设一个单元格不太可能包含 10 个以上的 GameObject 实例。只要这个假设成立，就不需要对数组大小进行调整。

```
public void insertStaticObject(GameObject obj) {
    int[] cellIds = getCellIds(obj);
    int i = 0;
    int cellId = -1;
    while(i <= 3 && (cellId = cellIds[i++]) != -1) {
        staticCells[cellId].add(obj);
    }
}

public void insertDynamicObject(GameObject obj) {
    int[] cellIds = getCellIds(obj);
    int i = 0;
    int cellId = -1;
    while(i <= 3 && (cellId = cellIds[i++]) != -1) {
        dynamicCells[cellId].add(obj);
    }
}
```

接下来的方法是 insertStaticObject()和 insertDynamicObject()。它们通过调用 getCellIds()计算包含对象的单元格 ID，并把对象插入到合适的列表中。实际上是 getCellIds()方法填充了 cellIds 成员数组。

```
public void removeObject(GameObject obj) {
    int[] cellIds = getCellIds(obj);
    int i = 0;
    int cellId = -1;
    while(i <= 3 && (cellId = cellIds[i++]) != -1) {
        dynamicCells[cellId].remove(obj);
        staticCells[cellId].remove(obj);
    }
}
```

removeObject()方法用来寻找对象所处的那些单元格，并把它从对应的动态和静态列表中移除。当一个游戏对象死亡的时候，需要用到该方法。

```
public void clearDynamicCells(GameObject obj) {
    int len = dynamicCells.length;
    for(int i = 0; i < len; i++) {
        dynamicCells[i].clear();
    }
}
```

clearDynamicCells()方法用来清除所有动态单元格列表。如前所述，每帧中重新插入动态对象之前都需要调用该方法。

```
public List<GameObject> getPotentialColliders(GameObject obj) {
    foundObjects.clear();
    int[] cellIds = getCellIds(obj);
    int i = 0;
    int cellId = -1;
    while(i <= 3 && (cellId = cellIds[i++]) != -1) {
        int len = dynamicCells[cellId].size();
        for(int j = 0; j < len; j++) {
            GameObject collider = dynamicCells[cellId].get(j);
            if(!foundObjects.contains(collider))
                foundObjects.add(collider);
```

```
        }
        len = staticCells[cellId].size();
        for(int j = 0; j < len; j++) {
            GameObject collider = staticCells[cellId].get(j);
            if(!foundObjects.contains(collider))
                foundObjects.add(collider);
        }
    }
    return foundObjects;
}
```

最后介绍 getPotentialColliders()方法。它的输入是一个对象，返回值是与该对象在同一单元格中相邻对象的列表，使用 foundObjects 列表保存这个对象列表，这是为了避免每次调用该方法时都实例化一个新的列表。使用该方法时需要先确定传递给方法的对象所在的单元格，然后把从这些单元格中找到的所有的动态和静态对象添加到 foundObjects 列表并确保对象没有重复。当然使用 foundObjects.contains()来检查重复对象并非最理想的方式，但是由于找到对象的数目不大，因此本例中是可以使用的。如果程序存在性能问题，那么这里就是首先需要优化的地方。但遗憾的是，优化起来并不容易。当然可以使用 Set，但那样的话每次添加对象时都会在内部分配一个新的对象。此处不去管它，如果出现性能问题再回头进行处理。

上面没有讲到的方法是 SpatialHashGrid.getCellIds()，如程序清单 8-11 所示。

程序清单 8-11　SpatialHashGrid.java 的其余部分：实现 getCellIds()

```
public int[] getCellIds(GameObject obj) {
    int x1 = (int)FloatMath.floor(obj.bounds.lowerLeft.x / cellSize);
    int y1 = (int)FloatMath.floor(obj.bounds.lowerLeft.y / cellSize);
    int x2 = (int)FloatMath.floor((obj.bounds.lowerLeft.x + obj.bounds.width) /
            cellSize);
    int y2 = (int)FloatMath.floor((obj.bounds.lowerLeft.y + obj.bounds.height) /
            cellSize);
    if(x1 == x2 && y1 == y2) {
        if(x1 >= 0 && x1 < cellsPerRow && y1 >= 0 && y1 < cellsPerCol)
            cellIds[0] = x1 + y1 * cellsPerRow;
        else
            cellIds[0] = -1;
        cellIds[1] = -1;
        cellIds[2] = -1;
        cellIds[3] = -1;
    }
    else if(x1 == x2) {
        int i = 0;
        if(x1 >= 0 && x1 < cellsPerRow) {
            if(y1 >= 0 && y1 < cellsPerCol)
                cellIds[i++] = x1 + y1 * cellsPerRow;
            if(y2 >= 0 && y2 < cellsPerCol)
                cellIds[i++] = x1 + y2 * cellsPerRow;
        }
        while(i <= 3) cellIds[i++] = -1;
    }
    else if(y1 == y2) {
        int i = 0;
```

```
            if(y1 >= 0 && y1 < cellsPerCol) {
                if(x1 >= 0 && x1 < cellsPerRow)
                    cellIds[i++] = x1 + y1 * cellsPerRow;
                if(x2 >= 0 && x2 < cellsPerRow)
                    cellIds[i++] = x2 + y1 * cellsPerRow;
            }
            while(i <= 3) cellIds[i++] = -1;
        }
        else {
            int i = 0;
            int y1CellsPerRow = y1 * cellsPerRow;
            int y2CellsPerRow = y2 * cellsPerRow;
            if(x1 >= 0 && x1 < cellsPerRow && y1 >= 0 && y1 < cellsPerCol)
                cellIds[i++] = x1 + y1CellsPerRow;
            if(x2 >= 0 && x2 < cellsPerRow && y1 >= 0 && y1 < cellsPerCol)
                cellIds[i++] = x2 + y1CellsPerRow;
            if(x2 >= 0 && x2 < cellsPerRow && y2 >= 0 && y2 < cellsPerCol)
                cellIds[i++] = x2 + y2CellsPerRow;
            if(x1 >= 0 && x1 < cellsPerRow && y2 >= 0 && y2 < cellsPerCol)
                cellIds[i++] = x1 + y2CellsPerRow;
            while(i <= 3) cellIds[i++] = -1;
        }
        return cellIds;
    }
}
```

该方法的前 4 行代码计算了对象边界矩形左下角和右上角的单元格坐标，前面已经讨论了它们的计算方法。要理解该方法的余下内容，就必须弄清楚对象是如何覆盖在网格单元格上的。一共有 4 种可能的情况：

- 对象只在一个单元格中。这种情况下，边界矩形的左下角和右上角都有相同的单元格坐标。
- 对象水平覆盖两个单元格。边界矩形的左下角在一个单元格中，右上角在该单元格右边的单元格中。
- 对象垂直覆盖两个单元格。边界矩形的左下角在一个单元格中，右上角在该单元格上边的单元格中。
- 对象覆盖 4 个单元格。边界矩形的左下角在一个单元格中，右下角在该单元格右边的单元格中，右上角在第二个单元格上边的单元格中，而左上角则在第一个单元格上边的单元格中。

该方法需要为每种情况进行单独的处理。第一个 if 语句检查单单元格情况，第二个 if 语句检查水平双单元格情况，第三个 if 语句检查垂直双单元格情况，而 else 部分处理对象覆盖 4 个单元格的情况。这 4 个部分都要确保只有相应的单元格坐标在画面中时才设置单元格 ID。这些就是该方法所做的全部工作。

该方法看起来需要进行大量计算。事实确实如此，但实际计算量比预期要小。第一种情况是最常见的，而它的计算量也非常小。有可能进一步优化该方法吗？

3. 代码整合

现在通过一个小示例整合本节所讲到的内容。下面扩展上一节中三角炮的示例程序。使用 Cannon 对象表示三角炮，使用 DynamicGameObject 表示炮弹，而目标则使用一些 GameObject 表示。每个目标的大小是 0.5m×0.5m 并在画面中随机放置。

为了能够对这些目标进行射击，需要进行碰撞检测。可以遍历所有的目标并检测它们是否与炮弹发生碰撞，但这样有些麻烦。因此针对当前炮弹的位置采用 SpatialHashGrid 类来加快潜在的碰撞目标的搜索过程。炮弹和炮不要插入到网格中，因为那样带不来任何好处。

由于这个示例已经变得很复杂了，因此我们将把它分成多个程序清单。这个测试程序名为 CollisionTest，相应的屏幕界面名为 CollisionScreen。同前面一样只关注屏幕界面的代码。下面从程序清单 8-12 所示的成员和构造函数开始。

程序清单 8-12　摘自 CollisionTest.java：成员和构造函数

```java
class CollisionScreen extends Screen {
    final int NUM_TARGETS = 20;
    final float WORLD_WIDTH = 9.6f;
    final float WORLD_HEIGHT = 4.8f;
    GLGraphics glGraphics;
    Cannon cannon;
    DynamicGameObject ball;
    List<GameObject> targets;
    SpatialHashGrid grid;

    Vertices cannonVertices;
    Vertices ballVertices;
    Vertices targetVertices;

    Vector2 touchPos = new Vector2();
    Vector2 gravity = new Vector2(0,-10);

    public CollisionScreen(Game game) {
        super(game);
        glGraphics = ((GLGame)game).getGLGraphics();

        cannon = new Cannon(0, 0, 1, 1);
        ball = new DynamicGameObject(0, 0, 0.2f, 0.2f);
        targets = new ArrayList<GameObject>(NUM_TARGETS);
        grid = new SpatialHashGrid(WORLD_WIDTH, WORLD_HEIGHT, 2.5f);
        for(int i = 0; i < NUM_TARGETS; i++) {
            GameObject target = new GameObject((float)Math.random() * WORLD_WIDTH,
                                               (float)Math.random() * WORLD_HEIGHT,
                                               0.5f, 0.5f);
            grid.insertStaticObject(target);
            targets.add(target);
        }

        cannonVertices = new Vertices(glGraphics, 3, 0, false, false);
        cannonVertices.setVertices(new float[] {-0.5f, -0.5f,
                                                 0.5f, 0.0f,
                                                -0.5f, 0.5f }, 0, 6);

        ballVertices = new Vertices(glGraphics, 4, 6, false, false);
        ballVertices.setVertices(new float[] { -0.1f, -0.1f,
                                                0.1f, -0.1f,
                                                0.1f, 0.1f,
                                               -0.1f, 0.1f }, 0, 8);
        ballVertices.setIndices(new short[] {0, 1, 2, 2, 3, 0}, 0, 6);

        targetVertices = new Vertices(glGraphics, 4, 6, false, false);
```

320

```
targetVertices.setVertices(new float[] {-0.25f, -0.25f,
                                          0.25f, -0.25f,
                                          0.25f, 0.25f,
                                          -0.25f, 0.25f }, 0, 8);
    targetVertices.setIndices(new short[] {0, 1, 2, 2, 3, 0}, 0, 6);
}
```

我们可以借用 CannonGravityScreen 中的很多代码。首先定义了一些常量,确定了目标的数量和画面的大小。接着是一个 GLGraphics 实例和表示三角炮、炮弹和目标的对象,这些对象存储在列表中。当然还有一个 SpatialHashGrid。为了渲染画面,需要几个网格:一个用于三角炮,一个用于炮弹,还有一个用于渲染每个目标。记住,在 BobTest 中只使用了一个矩形用于在屏幕上渲染 100 个 Bob,这里的原理同样如此,用一个 Vertices 实例来保存目标的三角形(矩形)。最后的两个成员与 CannonGravityTest 中的一样。当用户触摸屏幕后,它们被用来发射炮弹和应用重力。

构造函数做了之前讨论过的所有事情。实例化游戏中的对象和网格。唯一有趣之处是把目标作为静态对象添加到空间散列网格中。

程序清单 8-13 显示的是 CollisionTest 类的下一个方法。

程序清单 8-13　摘自 CollisionTest.java:update()方法

```
@Override
public void update(float deltaTime) {
    List<TouchEvent> touchEvents = game.getInput().getTouchEvents();
    game.getInput().getKeyEvents();

    int len = touchEvents.size();
    for (int i = 0; i < len; i++) {
        TouchEvent event = touchEvents.get(i);

        touchPos.x = (event.x / (float) glGraphics.getWidth())* WORLD_WIDTH;
        touchPos.y = (1 - event.y / (float) glGraphics.getHeight()) * WORLD_HEIGHT;

        cannon.angle = touchPos.sub(cannon.position).angle();

        if(event.type == TouchEvent.TOUCH_UP) {
            float radians = cannon.angle * Vector2.TO_RADIANS;
            float ballSpeed = touchPos.len() * 2;
            ball.position.set(cannon.position);
            ball.velocity.x = FloatMath.cos(radians) * ballSpeed;
            ball.velocity.y = FloatMath.sin(radians) * ballSpeed;
            ball.bounds.lowerLeft.set(ball.position.x - 0.1f, ball.position.y -
            0.1f);
        }
    }

    ball.velocity.add(gravity.x * deltaTime, gravity.y * deltaTime);
    ball.position.add(ball.velocity.x * deltaTime, ball.velocity.y * deltaTime);
    ball.bounds.lowerLeft.add(ball.velocity.x * deltaTime, ball.velocity.y * deltaTime);

    List<GameObject> colliders = grid.getPotentialColliders(ball);
    len = colliders.size();

    for(int i = 0; i < len; i++) {
        GameObject collider = colliders.get(i);
        if(OverlapTester.overlapRectangles(ball.bounds, collider.bounds)) {
```

```
                    grid.removeObject(collider);
                    targets.remove(collider);
            }
        }
    }
```

同往常一样，首先获取触摸和按键事件并且只遍历触摸事件。触摸事件的处理与在 Cannon-GravityTest 中几乎相同，唯一不同的是用 Cannon 对象替代了旧示例中的向量，并且当三角炮在触摸离开事件中准备射击时重设了炮弹的边界矩形。

下一个改变是更新炮弹的方式。使用为炮弹实例化的 DynamicGameObject 成员代替向量。成员 DynamicGameObject.acceleration 被忽略了，取而代之给炮弹的速度添加了重力。把炮弹的速度乘 2，这样它可以飞得更快一点。有意思的是不仅要更新炮弹位置，而且还要更新边界矩形的左下角位置，这是非常重要的，否则炮弹移动了但它的边界矩阵却不移动。为什么不能只使用炮弹的边界矩形来存储炮弹的位置呢？伴随着对象的边界形状可能有多个，那么哪个边界形状保存对象的实际位置呢？因此将这两者分开是有好处的，并且所导致的计算开销并不大。当然也可以使用一次性将速度乘以时间差来进行优化，这种开销也就是两个额外的加法计算——这是为获得灵活性而付出的很小的代价。

该方法最后的部分是碰撞检测的代码。它所做的事情是找出空间散列网格中与炮弹在同一单元格中的目标。使用 SpatialHashGrid.getPotentialColliders()方法实现这个目的。由于炮弹所在的单元格可以由该方法直接计算出，因此不需要把炮弹插入到网格中。接着遍历所有潜在的碰撞者并检查炮弹的边界矩形与潜在碰撞者的边界矩形是否发生重叠。如果发生重叠，则将目标从目标列表中删除。记住，目标只是作为静态对象添加到网格中的。

这些就是完整的游戏机制。剩下的内容就是实际的渲染了，这部分内容已经介绍过，代码如程序清单 8-14 所示。

程序清单 8-14 摘自 CollisionTest.java：present()方法

```java
@Override
public void present(float deltaTime) {
    GL10 gl = glGraphics.getGL();
    gl.glViewport(0, 0, glGraphics.getWidth(), glGraphics.getHeight());
    gl.glClear(GL10.GL_COLOR_BUFFER_BIT);
    gl.glMatrixMode(GL10.GL_PROJECTION);
    gl.glLoadIdentity();
    gl.glOrthof(0, WORLD_WIDTH, 0, WORLD_HEIGHT, 1, -1);
    gl.glMatrixMode(GL10.GL_MODELVIEW);

    gl.glColor4f(0, 1, 0, 1);
    targetVertices.bind();
    int len = targets.size();
    for(int i = 0; i < len; i++) {
        GameObject target = targets.get(i);
        gl.glLoadIdentity();
        gl.glTranslatef(target.position.x, target.position.y, 0);
        targetVertices.draw(GL10.GL_TRIANGLES, 0, 6);
    }
    targetVertices.unbind();

    gl.glLoadIdentity();
    gl.glTranslatef(ball.position.x, ball.position.y, 0);
```

```
gl.glColor4f(1,0,0,1);
ballVertices.bind();
ballVertices.draw(GL10.GL_TRIANGLES, 0, 6);
ballVertices.unbind();

gl.glLoadIdentity();
gl.glTranslatef(cannon.position.x, cannon.position.y, 0);
gl.glRotatef(cannon.angle, 0, 0, 1);
gl.glColor4f(1,1,1,1);
cannonVertices.bind();
cannonVertices.draw(GL10.GL_TRIANGLES, 0, 3);
cannonVertices.unbind();
}
```

与前面一样，代码首先设置了投影矩阵和视口并进行了清屏操作。接着渲染所有目标，重用保存在 targetVertices 中的矩形模型，这与在 BobTest 中所做的本质上是一样的，但是这次是渲染目标。然后渲染了炮弹和三角炮，与 CollisionGravityTest 中所做的一样。

这里唯一需要注意的是绘制顺序发生了变化，这样炮弹总是在目标之上，而三角炮将总是在炮弹之上。调用 glColor4f()方法将目标颜色设为绿色。

这个小测试程序的输出结果如图 8-17 所示。当发射炮弹时，它将穿过目标区域，任何被炮弹击中的目标都将从画面中删除。

如果给这个示例润色一下并添加一些激励的游戏机制，那么它将是一个相当不错的游戏。建议稍微操作一下这个示例以找到对前面的课程中开发的新工具的感觉。

在本章中还有一些需要讨论的东西：照相机、纹理图集和精灵。它们使用的是与图像相关的技巧，这些技巧独立于游戏世界的模型。下面开始吧！

8.5　2D 照相机

直到现在，代码中都没有出现照相机的概念，只是通过 glOrthof()使用了视锥体的定义，如下所示：

```
gl.glMatrixMode(GL10.GL_PROJECTION);
gl.glLoadIdentity();
gl.glOrthof(0, FRUSTUM_WIDTH, 0, FRUSTUM_HEIGHT, 1, -1);
```

从第 7 章可知，头两个参数定义了空间中视锥体左右两个边缘的 x 坐标，接下来的两个参数定义了视锥体底部和顶部两个边缘的 y 坐标，最后两个参数定义了近和远两个裁剪面。图 8-19 再次显示了视锥体。

这样只有(0, 0, 1)到(FRUSTUM_WIDTH, FRUSTUM_HEIGHT, -1)的区域是可见的。如果移动这个视锥体是否可以呢？例如说左移一下？这当然是可以的，并且也非常简单：

```
gl.glOrthof(x, x + FRUSTUM_WIDTH, 0, FRUSTUM_HEIGHT, 1, -1);
```

在本例中，x 只是定义的位移，当然也可以沿 x 轴和 y 轴移动：

```
gl.glOrthof(x, x + FRUSTUM_WIDTH, y, y +FRUSTUM_HEIGHT, 1, -1);
```

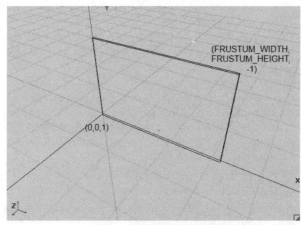

图 8-19　2D 世界中的视锥体

图 8-20 显示了移动效果。

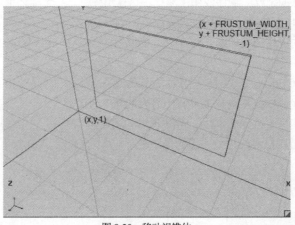

图 8-20　移动视锥体

在世界空间中很容易指定视锥的左下角,这已经足够实现一个可自由移动的 2D 照相机了。但是我们还可以做得更好。如果不指定视锥体左下角的 x 坐标和 y 坐标,而是指定视锥体的中心,结果会怎样呢?使用这种方式可以很容易地将视锥的中心定位到一个特定位置的对象上——比方说前面例子中的炮弹:

```
gl.glOrthof(x-FRUSTUM_WIDTH/2,x+FRUSTUM_WIDTH / 2, y - FRUSTUM_HEIGHT / 2, y +FRUSTUM_
HEIGHT / 2, 1, -1);
```

其结果如图 8-21 所示。

glOrthof()可以实现的并不只是这些。那么它可以做缩放吗?前面已经讲过,通过 glViewportf()可以告诉 OpenGL ES 在屏幕的哪部分来渲染视锥体看到的内容,OpenGL ES 将会自动把输出结果伸长到与视口一致。现在如果使视锥的宽和高都变小,那么可以很容易在屏幕上显示一个更小的画面区域,这就是放大。如果使视锥体变大,那么就可以显示更大的画面——这是缩小。因此引入一个缩放因子,并把它乘以视锥体的宽和高来进行放大或缩小。因子为 1 时显示的画面如图 8-21 所示,它使用了正常视锥体的宽和高。因子小于 1 将放大视锥体的中心部分,而因子大于 1 则缩小进而显示更多的画面(例如设置缩放因子为 2 时显示两倍大小的画面)。下面是如何使用 glOrthof()来实现该功能：

```
gl.glOrthof(x-FRUSTUM_WIDTH/2*zoom, x + FRUSTUM_WIDTH/2 * zoom, y-FRUSTUM_HEIGHT /
2 * zoom, y +FRUSTUM_HEIGHT / 2 * zoom, 1, -1);
```

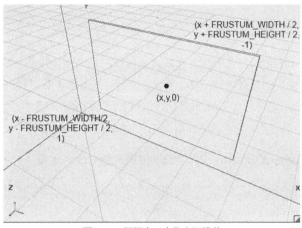

图 8-21　根据中心来指定视锥体

非常简单！现在创建一个照相机类，它包括观察位置(视锥体的中心)、标准视锥体的宽和高以及缩放因子来放大或缩小视锥体，从而显示更少的画面(放大)或者更多的画面(缩小)。图 8-22 显示了一个缩放因子是 0.5 的视锥体(里面灰色的盒子)和缩放因子是 1 的视锥体(外面透明的盒子)。

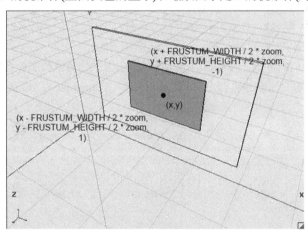

图 8-22　通过控制视锥体的大小进行缩放

为完整起见，还应该增加一个东西。设想当用户触摸屏幕时想弄清楚触摸到了 2D 世界中的哪个点，这在反复改进炮的示例时已经做过几次了。如图 8-19 所示，由于视锥体的配置并不影响照相机的位置和缩放，因此有下面的方程(见三角炮示例中的 update()方法)：

```
worldX = (touchX / Graphics.getWidth()) × FRUSTUM_WIDTH;
worldY = (1 - touchY / Graphics.getHeight()) × FRUSTUM_HEIGHT;
```

首先把触摸点的 x 坐标和 y 坐标除以屏幕的宽和高使它们规范化到 0～1 的范围内，然后缩放它们以便于通过将它们乘以视锥的宽和高在世界空间中进行表示，所需要的只是要考虑视锥体的位置和缩放因子。方法如下：

```
worldX = (touchX / Graphics.getWidth()) × FRUSTUM_WIDTH + x - FRUSTUM_WIDTH / 2;
worldY=(1-touchY / Graphics.getHeight()) × FRUSTUM_HEIGHT + y - FRUSTUM_HEIGHT / 2;
```

这里的 x 和 y 是照相机在世界空间中的位置。

8.5.1　Camera2D 类

将以上代码整合到单个类中，该类保存照相机的位置、标准视锥体的宽与高和缩放因子。同时还需要一个方便的方法来正确设置视口(通常使用整个屏幕)和投影矩阵。另外也需要一个方法能够把触摸坐标转换到世界坐标。这个新的 Camera2D 类的代码如程序清单 8-15 所示，中间穿插了一些代码说明。

程序清单 8-15　Camera2D.java，2D 渲染所使用的新 Camera 类

```java
package com.badlogic.androidgames.framework.gl;

import javax.microedition.khronos.opengles.GL10;

import com.badlogic.androidgames.framework.impl.GLGraphics;
import com.badlogic.androidgames.framework.math.Vector2;

public class Camera2D {
    public final Vector2 position;
    public float zoom;
    public final float frustumWidth;
    public final float frustumHeight;
    final GLGraphics glGraphics;
```

如前所述，将照相机的位置、视锥体的宽与高和缩放因子作为成员进行存储。位置和缩放因子是公有的，因此可以很容易地操作它们。同时还需要引用 GLGraphics 以得到最新的以像素为单位的屏幕的宽和高，用于把触摸坐标转换到世界坐标。

```java
    public Camera2D(GLGraphics glGraphics, float frustumWidth, float frustumHeight) {
        this.glGraphics = glGraphics;
        this.frustumWidth = frustumWidth;
        this.frustumHeight = frustumHeight;
        this.position = new Vector2(frustumWidth / 2, frustumHeight / 2);
        this.zoom = 1.0f;
    }
```

构造函数接受 GLGraphics 实例和缩放因子为 1 的视锥体的宽与高作为参数。保存这些参数并初始化照相机的位置，使它观测的中心是(0, 0, 1)到(frustumWidth, frustumHeight, -1)包围的盒子的中心，如图 8-19 所示。初始的缩放因子设置为 1。

```java
    public void setViewportAndMatrices() {
        GL10 gl = glGraphics.getGL();
        gl.glViewport(0, 0, glGraphics.getWidth(), glGraphics.getHeight());
        gl.glMatrixMode(GL10.GL_PROJECTION);
        gl.glLoadIdentity();
        gl.glOrthof(position.x - frustumWidth * zoom / 2,
                    position.x + frustumWidth * zoom/ 2,
                    position.y - frustumHeight * zoom / 2,
```

```
                position.y + frustumHeight * zoom/ 2,
                1, -1);
        gl.glMatrixMode(GL10.GL_MODELVIEW);
        gl.glLoadIdentity();
    }
```

setViewportAndMatrices()方法将视口拉伸到整个屏幕并按照照相机的参数设置投影矩阵，如前所述。在方法的最后告诉 OpenGL ES 所有后续矩阵操作都以模型-视图矩阵为目标，并加载了单位矩阵。该方法将在每帧中都被调用以便从一个干净的状态开始。不再需要直接的 OpenGL ES 调用来设置视口和投影矩阵。

```
public void touchToWorld(Vector2 touch) {
        touch.x = (touch.x / (float) glGraphics.getWidth()) * frustumWidth * zoom;
        touch.y = (1 - touch.y / (float) glGraphics.getHeight()) * frustumHeight * zoom;
        touch.add(position).sub(frustumWidth * zoom / 2, frustumHeight * zoom / 2);
    }
}
```

touchToWorld()方法的参数采用一个包含触摸坐标的 Vector2 实例，并把该向量转换到世界空间。这与前面讨论的是一样的，唯一不同之处是使用 Vector2 类。

8.5.2　示例

在炮弹示例中使用这个 Camera2D 类。复制 CollisionTest 文件并将其重命名为 Camera2DTest。同时也重命名了 Camera2DTest 文件中的 GLGame 类，并重命名 CollisionScreen 类为 Camera2DScreen。为使用新 Camera2D 类，还需要做些小改动。

首先是给 Camera2DScreen 类添加一个新成员：

```
Camera2D camera;
```

在构造函数中按如下方式初始化该成员：

```
camera = new Camera2D(glGraphics, WORLD_WIDTH, WORLD_HEIGHT);
```

传入 GLGraphics 实例和空间的宽与高，这里的宽与高在前面调用的 glOrthof()方法中作为视锥体的宽与高使用。在 present()方法中替换直接的 OpenGL ES 调用，原来的代码如下：

```
gl.glViewport(0, 0, glGraphics.getWidth(), glGraphics.getHeight());
gl.glClear(GL10.GL_COLOR_BUFFER_BIT);
gl.glMatrixMode(GL10.GL_PROJECTION);
gl.glLoadIdentity();
gl.glOrthof(0, WORLD_WIDTH, 0, WORLD_HEIGHT, 1, -1);
gl.glMatrixMode(GL10.GL_MODELVIEW);
```

把它们替换为如下的代码：

```
gl.glClear(GL10.GL_COLOR_BUFFER_BIT);
camera.setViewportAndMatrices();
```

当然仍然需要清除帧缓冲区，但其他所有的直接 OpenGL ES 调用都很好地隐藏在 Camera2D.setViewportAndMatrices()方法中。如果运行这段代码，不会看到任何变化。每件事情都像以前一样工作——这里只是使代码变得更好一些和更灵活一些。

update()方法也可以进行简化。由于将 Camera2D.touchToWorld()方法到添加到 Camera2D 类中，因此也可以使用它。可以把 update()方法中的这段代码：

```
touchPos.x = (event.x / (float) glGraphics.getWidth()) * WORLD_WIDTH;
touchPos.y = (1 - event.y / (float) glGraphics.getHeight()) * WORLD_HEIGHT;
```

替换为：

```
camera.touchToWorld(touchPos.set(event.x, event.y));
```

现在所有的东西都封装好了。但是如果不充分使用 Carmera2D 类的完整特性，则可能会让人感到索然无趣。假定只要炮弹不飞，那么照相机就按“正常”方式观察世界。这很容易，并且实际上已经这样做了。通过检查炮弹位置的 y 坐标是否小于或等于 0 来确定炮弹是否在飞行过程中。由于一直对炮弹施加重力，如果不将其射出，它就会掉下来，因此这是一个检查这些事项的简单的方式。

当炮弹飞起来(即 y 坐标大于 0)时，新添加的功能就会发挥作用。如果照相机跟踪炮弹，将照相机的位置设在炮弹的位置上即可实现，这会让炮弹始终处在屏幕的中央。如果还要试一试缩放的功能，可以根据炮弹的 y 轴坐标增加缩放因子：离 0 越远，缩放因子越高。如果炮弹有较高的 y 坐标，这将使照相机缩小画面。下面是在测试画面的 update()方法最后需要添加的代码：

```
if(ball.position.y > 0) {
    camera.position.set(ball.position);
    camera.zoom = 1 + ball.position.y / WORLD_HEIGHT;
} else {
    camera.position.set(WORLD_WIDTH / 2, WORLD_HEIGHT / 2);
    camera.zoom = 1;
}
```

只要炮弹的 y 坐标大于 0，照相机将跟踪它并缩小画面。这只需要给标准缩放因子 1 加上一个值即可，这个值与炮弹的 y 坐标和空间的高度有关。如果炮弹的 y 坐标是 WORLD_HEIGHT，那么缩放因子将是 2，因此可以看到更多的空间。处理方式并不固定，此处也可以应用自己想要使用的任何公式——这没有什么神奇的地方。对于炮弹位置小于或等于 0 的情况，正常显示画面即可，与前面的示例做法相同。

8.6　纹理图集

直到现在，本书中的程序都只使用了单一纹理。如果不只是需要渲染 Bob，还有其他的超级英雄、敌人、爆炸或硬币时怎么办呢？这样就需要有多个纹理，每个纹理为一个对象类型保存一个图像。但 OpenGL ES 不喜欢这种方式，因此需要为渲染的每种对象类型切换纹理(也就是说绑定 Bob 的纹理、渲染 Bob、绑定硬币纹理和渲染硬币等)。将多个图片放进单个纹理中效率会更高。一个纹理图集是包含多个图像的单一纹理。因此只需要绑定纹理一次，然后就可以渲染任何在图集中有图片的实体类型。这样可以节省一些状态转换工作量并提高性能。图 8-23 显示了一个纹理图集。

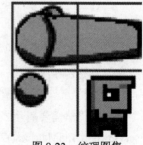

图 8-23　纹理图集

图 8-23 中有 3 个对象：炮、炮弹和 Bob。网格不是图集的组成部分，它只是用于说明创建纹理图集的通常方式。

纹理图集的尺寸是 64×64 像素，而每个网格是 32×32 像素。炮占两格，炮弹稍小于 4 分之一格，而 Bob 占一个格。现在，如果回想一下本书中是如何定义炮、炮弹和目标的边界(以及图像矩形)，会注意到它们尺寸之间的相互关系与此处网格中的对象十分相似。在游戏世界中，目标的大小是 0.5m×0.5m，而炮是 0.2m×0.2m。在纹理图集中，Bob 占 32×32 像素，而炮弹比 16×16 像素稍小。这样可清楚看到纹理图集与空间中对象尺寸之间的关系：图集中的 32 像素等于空间中的 0.5m。现在，在最初的示例中炮是 1m×1m，当然这是可以改变的。在纹理图集中炮占 64×32 像素，那么炮在空间中大小就是 1m×0.5m。这是不是非常容易呢？

那么本书为什么选择 32 像素来对应空间中的 1 米呢？记住，纹理的宽度和高度必须是 2 的倍数。使用 2 的倍数的像素单位(如 32)映射到世界的 0.5 米可以方便美工们处理纹理尺寸的限制。这就很容易得到世界中不同对象在像素界面中尺寸之间的关系。

注意，完全可以为空间中的一个单位使用更多的像素，例如选择使用 64 个像素或 50 个像素对应世界中的 0.5 米。那么像素和米之间采用什么样的对应关系比较好？这要取决于运行游戏的屏幕的分辨率。下面做一些计算。

炮的空间限制在左下角(0, 0)和右上角(9.6, 4.8)的范围内，将这个区间映射到屏幕上。下面计算在低端设备的屏幕(横向模式下的分辨率为 480×360 像素)上每空间单位有多少像素：

```
pixelsPerUnitX = screenWidth / worldWidth = 480 / 9.6 = 50 pixels / meter
pixelsPerUnitY = screenHeight / worldHeight = 320 / 6.4 = 50 pixels / meter
```

炮的大小是 1m×0.5m，因此它将在屏幕上占用 50×25 像素。在纹理中炮使用 64×32 像素，因此在渲染时实际是需要缩小纹理图像一点的，这是完全没问题的——OpenGL ES 会自动完成处理。根据针对纹理设置的缩小倍数过滤器，结果要么是会有些锯齿(GL_NEAREST)，要么有点平滑(GL_LINEAR)。如果想要在分辨率为 480×320 像素的设备上进行完美的像素渲染，就需要对纹理图像进行小幅缩放。可以使用大小是 25×25 像素的网格代替 32×32 像素的网格。然而如果只重新调整图集中图像的大小(或手工重绘所有的东西)，应该有一个 50×50 像素的图像——这对 OpenGL ES 是不合适的。这不得不在左边和底部进行填充以得到 64×64 像素的图像(这是由于 OpenGL ES 要求 2 的整数倍的宽度和高度)。因此 OpenGL ES 在低端设备上缩小纹理图像是完全没有问题的。

那么在高分辨率设备如 HTC Desire HD(横向 800×480 像素)的情况如何呢？针对这样的屏幕配置可以通过以下方程进行计算：

```
pixelsPerUnitX = screenWidth / worldWidth = 800 / 9.6 =  83 pixels / meter
pixelsPerUnitY = screenHeight / worldHeight = 480 / 6.4 = 75 pixels / meter
```

因为视锥体的纵横比(9.6/6.4=1.5)与屏幕的纵横比(800/480=1.66)不同，所以在 x 轴和 y 轴的每单位像素数是不同的。在第 4 章中已经讨论过这个问题。那时使用固定的像素尺寸和纵横比，现在采用这个方案在示例中使用固定的视锥体宽度和高度。对于 HTC Desire HD 的情况，由于其高分辨率和不同的纵横比，炮、炮弹和 Bob 需要按比例增加并进行拉伸。为了能使所有的玩家都看到相同的区域，就必须接受这样的事实。否则有更高纵横比的玩家就有看到更多空间的优势。

那么如何使用这样一个纹理图集呢？只需重映射矩形即可，使用纹理的一部分而不是使用它的全部。为了弄清楚纹理图集中图像各角的纹理坐标，可以重用以前示例中的方程：

```
u = x / imageWidth
v = y / imageHeight
```

此处，u 和 v 是纹理坐标，而 x 和 y 是像素坐标。Bob 左上角的像素坐标是(32, 32)。如果将此代入前面的方程，可以得到纹理坐标(0.5, 0.5)。该方法可以应用在任何需要转换的角上，基于此可以正确设置矩形顶点的纹理坐标。

示例

下面将纹理图集应用到先前的示例中去使它看起来更加美观，Bob 将是目标。

将 Camera2DTest 复制到文件 TextureAtlasTest.java 中并稍做改动，重命名其中的 TextureAtlasTest 和 TextureAtlasScreen 两个类。

首先在 TextureAtlasScreen 中添加一个新成员：

```
Texture texture;
```

在 resume()方法中创建一个 Texture，而不是在构造函数中创建。记住，当应用程序从暂停状态返回时纹理将丢失，因此需要在 resume()方法中进行重建：

```java
@Override
public void resume() {
    texture = new Texture(((GLGame)game), "atlas.png");
}
```

将图 8-23 中的图像放入项目的 assets/ 文件夹中，并将其命名为 atlas.png(当然这不包括图 8-23 上显示的网格线)。

接着改变顶点的定义。每个实体类型(炮、炮弹和 Bob)都有一个 Vertices 实例来保存一个矩形的 4 个顶点和 6 个用来组成 3 个三角形的索引。按照纹理图集给每个顶点添加纹理坐标。用来表示炮的三角形也被换成了一个大小是 1m×0.5m 的矩形。下面的代码用来在构造函数中替换旧的顶点创建代码：

```java
cannonVertices = new Vertices(glGraphics, 4, 6, false, true);
cannonVertices.setVertices(new float[] {-0.5f, -0.25f, 0.0f, 0.5f,
                                         0.5f, -0.25f, 1.0f, 0.5f,
                                         0.5f,  0.25f, 1.0f, 0.0f,
                                        -0.5f,  0.25f, 0.0f, 0.0f },
                                         0, 16);
cannonVertices.setIndices(new short[] {0, 1, 2, 2, 3, 0}, 0, 6);

ballVertices = new Vertices(glGraphics, 4, 6, false, true);

ballVertices.setVertices(new float[] {  -0.1f, -0.1f, 0.0f, 0.75f,
                                         0.1f, -0.1f, 0.25f, 0.75f,
                                         0.1f,  0.1f, 0.25f, 0.5f,
                                        -0.1f,  0.1f, 0.0f, 0.5f },
                                         0, 16);
ballVertices.setIndices(new short[] {0, 1, 2, 2, 3, 0}, 0, 6);

targetVertices = new Vertices(glGraphics, 4, 6, false, true);
targetVertices.setVertices(new float[] {-0.25f, -0.25f, 0.5f, 1.0f,
                                         0.25f, -0.25f, 1.0f, 1.0f,
```

```
                                    0.25f,  0.25f, 1.0f, 0.5f,
                                   -0.25f,  0.25f, 0.5f, 0.5f },
                                    0, 16);
        targetVertices.setIndices(new short[] {0, 1, 2, 2, 3, 0}, 0, 6);
```

每个网格由 4 个顶点组成，每个顶点都有 2D 坐标和纹理坐标。将 6 个索引添加到网格上，用于确定想要渲染的两个三角形。在 y 轴上炮也要稍小一点，尺寸由 1m×1m 改为 1m×0.5m，这也影响到构造函数中 Cannon 对象的创建：

```
        cannon = new Cannon(0, 0, 1, 0.5f);
```

由于对炮本身不做任何的碰撞检测，因此在构造函数中设置多大的尺寸是没有关系的，只要保持一致即可。

最后所要做的是改变渲染方法。下面是完整的代码：

```
@Override
public void present(float deltaTime) {
    GL10 gl = glGraphics.getGL();
    gl.glClear(GL10.GL_COLOR_BUFFER_BIT);
    camera.setViewportAndMatrices();

    gl.glEnable(GL10.GL_BLEND);
    gl.glBlendFunc(GL10.GL_SRC_ALPHA, GL10.GL_ONE_MINUS_SRC_ALPHA);
    gl.glEnable(GL10.GL_TEXTURE_2D);
    texture.bind();

    targetVertices.bind();
    int len = targets.size();
    for (int i = 0; i < len; i++) {
        GameObject target = targets.get(i);
        gl.glLoadIdentity();
        gl.glTranslatef(target.position.x, target.position.y, 0);
        targetVertices.draw(GL10.GL_TRIANGLES, 0, 6);
    }
    targetVertices.unbind();

    gl.glLoadIdentity();
    gl.glTranslatef(ball.position.x, ball.position.y, 0);
    ballVertices.bind();
    ballVertices.draw(GL10.GL_TRIANGLES, 0, 6);
    ballVertices.unbind();

    gl.glLoadIdentity();
    gl.glTranslatef(cannon.position.x, cannon.position.y, 0);
    gl.glRotatef(cannon.angle, 0, 0, 1);
    cannonVertices.bind();
    cannonVertices.draw(GL10.GL_TRIANGLES, 0, 6);
    cannonVertices.unbind();
}
```

此处启用了混合功能并设置了合适的混合函数，同时启用了纹理并绑定了图集纹理。cannonVertices.draw()调用也做了轻微改动，它现在可以渲染两个三角形而不是一个。图 8-24 就是程序翻新后的输出结果。

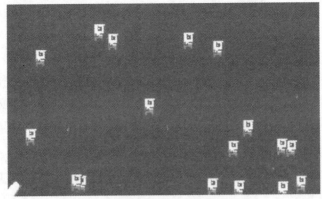

图 8-24 用纹理图集美化后的炮示例程序

对于纹理图集还需要知道的几个事项：

- 当使用 GL_LINEAR 作为缩小倍数和/或放大倍数过滤器时，图集中某个图片碰到对方的时候会发生失真。这是由于纹理映射器取了纹理的 4 个最近的图元来映射屏幕上的一个像素。当它在图片的边界进行这样的操作时，它将获取图集中相邻图片的纹元，在图片之间加进 2 个像素的空边界可以消除这个问题。如果能复制每个图片的边界像素会更好。第一种解决方法更简单——只要保证纹理保持 2 的倍数即可。

- 不必把图集中所有的图片都安排在一个固定网格的图集中。图集中可以放置任意大小的图片并使其尽可能紧凑。只要知道图片在图集中的起点和终点，就可以为它计算正确的纹理坐标。但是将任意大小的图片放在一个图集中是一个很困难的问题。互联网上提供了一些工具来帮助创建纹理图集，只要上网搜索一下就可以得到很多的信息。

- 很多时候并不能够把游戏中的所有图片都归类到一个单一的纹理中。记住，不同的设备所支持的最大纹理是不同的。假设所有设备支持纹理的尺寸是 512×512 像素(或者达到 1 024×1 024 像素)，那么就有了多个纹理图集。但是应当把在屏幕上看到的对象放进一个图集中——级别是 1 的对象放在一个图集中，级别是 2 的对象放在另一个图集中，所有的 UI 元素放在另一个图集中，依此类推。在最终确定这些图像资源之前，需要考虑好它们的逻辑分组。

- 还记得如何在 Mr. Nom 中动态绘制数字吗？我们使用的是纹理图集。实际上通过纹理图集可以实现所有的动态文本渲染。把游戏中需要的所有文字放入一个图集中，并在需要时通过将一个矩形映射到图集中对应的字符来渲染它们。在互联网上可以找到一些工具来生成这种被称为点阵字体(bitmap font)的字。对于后面章节的目标来讲，本书仍将使用 Mr. Nom 中的方法：将静态文字作为一个整体进行预渲染，而动态字体(例如高分中的数字)将通过图集进行渲染。

你可能注意到 Bob 在被炮弹打中之前就会消失，这是因为边界形状太大的缘故，在 Bob 和炮弹的边界周围有一些空白。如何解决呢？只要使这些边界形状更小一些就行了。操作这些代码直到碰撞时感觉正常。在游戏开发过程中会经常碰到这样需要进行微调的场合，微调可能是游戏开发中最重要的部分。让事情感觉是好的可能很困难，但一旦达到 Super Mario Brothers 级别的程度就会令人十分满意。遗憾的是本书没办法教给你这些，因为这依赖于游戏的外观和体验。这是区分好游戏和坏游戏的方法。

注释：为了能处理上面提到的消失问题，可以使边界矩形稍小于它们的图形表示，以便在碰撞触发之前发生部分重叠。

8.7　纹理区域、精灵和批处理：隐藏 OpenGL ES

本书中的炮示例的代码是由很多的样板代码组成，其中的一些可以进行精简，如对 Vertices 实例的定义，它使用 7 行代码来定义一个纹理矩形太过繁琐。还有一个要简化的是人工计算纹理图集中图片的纹理坐标。最后，在渲染 2D 矩形时有很多代码都是高度重复的。还有一种渲染多个对象的方式，它比为每个对象都调用绘制命令更好。下面将介绍一些新的概念以期能够解决上述问题：

- **纹理区域(Texture regions)**：在上一个示例中用到了纹理区域。纹理区域是单一纹理中的矩形区域(如图集中包含炮的区域)。使用一个好的类可以将像素坐标到纹理坐标的所有转换计算进行封装。
- **精灵(Sprites)**：精灵与游戏对象很相似。它有位置(可能还有朝向和比例)和图形面积。精灵可以通过矩形进行渲染，就像渲染 Bob 或炮一样。实际上，Bob 和其他对象的图形表示能够并且应该被认为是精灵。精灵也映射到纹理的一个区域即纹理区域。虽然在游戏中直接合并精灵和游戏对象很有诱惑，但为了遵循模型-视图-控制器模式仍然将它们分开。这种把图像和模型代码明确分开的方式是很好的设计。
- **精灵批处理器(sprite batchers)**：精灵批处理器可以一次执行多个精灵的渲染，为此它需要知道每个精灵的位置、大小和纹理区域。精灵批处理器是避免每个对象的多次绘制调用和矩阵操作的法宝。

这些概念相互之间是高度关联的，下面将对其进行讨论。

8.7.1　TextureRegion 类

既然已经开始使用纹理区域了，那么就应该明确还需要那些东西。我们已经知道如何从像素坐标转换到纹理坐标，还需要有一个类来确定纹理图集中图片的像素坐标，并为进一步的处理(如渲染一个精灵时)保存纹理区域中对应的纹理坐标。程序清单 8-16 显示了 TextureRegion 类。

程序清单 8-16　TextureRegion.java：将像素坐标转换为纹理坐标

```java
package com.badlogic.androidgames.framework.gl;

public class TextureRegion {
    public final float u1, v1;
    public final float u2, v2;
    public final Texture texture;

    public TextureRegion(Texture texture, float x, float y, float width, float height) {
        this.u1 = x / texture.width;
        this.v1 = y / texture.height;
        this.u2 = this.u1 + width / texture.width;
        this.v2 = this.v1 + height / texture.height;
        this.texture = texture;
    }
}
```

TextureRegion 保存了纹理坐标中左上角(u1, v1)和右下角(u2, v2)所确定区域的纹理坐标。构造函数的参数是一个 Texture、左上角坐标和区域的宽度与高度的像素坐标。使用下面的方法构造炮的纹理区域：

```
TextureRegion cannonRegion = new TextureRegion(texture, 0, 0, 64, 32);
```

同样地，构造 Bob 的纹理区域的方法如下：

```
TextureRegion bobRegion = new TextureRegion(texture, 32, 32, 32, 32);
```

在已创建的示例代码中可以使用这种方式，并使用 TextureRegion.u1、v1、u2 和 v2 成员来确定矩形顶点的纹理坐标。但也可以不这么做，因为我们想完全摆脱这些繁琐的定义。这就是使用精灵批处理器的原因。

8.7.2 SpriteBatcher 类

如前所述，使用位置、大小和纹理区域(还可以使用旋转和比例)定义精灵。它只是一个游戏空间中的图像矩形。为简单起见，这里仍然遵循位置在精灵的中心和矩形围绕着这个中心构建的约定，现在得到一个 Sprite 类，并按如下方式使用：

```
Sprite bobSprite = new Sprite(20, 20, 0.5f, 0.5f, bobRegion);
```

上述代码构造一个新精灵，其中心为世界坐标(20, 20)，且它的每个边向外扩 0.25 米，并使用名为 bobRegion 的 TextureRegion。也可以采用下面的方式进行替代：

```
spriteBatcher.drawSprite(bob.x, bob.y, BOB_WIDTH, BOB_HEIGHT, bobRegion);
```

现在看起来更好一些了。它不需要构建另一个对象来表示对象的图像化边，而是在需要的时候绘制一个 Bob 实例。下面是一个重载方法：

```
spriteBatcher.drawSprite(cannon.x,cannon.y,CANNON_WIDTH,CANNON_HEIGHT,cannon.angle,
cannonRegion);
```

上述代码绘制了炮并将它旋转了 angle 角度。那么如何实现这个精灵批处理器呢？Vertices 实例在哪里呢？下面考虑一下批处理的工作方式。

那么究竟什么是批处理呢？在图像处理社区，批处理被定义成将多个绘制调用合并到单一调用中。这对 GPU 来说是有利的，如第 7 章所述。精灵批处理器提供了实现这一功能的方式：

- 批处理有一个缓冲区，该缓冲区初始化时清空(或发清理信号之后为空)。这个缓冲区用来保存顶点，在本例中顶点是一个简单的浮点数组。
- 每次调用 SpriteBatcher.drawSprite()方法，就会向缓冲区中添加 4 个顶点，其参数是位置、大小、方向和纹理区域。这意味着不得不在没有 OpenGL ES 的帮助下手动选择和平移顶点坐标。不必担心，类 Vector2 的代码会提供帮助，这是消除所有绘制调用的关键。
- 一旦确定了所有需要绘制的精灵，精灵批处理器就一次性向 GPU 提交所有精灵的矩形的顶点，然后调用实际的 OpenGL ES 绘制方法渲染所有的矩形。为此，浮点数组的所有内容被传输到 Vertices 实例并使用它们渲染矩形。

注释: 只能对使用同一个纹理的精灵进行批处理。由于有纹理图集的存在，这并不是一个大问题。

精灵批处理器的常用模式如下：

```
batcher.beginBatch(texture);
// call batcher.drawSprite() as often as needed, referencing regions in the texture
batcher.endBatch();
```

调用 SpriteBatcher.beginBatch()将告诉批处理做两件事：它应当清理它的缓冲区并使用传入的纹理。为方便起见，在该方法中绑定了纹理。

接着渲染纹理引用区域中需要的那些精灵。这将向缓冲区中添加每个精灵的 4 个顶点，填满缓冲区。

SpriteBatcher.endBatch()方法向精灵批处理器发信号说已经渲染完精灵的批处理，并且它现在应当向 GPU 上传这些顶点来进行实际的渲染。由于对 Vertices 实例使用索引进行渲染，因此除了浮点数组缓冲区中的顶点还需要确定索引。因为总是渲染矩形，所有可以在 SpriteBatcher 构造函数中事先一次性生成这些索引。为此，需要知道精灵批处理器每次批处理最多能够绘制多少精灵。通过把每次批处理可渲染的精灵数进行硬性规定，就不需要增加其他任何的数组缓冲区，只需要在构造函数中一次性分配这些数组和缓冲区即可。

通常的机制要更简单。SpriteBatcher.drawSprite()方法可能看起来有些神秘，但这不是什么大的问题(如果暂时不考虑旋转和缩放)。根据定义的参数来计算顶点的位置和纹理坐标即可。例如在前面的示例中，当为炮、炮弹和 Bob 定义矩形时，就已经采用手动的方式这样做了。在 SpriteBatcher.drawSprite()方法中或多或少采用了相同的方法，只是基于方法的参数自动进行。下面来分析 SprtieBatcher，程序清单 8-17 显示了代码。

程序清单 8-17　摘自 SpriteBatcher.java，不包含旋转和缩放

```java
package com.badlogic.androidgames.framework.gl;

import javax.microedition.khronos.opengles.GL10;

import android.util.FloatMath;

import com.badlogic.androidgames.framework.impl.GLGraphics;
import com.badlogic.androidgames.framework.math.Vector2;

public class SpriteBatcher {
    final float[] verticesBuffer;
    int bufferIndex;
    final Vertices vertices;
    int numSprites;
```

首先看成员变量。成员 verticesBuffer 是一个临时浮点型数组，用来存储当前批处理中精灵的顶点。成员 bufferIndex 指的是从浮点数组中何处开始写下一组顶点。成员 vertices 是一个 Vertices 实例，用于渲染批处理。它也保存了定义的索引。成员 numSprites 保存当前批处理已经绘制的精灵数量。

```java
public SpriteBatcher(GLGraphics glGraphics, int maxSprites) {
    this.verticesBuffer = new float[maxSprites*4*4];
    this.vertices = new Vertices(glGraphics, maxSprites*4,maxSprites*6,false,true);
    this.bufferIndex = 0;
    this.numSprites = 0;

    short[] indices = new short[maxSprites*6];
    int len = indices.length;
```

```
        short j = 0;
        for (int i = 0; i < len; i += 6, j += 4) {
                indices[i + 0] = (short)(j + 0);
                indices[i + 1] = (short)(j + 1);
                indices[i + 2] = (short)(j + 2);
                indices[i + 3] = (short)(j + 2);
                indices[i + 4] = (short)(j + 3);
                indices[i + 5] = (short)(j + 0);
        }
        vertices.setIndices(indices, 0, indices.length);
    }
```

构造函数中有两个参数：用来创建 Vertices 实例的 GLGraphic 实例和批处理器在一个批处理中能够处理的最大精灵数。创建浮点数组是在构造函数中所做的第一件事。每个精灵有 4 个顶点并且每个顶点占用 4 个浮点数(x、y 坐标占两个，纹理坐标占用另两个)。最多有 maxSprites 个精灵，因此缓冲区需要有 4×4×maxSprites 个浮点数。

接下来创建 Vertices 实例。该实例存储 maxSprites×4 个顶点和 maxSprites×6 个索引。Vertices 实例也知道每个顶点不仅有位置属性，还有纹理坐标。接下来将成员 bufferIndex 和 numSprites 初始化为零，然后为 Vertices 实例创建索引。这只需要创建一次，因为这些索引将保持不变。批处理中的第一个精灵的索引是 0、1、2、2、3、0；下一个精灵的索引是 4、5、6、6、7、4 等。在 Vertices 实例中可对它们预先进行计算并存储。采用这种方式只需要对它们设置一次即可，而不需要为每个精灵进行设置。

```
    public void beginBatch(Texture texture) {
        texture.bind();
        numSprites = 0;
        bufferIndex = 0;
    }
```

接下来是 beginBatch()方法。它绑定了纹理并重置了 numSprites 和 bufferIndex 成员，以便将第一个精灵的顶点插入到 verticesBuffer 浮点数组的前面。

```
    public void endBatch() {
        vertices.setVertices(verticesBuffer, 0, bufferIndex);
        vertices.bind();
        vertices.draw(GL10.GL_TRIANGLES, 0, numSprites * 6);
        vertices.unbind();
    }
```

接下来是方法 endBatch()，它完成和绘制当前批处理。它首先将浮点数组中为当前批处理定义的顶点传输到 Vertices 实例。剩下的是绑定 Vertices 实例、绘制 numSprites×2 个三角形，并再次解除 Vertices 实例绑定。由于使用的是索引渲染，这需要确定使用的索引数量——每个精灵使用的 6 个索引乘以 numSprites。这就是进行渲染所需要的东西。

```
    public void drawSprite(float x,float y,float width,float height,TextureRegion region) {
        float halfWidth = width / 2;
        float halfHeight = height / 2;
        float x1 = x - halfWidth;
        float y1 = y - halfHeight;
        float x2 = x + halfWidth;
        float y2 = y + halfHeight;
```

```
verticesBuffer[bufferIndex++] = x1;
verticesBuffer[bufferIndex++] = y1;
verticesBuffer[bufferIndex++] = region.u1;
verticesBuffer[bufferIndex++] = region.v2;

verticesBuffer[bufferIndex++] = x2;
verticesBuffer[bufferIndex++] = y1;
verticesBuffer[bufferIndex++] = region.u2;
verticesBuffer[bufferIndex++] = region.v2;

verticesBuffer[bufferIndex++] = x2;
verticesBuffer[bufferIndex++] = y2;
verticesBuffer[bufferIndex++] = region.u2;
verticesBuffer[bufferIndex++] = region.v1;

verticesBuffer[bufferIndex++] = x1;
verticesBuffer[bufferIndex++] = y2;
verticesBuffer[bufferIndex++] = region.u1;
verticesBuffer[bufferIndex++] = region.v1;
numSprites++;
}
```

下一个方法就是 SpriteBatcher 类中实际干活的 drawSprite() 了。它的参数是精灵中心的 x 坐标和 y 坐标、精灵的宽度与高度以及映射的 TextureRegion。该方法负责向浮点数组中在 bufferIndex 开始的地方添加 4 个顶点，这 4 个顶点组成一个纹理映射的矩形。我们计算左下角(x1, y1)和右上角(x2, y2)的位置，并使用这 4 个变量和来自 TextureRegion 的纹理坐标构造顶点。这些顶点按逆时针方向从左下顶点开始进行添加。一旦将它们添加到浮点数组，就递增 numSprites 计数器并等待添加下一个精灵或批处理完成。

这些就是所做的所有事情。通过在浮点数组中缓冲预变换过的顶点并一次性对它们进行渲染来避免调用使用大量的绘制方法。对比先前所采用的方法，这将提高 2D 精灵渲染的性能。更少的 OpenGL ES 状态改变和更少的绘制调用对 GPU 的工作很有利。

还需要实现能绘制旋转精灵的 SpriteBatcher.drawSprite() 方法。所要做的是在不添加位置的情况下构造 4 个角顶点，使它们绕着原点旋转，添加精灵的位置以便这些顶点被放置在世界空间，然后像先前的绘制方法那样进行处理。为此，可使用 Vector2.rotate() 实现，但这也意味着引入额外的函数调用的开销。因此复制 Vector2.rotate() 中的代码并在合适的地方进行优化。SpriteBatcher 类的最终方法如程序清单 8-18 所示。

程序清单 8-18　余下的 SpriteBatcher.java：绘制旋转精灵的方法

```
public void drawSprite(float x, float y, float width, float height, float angle,
    TextureRegion region) {
    float halfWidth = width / 2;
    float halfHeight = height / 2;

    float rad = angle * Vector2.TO_RADIANS;
    float cos = FloatMath.cos(rad);
    float sin = FloatMath.sin(rad);

    float x1 = -halfWidth * cos - (-halfHeight) * sin;
    float y1 = -halfWidth * sin + (-halfHeight) * cos;
    float x2 = halfWidth * cos - (-halfHeight) * sin;
    float y2 = halfWidth * sin + (-halfHeight) * cos;
```

```
        float x3 = halfWidth * cos - halfHeight * sin;
        float y3 = halfWidth * sin + halfHeight * cos;
        float x4 = -halfWidth * cos - halfHeight * sin;
        float y4 = -halfWidth * sin + halfHeight * cos;

        x1 += x;
        y1 += y;
        x2 += x;
        y2 += y;
        x3 += x;
        y3 += y;
        x4 += x;
        y4 += y;

        verticesBuffer[bufferIndex++] = x1;
        verticesBuffer[bufferIndex++] = y1;
        verticesBuffer[bufferIndex++] = region.u1;
        verticesBuffer[bufferIndex++] = region.v2;

        verticesBuffer[bufferIndex++] = x2;
        verticesBuffer[bufferIndex++] = y2;
        verticesBuffer[bufferIndex++] = region.u2;
        verticesBuffer[bufferIndex++] = region.v2;

        verticesBuffer[bufferIndex++] = x3;
        verticesBuffer[bufferIndex++] = y3;
        verticesBuffer[bufferIndex++] = region.u2;
        verticesBuffer[bufferIndex++] = region.v1;

        verticesBuffer[bufferIndex++] = x4;
        verticesBuffer[bufferIndex++] = y4;
        verticesBuffer[bufferIndex++] = region.u1;
        verticesBuffer[bufferIndex++] = region.v1;

        numSprites++;
    }
}
```

这与更简单的绘制方法中的做法基本相同，只不过这里要构造所有 4 个角点而不仅是两个相反点，对于旋转需要这么做。剩下的部分与先前的一样。

那么按比例缩放呢？由于缩放精灵只要求缩放它的宽度与高度，因此不需要显式地使用另一个方法。这可以在两个绘制方法的外部实现，因此不需要另外的方法对精灵进行缩放绘制。

这就是使用 OpenGL ES 进行快速精灵渲染的秘密所在。

1. 使用 SpriteBatcher 类

下面在三角炮示例中使用 TextureRegion 和 SpriteBatcher 类。复制 TextureAtlas 示例并将其重命名为 SpriteBatcherTest。示例中包含的类称为 SpriteBatcherTest 和 SpriteBatcherScreen。

首先清除 screen 类中的 Vertices 成员。因为有 SpriteBatcher，所以就不再需要它们了。于是添加了如下成员：

```
TextureRegion cannonRegion;
TextureRegion ballRegion;
TextureRegion bobRegion;
```

```
SpriteBatcher batcher;
```

现在图集中的 3 个对象各自都有一个 TextureRegion 和一个 SpriteBatcher。

接着修改 screen 的构造函数，去掉了所有的 Vertices 实例化和初始化代码，并改用下面的一行代码：

```
batcher = new SpriteBatcher(glGraphics, 100);
```

它赋给 batcher 成员一个新的 SpriteBatcher 实例，该实例可以一次渲染 100 个精灵。

TextureRegions 在 resume()方法中初始化，因为它们依赖于 Texture：

```java
@Override
public void resume() {
    texture = new Texture(((GLGame)game), "atlas.png");
    cannonRegion = new TextureRegion(texture, 0, 0, 64, 32);
    ballRegion = new TextureRegion(texture, 0, 32, 16, 16);
    bobRegion = new TextureRegion(texture, 32, 32, 32, 32);
}
```

最后修改 present()方法。现在你会惊讶它的简洁，代码如下：

```java
@Override
public void present(float deltaTime) {
    GL10 gl = glGraphics.getGL();
    gl.glClear(GL10.GL_COLOR_BUFFER_BIT);
    camera.setViewportAndMatrices();

    gl.glEnable(GL10.GL_BLEND);
    gl.glBlendFunc(GL10.GL_SRC_ALPHA, GL10.GL_ONE_MINUS_SRC_ALPHA);
    gl.glEnable(GL10.GL_TEXTURE_2D);

    batcher.beginBatch(texture);

    int len = targets.size();
    for(int i = 0; i < len; i++) {
        GameObject target = targets.get(i);
        batcher.drawSprite(target.position.x, target.position.y, 0.5f, 0.5f, bobRegion);
    }

    batcher.drawSprite(ball.position.x, ball.position.y, 0.2f, 0.2f, ballRegion);
    batcher.drawSprite(cannon.position.x, cannon.position.y, 1, 0.5f, cannon.angle,
        cannonRegion);
    batcher.endBatch();
}
```

这非常贴心。现在产生的唯一 OpenGL ES 调用是用来进行清屏、启用混合与纹理以及设置混合功能的。余下部分是纯 SpriteBatcher 和 Camera2D 的精华部分。由于所有对象使用同一纹理图集，因此可以在一个批处理中渲染它们。使用纹理图集来调用 batcher.beginBatch()，利用这个简单的绘制方法渲染所有的 Bob 目标，渲染炮弹(再次使用这个简单的绘制方法)，并使用这个能够旋转精灵的绘制方法最后渲染炮。调用 batcher.endBatch()来结束该方法，它实际向 GPU 传送精灵的几何数据并渲染所有内容。

2. 测试性能

SpriteBatcher 方法比之前在 BobTest 使用的方法能够快多少呢？我们使用新的 OpenGL ES 类来

重写 BobTest 的代码。在代码中添加一个 FPSCounter，将目标的数量设置为 100，并设置 SpriteBatcher 最大渲染精灵数量为 102，这是因为渲染了 100 个目标、1 个炮弹和 1 个炮。下面是在一些较老的设备上(它们代表了程序的最低需求)测试后得出的结果：

```
Hero (1.5):
12-27 23:51:09.400: DEBUG/FPSCounter(2169): fps: 31
12-27 23:51:10.440: DEBUG/FPSCounter(2169): fps: 31
12-27 23:51:11.470: DEBUG/FPSCounter(2169): fps: 32
12-27 23:51:12.500: DEBUG/FPSCounter(2169): fps: 32

Droid (2.1.1):
12-27 23:50:23.416: DEBUG/FPSCounter(8145): fps: 56
12-27 23:50:24.448: DEBUG/FPSCounter(8145): fps: 56
12-27 23:50:25.456: DEBUG/FPSCounter(8145): fps: 56
12-27 23:50:26.456: DEBUG/FPSCounter(8145): fps: 55

Nexus One (2.2.1):
12-27 23:46:57.162: DEBUG/FPSCounter(754): fps: 61
12-27 23:46:58.171: DEBUG/FPSCounter(754): fps: 61
12-27 23:46:59.181: DEBUG/FPSCounter(754): fps: 61
12-27 23:47:00.181: DEBUG/FPSCounter(754): fps: 60
```

在结论得出之前，让我们在原来的方法中加入一个 FPSCounter，来测试一下。下面是在相同的硬件上得出的测试结果：

```
Hero (1.5):
12-27 23:53:45.950: DEBUG/FPSCounter(2303): fps: 46
12-27 23:53:46.720: DEBUG/dalvikvm(2303): GC freed 21811 objects / 524280 bytes in 135ms
12-27 23:53:46.970: DEBUG/FPSCounter(2303): fps: 40
12-27 23:53:47.980: DEBUG/FPSCounter(2303): fps: 46
12-27 23:53:48.990: DEBUG/FPSCounter(2303): fps: 46

Droid (2.1.1):
12-28 00:03:13.004: DEBUG/FPSCounter(8277): fps: 52
12-28 00:03:14.004: DEBUG/FPSCounter(8277): fps: 52
12-28 00:03:15.027: DEBUG/FPSCounter(8277): fps: 53
12-28 00:03:16.027: DEBUG/FPSCounter(8277): fps: 53

Nexus One (2.2.1):
12-27 23:56:09.591: DEBUG/FPSCounter(873): fps: 61
12-27 23:56:10.591: DEBUG/FPSCounter(873): fps: 60
12-27 23:56:11.601: DEBUG/FPSCounter(873): fps: 61
12-27 23:56:12.601: DEBUG/FPSCounter(873): fps: 60
```

在 Hero 中新 SpriteBatcher 方法的表现比使用 glTranslate() 与类似方法的旧方法要差很多。在 Droid 中新的 SpriteBatcher 方法表现较好，而 Nexus One 则根本不关心使用的是哪种方式。如果再增加 100 个目标，就可以发现在 Nexus One 中 SpriteBatcher 方法会更快一些。

那么 Hero 中到底是怎么回事呢？BobTest 的问题是出在调用了太多的 OpenGL ES 方法，那为什么现在调用了更少的 OpenGL ES 方法反而性能更差呢？

3. 避开 FloatBuffer 中的一个 bug

新的 SpriteBatcher 方法在 Hero 中表现不佳的原因并不明显。当调用 Vertices.setVertices() 时，SpriteBatcher 在每帧中把一个浮点数组放入一个直接 ByteBuffer 中。该方法可归结为调用 FloatBuffer.put (float[])，这就是使性能降低的罪魁祸首。桌面版的 Java 通过真实内存块移动实现 FloatBuffer 方法，而早期 Android 版本中使用的精简版对数组中的每个元素都调用 FloatBuffer.put (float)。由于该方法是一个 JNI 方法，它需要很多开销，因此这是非常不幸的(与 OpenGL ES 方法很相似，它们也是 JNI 方法)。

　　但这仍然有解决方法。例如 IntBuffer.put(int[])就没有这样的问题。在 Vertices 类中把 FloatBuffer 替换成 IntBuffer，并修改 Vertices.setVertices()，这样它首先把浮点数组中的浮点数传送到临时的整型数组，然后将该整型数组的内容复制到 IntBuffer。该方案由 Ryan McNally 提出，他是游戏开发成员，是他在 Android bug tracker 上提交了这个 bug。该方法可以在 Hero 上将性能提高 5 倍，在其他 Android 设备上则提高得少一些。

　　修改 Vertices 类来修正这一 bug。将 Vertices 的成员变为 IntBuffer，同时也添加了一个名为 tmpBuffer 的新成员，它是一个整型数组。在 Vertices 构造函数中，按如下方式初始化 tmpBuffer：

```
this.tmpBuffer = new int[maxVertices * vertexSize / 4];
```

在构造函数的 ByteBuffer 中取得 IntBuffer 而不是 FloatBuffer：

```
vertices = buffer.asIntBuffer();
```

Vertices.setVertices()方法如下所示：

```
public void setVertices(float[] vertices, int offset, int length) {
    this.vertices.clear();
    int len = offset + length;
    for(int i=offset, j=0; i < len; i++, j++)
        tmpBuffer[j] = Float.floatToRawIntBits(vertices[i]);
    this.vertices.put(tmpBuffer, 0, length);
    this.vertices.flip();
}
```

　　首先把 vertices 参数的内容传输到 tmpBuffer。静态方法 Float.floatToRawIntBits()按位把浮点数解释成整型，然后把整型数组的内容复制到 IntBuffer，它的前身是 FloatBuffer。这可以改善性能吗？下面是在 Hero、Droid 和 Nexus One 中运行 SpriteBatcherTest 后的输出结果：

```
Hero (1.5):
12-28 00:24:54.770: DEBUG/FPSCounter(2538): fps: 61
12-28 00:24:54.770: DEBUG/FPSCounter(2538): fps: 61
12-28 00:24:55.790: DEBUG/FPSCounter(2538): fps: 62
12-28 00:24:55.790: DEBUG/FPSCounter(2538): fps: 62

Droid (2.1.1):
12-28 00:35:48.242: DEBUG/FPSCounter(1681): fps: 61
12-28 00:35:49.258: DEBUG/FPSCounter(1681): fps: 62
12-28 00:35:50.258: DEBUG/FPSCounter(1681): fps: 60
12-28 00:35:51.266: DEBUG/FPSCounter(1681): fps: 59

Nexus One (2.2.1):
12-28 00:27:39.642: DEBUG/FPSCounter(1006): fps: 61
12-28 00:27:40.652: DEBUG/FPSCounter(1006): fps: 61
12-28 00:27:41.662: DEBUG/FPSCounter(1006): fps: 61
12-28 00:27:42.662: DEBUG/FPSCounter(1006): fps: 61
```

　　是的，你没看错，现在 Hero 也达到了 60FPS。5 行代码使程序的性能提升了 50%。Droid 也从这个补丁中得到一点好处。

该问题在 Android 2.3 版本中得到了修订。但还是有很多设备在运行 Android 2.2，因此还是应该使用这段代码来保持向后兼容性。

注意：还有一个更快捷的方法。它涉及定制 JNI 方法，该方法能够使用原生代码移动内存，第 13 章将介绍此方法。

8.8 精灵动画

如果你玩过 2D 视频游戏，就会知道目前本书的讲述仍缺少一个重要的东西：精灵动画。动画由关键帧(keyframe)组成，它们可以产生运动效果。图 8-25 显示的是一个好看的动画精灵，由 Ari Feldmann 提供(他免费的 SpriteLib 中的一部分)。

图 8-25　行走的穴居人，Ari Feldmann 制作(原版没有网格)

该图片的大小是 256×64 像素，并且每个关键帧大小是 64×64 像素。为了产生动画效果，在一定时间内(比方说 0.25 秒)使用第一个关键帧绘制精灵，然后转到第二个关键帧，依此类推。当到达最后一个关键帧时有几个选择：停留在最后一个关键帧上，再重新开始(这被称为循环动画)，或者反向播放动画。

使用 TextureRegion 和 SpriteBatcher 类就能够轻松实现这一功能。通常情况下不仅仅是像图 8-25 那样只有一个单一的动画，而是在单个图集中实现更多动画。除了行走动画，也可以有跳跃动画、攻击动画等。对于每个动画，都需要知道它的帧持续时间，通过它可以获知在转到下一帧之前动画的一个帧需要保留多久。

8.8.1 Animation 类

可以根据下面的描述定义出 Animation 类的需求，它存储了单一动画的数据，如图 8-25 所示的行走动画：

- Animation 包含一定数量的 TextureRegion，它们保存纹理图集中每个关键帧的位置。TextureRegion 的顺序与动画回放的顺序相同。
- Animation 中也保存帧持续的时间，这个时间用来确定多长时间后切换下一帧。
- Animation 应当提供一个方法，可以向其传入动画处于一个状态的时间(例如向左行走)，并且它会返回合适的 TextureRegion。该方法还应该考虑动画是循环的还是播放完成时停留在最后一帧。

最后一点很重要，因为它允许存储单个 Animation 实例来供世界中的多个对象使用。一个对象只记录它当前的状态(如它是在行走、射击还是跳跃，以及它处于此状态多长时间)。当渲染这个对象时，利用状态来选择需要回放的动画并使用状态时间从 Animation 中得到正确的 TextureRegion。程序清单 8-19 显示的是新 Animation 类的代码。

程序清单 8-19　Animation.java，一个简单动画类

```java
package com.badlogic.androidgames.framework.gl;

public class Animation {
    public static final int ANIMATION_LOOPING = 0;
    public static final int ANIMATION_NONLOOPING = 1;

    final TextureRegion[] keyFrames;
    final float frameDuration;

    public Animation(float frameDuration, TextureRegion ... keyFrames) {
        this.frameDuration = frameDuration;
        this.keyFrames = keyFrames;
    }

    public TextureRegion getKeyFrame(float stateTime, int mode) {
        int frameNumber = (int)(stateTime / frameDuration);

        if(mode == ANIMATION_NONLOOPING) {
            frameNumber = Math.min(keyFrames.length-1, frameNumber);
        } else {
            frameNumber = frameNumber % keyFrames.length;
        }
        return keyFrames[frameNumber];
    }
}
```

首先定义 getKeyFrame()方法使用的两个常量：第一个表示动画应当循环，第二个表示应当停在最后一帧上。

接着定义两个成员变量：保存 TextureRegion 的一个数组和存储帧持续时间的一个浮点数。

向构造函数传入帧持续时间和存有关键帧的 TextureRegion，构造函数只是将它们保存起来。可为 keyFrame 数组制作一个保护性副本，但这会分配一个新对象，给垃圾回收带来负担。

有趣的是 getKeyFrame()方法。该方法的参数是对象所处的动画状态的时间和模式，模式可以是 Animation.ANIMATION_LOOPING 或者 Animation.NON_LOOPING。首先基于 stateTime 计算已经为给定状态播放了多少帧。如果动画不循环，把 frameNumber 固定于 TextureRegion 数组的最后一个元素。否则执行求余运算，它会自动产生我们期望的循环效果(如 4%3=1)。剩下的就是返回正确的 TextureRegion。

8.8.2　示例

下面创建一个名为 AnimationTest 的示例，对应的画面称为 AnimationScreen。与往常一样，本书只讨论画面部分。

本例将渲染一定数量的穴居人，他们全部向左行走。世界的大小与视锥体的大小相同，尺寸是

4.8m×3.2m(这是随意决定的,其实可以使用任意的尺寸)。穴居人是一个大小为 1m×1m 的 Dynamic-GameObject。从 DynamicGameObject 派生一个新类,命名为 Caveman。这个新类存储一个新增的成员,用于记录穴居人已经走了多长时间。每个穴居人移动速度是 0.5m/s,方向向左或向右。Caveman 类也添加了 update()方法,该方法根据时间差和穴居人的速度来更新他的位置。如果穴居人到了世界的左或右边缘,就设置其向相反的方向移动。使用图 8-25 的图片并创建 TextureRegion 和 Animation 实例。对于渲染,将使用 Camera2D 实例和 SpriteBatcher,原因是它们性能出色。程序清单 8-20 显示的是 Caveman 类的代码。

程序清单 8-20　摘自 AnimationTest.java,显示内部的 Caveman 类

```java
static final float WORLD_WIDTH = 4.8f;
static final float WORLD_HEIGHT = 3.2f;

static class Caveman extends DynamicGameObject {
    public float walkingTime = 0;

    public Caveman(float x, float y, float width, float height) {
        super(x, y, width, height);
        this.position.set((float)Math.random() * WORLD_WIDTH,
                          (float)Math.random() * WORLD_HEIGHT);
        this.velocity.set(Math.random() > 0.5f?-0.5f:0.5f, 0);
        this.walkingTime = (float)Math.random() * 10;
    }

    public void update(float deltaTime) {
        position.add(velocity.x * deltaTime, velocity.y * deltaTime);
        if(position.x < 0) position.x = WORLD_WIDTH;
        if(position.x > WORLD_WIDTH) position.x = 0;
        walkingTime += deltaTime;
    }
}
```

两个常量 WORLD_WIDTH 和 WORLD_HEIGHT 是 AnimationTest 类的一部分,并且它们只用于内部类。世界的尺寸是 4.8m×3.2m。

接下来是内部的 Caveman 类,它扩展了 DynamicGameObject,这是因为穴居人将根据他的速度进行移动。定义一个新增的成员来记录穴居人已经走了多长时间。在构造函数中,随机放置穴居人并设定左或右的方向。同时也将成员 walkingTime 的值初始化为 0～10 之间;通过这种方式这些穴居人将不会同步行走。

update()方法基于穴居人的速度和时间差使他前进。如果他离开世界,只将其重置在左或右边缘上即可。同时也把时间差加到 walkingTime 上以记录他走了多长时间。

AnimationScreen 类如程序清单 8-21 所示。

程序清单 8-21　摘自 AnimationTest.java:AnimationScreen 类

```java
class AnimationScreen extends Screen {
    static final int NUM_CAVEMEN = 10;
    GLGraphics glGraphics;
    Caveman[] cavemen;
    SpriteBatcher batcher;
    Camera2D camera;
```

```
Texture texture;
Animation walkAnim;
```

画面类也包含通常都会有的成员。现在有一个 GLGraphics 实例、一个 Caveman 数组、一个 SpriteBatcher、一个 Camera2D、包含行走关键帧的 Texture 和一个 Animation 实例。

```java
public AnimationScreen(Game game) {
    super(game);
    glGraphics = ((GLGame)game).getGLGraphics();
    cavemen = new Caveman[NUM_CAVEMEN];
    for(int i = 0; i < NUM_CAVEMEN; i++) {
        cavemen[i] = new Caveman((float)Math.random(), (float)Math.random(), 1, 1);
    }
    batcher = new SpriteBatcher(glGraphics, NUM_CAVEMEN);
    camera = new Camera2D(glGraphics, WORLD_WIDTH, WORLD_HEIGHT);
}
```

在构造函数中创建了 Caveman 实例、SpriteBatcher 以及 Camera2D。

```java
@Override
public void resume() {
    texture = new Texture(((GLGame)game), "walkanim.png");
    walkAnim = new Animation( 0.2f,
                              new TextureRegion(texture, 0, 0, 64, 64),
                              new TextureRegion(texture, 64, 0, 64, 64),
                              new TextureRegion(texture, 128, 0, 64, 64),
                              new TextureRegion(texture, 192, 0, 64, 64));
}
```

在 resume()方法中加载了包含动画关键帧的纹理图集，动画关键帧的图片源自资源文件 walkanim.png，它与图 8-25 一样。然后创建了 Animation 实例，将帧持续时间设置为 0.2 秒，并为纹理图集中的每个关键帧传入 TextureRegion。

```java
@Override
public void update(float deltaTime) {
    int len = cavemen.length;
    for(int i = 0; i < len; i++) {
        cavemen[i].update(deltaTime);
    }
}
```

update()方法只是遍历所有 Caveman 实例，并用当前的时间差调用它们的 Caveman.update()方法，这将使穴居人移动并更新他们的行走时间。

```java
@Override
    public void present(float deltaTime) {
        GL10 gl = glGraphics.getGL();
        gl.glClear(GL10.GL_COLOR_BUFFER_BIT);
        camera.setViewportAndMatrices();

        gl.glEnable(GL10.GL_BLEND);
        gl.glBlendFunc(GL10.GL_SRC_ALPHA, GL10.GL_ONE_MINUS_SRC_ALPHA);
        gl.glEnable(GL10.GL_TEXTURE_2D);

        batcher.beginBatch(texture);
```

```
            int len = cavemen.length;
            for(int i = 0; i < len; i++) {
                Caveman caveman = cavemen[i];
                TextureRegion keyFrame = walkAnim.getKeyFrame(caveman.walkingTime,
Animation.ANIMATION_LOOPING);
                    batcher.drawSprite(caveman.position.x, caveman.position.y,
caveman.velocity.x < 0?1:-1, 1, keyFrame);
            }
            batcher.endBatch();
        }

        @Override
        public void pause() {
        }

        @Override
        public void dispose() {
        }
    }
```

最后是 present()方法, 该方法首先清屏和通过照相机设置视口和投影矩阵。接着启用了混合与纹理映射, 并设置了混合函数。然后通过通知精灵批处理器需要一个使用动画纹理图集的新批处理来开始渲染。再接下来遍历所有的穴居人并对他们进行渲染。对于每个穴居人, 首先根据他的行走时间从 Animation 实例中获取正确的关键帧。该动画需要设置为循环模式。最后在穴居人的位置上使用正确的纹理区域对他进行绘制。

这里参数 width 的作用是什么呢? 动画纹理中只包含 "左行" 动画的关键帧。当穴居人向右走时, 需要水平翻转纹理, 为了实现这一功能只需要指定一个负的宽度。如果你不信, 可以回到 SpriteBatcher 的代码并检验一下是否可以这么做。通过指定一个负的宽度实际上就是翻转了精灵的矩形。指定一个负的高度也可以在垂直方向实现同样的功能。

图 8-26 显示的是行走的穴居人。

图 8-26 行走的穴居人

这就是使用 OpenGL ES 实现一个好的 2D 游戏所需要知道的全部知识。注意, 仍然需要将游戏逻辑和游戏表示相互分离。穴居人不需要知道他正在被渲染, 所以他也不保留任何与渲染相关的成员, 如 Animation 实例或 Texture 等, 只需要记录穴居人的状态和他在这个状态多长时间即可。结合他的位置和大小就可以很容易地使用这些类渲染他。

8.9　小结

你现在已经具备了创建大多数 2D 游戏的知识。本章讨论了向量及其用法，得到了一个好的、可重用的 Vector2 类；讨论了创建诸如具有弹道的炮弹的基本物理知识。碰撞检测也是大多数游戏的一个重要部分，你现在应该知道如何通过 SpatialHashGrid 来正确和有效地使用它。本章也探讨了游戏逻辑和对象与渲染保持相互独立的方式，这是通过创建 GameObject 和 DynamicGameObject 类来记录对象的形状和状态实现的。还探讨了如何通过 OpenGL ES 来实现 2D 照相机的概念，这是基于一个名为 glOrthof() 的方法调用实现的。本章还讨论了纹理图集，以及为什么会需要它和它的用法。同时，通过介绍纹理区域和精灵扩展了这一概念，并介绍了采用 SpriteBatcher 来有效地对它们进行渲染。最后本章研究了精灵动画，这也非常容易实现。

值得注意的是，本章介绍的许多主题(包括宽阶段和窄阶段碰撞检测、物理模拟、运动积分和不同的边界形状)已经在许多开源库中得到了有效实现，例如 Box2D、Chipmunk Physics 和 Bullet Physics 等。这些库最初是用 C 或 C++ 开发的，但是其中一些库由 Android 包装器或 Java 实现，在为自己的游戏做规划时值得了解一下。

第 9 章中将使用新的工具创建新的游戏。你将发现它是那么容易与轻松。

Super Jumper：一个 2D OpenGL ES 游戏

现在利用所讲过的 OpenGL ES 知识来开发一个游戏。在第 3 章已经讨论过，在移动领域有一些非常流行的游戏类型可供选择。本章所选择实现的游戏将更加休闲，这个游戏是一个类似 Abduction 或 Doodle Jump 的跳跃类游戏。与 Mr. Nom 一样，本章仍然首先定义游戏机制。

9.1 核心游戏机制

如果不熟悉 Abduction，建议你在自己的 Android 设备上安装并试玩 Abduction(可从 Google Play 免费下载)或在网上看一下它的视频。通过以 Abduction 为例来提炼我们所要实现的游戏的核心游戏机制，这个游戏称为 Super Jumper。下面列出一些细节内容：

- 游戏的主角不断向上跳跃，从一个平台跳到另一平台。游戏世界在垂直方向跨了多个画面。
- 通过左右倾斜手机来控制水平移动。
- 当游戏主角离开水平屏幕边界时，它将从屏幕相反的一边重新进入。
- 平台可以静止或者水平移动。
- 有些平台在主角撞上时会随机地变得粉碎。
- 在向上的途中，主角可以收集物品来获得分数。
- 除了钱币，在一些平台上会有弹簧，它们可以使主角跳得更高。
- 邪恶的力量充满了游戏世界，它们水平移动。当碰上它们时，主角将死亡并且游戏结束。
- 当主角掉落到屏幕的底部边缘时，游戏也将结束。
- 在关卡的顶部会有一些目标，当主角碰上目标时，新的关卡将开始。

虽然这份清单比 Mr. Nom 要长，但这并不意味着它将复杂很多。图 9-1 显示的是核心原理的初始模型。本章将直接使用 Paint.NET 创建实物模型。下面介绍背景故事。

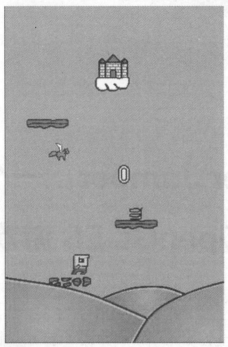

图 9-1　初始的游戏机制实物模型，显示了主角、平台、弹簧、钱币、邪恶势力和关卡顶部的目标

9.2　背景故事和艺术风格

先来讲述游戏的创意和它独特的故事。

游戏的主角 Bob 得了慢性跳跃症。他每次接触到地面都必须进行跳跃。更糟的是，他深爱的公主(不给她取名了)被会飞行的松鼠杀手组成的邪恶军队绑架，关在天上的一个城堡中。这种情况下，Bob 的病反而对拯救公主有所帮助。他开始寻觅心爱的人，与邪恶的松鼠军队战斗。

这个经典的视频游戏故事非常适合于八位图像类型的游戏，如早期在 NES 上的 Super Mario Brothers。图 9-1 中的实物模型显示了含有所有游戏元素的最终图像。当然 Bob、钱币、蹦跳的松鼠和粉碎的平台都是动画的，同时在游戏中也根据游戏风格使用音乐和声音效果。

9.3　画面和切换

现在可以定义画面和画面间的切换了。这里仍将沿用在 Mr. Nom 中使用过的原则：

- 有一个带 logo 的主画面；有 PLAY、HIGHSCORES 和 HELP 菜单项；并有一个按钮来控制声音的开启和关闭。
- 有一个游戏画面来询问玩家是否做好准备，并处理运行、暂停、结束游戏和下一关卡的状态。比起 Mr. Nom，这里只是新增了画面的下一关卡状态，它将在 Bob 碰到城堡时触发。这时生成新的关卡，并且 Bob 将重新从世界的底部开始并保持他的分数。
- 有一个高分画面用来显示玩家最高的 5 个分数。

- 有一个帮助画面来说明游戏机制和玩家的目标，此处省略了玩家如何进行控制的描述。20 世纪 80 年代和 90 年代早期的孩子们在游戏没有说明如何进行游戏的时候就能够处理这么复杂的控制，今天的孩子们自然也可以。

这与 Mr. Nom 差不多相同。图 9-2 显示了所有画面和变换。注意，游戏画面及其子画面除了暂停按钮并没有其他任何按钮，当游戏询问是否准备好时，玩家只要触摸画面即可。

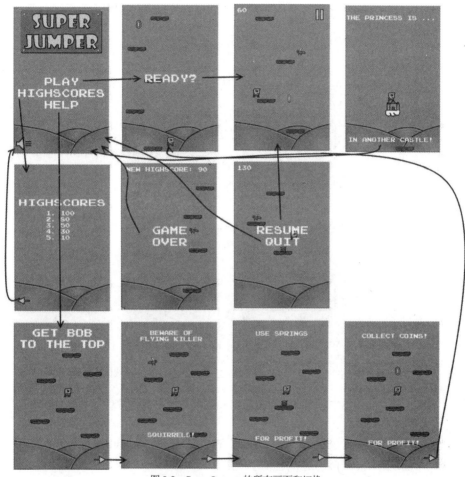

图 9-2　Super Jumper 的所有画面和切换

解决了这些问题，现在需要考虑游戏世界的大小和度量单位，以及映射图像资源的方式。

9.4　定义游戏世界

经典的鸡和蛋的问题再次出现了。从第 8 章中可以知道世界单位(如米)和像素是存在对应关系的。我们在世界空间中按物理规律定义了对象，其边界形状和位置的度量单位是米，速度的度量单位是米/秒。但对象的图像表示使用像素定义，因此不得不做一些映射。解决这个问题的方法是首先针对图像资源定义目标分辨率。与 Mr. Nom 一样，此处使用的目标分辨率是 320×480 像素(纵横比是 1.5)。之所以使用这个目标分辨率，是因为这是最低的可行的分辨率，但是如果游戏专门针对平板电脑，则可以使用 800×1 280 像素这样的分辨率，或者这两种分辨率之间的一种分辨率，例如 480×800 像素(典型的 Android 手机)。不管目标分辨率如何，其原理是相同的。

接下来在像素和世界空间中的米之间建立对应关系。图 9-1 中的实物模型显示了不同对象使用的画面空间的大小以及它们间的相对比例。对于 2D 游戏，此处推荐将 32 像素映射为 1 米。那么现在在实物模型上覆盖一个网格，网格的尺寸是 320×380 像素，每个单元格大小是 32×32 像素。在世界空间中，单元格映射为 1×1 米的大小。图 9-3 显示的是实物模型和网格。

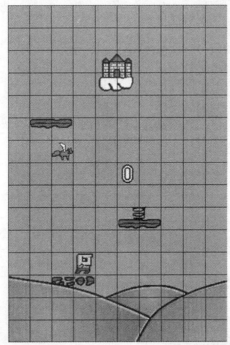

图 9-3　覆盖有网格的实物模型。每个单元格是 32×32 像素，对应游戏世界的 1×1 米

图 9-3 有点投机取巧，图中各图像的放置与单元格对齐。在实际游戏中，对象将被放在不对齐的位置上。

从图 9-3 中可以得到什么信息呢？首先，可以直接估计出游戏世界中每个对象的宽度和高度，其单位是米。下面是游戏中对象的边界矩形的取值：

- Bob 是 0.8m×0.8m；它并不完全占用一个单元格。
- 平台是 2m×0.5m，水平占据两个单元格，垂直占据半个单元格。
- 钱币是 0.8m×0.5m。它几乎垂直占据一个单元格，水平占据大约半个单元格。
- 弹簧是 0.5m×0.5m，在两个方向上各占据半个单元格。实际上弹簧垂直方向比水平方向要稍长一点。它的边界形状是正方形，因此碰撞测试不是十分严格。
- 松鼠是 1m×0.8m。
- 城堡是 1.8m×1.8m。

由这些尺寸可以得到用于碰撞检测的对象的边界矩形的尺寸。它们的大小可以根据游戏对这些值的使用方式进行调整。

从图 9-3 还可以得到视锥体的尺寸。它显示了 10m×15m 的游戏世界。

游戏中没有定义的只剩下对象的速度和加速度，它们高度依赖于开发人员想要的游戏感觉，通常需要做一些实验来取得正确的值。下面是我们经过一些实验后得到的结论：

- 重力加速度向量是(0，-13)米/秒^2，它比现实中和第 8 章的三角炮示例中使用的重力加速度要稍大。
- Bob 的初始跳跃速度向量是(0，11)米/秒。注意，跳跃速度只影响在 y 轴上的移动。水平移动则由加速度的当前读数定义。
- 当碰到弹簧时，Bob 的跳跃速度是他正常跳跃速度的 1.5 倍，即(0，16.5)米/秒。同样，这个值也是纯粹通过实验得到的。
- Bob 的水平移动速度是 20 米/秒。注意，这是一个无方向的速率，不是向量。稍后将讲解它是如何与加速计共同工作的。
- 松鼠不断地左右来回巡逻，它们的移动速度恒定为 3 米/秒。表示成向量则是，当松鼠向左移动时是(-3，0)米/秒，当它向右移动时是(3，0)米/秒。

Bob 将如何在水平方向移动呢？先前定义的运动速率是 Bob 最大的水平速率。根据玩家手机的倾斜程度，Bob 的水平移动速率将在 0(不倾斜)到 20 米/秒(完全倾斜到一边)之间。

由于游戏是运行在纵向模式的，因此将使用加速计在 x 轴方向的值。当手机未发生倾斜时，x 轴的加速度读数是 0 米/秒^2。当完全向左倾斜至手机处于横向时，x 轴的加速计读数是-10 米/秒^2。当完全向右倾斜时，x 轴的加速计读数大约为 10 米/秒^2。把加速计读数除以最大绝对速度(10)使其规范化，然后乘以 Bob 最大的水平速率，就得到了 Bob 的速度。这样当手机完全倾斜到一边时，Bob 将以 20 米/秒向左或向右运动，并且速度随手机倾斜程度变小而变小。当手机完全倾斜时，Bob 的速度能达到两倍于平时的速度。

在每帧中根据加速计在 x 轴上的当前读数更新水平运动速度，并将其与 Bob 的垂直速度进行组合。就像在早前的炮弹示例一样，垂直速度来自于重力加速度和 Bob 当前的垂直速度。

游戏世界的一个重要的方面是只能看到它的一部分。由于当 Bob 出了屏幕底部边缘时将死亡，这样照相机也将在游戏机制中起到作用。虽然我们使用照相机进行渲染并且当 Bob 跳起时也向上移动它，但在世界的模拟类中并不使用它，而记录到目前为止 Bob 的最高 y 坐标。如果他低于这个值与视锥体一半高度的差值，那么就认为他离开了屏幕。由于需要根据视锥的高度来决定 Bob 的生死，因此并不能够使模型(世界模拟类)和视图之间完全独立，对此是可以容忍的。

下面看看游戏所需的资源。

9.5　创建资源

这个新游戏有两类图像资源：UI 元素和实际的游戏(或世界)元素。下面从 UI 元素开始。

9.5.1　UI 元素

首先注意到的是 UI 元素(按钮、logo 等)与像素到世界单位的映射无关。如同在 Mr. Nom 中一样，将它们设计成适合目标分辨率——本例中是 320×480 像素。通过图 9-2 可以确定有哪些 UI 元素。

首先创建的 UI 元素是不同画面所需的按钮。图 9-4 显示的是游戏的所有按钮。

建议在网格中创建所有的图形资源，网格单元格的大小是 32×32 像素或 64×64 像素。图 9-4 中按钮所在网格的单元格大小是 64×64 像素。顶部那行的按钮用于主菜单画面，指示是否开启声音。左下的箭头按钮应用于需要导航到下一画面的画面，右下的按钮用于运行中的游戏画面，它允许用户暂停游戏。

你可能想知道为什么没有指向右方的箭头。这是因为通过使用负的宽和/或高，精灵批处理器可以很容易将所绘制的对象翻转，第 8 章曾讲到过这一点。在一些图像资源中使用这一技巧可以节省一些内存。

接下来的是主菜单画面所需要的元素，它们是一个 logo、菜单项和背景。图 9-5 显示了所有这些元素。

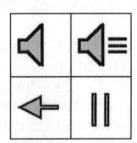

图 9-4　不同的按钮，大小均为 64×64 像素　　　　图 9-5　背景图片、主菜单项和 logo

背景图片不仅使用在主菜单画面，也使用在所有画面上。它与目标分辨率大小一样，都是 320×480 像素。主菜单项条目是 300×110 像素。在图 9-5 显示的背景是黑色的，这是因为白底白字是看不清的。在实际图片中，背景使用的是透明像素。logo 是 274×142 像素，在其 4 个角上使用了透明像素。

再接下来是帮助画面的图片。此处使用了一个 320×480 像素的全屏图片，而不是使用一组元素组合。这样做将减少绘制代码的数量，因此不会增加程序的大小。图 9-2 中显示了所有的帮助画面，唯一组合到这些图片的是箭头按钮。

对于高分画面，将重用主菜单项中显示 "HIGHSCORES" 的图片部分。实际的分数将使用本章稍后将介绍的特殊技术进行渲染。画面剩下的部分再次使用背景图片和按钮组成。

游戏画面还有一些文本 UI 元素，即 READY？标签、用于暂停状态的菜单项(RESUME 和 QUIT)和 GAME OVER 标签。图 9-6 显示了它的全貌。

图 9-6　READY?、RESUME、QUIT 和 GAME OVER 标签

9.5.2　使用点阵字体处理文本

如何渲染游戏画面中的其他文本元素呢？我们将使用与 Mr. Nom 相同的技术来渲染分数。现在不只是有数字，还有字符。这里使用被称为点阵字体的图片图集，其中每个子图片表示一个字符(如 0 或 a)。图 9-7 显示的是游戏中使用的点阵字体。

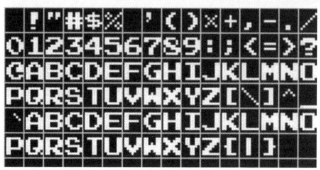

图 9-7　点阵字体

　　图 9-7 中的黑色背景和网格并不包含在实际图片中。点阵字体是在游戏画面中渲染文本的一种非常古老的技术，通常包括 ASCII 字符的图片。这样的一个字符图片称为一个图像字符(glyph)。而 ASCII 是 Unicode 的前身之一。如图 9-8 所示，ASCII 字符集有 128 个字符。

ASCII Table

Dec	Hex	Oct	Char	Dec	Hex	Oct	Char	Dec	Hex	Oct	Char	Dec	Hex	Oct	Char
0	0	0		32	20	40	[space]	64	40	100	@	96	60	140	`
1	1	1		33	21	41	!	65	41	101	A	97	61	141	a
2	2	2		34	22	42	"	66	42	102	B	98	62	142	b
3	3	3		35	23	43	#	67	43	103	C	99	63	143	c
4	4	4		36	24	44	$	68	44	104	D	100	64	144	d
5	5	5		37	25	45	%	69	45	105	E	101	65	145	e
6	6	6		38	26	46	&	70	46	106	F	102	66	146	f
7	7	7		39	27	47	'	71	47	107	G	103	67	147	g
8	8	10		40	28	50	(	72	48	110	H	104	68	150	h
9	9	11		41	29	51	)	73	49	111	I	105	69	151	i
10	A	12		42	2A	52	*	74	4A	112	J	106	6A	152	j
11	B	13		43	2B	53	+	75	4B	113	K	107	6B	153	k
12	C	14		44	2C	54	,	76	4C	114	L	108	6C	154	l
13	D	15		45	2D	55	-	77	4D	115	M	109	6D	155	m
14	E	16		46	2E	56	.	78	4E	116	N	110	6E	156	n
15	F	17		47	2F	57	/	79	4F	117	O	111	6F	157	o
16	10	20		48	30	60	0	80	50	120	P	112	70	160	p
17	11	21		49	31	61	1	81	51	121	Q	113	71	161	q
18	12	22		50	32	62	2	82	52	122	R	114	72	162	r
19	13	23		51	33	63	3	83	53	123	S	115	73	163	s
20	14	24		52	34	64	4	84	54	124	T	116	74	164	t
21	15	25		53	35	65	5	85	55	125	U	117	75	165	u
22	16	26		54	36	66	6	86	56	126	V	118	76	166	v
23	17	27		55	37	67	7	87	57	127	W	119	77	167	w
24	18	30		56	38	70	8	88	58	130	X	120	78	170	x
25	19	31		57	39	71	9	89	59	131	Y	121	79	171	y
26	1A	32		58	3A	72	:	90	5A	132	Z	122	7A	172	z
27	1B	33		59	3B	73	;	91	5B	133	[	123	7B	173	{
28	1C	34		60	3C	74	<	92	5C	134	\	124	7C	174		
29	1D	35		61	3D	75	=	93	5D	135	]	125	7D	175	}
30	1E	36		62	3E	76	>	94	5E	136	^	126	7E	176	~
31	1F	37		63	3F	77	?	95	5F	137	_	127	7F	177	

图 9-8　ASCII 字符及其十进制、十六进制和八进制表示

　　在这 128 个字符中，95 个是可打印字符(从第 32 到第 126 个)，我们的游戏中使用的点阵字体中只包含可打印字符。点阵字体的第一行是第 32 个字符到第 47 个字符，第二行是第 48 个字符到第 63 个字符，依此类推。ASCII 只适用于存储和显示标准拉丁字母。扩展 ASCII 码格式使用值 128 到 255 来编码西文中的其他通用字符，例如 ö 或 é。更多的字符集(如汉字或阿拉伯文)使用 Unicode 表示，而且无法使用 ASCII 码进行编码。对于本章的游戏，标准 ASCII 字符集已经足以满足需要了。

　　那么如何使用点阵字体渲染文本呢？这其实是非常容易的。首先创建 96 个纹理区域，每个区域映射到点阵字体中的一个图像字符。可以使用如下方式把这些纹理区域保存在一个数组中：

```
TextureRegion[] glyphs = new TextureRegion[96];
```

　　Java 字符串使用 16 位 Unicode 编码。游戏中使用的点阵字体的 ASCII 字符的取值与 ASCII 码

和 Unicode 码的值一样。采用如下方法在 Java 字符串中获取字符区域的一个字符:

```
int index = string.charAt(i) - 32;
```

通过把字符串中当前字符减去空白字符(32)的值,得到了纹理区域数组的一个直接索引。如果索引值小于 0 或大小 95,则得到一个不在点阵字体中的 Unicode 字符。通常忽略这样的字符。

为了能够在一行中渲染多个字符,需要知道字符间应该留多少空间。图 9-7 中的点阵字体称为固定宽度字体,这意味着每个图像字符的宽度是一样的。这些点阵字体字符的大小是 16×20 像素。当向前逐个渲染字符串中的字符时,只需要增加 20 像素。绘制位置在字符间移动的像素数被称为步进(advance)。本例中点阵字体的步进是固定的,但通常也可根据绘制的字符而改变。更复杂的步进形式是使用当前将要绘制的字符和下一个字符来进行计算。这项技术称为字距调整(kerning),如果想了解更多信息,可以在网上搜索相关内容。本章为了简单起见,只使用固定宽度点阵字体。

如何生成 ASCII 点阵字体呢?网上有很多工具可以用来生成点阵字体。本书使用的是名为 Codehead's Bitmap Font Generator(CBFG)的免费工具,可从 www.codehead.co.uk/cbfg/免费获取。只要加载字体文件并指定字体的高度,该生成器就能从中生成 ASCII 字符集的图片。这里不讨论该工具的众多选项,但建议你自己下载并试用这个工具。

游戏中剩下的字符串都将使用这种技术绘制。稍后将会看到一个具体实现的点阵字体类。下面继续讨论游戏资源。

加上点阵字体,现在就有了所需要的所有图形 UI 元素。使用 SpriteBatcher 进行渲染,该批处理器使用照相机设置一个视锥体,这个视锥体能够直接映射到目标分辨率上。通过这种方式能够得到所有坐标的像素坐标。

9.5.3 游戏元素

如前所述,实际的游戏对象依赖于像素-世界单位的映射。为了能够尽可能简单地创建它们,此处使用了一个小技巧:每次绘制使用一个单元格大小为 32×32 像素的网格。所有对象都位于这样一个或多个单元格的中央,这样它们就很容易与它们在世界中的物理大小相对应。下面从 Bob 开始,如图 9-9 所示。

图 9-9 Bob 及其 5 个动画帧

图 9-9 中,两帧用于跳跃,两帧用于下落,一帧用于死亡。图片的大小是 160×32 像素,每一动画帧的大小是 32×32 像素。背景像素是透明的。

Bob 有三个状态:跳跃、下落和死亡。每个状态都有对应的动画帧。他的两个跳跃帧和两个下落帧的差异是非常小的——只是他的额发有所摆动。对于 Bob 的三种动作都各自创建一个 Animation 实例,并使用它们来渲染相应的当前状态。当 Bob 向左时并不需要复制动画帧。与箭头按钮(见前面的图 9-4)一样,只需要利用 SpriteBatcher.drawSprite()调用来指定一个负宽度即可水平翻转 Bob 图像。

图 9-10 显示的是邪恶的松鼠。它有两个动画帧，因此松鼠出现时会拍打它邪恶的翅膀。

图 9-10 中图片的大小是 64×32 像素，每帧的大小是 32×32 像素。

图 9-11 显示的钱币动画有些特殊。关键帧的顺序不是 1、2、3、1，而是 1、2、3、2、1。否则钱币会从它帧 3 中的折叠状态一下子变到帧 1 中平放的状态。重用第二帧可以节省一点空间。

图 9-10 会飞的邪恶松鼠和它的两个动画帧

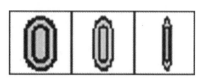

图 9-11 钱币及其动画帧

图 9-11 中图片的大小是 96×32 像素，每帧的大小是 32×32 像素。

对于图 9-12 中的弹簧图片没有太多可讲的，它只是放在图片中央。弹簧图片的大小是 32×32 像素。

图 9-13 中的城堡也不是动画。它比其他对象都大(64×64 像素)。

图 9-12 弹簧

图 9-13 城堡

图 9-14 中的平台(64×64 像素)有 4 个动画帧。根据游戏机制，当 Bob 碰到它们时，有些平台会变得粉碎，这时将回放平台的全部动画帧。对于静态平台，只是使用第一帧。

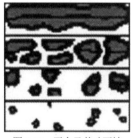

图 9-14 平台及其动画帧

9.5.4 纹理图集

上面就是游戏中需要使用的所有图像资源，接下来就讨论它们的纹理。现在已经知道了纹理的宽度和高度必须是 2 的幂。背景图片和所有的帮助画面是 320×480 像素。它们将被存储为 512×512 像素的图片，这样就可以像纹理一样进行加载。现在已经有 6 个纹理了。

那么还需要为其他图片单独创建纹理吗？答案是不需要。这里创建单个纹理图集。结果是所有的东西都是非常适合一个单一的 512×512 像素的图集,该图集可以作为一个单一纹理加载——这非常有利于 GPU 处理,因为除了背景和帮助画面图片,只需为所有游戏元素绑定一个纹理。图 9-15 显示了这个图集。

图 9-15 纹理图集

图 9-15 中图片的尺寸是 512×512 像素。图片中不包含网格和红色边框,并且背景像素是透明的,UI 标签和点阵字体的黑色背景也是如此。网格的每个单元格的大小是 32×32 像素。使用这样的纹理图集的好处是,如果想支持分辨率更高的屏幕,只要修改纹理图集的大小就可以了。使用更高保真度的图像并放大到 1 024×1 024 像素,这样即使目标是 320×480 像素,OpenGL 也可以显示更好的图像效果,而这并不需要修改游戏。

图集中所有图片的角点坐标都是 32 的倍数,这样一来便于创建纹理区域。

9.5.5 音乐与音效

游戏中也需要音效和音乐。由于这个游戏是 8 位的复古游戏,因此适合使用芯片音(chip tunes)。芯片音是一种音效,可以用合成器生成。最著名的芯片音是由任天堂的 NES、SNES 和 GameBoy 生成的。本书使用的音效工具是 as3sfxr,它是 Tomas Pettersson 创建的 sfxr 的 Flash 版本,由 Tom Vian 提供,网址是 www.superflashbros.net/as3sfxr。图 9-16 显示的是它的用户界面。

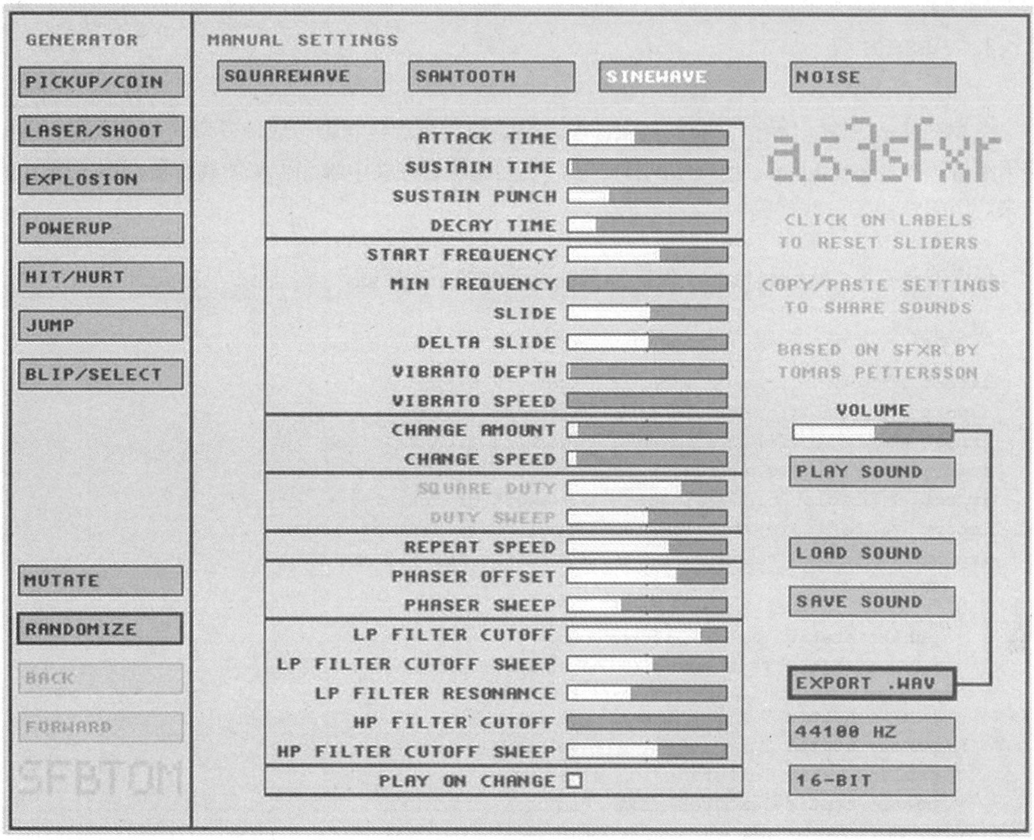

图 9-16 as3sfxr，Flash 版 sfxr

　　我们使用这个工具创建了跳跃、碰到弹簧、碰到钱币和碰到松鼠的音效，同时也为单击 UI 元素创建了音效。使用 as3sfxr 左侧的各个类别中的按钮，直至找到合适的音效。

　　为游戏确定背景音乐通常是有点困难的。互联网上有些站点提供了一些 8 位的芯片音，适合于类似 Super Jumper 这样的游戏。我们的游戏中使用的曲名为 "New Song"，由 Geir Tjelta 提供，可以在 Free Music Archive (www.freemusicarchive.org)下载。它是按 Creative Commons Attribution-NonCommercial-ShareAlike 3.0 United States 协议进行授权的。这意味着只要明确它归属于 Geir 并且不进行修改，就可以在非商业项目中使用，如本章中的开源游戏 Super Jumper。当你在网上搜索用于游戏中的音乐时，始终都要注意遵从这一授权协议。人们为这些曲子的问世付出了大量努力。如果授权协议并不适用于你的项目(例如你的游戏是一个商业游戏)，那么不要使用它。

9.6 实现 Super Jumper

　　实现 Super Jumper 是非常容易的。它可以重用第 8 章节中的完整框架，并且可以在更高层次上遵循 Mr. Nom 中的体系。这意味着需要每个画面都有一个类，并且每个类都将实现画面中的逻辑和表示。此外，还需要利用一个合适的清单文件进行标准的项目配置，所有资源都在 assets/目录下，并为应用程序创建一个图标等。下面从主要的 Assets 类开始。只要像前面那样建立项目，并复制所有框架类，就可以开始编写这个出色的游戏了。

9.6.1　Assets 类

在 Mr. Nom 中就已经有了一个 Assets 类，它是由大量的包含静态成员变量的 Pixmap 和 Sound 引用组成。在 Super Jumper 也采用同样方法，当然这次会在其中添加一些加载逻辑，程序清单 9-1 所示，中间穿插了一些代码说明。

程序清单 9-1　Assets.java，保存除帮助画面外的所有资源

```java
package com.badlogic.androidgames.jumper;

import com.badlogic.androidgames.framework.Music;
import com.badlogic.androidgames.framework.Sound;
import com.badlogic.androidgames.framework.gl.Animation;
import com.badlogic.androidgames.framework.gl.Font;
import com.badlogic.androidgames.framework.gl.Texture;
import com.badlogic.androidgames.framework.gl.TextureRegion;
import com.badlogic.androidgames.framework.impl.GLGame;

public class Assets {
    public static Texture background;
    public static TextureRegion backgroundRegion;

    public static Texture items;
    public static TextureRegion mainMenu;
    public static TextureRegion pauseMenu;
    public static TextureRegion ready;
    public static TextureRegion gameOver;
    public static TextureRegion highScoresRegion;
    public static TextureRegion logo;
    public static TextureRegion soundOn;
    public static TextureRegion soundOff;
    public static TextureRegion arrow;
    public static TextureRegion pause;
    public static TextureRegion spring;
    public static TextureRegion castle;
    public static Animation coinAnim;
    public static Animation bobJump;
    public static Animation bobFall;
    public static TextureRegion bobHit;
    public static Animation squirrelFly;
    public static TextureRegion platform;
    public static Animation brakingPlatform;
    public static Font font;

    public static Music music;
    public static Sound jumpSound;
    public static Sound highJumpSound;
    public static Sound hitSound;
    public static Sound coinSound;
    public static Sound clickSound;
```

这个类引用游戏中需要的所有 Texture、TextureRegion、Animation、Music 和 Sound 实例。唯一不在此处加载的是帮助画面中使用的那些图片。

```java
public static void load(GLGame game) {
    background = new Texture(game, "background.png");
    backgroundRegion = new TextureRegion(background, 0, 0, 320, 480);

    items = new Texture(game, "items.png");
    mainMenu = new TextureRegion(items, 0, 224, 300, 110);
    pauseMenu = new TextureRegion(items, 224, 128, 192, 96);
    ready = new TextureRegion(items, 320, 224, 192, 32);
    gameOver = new TextureRegion(items, 352, 256, 160, 96);
    highScoresRegion = new TextureRegion(Assets.items, 0, 257, 300, 110 / 3);
    logo = new TextureRegion(items, 0, 352, 274, 142);
    soundOff = new TextureRegion(items, 0, 0, 64, 64);
    soundOn = new TextureRegion(items, 64, 0, 64, 64);
    arrow = new TextureRegion(items, 0, 64, 64, 64);
    pause = new TextureRegion(items, 64, 64, 64, 64);

    spring = new TextureRegion(items, 128, 0, 32, 32);
    castle = new TextureRegion(items, 128, 64, 64, 64);
    coinAnim = new Animation(0.2f,
                        new TextureRegion(items, 128, 32, 32, 32),
                        new TextureRegion(items, 160, 32, 32, 32),
                        new TextureRegion(items, 192, 32, 32, 32),
                        new TextureRegion(items, 160, 32, 32, 32));
    bobJump = new Animation(0.2f,
                        new TextureRegion(items, 0, 128, 32, 32),
                        new TextureRegion(items, 32, 128, 32, 32));
    bobFall = new Animation(0.2f,
                        new TextureRegion(items, 64, 128, 32, 32),
                        new TextureRegion(items, 96, 128, 32, 32));
    bobHit = new TextureRegion(items, 128, 128, 32, 32);
    squirrelFly = new Animation(0.2f,
                        new TextureRegion(items, 0, 160, 32, 32),
                        new TextureRegion(items, 32, 160, 32, 32));
    platform = new TextureRegion(items, 64, 160, 64, 16);
    brakingPlatform = new Animation(0.2f,
                        new TextureRegion(items, 64, 160, 64, 16),
                        new TextureRegion(items, 64, 176, 64, 16),
                        new TextureRegion(items, 64, 192, 64, 16),
                        new TextureRegion(items, 64, 208, 64, 16));

    font = new Font(items, 224, 0, 16, 16, 20);

    music = game.getAudio().newMusic("music.mp3");
    music.setLooping(true);
    music.setVolume(0.5f);
    if(Settings.soundEnabled)
        music.play();
    jumpSound = game.getAudio().newSound("jump.ogg");
    highJumpSound = game.getAudio().newSound("highjump.ogg");
    hitSound = game.getAudio().newSound("hit.ogg");
    coinSound = game.getAudio().newSound("coin.ogg");
    clickSound = game.getAudio().newSound("click.ogg");
}
```

在游戏开始时调用 load()方法，该方法负责加载类中所有的静态成员。它加载了背景图片并创建了对应的 TextureRegion。接着它加载了纹理图集并创建了所有需要的 TextureRegion 和 Animation。

对比代码与前一节中的图 9-15 与其他图示。加载图像资源的代码中唯一值得注意的是创建钱币的
Animation 实例部分。如前所述，在动画帧序列的末尾重用了第二帧。所有动画使用的帧时间是
0.2 秒。

当然这里也创建了还未讨论过的 Font 类实例。它使用图集中嵌入的点阵字体实现了渲染文本的
逻辑。构造函数的参数是 Texture，它包含了点阵字体的图像字符、图像字符区域左上角的像素坐标、
每行图像字符的数目和每个图像字符的像素尺寸。

该方法也加载了所有 Music 和 Sound 实例，并再次使用了 Settings 类，同时尽可能地重用 Mr. Nom
项目中的设置，但需要做少许改动，这在后面将会讲到。注意，将 Music 实例设置成循环播放并且
音量设为 0.5，这样它比音效的音量稍小。音乐只在玩家没有事先关闭声音的情况下播放，这个设置
保存在 Settings 类中，与 Mr. Nom 的做法一样。

```
public static void reload() {
    background.reload();
    items.reload();
    if(Settings.soundEnabled)
        music.play();
}
```

接下来是神秘的 reload()方法。请记住，当应用程序暂停时 OpenGL ES 上下文将会丢失。当应
用程序再开始时，就不得不重新加载纹理，这就是该方法完成的工作。在开启声音的情况下也需要
继续播放音乐。

```
public static void playSound(Sound sound) {
    if(Settings.soundEnabled)
        sound.play(1);
    }
}
```

该类最后的方法 playSound()是一个辅助方法，我们将在剩下的代码中使用它来播放声音。我们
在这个方法中检查声音是否启用，而不是在其他地方检查。

下面分析一下经过修改的 Settings 类。

9.6.2　Settings 类

该类并没有更改很多。程序清单 9-2 显示的是稍做修改的 Settings 类。

程序清单 9-2　Settings.java，从 Mr. Nom 中借来、经少许修改的 Settings 类

```
package com.badlogic.androidgames.jumper;

import java.io.BufferedReader;
import java.io.BufferedWriter;
import java.io.IOException;
import java.io.InputStreamReader;
import java.io.OutputStreamWriter;

import com.badlogic.androidgames.framework.FileIO;

public class Settings {
    public static boolean soundEnabled = true;
```

```java
public final static int[] highscores = new int[] { 100, 80, 50, 30, 10 };
public final static String file = ".superjumper";

public static void load(FileIO files) {
    BufferedReader in = null;
    try {
        in = new BufferedReader(new InputStreamReader(files.readFile(file)));
        soundEnabled = Boolean.parseBoolean(in.readLine());
        for(int i = 0; i < 5; i++) {
            highscores[i] = Integer.parseInt(in.readLine());
        }
    } catch (IOException e) {
        // :( It's ok we have defaults
    } catch (NumberFormatException e) {
        // :/ It's ok, defaults save our day
    } finally {
        try {
            if (in != null)
                in.close();
        } catch (IOException e) {
        }
    }
}

public static void save(FileIO files) {
    BufferedWriter out = null;
    try {
        out = new BufferedWriter(new OutputStreamWriter(
                files.writeFile(file)));
        out.write(Boolean.toString(soundEnabled));
        out.write("\n");
        for(int i = 0; i < 5; i++) {
            out.write(Integer.toString(highscores[i]));
            out.write("\n");
        }
    } catch (IOException e) {
    } finally {
        try {
            if (out != null)
                out.close();
        } catch (IOException e) {
        }
    }
}

public static void addScore(int score) {
    for(int i=0; i < 5; i++) {
        if(highscores[i] < score) {
            for(int j= 4; j > i; j--)
                highscores[j] = highscores[j-1];
            highscores[i] = score;
            break;
        }
    }
}
```

该类与 Mr. Nom 版本之间唯一的不同是读写输入或输出设置的文件,此处用.superjumper 代替了.mrnom。

9.6.3 主活动

游戏需要一个 Activity 作为主入口,该活动称为 SuperJumper。程序清单 9-3 显示了它的代码。

程序清单 9-3 SuperJumper.java,主入口类

```java
package com.badlogic.androidgames.jumper;

import javax.microedition.khronos.egl.EGLConfig;
import javax.microedition.khronos.opengles.GL10;

import com.badlogic.androidgames.framework.Screen;
import com.badlogic.androidgames.framework.impl.GLGame;

public class SuperJumper extends GLGame {
    boolean firstTimeCreate = true;

    public Screen getStartScreen() {
        return new MainMenuScreen(this);
    }

    @Override
    public void onSurfaceCreated(GL10 gl, EGLConfig config) {
        super.onSurfaceCreated(gl, config);
        if(firstTimeCreate) {
            Settings.load(getFileIO());
            Assets.load(this);
            firstTimeCreate = false;
        } else {
            Assets.reload();
        }
    }

    @Override
    public void onPause() {
        super.onPause();
        if(Settings.soundEnabled)
            Assets.music.pause();
    }
}
```

该类派生自 GLGame,并实现了 getStartScreen()方法,该方法返回一个 MainMenuScreen 实例。另外两个方法就不是那么显而易见了。

该类重载了 onSurfaceCreate()方法,在 OpenGL ES 上下文每次重建时都调用该方法(对比第 7 章中 GLGame 的代码)。如果该方法是第一次被调用,将使用 Assets.load()方法加载所有资源,并且如果 SD 卡中的配置文件有效,也加载这些设置。否则只能使用 Assets.reload()方法重新加载纹理和开始播放音乐。该类也重载了 onPause()方法,在音乐正在播放的情况下可使用该方法暂停音乐。完成上述操作后就不需要在画面的 resume() 和 pause() 方法中重复它们。

在深入讨论画面的实现之前先看一下新的 Font 类。

9.6.4　Font 类

游戏中使用点阵字体渲染任意文本(ASCII)。前面已经详细讨论过它的工作机制，程序清单 9-4 显示的是该类的代码。

程序清单 9-4　Font.java，点阵字体渲染类

```java
package com.badlogic.androidgames.framework.gl;

public class Font {
    public final Texture texture;
    public final int glyphWidth;
    public final int glyphHeight;
    public final TextureRegion[] glyphs = new TextureRegion[96];
```

该类存储了包含图像字符的纹理、单个图像字符的宽度和高度以及一个 TextureRegion 数组——每个元素对应一个图像字符。数组的第一个元素保存空白图像字符的区域，第二个字符保存惊叹号图像字符的区域，依此类推。换句话说，第一个元素对应的 ASCII 码是 32，最后一个元素对应的 ASCII 码是 126。

```java
    public Font(Texture texture,
                int offsetX, int offsetY,
                int glyphsPerRow, int glyphWidth, int glyphHeight) {
        this.texture = texture;
        this.glyphWidth = glyphWidth;
        this.glyphHeight = glyphHeight;
        int x = offsetX;
        int y = offsetY;
        for(int i = 0; i < 96; i++) {
            glyphs[i] = new TextureRegion(texture, x, y, glyphWidth, glyphHeight);
            x += glyphWidth;
            if(x == offsetX + glyphsPerRow * glyphWidth) {
                x = offsetX;
                y += glyphHeight;
            }
        }
    }
```

构造函数中存储了点阵字体的配置并生成了图像字符区域。参数 offsetX 和 offsetY 确定了纹理中点阵字体区域的左上角。在本游戏的纹理图集中，它的像素值是(224,0)。参数 glyphsPerRow 表示每行有多少图像字符，参数 glyphWidth 和 glyphHeight 确定了单个图像字符的大小。由于使用了固定宽度的点阵字体，游戏中使用的所有图像字符大小相同。glyphWidth 也是渲染多个图像字符时的步进值。

```java
    public void drawText(SpriteBatcher batcher, String text, float x, float y) {
        int len = text.length();
        for(int i = 0; i < len; i++) {
```

```
        int c = text.charAt(i) - ' ';
        if(c < 0 || c > glyphs.length - 1)
            continue;

        TextureRegion glyph = glyphs[c];
        batcher.drawSprite(x, y, glyphWidth, glyphHeight, glyph);
        x += glyphWidth;
    }
  }
}
```

drawText()方法的参数是一个 SpriteBatcher 实例、一行文本和开始绘制文本的位置的 x 坐标和 y 坐标。x 坐标和 y 坐标指定了第一个图像字符的中心。从字符串中取得每个字符的索引,并检查字符是否有对应的图像字符,如果有就使用 SpriteBatcher 进行渲染。然后使用 glyphWidth 增加 x 坐标,这样就可以开始渲染字符串中的下一个字符。

你可能想知道为什么不需要绑定包含图像字符的纹理,这里假设在调用 drawText()之前就已经完成了这项工作。原因是文本渲染可能是批处理的一部分工作,在这种情况下,纹理必须已经完成绑定。既然没有必要,何必再在 drawText()方法中绑定它呢?记住,在 OpenGL ES 中应当尽量避免改变状态。

当然,在这个类中只能处理固定宽度的字体。如果要支持更多的通用字体,就需要了解每个字符的步进值信息。有一种解决方法是使用"使用点阵字体处理文本"一节中提到的字距。而本游戏中使用固定宽度的字体就足够了。

9.6.5 GLScreen 类

第 7 章和第 8 章的示例始终使用类型转换的方法得到 GLGraphics 的引用。在本游戏中,使用 GLScreen 类对此稍做修正并把 GLGraphics 的引用保存在成员变量中。代码如程序清单 9-5 所示。

程序清单 9-5 GLScreen.java,一个小的辅助类

```
package com.badlogic.androidgames.framework.impl;

import com.badlogic.androidgames.framework.Game;
import com.badlogic.androidgames.framework.Screen;

public abstract class GLScreen extends Screen {
    protected final GLGraphics glGraphics;
    protected final GLGame glGame;

    public GLScreen(Game game) {
        super(game);
        glGame = (GLGame)game;
        glGraphics = ((GLGame)game).getGLGraphics();
    }
}
```

类中保存了 GLGraphics 和 GLGame 实例。当然,如果传递给构造函数的 Game 实例参数不是 GLGame 它会崩溃掉,但是程序中将确保传递的是 GLGame。Super Jumper 的所有画面都派生自该类。

9.6.6　主菜单画面

主菜单画面是由 SuperJumper.getStartScreen()返回的，因此它是玩家看到的第一个画面。它渲染了背景和 UI 元素，并且等待玩家触摸任何 UI 元素。根据所触摸的元素，游戏将改变配置(声音的开启/关闭)或切换到新的画面。其代码如程序清单 9-6 所示。

程序清单 9-6　MainMenuScreen.java，主菜单画面

```java
package com.badlogic.androidgames.jumper;

import java.util.List;

import javax.microedition.khronos.opengles.GL10;

import com.badlogic.androidgames.framework.Game;
import com.badlogic.androidgames.framework.Input.TouchEvent;
import com.badlogic.androidgames.framework.gl.Camera2D;
import com.badlogic.androidgames.framework.gl.SpriteBatcher;
import com.badlogic.androidgames.framework.impl.GLScreen;
import com.badlogic.androidgames.framework.math.OverlapTester;
import com.badlogic.androidgames.framework.math.Rectangle;
import com.badlogic.androidgames.framework.math.Vector2;

public class MainMenuScreen extends GLScreen {
    Camera2D guiCam;
    SpriteBatcher batcher;
    Rectangle soundBounds;
    Rectangle playBounds;
    Rectangle highscoresBounds;
    Rectangle helpBounds;
    Vector2 touchPoint;
```

该类派生自 GLScreen，这样可以更方便地获取 GLGraphics 实例。

该类中有一组成员变量。第一个成员变量是名为 guiCam 的 Camera2D 实例。还需要一个 SpriteBatcher 来渲染背景和 UI 元素。 我们使用矩形来确定玩家是否触摸了一个 UI 元素。由于使用的是 Camera2D，因此也需要一个 Vector2 实例把触摸的坐标变换到世界坐标。

```java
public MainMenuScreen(Game game) {
    super(game);
    guiCam = new Camera2D(glGraphics, 320, 480);
    batcher = new SpriteBatcher(glGraphics, 100);
    soundBounds = new Rectangle(0, 0, 64, 64);
    playBounds = new Rectangle(160 - 150, 200 + 18, 300, 36);
    highscoresBounds = new Rectangle(160 - 150, 200 - 18, 300, 36);
    helpBounds = new Rectangle(160 - 150, 200 - 18 - 36, 300, 36);
    touchPoint = new Vector2();
}
```

构造函数中设置了所有成员变量。在这里，Camera2D 实例允许工作在目标分辨率 320×480 像素下。只需给视锥体设置合适的宽度和高度值，剩下的工作由 OpenGL ES 负责。但要注意，原点仍在左下角并且 y 轴向上。所有包含 UI 元素的画面都将使用这样一个 GUI 照相机，这样就可以使用像素代替世界坐标来布置 UI 元素。当然对于那些不是 320×480 像素的画面也无妨，因为在 Mr. Nom

中已经这样做了，感觉还不错。因此 Rectangle 是按像素坐标为每个 UI 元素设置的。

```java
@Override
public void update(float deltaTime) {
    List<TouchEvent> touchEvents = game.getInput().getTouchEvents();
    game.getInput().getKeyEvents();

    int len = touchEvents.size();
    for(int i = 0; i < len; i++) {
        TouchEvent event = touchEvents.get(i);
        if(event.type == TouchEvent.TOUCH_UP) {
            touchPoint.set(event.x, event.y);
            guiCam.touchToWorld(touchPoint);

            if(OverlapTester.pointInRectangle(playBounds, touchPoint)) {
                Assets.playSound(Assets.clickSound);
                game.setScreen(new GameScreen(game));
                return;
            }
            if(OverlapTester.pointInRectangle(highscoresBounds, touchPoint)) {
                Assets.playSound(Assets.clickSound);
                game.setScreen(new HighscoresScreen(game));
                return;
            }
            if(OverlapTester.pointInRectangle(helpBounds, touchPoint)) {
                Assets.playSound(Assets.clickSound);
                game.setScreen(new HelpScreen(game));
                return;
            }
            if(OverlapTester.pointInRectangle(soundBounds, touchPoint)) {
                Assets.playSound(Assets.clickSound);
                Settings.soundEnabled = !Settings.soundEnabled;
                if(Settings.soundEnabled)
                    Assets.music.play();
                else
                    Assets.music.pause();
            }
        }
    }
}
```

接下来是 update()方法。该方法遍历 Input 实例返回的 TouchEvents 并检测触摸事件。一旦发现这样一个事件，首先把触摸坐标变换为世界坐标。由于照相机被设置为工作在目标分辨率下，所以这个变换只是简单地翻转 320×480 像素屏幕的 y 坐标。在更大或更小的屏幕上，只需将触摸坐标变换到目标分辨率。一旦有了世界触摸点，就可以查到其 UI 元素矩形。如果 PLAY、HIGHSCORES 或 HELP 被触摸，则切换到对应画面。当按下声音按钮时就改变设置，继续或暂停音乐。同时也要注意，当按下 UI 元素时使用 Assets.playSound()方法播放点击音效。

```java
@Override
public void present(float deltaTime) {
    GL10 gl = glGraphics.getGL();
    gl.glClear(GL10.GL_COLOR_BUFFER_BIT);
    guiCam.setViewportAndMatrices();
```

```
gl.glEnable(GL10.GL_TEXTURE_2D);

batcher.beginBatch(Assets.background);
batcher.drawSprite(160, 240, 320, 480, Assets.backgroundRegion);
batcher.endBatch();

gl.glEnable(GL10.GL_BLEND);
gl.glBlendFunc(GL10.GL_SRC_ALPHA, GL10.GL_ONE_MINUS_SRC_ALPHA);

batcher.beginBatch(Assets.items);

batcher.drawSprite(160, 480 - 10 - 71, 274, 142, Assets.logo);
batcher.drawSprite(160, 200, 300, 110, Assets.mainMenu);
batcher.drawSprite(32, 32, 64, 64,
        Settings.soundEnabled?Assets.soundOn:Assets.soundOff);

batcher.endBatch();

gl.glDisable(GL10.GL_BLEND);
}
```

此处的 present()方法其实不需要任何解释，它用于清屏、使用照相机设置投影矩阵以及渲染背景和 UI 元素。由于 UI 元素的背景是透明的，需要为它们暂时启用混合来渲染它们。背景不需要混合，因此对它不使用混合，这可以节省一些 GPU 周期。同样，注意到 UI 元素在坐标系中被渲染，该坐标系的原点在屏幕的左下方并且 y 轴向上。

```
@Override
public void pause() {
    Settings.save(game.getFileIO());
}

@Override
public void resume() {
}

@Override
public void dispose() {
}
}
```

最后一个实际做了工作的方法是 pause()方法。这里只是确保当玩家在画面上改变声音设置时能够把设置保存到 SD 卡中。

9.6.7　帮助画面

一共有 5 个帮助画面，它们的工作方式相同：加载帮助画面图片，渲染该画面和箭头按钮，以及在玩家按下箭头按钮时切换到下一个画面。这些画面之间的唯一不同之处是它们加载的图片和切换的画面不同。基于这样的原因，此处只列出第一个帮助画面的代码，如程序清单 9-7 所示，它可以切换到第二个帮助画面。帮助画面的图片文件被命名为 help1.png、help2.png，一直到 help5.png。对应的画面类是 HelpScreen、Help2Screen，依此类推，最后一个画面是 Help5Screen，它再次切换到 MainMenuScreen。

程序清单 9-7　HelpScreen.java，第一个帮助画面

```java
package com.badlogic.androidgames.jumper;

import java.util.List;

import javax.microedition.khronos.opengles.GL10;

import com.badlogic.androidgames.framework.Game;
import com.badlogic.androidgames.framework.Input.TouchEvent;
import com.badlogic.androidgames.framework.gl.Camera2D;
import com.badlogic.androidgames.framework.gl.SpriteBatcher;
import com.badlogic.androidgames.framework.gl.Texture;
import com.badlogic.androidgames.framework.gl.TextureRegion;
import com.badlogic.androidgames.framework.impl.GLScreen;
import com.badlogic.androidgames.framework.math.OverlapTester;
import com.badlogic.androidgames.framework.math.Rectangle;
import com.badlogic.androidgames.framework.math.Vector2;

public class HelpScreen extends GLScreen {
    Camera2D guiCam;
    SpriteBatcher batcher;
    Rectangle nextBounds;
    Vector2 touchPoint;
    Texture helpImage;
    TextureRegion helpRegion;
```

类中有一组成员变量用来保存一个照相机、一个 SpriteBatcher、箭头按钮的矩形、触摸点的向量和帮助图片的 Texture 与 TextureRegion。

```java
public HelpScreen(Game game) {
    super(game);
    guiCam = new Camera2D(glGraphics, 320, 480);
    nextBounds = new Rectangle(320 - 64, 0, 64, 64);
    touchPoint = new Vector2();
    batcher = new SpriteBatcher(glGraphics, 1);
}
```

与 MainMenuScreen 一样，在构造函数中设置了所有成员变量。

```java
@Override
public void resume() {
    helpImage = new Texture(glGame, "help1.png" );
    helpRegion = new TextureRegion(helpImage, 0, 0, 320, 480);
}

@Override
public void pause() {
    helpImage.dispose();
}
```

在 resume()方法中，加载实际帮助画面纹理并为使用 SpriteBatcher 进行渲染创建对应的 TextureRegion。由于 OpenGL ES 的上下文可能丢失，因此在该方法中进行加载。如前所述，类 Assets 和 SuperJumper 处理背景和 UI 元素的纹理。在任何画面中都不需要对它们进行处理。此外，在 pause() 方法中删除了帮助图片纹理来清理内存。

```java
@Override
public void update(float deltaTime) {
    List<TouchEvent> touchEvents = game.getInput().getTouchEvents();
    game.getInput().getKeyEvents();
    int len = touchEvents.size();
    for(int i = 0; i < len; i++) {
        TouchEvent event = touchEvents.get(i);
        touchPoint.set(event.x, event.y);
        guiCam.touchToWorld(touchPoint);

        if(event.type == TouchEvent.TOUCH_UP) {
            if(OverlapTester.pointInRectangle(nextBounds, touchPoint)) {
                Assets.playSound(Assets.clickSound);
                game.setScreen(new HelpScreen2(game));
                return;
            }
        }
    }
}
```

接下来是 update()方法，它仅检查是否按下箭头按钮，如果按下则切换到下一个帮助画面，当
然还是要播放点击声音。

```java
@Override
public void present(float deltaTime) {
    GL10 gl = glGraphics.getGL();
    gl.glClear(GL10.GL_COLOR_BUFFER_BIT);
    guiCam.setViewportAndMatrices();

    gl.glEnable(GL10.GL_TEXTURE_2D);

    batcher.beginBatch(helpImage);
    batcher.drawSprite(160, 240, 320, 480, helpRegion);
    batcher.endBatch();

    gl.glEnable(GL10.GL_BLEND);
    gl.glBlendFunc(GL10.GL_SRC_ALPHA, GL10.GL_ONE_MINUS_SRC_ALPHA);

    batcher.beginBatch(Assets.items);
    batcher.drawSprite(320 - 32, 32, -64, 64, Assets.arrow);
    batcher.endBatch();

    gl.glDisable(GL10.GL_BLEND);
}

@Override
public void dispose() {
}
}
```

在 present()方法中清理屏幕、设置矩阵、在一个批处理中渲染帮助图片，然后渲染箭头按钮。
这里不需要渲染背景图片，因为帮助图片已经包含了该图片。

其他帮助画面也与此类似。

9.6.8 高分画面

现在要讲解高分画面。这里使用主菜单 UI 标签的一部分(HIGHSCORES 部分)并通过保存在 Assets 类中的 Font 实例渲染存储在 Settings 中的高分。当然画面中也有一个箭头按钮可以让玩家返回主菜单。其代码如程序清单 9-8 所示。

程序清单 9-8　HighscoresScreen.java，高分画面

```java
package com.badlogic.androidgames.jumper;

import java.util.List;

import javax.microedition.khronos.opengles.GL10;

import com.badlogic.androidgames.framework.Game;
import com.badlogic.androidgames.framework.Input.TouchEvent;
import com.badlogic.androidgames.framework.gl.Camera2D;
import com.badlogic.androidgames.framework.gl.SpriteBatcher;
import com.badlogic.androidgames.framework.impl.GLScreen;
import com.badlogic.androidgames.framework.math.OverlapTester;
import com.badlogic.androidgames.framework.math.Rectangle;
import com.badlogic.androidgames.framework.math.Vector2;

public class HighscoreScreen extends GLScreen {
    Camera2D guiCam;
    SpriteBatcher batcher;
    Rectangle backBounds;
    Vector2 touchPoint;
    String[] highScores;
    float xOffset = 0;
```

该类有一些成员变量用于照相机、SpriteBatcher 和箭头按钮的边界等。在 highScores 数组中，使用格式化的字符串存储玩家的每个高分。xOffset 成员变量是渲染每行时所使用的使该行水平居中的值。

```java
    public HighscoreScreen(Game game) {
        super(game);

        guiCam = new Camera2D(glGraphics, 320, 480);
        backBounds = new Rectangle(0, 0, 64, 64);
        touchPoint = new Vector2();
        batcher = new SpriteBatcher(glGraphics, 100);
        highScores = new String[5];
        for(int i = 0; i < 5; i++) {
            highScores[i] = (i + 1) + ". " + Settings.highscores[i];
            xOffset = Math.max(highScores[i].length() * Assets.font.glyphWidth,xOffset);
        }
        xOffset = 160 - xOffset / 2;
    }
```

在构造函数中设置了所有成员变量，并计算了 xOffset 值。计算 xOffset 值是通过估计 5 个高分所生成的 5 个字符串中最长的那个字符串完成的。由于点阵字体的宽度是固定的，因此把字符的个数乘以图像字符的宽度就可以很容易地计算出一行文本所需要的像素数。当然这没有考虑不可打印字符和 ASCII 字符集以外的字符。由于不会使用到它们，因此可以避免做这样的计算。构造函数中的最后一行把最长一行长度的一半从 160(分辨率为 320×480 像素屏幕的水平中心)中减去并减去图像字符宽度的一半以进一步调整。由于 Font.drawText()方法使用图像字符的中心代替角点，因此必须这样做。

```java
@Override
public void update(float deltaTime) {
    List<TouchEvent> touchEvents = game.getInput().getTouchEvents();
    game.getInput().getKeyEvents();
    int len = touchEvents.size();
    for(int i = 0; i < len; i++) {
        TouchEvent event = touchEvents.get(i);
        touchPoint.set(event.x, event.y);
        guiCam.touchToWorld(touchPoint);

        if(event.type == TouchEvent.TOUCH_UP) {
            if(OverlapTester.pointInRectangle(backBounds, touchPoint)) {
                game.setScreen(new MainMenuScreen(game));
                return;
            }
        }
    }
}
```

update()方法只检查箭头按钮是否被按下，如果按下它将播放点击声音，并返回到主菜单画面。

```java
@Override
public void present(float deltaTime) {
    GL10 gl = glGraphics.getGL();
    gl.glClear(GL10.GL_COLOR_BUFFER_BIT);
    guiCam.setViewportAndMatrices();

    gl.glEnable(GL10.GL_TEXTURE_2D);

    batcher.beginBatch(Assets.background);
    batcher.drawSprite(160, 240, 320, 480, Assets.backgroundRegion);
    batcher.endBatch();

    gl.glEnable(GL10.GL_BLEND);
    gl.glBlendFunc(GL10.GL_SRC_ALPHA, GL10.GL_ONE_MINUS_SRC_ALPHA);

    batcher.beginBatch(Assets.items);
    batcher.drawSprite(160, 360, 300, 33, Assets.highScoresRegion);

    float y = 240;
    for(int i = 4; i >= 0; i--) {
        Assets.font.drawText(batcher, highScores[i], xOffset, y);
        y += Assets.font.glyphHeight;
    }

    batcher.drawSprite(32, 32, 64, 64, Assets.arrow);
    batcher.endBatch();

    gl.glDisable(GL10.GL_BLEND);
}

@Override
```

```
    public void resume() {
    }

    @Override
    public void pause() {
    }

    @Override
    public void dispose() {
    }
}
```

present()方法非常直截了当。该方法清屏、设置矩阵、渲染背景、渲染主菜单标签中的 HIGHSCORES 部分，然后使用在构造函数中计算的 xOffset 来渲染 5 个高分行。现在来分析一下为什么 Font 不使用任何的纹理绑定：可以把 5 次 Font.drawText()调用做为一个批处理。当然必须确保 SpriteBatcher 实例对渲染文本时所需要精灵(或本例中的图像字符)的最大数量能够进行批处理。为此，在构造函数中将最大批处理值设置为 100 个精灵(图像字符)。

下面看一下模拟类。

9.6.9　模拟类

在深入介绍游戏画面之前，需要先创建模拟类。此处将使用与 Mr. Nom 中相同的模式，即每个游戏对象对应一个类并且使用一个名为 World 的父类把这些松散的对象聚集并与游戏世界联系起来。下面的对象需要使用类来表示：

- Bob
- 松鼠
- 弹簧
- 钱币
- 平台

可以移动 Bob、松鼠和平台，因此它们的类可以基于第 8 章中创建的 DynamicGameObject。弹簧和钱币是静态的，因此它们可以从 GameObject 类中派生。每个模拟类的任务有：

- 保存对象的位置、速度和边界形状。
- 如有必要，保存对象的状态及其在该状态的持续时间(状态时间)。
- 提供一个 update()方法，根据对象的行为在需要的时候使对象前进。
- 提供改变对象状态的方法(例如告诉 Bob 他死亡了或碰到了一个弹簧)。

World 类将记录这些对象的多个实例，并在每帧中更新它们，在对象和 Bob 之间检测碰撞，并执行碰撞响应(例如让 Bob 死掉、收集一个钱币等)。下面将按由简到繁的顺序逐一讨论这些类。

1. Spring 类

下面从程序清单 9-9 的 Spring 类开始。

程序清单 9-8　Spring.java：弹簧类

```
package com.badlogic.androidgames.jumper;

import com.badlogic.androidgames.framework.GameObject;
```

```java
public class Spring extends GameObject {
    public static float SPRING_WIDTH = 0.3f;
    public static float SPRING_HEIGHT = 0.3f;

    public Spring(float x, float y) {
        super(x, y, SPRING_WIDTH, SPRING_HEIGHT);
    }
}
```

Spring 类派生自第 8 章创建的 GameObject 类。由于弹簧并不移动，因此只需要一个位置和边界形状。

接着定义了两个公共常量：弹簧的宽度和高度，单位是米。先前已经计算了这些值，这里只是重用它们。

该类最后的部分是构造函数，参数是弹簧中心的 x、y 坐标。在该方法中调用超类 GameObject 的构造函数，其参数是传入的位置和需要构造边界形状(一个矩形，中心在给定的位置)的对象的宽度与高度。有了这些信息，再加上位置和用于冲突检测的边界形状，就足以定义弹簧了。

2. Coin 类

接下来就是程序清单 9-10 中的 coin 类。

程序清单 9-10　Coin.java：钱币类

```java
package com.badlogic.androidgames.jumper;

import com.badlogic.androidgames.framework.GameObject;

public class Coin extends GameObject {
    public static final float COIN_WIDTH = 0.5f;
    public static final float COIN_HEIGHT = 0.8f;
    public static final int COIN_SCORE = 10;

    float stateTime;
    public Coin(float x, float y) {
        super(x, y, COIN_WIDTH, COIN_HEIGHT);
        stateTime = 0;
    }

    public void update(float deltaTime) {
        stateTime += deltaTime;
    }
}
```

Coin 类与 Spring 类非常相似，只有一点不同：该类会记录钱币的已存在时间。在随后使用 Animation 绘制钱币时会需要该信息。在第 8 章中最后一个示例中为穴居人也采用了这种方法，这是在所有模拟类中都使用的技术。给定一个状态和状态时间，可以选择出一个 Animation 和用于渲染的 Animation 中的关键帧。钱币只有单个状态，因此只需要记录其状态时间。在 update()方法中根据传入的时间差增加状态时间。

和前面定义的一样，类的顶部定义的常量确定钱币的宽度和高度，以及当 Bob 撞击钱币时取得的分数。

3. Castle 类

接下来是世界顶部城堡的类，代码如程序清单 9-11 所示。

程序清单 9-11　Castle.java：城堡类

```java
package com.badlogic.androidgames.jumper;

import com.badlogic.androidgames.framework.GameObject;

public class Castle extends GameObject {
    public static float CASTLE_WIDTH = 1.7f;
    public static float CASTLE_HEIGHT = 1.7f;

    public Castle(float x, float y) {
        super(x, y, CASTLE_WIDTH, CASTLE_HEIGHT);
    }
}
```

该类并不复杂，它只是保存了城堡的位置和边界。使用常量 CASTLE_WIDTH 和 CASTLE_HEIGHT 定义了城堡尺寸，之前已讨论过这些值。

4. Squirrel 类

接下来是程序清单 9-12 中的 Squirrel 类。

程序清单 9-12　Squirrel.java：松鼠类

```java
package com.badlogic.androidgames.jumper;

import com.badlogic.androidgames.framework.DynamicGameObject;

public class Squirrel extends DynamicGameObject {
    public static final float SQUIRREL_WIDTH = 1;
    public static final float SQUIRREL_HEIGHT = 0.6f;
    public static final float SQUIRREL_VELOCITY = 3f;

    float stateTime = 0;

    public Squirrel(float x, float y) {
        super(x, y, SQUIRREL_WIDTH, SQUIRREL_HEIGHT);
        velocity.set(SQUIRREL_VELOCITY, 0);
    }

    public void update(float deltaTime) {
    position.add(velocity.x * deltaTime, velocity.y * deltaTime);
    bounds.lowerLeft.set(position).sub(SQUIRREL_WIDTH / 2, SQUIRREL_HEIGHT / 2);

    if(position.x < SQUIRREL_WIDTH / 2 ) {
        position.x = SQUIRREL_WIDTH / 2;
        velocity.x = SQUIRREL_VELOCITY;
    }
    if(position.x > World.WORLD_WIDTH - SQUIRREL_WIDTH / 2) {
        position.x = World.WORLD_WIDTH - SQUIRREL_WIDTH / 2;
        velocity.x = -SQUIRREL_VELOCITY;
    }
    stateTime += deltaTime;
```

```
        }
    }
```

松鼠是可移动对象，派生自 DynamicGameObject，它有速度和加速度向量。该类首先定义松鼠的尺寸以及它的速度。由于松鼠是运动的，因此也需要记录它的状态时间。像钱币一样，松鼠有一个单一的状态：水平移动。它是向左还是向右移动取决于速度向量的 x 分量，因此不需要用一个单独的状态成员来保存它。

在构造函数中，使用松鼠的初始位置和大小调用超类的构造函数。将速度向量设置为 (SQUIRREL_VELOCITY, 0)，所有的松鼠在开始时向右移动。

update()方法根据速度和时间差更新松鼠的位置和边界形状。这是标准的欧拉积分步骤，在第 8 章中讨论和使用了多次。同时也要检查松鼠是否碰到世界的左或右边缘。如果碰到，将简单地反转速度向量，那么它就会向相反方向移动。如前所述，世界宽度固定在 10 米。最后所做的一件事是基于时间差来更新状态时间，这样可以确定稍后使用哪个动画帧渲染松鼠。

5. Platform 类

Platform 类的代码如程序清单 9-13 所示。

程序清单 9-13　Platform.java：平台类

```java
package com.badlogic.androidgames.jumper;

import com.badlogic.androidgames.framework.DynamicGameObject;

public class Platform extends DynamicGameObject {
    public static final float PLATFORM_WIDTH = 2;
    public static final float PLATFORM_HEIGHT = 0.5f;
    public static final int PLATFORM_TYPE_STATIC = 0;
    public static final int PLATFORM_TYPE_MOVING = 1;
    public static final int PLATFORM_STATE_NORMAL = 0;
    public static final int PLATFORM_STATE_PULVERIZING = 1;
    public static final float PLATFORM_PULVERIZE_TIME = 0.2f * 4;
    public static final float PLATFORM_VELOCITY = 2;
```

平台稍复杂些。下面看看类中定义的常量。如前所述，前两个常量定义了平台的宽度和高度。一个平台有一个类型，或者是静态平台或者是移动平台。平台类型使用常量 PLATFORM_TYPE_STATIC 和 PLATFORM_TYPE_MOVING 表示。平台也总是处于两个状态中的一个：它可以是正常状态(或者静态，或者移动)，也可以是粉碎状态。状态使用常量 PLATFORM_STATE_ NORMAL 或 PLATFORM_STATE_PULVERIZING 之一来编码。粉碎状态是有时间限制的一个过程，我们定义的平台完全粉碎的时间是 0.8 秒。该值从平台的动画帧数和每帧的持续时间得到——为了遵循 MVC 模式，这是不得不接受的。最后定义了移动平台的速度为 2 米/秒。移动平台的行为非常像松鼠，它会沿着一个方向移动直到碰到世界水平边界，这时反转方向。

```java
    int type;
    int state;
    float stateTime;

    public Platform(int type, float x, float y) {
        super(x, y, PLATFORM_WIDTH, PLATFORM_HEIGHT);
        this.type = type;
```

```
        this.state = PLATFORM_STATE_NORMAL;
        this.stateTime = 0;
        if(type == PLATFORM_TYPE_MOVING) {
            velocity.x = PLATFORM_VELOCITY;
        }
    }
```

为了保存 Platform 实例的类型、状态和状态时间,需要三个成员变量。在构造函数中基于 Platform 的类型(它是构造函数的一个参数)对这些值进行初始化,另外还初始化了平台的中心位置。

```
    public void update(float deltaTime) {
        if(type == PLATFORM_TYPE_MOVING) {
            position.add(velocity.x * deltaTime, 0);
            bounds.lowerLeft.set(position).sub(PLATFORM_WIDTH / 2, PLATFORM_HEIGHT / 2);

            if(position.x < PLATFORM_WIDTH / 2) {
                velocity.x = -velocity.x;
                position.x = PLATFORM_WIDTH / 2;
            }
            if(position.x > World.WORLD_WIDTH - PLATFORM_WIDTH / 2) {
                velocity.x = -velocity.x;
                position.x = World.WORLD_WIDTH - PLATFORM_WIDTH / 2;
            }
        }

        stateTime += deltaTime;
    }
```

update()方法将移动平台、检查出界条件并通过反转速度向量进行应对,在 Squirrel.update()方法中也是这样做的。在该方法的末尾处更新状态时间。

```
    public void pulverize() {
        state = PLATFORM_STATE_PULVERIZING;
        stateTime = 0;
        velocity.x = 0;
    }
}
```

该类最后的方法名为pulverize()。它把状态从PLATFORM_STATE_NORMAL 切换到PLATFORM_STATE_PULVERIZING,并重置状态时间和速度,这意味着移动的平台将停止移动。如果 World 类检测到 Bob 与 Platform 之间发生了碰撞,并根据一个随机数来决定要粉碎 Platform,就会调用该方法。稍后将详细介绍这方面的内容。现在先看一下 Bob 类。

6. Bob 类

Bob 类的代码如程序清单 9-14 所示。

程序清单 9-14 Bob.java

```
package com.badlogic.androidgames.jumper;

import com.badlogic.androidgames.framework.DynamicGameObject;

public class Bob extends DynamicGameObject{
    public static final int BOB_STATE_JUMP = 0;
```

```
public static final int BOB_STATE_FALL = 1;
public static final int BOB_STATE_HIT = 2;
public static final float BOB_JUMP_VELOCITY = 11;
public static final float BOB_MOVE_VELOCITY = 20;
public static final float BOB_WIDTH = 0.8f;
public static final float BOB_HEIGHT = 0.8f;
```

与前面一样，还是从一组常量开始。Bob 可以处于三个状态中的一个：向上跳跃、向下落或碰撞。它有垂直跳跃速度，该速度只应用在 y 轴上；也有个水平移动速度，该速度只应用在 x 轴上。最后两个常量定义了世界中 Bob 的宽度和高度。当然也必须保存 Bob 的状态和状态时间。

```
int state;
float stateTime;

public Bob(float x, float y) {
    super(x, y, BOB_WIDTH, BOB_HEIGHT);
    state = BOB_STATE_FALL;
    stateTime = 0;
}
```

该构造函数中调用了父类的构造函数以正确初始化 Bob 的中心位置和边界形状，同时也初始化了 state 和 stateTime 成员变量。

```
public void update(float deltaTime) {
    velocity.add(World.gravity.x * deltaTime, World.gravity.y * deltaTime);
    position.add(velocity.x * deltaTime, velocity.y * deltaTime);
    bounds.lowerLeft.set(position).sub(bounds.width / 2, bounds.height / 2);

    if(velocity.y > 0 && state != BOB_STATE_HIT) {
        if(state != BOB_STATE_JUMP) {
            state = BOB_STATE_JUMP;
            stateTime = 0;
        }
    }

    if(velocity.y < 0 && state != BOB_STATE_HIT) {
        if(state != BOB_STATE_FALL) {
            state = BOB_STATE_FALL;
            stateTime = 0;
        }
    }

    if(position.x < 0)
        position.x = World.WORLD_WIDTH;
    if(position.x > World.WORLD_WIDTH)
        position.x = 0;

    stateTime += deltaTime;
}
```

update()方法首先根据重力和 Bob 的当前速度来更新 Bob 的位置和边界形状。注意，由于 Bob 的跳跃和水平移动，速度由重力和 Bob 自身移动组成。接下来的两个大的条件代码块将 Bob 的状态设置成 BOB_STATE_JUMPING 或 BOB_STATE_FALLING，并依据其速度的 y 轴分量重新初始化他的状态时间。如果 y 分量大于零，Bob 是在跳跃；如果 y 分量小于零，Bob 是在下落。这一操作只在 Bob 没碰到任何东西或他不处于正确的状态时执行。否则将总是把状态时间重置为零,而这与稍后 Bob 的动画不太合拍。如果从世界的左边缘或右边缘脱出,Bob 就从世界的另一边缘重新进入。最后再次更新成员变量 stateTime。

除了重力,Bob 的速度还从哪里得到呢?这就是引入其他方法的原因。

```java
    public void hitsquirrel() {
        velocity.set(0,0);
        state = BOB_STATE_HIT;
        stateTime = 0;
    }

    public void hitPlatform() {
        velocity.y = BOB_JUMP_VELOCITY;
        state = BOB_STATE_JUMP;
        stateTime = 0;
    }

    public void hitSpring() {
        velocity.y = BOB_JUMP_VELOCITY * 1.5f;
        state = BOB_STATE_JUMP;
        stateTime = 0;
    }
}
```

如果 Bob 碰到一个松鼠,World 类就会调用 hitSquirrel()方法。如果发生这种情况,Bob 将会停止移动并进入 BOB_STATE_HIT 状态。从这时开始只有重力应用到 Bob 上,玩家就不能再控制他了,并且他也不能再与平台交互。这与 Super Mario 被敌人攻击时的动作类似,他这时只是下落。

当 Bob 下落并碰到一个平台时,World 类就会调用 hitPlatform()方法。此时把 Bob 的 y 速度设置为 BOB_JUMP_VELOCITY,并且相应设置他的状态和状态时间。这时 Bob 将向上运动,直到重力再次占主导他的下落。

当 Bob 碰到一个弹簧时,World 类就会调用最后一个方法 hitSpring()。它与 hitPlatform()方法类似,只有一点不同:向上的初始速度被设置为 1.5 倍的 BOB_JUMP_VELOCITY。这意味着当 Bob 碰到一个弹簧比碰到一个平台跳得更高一点。

7. World 类

最后一个讨论的类是 World 类。它稍微长一些,下面将分段讨论。程序清单 9-15 显示的是代码的第一部分。

程序清单 9-15 摘自 World.java:常量、成员和初始化

```java
package com.badlogic.androidgames.jumper;

import java.util.ArrayList;
import java.util.List;
import java.util.Random;

import com.badlogic.androidgames.framework.math.OverlapTester;
import com.badlogic.androidgames.framework.math.Vector2;

public class World {
    public interface WorldListener {
```

```
    public void jump();
    public void highJump();
    public void hit();
    public void coin();
}
```

该类首先定义一个名为 WorldListener 的接口。它被用来解决一点 MVC 问题：何时播放音效？
我们可以在对应的模拟类中添加 Assets.playSound()，但得到的代码不会整洁。因此我们在 World 类
中注册一个 WorldListener，当 Bob 从平台上跳跃、从弹簧上跳跃、碰到松鼠或收集钱币时都会调用
该监听方法。稍后将注册一个监听器为每个事件播放合适的音效，从而保持模拟类与任何渲染和音
效播放代码相独立。

```
    public static final float WORLD_WIDTH = 10;
    public static final float WORLD_HEIGHT = 15 * 20;
    public static final int WORLD_STATE_RUNNING = 0;
    public static final int WORLD_STATE_NEXT_LEVEL = 1;
    public static final int WORLD_STATE_GAME_OVER = 2;
    public static final Vector2 gravity = new Vector2(0, -12);
```

接下来定义了一组常量。WORLD_WIDTH 和 WORLD_HEIGHT 表示世界的水平和垂直的范
围。记住，视锥体显示了世界的 10×15 米的区域。给定上述常量，世界垂直跨越了 20 个视锥体或
画面。这也是一个通过调整得出来的值，当讨论如何生成一个关卡时将会再次用到它。世界可以处
于三个状态之一：运行、等待下一关卡开始或当 Bob 下落得太远(脱出视锥体)时游戏结束。这里也
把重力加速度定义为常量。

```
    public final Bob bob;
    public final List<Platform> platforms;
    public final List<Spring> springs;
    public final List<Squirrel> squirrels;
    public final List<Coin> coins;
    public Castle castle;
    public final WorldListener listener;
    public final Random rand;

    public float heightSoFar;
    public int score;
    public int state;
```

接下来是 World 类的所有成员变量：Bob、平台、弹簧、松鼠、钱币和城堡。另外它有一个
WorldListener 的引用和 Random 的实例，使用该实例为不同的目的生成随机数。最后三个成员变量
记录到目前为止 Bob 达到的最高高度、World 状态与获得的分数。

```
    public World(WorldListener listener) {
        this.bob = new Bob(5, 1);
        this.platforms = new ArrayList<Platform>();
        this.springs = new ArrayList<Spring>();
        this.squirrels = new ArrayList<Squirrel>();
        this.coins = new ArrayList<Coin>();
        this.listener = listener;
        rand = new Random();
        generateLevel();
```

```
    this.heightSoFar = 0;
    this.score = 0;
    this.state = WORLD_STATE_RUNNING;
}
```

构造函数初始化所有的成员变量并且存储了一个作为参数的 WorldListener。Bob 被放置在世界水平方向的中间并且比地面稍高的(5, 1)。其余部分的含义基本上不言自明，但有一个是例外——generateLevel()方法。

生成世界

下面将介绍如何在世界中创建和放置对象。此处使用一个称为过程生成的方法，它使用一个简单算法来生成随机关卡，其代码如程序清单 9-16 所示。

程序清单 9-16 摘自 World.java：generateLevel()方法

```java
private void generateLevel() {
    float y = Platform.PLATFORM_HEIGHT / 2;
    float maxJumpHeight = Bob.BOB_JUMP_VELOCITY * Bob.BOB_JUMP_VELOCITY
            / (2 * -gravity.y);
    while (y < WORLD_HEIGHT - WORLD_WIDTH / 2) {
        int type = rand.nextFloat() > 0.8f ? Platform.PLATFORM_TYPE_MOVING
                : Platform.PLATFORM_TYPE_STATIC;
        float x = rand.nextFloat()
                * (WORLD_WIDTH - Platform.PLATFORM_WIDTH)
                + Platform.PLATFORM_WIDTH / 2;

        Platform platform = new Platform(type, x, y);
        platforms.add(platform);

        if (rand.nextFloat() > 0.9f
                && type != Platform.PLATFORM_TYPE_MOVING) {
            Spring spring = new Spring(platform.position.x,
                    platform.position.y + Platform.PLATFORM_HEIGHT / 2
                            + Spring.SPRING_HEIGHT / 2);
            springs.add(spring);
        }

        if (y > WORLD_HEIGHT / 3 && rand.nextFloat() > 0.8f) {
            Squirrel squirrel = new Squirrel(platform.position.x
                    + rand.nextFloat(), platform.position.y
                    + Squirrel.SQUIRREL_HEIGHT + rand.nextFloat() * 2);
            squirrels.add(squirrel);
        }

        if (rand.nextFloat() > 0.6f) {
            Coin coin = new Coin(platform.position.x + rand.nextFloat(),
                    platform.position.y + Coin.COIN_HEIGHT
                            + rand.nextFloat() * 3);
            coins.add(coin);
        }

        y += (maxJumpHeight - 0.5f);
        y -= rand.nextFloat() * (maxJumpHeight / 3);
    }
}
```

```
        castle = new Castle(WORLD_WIDTH / 2, y);
    }
```

下面是该算法的要点：

(1) 从世界的底部开始，y=0。

(2) 如果 Bob 还没有到达世界的顶部，操作如下：

    a. 在当前位置 y 使用随机的 x 值创建一个移动或静止的平台。

    b. 在 0~1 之间取一个随机数，如果该值大于 0.9 且平台不移动，就在平台顶部创建一个弹簧。

    c. 如果 Bob 处于关卡的前 1/3，就取一个随机数，如果该值大于 0.8，就取一个相对于该平台的随机位置创建一个松鼠。

    d. 取一个随机数，如果该值大于 0.6，就取一个相对于该平台的随机位置创建一个钱币。

    e. 把 y 值增加 Bob 正常跳跃高度的最大值，并减去一个小的随机值——最后不能低于上一个 y 值——并跳转到步骤(2)。

(3) 把城堡放在 y 的最终位置上，并水平居中。

该过程的最大秘密是在步骤(2)e 中为下一个平台增加 y 位置的方式，同时还必须确保 Bob 能从当前平台跳到后面的每个平台上。Bob 只能跳到重力允许的高度，给定的初始垂直跳跃速度是 11 米/秒。如何计算 Bob 会跳多高呢？其计算公式如下：

```
height = velocity × velocity / (2 × gravity) = 11 × 11 / (2 × 13) ~= 4.6m
```

这意味着每个平台间的垂直距离为 4.6 米才能使 Bob 跳到下一个平台。为了确保所有平台都能到达，使用的值比 Bob 跳跃高度的最大值稍小。这样能够保证 Bob 总是能够从一个平台跳到下一个平台。平台的水平位置是随机的。给定 Bob 的水平移动速度是 20 米/秒，这样不但可以保证能够垂直到达一个平台，也保证可以水平到达一个平台。

其他对象是随机创建的。Random.nextFloat()方法在每次被调用时都返回一个 0~1 之间的随机数，这些数生成的概率都相同。松鼠只在 Random 生成的随机数大于 0.8 时生成，这意味着生成一个松鼠概率有 20%。其他随机创建的对象也是如此。通过调整这些值，可改变世界中对象的数目。

更新世界

一旦生成了这个世界，就可以更新其中的所有对象并检测碰撞。程序清单 9-17 显示了 World 类中的更新方法。

程序清单 9-17　摘自 World.java：更新方法

```java
public void update(float deltaTime, float accelX) {
    updateBob(deltaTime, accelX);
    updatePlatforms(deltaTime);
    updateSquirrels(deltaTime);
    updateCoins(deltaTime);
    if (bob.state != Bob.BOB_STATE_HIT)
        checkCollisions();
    checkGameOver();
}
```

update()方法在稍后的游戏画面中被调用，它的参数是时间差和加速计 x 轴上的加速度。该方法负责调用其他的更新方法和执行碰撞检测及游戏结束检测。在世界中每种对象类型对应一个更新方法。

```java
private void updateBob(float deltaTime, float accelX) {
    if (bob.state != Bob.BOB_STATE_HIT && bob.position.y <= 0.5f)
        bob.hitPlatform();
    if (bob.state != Bob.BOB_STATE_HIT)
        bob.velocity.x = -accelX / 10 * Bob.BOB_MOVE_VELOCITY;
    bob.update(deltaTime);
    heightSoFar = Math.max(bob.position.y, heightSoFar);
}
```

updateBob()方法负责更新 Bob 的状态。它首先检测 Bob 是否碰到世界的底部，如果是则 Bob 根据指示跳跃。这意味着在每个关卡的开始允许 Bob 从世界的底部跳起。一旦地面离开视野，这当然就不再起作用了。接下来，基于作为参数的加速计 x 轴的值更新 Bob 的水平速度。如前所述，把该值从-10 到 10 的范围规范化到-1 到 1 的范围(从完全左倾斜到完全右倾斜)，并且把它乘以 Bob 的标准移动速度。然后调用 Bob.update()方法，通知 Bob 更新其自身。最后记录到目前为止 Bob 到达的最高 y 位置，稍后将要用该值来确定 Bob 是否是掉落得太远。

```java
private void updatePlatforms(float deltaTime) {
    int len = platforms.size();
    for (int i = 0; i < len; i++) {
        Platform platform = platforms.get(i);
        platform.update(deltaTime);
        if (platform.state == Platform.PLATFORM_STATE_PULVERIZING
                && platform.stateTime > Platform.PLATFORM_PULVERIZE_TIME) {
            platforms.remove(platform);
            len = platforms.size();
        }
    }
}
```

接下来在 updatePlatform()方法中更新所有平台。该方法遍历平台列表并根据当前的时间差调用每个平台的 update()方法。如果平台正好处在粉碎的过程中，需要检查这个过程持续了多长时间。如果平台处于 PLATFORM_STATE_PULVERIZING 的时间超过 PLATFORM_ PULVERIZE_ TIME，就从平台列表中移除该平台。

```java
private void updateSquirrels(float deltaTime) {
    int len = squirrels.size();
    for (int i = 0; i < len; i++) {
        Squirrel squirrel = squirrels.get(i);
        squirrel.update(deltaTime);
    }
}

private void updateCoins(float deltaTime) {
    int len = coins.size();
    for (int i = 0; i < len; i++) {
        Coin coin = coins.get(i);
        coin.update(deltaTime);
    }
}
```

在 updateSquirrels()方法中通过 update()方法更新每个 Squirrel 实例，其参数是当前时间差。在
updateCoins()方法中对每个钱币实例也采用了相同的操作。

碰撞检测和响应

回顾一下最初提到的 World.update()方法，接下来的事情是检测 Bob 与世界中其他所有能够产生
碰撞的对象之间是否有碰撞。该操作只在 Bob 的状态不是 BOB_STATE_HIT 时进行，在 BoB-
_STATE_HIT 时他将受重力牵引持续下落。这些碰撞检测方法如程序清单 9-18 所示。

程序清单 9-18　摘自 World.java：碰撞检测方法

```
private void checkCollisions() {
    checkPlatformCollisions();
    checkSquirrelCollisions();
    checkItemCollisions();
    checkCastleCollisions();
}
```

checkCollisions()方法是另一个主方法，它只是简单调用其他的所有碰撞检测方法。Bob 可以与
世界中的许多东西发生碰撞：平台、松鼠、钱币、弹簧和城堡。对于上述每种对象类型都有单独的
一个碰撞检测方法。记住，在对世界中所有对象的位置和边界形状进行更新之后调用该方法及其子
方法。可以把它设想成给定时刻世界状态的快照。该方法观察该快照并检查是否有重叠，然后执行
动作，通过操作碰撞对象的状态、位置和速度等来保证它们在下一帧中对这些重叠或碰撞做出反应。

```
private void checkPlatformCollisions() {
    if (bob.velocity.y > 0)
        return;

    int len = platforms.size();
    for (int i = 0; i < len; i++) {
        Platform platform = platforms.get(i);
        if (bob.position.y > platform.position.y) {
            if (OverlapTester
                    .overlapRectangles(bob.bounds, platform.bounds)) {
                bob.hitPlatform();
                listener.jump();
                if (rand.nextFloat() > 0.5f) {
                    platform.pulverize();
                }
                break;
            }
        }
    }
}
```

checkPlatformCollisions()方法检测 Bob 与世界中每一个平台之间的重叠。如果 Bob 正处于上升
过程中就跳出该方法。这样 Bob 就可以从下面通过平台。对于 Super Jumper 来说，这是一个好的行
为；而在 Super Mario Brothers 类的游戏中，如果 Bob 从下面撞击到一个砖块，则 Bob 会下落。

然后遍历所有平台并检测 Bob 是否在当前平台上方。如果是，则检测其边界矩形是否与平台的边
界矩形发生重叠，如果发生重叠则通过调用 Bob.hitPlatform()方法通知 Bob 撞击到一个平台。回头看

该方法，会发现该方法触发一次跳跃并相应设置 Bob 的状态。接下来调用 WorldListener. jump()方法来通知监听器：Bob 再次开始跳跃。在监听器中稍后会播放相应的音效。最后是取一个随机数，如果该值大于 0.5，则通知平台粉碎自身。它将再存在 PLATFORM_PULVERIZE_ TIME 秒(0.8 秒)，然后从之前提到的 updatePlatforms()方法中移除。当渲染那个平台时，将根据其状态时间来确定播放平台动画中的哪个关键帧。

```java
private void checkSquirrelCollisions() {
    int len = squirrels.size();
    for (int i = 0; i < len; i++) {
        Squirrel squirrel = squirrels.get(i);
        if (OverlapTester.overlapRectangles(squirrel.bounds, bob.bounds)) {
            bob.hitSquirrel();
            listener.hit();
        }
    }
}
```

checkSquirrelCollisions()方法检测 Bob 边界矩形与每个松鼠的边界矩形的碰撞。如果 Bob 撞到一个松鼠，则通知 Bob 进入 BOB_STATE_HIT 状态，这会使 Bob 开始下落而玩家不能再控制他，同时也通知 WorldListener 播放一个音效。

```java
private void checkItemCollisions() {
    int len = coins.size();
    for (int i = 0; i < len; i++) {
        Coin coin = coins.get(i);
        if (OverlapTester.overlapRectangles(bob.bounds, coin.bounds)) {
            coins.remove(coin);
            len = coins.size();
            listener.coin();
            score += Coin.COIN_SCORE;
        }
    }

    if (bob.velocity.y > 0)
        return;

    len = springs.size();
    for (int i = 0; i < len; i++) {
        Spring spring = springs.get(i);
        if (bob.position.y > spring.position.y) {
            if (OverlapTester.overlapRectangles(bob.bounds, spring.bounds)) {
                bob.hitSpring();
                listener.highJump();
            }
        }
    }
}
```

checkItemCollisions()方法检测 Bob 与世界中所有钱币和所有弹簧的碰撞。当 Bob 撞到一个钱币，就从世界中移除这个钱币，并通知监听器有钱币被收集，使用 COIN_SCORE 增加当前分数。如果 Bob 下落，也要检测 Bob 与世界中所有弹簧的冲突。当他撞到一个弹簧时，通知他以使他比平常跳得更高，也将该事件通知监听器。

```
private void checkCastleCollisions() {
    if (OverlapTester.overlapRectangles(castle.bounds, bob.bounds)) {
        state = WORLD_STATE_NEXT_LEVEL;
    }
}
```

最后的方法检测 Bob 与城堡的冲突。如果 Bob 撞到它，则将世界的状态设置为 WORLD_ STATE_NEXT_LEVEL，并通知所有的外部实体(例如游戏画面)游戏将进入下一关卡，这又是一个随机生成的 World 实例。

游戏结束

这是 World 类中的最后一个方法，在 World.update()方法的最后一行中被调用，其代码如程序清单 9-19 所示。

程序清单 9-19　World.java 的剩余代码：检查游戏结束的方法

```
private void checkGameOver() {
    if (heightSoFar - 7.5f > bob.position.y) {
        state = WORLD_STATE_GAME_OVER;
    }
}
}
```

还记得如何定义游戏结束状态的吗？Bob 必须离开视锥体的底部。当然视锥体是由 Camera2D 实例管理的，而 Camera2D 有一个位置。该位置的 y 坐标总是等于到目前为止 Bob 所能达到的最大 y 坐标，因此照相机会随着 Bob 向上运动。但是因为需要保持渲染和模拟的代码相互独立，所以世界中没有照相机的引用。因此，在 updateBob()方法中记录 Bob 的最高 y 坐标并将该值存储在 heightSoFar 中。视锥的高度是 15 米。因此如果 Bob 的 y 坐标低于 heightSoFar－7.5，那么他将从底部脱出视锥体，此时宣布 Bob 死亡。这有点煞费苦心，因为它是建立在视锥体的高度是 15 米和照相机总是在 Bob 能够到达最高 y 坐标的假设之上。如果允许缩放或使用不同的照相机跟随方法，这种假设将不再正确。此处为了简单起见不对此做任何改动。在游戏开发过程中将会经常遇到这样的问题，因为从软件工程的角度看，有时候很难使所有的代码都很整洁(这一点从我们大量使用公用变量或包私有成员可以看出)。

你可能想知道为什么不使用第 8 章开发的 SpatialHashGrid 类，稍后将解释其中的原因。下面首先实现 GameScreen 类以完成这个游戏。

9.6.10　游戏画面

现在 Super Jumper 快要完成了，最后要实现的是游戏画面，它将向玩家展现实际的游戏世界，并允许玩家与其交互。游戏画面有 5 个子画面组成，如前面的图 9-2 所示。它们分别是一个准备画面、正常运行画面、下一关卡画面、游戏结束画面和暂停画面。Mr. Nom 中的游戏画面与此类似，但缺少下一关卡画面，因为它只有一关。此处将使用与 Mr. Nom 相同的方法：把所有更新和渲染游戏世界的子画面的更新和展现方法彼此分开，同时隔离开的还有子画面的 UI 元素。程序清单 9-20 显示的是游戏画面的第一部分。

程序清单 9-20　摘自 GameScreen.java：成员和构造函数

```java
package com.badlogic.androidgames.jumper;

import java.util.List;

import javax.microedition.khronos.opengles.GL10;

import com.badlogic.androidgames.framework.Game;
import com.badlogic.androidgames.framework.Input.TouchEvent;
import com.badlogic.androidgames.framework.gl.Camera2D;
import com.badlogic.androidgames.framework.gl.FPSCounter;
import com.badlogic.androidgames.framework.gl.SpriteBatcher;
import com.badlogic.androidgames.framework.impl.GLScreen;
import com.badlogic.androidgames.framework.math.OverlapTester;
import com.badlogic.androidgames.framework.math.Rectangle;
import com.badlogic.androidgames.framework.math.Vector2;
import com.badlogic.androidgames.jumper.World.WorldListener;

public class GameScreen extends GLScreen {
    static final int GAME_READY = 0;
    static final int GAME_RUNNING = 1;
    static final int GAME_PAUSED = 2;
    static final int GAME_LEVEL_END = 3;
    static final int GAME_OVER = 4;

    int state;
    Camera2D guiCam;
    Vector2 touchPoint;
    SpriteBatcher batcher;
    World world;
    WorldListener worldListener;
    WorldRenderer renderer;
    Rectangle pauseBounds;
    Rectangle resumeBounds;
    Rectangle quitBounds;
    int lastScore;
    String scoreString;
```

该类从一组 5 个常量开始，这 5 个常量定义了画面所处的 5 种状态。接着是成员变量。有一个用于渲染 UI 元素的照相机，以及把触摸坐标转换为世界坐标的向量(同其他画面一样，视锥体是 320×480 个单位，这是我们的目标分辨率)。再接下来是一个 SpriteBatcher、一个 World 实例和一个 WorldListener。稍后将介绍 WorldRenderer 类。它从根本上说只是取得一个 World 实例并对该实例进行渲染，注意它把 SpriteBatcher 的引用以及 World 作为构造函数的参数。这意味着将使用相同的 SpriteBatcher 渲染画面的 UI 元素和游戏世界。剩下的成员变量是不同 UI 元素(例如暂停子画面的 RESUME 和 QUIT 菜单项)的矩形和用于记录当前分数的两个成员。同时避免在渲染分数时在每帧中创建新的字符串，这样可以减少垃圾回收量。

```java
    public GameScreen(Game game) {
        super(game);
        state = GAME_READY;
```

```java
guiCam = new Camera2D(glGraphics, 320, 480);
touchPoint = new Vector2();
batcher = new SpriteBatcher(glGraphics, 1000);
worldListener = new WorldListener() {
    public void jump() {
        Assets.playSound(Assets.jumpSound);
    }

    public void highJump() {
        Assets.playSound(Assets.highJumpSound);
    }

    public void hit() {
        Assets.playSound(Assets.hitSound);
    }

    public void coin() {
        Assets.playSound(Assets.coinSound);
    }
};
world = new World(worldListener);
renderer = new WorldRenderer(glGraphics, batcher, world);
pauseBounds = new Rectangle(320- 64, 480- 64, 64, 64);
resumeBounds = new Rectangle(160 - 96, 240, 192, 36);
quitBounds = new Rectangle(160 - 96, 240 - 36, 192, 36);
lastScore = 0;
scoreString = "score: 0";
}
```

在构造函数中初始化所有成员变量。此处有趣之处是将 WorldListener 作为匿名内部类型进行实现。它被注册到一个 World 实例并根据报告给它的事件播放音效。

1. 更新游戏画面

接下来是更新方法，它将保证任何用户的输入都能够被正确处理，并在需要时更新 World 实例，其代码如程序清单 9-21 所示。

程序清单 9-21 摘自 GameScreen.java：更新方法

```java
@Override
public void update(float deltaTime) {
    if(deltaTime > 0.1f)
        deltaTime = 0.1f;

    switch(state) {
    case GAME_READY:
        updateReady();
        break;
    case GAME_RUNNING:
        updateRunning(deltaTime);
        break;
    case GAME_PAUSED:
        updatePaused();
        break;
    case GAME_LEVEL_END:
```

```
        updateLevelEnd();
        break;
    case GAME_OVER:
        updateGameOver();
        break;
    }
}
```

GLScreen.update()也是作为主方法使用的,它根据画面当前的状态调用相应的更新方法。请注意我们将时间差限制在 0.1 秒,为什么要这样做呢?在第 7 章中曾讲到,Android 1.5 中的直接 ByteBuffers 有一个 bug,它会产生垃圾。运行在 Android 1.5 设备上的 Super Jumper 也会遇到同样的问题。游戏会不时地被垃圾回收器打断几百毫秒。这会反映在有几百毫秒的时间差上,它会使 Bob 的运动产生瞬间跳跃而不是平滑过渡。这会使玩家感到厌恶,并且也会对碰撞检测的效果产生影响。当 Bob 在单个帧中移动了大段距离,他就可能会穿越一个平台而没有发生任何重叠。通过把时间差限制为可接受的最大值 0.1 秒来对这些效果进行补偿。

```
private void updateReady() {
    if(game.getInput().getTouchEvents().size() > 0) {
        state = GAME_RUNNING;
    }
}
```

在暂停子画面中调用 updateReady()方法。它等待一个触摸事件,如果该事件发生,它将游戏画面的状态转换到 GAME_RUNNING 状态。

```
private void updateRunning(float deltaTime) {
    List<TouchEvent> touchEvents = game.getInput().getTouchEvents();
    int len = touchEvents.size();
    for(int i = 0; i < len; i++) {
        TouchEvent event = touchEvents.get(i);
        if(event.type != TouchEvent.TOUCH_UP)
            continue;

        touchPoint.set(event.x, event.y);
        guiCam.touchToWorld(touchPoint);

        if(OverlapTester.pointInRectangle(pauseBounds, touchPoint)) {
            Assets.playSound(Assets.clickSound);
            state = GAME_PAUSED;
            return;
        }
    }

    world.update(deltaTime, game.getInput().getAccelX());
    if(world.score != lastScore) {
        lastScore = world.score;
        scoreString = "" + lastScore;
    }
    if(world.state == World.WORLD_STATE_NEXT_LEVEL) {
        state = GAME_LEVEL_END;
    }
    if(world.state == World.WORLD_STATE_GAME_OVER) {
        state = GAME_OVER;
        if(lastScore >= Settings.highscores[4])
```

```
            scoreString = "new highscore: " + lastScore;
        else
            scoreString = "score: " + lastScore;
        Settings.addScore(lastScore);
        Settings.save(game.getFileIO());
    }
}
```

在 updateRunning()方法中，首先检测用户是否触摸了右上角的暂停按钮。如果按了暂停按钮，那么游戏就进入 GAME_PAUSED 状态。否则使用当前的时间差和加速计在 x 轴方向的值更新 World 实例，加速计 x 轴的值负责水平移动 Bob。在更新世界之后，检测得分字符串是否需要更新，同时也检测 Bob 是否到达城堡，如果到达就进入 GAME_NEXT_LEVEL 状态，这会显示图 9-2 中左上角画面的消息，并等待一个触摸事件来生成下一关卡。如果游戏结束，根据分数是否达到新的高分，分数字符串将被设置为 score:#score 或 new highscore:#score。然后把分数添加到 Settings 并通知它把所有的设置保存到 SD 卡。另外，将游戏画面的状态设置成 GAME_OVER 状态。

```
private void updatePaused() {
    List<TouchEvent> touchEvents = game.getInput().getTouchEvents();
    int len = touchEvents.size();
    for(int i = 0; i < len; i++) {
        TouchEvent event = touchEvents.get(i);
        if(event.type != TouchEvent.TOUCH_UP)
            continue;

        touchPoint.set(event.x, event.y);
        guiCam.touchToWorld(touchPoint);

        if(OverlapTester.pointInRectangle(resumeBounds, touchPoint)) {
            Assets.playSound(Assets.clickSound);
            state = GAME_RUNNING;
            return;
        }

        if(OverlapTester.pointInRectangle(quitBounds, touchPoint)) {
            Assets.playSound(Assets.clickSound);
            game.setScreen(new MainMenuScreen(game));
            return;
        }
    }
}
```

在 updatePaused()方法中检测用户是否按下 RESUME 或 QUIT 这两个 UI 元素并作出相应的反应。

```
private void updateLevelEnd() {
    List<TouchEvent> touchEvents = game.getInput().getTouchEvents();
    int len = touchEvents.size();
    for(int i = 0; i < len; i++) {
        TouchEvent event = touchEvents.get(i);
        if(event.type != TouchEvent.TOUCH_UP)
            continue;
        world = new World(worldListener);
        renderer = new WorldRenderer(glGraphics, batcher, world);
        world.score = lastScore;
```

```
        state = GAME_READY;
    }
}
```

在updateLevelEnd()方法中检测一个触摸事件；如果该事件发生，则创建一个新的World和World-Renderer 实例。同时也通知 World 使用到目前为止所获得的分数并将游戏画面设置为 GAME_READY 状态，这将再次等待一个触摸事件。

```
private void updateGameOver() {
    List<TouchEvent> touchEvents = game.getInput().getTouchEvents();
    int len = touchEvents.size();
    for(int i = 0; i < len; i++) {
        TouchEvent event = touchEvents.get(i);
        if(event.type != TouchEvent.TOUCH_UP)
            continue;
        game.setScreen(new MainMenuScreen(game));
    }
}
```

在 updateGameOver()方法中只检测触摸事件，如果发生该事件，只是简单返回到如图 9-2 所示的主菜单。

2. 渲染游戏画面

完成所有更新操作后，游戏画面将通过调用 GameScreen.present()来渲染自身，其代码如程序清单 9-22 所示。

程序清单 9-22　摘自 GameScreen.java：渲染方法

```
@Override
public void present(float deltaTime) {
    GL10 gl = glGraphics.getGL();
    gl.glClear(GL10.GL_COLOR_BUFFER_BIT);

    gl.glEnable(GL10.GL_TEXTURE_2D);

    renderer.render();

    guiCam.setViewportAndMatrices();
    gl.glEnable(GL10.GL_BLEND);
    gl.glBlendFunc(GL10.GL_SRC_ALPHA, GL10.GL_ONE_MINUS_SRC_ALPHA);
    batcher.beginBatch(Assets.items);
    switch(state) {
    case GAME_READY:
        presentReady();
        break;
    case GAME_RUNNING:
        presentRunning();
        break;
    case GAME_PAUSED:
        presentPaused();
        break;
    case GAME_LEVEL_END:
        presentLevelEnd();
```

```
            break;
        case GAME_OVER:
            presentGameOver();
            break;
    }
    batcher.endBatch();
    gl.glDisable(GL10.GL_BLEND);
}
```

游戏画面的渲染分为两步。首先使用 WorldRenderer 类渲染实际的游戏世界，然后根据游戏画面的当前状态渲染游戏世界顶部的所有 UI 元素，这些操作通过 render()方法完成。与更新方法一样，所有子画面都有一个独立的渲染方法。

```
private void presentReady() {
    batcher.drawSprite(160, 240, 192, 32, Assets.ready);
}
```

presentReady()方法只是在右上角显示暂停按钮，在左上角显示得分字符串。

```
private void presentRunning() {
    batcher.drawSprite(320 - 32, 480 - 32, 64, 64, Assets.pause);
    Assets.font.drawText(batcher, scoreString, 16, 480-20);
}
```

presentRunning()方法渲染了暂停按钮和当前得分字符串。

```
private void presentPaused() {
    batcher.drawSprite(160, 240, 192, 96, Assets.pauseMenu);
    Assets.font.drawText(batcher, scoreString, 16, 480-20);
}
```

presentPaused()方法显示了暂停菜单 UI 元素和得分：

```
private void presentLevelEnd() {
    String topText = "the princess is ...";
    String bottomText = "in another castle!";
    float topWidth = Assets.font.glyphWidth * topText.length();
    float bottomWidth = Assets.font.glyphWidth * bottomText.length();
    Assets.font.drawText(batcher, topText, 160 - topWidth / 2, 480 - 40);
    Assets.font.drawText(batcher, bottomText, 160 - bottomWidth / 2, 40);
}
```

presentLevelEnd()方法在画面的顶部渲染字符串"THE PRINCESS IS …"，在画面的底部渲染字符串"IN ANOTHER CASTLE!"，如图 9-2 所示。同时执行一些计算来水平居中显示这些字符串。

```
private void presentGameOver() {
    batcher.drawSprite(160, 240, 160, 96, Assets.gameOver);
    float scoreWidth = Assets.font.glyphWidth * scoreString.length();
    Assets.font.drawText(batcher, scoreString, 160 - scoreWidth / 2, 480-20);
}
```

presentGameOver()方法显示游戏结束的 UI 元素和得分字符串。记住,得分画面在 updateRunning()方法中设置成"score: #score"或者"new highscore: #value"。

3. 剩下的部分

GameScreen 类基本上就是这些，程序清单 9-23 显示了它剩余部分的代码。

程序清单 9-23　GameScreen.java 的剩余部分：pause()、resume()和 dispose()方法

```java
@Override
public void pause() {
    if(state == GAME_RUNNING)
        state = GAME_PAUSED;
}

@Override
public void resume() {
}

@Override
public void dispose() {
}
}
```

此处只需确保用户想暂停程序时能够暂停游戏画面。

最后需要实现 WorldRenderer 类。

9.6.11　WorldRenderer 类

这个类很普通，它只是使用传给构造函数的 SpriteBatcher 渲染相应的世界。程序清单 9-24 显示了代码的开头部分。

程序清单 9-24　摘自 WorldRenderer.java：常量、成员和构造函数

```java
package com.badlogic.androidgames.jumper;

import javax.microedition.khronos.opengles.GL10;

import com.badlogic.androidgames.framework.gl.Animation;
import com.badlogic.androidgames.framework.gl.Camera2D;
import com.badlogic.androidgames.framework.gl.SpriteBatcher;
import com.badlogic.androidgames.framework.gl.TextureRegion;
import com.badlogic.androidgames.framework.impl.GLGraphics;

public class WorldRenderer {
    static final float FRUSTUM_WIDTH = 10;
    static final float FRUSTUM_HEIGHT = 15;
    GLGraphics glGraphics;
    World world;
    Camera2D cam;
    SpriteBatcher batcher;

    public WorldRenderer(GLGraphics glGraphics, SpriteBatcher batcher, World world) {
        this.glGraphics = glGraphics;
        this.world = world;
        this.cam = new Camera2D(glGraphics, FRUSTUM_WIDTH, FRUSTUM_HEIGHT);
        this.batcher = batcher;
    }
```

与前面一样，该类仍然从定义一些常量开始。此处这些常量是视锥体的宽度和高度，分别定义为 10 米和 15 米。同时还有一组成员变量——分别是 GLGraphics 实例、照相机以及从游戏画面得到的 SpriteBatcher 的引用。

构造函数的参数是 GLGraphics 实例、SpriteBatcher 以及 WorldRenderer 应当绘制的 World。在构造函数中相应地设置这些成员。程序清单 9-25 显示了实际的渲染代码。

程序清单 9-25　WorldRenderer.java 的剩余代码：实际的渲染代码

```
public void render() {
    if(world.bob.position.y > cam.position.y )
        cam.position.y = world.bob.position.y;
    cam.setViewportAndMatrices();
    renderBackground();
    renderObjects();
}
```

render()方法把渲染分成了两个批处理：一个渲染背景图片，另一个渲染世界中的所有对象。它也根据 Bob 当前的 y 坐标更新照相机的位置。如果 Bob 在照相机的 y 坐标之上，那么照相机的位置将进行相应调整。注意，此处照相机的单位是世界单位，背景和对象的矩阵只设置一次。

```
public void renderBackground() {
    batcher.beginBatch(Assets.background);
    batcher.drawSprite(cam.position.x, cam.position.y,
                       FRUSTUM_WIDTH, FRUSTUM_HEIGHT,
                       Assets.backgroundRegion);
    batcher.endBatch();
}
```

renderBackground()方法渲染背景以使它跟随照相机。它不能滚动，但是总是被渲染，以使它可以充满整个屏幕。在渲染背景时也不使用任何的混合，这样可以提高一点性能。

```
public void renderObjects() {
    GL10 gl = glGraphics.getGL();
    gl.glEnable(GL10.GL_BLEND);
    gl.glBlendFunc(GL10.GL_SRC_ALPHA, GL10.GL_ONE_MINUS_SRC_ALPHA);

    batcher.beginBatch(Assets.items);
    renderBob();
    renderPlatforms();
    renderItems();
    renderSquirrels();
    renderCastle();
    batcher.endBatch();
    gl.glDisable(GL10.GL_BLEND);
}
```

renderObjects()方法负责渲染第二个批处理。这次使用了混合，这是因为所有对象都有透明的背景像素。所有对象都在一个批处理中渲染。回顾 GameScreen 的构造函数，可以看到 SpriteBatcher 能在一个批处理中处理 1 000 个精灵——远超本游戏的需要。每一对象类型都有单独的渲染方法。

```
    private void renderBob() {
        TextureRegion keyFrame;
```

```
    switch(world.bob.state) {
    case Bob.BOB_STATE_FALL:
        keyFrame = Assets.bobFall.getKeyFrame(world.bob.stateTime,
                Animation.ANIMATION_LOOPING);
        break;
     case Bob.BOB_STATE_JUMP:
        keyFrame = Assets.bobJump.getKeyFrame(world.bob.stateTime,
                Animation.ANIMATION_LOOPING);
        break;
    case Bob.BOB_STATE_HIT:
     default:
        keyFrame = Assets.bobHit;
     }

    float side = world.bob.velocity.x < 0? -1: 1;
    batcher.drawSprite(world.bob.position.x, world.bob.position.y, side * 1, 1,
        keyFrame);
    }
```

renderBob()方法负责渲染 Bob。根据 Bob 的状态和状态时间，从 Bob 的 5 个关键帧中选出一个关键帧(见前面的图 9-9)。基于 Bob 速度的 x 分量来决定 Bob 面向哪个方向，据此也相应地把该值乘以 1 或-1 来反转纹理区域。请记住，目前只有 Bob 向右的关键帧。同时也要注意，并不使用 BOB_WIDTH 或 BOB_HEIGHT 来确定 Bob 的矩形尺寸。这些尺寸是边界矩形的尺寸，未必是我们要渲染的矩形的尺寸。此处可以使用 1×1 米到 32×32 像素的映射。在渲染所有的精灵时都采用了这种映射，分别使用了 1×1 的矩形(Bob、钱币、松鼠、弹簧)、2×0.5 的矩形(平台)或者 2×2 的矩形(城堡)。

```
    private void renderPlatforms() {
        int len = world.platforms.size();
        for(int i = 0; i < len; i++) {
            Platform platform = world.platforms.get(i);
            TextureRegion keyFrame = Assets.platform;
            if(platform.state == Platform.PLATFORM_STATE_PULVERIZING) {
                keyFrame = Assets.brakingPlatform.getKeyFrame(platform.stateTime,
                    Animation.ANIMATION_NONLOOPING);
            }

            batcher.drawSprite(platform.position.x, platform.position.y,
                            2, 0.5f, keyFrame);
        }
    }
```

renderPlatforms()方法遍历世界中的所有平台，并根据平台的状态选择一个 TextureRegion。平台可以是可粉碎的或不可粉碎的。在后一种情况中只使用第一个关键帧；而在前一种情况中，根据平台的状态时间从粉碎动画中获取一个关键帧。

```
    private void renderItems() {
        int len = world.springs.size();
        for(int i = 0; i < len; i++) {
            Spring spring = world.springs.get(i);
            batcher.drawSprite(spring.position.x, spring.position.y, 1, 1,Assets.spring);
```

```
    }

    len = world.coins.size();
    for(int i = 0; i < len; i++) {
        Coin coin = world.coins.get(i);
        TextureRegion keyFrame = Assets.coinAnim.getKeyFrame(coin.stateTime,
            Animation.ANIMATION_LOOPING);
        batcher.drawSprite(coin.position.x, coin.position.y, 1, 1, keyFrame);
    }
}
```

renderItems()方法渲染弹簧和钱币。对于弹簧，使用在 Assets 中定义的一个 TextureRegion，而对于钱币，需要根据钱币的状态时间从动画中选择一个关键帧。

```
private void renderSquirrels() {
    int len = world.squirrels.size();
    for(int i = 0; i < len; i++) {
        Squirrel squirrel = world.squirrels.get(i);
        TextureRegion keyFrame = Assets.squirrelFly.getKeyFrame(squirrel.stateTime,
            Animation.ANIMATION_LOOPING);
        float side = squirrel.velocity.x < 0?-1:1;
        batcher.drawSprite(squirrel.position.x, squirrel.position.y, side * 1, 1,
            keyFrame);
    }
}
```

用方法 renderSquirrels()渲染松鼠。根据松鼠的状态时间选取一个关键帧，确定它的朝向，然后在使用 SpriteBatcher 渲染它时相应地调整宽度。这是必需的，因为在纹理图集中只有左向版本的松鼠。

```
private void renderCastle() {
    Castle castle = world.castle;
    batcher.drawSprite(castle.position.x, castle.position.y, 2, 2, Assets.castle);
}
```

最后一个方法是 renderCastle()，它使用在 Assets 类中定义的 TextureRegion 绘制城堡。

这非常简单，不是吗？仅使用两个批处理进行渲染：一个用于背景，另一个用于对象。往后退一步，可以看到其实使用了第三个批处理来渲染游戏画面中的 UI 元素。因此对于 GPU，有三次纹理改变和三次上传新顶点的操作。理论上可以将 UI 和对象批处理合并，但这样会使代码变得臃肿并可能产生漏洞。

现在所有的工作都已完成。我们的第二个游戏 Super Jumper 现在可以开始运行了。根据第 7 章中的优化准则，我们的游戏应当能够进行快速渲染。下面看看是否真的如此。

9.7　是否需要优化

现在来测试新游戏。游戏中唯一需要处理速度的地方是游戏画面。在 GameScreen 类中设置一个

FPSCounter 实例，并在 GameScreen.render()方法的最后调用 FPSCounter.logFrame()方法。下面是在 Hero、Droid 和 Nexus One 中的结果：

```
Hero (1.5):
01-02 20:58:06.417: DEBUG/FPSCounter(8251): fps: 57
01-02 20:58:07.427: DEBUG/FPSCounter(8251): fps: 57
01-02 20:58:08.447: DEBUG/FPSCounter(8251): fps: 57
01-02 20:58:09.447: DEBUG/FPSCounter(8251): fps: 56

Droid (2.1.1):
01-02 21:03:59.643: DEBUG/FPSCounter(1676): fps: 61
01-02 21:04:00.659: DEBUG/FPSCounter(1676): fps: 59
01-02 21:04:01.659: DEBUG/FPSCounter(1676): fps: 60
01-02 21:04:02.666: DEBUG/FPSCounter(1676): fps: 60

Nexus One (2.2.1):
01-02 20:54:05.263: DEBUG/FPSCounter(1393): fps: 61
01-02 20:54:06.273: DEBUG/FPSCounter(1393): fps: 61
01-02 20:54:07.273: DEBUG/FPSCounter(1393): fps: 60
01-02 20:54:08.283: DEBUG/FPSCounter(1393): fps: 61
```

每秒 60 帧是相当不错的结果。当然 Hero 要稍差一点，这是因为它的 CPU 稍差。可以使用 SpatialHashGrid 来加速世界的模拟，我们把这个练习留给读者。当然并不需要这么做，因为 Hero 始终存在这样的问题(其他任何 1.5 版的设备都一样)。更糟的是 Hero 上时不时进行的垃圾回收所产生的暂停，原因先前已经讲过(直接 ByteBuffer 中的一个 bug)，但目前没有什么解决办法。幸好，Android 1.5 版已经没那么多用户了。但是为了实现最大的兼容性，我们仍然应该考虑这个版本。

在上面的测试中关闭了主菜单中的音效。下面将音效打开后再进行测试：

```
Hero (1.5):
01-02 21:01:22.437: DEBUG/FPSCounter(8251): fps: 43
01-02 21:01:23.457: DEBUG/FPSCounter(8251): fps: 48
01-02 21:01:24.467: DEBUG/FPSCounter(8251): fps: 49
01-02 21:01:25.487: DEBUG/FPSCounter(8251): fps: 49

Droid (2.1.1):
01-02 21:10:49.979: DEBUG/FPSCounter(1676): fps: 54
01-02 21:10:50.979: DEBUG/FPSCounter(1676): fps: 56
01-02 21:10:51.987: DEBUG/FPSCounter(1676): fps: 54
01-02 21:10:52.987: DEBUG/FPSCounter(1676): fps: 56

Nexus One (2.2.1):
01-02 21:06:06.144: DEBUG/FPSCounter(1470): fps: 61
01-02 21:06:07.153: DEBUG/FPSCounter(1470): fps: 61
01-02 21:06:08.173: DEBUG/FPSCounter(1470): fps: 62
01-02 21:06:09.183: DEBUG/FPSCounter(1470): fps: 61
```

当播放背景音乐时，Hero 的性能表现差许多，音效也影响了 Droid 的性能，而对于 Nexus One 则完全没有影响。对于 Hero 和 Droid，有什么解决办法吗？没有。问题不是出在音效上，而是出在背景音乐上。解码 MP3 或 OGG 文件流会占用游戏的 CPU 周期；游戏就是这样工作的。在测试游戏性能时注意这个因素。

9.8 小结

本章利用 OpenGL ES 创建了本书的第二个游戏。由于框架优良，游戏非常容易实现。纹理图集和 SpriteBatcher 的使用使性能得到提高。本章也讨论了如何渲染固定宽度的 ASCII 点阵字体。游戏机制的良好设计和世界单位与像素单位之间关系的清晰定义使得游戏开发非常容易。设想一下，如果所有的东西都是以像素为单位进行操作，这简直就是个噩梦。所有的计算都将涉及许多除法——这并不利于低性能的 Android 设备。同时也把游戏逻辑和游戏展现相互独立开。总之，Super Jumper 是非常成功的。

第 10 章将讨论 3D 图形编程。

第 **10** 章

OpenGL ES：进入 3D 世界

2D OpenGL ES 渲染引擎在 Super Jumper 游戏中的作用十分出色。现在让我们进入更加丰富多彩的 3D 世界。在定义视锥体和精灵的顶点时，实际上就已经进入到了 3D 空间工作。在定义精灵的顶点时，每个顶点的 z 坐标默认值都设置为 0。3D 与 2D 渲染的区别并不是很大：

- 3D 空间中顶点不仅有 x、y 坐标，还有 z 坐标。
- 3D 中不再使用正交投影，而使用透视投影。距离照相机越远，被观察物越小。
- 诸如旋转、平移或缩放等一些变换操作在 3D 空间中有更高的自由度，这样就可以在所有三个轴的方向上任意移动顶点，而不是仅仅只在 x-y 平面上移动它们。
- 可以在 3D 空间中定义一个具有任意位置和朝向的照相机。
- 对对象的三角形的渲染顺序非常重要。离照相机较近的对象必须覆盖离照相机远的对象。

好在我们已经奠定了完成这些工作的基础框架，现在仅仅需要调整一些类使其适合 3D 开发。

10.1 准备工作

本章会一如既往地列举几个代码示例。与之前的代码类似，我们依然会通过一个启动活动给出示例列表。此外还将重复使用前面 3 章节所创建的整个框架，包括 GLGame、GLScreen、Texture 和 Vertices 类。

本章的启动活动取名为 GL3DBasicsStarter。可以重用第 7 章中给出的 GLBasicsStarter 的代码，并将要运行的示例类的包名改为 com.badlogic.androidgames.gl3d。此外，还需要将各个测试代码以 <activity> 元素的格式添加至清单文件中。所有的测试都将运行在固定的横向场景中，这将在每个 <activity> 元素中单独指定。

每个测试都是 GLGame 抽象类的实例，代码编写的思路与第 9 章类似，在 GLGame 中以 GLScreen 的形式实现。为节省篇幅，这里仅仅给出 GLScreen 实例的相关代码。对于每个测试中实现的 GLGame 和 GLScreen 类，命名规范仍然采用类似于 XXXTest 或 XXXScreen 的形式。

10.2　3D 中的顶点

在第 7 章中已经了解到一个顶点具有以下属性:

- 位置
- 颜色(可选属性)
- 纹理坐标(可选属性)

之前创建了一个命名为 Vertices 的帮助类, 它能为我们处理许多繁琐的细节。但由于限制了顶点只能有 x 坐标和 y 坐标, 所以现在需要做的是修改 Vertices 类, 使其支持 3D 顶点位置。

10.2.1　Vertices3: 存储 3D 空间位置

现在需要根据原始的 Vertices 类编写一个名为 Vertices3 的新类来处理 3D 顶点, 其代码如程序清单 10-1 所示。

程序清单 10-1　Vertices3.java, 具有更多坐标

```
package com.badlogic.androidgames.framework.gl;

import java.nio.ByteBuffer;
import java.nio.ByteOrder;
import java.nio.IntBuffer;
import java.nio.ShortBuffer;

import javax.microedition.khronos.opengles.GL10;

import com.badlogic.androidgames.framework.impl.GLGraphics;

public class Vertices3 {
    final GLGraphics glGraphics;
    final boolean hasColor;
    final boolean hasTexCoords;
    final int vertexSize;
    final IntBuffer vertices;
    final int[] tmpBuffer;
    final ShortBuffer indices;

    public Vertices3(GLGraphics glGraphics, int maxVertices, int maxIndices,
            boolean hasColor, boolean hasTexCoords) {
        this.glGraphics = glGraphics;
        this.hasColor = hasColor;
        this.hasTexCoords = hasTexCoords;
        this.vertexSize = (3 + (hasColor ? 4 : 0) + (hasTexCoords ? 2 : 0)) * 4;
        this.tmpBuffer = new int[maxVertices * vertexSize / 4];

        ByteBuffer buffer = ByteBuffer.allocateDirect(maxVertices * vertexSize);
        buffer.order(ByteOrder.nativeOrder());
        vertices = buffer.asIntBuffer();

        if (maxIndices > 0) {
            buffer = ByteBuffer.allocateDirect(maxIndices * Short.SIZE / 8);
            buffer.order(ByteOrder.nativeOrder());
```

```
                indices = buffer.asShortBuffer();
        } else {
            indices = null;
        }
    }

    public void setVertices(float[] vertices, int offset, int length) {
        this.vertices.clear();
        int len = offset + length;
        for (int i = offset, j = 0; i < len; i++, j++)
            tmpBuffer[j] = Float.floatToRawIntBits(vertices[i]);
        this.vertices.put(tmpBuffer, 0, length);
        this.vertices.flip();
    }

    public void setIndices(short[] indices, int offset, int length) {
        this.indices.clear();
        this.indices.put(indices, offset, length);
        this.indices.flip();
    }

    public void bind() {
        GL10 gl = glGraphics.getGL();

        gl.glEnableClientState(GL10.GL_VERTEX_ARRAY);
        vertices.position(0);
        gl.glVertexPointer(3, GL10.GL_FLOAT, vertexSize, vertices);

        if (hasColor) {
            gl.glEnableClientState(GL10.GL_COLOR_ARRAY);
            vertices.position(3);
            gl.glColorPointer(4, GL10.GL_FLOAT, vertexSize, vertices);
        }

        if (hasTexCoords) {
            gl.glEnableClientState(GL10.GL_TEXTURE_COORD_ARRAY);
            vertices.position(hasColor ? 7 : 3);
            gl.glTexCoordPointer(2, GL10.GL_FLOAT, vertexSize, vertices);
        }
    }

    public void draw(int primitiveType, int offset, int numVertices) {
        GL10 gl = glGraphics.getGL();

        if (indices != null) {
            indices.position(offset);
            gl.glDrawElements(primitiveType, numVertices,
                    GL10.GL_UNSIGNED_SHORT, indices);
        } else {
            gl.glDrawArrays(primitiveType, offset, numVertices);
        }
    }

    public void unbind() {
        GL10 gl = glGraphics.getGL();
        if (hasTexCoords)
            gl.glDisableClientState(GL10.GL_TEXTURE_COORD_ARRAY);
```

```
        if (hasColor)
            gl.glDisableClientState(GL10.GL_COLOR_ARRAY);
    }
}
```

可以看到，除了几个小地方以外，以上代码与 Vertices 是基本相同的。

- 在构造函数中，由于顶点位置为 3 个浮点数而不是原来的两个，所以 vertexSize 的计算发生了变化。
- 在 bind()方法中调用 glVertexPointer()(第一个参数)来告诉 OpenGL ES：顶点为 3D 坐标而不是 2D 的。
- 还需要调整 vertices.position()调用中的偏移量来设置颜色和纹理坐标这两个可选参数。

以上就是编写 Vertices3 所需要做的工作。有了 Vertices3 这个类，就可以在调用 Vertices3. setVertices()方法时指定 x、y 和 z 坐标值，其他方面与 2D 时的用法相同。每个顶点都可以拥有各自的颜色、纹理坐标以及索引等参数。

10.2.2　示例

下面列举一个名为 Vertices3Test 的简单示例。在该例中要绘制两个三角形：一个三角形的三个顶点的 z 坐标均为-3，另一个三角形的三个顶点的 z 坐标均为-5。此外，还要设置每个顶点的颜色。由于还未介绍如何使用透视投影，所以这里将采用正交投影，并采取适当的远近裁剪面以使这两个三角形在一个视锥体中(例如 10 是近裁剪面，-10 是远裁剪面)。图 10-1 呈现了这一场景。

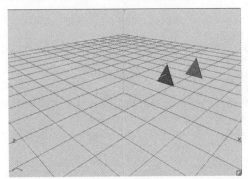

图 10-1　3D 空间中的一个红色三角形(前)和一个绿色三角形(后)

可以看到红色三角形位于绿色三角形之前。在这里说红三角形在绿三角形"之前"是因为在 OpenGL ES 中，默认情况下照相机位于原点并且观察方向指向 z 轴负方向(实际上 OpenGL ES 中并没有照相机这个概念)。绿色三角形的位置稍微偏右，这是为了能让我们从前面观看的时候能看到其一部分，而其大部分将被红色三角形覆盖。程序清单 10-2 给出了渲染该场景所使用的代码。

程序清单 10-2　Vertices3Test.java：绘制两个三角形

```
package com.badlogic.androidgames.gl3d;

import javax.microedition.khronos.opengles.GL10;

import com.badlogic.androidgames.framework.Game;
import com.badlogic.androidgames.framework.Screen;
```

```java
import com.badlogic.androidgames.framework.gl.Vertices3;
import com.badlogic.androidgames.framework.impl.GLGame;
import com.badlogic.androidgames.framework.impl.GLScreen;

public class Vertices3Test extends GLGame {

    @Override
    public Screen getStartScreen() {
        return new Vertices3Screen(this);
    }

    class Vertices3Screen extends GLScreen {
        Vertices3 vertices;

        public Vertices3Screen(Game game) {
            super(game);

            vertices = new Vertices3(glGraphics, 6, 0, true, false);
            vertices.setVertices(new float[]{-0.5f, -0.5f, -3, 1, 0, 0, 1,
                                              0.5f, -0.5f, -3, 1, 0, 0, 1,
                                              0.0f,  0.5f, -3, 1, 0, 0, 1,
                                              0.0f, -0.5f, -5, 0, 1, 0, 1,
                                              1.0f, -0.5f, -5, 0, 1, 0, 1,
                                              0.5f,  0.5f, -5, 0, 1, 0, 1}, 0, 7*6);
        }

        @Override
        public void present(float deltaTime) {
            GL10 gl = glGraphics.getGL();
            gl.glClear(GL10.GL_COLOR_BUFFER_BIT);
            gl.glViewport(0, 0, glGraphics.getWidth(), glGraphics.getHeight());
            gl.glMatrixMode(GL10.GL_PROJECTION);
            gl.glLoadIdentity();
            gl.glOrthof(-1, 1, -1, 1, 10, -10);
            gl.glMatrixMode(GL10.GL_MODELVIEW);
            gl.glLoadIdentity();
            vertices.bind();
            vertices.draw(GL10.GL_TRIANGLES, 0, 6);
            vertices.unbind();
        }

        @Override
        public void update(float deltaTime) {
        }

        @Override
        public void pause() {
        }

        @Override
        public void resume() {
        }

        @Override
        public void dispose() {
        }
    }
}
```

上述列出的代码是完整的源代码文件。在以后的例子中将仅仅给出相关部分的代码，因为剩余部分代码除了类名不同以外，大多数代码都相同。

在构造函数中初始化的 Vertices3Screen 中有一个 Vertices3 成员。我们总共有 6 个顶点，每个顶点一种颜色，且没有添加纹理坐标。由于两个三角形不共享顶点，所以没有使用几何索引。上述信息都传递给 Vertices3 构造函数。然后，调用 Vertices3.setVertices() 来设置实际顶点。代码中 Vertices3.setVertices() 前三行数据用来指定前面的红色三角形，而后三行数据则指定后面的绿色三角形，并且可以看到绿色三角形的位置被设置成略微向右偏移 0.5 个单位。每行中的第三个浮点数是顶点对应的 z 坐标。

在 present() 方法中，同样首先必须清屏并设置视口。然后，载入一个正交投影矩阵，并设置一个足够大的视锥体以显示整个场景。最后渲染 Vertices3 实例所包含的两个三角形。图 10-2 展示了上面这段程序的渲染效果。

图 10-2　有些异样的两个三角形

效果有点奇怪。根据我们的理论，中间的红色三角形应该位于绿色三角形之前。照相机放置在原点并指向 z 轴负方向，而从图 10-1 可以看到红色三角形比绿色三角形更接近原点。这里发生了什么呢？

OpenGL ES 会根据在 Vertices3 实例中指定的顺序渲染三角形。由于我们指定先绘制红色三角形，因此红色三角形先绘制。可以通过改变绘制的顺序解决上述问题。但如果照相机不是向着 z 轴负方向而是反向会怎样？需要在根据三角形与照相机的距离渲染之前再次对这些三角形排序？这并非解决问题的最佳办法，稍后再解决该问题。还是放弃这种平面投影而使用透视投影吧。

关于坐标系要注意的地方：你可能注意到，在我们的示例中是沿着 Z 轴向下观察的，如果 Z 轴朝向我们的方向增加，X 会向右增加，Y 会向上增加，这叫做"右手法则"，OpenGL 使用它作为标准的坐标系。首先把右手的小指和无名指贴紧右手手掌。如果用大拇指代表 X 轴，那么直接指向外方的食指代表 Y 轴，指向你自己的中指代表 Z 轴，如图 10-3 所示。记住这条法则，最终很自然就能理解这个坐标系。

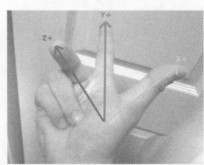

图 10-3　右手法则

10.3　透视投影：越近则越大

迄今为止我们一直在使用正交投影，这意味着一个观察目标与近裁剪面间的距离无论多远，其在屏幕上占据的尺寸大小总是相同的。然而眼睛反馈给我们的是一个不同的世界：观察目标距离我们越远，会感觉它越小，这称为透视投影，在第 7 章中曾提到过这一概念。

可以通过视锥体的形状来解释正交投影和透视投影之间的区别。在正交投影中，就像置身于一个"矩形盒子"。在透视投影中，则像身处一个倒立的顶部被切割掉一部分的"金字塔"中，"金字塔"被切去的顶部为近裁剪面，而"金字塔"的底部则为远裁剪面，其余面则分别为左裁剪面、右裁剪面、顶裁剪面、底裁剪面。图 10-4 展示了一个透视视锥体，可以通过它来观察场景。

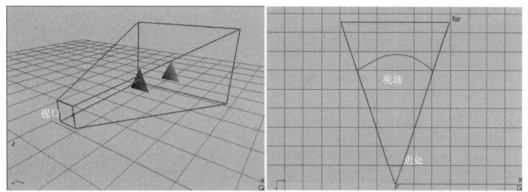

图 10-4　一个包含了场景的透视视锥体(左)；从顶部观察该视锥体(右)

透视视锥体的定义包含以下 4 个参数：

(1) 近裁剪面与照相机间的距离。

(2) 远裁剪面与照相机间的距离。

(3) 视口的纵横比，即视口近裁剪面的高度与宽度的比值。

(4) 视场，该参数指定了视锥体的宽度，也是它所容纳的场景大小。

上面提到了照相机，但这里仍然没有详述这一概念。仅仅假设有台照相机放置在原点并且指向 z 轴负方向，如图 10-4 所示。

第 7 章介绍过远裁剪面与近裁剪面的距离。我们仅仅需要将该距离设置好以便将场景完全包含于视锥体中。从图 10-4 的右图中可以很容易理解视场这一概念。

视口的纵横比这一概念似乎不太直观。为什么需要这一参数呢？因为当屏幕的纵横比不等于 1 时，这一参数能确保在进行屏幕渲染时场景不被拉伸。

之前使用函数 glOrthof()用矩阵形式将正交视锥体设置为投影矩阵的形式。对于透视视锥体，可以调用 glFrustumf()方法，但还有更简便的方法。

传统的 OpenGL 都带有一个公用库——GLU。它包含了几个辅助函数，如设置投影矩阵的函数和实现照相机系统的函数。这样的库也能以 GLU 类的形式用在 Android 系统中。该类实现了一些静态方法，因此不需要一个 GLU 实例也能调用它们。在这里我们感兴趣的方法是 gluPerspective()：

```
GLU.gluPerspective(GL10 gl,float fieldOfView,float aspectRatio,float near,float far);
```

该方法会用一个透视投影矩阵与当前活跃矩阵(例如投影矩阵或模型-视图矩阵)相乘，该方法类似于 glOrthof()。该方法的第一个参数是 GL10 的一个实例——通常用于其他与 OpenGL ES 相关的地方。第二个参数是以角度形式给出的视场，第三个参数是视口的纵横比，最后两个参数分别指定近裁剪面和远裁剪面与照相机间的距离。因为还没有照相机，所以这两个值是相对于世界原点的值，并且观察方向是 z 轴负方向，如图 10-4 所示。现在这是没有问题的。要确保所有要渲染的目标处于这个固定不动的视锥体中。一旦调用了 gluPerspective()方法，就不能再改变虚拟照相机位置和方向，我们将永远只能沿着 z-轴负方向看到世界的一部分。

下面修改程序清单 10-2 以便在其中使用透视投影。把例子 Vertices3Test 中的代码复制至一个新的类，命名为 PerspectiveTest，并将 Vertices3Screen 重命名为 PerspectiveScreen。唯一需要修改的是 present()方法，程序清单 10-3 给出了修改后的代码：

程序清单 10-3   摘自 PerspectiveTest.java：透视投影

```
@Override
public void present(float deltaTime) {
    GL10 gl = glGraphics.getGL();
    gl.glClear(GL10.GL_COLOR_BUFFER_BIT);
    gl.glViewport(0, 0, glGraphics.getWidth(), glGraphics.getHeight());
    gl.glMatrixMode(GL10.GL_PROJECTION);
    gl.glLoadIdentity();
    GLU.gluPerspective(gl, 67,
                       glGraphics.getWidth() / (float)glGraphics.getHeight(),
                       0.1f, 10f);
    gl.glMatrixMode(GL10.GL_MODELVIEW);
    gl.glLoadIdentity();
    vertices.bind();
    vertices.draw(GL10.GL_TRIANGLES, 0, 6);
    vertices.unbind();
}
```

上述代码与之前的 present()方法的区别在于仅仅是用 GLU.gluPerspective()取代了 glOrthof()。首先将视场设置为 67°，这一度数比较符合人类的平均视场。增加或减少视场的值可以调整向左或向右观察到的范围。然后设置纵横比(即屏幕宽度与高度的比值)，需要注意的是这个数是一个浮点数类型的数据，因此需要在做除法之前将其中一个值转换为浮点数。最后的参数分别为远、近裁剪面的距离。因为虚拟照相机放在原点并指向 z 轴负方向，所以任何 z 坐标值小于-0.1 或大于-10 的目标都将位于远近裁剪面之间的区域，如此一来，这些目标都将位于可见区域。图 10-5 展示了上述例子的输出结果。

图 10-5   透视(基本正确)

现在我们已经正式接触到了 3D 绘图。如图 10-5 所示，我们仍面临着一个问题：那就是三角形渲染顺序。可使用功能强大的 z-buffer 来解决这一问题。

10.4　z-buffer：化混乱为有序

什么是 z-buffer 呢？在第 3 章中曾经介绍过帧缓冲区，它用来为屏幕中的每个像素存储颜色。OpenGL ES 在帧缓冲区中渲染一个三角形时，它只是更改了构成三角形的各个像素的颜色。

z-buffer 与帧缓冲区非常类似，它也像帧缓冲区那样存储屏幕上的每个像素。但与帧缓冲区不同，z-buffer 不存储颜色值而存储深度值。像素的深度值约为 3D 中对应点与视锥体近裁剪面间的规范化距离。

默认情况下，OpenGL ES 将在 z-buffer 里为构成三角形的每个像素写入一个深度值(如果 z-buffer 和帧缓冲区一起创建的话)。我们需要让 OpenGL ES 利用这些初始深度值来判定一个将被绘制的像素点是否比当前像素更接近于近裁剪面。为此，只需使用一个恰当的参数来调用 glEnable()：

```
GL10.glEnable(GL10.GL_DEPTH_TEST);
```

接下来 OpenGL ES 将对新的像素深度值和已经存在于 z-buffer 中的深度值进行比较。如果新值更小，则表示它更接近于近裁剪面，因此也位于帧缓冲区和 z-buffer 中已有的像素之前。

图 10-6 演示了这一过程。z-buffer 首先将其中的所有像素深度值设为无穷大(或一个很大的数值)。当渲染第一个三角形时，将它的每个像素深度值与 z-buffer 中的像素深度值做对比。如果三角形的某像素深度值小于 z-buffer 中的深度值，则三角形中的这一像素通过了一个所谓的"深度测试"(或 z-test)，通过测试后该像素的颜色将被写入帧缓冲区并且其深度值将覆盖 z-buffer 中相应值。如果未通过深度测试，该像素的颜色和深度值都不会被写入上面两个缓冲区，如图 10-6 所示。该图中第二个三角形也被渲染了，可以看到第二个三角形中部分像素深度值较小，因此被写入缓冲区(即被渲染)，但其他像素未通过深度测试，没有被渲染。

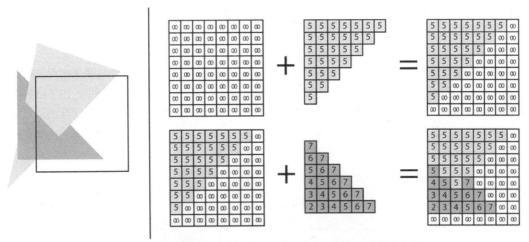

图 10-6　帧缓冲区中的图形(左)；渲染两个三角形后 z-buffer 中的内容(右)

与帧缓冲区一样，每一帧都要清理 z-buffer，否则上一帧中的深度值仍然会保留下来。为了清除这些数据，调用 glClear()，方法如下：

```
gl.glClear(GL10.GL_COLOR_BUFFER_BIT | GL10.GL_DEPTH_BUFFER_BIT);
```

调用该函数后将会清除帧缓冲区(或颜色缓冲区)，也会清除 z-buffer(或深度缓冲区)，所有这些一步完成。

10.4.1　完善上一个例子

现在使用 z-buffer 解决上一个例子中出现的问题。将所有代码复制至一个新的类 ZBufferTest，并且修改新类 ZBufferScreen 中的 present()方法，代码如程序清单 10-4 所示。

程序清单 10-4　摘自 ZBufferTest.java：使用 z-buffer

```java
@Override
public void present(float deltaTime) {
    GL10 gl = glGraphics.getGL();
    gl.glClear(GL10.GL_COLOR_BUFFER_BIT | GL10.GL_DEPTH_BUFFER_BIT);
    gl.glViewport(0, 0, glGraphics.getWidth(), glGraphics.getHeight());
    gl.glMatrixMode(GL10.GL_PROJECTION);
    gl.glLoadIdentity();
    GLU.gluPerspective(gl, 67,
            glGraphics.getWidth() / (float)glGraphics.getHeight(),
            0.1f, 10f);
    gl.glMatrixMode(GL10.GL_MODELVIEW);
    gl.glLoadIdentity();

    gl.glEnable(GL10.GL_DEPTH_TEST);

    vertices.bind();
    vertices.draw(GL10.GL_TRIANGLES, 0, 6);
    vertices.unbind();

    gl.glDisable(GL10.GL_DEPTH_TEST);
}
```

首先修改 glClear()的调用参数，现在颜色缓冲区和深度缓冲区都清空而不是只清空帧缓冲区(颜色缓冲区)。

在渲染两个三角形之前需要启用深度测试，在渲染完所有的 3D 几何图形时要关闭深度测试，为什么要关闭它呢? 假设要在 3D 场景中渲染 2D 的 UI 元素(如当前的得分或按钮)。由于这需要使用 SpriteBatcher，而它仅用于 2D，所以 2D 元素的各个顶点没有 z 坐标。也不需要深度测试，因为我们会明确指定顶点在屏幕上的绘制顺序。

这个示例的输出效果如图 10-7 所示，效果还比较理想。

图 10-7　z-buffer 的应用效果，这使得我们不必去处理渲染顺序

渲染后，中间的绿色三角形终于正确位于红色三角形的后面了，这多亏了我们的新"朋友"——z-buffer。但就像很多朋友一样，你们的"友谊"总会出现一些小问题。接下来就看看使用 z-buffer 时需要注意的一些地方。

10.4.2　混合：身后空无一物

假设我们想要为场景中 z=-3 处的红色三角形启用混合。将每个顶点颜色的 alpha 值设置为 0.5f，这样三角形后面的任何对象都能够透过三角形看到。这时位于 z=-5 的绿色三角形就能够透过红色三角形看到。考虑一下 OpenGL ES 会怎么处理，并且将会发生什么样的现象：

- OpenGL ES 将在 z-buffer 和颜色缓冲区中渲染红色三角形。
- 然后 OpenGL ES 会渲染绿色三角形，因为在 Vertices3 实例中它在红色三角形之后。
- 被红色三角形遮挡住的绿色三角形那一部分在屏幕中不会出现，因为这部分像素未通过深度测试。
- 这时候，透过前面的红色三角形看不到任何东西，因为在其渲染时没有看到任何东西。

当结合 z-buffer 使用混合功能时，必须确保所有透明对象根据其距离照相机的远近按升序排序，并且从后往前渲染这些对象。所有非透明对象必须在透明对象之前被渲染，而非透明对象不需要经过排序。

下面列举一个简单的示例来说明上述理论。我们仍然使用两个三角形构成的场景，并将第一个三角形(z=-3)顶点颜色的 alpha 分量设置为 0.5f。根据我们的规则，首先要渲染非透明对象——本例中非透明物是绿色三角形(z=-5)——然后从远到近渲染所有透明对象，本例中只有一个透明对象即红色三角形。

直接将程序清单 10-4 的代码复制到一个新类，命名为 ZBlendingTest，然后将所包含的 ZBufferScreen 重命名为 ZBlendingScreen。需要更改红色三角形的顶点颜色，然后启用混合并且按 present()方法中的渲染顺序渲染两个三角形。程序清单 10-5 给出了两个相关的方法。

程序清单 10-5　摘自 ZBlendingTest.java：启用了 z-buffer 的混合效果

```
public ZBlendingScreen(Game game) {
    super(game);

    vertices = new Vertices3(glGraphics, 6, 0, true, false);
    vertices.setVertices(new float[] {-0.5f, -0.5f, -3, 1, 0, 0, 0.5f,
                                       0.5f, -0.5f, -3, 1, 0, 0, 0.5f,
                                       0.0f,  0.5f, -3, 1, 0, 0, 0.5f,
                                       0.0f, -0.5f, -5, 0, 1, 0, 1,
                                       1.0f, -0.5f, -5, 0, 1, 0, 1,
                                       0.5f,  0.5f, -5, 0, 1, 0, 1}, 0, 7 * 6);
}

@Override
public void present(float deltaTime) {
    GL10 gl = glGraphics.getGL();
    gl.glClear(GL10.GL_COLOR_BUFFER_BIT | GL10.GL_DEPTH_BUFFER_BIT);
    gl.glViewport(0, 0, glGraphics.getWidth(), glGraphics.getHeight());
    gl.glMatrixMode(GL10.GL_PROJECTION);
    gl.glLoadIdentity();
```

```
GLU.gluPerspective(gl, 67,
        glGraphics.getWidth() / (float)glGraphics.getHeight(),
        0.1f, 10f);
gl.glMatrixMode(GL10.GL_MODELVIEW);
gl.glLoadIdentity();

gl.glEnable(GL10.GL_DEPTH_TEST);
gl.glEnable(GL10.GL_BLEND);
gl.glBlendFunc(GL10.GL_SRC_ALPHA, GL10.GL_ONE_MINUS_SRC_ALPHA);

vertices.bind();
vertices.draw(GL10.GL_TRIANGLES, 3, 3);
vertices.draw(GL10.GL_TRIANGLES, 0, 3);
vertices.unbind();

gl.glDisable(GL10.GL_BLEND);
gl.glDisable(GL10.GL_DEPTH_TEST);
}
```

在 ZBlendingScreen 类的构造函数中,将第一个三角形顶点颜色的 alpha 值改为 0.5,这使得该三角形变为透明。可以利用 present()方法清空缓冲区并且设置一些矩阵。还必须开启混合功能并且设置好正确的混合函数。目前要关注的一点是如何去渲染这两个三角形。首先渲染绿色三角形,即 Vertices3 实例中的第二个三角形,因为该三角形不透明。所有不透明对象的渲染必须先于透明对象渲染。然后渲染透明的三角形,即 Vertices3 实例中的第一个三角形。在绘图函数的调用中,将一个正确的偏移值和顶点数作为 vertices.draw()方法的第二和第三个参数。图 10-8 展示了上面代码的输出结果。

图 10-8　启用 z-buffer 时的混合效果图

然后交换一下两个三角形的渲染顺序:

```
vertices.draw(GL10.GL_TRIANGLES, 0, 3);
vertices.draw(GL10.GL_TRIANGLES, 3, 3);
```

先从顶点 0 开始绘制第一个三角形,然后从顶点 3 开始绘制第二个三角形。这样一来,前面的红色三角形将首先被渲染,然后才渲染后面的绿色三角形。图 10-9 显示了这样改动后程序的输出效果。

图 10-9　错误的混合效果;后面的绿色三角形应能透过红色三角形看到

目前为止绘图对象仅包括两个三角形，这当然有些简单化了。后续章节将重温如何配合使用混合功能和 z-buffer 来渲染更复杂图形。下面总结一下如何在 3D 中使用混合功能：

(1) 渲染所有不透明对象。

(2) 将所有透明对象按照其与照相机的距离远近排序(由远及近)。

(3) 渲染排好序的透明对象(由远及近)。

大多数情况下可以根据照相机到对象中心的距离来排序。但如果要绘制的对象太大，以至于大过其他对象好几倍，就会遇上问题。对于这种情况，需要采用很复杂的技巧。在 PC 版本的 OpenGL 中有一些解决方案，但在装有 Android 系统的设备中还不能很好地解决这些问题，因为这些设备的 GPU 能力有限。幸运的是上面所述问题很少遇到，大多数情况下我们总能使用这种基于中心的排序。

10.4.3　z-buffer 精度与 z-fighting

我们很容易滥用远近裁剪面来显示尽可能多的场景。我们耗费了很大精力在世界中添加尽可能多的对象，这些努力应该被人看到。但 z-buffer 的精度有限，这就成了一个不可忽略的问题。在大多数 Android 设备上，z-buffer 中排序的每个深度值不大于 16 位，即每个深度值最多有 65 535 种不同的值。所以不能将近裁剪面的距离设置为 0.000 01，也不能将远裁剪面设置为 1 000 000，而应该合理设置这两个值。否则你很快会发现在使用 z-buffer 时，如果不恰当地设置视锥体会绘制出一种不合常理的场景。

这是什么原因呢？假设按照上述数值设置远、近裁剪面。一个像素的深度值大概等于其与近裁剪面的距离——越接近，该值越小。由于只有 16 位的深度缓冲，将近-远裁剪面的深度值内部量化为 65 535 个段；每个段占 1 000 000/65 535=15 个世界单位。如果以米为单位，令对象的大小为 1×2×1 米，且都在同一个段内，这时 z-buffer 将完全不起作用，因为所有像素都是同一个深度值。

注意：z-buffer 中的深度值实际上不是线性的，但常规思路仍旧适用。

在使用 z-buffer 时，另一个相关问题是所谓的 z-fighting。图 10-10 描述了这个问题。

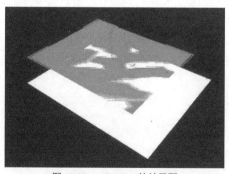

图 10-10　z-fighting 的效果图

图 10-10 中的两个长方形是共面的，即它们嵌入在同一个平面中。由于它们重叠了，因此它们也共享部分像素，这些像素有同样的深度值。然而，由于 GPU 的浮点数精度有限，GPU 可能无法达到与这些重叠的像素相同的深度值，因此这些像素中哪些会通过深度测试是随机的。这个问题可以通过将两个重叠的对象间的距离适当设置大一些解决，而这个偏移量取决于几个因素，因此通常最好通过试验来调整。总结起来，应该采取以下措施：

- 远、近裁剪面的距离不要太大或太小。
- 将两个重叠对象的距离适当分开得大一些，避免出现共面对象。

10.5 定义 3D 网格

迄今为止，我们仅仅是用几个三角形作为 3D 空间中对象的代表，那么对于更复杂对象呢？

前面曾经提到过 GPU 就是一个强大的三角形渲染机。因此，3D 对象也必须是由很多的三角形构成的。前面的章节中曾使用两个三角形代表一个平面矩形。当时使用的原理(如顶点位置、色彩、纹理以及顶点索引等)在 3D 中也完全一样。三角形不再仅限于 x-y 平面，在 3D 空间中可以任意指定顶点坐标。

如何生成这些构成 3D 对象的三角形呢？可以通过编程实现，正如之前曾经实现的代表精灵的矩形那样。也可以使用一些软件按所见即所得的方式来塑造 3D 对象。在这些应用程序中有很多不同的范例，包括从单独操作三角形到仅设置几个参数来生成所谓的三角网格(即将要采用的一个三角形列表)。

一些著名软件(如 Blender、3ds Max、ZBrush 以及 Wings 3D)用户给提供许多创建 3D 对象的功能。这些软件中部分是免费软件(如 Blender 和 Wings 3D)，部分是商业软件(如 3ds Max 和 ZBrush)。如何使用这些软件不是本书所探讨的范围。但是，上述 3D 软件都能够将 3D 模型保存为不同格式的文件。网络上也有很多可供免费使用的 3D 模型。第 11 章中将为其中一种简单而又常用的文件格式编写一个加载器。

本章所做的工作都以编程实现。现在创建一个最简单的 3D 对象：立方体。

10.5.1 立方体：3D 中的"Hello World"

前面曾经多次用到模型空间这一概念。它是定义模型的空间，与世界空间完全没有关系。按照惯例，在模型空间原点的周围构造所有对象，以便各对象的中心与原点重合。这样的模型在渲染世界空间中多个具有不同位置和方向的对象时可以重复利用，正如第 7 章的示例 BobTest 那样。

需要解决的首要问题是立方体的几个顶点。图 10-11 展示了一个边长为 1 个单位(例如 1 米)的立方体。将这个立方体各个面稍微分离开，以便于看到各面是由两个三角形组成的。实际上，这些面都是靠顶点和边衔接在一起的。

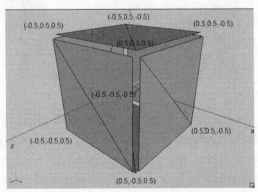

图 10-11 立方体及其各角点

一个立方体有 6 个侧面，每个侧面由两个三角形构成，每个面的两个三角形共享两个顶点。对于立方体前面的这一个面，(-0.5, 0.5, 0.5)和(0.5, -0.5, 0.5)这两个顶点是共享的。每个面需要 4 个顶点，一个完整的立方体总共有 6×4=24 个顶点。然而却需要指定 36 个索引，而不是 24 个。因为立方体有 6×2 个三角形，每个三角形占用 3 个顶点。我们使用顶点索引为立方体创建一个网格，代码如下所示：

```
float[] vertices = { -0.5f, -0.5f,  0.5f,
                      0.5f, -0.5f,  0.5f,
                      0.5f,  0.5f,  0.5f,
                     -0.5f,  0.5f,  0.5f,

                      0.5f, -0.5f,  0.5f,
                      0.5f, -0.5f, -0.5f,
                      0.5f,  0.5f, -0.5f,
                      0.5f,  0.5f,  0.5f,

                      0.5f, -0.5f, -0.5f,
                     -0.5f, -0.5f, -0.5f,
                     -0.5f,  0.5f, -0.5f,
                      0.5f,  0.5f, -0.5f,

                     -0.5f, -0.5f, -0.5f,
                     -0.5f, -0.5f,  0.5f,
                     -0.5f,  0.5f,  0.5f,
                     -0.5f,  0.5f, -0.5f,

                     -0.5f,  0.5f,  0.5f,
                      0.5f,  0.5f,  0.5f,
                      0.5f,  0.5f, -0.5f,
                     -0.5f,  0.5f, -0.5f,

                     -0.5f, -0.5f,  0.5f,
                      0.5f, -0.5f,  0.5f,
                      0.5f, -0.5f, -0.5f,
                     -0.5f, -0.5f, -0.5f
};

short[] indices = { 0,  1,  3,  1,  2,  3,
                    4,  5,  7,  5,  6,  7,
                    8,  9, 11,  9, 10, 11,
                   12, 13, 15, 13, 14, 15,
                   16, 17, 19, 17, 18, 19,
                   20, 21, 23, 21, 22, 23,
};

Vertices3 cube = new Vertices3(glGraphics, 24, 36, false, false);
cube.setVertices(vertices, 0, vertices.length);
cube.setIndices(indices, 0, indices.length);
```

上述代码仅仅设置了顶点坐标。从前面的面开始，其左下角顶点坐标为(-0.5, -0.5, 0.5)。然后按逆时针方向设置该面的另外三个顶点坐标。然后设置立方体的右侧面，接着设置后侧面、左侧面、上侧面，最后是下侧面，都按照相同方法设置各个面的顶点坐标。参照图 10-11 定义各个顶点。

然后定义索引。共有 36 个索引——前面的代码中每行定义了两个三角形，每个三角形由三个顶点构成。索引(0, 1, 3, 1, 2, 3)定义了立方体最前面的那个侧面，下面的三组索引分别定义了左侧面等侧面。你可以根据图 10-11 来理解这些数据,并与前面的代码中所给出的顶点索引进行比较。

一旦定义好了这些顶点和索引,就可以将它们存储在 Vertices3 的实例中以便进行渲染操作,正如代码片段中最后几行描述的那样。

那么怎么处理纹理坐标呢?这很简单,只需将它们添加至顶点的定义中。例如有一张像素大小为 128×128 的木箱一侧的纹理图片,我们想让立方体的每个侧面都拥有这种纹理,图 10-12 展示了我们的做法。

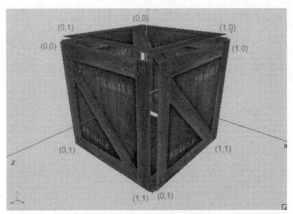

图 10-12　前面、左侧和顶面各顶点的纹理坐标(其他面依此类推)

将纹理坐标添加至立方体前面的面,代码如下:

```
float[] vertices = { -0.5f, -0.5f, 0.5f, 0, 1,
                      0.5f, -0.5f, 0.5f, 1, 1,
                      0.5f,  0.5f, 0.5f, 1, 0,
                     -0.5f,  0.5f, 0.5f, 0, 0,
                     // rest is analogous
```

当然,还需要声明一个包含纹理坐标的 Vertices3 实例:

```
Vertices3 cube = new Vertices3(glGraphics, 24, 36, false, true);
```

剩下的工作就是加载纹理本身了。用 glEnable()启用纹理映射,并且调用 Texture.bind()绑定纹理。下面编写一个例子。

10.5.2　一个示例

假设要创建一个如前所述的带有木箱纹理的立方体网格。由于是在模型空间围绕原点建模,所以必须使用 glTranslatef()将该模型移植到世界空间,正如在 BobTest 例子中使用 Bob 模型那样。我们还想让立方体绕 y 轴旋转,所以需要调用 glRotatef(),也类似于 BobTest 示例中的做法。程序清单 10-6 展示了包含在 CubeTest 类中的 CubeScreen 类的完整代码。

程序清单 10-6　摘自 CubeTest.java:渲染一个有纹理的立方体

```
class CubeScreen extends GLScreen {
    Vertices3 cube;
    Texture texture;
    float angle = 0;
```

```java
public CubeScreen(Game game) {
    super(game);
    cube = createCube();
    texture = new Texture(glGame, "crate.png");
}

private Vertices3 createCube() {
    float[] vertices = { -0.5f, -0.5f, 0.5f, 0, 1,
                          0.5f, -0.5f, 0.5f, 1, 1,
                          0.5f,  0.5f, 0.5f, 1, 0,
                         -0.5f,  0.5f, 0.5f, 0, 0,

                          0.5f, -0.5f,  0.5f, 0, 1,
                          0.5f, -0.5f, -0.5f, 1, 1,
                          0.5f,  0.5f, -0.5f, 1, 0,
                          0.5f,  0.5f,  0.5f, 0, 0,

                          0.5f, -0.5f, -0.5f, 0, 1,
                         -0.5f, -0.5f, -0.5f, 1, 1,
                         -0.5f,  0.5f, -0.5f, 1, 0,
                          0.5f,  0.5f, -0.5f, 0, 0,

                         -0.5f, -0.5f, -0.5f, 0, 1,
                         -0.5f, -0.5f,  0.5f, 1, 1,
                         -0.5f,  0.5f,  0.5f, 1, 0,
                         -0.5f,  0.5f, -0.5f, 0, 0,

                         -0.5f, 0.5f,  0.5f, 0, 1,
                          0.5f, 0.5f,  0.5f, 1, 1,
                          0.5f, 0.5f, -0.5f, 1, 0,
                         -0.5f, 0.5f, -0.5f, 0, 0,

                         -0.5f, -0.5f,  0.5f, 0, 1,
                          0.5f, -0.5f,  0.5f, 1, 1,
                          0.5f, -0.5f, -0.5f, 1, 0,
                         -0.5f, -0.5f, -0.5f, 0, 0
    };

    short[] indices = { 0, 1, 3, 1, 2, 3,
                        4, 5, 7, 5, 6, 7,
                        8, 9, 11, 9, 10, 11,
                        12, 13, 15, 13, 14, 15,
                        16, 17, 19, 17, 18, 19,
                        20, 21, 23, 21, 22, 23,
    };

    Vertices3 cube = new Vertices3(glGraphics, 24, 36, false, true);
    cube.setVertices(vertices, 0, vertices.length);
    cube.setIndices(indices, 0, indices.length);
    return cube;
}

@Override
public void resume() {
    texture.reload();
}

@Override
```

```
      public void update(float deltaTime) {
          angle += 45 * deltaTime;
      }

      @Override
      public void present(float deltaTime) {
          GL10 gl = glGraphics.getGL();
          gl.glViewport(0, 0, glGraphics.getWidth(), glGraphics.getHeight());
          gl.glClear(GL10.GL_COLOR_BUFFER_BIT | GL10.GL_DEPTH_BUFFER_BIT);
          gl.glMatrixMode(GL10.GL_PROJECTION);
          gl.glLoadIdentity();
          GLU.gluPerspective(gl, 67,
                               glGraphics.getWidth() / (float) glGraphics.getHeight(),
                               0.1f, 10.0f);
          gl.glMatrixMode(GL10.GL_MODELVIEW);
          gl.glLoadIdentity();

          gl.glEnable(GL10.GL_DEPTH_TEST);
          gl.glEnable(GL10.GL_TEXTURE_2D);
          texture.bind();
          cube.bind();
          gl.glTranslatef(0,0,-3);
          gl.glRotatef(angle, 0, 1, 0);
          cube.draw(GL10.GL_TRIANGLES, 0, 36);
          cube.unbind();
          gl.glDisable(GL10.GL_TEXTURE_2D);
          gl.glDisable(GL10.GL_DEPTH_TEST);
      }

      @Override
      public void pause() {
      }

      @Override
      public void dispose() {
      }
  }
```

代码中有一个存储立方体网格的字段、一个 Texture 实例和一个存储当前旋转角度的浮点数。在构造函数中创建了一个立方体网格，并从一个名为 crate.png 的资源文件加载纹理，这是个像素大小为 128×128 的木箱一侧的图片。

立方体的创建代码位于 createCube()方法中。在其中设置了顶点和各个参数，并用它们创建了一个 Vertices3 实例。每个顶点都有一个 3D 坐标和纹理坐标。

resume()方法的作用是重新加载纹理。记住，在 OpenGL ES 上下文丢失后必须重新加载纹理。

update()方法的作用是增加旋转角度，要将立方体绕 y 轴旋转就要改变这一角度。

present()方法首先用来设置视口并清除帧缓冲区和深度缓冲区。接下来设置一个透视投影并为 OpenGL ES 的模型-视图矩阵加载一个单位矩阵。启用深度测试和纹理贴图，并将纹理绑定到立方体网格，然后调用 glTranslatef()将立方体转换至世界空间中(0, 0, −3)坐标处。调用 glRotatef()可在模型空间中将立方体绕 y 轴旋转。需要注意的是应用网格时，这些变换的顺序要颠倒过来。这个立方体首先在模型空间中旋转，然后保持旋转后的状态并移动到世界空间。最后绘出该立方体、解除网格的绑定并关闭深度测试和纹理贴图。未必要禁用那些状态，这里禁用它们是考虑到了可能要在 3D

场景中渲染 2D 元素。图 10-13 展示了第一个真正的 3D 程序的输出结果。

图 10-13 一个可旋转的带纹理的 3D 立方体

10.6 矩阵和变换

第 7 章中曾提到过矩阵。下面回顾总结一些矩阵的属性：

- 一个矩阵可将一些点(例如图形的顶点)移到新位置，这通过用矩阵乘以一个点的坐标实现。
- 矩阵可以平移每个轴上的点。
- 矩阵可以缩放点，即可以将点的各个坐标与某个常量相乘。
- 矩阵可以使点绕一个轴旋转。
- 某一点乘以一个单位矩阵，对该点没有影响。
- 两个矩阵相乘可以得到一个新矩阵。用这一新矩阵乘以某个点相当于用两个原矩阵先后乘以该点。
- 一个矩阵乘上一个单位矩阵对该矩阵没有影响。

OpenGL ES 为我们提供了三种类型的矩阵：

- **投影矩阵**：用它来建立视锥体的形状和大小，这决定了投影的类型和我们能看到的范围。
- **模型-视图矩阵**：在模型空间中用该矩阵变换我们的模型，并将模型放置于世界空间。
- **纹理矩阵**：用来动态操作纹理坐标，就像使用模型-视图矩阵操作顶点位置一样。这种矩阵在很多设备上无法使用。本书中不会用到该矩阵。

既然已经在 3D 环境下，所以解决问题的方法更多了。例如，不仅可以像在 Bob 例子中那样仅将模型绕 z 轴旋转，还可以将它们围绕任意轴旋转。但唯一真正的改变是对于对象来说多了 z 轴来定位对象坐标。在第 7 章中渲染 Bob 时实际上已经在 3D 环境中工作，但当时没使用 z 轴。要做的工作还很多。

10.6.1 矩阵堆栈

到目前为止，我们利用 OpenGL ES 以如下方式使用矩阵：

```
gl.glMatrixMode(GL10.GL_PROJECTION);
gl.glLoadIdentity();
gl.glOrthof(-1, 1, -1, 1, -10, 10);
```

第一行语句用来设置当前活跃矩阵。所有对矩阵的后续操作都将在这个当前活跃矩阵中进行。本例中将活跃矩阵设置为一个单位矩阵，然后将其乘以正交投影矩阵。对模型-视图矩阵曾执行了同样的操作：

```
gl.glMatrixMode(GL10.GL_MODELVIEW);
gl.glLoadIdentity();
gl.glTranslatef(0, 0, -10);
gl.glRotate(45, 0, 1, 0);
```

上述代码片段对模型-视图矩阵进行了操作。首先加载了一个单位矩阵以便清除调用之前的模型-视图矩阵中的所有内容，然后用这个单位矩阵先后乘上一个平移矩阵和一个旋转矩阵。上述操作的顺序非常重要，因为这个顺序决定了对网格顶点坐标应用变换的顺序。最后一个变换将首先应用在顶点上。在前面的例子中，首先将各个顶点绕 y 轴旋转 45°，然后将各顶点沿着 z 轴移动-10 个单位。

在上面两个例子中，所有变换都编码在一个矩阵中，一个是 OpenGL ES 投影矩阵，一个是模型-视图矩阵。实际上对于每种类型的矩阵来说，都能使用一个矩阵堆栈。

目前只使用了这个矩阵堆栈的一部分：即堆栈的顶部(top of the stack，TOS)。只有矩阵堆栈的栈顶(无论是投影矩阵还是模型-视图矩阵)被 OpenGL ES 用于变换顶点。存储于在 TOS 以下的任何矩阵处于闲置状态，只有当其变成新的 TOS 后才起作用。那么如何操作这一堆栈呢？

OpenGL ES 有两个函数用于对当前 TOS 进行入栈和出栈操作：

```
GL10.glPushMatrix();
GL10.glPopMatrix();
```

就像 glTranslatef()及其他类似方法那样，这些方法仅仅工作在我们通过 glMatrixMode()设置的当前活跃矩阵堆栈。

函数 glPushMatrix()方法取得当前栈顶并复制，然后将复制的栈顶值压栈。glPopMatrix()方法将当前栈顶值弹出堆栈以使原栈顶下面的元素变成新的 TOS。

让我们通过一个简单的例子来理解这一过程：

```
gl.glMatrixMode(GL10.GL_MODELVIEW);
gl.glLoadIdentity();
gl.glTranslate(0,0,-10);
```

目前为止，模型-视图矩阵堆栈中仅有一个矩阵。下面"保存"这一新矩阵：

```
gl.glPushMatrix();
```

现在，复制了当前 TOS 并且执行压栈操作，现在堆栈中已经有两个矩阵了。每个矩阵都可以完成这样的变换：沿 z 轴移动-10 个单位。

```
gl.glRotatef(45, 0, 1, 0);
gl.glScalef(1, 2, 1);
```

由于矩阵的操作总是在 TOS 进行，现在在顶部矩阵中执行缩放操作、旋转和平移变换。压栈的矩阵仍旧只包含一个变换。当渲染一个在模型空间给定的网格如立方体时，它将先在 y 轴上缩放，然后绕 y 轴旋转，最后沿着 z 轴平移-10 个单位。现在从 TOS 出栈：

```
gl.glPopMatrix();
```

这个操作将清除栈顶并将其下面的矩阵作为新栈顶。本例中这个出栈值就是原来的变换矩阵。经过这一出栈操作后堆栈中又只剩下一个矩阵了——就是本例开始时初始化的那个矩阵。如果此时渲染一个对象，则变换效果是将该对象沿着 z 轴移动-10 个单位。包含缩放、旋转、变换等操作的矩阵由于出栈的操作已经消失。图 10-14 显示了当执行上述代码时矩阵堆栈的变化过程。

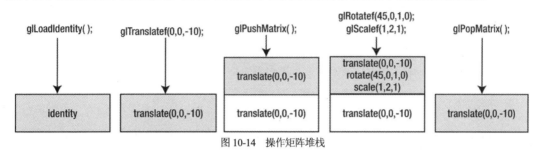

图 10-14　操作矩阵堆栈

这样一个繁琐的操作有什么好处呢？最显著的一个好处是可以记录下即将应用于世界空间中所有对象的变换。例如要让世界空间中所有对象在各个轴上偏移 10 个单位，其代码如下：

```
gl.glMatrixMode(GL10.GL_MODELVIEW);
gl.glLoadIdentity();
gl.glTranslatef(10, 10, 10);
for( MyObject obj: myObjects) {
    gl.glPushMatrix();
    gl.glTranslatef(obj.x, obj.y, obj.z);
    gl.glRotatef(obj.angle, 0, 1, 0);
    // render model of object given in model space, e.g., the cube
    gl.glPopMatrix();
}
```

稍后在介绍到如何在 3D 空间中创建一个照相机系统时将使用上面这种模式。照相机的位置和方向通常用一个矩阵表示。加载这一照相机的矩阵后，我们看到对象的效果将如同从照相机镜头中所观测到的那样。当然，矩阵堆栈的作用并不仅限于此。

10.6.2　用矩阵堆栈实现分层系统

什么是分层系统呢？我们的太阳系就是一个例子。太阳系中心是太阳，环绕太阳周围的行星在距其一定距离的轨道上运行，在某些行星周围又有卫星环绕其运行。无论太阳、其他行星还是卫星都环绕着它们的中心运行(某种程度上)。可以使用矩阵堆栈创建这样一个系统。

太阳在我们的空间中有一个位置，并做自转运动。所有行星则绕着太阳运动，所以当太阳的位置改变时，其他行星要随其改变位置。调用 glTranslatef()定位太阳并调用 glRotatef()让其自转。

各行星有其相对于太阳的位置，它们既自转也绕太阳转动。通过 glRotatef()可以实现行星的自转，使用 glTranslatef()与 glRotatef()可以实现行星绕太阳运转，通过另一个 glTranslatef()可以让行星随着太阳移动。

各个卫星的位置与其围绕的行星有关，并且在公转的同时这些卫星也在自转。卫星的自转可以通过调用 glRotatef()实现，使用 glTranslatef()与 glRotatef()可以实现其绕行星运动。glTranslatef()可使得卫星随着行星移动。由于行星绕着太阳运动，所以卫星也必须绕着太阳运动，可以通过再次调用 glTranslatef()实现这一效果。

这里将这些星球的关系称为父/子关系。太阳相当于各个行星的父类，而各行星又是其卫星的父类。各行星都是太阳的子类，而各个卫星又是其行星的子类。这意味着子类的位置总是相对于父类的位置给出，而与空间原点无关。

太阳没有父类，所以其位置是相对于空间原点的。行星是太阳的子类，其位置是相对于太阳给出的。卫星是行星的子类，其位置是相对于行星给出的。可以把每个父类的中心想象成与其具有父子关系的各个子类所在的坐标系的原点。

空间中对象的自转不受其父类的影响，即使对象进行了缩放也不会改变这种特性。这些自转对象的转动相对于其自转中心给出，这实质上与模型空间是一样的。

1. 木箱太阳系的简单实例

下面列举一个例子，一个很简单的"木箱太阳系"。在世界坐标系中以(0, 0, 5)这一点为中心创建一个木箱。距离这个"太阳"(木箱)3 个单位远的环形轨道上有一个"行星"(另一个木箱)。作为行星的这个木箱(下称行星箱)体积要比作为太阳的木箱(下称太阳箱)小，将大箱缩小至 0.2 个单位即可。围绕着行星箱的是卫星箱。行星箱与卫星箱的距离为 1 个单位，卫星箱要缩小至 0.1 个单位。行星箱和卫星箱都围绕着各自的父对象在 x-z 平面上公转，所有对象都绕着自己的 y 轴公转。图 10-15 展示了我们设置的场景。

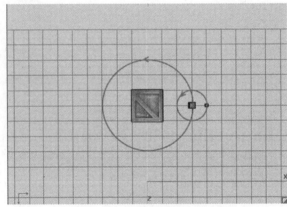

图 10-15　木箱系统

2. HierarchicalObject 类

下面介绍如何定义一个这样的类：该类能编码一个通用的具有如下属性的"太阳系"对象：

- 相对于父类的中心的位置。
- 绕着父类旋转的角度。
- 绕着自身 y 轴旋转的角度。
- 缩放。
- 拥有一些子类。
- 对需要渲染的 Vertices3 实例的引用。

HierarchicalObject 应该能更新它的旋转角度和其子类，并能渲染自己与它的所有子类。这是个递归过程，因为每个子类又会渲染它的子类。调用 glPushMatrix()和 glPopMatrix()来保存父类的变换以便使子类可以与父类一起移动。程序清单 10-7 给出了代码。

程序清单 10-7　HierarchicalObject.java，代表木箱系统中的一个对象

```java
package com.badlogic.androidgames.gl3d;

import java.util.ArrayList;
import java.util.List;

import javax.microedition.khronos.opengles.GL10;

import com.badlogic.androidgames.framework.gl.Vertices3;

public class HierarchicalObject {
    public float x, y, z;
    public float scale = 1;
    public float rotationY, rotationParent;
    public boolean hasParent;
    public final List<HierarchicalObject> children = new
                ArrayList<HierarchicalObject>();
    public final Vertices3 mesh;
```

前三个成员代表对象相对于其父类的位置(如果该对象没有父类，则该坐标为相对于世界空间原点的坐标)。下一个成员存储该对象的缩放量。rotationY 成员表示该对象的自转，而 rotation- Parent 成员存储了其绕父类中心旋转的角度。hasParent 成员指明该对象是否有父类。如果没有父类，则没必要应用绕父类旋转的操作。在系统中"太阳"就没有父类。最后需要有一系列的子类和对 Vertices3 实例的引用，实例中包含用来渲染各个对象的立方体网格。

```java
    public HierarchicalObject(Vertices3 mesh, boolean hasParent) {
        this.mesh = mesh;
        this.hasParent = hasParent;
    }
```

构造函数以一个 Vertices3 实例和一个表示此对象是否有父类的布尔值作为参数。

```java
    public void update(float deltaTime) {
        rotationY += 45 * deltaTime;
        rotationParent += 20 * deltaTime;
        int len = children.size();
        for (int i = 0; i < len; i++) {
            children.get(i).update(deltaTime);
        }
    }
```

在 update()方法中，首先更新 rotationY 和 rotationParent 成员。每个对象将以每秒 45°的速度自转，并且以每秒 20°的速度绕其父类旋转，并递归调用 update()方法对该对象的每个子类执行类似操作。

```java
    public void render(GL10 gl) {
        gl.glPushMatrix();
        if (hasParent)
            gl.glRotatef(rotationParent, 0, 1, 0);
        gl.glTranslatef(x, y, z);
        gl.glPushMatrix();
        gl.glRotatef(rotationY, 0, 1, 0);
        gl.glScalef(scale, scale, scale);
```

```
        mesh.draw(GL10.GL_TRIANGLES, 0, 36);
        gl.glPopMatrix();

        int len = children.size();
        for (int i = 0; i < len; i++) {
            children.get(i).render(gl);
        }
        gl.glPopMatrix();
    }
}
```

render()方法是代码中比较重要的部分。首先将模型-视图矩阵压入堆栈，模型视图矩阵会在对象外部设置为活跃矩阵。由于这个方法是递归的，所以我们才通过压栈保存父类的矩阵变换。

然后使用将对象绕其父类旋转的变换并相对于其父类的中心进行放置。需要注意的是变换是以相反的顺序执行的，所以实际上是首先将对象相对于父类进行放置，然后才将其绕父类旋转。只有当该对象确实有父类时才执行旋转操作。作为太阳的箱子并没有父类，所以该箱并不旋转。这些变换都与对象的父类相关，并都将应用于该对象的所有子类。移动太阳箱周围的一个行星也同样移动了各个行星箱附属的卫星箱。

接着再次对 TOS 执行压栈操作。至此堆栈中包含了父类的变换矩阵以及与父类相关的对象的变换。对象的变换矩需要压栈保存，因为这些变换也将应用于该对象的所有子类。对象的自转以及缩放这两个操作不会应用于其子类，这就是为何要在 TOS 的副本(压栈时创建)中执行这些操作的原因。在进行了自转和缩放操作后就可以通过引用存储的箱子网格来渲染对象了。考虑一下 TOS 矩阵会给模型空间中的各顶点带来怎样的效果。注意，应用变换的顺序是从最后一个到第一个。

木箱首先被缩放到适当大小，然后进行自转变换。这两个变换将应用于模型空间中的各个顶点。随后，各顶点平移到相对于其父类的某个位置。如果该对象没有父类，则其各顶点将平移到世界空间中。如果有父类，则将它们平移至其父类的空间并以其父类为原点。如果该对象有父类，还需要在父类的空间内将其绕父类旋转。如果展开递归调用，会发现我们还应用了该对象父类的变换等。通过这样的机制，卫星箱先置于其父类的坐标系，然后置于太阳箱的坐标系，也即相当于世界空间。

渲染完当前对象后，要将 TOS 出栈，这样，新的 TOS 只包含了与父类相关的变换和对象自转变换。我们不想让所有子类都应用"本地的"变换(即绕对象 y 轴旋转以及对对象进行缩放)，剩下的就是对子类进行递归调用。

注意：应该将 HierarchicalObject 的位置信息以向量的形式编码，这样可以更方便地对其进行操作。但仍然有必要写一个 Vector3 类，这将在第 11 章中介绍。

3. 综合运用

下面使用 HierarchicalObject 类来编写一个程序。复制程序清单 10-6 中的 CubeTest 类的代码，其中包含需要重用的 createCube()方法。将这个类重命名为 HierarchyTest，并将 CubeScreen 更名为 HierarchyScreen。需要做的是创建对象层次，并在适当位置调用 HierarchicalObject.update() 以及 HierarchicalObject.render()方法。程序清单 10-8 列出了 HierarchyTest 中的相关代码。

程序清单 10-8 摘自 HierarchyTest.java：实现一个简单的分层系统

```
class HierarchyScreen extends GLScreen {
    Vertices3 cube;
```

```
Texture texture;
HierarchicalObject sun;
```

我们仅为这个类添加了一个新成员：sun。它代表对象层次的根。由于其他对象都作为 sun 的子类存储于 sun 对象中，所以不必显式地存储这些对象。

```java
public HierarchyScreen(Game game) {
    super(game);
    cube = createCube();

    texture = new Texture(glGame, "crate.png");

    sun = new HierarchicalObject(cube, false);
    sun.z = -5;

    HierarchicalObject planet = new HierarchicalObject(cube, true);
    planet.x = 3;
    planet.scale = 0.2f;
    sun.children.add(planet);

    HierarchicalObject moon = new HierarchicalObject(cube, true);
    moon.x = 1;
    moon.scale = 0.1f;
    planet.children.add(moon);
}
```

在构造函数中建立了分层系统。首先加载纹理并创建适用于所有对象的立方体网格。然后创建太阳箱，它没有父类，并且位于相对于世界原点(即虚拟照相机的位置)的(0, 0, -5)坐标处。接着创建环绕着太阳运转的行星箱，该行星箱位于相对于太阳箱的(0, 0, 3)处，并且缩放量为 0.2。由于行星箱在模型空间中边长为 1 个单位，所以经过这一缩放量的作用后其边长为 0.2 个单位。这里比较关键的步骤是将行星箱添加为太阳箱的一个子类，对于卫星箱也要执行类似操作。卫星箱位于相对于行星箱的(0, 0, 1)处，并且缩放量为 0.1 单位。将其添加为行星箱的一个子类。使用图 10-15 作为一个参考，该图使用了相同的单位系统。

```java
@Override
public void update(float deltaTime) {
    sun.update(deltaTime);
}
```

在 update()方法中，只要通知太阳箱进行自身的更新操作，它将递归调用其所有子类的 update 方法，相应的子类将调用自己的子类的相同方法进行更新，依此类推。分层系统中所有对象的旋转角度也将被更新。

```java
@Override
public void present(float deltaTime) {
    GL10 gl = glGraphics.getGL();
    gl.glViewport(0, 0, glGraphics.getWidth(), glGraphics.getHeight());
    gl.glClear(GL10.GL_COLOR_BUFFER_BIT | GL10.GL_DEPTH_BUFFER_BIT);
    gl.glMatrixMode(GL10.GL_PROJECTION);
    gl.glLoadIdentity();
    GLU.gluPerspective(gl, 67, glGraphics.getWidth()
            / (float) glGraphics.getHeight(), 0.1f, 10.0f);
```

```
                    gl.glMatrixMode(GL10.GL_MODELVIEW);
                    gl.glLoadIdentity();
                    gl.glTranslatef(0, -2, 0);

                    gl.glEnable(GL10.GL_DEPTH_TEST);
                    gl.glEnable(GL10.GL_TEXTURE_2D);
                    texture.bind();
                    cube.bind();

                    sun.render(gl);
                    cube.unbind();
                    gl.glDisable(GL10.GL_TEXTURE_2D);
                    gl.glDisable(GL10.GL_DEPTH_TEST);
                }
        // rest as in CubeScreen
```

最后调用 render()方法。在 present()方法的开头通常先设置视口,并且清除帧缓冲区与深度缓冲区。还创建透视投影矩阵并且在 OpenGL ES 的模型-视图矩阵中加载单位矩阵。之后对 glTranslatef() 的调用比较有趣:我们创建的太阳系将沿 y 轴向下移动 2 个单位,这样就好像是向下观察这一系统,实际上可以想象为沿 y 轴把照相机向上移动了 2 个单位。这样解释对理解一个正确的照相机系统很关键,下一节将讨论这样的系统。

一旦完成基本设置,将启用深度测试和纹理贴图,将纹理绑定至立方体网格,并渲染作为太阳的木箱。由于分层系统中所有对象都使用同样的纹理和网格,所以只需将纹理及网格绑定一次。这一调用将递归地渲染太阳及其所有子类,如前一节所述。最后关闭深度测试和纹理贴图。图 10-16 展示了上述程序的输出效果。

图 10-16 运行中的木箱太阳系

一切都进展顺利。太阳只是自转,行星在距离太阳 3 个单位处环绕其旋转且自转,其大小为太阳的 20%。卫星环绕行星,但与行星同样绕太阳运转,实现这样的效果归功于矩阵堆栈的应用。上述过程中也包含了自转和缩放的本地变换过程。

HierarchicalObject 类十分通用,你可以尽情使用。可以添加更多的行星和卫星,甚至添加卫星的卫星。尽量多地练习使用矩阵堆栈,直到掌握矩阵堆栈的用法。当组合应用各种变换时,最好能在头脑中想象一下最终效果。

注意:不要过度使用矩阵堆栈。因为它有一个最大深度,通常在 16～32 条记录,这取决于 GPU/驱动程序。我们在应用程序中最多用过 4 层。

10.6.3　一个简单的照相机系统

在上一例子中提到了如何实现一个 3D 的照相机系统。调用 glTranslatef()将整个系统沿着 y 轴下移 2 个单位。照相机是固定在原点的，并且观察方向沿着 z 轴负方向，因此这给人感觉好像是把照相机升高了 2 个单位。所有对象的 y 坐标仍保持为零。

实际上我们并没有移动照相机，只是移动了对象。若想让照相机位于(10, 4, 2)，那么调用 glTranslatef()如下所示：

```
gl.glTranslatef(-10,-4,-2);
```

如果想让照相机绕其 y 轴旋转 45°，执行如下操作：

```
gl.glRotatef(-45,0,1,0);
```

可将上述两个步骤组合起来，就像我们对普通对象所做的操作那样：

```
gl.glTranslatef(-10,-4,-2);
gl.glRotatef(-45,0,1,0);
```

变换方法中参数的倒置是关键所在。回顾一下前面的例子。"真实的"照相机位于世界原点并朝向 z 轴负方向。采用照相机反向变换，使得世界成为照相机观察到的固定景象。将虚拟照相机绕 y 轴旋转 45°的效果相当于将照相机固定而将照相机周围的对象旋转-45°，平移也是如此。虚拟照相机置于(10, 4, 2)处。但真实照相机是固定在世界原点的，需要做的是使用该位置向量的反向量(即(-10, -4, -2))平移周围所有对象。

修改上一例子中的 present()方法的如下三行代码：

```
gl.glMatrixMode(GL10.GL_MODELVIEW);
gl.glLoadIdentity();
gl.glTranslatef(0, -2, 0);
```

将它们改为如下代码：

```
gl.glMatrixMode(GL10.GL_MODELVIEW);
gl.glLoadIdentity();
gl.glTranslatef(0, -3, 0);
gl.glRotatef(45, 1, 0, 0);
```

输出结果如图 10-17 所示。

图 10-17　从(0, 3, 0)向下观察我们的空间

目前照相机从理论上说是位于(0, 3, 0)，并向下成 45°(其效果如同将照相机绕 x 轴旋转-45°)观察我们的场景，如图 10-18 所示。

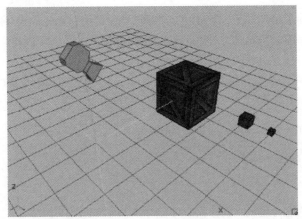

图 10-18 照相机在场景中的位置和方向

实际上可以给一个简单的照相机指定 4 个属性:

- 照相机在世界空间的坐标。
- 照相机绕 x 轴旋转的角度(可用 pitch 表示)。该值相当于你抬头或低头的角度。
- 照相机绕 y 轴旋转的角度(可用 yaw 表示)。该值相当于你将头向左或右转的角度。
- 照相机绕 z 轴旋转的角度(可用 roll 表示)。该值相当于将头向左或右倾斜。

有了这些属性，就可以使用 OpenGL ES 方法创建照相机矩阵。该矩阵可以称为欧拉旋转照相机。许多第一人称射击类游戏使用这样的照相机来模拟人类头部的转动。通常只使用 yaw 和 pitch 轴，roll 轴保持不动。所应用的旋转顺序很重要。对于第一人称射击类游戏，首先应执行 pitch 轴上的旋转，然后才是 yaw 轴旋转:

```
gl.glTranslatef(-cam.x,- cam.y,-cam.z);
gl.glRotatef(cam.yaw, 0, 1, 0);
gl.glRotatef(cam.pitch, 1, 0, 0);
```

许多游戏仍然使用这种非常简单的照相机模型。但如果还要进行 roll 轴旋转，那就需要注意"万向节死锁(gimbal lock)"带来的影响。这种效应会使某一轴上已配置的旋转失效。

注意:要用文字和图片解释"万向节死锁"十分困难。但由于我们只使用了 yaw 和 pitch，所以不会出现上述问题。如果想要更好地理解什么是万向节死锁，建议到网络上的视频站点查找相关资料。在欧拉旋转中无法解决这样的问题。实际解决方案在数学上很复杂，本书不再探讨这一问题。

获得一个简单照相机系统的第二个方案是使用 GLU.glLookAt()方法。

```
GLU.gluLookAt(GL10 gl,
            float eyeX, float eyeY, float eyeZ,
            float centerX, float centerY, float centerZ,
            float upX, float upY, float upZ);
```

与 GLU.gluPerspective()方法类似，GLU.glLookAt()会将当前活跃矩阵乘上一个变换矩阵。在这个例子中，这一变换矩阵就是即将变换世界的照相机矩阵:

- 参数 gl 是渲染过程中使用的一个 GL10 实例。
- eyeX、eyeY 和 eyeZ 指定了照相机在 3D 世界中的位置。
- centerX、centerY 和 centerZ 指定一个参考点的位置，照相机镜头朝向该点。
- upX、upY 和 upZ 指定了一个所谓的 up 向量。可将该向量想象成你头顶上的一个箭头，垂直于头顶且方向向上。当你将头向左倾斜或向右倾斜时，该箭头会随之向左或右倾斜。

up 向量通常设置为(0, 1, 0)，尽管这样设置不完全正确。gluLookAt()方法在大多数情况下可以将up 向量重规范化。图 10-19 显示了场景，照相机位于(3, 3, 0)且镜头指向(0, 0, -5)，另外还显示了"真正的"up 向量。

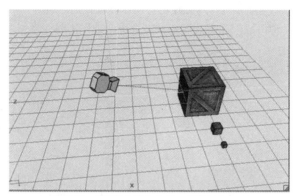

图 10-19　照相机位于(3, 3, 0)，并朝向(0, 0, -3)

可以将 HierarchyScreen.present()方法中之前修改的部分用下面的代码代替：

```
gl.glMatrixMode(GL10.GL_MODELVIEW);
gl.glLoadIdentity();
GLU.gluLookAt(gl, 3, 3, 0, 0, 0, -5, 0, 1, 0);
```

这一次还注释掉了 sun.update()的调用，这样分层系统看起来就像图 10-19 那样。图 10-20 展示了使用照相机后的效果。

图 10-20　应用照相机的效果

如果想仅仅通过指定照相机位置以及镜头朝向就能跟踪一个角色或者获得更好地控制观察场景的方式，这种照相机效果很好。以上就是关于照相机需要了解的内容。在第 11 章将为第一人称射击类游戏中的照相机以及能追随对象的特写照相机编写两个简单的类。

10.7 小结

现在你应该对 OpenGL ES 中基本的 3D 图形编程有所了解了。我们已经学习了如何建立一个透视视锥体，如何指定 3D 顶点位置以及什么是 z-buffer。你也看到了根据我们是否能正确使用 z-buffer 而带来哪些优缺点。我们创建了第一个 3D 对象：一个带纹理的立方体，可以看到创建过程非常简单。最后略带讨论了矩阵和变换，并创建一个分层系统和一个简单的照相机系统。当然这些都只是冰山一角，还有很多内容需要进一步学习。第 11 章中会重新温习第 8 章中的提到的一些 3D 图形编程的内容。我们也会介绍一些新技巧，这些技巧将用于完成我们的最后一个游戏。特别建议多读读本章中给出的示例代码。你可以创建新的图形并充分练习使用矩阵变换以及照相机系统。

3D 编程技巧

3D 编程所包含的内容极为复杂而广泛。本章介绍编写一个简单的 3D 小游戏所需要掌握的最基本内容：

- 编写过程中将再次用到向量并为其增加一个坐标。
- 光照是 3D 游戏中的重要组成部分。本章将介绍如何利用 OpenGL ES 搭建一个简单的光照系统。
- 通过编程定义对象比较麻烦。本章将介绍一种简单的 3D 文件格式，以便加载并渲染由外部 3D 建模软件创建好的 3D 模型。
- 在第 8 章中曾讨论过对象表示和碰撞检测，本章将介绍如何在 3D 中实现它们。
- 本章还将回顾一些第 8 章介绍过的物理概念在 3D 环境中的应用。

让我们首先来学习 3D 向量。

11.1　准备工作

本章中我们会一如既往地编写几个简单的代码示例程序。为此将创建一个新的项目，并从之前开发的代码中复制一些框架性的源代码。

与之前的章节类似，程序中有一个测试启动活动，该活动以列表的形式给出测试，我们将其命名为 GLAdvancedStarter 并将其设置为默认活动。将 GL3DBasicsStarter 的代码复制过来，并修改测试的类名。此外还需要使用合适的<activity>元素将每个测试活动添加到清单文件中。

每个测试将如常扩展 GLGame；实际代码将用 GLGame 实例与 GLScreen 实例联合实现。与第 10 章一样，为节省篇幅，将只列出 GLScreen 实现的部分代码。所有测试代码和启动活动位于 com.badlogic.androidgames.gladvanced 这个包中。有一些类将成为框架的一部分，并分别放在各自的框架包中。

11.2　3D 中的向量

在第 8 章中曾经讨论过向量这一概念，并在 2D 环境中予以讲解。你可能已经想到了，这些知识在 3D 环境中也适用。我们所要做的仅是给向量添加一个新坐标值，即 z 轴坐标。

2D 环境中对向量的操作可以很容易地转换到 3D 空间中。使用如下语句指定一个 3D 向量：

```
v = (x, y, z)
```

3D 中向量的加法运算如下：

```
c = a + b = (a.x, a.y, b.z) + (b.x, b.y, b.z) = (a.x + b.x, a.y + b.y, a.z + b.z)
```

向量减法运算如下：

```
c = a - b = (a.x, a.y, b.z) - (b.x, b.y, b.z) = (a.x - b.x, a.y - b.y, a.z - b.z)
```

一个标量与向量的乘法运算如下：

```
a' = a * scalar = (a.x * scalar, a.y * scalar, a.z * scalar)
```

在 3D 中测量一个向量的长度也很简单，只需将 z 坐标添加至勾股方程中：

```
|a| = sqrt(a.x *a.x + a.y *a.y + a.z *a.z)
```

根据上面的方程可将向量规范化为单位长度：

```
a' = (a.x / |a|, a.y / |a|, a.z / |a|)
```

在第 8 章中所给出的与向量有关的结论在 3D 空间中仍然成立：

- 任何位置都可以用法向量的 x、y 和 z 坐标表示。
- 速度和加速度也可以用 3D 中的向量来表示。每个部分都表示着一个轴上的一个确定分量，例如速度以米/秒为单位，加速度以米/秒 [2] 为单位。
- 在 3D 中可以用单位向量来表示方向(或某一轴)。在第 8 章中使用 OpenGL ES 的旋转功能时我们也曾这么做。
- 测量距离时可以用终点向量减去起点向量，然后计算相减后得到的向量长度即为想要测量的距离。

还有一个比较有用的操作是将一个 3D 向量绕某个 3D 轴旋转。我们曾经通过调用 OpenGL ES 中的 glRotatef()方法实现过这样的操作。然而，不能用该方法来旋转那些用于存储游戏中对象位置或方向的向量，因为这样的操作只对已提交给 GPU 的一些顶点有效。幸好在 Android 提供的 API 中有个 Matrix 类可以模拟 OpenGL ES 在 GPU 上的操作。下面编写一个 Vector3 类来实现上述功能。程序清单 11-1 给出了相关的代码实现了所有这些特性，下面会进行详细解释。

程序清单 11-1　Vector3.java，3D 中的一个向量

```
package com.badlogic.androidgames.framework.math;

import android.opengl.Matrix;
import android.util.FloatMath;

public class Vector3 {
```

```
private static final float[] matrix = new float[16];
private static final float[] inVec = new float[4];
private static final float[] outVec = new float[4];
public float x, y, z;
```

这个类的开头定义了几个私有的静态 final 类型的(final 是 Java 中的一个关键字)浮点型数组,在此后实现 Vector3 类中新的 rotate()方法时要用到这些变量。只需要记住 matrix 成员有 16 个元素,而且 inVec 和 outVec 分别有 4 个元素。在这里创建这些数组后,后面就不需要一直创建它们了。这可以减轻垃圾回收器的工作。只是要记住,采用这种做法时,Vector3 类不是线程安全的。

之后定义的成员 x、y 和 z 用来存储真实的向量分量,它们的含义不言自明:

```
public Vector3() {
}

public Vector3(float x, float y, float z) {
    this.x = x;
    this.y = y;
    this.z = z;
}

public Vector3(Vector3 other) {
    this.x = other.x;
    this.y = other.y;
    this.z = other.z;
}

public Vector3 cpy() {
return new Vector3(x, y, z);
}

public Vector3 set(float x, float y, float z) {
    this.x = x;
    this.y = y;
    this.z = z;
    return this;
}

public Vector3 set(Vector3 other) {
    this.x = other.x;
    this.y = other.y;
    this.z = other.z;
    return this;
}
```

与 Vector2 类相似,Vector3 类也有一组构造函数、一些 setter 方法与一个 cpy()方法,所以可以方便地将向量复制过来或使用在程序中计算出的分量设置它们。

```
public Vector3 add(float x, float y, float z) {
    this.x += x;
    this.y += y;
    this.z += z;
    return this;
}

public Vector3 add(Vector3 other) {
```

```
        this.x += other.x;
        this.y += other.y;
        this.z += other.z;
        return this;
    }

    public Vector3 sub(float x, float y, float z) {
        this.x -= x;
        this.y -= y;
        this.z -= z;
        return this;
    }

    public Vector3 sub(Vector3 other) {
        this.x -= other.x;
        this.y -= other.y;
        this.z -= other.z;
        return this;
    }

    public Vector3 mul(float scalar) {
        this.x *= scalar;
        this.y *= scalar;
        this.z *= scalar;
        return this;
    }
```

上面列出的 add()、sub()和 mul()方法是 Vector2 类中同名方法的扩展，其改动只是添加了 z 坐标。这些方法实现了前面讨论的一些操作。代码很简单明了，对吗？

```
    public float len() {
        return FloatMath.sqrt(x * x + y * y + z * z);
    }

    public Vector3 nor() {
        float len = len();
        if (len != 0) {
            this.x /= len;
            this.y /= len;
            this.z /= len;
        }
        return this;
    }
```

len()和 nor()方法与在 Vector2 类中基本相同。只需将新的 z 坐标添加到运算中。

```
    public Vector3 rotate(float angle, float axisX, float axisY, float axisZ) {
        inVec[0] = x;
        inVec[1] = y;
        inVec[2] = z;
        inVec[3] = 1;
        Matrix.setIdentityM(matrix, 0);
        Matrix.rotateM(matrix, 0, angle, axisX, axisY, axisZ);
        Matrix.multiplyMV(outVec, 0, matrix, 0, inVec, 0);
        x = outVec[0];
        y = outVec[1];
```

```
        z = outVec[2];
        return this;
    }
```

以上就是新的 rotate()方法。如前所述，这里使用了 Android 的 Matrix 类。Matrix 类由一些静态方法组成，如 Matrix.setIdentityM()或 Matrix.rotateM()。与前面的方法类似，这些方法操作的也是浮点数组。matrix 是存储了 16 个浮点数的数组，而一个向量要求有 4 个元素。我们不再深入讨论这个类的具体工作方式；我们需要的是一种可在 Java 上模拟 OpenGL ES 中矩阵运算的方法，而 Matrix 类就可以实现这一点。所有成员方法都工作在矩阵上，且其操作都与 OpenGL ES 中的 glRotatef()、glTranslatef()以及 glIdentityf()这几个方法基本相同。

rotate()方法的开始就将向量的分量设置为之前定义的 inVec 数组。接着，在该类的 matrix 成员上调用 Matrix.setIdentityM()，该方法会将对矩阵进行"清零"操作。调用 OpenGL ES 中的 glIdentityf()对存储于 GPU 中的矩阵进行类似的清零操作。然后调用 Matrix.rotateM()，其参数包括保存矩阵的浮点数组、数组的偏移值、旋转角度和需要绕其旋转的轴(单位长度)，该方法的效果等同于 glRotatef()，将用给出的矩阵乘上旋转矩阵。最后调用 Matrix.multiplyMV()，该方法会用存储于 inVec 中的向量乘上矩阵，即将 matrix 中的所有变换应用于向量中，其结果会在 outVec 中输出。方法剩余的操作是将结果从 outVec 数组中取出并保存到 Vector3 的成员中。

注意：Matrix 类不仅可以对向量进行旋转操作，其作用还有很多。其操作方式与 OpenGL ES 对作为参数传入的矩阵的操作类似。

```
    public float dist(Vector3 other) {
        float distX = this.x - other.x;
        float distY = this.y - other.y;
        float distZ = this.z - other.z;
        return FloatMath.sqrt(distX * distX + distY * distY + distZ * distZ);
    }

    public float dist(float x, float y, float z) {
        float distX = this.x - x;
        float distY = this.y - y;
        float distZ = this.z - z;
        return FloatMath.sqrt(distX * distX + distY * distY + distZ * distZ);
    }

    public float distSquared(Vector3 other) {
        float distX = this.x - other.x;
        float distY = this.y - other.y;
        float distZ = this.z - other.z;
        return distX * distX + distY * distY + distZ * distZ;
    }

    public float distSquared(float x, float y, float z) {
        float distX = this.x - x;
        float distY = this.y - y;
        float distZ = this.z - z;
        return distX * distX + distY * distY + distZ * distZ;
    }
}
```

最后调用通用的 dist()和 distSquared()方法计算 3D 中两个向量之间的距离。

需要注意的是,这里没提到 Vector2 中的 angle()方法。该方法在 3D 空间中能测量两向量间的角度,但不能提供 0～360 间的角度值。通常调用 Vector2.angle()方法并利用每个向量的 2 个分量得到这两个向量在 x/y 平面、z/y 平面和 x/z 平面上的夹角的估计值。直到本书最后一个游戏才需要计算角度这一功能,所以等到介绍该游戏时再讨论这一话题。

对于 Vector3 类不再给出使用示例,该类的使用方法类似于第 8 章中的 Vector2,只需参照 Vector2 的用法调用这些新方法即可。下面开始介绍新的内容:OpenGL ES 中的光照。

11.3 OpenGL ES 中的光照

光照系统是 OpenGL ES 中的一个十分有用的特性,它能使 3D 游戏更加逼真。为了使用该功能,首先要了解 OpenGL ES 中的光照模型的相关概念。

11.3.1 光照的工作机制

思考一下光照的工作原理。首先,需要一个光源来发射光线,还需要一个被光照照射到的物体,最后需要一个传感器,例如我们的眼睛或者一台照相机,该传感器将会捕获光源发出的光以及被物体反射回来的光。光照会改变观察者对被观测物体颜色的感受,这取决于下面几个因素:

- 光源的类型
- 光源的颜色和强度
- 光源相对于被照射物体的位置和方向
- 被照射物的材质和纹理

被照射物体反射光的强度取决于几个因素。我们比较关心的是光照射至物体平面时光与物体平面的夹角。光与其所照射的平面越接近垂直,物体表面反射光的强度越大,图 11-1 所示。

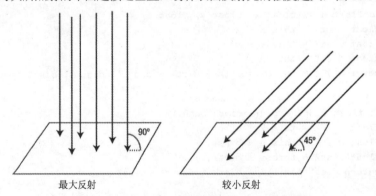

最大反射   较小反射

图 11-1 光与其所照射的平面越接近垂直,反射光的强度越大

一旦光照射到平面,它会以两种方式反射。大部分光会进行漫反射,即反射光线会因为物体不规则的表面而随机地发散开来。还有一部分是镜面反射,即光像照射到一个光滑的镜面一样反射回来。图 11-2 展示了漫反射和镜面反射的区别。

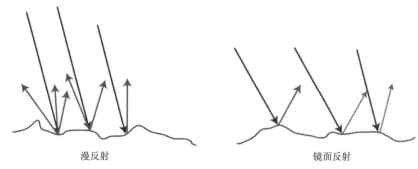

漫反射   镜面反射

图 11-2 漫反射与镜面反射

镜面反射会在物体上表现出强光的效果。一个物体是否会具有镜面反射的效果取决于它的材质。具有粗糙或不平整表面的物体(例如皮肤或衣服面料)是不可能形成镜面反射的。具有光滑表面的物体(如玻璃或大理石)能产生镜面反射。当然无论玻璃还是大理石的表面并不是绝对光滑的，但是相对于木材或人类皮肤，它们就非常光滑。

当光线照射到一个物体表面时，反射光的颜色还取决于构成被照射物体的化学成分。例如，当看到物体是红色时，其实是因为该物体仅反射了部分红色光，被照射物体"吸收"了其他波长的光；一个黑色的物体则是吸收了所有照射到其表面的光。

在 OpenGL ES 中，可通过指定光源和物体材质来模拟现实世界的这种行为。

11.3.2 光源

我们身处各种各样的光源中。例如，太阳不断地照射着我们。显示器也散发着光，在夜间用那种舒适的蓝光围绕在我们身边。在黑暗中为了防止汽车相撞,车头灯和路灯也不断的发出光。OpenGL ES 可以创建出不同类型的光源：

- **环境光**：环境光本身并非光源，而是由所在环境中的其他光源发出的光反射在周围得到的。这些环境光混合在一起形成一定强度的照明效果，这种照明是无方向的，并且被环境光照射所有的物体都具有共同的强度。
- **点光**：点光源在空间中有固定位置，并且向各个方向照射。例如，一个灯泡就是一个点光源。
- **定向光**：在 OpenGL ES 中，定向光表现为一个方向，并且认为其延伸至无限远处。太阳可以认为是一个理想的定向光源。可以假设从太阳照射到地球上的光都是以同一个角度到达地面的，因为太阳和地球的距离足够远。
- **投射光**：类似于点光，投射光在空间中具有一个明确位置。不同的是该类型光有照射的方向，并且这样的光产生的是一个锥形的有一定照射半径的照射区域。街边的路灯就是一个投射光源。

这里只关注环境光、点光和定向光。由于 OpenGL ES 计算光照的方式,投射光很难通过 Android 设备上的那些能力有限的 GPU 生成。稍后将讨论其原因。

除了光源的位置和方向，OpenGL ES 还允许指定光的颜色和强度，使用 RGBA 色指定颜色。然而 OpenGL ES 要求不仅仅指定一种颜色，而是对每个光源设置 4 种不同的颜色。

- **环境**：这是被照射物体整体受到的光强/光色。物体将均匀地受到这种颜色的光照射，并且与光源位置和方向无关。
- **漫反射**：这是对一个物体计算漫反射时会用到的光强/光色。背着光源的另一面不会被照射到，这与现实生活中是一样的。
- **镜面反射**：该光强/光色与漫反射色类似。但镜面反射色仅仅影响面向观察者和光源的那一面。
- **发射**：这种光色很复杂并且很少用到，这里不再深入探讨。

通常只设置光源的漫反射光强度和镜面反射光强度，而另外两种色值则使用默认值。大多数情况下，漫反射和镜面反射强度取相同的 RGBA 色值。

11.3.3　材质

现实生活中每种物体都由特定材质构成。材质决定了照射在物体上的光的反射方式并会改变反射光的颜色。在 OpenGL ES 中需要为每种材质指定 4 个 RGBA 颜色值，类似光源中的设置：

- **环境**：该色值与环境中任何光源的环境色相关。
- **漫反射**：该色值与任何光源的漫反射色有关。
- **镜面反射**：该色值与光源的镜面反射光结合起来，在物体表面形成高光点。
- **发射**：在本书中很少使用，在此不深入讨论。

图 11-3 展示了前面三种类型的材质/光源的影响效果：环境光、漫反射和镜面反射。

图 11-3　不同的材质/光类型。左图：仅有环境光。中间图：仅有漫反射。右图：环境光，漫反射和镜面反射都有

从图 11-3 可以看到不同材质和光的特性所带来的影响。环境光均匀照射物体。漫反射效果则取决于光照射物体的角度；面向光源的那一面则比较亮，而背向光源的面由于光线无法到达则显得较暗。在最右边的图中可以看到环境光、漫反射和镜面反射三种光照同时作用的效果。镜面反射光的效果很明显，在球体表面形成一个白色高亮光点。

11.3.4　OpenGL ES 中如何对光照过程进行运算：顶点法线

我们曾提到过反射光的强度取决于照射光与被照射物体表面的夹角。OpenGL ES 就利用该角度对光照进行运算。在 OpenGL ES 中通过顶点法线进行运算，在代码中需要对此进行定义，正如定义纹理坐标或顶点颜色那样。图 11-4 展示了一个带有顶点法线的球体。

法线是垂直于物体表面的单位长度的向量。在这里，这块表面是一个三角形。我们指定一个顶点法线而不是指定平面法线。二者的区别在于顶点法线的方向不一定与平面法线的方向一致。从图 11-4 可以清晰地看到，顶点向量的方向是其所在几个三角平面的平均值。取平均使物体得以平滑着色。

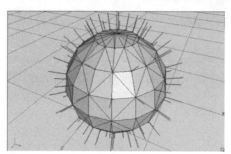

图 11-4　球体及其顶点法线

当渲染物体时，如果开启了顶点发现和光照效果，OpenGL ES 将确定每个顶点与光源的夹角。它利用这一夹角并根据物体和光源材质的环境色、漫反射色与镜面反射色等属性计算顶点的颜色。计算的结果是物体上每一个顶点的颜色值，该色值通过与每一个三角形上其他已计算色值的顶点用内插替换的方法得到。这一经过插值运算的色值可以与应用到物体上的任何纹理贴图相结合。

这一过程看起来很令人费解，但实际操作起来并没那么棘手。除了通常指定的其他顶点属性(如位置或纹理坐标)，需要开启光照并且指定光源，指定需要渲染的物体的材质以及顶点法线。下面来看一下如何在 OpenGL ES 中实现上述过程。

11.3.5　实践

现在将进入如何在 OpenGL ES 中实现光照的关键步骤。我们将逐步创建一些小的辅助类，这些类能减少工作量。将这些类放在名为 com.badlogic.androidgames.framework.gl 的包中。

1. 开启和关闭光照

与所有 OpenGL ES 状态一样，首先需要开启这些功能，如下所示：

```
gl.glEnable(GL10.GL_LIGHTING);
```

一旦开启，光照系统将被应用于渲染的所有物体。当然必须指定光源、材质以及顶点法线来得到有意义的结果。一旦渲染完所有应有光照的物体后，可通过如下操作关闭光照：

```
gl.glDisable(GL10.GL_LIGHTING);
```

2. 指定光源

如前所述，OpenGL ES 提供了 4 种类型的光源：环境光、点光、定向光和投射光。下面将介绍如何定义前三种光源。为了使投射光的效果更好且更有效，必须为每个对象的模型使用大量的三角形，然而这在目前大多数移动设备上尚无法办到。

OpenGL ES 允许在每个场景中最多使用 8 个光源，外加一个全局的环境光。这 8 个光源有各自的标识符，从 GL10.GL_LIGHT0 至 GL10.GL_LIGHT7。如果想要操作这些光源的属性，可以通过分别指定其 ID 来实现。

通过下面语句开启光源：

```
gl.glEnable(GL10.GL_LIGHT0);
```

这里，OpenGL ES 会使用 ID 号为 0 的光源的属性，并相应地将其应用于所有被渲染物体。如果想要关闭某个光源，可执行如下语句：

```
gl.glDisable(GL10.GL_LIGHT0);
```

环境光的操作是比较特殊的情况，因为它没有标识符。OpenGL ES 中每个场景只有一个全局环境光，下面详细介绍它。

3. 环境光

如前所述，环境光是一种特殊的光。环境光没有位置和方向，它仅有一种均匀地照射在该场景中每一个物体上的颜色。OpenGL ES 允许指定一个全局的环境光，如下所示：

```
float[] ambientColor = { 0.2f, 0.2f, 0.2f, 1.0f };
gl.glLightModelfv(GL10.GL_LIGHT_MODEL_AMBIENT, color, 0);
```

数组 ambientColor 中保存着环境光色的 RGBA 值，这些值被编码为范围在 0~1 之间的浮点数。方法 glLightModelfv()的第一个参数为常量，该值指定了希望设置的环境光色；第二个参数是一个浮点数组 color，它保存了颜色值；第三个参数是一个偏移量，表示该方法从浮点数组中的第几个 RGBA 值开始取值。将上面给出的代码放进一个很小的类中，代码如程序清单 11-2 所示。

程序清单 11-2 AmbientLight.java，OpenGL ES 全局环境光的一个简单抽象

```
package com.badlogic.androidgames.framework.gl;

import javax.microedition.khronos.opengles.GL10;

public class AmbientLight {
    float[] color = {0.2f, 0.2f, 0.2f, 1};

    public void setColor(float r, float g, float b, float a) {
        color[0] = r;
        color[1] = g;
        color[2] = b;
        color[3] = a;
    }

    public void enable(GL10 gl) {
        gl.glLightModelfv(GL10.GL_LIGHT_MODEL_AMBIENT, color, 0);
    }
}
```

需要做的是，将环境光的色值保存在一个浮点数组中并提供两个方法：一个用于设置颜色值；另一个用于使 OpenGL ES 应用我们定义的环境光色。默认情况下使用灰色的环境光。

4. 点光

点光与环境光、漫反射光以及镜面光色/光强(不讨论发射光色/光强)一样有一个位置。可以通过如下代码指定不同的颜色：

```
gl.glLightfv(GL10.GL_LIGHT3, GL10.GL_AMBIENT, ambientColor, 0);
gl.glLightfv(GL10.GL_LIGHT3, GL10.GL_DIFFUSE, diffuseColor, 0);
gl.glLightfv(GL10.GL_LIGHT3, GL10.GL_SPECULAR, specularColor, 0);
```

第一个参数是光源的标识符；这里代码中使用了第四个光源。第二个参数指定想要修改的光源的属性。第三个参数是保存 RGBA 值的浮点数组。最后一个参数是数组的偏移量。可以简单地指定点光位置，如下所示：

```
float[] position = {x, y, z, 1};
gl.glLightfv(GL10.GL_LIGHT3, GL10.GL_POSITION, position, 0);
```

上面代码中指定了需要修改的属性(这里是位置)，并设置了包含 4 个元素的数组，其中存储光源在世界中的 x、y 和 z 轴坐标。需要注意的是数组中第四个元素必须设置为 1，即有位置的光源！将上面的代码放在一个辅助类中，如程序清单 11-3 所示。

程序清单 11-3　PointLight.java，OpenGL ES 点光源的简单抽象

```java
package com.badlogic.androidgames.framework.gl;

import javax.microedition.khronos.opengles.GL10;

public class PointLight {
    float[] ambient = { 0.2f, 0.2f, 0.2f, 1.0f };
    float[] diffuse = { 1.0f, 1.0f, 1.0f, 1.0f };
    float[] specular = { 0.0f, 0.0f, 0.0f, 1.0f };
    float[] position = { 0, 0, 0, 1 };
    int lastLightId = 0;

    public void setAmbient(float r, float g, float b, float a) {
        ambient[0] = r;
        ambient[1] = g;
        ambient[2] = b;
        ambient[3] = a;
    }

    public void setDiffuse(float r, float g, float b, float a) {
        diffuse[0] = r;
        diffuse[1] = g;
        diffuse[2] = b;
        diffuse[3] = a;
    }

    public void setSpecular(float r, float g, float b, float a) {
        specular[0] = r;
        specular[1] = g;
        specular[2] = b;
        specular[3] = a;
    }

    public void setPosition(float x, float y, float z) {
        position[0] = x;
        position[1] = y;
        position[2] = z;
    }

    public void enable(GL10 gl, int lightId) {
        gl.glEnable(lightId);
        gl.glLightfv(lightId, GL10.GL_AMBIENT, ambient, 0);
        gl.glLightfv(lightId, GL10.GL_DIFFUSE, diffuse, 0);
        gl.glLightfv(lightId, GL10.GL_SPECULAR, specular, 0);
        gl.glLightfv(lightId, GL10.GL_POSITION, position, 0);
```

```
            lastLightId = lightId;
    }

    public void disable(GL10 gl) {
        gl.glDisable(lastLightId);
    }
}
```

这一辅助类保存了环境色、漫反射色和高光颜色以及位置信息(第四个元素设置为 1)。此外，我们保存了最近使用的光源 ID，这样就可以提供一个 disable()方法以便在需要的时候关闭光源。每个光源属性都有对应的设置方法。这里还提供了 enable()方法，它以 GL10 的实例以及光源 ID(例如GL10.GL_LIGHT6)为参数。该方法开启光源，并设置其属性，然后存储使用过的光源 ID。disable()方法使用在 enable()中设置的 lastLightId 成员关闭光源。

我们为环境色、漫反射色和镜面光色在成员数组的初始化器中设置了合理的默认值。光源是白色的，并且不会产生任何镜面光色，因为镜面光色是黑色的。

5. 定向光

定向光与点光基本一样，唯一的不同之处是定向光具有方向而没有位置。定向光的方向表示也有些复杂。OpenGL ES 认为应该在空间中定义一个点而不是使用方向向量。这时方向表示为从该点指向空间原点的向量方向。下面的代码段生成了一个从 3D 世界右侧面发射过来的定向光:

```
float[] dirPos = {1, 0, 0, 0};
gl.glLightfv(GL10.GL_LIGHT0, GL10.GL_POSITION, dirPos, 0);
```

可将其转换为一个方向向量:

```
dir = -dirPos = {-1, 0, 0, 0}
```

其余属性(例如环境色或漫反射色)的设置与点光中的设置是相同的。程序清单 11-4 展示了漫反射光的辅助类的代码实现。

程序清单 11-4　DirectionalLight.java，OpenGL ES 定向光的简单抽象

```
package com.badlogic.androidgames.framework.gl;

import javax.microedition.khronos.opengles.GL10;

public class DirectionalLight {
    float[] ambient = { 0.2f, 0.2f, 0.2f, 1.0f };
    float[] diffuse = { 1.0f, 1.0f, 1.0f, 1.0f };
    float[] specular = { 0.0f, 0.0f, 0.0f, 1.0f };
    float[] direction = { 0, 0, -1, 0 };
    int lastLightId = 0;

    public void setAmbient(float r, float g, float b, float a) {
        ambient[0] = r;
        ambient[1] = g;
        ambient[2] = b;
        ambient[3] = a;
    }

    public void setDiffuse(float r, float g, float b, float a) {
        diffuse[0] = r;
```

```
        diffuse[1] = g;
        diffuse[2] = b;
        diffuse[3] = a;
    }

    public void setSpecular(float r, float g, float b, float a) {
        specular[0] = r;
        specular[1] = g;
        specular[2] = b;
        specular[3] = a;
    }

    public void setDirection(float x, float y, float z) {
        direction[0] = -x;
        direction[1] = -y;
        direction[2] = -z;
    }

    public void enable(GL10 gl, int lightId) {
        gl.glEnable(lightId);
        gl.glLightfv(lightId, GL10.GL_AMBIENT, ambient, 0);
        gl.glLightfv(lightId, GL10.GL_DIFFUSE, diffuse, 0);
        gl.glLightfv(lightId, GL10.GL_SPECULAR, specular, 0);
        gl.glLightfv(lightId, GL10.GL_POSITION, direction, 0);
        lastLightId = lightId;
    }

    public void disable(GL10 gl) {
        gl.glDisable(lastLightId);
    }
}
```

这个辅助类与 PointLight 类几乎完全相同。唯一不同之处是 direction 数组的第四个元素设置为 1。这里还使用了 setDirection()方法，而不是 setPosition()方法。setDirection()方法允许指定一个方向，如(-1, 0, 0)，这样光线就从右侧照射过来。在 setDirection()方法中只是对所有向量分量取反，以便将方向转换为 OpenGL ES 所希望的格式。

6. 指定材质

材质由一组属性所定义。在 OpenGL ES 中，材质可以认为是一种状态，直到对其加以修改或 OpenGL ES 上下文丢失时这种状态才会失效。可以执行如下操作来设置当前激活的材质属性：

```
gl.glMaterialfv(GL10.GL_FRONT_AND_BACK, GL10.GL_AMBIENT, ambientColor, 0);
gl.glMaterialfv(GL10.GL_FRONT_AND_BACK, GL10.GL_DIFFUSE, diffuseColor, 0);
gl.glMaterialfv(GL10.GL_FRONT_AND_BACK, GL10.GL_SPECULAR, specularColor, 0);
```

这里同样需要指定环境色、漫反射色和镜面 RGBA 色。同样通过一个包含 4 个元素的浮点数组进行操作，这与之前对光源属性的操作类似。将上面代码放入一个小的辅助类中，如程序清单 11-5 所示。

程序清单 11-5　Material.java，OpenGL ES 材质的简单抽象

```
package com.badlogic.androidgames.framework.gl;
```

```
import javax.microedition.khronos.opengles.GL10;

public class Material {
    float[] ambient = { 0.2f, 0.2f, 0.2f, 1.0f };
    float[] diffuse = { 1.0f, 1.0f, 1.0f, 1.0f };
    float[] specular = { 0.0f, 0.0f, 0.0f, 1.0f };

    public void setAmbient(float r, float g, float b, float a) {
        ambient[0] = r;
        ambient[1] = g;
        ambient[2] = b;
        ambient[3] = a;
    }

    public void setDiffuse(float r, float g, float b, float a) {
        diffuse[0] = r;
        diffuse[1] = g;
        diffuse[2] = b;
        diffuse[3] = a;
    }

    public void setSpecular(float r, float g, float b, float a) {
        specular[0] = r;
        specular[1] = g;
        specular[2] = b;
        specular[3] = a;
    }

    public void enable(GL10 gl) {
        gl.glMaterialfv(GL10.GL_FRONT_AND_BACK, GL10.GL_AMBIENT, ambient, 0);
        gl.glMaterialfv(GL10.GL_FRONT_AND_BACK, GL10.GL_DIFFUSE, diffuse, 0);
        gl.glMaterialfv(GL10.GL_FRONT_AND_BACK, GL10.GL_SPECULAR, specular, 0);
    }
}
```

代码中没有太大的改动。这里保存了材质的三个分量，并提供了 setter 方法以及一个 enable()方法来设置材质。

OpenGL ES 在对材质的处理方面有其独特之处。通常情况下我们会使用称为颜色材质的功能，而不是调用 glMaterialfv()。也就是说，OpenGL ES 使用模型的顶点色作为环境色和漫反射色，而不是通过 glMaterialfv()来指定这两种颜色值。通过以下方式实现这样的功能：

```
gl.glEnable(GL10.GL_COLOR_MATERIAL);
```

我们通常都这样使用上述语句，而不使用之前给出的成熟的材质类，因为环境色和漫反射色通常都一样。在本书的大多数示例程序和游戏中不使用镜面高光，所以只需要如上开启颜色材质的功能而不需要调用 glMaterialfv()。究竟使用 Material 类还是颜色材质取决于使用者。

7. 指定法线

为了在 OpenGL ES 中实现光照效果，必须为模型中的每个顶点指定顶点法线。顶点法线必须是一个单位长度的向量并且其方向垂直于该顶点所属平面。图 11-5 展示了立方体各个顶点的法线。

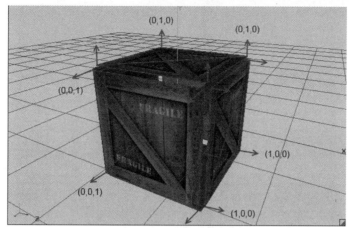

图 11-5　立方体各个顶点的法线

顶点法线像位置和颜色值一样都是顶点的属性之一。为使用顶点法线，需要再次修改 Vertices3 类。同之前使用的 glVertexPointer()和 glColorPointer()方法一样，需要调用 glNormal- Pointer()来告诉 OpenGL ES 在哪里能找到每个顶点法线。程序清单 11-6 给出了 Vertices3 类的最终修改版本。

程序清单 11-6　Vertices3.java，支持法线的最终版代码

```java
package com.badlogic.androidgames.framework.gl;

import java.nio.ByteBuffer;
import java.nio.ByteOrder;
import java.nio.IntBuffer;
import java.nio.ShortBuffer;

import javax.microedition.khronos.opengles.GL10;

import com.badlogic.androidgames.framework.impl.GLGraphics;

public class Vertices3 {
    final GLGraphics glGraphics;
    final boolean hasColor;
    final boolean hasTexCoords;
    final boolean hasNormals;
    final int vertexSize;
    final IntBuffer vertices;
    final int[] tmpBuffer;
    final ShortBuffer indices;
```

在这些成员变量中，唯一新增的成员是布尔变量 hasNormals，其作用是记录某顶点是否有法线。

```java
public Vertices3(GLGraphics glGraphics, int maxVertices, int maxIndices,
        boolean hasColor, boolean hasTexCoords, boolean hasNormals) {
    this.glGraphics = glGraphics;
    this.hasColor = hasColor;
    this.hasTexCoords = hasTexCoords;
    this.hasNormals = hasNormals;
    this.vertexSize = (3 + (hasColor ? 4 : 0) + (hasTexCoords ? 2 : 0) + (hasNormals
                ? 3 : 0)) * 4;
    this.tmpBuffer = new int[maxVertices * vertexSize / 4];
```

```
        ByteBuffer buffer = ByteBuffer.allocateDirect(maxVertices * vertexSize);
        buffer.order(ByteOrder.nativeOrder());
        vertices = buffer.asIntBuffer();

        if (maxIndices > 0) {
            buffer = ByteBuffer.allocateDirect(maxIndices * Short.SIZE / 8);
            buffer.order(ByteOrder.nativeOrder());
            indices = buffer.asShortBuffer();
        } else {
            indices = null;
        }
    }
```

在构造函数中，也需要传入一个 hasNormals 为参数。代码中还修改了 vertexSize 成员的计算过程，在法线存在的情况下每个顶点要额外添加 3 个浮点型变量。

```
    public void setVertices(float[] vertices, int offset, int length) {
        this.vertices.clear();
        int len = offset + length;
        for (int i = offset, j = 0; i < len; i++, j++)
            tmpBuffer[j] = Float.floatToRawIntBits(vertices[i]);
        this.vertices.put(tmpBuffer, 0, length);
        this.vertices.flip();
    }

    public void setIndices(short[] indices, int offset, int length) {
        this.indices.clear();
        this.indices.put(indices, offset, length);
        this.indices.flip();
    }
```

上述 setVertices()和 setIndices()都没有改动。

```
    public void bind() {
        GL10 gl = glGraphics.getGL();

        gl.glEnableClientState(GL10.GL_VERTEX_ARRAY);
        vertices.position(0);
        gl.glVertexPointer(3, GL10.GL_FLOAT, vertexSize, vertices);

        if (hasColor) {
            gl.glEnableClientState(GL10.GL_COLOR_ARRAY);
            vertices.position(3);
            gl.glColorPointer(4, GL10.GL_FLOAT, vertexSize, vertices);
        }

        if (hasTexCoords) {
            gl.glEnableClientState(GL10.GL_TEXTURE_COORD_ARRAY);
            vertices.position(hasColor ? 7 : 3);
            gl.glTexCoordPointer(2, GL10.GL_FLOAT, vertexSize, vertices);
        }

        if (hasNormals) {
            gl.glEnableClientState(GL10.GL_NORMAL_ARRAY);
            int offset = 3;
            if (hasColor)
                offset += 4;
```

```
        if (hasTexCoords)
            offset += 2;
    vertices.position(offset);
    gl.glNormalPointer(GL10.GL_FLOAT, vertexSize, vertices);
    }
}
```

在上面的 bind()方法中使用了字节缓冲这个小技巧,这次也包括通过 glNormalPointer()方法得到的法线。为了计算法线方向的偏移值,必须考虑是否已给出颜色值和纹理坐标。

```
public void draw(int primitiveType, int offset, int numVertices) {
    GL10 gl = glGraphics.getGL();

    if (indices != null) {
        indices.position(offset);
        gl.glDrawElements(primitiveType, numVertices,
                GL10.GL_UNSIGNED_SHORT, indices);
    } else {
        gl.glDrawArrays(primitiveType, offset, numVertices);
    }
}
```

上述 draw()方法基本没变;所有大的改变都在 bind()方法中。

```
public void unbind() {
    GL10 gl = glGraphics.getGL();
    if (hasTexCoords)
        gl.glDisableClientState(GL10.GL_TEXTURE_COORD_ARRAY);

    if (hasColor)
        gl.glDisableClientState(GL10.GL_COLOR_ARRAY);

    if (hasNormals)

        gl.glDisableClientState(GL10.GL_NORMAL_ARRAY);
    }
}
```

最后,需要稍微修改一下 unbind()方法。使用法线时则关闭法线方向功能,以清除 OpenGL ES 的状态属性。

修改后的 Vertices3 的用法和前面一样容易。下面是一个小例子:

```
float[] vertices = { -0.5f, -0.5f, 0, 0, 0, 1,
                      0.5f, -0.5f, 0, 0, 0, 1,
                      0.0f,  0.5f, 0, 0, 0, 1 };
Vertices3 vertices = new Vertices3(glGraphics, 3, 0, false, false, true);
vertices.setVertices(vertices);
```

这里创建了一个浮点数组来保存三个顶点值,每个点有其坐标值(即每行中的前三个浮点数)和一个法线(每行中的后三个浮点数)。本例中,在 x/y 平面中设置了一个三角形,其法线指向 z 轴正方向,然后创建 Vertices3 实例并设置顶点就可以了。过程很简单,对吧?绑定、绘制以及解除绑定的操作都和以前的版本完全相同,当然也可以像先前那样添加顶点颜色值以及纹理坐标。

8. 综合运用

接下来综合运用前面的知识。我们想要绘制这样一个场景：有一个全局的环境光、一个点光和一个定向光，它们均照射一个中心位于原点的立方体。此外还调用 gluLookAt()方法来设置照相机在世界中的位置。图 11-6 展示了场景的设置。

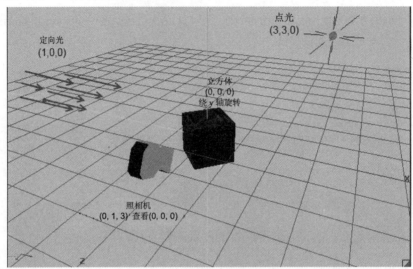

图 11-6　第一个光照场景

和所有的例子一样，在本例中创建了一个名为 LightTest 的类，它也继承了 GLGame。它的 getStartScreen()方法返回一个新的 LightScreen 实例。LightScreen 类扩展了 GLScreen，其代码如程序清单 11-7 所示。

程序清单 11-7　摘自 LightTest.java，OpenGL ES 的光照

```java
class LightScreen extends GLScreen {
    float angle;
    Vertices3 cube;
    Texture texture;
    AmbientLight ambientLight;
    PointLight pointLight;
    DirectionalLight directionalLight;
    Material material;
```

首先定义了几个成员变量。成员变量 angle 保存了立方体沿 y 轴旋转的当前角度。Vertices3 保存了立方体模型的顶点，稍后将介绍立方体模型。此外，我们保存了 AmbientLight、PointLight、DirectionalLight 以及 Material 的实例。

```java
public LightScreen(Game game) {
    super(game);

    cube = createCube();
    texture = new Texture(glGame, "crate.png");
    ambientLight = new AmbientLight();
    ambientLight.setColor(0, 0.2f, 0, 1);
    pointLight = new PointLight();
```

```
pointLight.setDiffuse(1, 0, 0, 1);
pointLight.setPosition(3, 3, 0);
directionalLight = new DirectionalLight();
directionalLight.setDiffuse(0, 0, 1, 1);
directionalLight.setDirection(1, 0, 0);
material = new Material();
}
```

接下来分析一下构造函数。上面代码中创建了立方体模型的顶点并加载了木箱纹理，这些操作与第 10 章类似。实例化所有的光源以及材质，并设置它们的属性。环境光色是绿色光，点光设置为红色并且位于空间中(3, 3, 0)。定向光蓝色的漫反射色且从左侧照射。材质使用默认值(小部分环境光、白色漫反射色和黑色镜面反射色)。

```
@Override
public void resume() {
    texture.reload();
}
```

在 resume()方法中，应确保在上下文丢失时重新加载纹理。

```
private Vertices3 createCube() {
    float[] vertices = { -0.5f, -0.5f,  0.5f, 0, 1, 0, 0, 1,
                          0.5f, -0.5f,  0.5f, 1, 1, 0, 0, 1,
                          0.5f,  0.5f,  0.5f, 1, 0, 0, 0, 1,
                         -0.5f,  0.5f,  0.5f, 0, 0, 0, 0, 1,

                          0.5f, -0.5f,  0.5f, 0, 1, 1, 0, 0,
                          0.5f, -0.5f, -0.5f, 1, 1, 1, 0, 0,
                          0.5f,  0.5f, -0.5f, 1, 0, 1, 0, 0,
                          0.5f,  0.5f,  0.5f, 0, 0, 1, 0, 0,

                          0.5f, -0.5f, -0.5f, 0, 1, 0, 0, -1,
                         -0.5f, -0.5f, -0.5f, 1, 1, 0, 0, -1,
                         -0.5f,  0.5f, -0.5f, 1, 0, 0, 0, -1,
                          0.5f,  0.5f, -0.5f, 0, 0, 0, 0, -1,

                         -0.5f, -0.5f, -0.5f, 0, 1, -1, 0, 0,
                         -0.5f, -0.5f,  0.5f, 1, 1, -1, 0, 0,
                         -0.5f,  0.5f,  0.5f, 1, 0, -1, 0, 0,
                         -0.5f,  0.5f, -0.5f, 0, 0, -1, 0, 0,

                         -0.5f,  0.5f,  0.5f, 0, 1, 0, 1, 0,
                          0.5f,  0.5f,  0.5f, 1, 1, 0, 1, 0,
                          0.5f,  0.5f, -0.5f, 1, 0, 0, 1, 0,
                         -0.5f,  0.5f, -0.5f, 0, 0, 0, 1, 0,

                         -0.5f, -0.5f, -0.5f, 0, 1, 0, -1, 0,
                          0.5f, -0.5f, -0.5f, 1, 1, 0, -1, 0,
                          0.5f, -0.5f,  0.5f, 1, 0, 0, -1, 0,
                         -0.5f, -0.5f,  0.5f, 0, 0, 0, -1, 0 };
    short[] indices = { 0, 1, 2, 2, 3, 0,
                        4, 5, 6, 6, 7, 4,
                        8, 9, 10, 10, 11, 8,
                        12, 13, 14, 14, 15, 12,
                        16, 17, 18, 18, 19, 16,
                        20, 21, 22, 22, 23, 20,
```

```
                                24, 25, 26, 26, 27, 24 };
        Vertices3 cube = new Vertices3(glGraphics, vertices.length / 8, indices.length,
                false, true, true);
        cube.setVertices(vertices, 0, vertices.length);
        cube.setIndices(indices, 0, indices.length);
        return cube;
    }
```

这里的 createCube()方法与之前例子中所使用的 createCube()基本一样。但在这里给每个顶点添加了法线，如图 11-4 所示。除此之外无其他变动。

```
@Override
public void update(float deltaTime) {
    angle += deltaTime * 20;
}
```

在 update()方法中增加立方体的旋转角度。

```
@Override
public void present(float deltaTime) {
    GL10 gl = glGraphics.getGL();
    gl.glClearColor(0.2f, 0.2f, 0.2f, 1.0f);
    gl.glClear(GL10.GL_COLOR_BUFFER_BIT | GL10.GL_DEPTH_BUFFER_BIT);
    gl.glEnable(GL10.GL_DEPTH_TEST);
    gl.glViewport(0, 0, glGraphics.getWidth(), glGraphics.getHeight());

    gl.glMatrixMode(GL10.GL_PROJECTION);
    gl.glLoadIdentity();
    GLU.gluPerspective(gl, 67, glGraphics.getWidth()
            / (float) glGraphics.getHeight(), 0.1f, 10f);
    gl.glMatrixMode(GL10.GL_MODELVIEW);
    gl.glLoadIdentity();
    GLU.gluLookAt(gl, 0, 1, 3, 0, 0, 0, 0, 1, 0);

    gl.glEnable(GL10.GL_LIGHTING);

    ambientLight.enable(gl);
    pointLight.enable(gl, GL10.GL_LIGHT0);
    directionalLight.enable(gl, GL10.GL_LIGHT1);
    material.enable(gl);

    gl.glEnable(GL10.GL_TEXTURE_2D);
    texture.bind();

    gl.glRotatef(angle, 0, 1, 0);
    cube.bind();
    cube.draw(GL10.GL_TRIANGLES, 0, 6 * 2 * 3);
    cube.unbind();

    pointLight.disable(gl);
    directionalLight.disable(gl);

    gl.glDisable(GL10.GL_TEXTURE_2D);
    gl.glDisable(GL10.GL_DEPTH_TEST);
}
```

这段代码值得注意。前几行代码可以作为模板代码，其作用是清除颜色缓冲和深度缓冲，开启深度测试并设置视口。

然后通过 gluPerspective() 将投影矩阵设置为透视投影矩阵，并且通过 gluLookAt() 设置模型-视图矩阵，这样就可以建立如图 11-6 所示的照相机效果。

接下来开启光照效果。此时尚未定义光源，因此在下面几行代码中通过调用 enable() 方法来开启光照并启用材质效果。

同样要开启纹理贴图并绑定木箱纹理。最后调用 glRotatef() 来旋转立方体并且适时调用 Vertices3 实例来渲染立方体顶点。

为使上面给出的这一方法更完善，关闭点光和定向光(要记住，环境光是一个全局状态)以及纹理贴图和深度测试。以上就是所有 OpenGL ES 中的光照功能的使用方法。

```
@Override
public void pause() {
}

@Override
public void dispose() {
}
}
```

类中剩下的成员方法都是空方法；在场景暂停时不需要执行任何特殊操作。

图 11-7 展示了上述代码的输出效果。

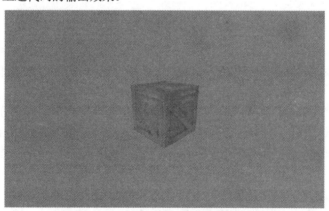

图 11-7　图 11-6 经过 OpenGL ES 渲染后的场景

11.3.6　关于 OpenGL ES 中光照应用的一些建议

虽然光照的应用可以增强视觉效果，但它也有缺陷。下面是运用光照时需要注意的一些事项：

- 光照效果的好坏取决于硬件的处理能力，在低端设备中应用光照将很吃力。使用光照要量力而行，光源越多，渲染场景所需的计算能力越强。
- 指定点光/定向光的位置/方向时，必须在加载照相机矩阵之后、在用模型视图矩阵乘上其他矩阵以便移动或旋转物体之前进行！这个步骤非常关键。如果没遵循这样的步骤，你会遇到一些意想不到的光照结果。
- 当使用 glScalef() 来改变模型的尺寸时，它的法线也会被缩放。这是个坏消息，因为 OpenGL ES 需要使用单位长度的法线。对于这样的情况，可使用 glEnable(GL10.GL_NORMALIZE)

命令或者在某些场合下使用 glEnable(GL10.GL_RESCALE_NORMAL)。建议使用前者，因为使用后者时有一些需要注意和受到限制的地方。这个问题是由法线规范化以及重新缩放导致的繁重计算量引起的。为得到最佳性能，最好不要缩放被照射的物体。

11.4 材质变换

如果曾实验过前面的示例并让这个立方体远离照相机，可能会发现立方体变小时，其材质变得颗粒状，并且看上去好像有很多视觉问题，这种现象称为失真，这是信号处理过程中的一个显著的效应。图 11-8 右图展示了失真的效果，而左图则是应用称为材质变换(Mipmapping)技术后的效果。

图 11-8 右图产生了失真；左图是应用 Mipmapping 后的效果

在此不详细探讨为什么会发生失真，仅需要知道如何使物体看上去更真实即可，因此这里用到了 Mipmapping。

解决失真问题的关键是让屏幕中体积较小的物体或远离视点的物体使用低分辨率的图像，通常将这称为贴图金字塔或图链。给定图像的默认分辨率，如 256×256 像素，然后创建比该分辨率小的图，把每一条边缩小一半，形成贴图金字塔的下一级，然后重复这个过程。图 11-9 展示了不同 mipmap 等级的纹理。

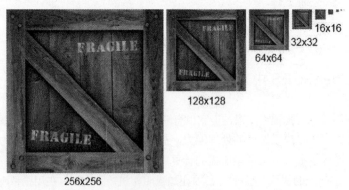

图 11-9 mipmap 图链

为了在 OpenGL ES 中使用纹理 mipmap，需要执行以下两个步骤：

- 将缩小倍数过滤器设置成名称类似于 GL_XXX_MIPMAP_XXX 这样的一个常量，通常设为 GL_LINEAR_MIPMAP_NEAREST。

- 通过缩小原始图片，为图链的每个图层创建图片，并将这些图片提交给 OpenGL ES。每个 mipmap 图链绑定一个单一纹理，而不能绑定多个纹理。

为了给 mipmap 图链重新设置原始图片大小，只需使用 Android 的 API 提供的 Bitmap 和 Canvas 类。稍微修改一下 Texture 类。程序清单 11-8 给出了修改后的代码。

程序清单 11-8　Texture.java，Texture 类修改后的最终版本

```java
package com.badlogic.androidgames.framework.gl;

import java.io.IOException;
import java.io.InputStream;

import javax.microedition.khronos.opengles.GL10;
import android.graphics.Bitmap;
import android.graphics.BitmapFactory;
import android.graphics.Canvas;
import android.graphics.Rect;
import android.opengl.GLUtils;

import com.badlogic.androidgames.framework.FileIO;
import com.badlogic.androidgames.framework.impl.GLGame;
import com.badlogic.androidgames.framework.impl.GLGraphics;

public class Texture {
    GLGraphics glGraphics;
    FileIO fileIO;
    String fileName;
    int textureId;
    int minFilter;
    int magFilter;
    public int width;
    public int height;
    boolean mipmapped;
```

上面代码中仅仅添加了一个新成员，名为 mipmapped，它的作用是说明该纹理贴图是否有一个图链。

```java
public Texture(GLGame glGame, String fileName) {
    this(glGame, fileName, false);
}

public Texture(GLGame glGame, String fileName, boolean mipmapped) {
    this.glGraphics = glGame.getGLGraphics();
    this.fileIO = glGame.getFileIO();
    this.fileName = fileName;
    this.mipmapped = mipmapped;
    load();
}
```

为保证兼容性，我们保留了原来的构造函数，让其调用新的构造函数。新的构造函数有一个新的第三个参数，用于指定是否希望纹理应用 mipmap。

```java
private void load() {
    GL10 gl = glGraphics.getGL();
    int[] textureIds = new int[1];
```

```
        gl.glGenTextures(1, textureIds, 0);
        textureId = textureIds[0];

        InputStream in = null;
        try {
            in = fileIO.readAsset(fileName);
            Bitmap bitmap = BitmapFactory.decodeStream(in);
            if (mipmapped) {
                createMipmaps(gl, bitmap);

            } else {
                gl.glBindTexture(GL10.GL_TEXTURE_2D, textureId);
                GLUtils.texImage2D(GL10.GL_TEXTURE_2D, 0, bitmap, 0);
                setFilters(GL10.GL_NEAREST, GL10.GL_NEAREST);
                gl.glBindTexture(GL10.GL_TEXTURE_2D, 0);
                width = bitmap.getWidth();
                height = bitmap.getHeight();
                bitmap.recycle();
            }
        } catch (IOException e) {
            throw new RuntimeException("Couldn't load texture '" + fileName
                    + "'", e);
        } finally {
            if (in != null)
                try {
                    in.close();
                } catch (IOException e) {
                }
        }
    }
```

load()方法基本没变，唯一增加的是当纹理应用 mipmap 功能时调用 createMipmaps()方法。无 mipmap
功能的 Texture 实例的创建方法与之前相同。

```
    private void createMipmaps(GL10 gl, Bitmap bitmap) {
        gl.glBindTexture(GL10.GL_TEXTURE_2D, textureId);
        width = bitmap.getWidth();
        height = bitmap.getHeight();
        setFilters(GL10.GL_LINEAR_MIPMAP_NEAREST, GL10.GL_LINEAR);

        int level = 0;
        int newWidth = width;
        int newHeight = height;
        while (true) {
            GLUtils.texImage2D(GL10.GL_TEXTURE_2D, level, bitmap, 0);
            newWidth = newWidth / 2;
            newHeight = newHeight / 2;
            if (newWidth <= 0)
                break;
            Bitmap newBitmap = Bitmap.createBitmap(newWidth, newHeight,
                    bitmap.getConfig());
            Canvas canvas = new Canvas(newBitmap);
            canvas.drawBitmap(bitmap,
                    new Rect(0, 0, bitmap.getWidth(), bitmap.getHeight()),
                    new Rect(0, 0, newWidth, newHeight), null);
```

```
        bitmap.recycle();
        bitmap = newBitmap;
        level++;
    }

    gl.glBindTexture(GL10.GL_TEXTURE_2D, 0);
    bitmap.recycle();
}
```

createMipmaps()方法一目了然。首先绑定纹理以便对其属性进行修改。首先获取位图的宽度和高度并设置过滤器。注意，这里使用 GL_LINEAR_MIPMAP_NEAREST 作为缩小倍数过滤器。如果不使用该过滤器则 mipmap 功能无法产生作用，并且 OpenGL ES 会后退至使用正常过滤器，即只会使用基础图片。

while 循环也很容易理解。将位图片上传并作为当前图层。图层从 0 开始，0 图层就是原始图片。一旦上传了当前图层的图片后，就开始创建该图片的缩小版本，即将其宽度和高度除以 2。如果得到的新宽度值小于或等于零，则跳出这个 while 循环，这时候就已经为图链的每个图层创建了一张图片(最后一张图仅有 1×1 个像素！)。使用 Canvas 类来重新设置图片的大小并将结果保存在 newBitmap 变量中。然后回收旧的位图以清空该位图所占用的内存资源，同时将 newBitmap 设置为当前位图。重复这一过程直至图片小于 1×1 像素。

最后解除纹理的绑定并且回收最后一次循环中创建的位图。

```java
public void reload() {
    load();
    bind();
    setFilters(minFilter, magFilter);
    glGraphics.getGL().glBindTexture(GL10.GL_TEXTURE_2D, 0);
}

public void setFilters(int minFilter, int magFilter) {
    this.minFilter = minFilter;
    this.magFilter = magFilter;
    GL10 gl = glGraphics.getGL();
    gl.glTexParameterf(GL10.GL_TEXTURE_2D, GL10.GL_TEXTURE_MIN_FILTER,
            minFilter);
    gl.glTexParameterf(GL10.GL_TEXTURE_2D, GL10.GL_TEXTURE_MAG_FILTER,
            magFilter);
}

public void bind() {
    GL10 gl = glGraphics.getGL();
    gl.glBindTexture(GL10.GL_TEXTURE_2D, textureId);
}

public void dispose() {
    GL10 gl = glGraphics.getGL();
    gl.glBindTexture(GL10.GL_TEXTURE_2D, textureId);
    int[] textureIds = { textureId };
    gl.glDeleteTextures(1, textureIds, 0);
}
}
```

这个类的剩余部分与前一节一样。在用法上唯一不同的是如何调用构造函数。构造函数很简单，因此这里就不再举例演示了。我们将对在 3D 物体中使用的所有纹理应用 mipmap 功能。2D 中材质变换应用比较少。对于 mipmap 功能还要注意以下几点:

- 如果应用 mipmap 功能所绘制的物体比较小,那么性能的提升会比较明显。这是因为在 mipmap 金字塔中,GPU 只需从小图片中获取较少的纹元。对那些可能会需要缩小的物体应用 mipmap 功能是个不错的选择。
- 使用 mipmap 功能的纹理会比没使用该功能的纹理多占用 33%的内存,但这换来的是不错的视觉效果。
- mipmap 功能仅对正方形纹理有效且仅支持 OpenGL ES 1.x 版本,这一点很重要。如果物体始终呈现白色状态而你又设置了漂亮的纹理,那么你肯定是忘记了上述限制。

注意: 再次提醒,mipmap 功能仅仅对正方形纹理有效,对一个 512×256 像素的图片则无效。

11.5 简单的照相机

第 10 章中曾提到过创建照相机的两种方法。第一种即欧拉照相机,如第一人称射击类游戏中的照相机。第二种是跟随照相机,这种照相机手法常用于电影中,用来跟踪拍摄一个物体。下面创建两个可在游戏中创建照相机的辅助类。

11.5.1 第一人称照相机或欧拉照相机

第一人称照相机或欧拉照相机由以下几个属性定义:
- 视场(以角度形式表示)。
- 视口纵横比。
- 远近裁剪面。
- 3D 空间中的位置。
- 绕 y 轴旋转的角度(yaw)。
- 绕 x 轴旋转的角度(pitch)。这个值的范围在-90°~+90°之间。这个范围类似于头部的倾斜角,如果超过这一角度会造成严重后果!

前三个属性用于定义透视投影矩阵,通过在所有 3D 示例中调用 gluPerspective()来完成。

另外三个属性定义了照相机在空间中的位置和方向。我们将按第 10 章的一些步骤,用这些属性构建一个矩阵。

此外,我们想要向某个方向移动照相机。为此需要一个单位长度的方向向量,这个方向向量可以与照相机的位置向量相加。可以利用 Android 的 API 提供的 Matrix 类来创建这种方向向量。可以思考一下如何完成这一功能。

照相机的默认设置是朝向 z 轴负方向的,所以它的方向向量为(0, 0, -1)。当指定 yaw 轴和 pitch 轴的角度时,这一方向向量会随之旋转。为计算出该方向向量,需要一个矩阵乘上该方向向量使其旋转,正如 OpenGL ES 将旋转模型顶点那样。

下面看看代码是如何实现上述功能的。程序清单 11-9 展示了 EulerCamera 类。

程序清单 11-9　EulerCamera.java，一个简单的基于绕 x 轴和 y 轴的欧拉角度的第一人称照相机

```java
package com.badlogic.androidgames.framework.gl;

import javax.microedition.khronos.opengles.GL10;

import android.opengl.GLU;
import android.opengl.Matrix;

import com.badlogic.androidgames.framework.math.Vector3;

public class EulerCamera {
    final Vector3 position = new Vector3();
    float yaw;
    float pitch;
    float fieldOfView;
    float aspectRatio;
    float near;
    float far;
```

前三个成员保存了照相机的位置和旋转角度，另外四个成员是用来计算透视投影矩阵的参数。默认状态下照相机位于空间中的原点，并指向 z 轴负方向。

```java
    public EulerCamera(float fieldOfView, float aspectRatio, float near, float far) {
        this.fieldOfView = fieldOfView;
        this.aspectRatio = aspectRatio;
        this.near = near;
        this.far = far;
    }
```

构造函数有 4 个参数用于定义透视投影。照相机位置和旋转角度保持不变。

```java
    public Vector3 getPosition() {
        return position;
    }
    public float getYaw() {
        return yaw;
    }

    public float getPitch() {
        return pitch;
    }
```

getter 方法返回照相机的朝向和位置。

```java
    public void setAngles(float yaw, float pitch) {
        if (pitch < -90)
            pitch = -90;
        if (pitch > 90)
            pitch = 90;
        this.yaw = yaw;
        this.pitch = pitch;
    }

    public void rotate(float yawInc, float pitchInc) {
        this.yaw += yawInc;
        this.pitch += pitchInc;
```

```
    if (pitch < -90)
        pitch = -90;
    if (pitch > 90)
        pitch = 90;
}
```

通过 setAngles()方法能够直接指定照相机的 yaw 轴和 pitch 轴。值得注意的是代码中限制了 pitch 轴的范围在-90°～90°之间。照相机不能超过这一范围，正如人的头部不能旋转超过这个范围一样。

rotate()方法与 setAngles()方法基本相同，但 rotate()方法通过参数而不是设置来改变角度。这对下一个示例中实现基于触摸屏的控制方案很有用。

```
public void setMatrices(GL10 gl) {
    gl.glMatrixMode(GL10.GL_PROJECTION);
    gl.glLoadIdentity();
    GLU.gluPerspective(gl, fieldOfView, aspectRatio, near, far);
    gl.glMatrixMode(GL10.GL_MODELVIEW);
    gl.glLoadIdentity();
    gl.glRotatef(-pitch, 1, 0, 0);
    gl.glRotatef(-yaw, 0, 1, 0);
    gl.glTranslatef(-position.x, -position.y, -position.z);
}
```

如前所述，setMatrices()方法中对投影矩阵和模型-视图矩阵进行了设置。通过 gluPerspective()方法设置投影矩阵，参数为构造函数中传入照相机的参数。模型-视图矩阵将物体绕 x 轴和 y 轴旋转某个角度，并进行了平移，以此实现第 10 章讨论过的在世界中移动的技巧。其中涉及的所有参数都是负值才能得到这样的效果：照相机位于原点且镜头指向 z 轴负方向。因此是对照相机周围的物体进行旋转和平移。

```
final float[] matrix = new float[16];
    final float[] inVec = { 0, 0, -1, 1 };
    final float[] outVec = new float[4];
    final Vector3 direction = new Vector3();

    public Vector3 getDirection() {
        Matrix.setIdentityM(matrix, 0);
        Matrix.rotateM(matrix, 0, yaw, 0, 1, 0);
        Matrix.rotateM(matrix, 0, pitch, 1, 0, 0);
        Matrix.multiplyMV(outVec, 0, matrix, 0, inVec, 0);
        direction.set(outVec[0], outVec[1], outVec[2]);
        return direction;
    }
}
```

最后，值得注意的是 getDirection()方法。该方法使用了一些在方法内进行计算时会用到的 final 成员，这样一来就不必每次调用该方法时都分配新的浮点数组以及新的 Vector3 实例。可以将这些成员视为临时工作变量。

该方法首先设置了绕 x 轴和 y 轴旋转的变换矩阵。不需要包含平移，因为我们需要的是一个方向向量而不是一个位置向量。照相机的方向与它在空间中的位置无关。调用的 Matrix 的一系列方法从名称就可看出其含义。比较难理解的是应用这些方法的顺序是颠倒的，并没有对参数取反。而在 setMatrices()中与此处是相反的用法。这是因为此处如同变换虚拟照相机那样变换一个点，而该虚拟照相机不必位于原点并且镜头指向 z 轴负向。旋转的向量是(0, 0, -1)，保存于 inVec 变量中，这是照相机没有旋转时的初始方向值。所有矩阵变换都通过照相机的俯仰和旋转作用于方向向量，使之可以沿着照相机的朝向。最后需要根据矩阵和向量的乘积结果设置一个 Vector3 实例，并将该实例返回给调用者。之后便可以使用这样的单位长度的方向向量将照相机沿其朝向进行移动。

有了这样一个辅助类，就可以编写一个小程序来移动木箱了。

11.5.2　一个欧拉照相机的示例

现在要将 EulerCamera 类应用于一个小程序中。想要让照相机能够根据手指滑动触摸屏的方式上下左右旋转，还想要让其能够在某按钮按下时向前运动。让一组木箱密集地占据在空间中，图 11-10 展示了场景的初始设置。

图 11-10　一个拥有 25 个木箱的简单场景，且拥有点光源以及在初始位置和朝向的欧拉照相机

照相机位于(0, 1, 3)处。白色点光源位于(3, 3, -3)。立方体木箱位于网格 x 坐标-4 至 4，z 坐标 0 至-8 处，其中心间隔两个单位。

如何通过滑动来旋转照相机呢？当水平滑动触摸屏时想让照相机沿着 y 轴旋转，这相当于将头部左右转动。当垂直滑动时照相机则沿着 x 轴旋转，这相当于头部上下转动。前面两种转动还应结合起来。实现这种转动效果的最直接方法是检测手指是否停留在屏幕上，如果手指接触摸幕，则计算与手指上次停留的位置在各个轴上的变化。根据绕 y 轴旋转时 x 轴上的变化以及绕 x 轴旋转时 y 上的变化可以得知每个轴的转动变化。

当按下屏幕中的某个按钮时希望照相机能向前移动。实现这个效果也很简单，只要调用 EulerCamera.getDirection()，并将其返回值乘上移动速度和时间差即可，这样可以实现基于时间的运动。只需绘制一个按钮(绘制一个 64×64 像素大小的按钮，位于屏幕的左下角)，并检测按钮当前是否被按下。

为了简化代码的实现，仅允许用户实现滑动旋转效果以及移动效果。可以使用多点触摸，但那样会使代码的实现复杂许多。

可以参考包含在 GLGame 的实现即 EulerCameraTest(只是一个普通的测试结构)中的 EulerCamera-Screen(它是一个 GLScreen 实现)，如程序清单 11-10 所示。

程序清单 11-10　摘自 EulerCameraTest.java，EulerCameraScreen 的实现

```java
class EulerCameraScreen extends GLScreen {
    Texture crateTexture;
    Vertices3 cube;
    PointLight light;
    EulerCamera camera;
    Texture buttonTexture;
    SpriteBatcher batcher;
    Camera2D guiCamera;
    TextureRegion buttonRegion;
    Vector2 touchPos;
    float lastX = -1;
    float lastY = -1;
```

首先是一些成员变量。前两个变量保存了木箱的纹理以及纹理立方体的顶点。通过之前例子中的 createCube()方法创建顶点。下一个成员是 PointLight 实例，这对我们来说已经很熟悉了。接下来的是一个新的 EulerCamera 类的实例。

随后是一些用于渲染按钮的成员变量。使用大小为 64×64 像素的名为 button.png 的图片作为按钮。为了渲染该按钮，需要用到一个 SpriteBatcher 实例，以及一个 Camera2D 实例和一个 TextureRegion 实例。这意味着要在该例子中结合 3D 和 2D 渲染。最后三个成员用来记录在用户界面坐标系统(该坐标系大小固定为 480×320)中的当前触摸点 touchPos，以及上一次触摸点的位置。当 lastX 和 lastY 都是-1 时，表示上一个触摸点为无效值。

```java
public EulerCameraScreen(Game game) {
    super(game);

    crateTexture = new Texture(glGame, "crate.png", true);
    cube = createCube();
    light = new PointLight();
    light.setPosition(3, 3, -3);
    camera = new EulerCamera(67, glGraphics.getWidth() /
            (float)glGraphics.getHeight(), 1, 100);
    camera.getPosition().set(0, 1, 3);

    buttonTexture = new Texture(glGame, "button.png");
    batcher = new SpriteBatcher(glGraphics, 1);
    guiCamera = new Camera2D(glGraphics, 480, 320);
    buttonRegion = new TextureRegion(buttonTexture, 0, 0, 64, 64);
    touchPos = new Vector2();
}
```

在构造函数中，加载了木箱纹理并且像之前的例子那样创建了立方体顶点，也创建一个点光源 PointLight 并将其位置设置为(3, 3, -3)。欧拉照相机 EulerCamera 以标准的参数创建，即 67° 视场、当前屏幕纵横比大小以及距离为 1 的近裁剪面和距离为 100 的远裁剪面。最后将照相机位置设置为(0, 1, 3)，如图 11-10 所示。

在构造函数的剩余部分中，加载了按钮的纹理并创建一个 SpriteBatcher、一个 Camera2D 以及用来渲染按钮的 TextureRegion 实例。最后创建一个 Vector2 实例，以便将实际触摸点转换为用于 UI 渲染的 Camera2D 的坐标系，这些操作如同第 9 章的例子 Super Jumper 那样。

```java
private Vertices3 createCube() {
```

```
    // same as in previous example
}

@Override
public void resume() {
    crateTexture.reload();
}
```

createCube()和 resume()方法与之前例子中的同名方法一模一样，这里就不再重复说明了。

```
@Override
public void update(float deltaTime) {
    game.getInput().getTouchEvents();
    float x = game.getInput().getTouchX(0);
    float y = game.getInput().getTouchY(0);
    guiCamera.touchToWorld(touchPos.set(x, y));

    if(game.getInput().isTouchDown(0)) {
        if(touchPos.x < 64 && touchPos.y < 64) {
            Vector3 direction = camera.getDirection();
            camera.getPosition().add(direction.mul(deltaTime));
        } else {
            if(lastX == -1) {
                lastX = x;
                lastY = y;
            } else {
                camera.rotate((x - lastX) / 10, (y - lastY) / 10);
                lastX = x;
                lastY = y;
            }
        }
    } else {
        lastX = -1;
        lastY = -1;
    }
}
```

update()方法基于屏幕触摸事件处理各种屏幕滑动和触摸的动作。首先通过调用 Input.getTouchEvents()来清空触摸事件缓冲区。然后，获取当前手指触摸屏幕时所在的坐标。值得注意的是，如果此时屏幕没有手指触摸动作，则 getTouchEvents()返回上一次的触摸位置并且索引为零。还需要将实际触摸点坐标转换到 2D 图形界面中的坐标系统，以便能够方便地检测左下角的按钮是否被按下。

可以利用这些值检测手指是否确实触摸了屏幕。如果触摸，则检测是否按下了 2D 图形界面中坐标在(0, 0)到(64, 64)矩形区域的按钮。如果按下了按钮，则取出当前照相机的方向向量并与其位置相加，然后与当前的时间间隔相乘。由于方向向量是一个单位长度的向量，所以这意味着照相机将以每秒一个单位的速度移动。

如果按钮没有被按下，则认为这次触摸动作是滑动屏幕的手势。这种情况下，需要保存一个有效的上一次触摸时的坐标。用户首次将手指触摸屏幕时，lastX 和 lastY 这两个成员变量初始值为-1，这表示此时不能根据当前触摸坐标和上次触摸坐标得到手指的动作，因为此时只有一个点的数据。因此，我们只是在 update()方法中存储并返回当前触摸点的坐标。如果上一次调用 update()时记录了触摸坐标，就可以根据当前触摸坐标以及上次触摸坐标得到 x 轴和 y 轴的差值，可将这些值直接转换成旋转角度的增量。为将旋转幅度减慢，可将旋转角度除以 10。最后调用 EulerCamera.rotate()方法，该方法会相应地调整旋转角度。

最后，如果没有手指触摸屏幕，则将 lastX 和 lastY 成员设为-1，这表示在能够对任何触摸手势进行处理之前必须等待第一次触摸事件的发生。

```java
@Override
public void present(float deltaTime) {
    GL10 gl = glGraphics.getGL();
    gl.glClear(GL10.GL_COLOR_BUFFER_BIT | GL10.GL_DEPTH_BUFFER_BIT);
    gl.glViewport(0, 0, glGraphics.getWidth(), glGraphics.getHeight());

    camera.setMatrices(gl);

    gl.glEnable(GL10.GL_DEPTH_TEST);
    gl.glEnable(GL10.GL_TEXTURE_2D);
    gl.glEnable(GL10.GL_LIGHTING);

    crateTexture.bind();
    cube.bind();
    light.enable(gl, GL10.GL_LIGHT0);
    for(int z = 0; z >= -8; z-=2) {
        for(int x = -4; x <=4; x+=2 ) {
            gl.glPushMatrix();
            gl.glTranslatef(x, 0, z);
            cube.draw(GL10.GL_TRIANGLES, 0, 6 * 2 * 3);
            gl.glPopMatrix();
        }
    }


    cube.unbind();

    gl.glDisable(GL10.GL_LIGHTING);
    gl.glDisable(GL10.GL_DEPTH_TEST);

    gl.glEnable(GL10.GL_BLEND);
    gl.glBlendFunc(GL10.GL_SRC_ALPHA, GL10.GL_ONE_MINUS_SRC_ALPHA);

    guiCamera.setViewportAndMatrices();
    batcher.beginBatch(buttonTexture);
    batcher.drawSprite(32, 32, 64, 64, buttonRegion);
    batcher.endBatch();

    gl.glDisable(GL10.GL_BLEND);
    gl.glDisable(GL10.GL_TEXTURE_2D);
}
```

前面那些辅助类的实现使得 present()方法变得简单。开始先进行清屏以及设置视口一类的常规操作。然后通知 EulerCamera 实例设置投影矩阵以及模型-视图矩阵。这时就可以渲染屏幕中任何 3D 物体了。在这之前先开启深度测试、设置纹理以及开启光照系统。然后绑定木箱纹理以及立方体顶点，并开启点光源。注意，仅绑定纹理和立方体顶点一次，因为对所有渲染的立方体将重复利用这些资源。这与第 8 章的例子 BobTest 中使用的技巧类似，通过减少状态改变来加速物体的渲染。

之后的代码通过一个简单的嵌套 for 循环在网格中绘制 25 个立方体。由于需要将模型-视图矩阵乘上一个平移矩阵以使立方体顶点位于指定位置，还必须调用 glPushMatrix()以及 glPopMatrix()，这样就不会破坏保存在模型-视图矩阵中的照相机矩阵。

一旦完成立方体的渲染，就可以解除立方体顶点的绑定并关闭光照和深度测试。这是一个非常关键的步骤，因为接下来要渲染布置着按钮的 2D 图形界面。按钮是圆形的，开启混合功能使得纹理边缘有透明效果。

渲染按钮的操作与 Super Jumper 例子中渲染图形界面中各个组件的方法相同。通知 Camera2D 设置视口以及矩阵(不必在此处设置视口；如果愿意，可以自己再优化一下该方法)，并通知 SpriteBatcher 即将渲染一个精灵。在通过 guiCamera 实例创建的 480×320 的坐标系中的(32, 32)位置处渲染按钮。

最后，需要关闭之前开启的混合功能和纹理贴图。

```
@Override
public void pause() {

}

@Override
public void dispose() {
    }
}
```

这个类剩余部分是一些空方法 pause()和 dispose()。图 11-11 展示了这段程序的输出。

图 11-11　一个简单的第一人称射击游戏的控制场景实例，为简化起见没有支持多点触摸功能

很漂亮，对吧？并没有编写过多代码，这都归功于之前所写的辅助类。如果添加多点触摸的功能会更完美。提示：在上面这个例子中使用触摸事件而不是使用轮询的方式通知触摸发生。在"按下"事件发生时检测是否按下的是按钮。如果按下按钮，则标记该按钮的指针 ID，使其不能产生滑动效果，直到相应的"抬起"事件被触发。其他指针 ID 的触摸事件都将被认为是滑动手势！

11.5.3　跟随照相机

第二种类型的照相机在游戏中也很常见，称为跟随照相机。它具有以下特点：

- 位于空间中某一位置。

- 具有一个向上的向量。可以把这一向量想象为当照相机平放在一个平面上时，在贴到照相机背面的一个"此边向上"标签中看到的箭头。
- 在空间中具有一个观察位置或者一个方向向量，我们使用前者。
- 以角度为单位的视场。
- 视口纵横比。
- 远、近裁剪面距离。

该类型照相机与欧拉照相机的唯一区别是照相机方位的编码方式不同。这种类型的照相机是通过一个向上的向量以及观察位置定位的。下面为这种类型的照相机写一个辅助类，其代码如程序清单 11-11 所示。

程序清单 11-11 LookAtCamera.java，一个简单的跟随照相机

```java
package com.badlogic.androidgames.framework.gl;

import javax.microedition.khronos.opengles.GL10;

import android.opengl.GLU;

import com.badlogic.androidgames.framework.math.Vector3;

public class LookAtCamera {
    final Vector3 position;
    final Vector3 up;
    final Vector3 lookAt;
    float fieldOfView;
    float aspectRatio;
    float near;
    float far;

    public LookAtCamera(float fieldOfView, float aspectRatio, float near, float far) {
        this.fieldOfView = fieldOfView;
        this.aspectRatio = aspectRatio;
        this.near = near;
        this.far = far;

        position = new Vector3();
        up = new Vector3(0, 1, 0);
        lookAt = new Vector3(0,0,-1);
    }

    public Vector3 getPosition() {
        return position;
    }

    public Vector3 getUp() {
        return up;
    }

    public Vector3 getLookAt() {
        return lookAt;
    }
```

```
public void setMatrices(GL10 gl) {
    gl.glMatrixMode(GL10.GL_PROJECTION);
    gl.glLoadIdentity();
    GLU.gluPerspective(gl, fieldOfView, aspectRatio, near, far);
    gl.glMatrixMode(GL10.GL_MODELVIEW);
    gl.glLoadIdentity();
    GLU.gluLookAt(gl, position.x, position.y, position.z, lookAt.x, lookAt.y,
lookAt.z,up.x, up.y, up.z);
    }
}
```

这里没有太多需要讲解的地方。我们将 position、up 和 lookAt 值存储为 Vector3 实例,以及在 EulerCamera 中也有的透视投影参数。另外,这里提供了几个 getter 方法,以便修改照相机的属性。需要讲解的一个方法是 setMatrices(),但实际上该方法对我们来说并不陌生。首先基于视场、纵横比以及远近裁剪面距离等参数将投影矩阵设置为透视投影矩阵。然后设置模型视图矩阵,该矩阵包含照相机坐标矩阵以及通过调用第 10 章介绍的 gluLookAt()方法得到的方位矩阵。这时会生成一个类似于 EulerCamera 例子中的那个"手工"矩阵。这个矩阵会使物体绕照相机旋转,而不是使照相机绕物体旋转。然而,gluLookAt()方法的好处在于能防止出现弄反位置或角度这样的误操作。

实际上可以像使用 EulerCamera 实例那样使用这个照相机。需要做的是创建一个方向向量,这一向量由照相机的观察点坐标减去照相机位置坐标并规范化后得到。然后绕 yaw 轴和 pitch 轴旋转一定角度。最后给照相机设置新的观察点坐标并添加方向向量。这两种方法同样可以产生基本相同的变换矩阵。这是两种不同的控制照相机方位的方法。

这里不再编写使用 LookAtCamera 的例子,因为这个类的接口很简单易懂。在本书最后一个游戏中会用到该类,让照相机跟随一个小飞船!如果你还想动手尝试,可以将该类添加到之前给出的 LightTest 例子中,或者修改前面给出的 EulerCameraTest 例子以便 LookAtCamera 能用于一个类似第一人称射击照相机中。

11.6　加载模型

在代码中定义一个模型(例如立方体)非常麻烦。创建这类模型的最好方法是使用支持以所见即所得(WYSIWYG)方式创建复杂窗体和对象的特殊软件。有很多这样的软件可以利用,例如:

- Blender,一个在很多游戏及电影后期制作中使用的开源项目。实用性和灵活性强,但稍显复杂。
- Wings3D,我们使用的工具,它也是开源的。我们常用它创建简单的不含太多三角形的静态物体模型。它简单易用且功能足够强大。
- 3D Studio Max,这是行业中的标准软件。这是一套商业软件,但也有学习版。
- Maya,行业偏爱使用的另一套软件。它也是商业软件,但也有适用于一些简单场合的低价版本。

上面介绍都是时下比较流行的软件。如何使用上述软件超出了本书的讨论范围。然而无论使用什么样的软件,最后都要将工作保存为某种格式。其中一种格式是 Wavefront OBJ,这是一种很老的纯文本格式,该格式很容易解析并转换为 Vertices3 实例。

11.6.1　Wavefront OBJ 格式

下面实现一个解析该格式一个子集的加载器。加载器支持解析仅由三角形构成的模型，该模型也可包含纹理坐标以及法线。这种 OBJ 格式支持存储任意的凸多边形，但是我们不深入讨论这种用途。无论是使用其他人创建的 OBJ 模型还是创建自己的模型，都要确保它仅仅是由三角形构成的。

OBJ 格式是基于线条的。下面列出需要遵循的约定：

- v x y z：v 表示为顶点位置的线条，而 x、y 和 z 则为浮点数表示的坐标值。
- vn i j k：vn 表示顶点法线的线条，而 i、j 和 k 是顶点法线的 x、y 和 z 分量。
- vt u v：vt 表示纹理坐标对的线条，u、v 为纹理坐标值。
- f v1/vt1/vn1 v2/vt2/vn2 v3/vt3/vn3：f 表示三角形线条。每个 v/vt/vn 区块含位置索引、纹理坐标以及单个三角形顶点的法线。索引值与顶点位置、纹理坐标以及前三个线条格式所定义的顶点法线有关。vt 和 vn 可以留空，表示三角形的该顶点没有纹理坐标或法线。

忽略任何不起始于 v、vn、vt 或 f 的线条；如果任何一条线条不符合上述格式，则输出错误。每一行中的数据用空白字符(包括空格或制表位等)分隔。

> 注意：OBJ 格式可以存储很多信息，这里无法一一说明。但是只要模型是由三角形构成的并具有法线和纹理坐标，我们可以只解析这里给出的语法而忽略其他信息。

下面列举一个简单例子，一个带有法线并具有纹理的三角形用 OBJ 格式表示为：

```
v -0.5 -0.5 0
v 0.5 -0.5 0
v 0 0.5 0
vn 0 0 1
vn 0 0 1
vn 0 0 1
vt 0 1
vt 1 1
vt 0.5 0
f 1/1/1 2/2/2 3/3/3
```

注意，顶点位置、纹理坐标和法线不需要按照以上的严格顺序定义。根据保存该文件的软件的不同可以将它们顺序打乱。

f 语句中给出的索引是以 1 为起始值，而不是以 0 为起始值(这与 Java 数组的起始值不同)。一些软件有时输出的索引是负的，这对于 OBJ 格式来说是允许的，但会造成不小的麻烦。首先需要记录到目前为止有多少顶点位置、纹理坐标或已加载的顶点法线，然后根据索引表示的顶点属性将负值的索引与相关的位置坐标、顶点坐标或法线相加。

11.6.2　OBJ 加载器的实现

我们的目标是完整地加载一个文件至内存并且为文件每行创建一个字符串，还要为每个顶点位置、纹理坐标以及要加载的法线创建临时浮点数组。数组大小等于 OBJ 文件中线条的数量乘上属性中元素的数量；即纹理坐标为 2，法线为 3。提前分配需存储数据的内存，这样效率要高于需要内存时再分配。

对于每个三角形的索引也将按上述方法操作。虽然 OBJ 格式实际上是基于索引的格式，但是不能直接将索引用于 Vertices3 类。原因是顶点属性可能会被多个顶点重复利用，而这种一对多的关系在 OpenGL ES 中是不允许的，因此使用一种非索引的 Vertices3 实例并且复制顶点。这样做虽简单，但足以满足需求。

下面分析一下如何实现上述功能。程序清单 11-12 展示了相关代码。

程序清单 11-12　ObjLoader.java，一个简单的类用于加载 OBJ 格式的一个子集

```java
package com.badlogic.androidgames.framework.gl;

import java.io.BufferedReader;
import java.io.IOException;
import java.io.InputStream;
import java.io.InputStreamReader;
import java.util.ArrayList;
import java.util.List;

import com.badlogic.androidgames.framework.impl.GLGame;

public class ObjLoader {
    public static Vertices3 load(GLGame game, String file) {
        InputStream in = null;
        try {
            in = game.getFileIO().readAsset(file);
            List<String> lines = readLines(in);

            float[] vertices = new float[lines.size() * 3];
            float[] normals = new float[lines.size() * 3];
            float[] uv = new float[lines.size() * 2];

            int numVertices = 0;
            int numNormals = 0;
            int numUV = 0;
            int numFaces = 0;

            int[] facesVerts = new int[lines.size() * 3];
            int[] facesNormals = new int[lines.size() * 3];
            int[] facesUV = new int[lines.size() * 3];
            int vertexIndex = 0;
            int normalIndex = 0;
            int uvIndex = 0;
            int faceIndex = 0;
```

首先做的是打开一个指向资源文件的 InputStream 对象，该资源文件由 file 参数指定。然后通过 readLines()方法(该方法的代码随后给出)读取文件中的所有行。根据行数分配浮点数组来存储顶点的 x、y 和 z 坐标值、顶点法线的 x、y 和 z 值以及顶点纹理坐标的 u、v 值。由于无法得知文件中保存了多少顶点，所以此处分配了较多空间以备不足。各个顶点的属性值存储于后续的三个数组的元素中。首先读取的顶点的位置为 vertices[0]、vertices[1]以及 vertices[2]等。同时需要记录三角形定义中各顶点的三个属性的索引。此外，还需要有计数器来记录已经加载了多少个对象。

```java
        for (int i = 0; i < lines.size(); i++) {
            String line = lines.get(i);
```

然后用一个 for 循环递归读取文件的各行。

```
if (line.startsWith("v ")) {
    String[] tokens = line.split("[ ]+");
    vertices[vertexIndex] = Float.parseFloat(tokens[1]);
    vertices[vertexIndex + 1] = Float.parseFloat(tokens[2]);
    vertices[vertexIndex + 2] = Float.parseFloat(tokens[3]);
    vertexIndex += 3;
    numVertices++;
    continue;
}
```

如果当前行是顶点位置的定义,则用空格分隔该行,然后读取 x、y 和 z 坐标并将其存储在 vertices 数组中:

```
if (line.startsWith("vn ")) {
    String[] tokens = line.split("[ ]+");
    normals[normalIndex] = Float.parseFloat(tokens[1]);
    normals[normalIndex + 1] = Float.parseFloat(tokens[2]);
    normals[normalIndex + 2] = Float.parseFloat(tokens[3]);
    normalIndex += 3;
    numNormals++;
    continue;
}

if (line.startsWith("vt")) {
    String[] tokens = line.split("[ ]+");
    uv[uvIndex] = Float.parseFloat(tokens[1]);
    uv[uvIndex + 1] = Float.parseFloat(tokens[2]);
    uvIndex += 2;
    numUV++;
    continue;
}
```

对法线和纹理坐标执行同样的操作:

```
if (line.startsWith("f ")) {
    String[] tokens = line.split("[ ]+");

    String[] parts = tokens[1].split("/");
    facesVerts[faceIndex] = getIndex(parts[0], numVertices);
    if (parts.length > 2)
        facesNormals[faceIndex] = getIndex(parts[2], numNormals);
    if (parts.length > 1)
        facesUV[faceIndex] = getIndex(parts[1], numUV);
    faceIndex++;

    parts = tokens[2].split("/");
    facesVerts[faceIndex] = getIndex(parts[0], numVertices);
    if (parts.length > 2)
        facesNormals[faceIndex] = getIndex(parts[2], numNormals);
    if (parts.length > 1)
        facesUV[faceIndex] = getIndex(parts[1], numUV);
    faceIndex++;

    parts = tokens[3].split("/");
```

```
            facesVerts[faceIndex] = getIndex(parts[0], numVertices);
            if (parts.length > 2)
                facesNormals[faceIndex] = getIndex(parts[2], numNormals);
            if (parts.length > 1)
                facesUV[faceIndex] = getIndex(parts[1], numUV);
            faceIndex++;
            numFaces++;
            continue;
        }
    }
```

上述代码中，三角形(这里称为一个 face，这是 OBJ 格式中使用的术语)的每个顶点由一个索引的三元组定义，分别对应顶点位置、纹理坐标以及法线数组。可以暂时忽略纹理坐标和法线的索引。索引也可以取负值，这时需要将它们加上已经加载了的位置坐标值/纹理坐标/法线值。getIndex()方法就完成这样的操作。

```
    float[] verts = new float[(numFaces * 3)
            * (3 + (numNormals > 0 ? 3 : 0) + (numUV > 0 ? 2 : 0))];
```

一旦加载了所有顶点位置、纹理坐标、法线以及三角形，就可以开始装载保存有顶点信息的浮点数组了，这些顶点的格式符合 Vertices3 实例的要求。存储这些顶点所需的浮点数的数量可以通过已经加载的三角形的数量以及是否有法线和纹理坐标得知。

```
    for (int i = 0, vi = 0; i < numFaces * 3; i++) {
        int vertexIdx = facesVerts[i] * 3;
        verts[vi++] = vertices[vertexIdx];
        verts[vi++] = vertices[vertexIdx + 1];
        verts[vi++] = vertices[vertexIdx + 2];

        if (numUV > 0) {
            int uvIdx = facesUV[i] * 2;
            verts[vi++] = uv[uvIdx];
            verts[vi++] = 1 - uv[uvIdx + 1];
        }

        if (numNormals > 0) {
            int normalIdx = facesNormals[i] * 3;
            verts[vi++] = normals[normalIdx];
            verts[vi++] = normals[normalIdx + 1];
            verts[vi++] = normals[normalIdx + 2];
        }
    }
```

为了填充 verts 数组，对所有三角形进行循环操作，取每个三角形顶点的 vertex 属性并将其存储于 verts 数组中，该数组的设计同 Vertices3 实例中所用的一样。

```
Vertices3 model = new Vertices3(game.getGLGraphics(), numFaces * 3,
        0, false, numUV > 0, numNormals > 0);
model.setVertices(verts, 0, verts.length);
        return model;
```

最后需要做的是将 Vertices3 实例化并设置顶点。

```
    } catch (Exception ex) {
```

```
        throw new RuntimeException("couldn't load '" + file + "'", ex);
    } finally {
        if (in != null)
            try {
                in.close();
            } catch (Exception ex) {

            }
    }
}
```

这一方法中的剩余部分做一些异常处理并且关闭之前开启的 InputStream。

```
static int getIndex(String index, int size) {
    int idx = Integer.parseInt(index);
    if (idx < 0)
        return size + idx;
    else
        return idx - 1;
}
```

getIndex()方法的参数包括三角形定义中的顶点属性的索引之一，以及到目前为止所加载的属性的数量。它返回在一个工作数组中所引用属性的相应索引。

```
static List<String> readLines(InputStream in) throws IOException {
    List<String> lines = new ArrayList<String>();

    BufferedReader reader = new BufferedReader(new InputStreamReader(in));
    String line = null;
    while ((line = reader.readLine()) != null)
        lines.add(line);
    return lines;
}
```

最后是 readLines()方法，其作用是逐行读取文件中的数据并将各行数据作为字符串 List 返回。

要从资源中加载一个 OBJ 文件，可以使用 ObjLoader，如下所示：

```
Vertices3 model = ObjLoader.load(game, "mymodel.obj");
```

在做了一系列眼花缭乱的索引操作后调用却是非常直观，不是吗？但为了渲染该 Vertices3 实例，还需要知道它有多少个顶点。下面再次扩展 Vertices3 类，添加两个方法以返回顶点个数以及当前实例中定义的索引数，其代码如程序清单 11-13 所示。

程序清单 11-13　摘自 Vertices3.java，获取顶点以及索引的个数

```
public int getNumIndices() {
    return indices.limit();
}

public int getNumVertices() {
    return vertices.limit() / (vertexSize / 4);
}
```

对于索引数，仅返回存储索引的 ShortBuffer 的最大限制。对于顶点数的处理也类似。但由于报告的这个最大限制值是 FloatBuffer 中定义的浮点数的数量，必须除以顶点的大小，而在 vertexSize 变量中则是以字节为单位存储顶点大小，所以要将该成员除以 4。

11.6.3　使用 OBJ 加载器

为了说明 OBJ 加载器，我们重写前一个例子，并创建一个新的名为 ObjTest 的测试和一个 ObjScreen。从前一个例子中将所有代码复制过来并仅修改 ObjScreen 的构造函数中负责创建立方体的一行：

```
cube = ObjLoader.load(glGame, "cube.obj");
```

这里没有使用 createCube()方法(该方法已删除)，而是直接从名为 cube.obj 的 OBJ 文件中加载一个模型。我们创建了之前在 Wings3D 的 createCube()中指定的立方体的副本。就像其他资源一样，可以在 SVN 存储库中找到它。该立方体的顶点坐标、纹理坐标和法线与手工版本的代码中的参数相同。运行 ObjTest 后，应该会发现它与 EulerCameraTest 十分相似，所以不再给出截图。

11.6.4　关于加载模型的一些建议

对于第 12 章要编写的游戏来说，这个加载器已经足够用了，但它还不够健壮。下面是一些需要注意的事项：

- 字符串处理是 Android 的弱项，处理速度慢。OBJ 格式是一种纯文本格式，因此需要大量的解析工作，而这延长了加载时间。将 OBJ 模型转换为自定义的二进制格式文件可以避免上述问题。例如，你可以串行化 ObjLoader.load()方法中定义的 verts 数组。
- OBJ 格式有很多特性尚未使用。如果你想扩展前面给出的加载器，可以参考网络上的格式规范。添加额外的功能应该不难。
- OBJ 文件通常带有一个称为材质文件的文件。该文件定义了 OBJ 文件中各组顶点使用的颜色以及纹理。在这里不需要此功能，因为每个指定的 OBJ 文件对应的纹理都已知。但对于一个更健壮的加载器而言需要研究材质文件的规范。

11.7　3D 中的一些物理知识

在第 8 章中开发了一个简单的基于质点的 2D 物理模型。这个物理模型同样可以工作于 3D 环境中，这对我们来说无疑是个好消息！

- 在 3D 中用 3D 向量取代了 2D 向量来表示位置，仅需要添加一个 z 轴坐标。
- 在每个轴上，速度仍然以 m/s 为单位表示，仅添加了 z 轴分量。
- 在各轴上，加速度仍然用 m/s^2 为单位表示，同样添加 z 轴分量。

第 8 章中描述这样一个物理模拟的伪代码如下所示：

```
Vector2 position = new Vector2();
Vector2 velocity = new Vector2();
Vector2 acceleration = new Vector2(0, -10);
while(simulationRuns) {
```

```
    float deltaTime = getDeltaTime();
    velocity.add(acceleration.x * deltaTime, acceleration.y * deltaTime);
    position.add(velocity.x * deltaTime, velocity.y * deltaTime);
}
```

只需要将 Vector2 实例更改为 Vector3，即可将上述代码转换到 3D 空间中：

```
Vector3 position = new Vector3();
Vector3 velocity = new Vector3();
Vector3 acceleration = new Vector3(0, -10, 0);
while(simulationRuns) {
    float deltaTime = getDeltaTime();
    velocity.add(acceleration.x*deltaTime,acceleration.y*deltaTime,acceleration.
        z*deltaTime);
    position.add(velocity.x * deltaTime, velocity.y * deltaTime, velocity.z * deltaTime);
}
```

上面即是所做改动。这个简单的物理模型足以应付许多简单的 3D 游戏。在本书的最后一个游戏中甚至没使用任何的加速度，这是由游戏中对象的性质决定的。

当然，要实现更复杂的 3D(或 2D)物理模型也更为困难，通常都使用第三方的库而不是自己重新开发。在 Android 中面临的问题是基于 Java 的解决方案常常由于大规模的计算量而使速度成为瓶颈。Android 也有针对 2D 物理的解决方案，它们通过 Java 本地接口(JNI)包装了本地 C++库(如Box2D)，为 Java 应用程序提供本地 API。而对于 3D 物理，可使用名为 Bullet 的库。然而，Bullet 库中没有绑定可用的 JNI。如何使用第三方库不在本书的讨论范围内，而且通常在很多情况下不需要用到非常复杂的物理知识。

11.8　3D 中的碰撞检测与对象表示

在第 8 章中曾经讨论过对象表示和碰撞检测之间的关系。我们尽量让游戏中的对象独立于其图形表示，为此用边界形状、位置和方位等属性定义它们。位置和方位很容易表示：用 Vector3 表示前者，而用后者用绕 x、y 和 z 轴的旋转角(注意可能出现的万向节死锁问题) 来表示。下面探讨边界形状。

11.8.1　3D 中的边界形状

与 2D 编程一样，边界形状有很多种选择。图 11-12 展示了 3D 编程中比较常用的几种边界形状。

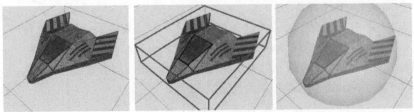

图 11-12　几种边界形状。从左到右分别是：三角形网格、轴对齐边界盒和边界球

- **三角形网格**：这种边界尽可能紧地包围着物体。但当基于两个物体的三角形网格检测碰撞时，计算量十分大。
- **轴对齐边界盒**：这种边界包围物体比较松散，它的计算量要远小于三角形网格边界。
- **边界球**：这种边界更为松散。然而它的碰撞检测速度最快。

三角形网格与轴对齐边界盒的另一个问题是在每次旋转或缩放物体后都需要重新调整，这与在 2D 中操作相同。相反，对物体进行旋转或缩放后，边界球却不需要做任何改动。如果需要对物体进行缩放，仅需缩放球的半径，而这只是一个简单的乘法操作。

11.8.2　边界球重叠测试

三角形网格和轴对齐边界盒的碰撞检测运算十分复杂。对于下一个将介绍的游戏，使用边界球就可以了。另外还有一个曾运用于 Super Jumper 游戏中的小技巧：为了让边界球更好地工作，让它比对象的图形表示更小。图 11-13 展示了宇宙飞船的边界球。

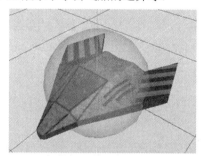

图 11-13　使边界球变小，以便更好地适应物体

这是个简单实用的小技巧，在很多情况下足以保证碰撞检测的正确执行。

那么如何使两个球体进行碰撞呢？或者说如何检测重叠呢？处理方法与圆的重叠检测方法完全相同！所需要做的是计算出两个球体的中心间的距离。如果这个距离小于两个球体半径之和，则两球体发生了碰撞。下面编写一个简单的 Sphere 类，如程序清单 11-14 所示。

程序清单 11-14　Sphere.java，一个简单的边界球

```java
package com.badlogic.androidgames.framework.math;

public class Sphere {
    public final Vector3 center = new Vector3();
    public float radius;

    public Sphere(float x, float y, float z, float radius) {
        this.center.set(x,y,z);
        this.radius = radius;
    }
}
```

以上代码与第 8 章的 Circle 类的代码类似，改动的仅仅是中心向量用 Vector3 代替了 Vector2。

下面扩展 OverlapTester 类，添加新方法检测球体重叠并检测一个点是否在球体内，如程序清单 11-15 所示。

程序清单 11-15 摘自 OverlapTester.java，添加球体检测方法

```java
public static boolean overlapSpheres(Sphere s1, Sphere s2) {
    float distance = s1.center.distSquared(s2.center);
    float radiusSum = s1.radius + s2.radius;
    return distance <= radiusSum * radiusSum;
}

public static boolean pointInSphere(Sphere c, Vector3 p) {
    return c.center.distSquared(p) < c.radius * c.radius;
}

public static boolean pointInSphere(Sphere c, float x, float y, float z) {
    return c.center.distSquared(x, y, z) < c.radius * c.radius;
}
```

同样，这与 Circle 类中的重叠检测代码完全类似，只是球体中心坐标用 Vector3 代替了 Circle 中的 Vector2。

注意：有很多书介绍了 3D 碰撞检测的处理方式。如果想要更深入地学习，推荐阅读由 Christer Ericson 撰写的 *Real-time Collision Detection* 一书(Morgan Kaufmann, 2005)。该书可以说是游戏开发者的首选资料。

11.8.3 GameObject3D 与 DynamicGameObject3D

现在已经有了一个十分美观的 3D 物体的边界形状，可以很轻松地编写与 2D 中 GameObject 和 DynamicGameObject 相对应的类了。仅需要用 Vector3 实例代替其中的 Vector2，并用 Sphere 类取代 Rectangle 类即可。程序清单 11-16 展示了 GameObject3D 类。

程序清单 11-16 GameObject3D.java，用位置和边界表示一个简单物体

```java
package com.badlogic.androidgames.framework;

import com.badlogic.androidgames.framework.math.Sphere;
import com.badlogic.androidgames.framework.math.Vector3;

public class GameObject3D {
    public final Vector3 position;
    public final Sphere bounds;

    public GameObject3D(float x, float y, float z, float radius) {
        this.position = new Vector3(x,y,z);
        this.bounds = new Sphere(x, y, z, radius);
    }
}
```

代码很简单，不必做过多的解释。唯一的难点是这里保存了同一个坐标两次：一次是作为 GameObject3D 类的位置成员变量；另一次是作为 GameObject3D 类中包含的 Sphere 实例的位置成员。这样做虽然有点难看，但是为了代码思路清晰，采取了这种做法。

要从这个类派生 DynamicGameObject3D 类也很容易。其代码如清单 11-17 所示。

程序清单 11-17　DynamicGameObject3D.java，与 GameObject3D 对应的动态类

```java
package com.badlogic.androidgames.framework;

import com.badlogic.androidgames.framework.math.Vector3;

public class DynamicGameObject3D extends GameObject {
    public final Vector3 velocity;
    public final Vector3 accel;
    public DynamicGameObject3D(float x, float y, float z, float radius) {
        super(x, y, z, radius);
        velocity = new Vector3();
        accel = new Vector3();
    }
}
```

这里再次用 Vector3 代替了 Vector2。

在 2D 中，需要重点考虑物体的图形表示(用像素表示大小)与世界模型中使用的单位的关系。而在 3D 中则不需要考虑这些！已经加载的 3D 模型顶点(例如，来自一个 OBJ 文件)能够用任何单位系统定义。我们不再需要在像素和世界单位之间进行转换，这使得在 3D 中工作稍微简单一些。仅需要对美工人员进行培训，使他们提供的模型可以恰当地缩放至适合世界的单位系统。

11.9　小结

本章我们揭开了游戏编程的神秘面纱。我们探讨了 3D 向量，其使用方法与 2D 中的向量类似，仅需要增加一个 z 坐标即可！本章也讨论了 OpenGL ES 中的光照系统。通过使用本章中所编写的辅助类来表示材质和光源，在场景中实现光照效果很简单。为了获得更高的性能和减少图形失真，我们还为 Texture 类实现了简单的材质变换功能。本章中还探讨了如何借助 Matrix 类用少量的代码实现简单的欧拉照相机和跟随照相机。

由于使用代码手动创建 3D 网格很繁琐，所以使用最简单且最流行的 3D 文件格式：Wavefront OBJ。我们再次讨论了简单的物理模型，并将其变换至 3D 世界中，这一过程与创建 3D 向量一样简单。

最后探讨了在 3D 中如何定义边界形状以及表示对象。在前面的讨论中采用了最简单的解决方案来解决这两个问题，这些解决方法与在 2D 中使用的方法类似，有些甚至是完全相同。

对于 3D 编程还有很多知识点需要学习，这里介绍的只是其中一部分，但是你应该已经知道完成一个 3D 游戏需要做哪些工作了。要明白的是，实际上 2D 游戏和 3D 游戏并没有太大区别(当然，这是指游戏的复杂程度有限的情况)，因此没必要畏惧 3D 编程！在 12 章中将使用新的知识点来编写本书的最后一个游戏：Android Invaders！

第12章

Android Invaders 游戏

本章将编写本书的最后一个游戏示例。这次将开发一个简单的经典动作/街机类游戏,将采用第 10 章和第 11 章介绍过的技术来创建一个完美的 3D 效果。

12.1 游戏的核心机制

看到本章章名,你也许会想到这可能是 Space Invaders(太空入侵者)的另外一个版本,它最初是一个 2D 游戏(如图 12-1 所示)。

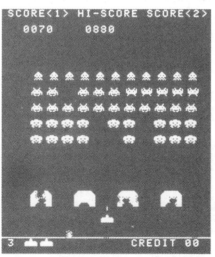

图 12-1 最初的 Space Invaders:一款街机类游戏

我们大部分还是沿用 2D 模式。所有物体都有球形的 3D 边界,表现为边界球,还有一个 3D 空间中的位置。但是,物体的运动将仅限于 x/z 平面,这样做会让我们的工作略微简化。图 12-2 展示了这个 3D 版本的 Space Invaders 的世界,其模型由 Wings3D 创建。

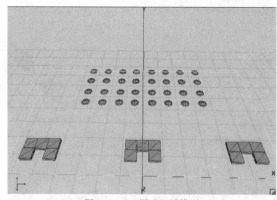

图 12-2　3D 游戏区域模型

下面定义该游戏的机制:

- 必须有一个宇宙飞船飞行在游戏显示区域的最下方,并只能沿 x 轴左右移动。
- 物体运动受限于游戏场景区域的大小。当飞船运动到场景最左边或最右边时,它停止运动。
- 可以让玩家选择使用加速计导航飞船,或者使用屏幕按钮的方法来左右移动飞船。
- 飞船可以每秒发射一颗子弹。玩家按下屏幕上的按钮后发射。
- 游戏区域底部有三个护盾,每个护盾由 5 个立方体组成。
- 敌人(即入侵者)初始状态如图 12-2 所示,它们向左移动一定距离,然后向 z 轴的正方向移动一定距离,然后再向右移动一定距离。总共有 32 个敌人,排列成 4 行 8 列。
- 敌人将随机发射子弹。
- 当子弹击中飞船时,飞船爆炸并减去一条生命。
- 当子弹击中护盾时,护盾将永久消失。
- 当子弹击中一个敌人时,敌人将爆炸,分数增加 10 分。
- 当消灭了所有敌人时,将出现新的一批敌人,并且这批敌人移动速度比上一批要快。
- 当敌人与飞船发生碰撞时,游戏结束。
- 当飞船生命值为零时,游戏也结束。

上述规则并不复杂。所有这些操作在 2D 环境(在 x/z 平面而非 x/y 平面)中发生,游戏仍将采用 3D 边界球。可能你想要在完成第一遍迭代开发后将游戏扩展成真正的 3D 游戏。但是现在首先设计游戏的故事背景。

12.2　故事背景与艺术风格

游戏名称为 Android Invaders,该游戏名来自于 Android 与 Space Invaders。我们没有精心设计名称,毕竟不是要做一个一流的游戏。仿照 Doom 这样的经典射击游戏,它的游戏背景非常简洁。背景大致如下:

外太空的异族生命入侵地球,玩家是唯一能保护地球并驱逐邪恶力量的人。

这样的游戏背景适合于 Doom 和 Quake,同样也适用于 Android Invaders。

游戏的画面风格有点复古,使用第 9 章的 Super Jumper 也曾用过的老式字体。游戏画面由具有纹理和 3D 光照效果的绚丽 3D 模型构成,如图 12-3 所示。

图 12-3   Android Invaders 的模型，非常绚丽

游戏音乐混合了摇滚与重金属的风格，并且声音效果与游戏场景很搭配。

12.3   画面与切换

由于帮助画面以及高分记录画面已经在第 6 章的 Mr. Nom 和第 9 章的 Super Jumper 两个实例中实现过，在 Android Invaders 中就不再重复同样的工作了。原理是一样的，而且反正在看到游戏画面的时候，玩家会马上知道如何操作。我们将添加一个用于设置的画面，允许玩家选择操作方式(多点触摸或加速计)以及开启或关闭声音。下面介绍 Android Invaders 画面：

- 游戏菜单画面，包含游戏 logo、PLAY 按钮和 SETTINGS 选项按钮。
- 游戏开始画面将立即启动新游戏(不再有"READY?"信号！)，并且可以进入暂停状态(显示 RESUME 和 QUIT 选项)，一旦飞船生命值为零，则显示"GAME OVER"。
- 游戏设置画面显示配置选项的 3 个图标(多点触摸、加速计以及音效)。

这与前两个游戏中的功能类似。图 12-4 展示了所有画面以及各个画面之间的切换。

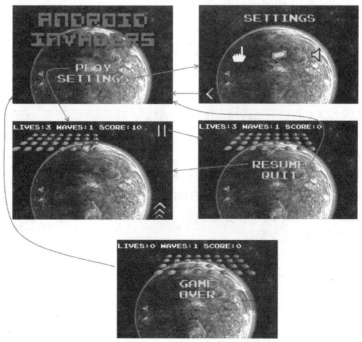

图 12-4   Android Invaders 的画面以及画面间的切换

12.4 定义游戏世界

3D 编程的一个好处是不必考虑像素问题，可以采用任何单位定义场景。前面所列出的游戏规则限制了游戏的区域，所以首先定义游戏区域。图 12-5 展示了游戏中场景的范围大小。

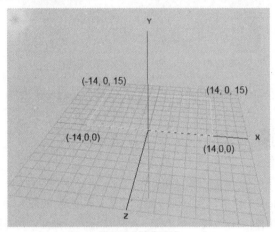

图 12-5　游戏区域

游戏中所有的物体都会出现在 x/z 平面的边界内。坐标会被限制在 x 轴-14～14，z 轴 0～-15 的范围内。飞船可以沿着游戏区域底端边缘的位置移动，即从(-14, 0, 0)到(14, 0, 0)。

下一步将定义游戏中所有物体的大小：

- 飞船的半径为 0.5 个单位大小。
- 敌人的半径稍微大些，为 0.75 个单位，这使得更容易击中他们。
- 每一个护盾的半径为 0.5 个单位。
- 每个子弹的半径为 0.1 个单位。

如何得到这些值呢？根据游戏中各个物体在游戏场景中所占比例将游戏场景划分为 1×1 单位大小的单元。通常这种划分需要依靠多次尝试或者使用现实世界中的单位如"米"来划分。在 Android Invaders 游戏中，将使用未命名的单位。

前面所定义的半径大小可以直接转换为边界球。对于护盾和飞船则要做一些特别处理，因为它们显然不是球形的。由于世界的 2D 属性，做这些特别处理没有问题。敌人的形状则非常接近球形。

还需要定义移动物体的速度：

- 飞船可以 20 单位/秒的最大速度移动。在 Super Jumper 游戏中，通常是以一个较低的速度运动，这是由于速度取决于手机倾斜的角度。
- 敌方飞船最初以一个单位/秒的速度移动。每一波新的敌人出现都会略微增加其移动速度。
- 子弹以 10 单位/秒的速度运动。

设定好这些参数后，就可以开始实现游戏世界的逻辑了。在此之前，首先创建资源。

12.5 创建资源

与之前的游戏类似，这里有两种图像资源：UI 元素(如 logo 或按钮)以及游戏中不同类型物体的模型。

12.5.1 用户界面资源

根据目标设备的分辨率大小创建用户界面资源。游戏将以横向方式运行，所以选择目标分辨率为 480×320 像素。图 12-4 展示了组成用户画面的各个元素：一个 logo、不同的菜单项、一组按钮和一些文本。文本重复利用了 Super Jumper 中的字体。先前的游戏中就已经把这些元素组合起来了，你也看到了将它们放到一个纹理图集中可以得到更好的性能。所以在游戏 Android Invaders 中将使用纹理图集，它包含游戏中的所有用户界面元素以及游戏中所有画面的字体，如图 12-6 所示。

图 12-6　用户界面的各种元素的图集，包含按钮、logo 和字体。存储于 items.png 文件中，大小为 512×512 像素

与 Super Jumper 做法类似，同样要有一个在所有画面中渲染的游戏背景。图 12-7 展示了屏幕背景图片。

图 12-7　文件 background.jpg 中存储的背景，512×512 像素大小

正如在图 12-4 中所看到的那样,仅需使用背景图片的左上角区域来渲染一个完整的帧(480×320 像素)。

这就是所需要的用户界面元素。下面来分析 3D 模型及其纹理。

12.5.2 游戏资源

正如第 11 章中所述,本书不会具体讲述如何使用类似 Wings3D 这样的软件创建 3D 模型。如果你希望自己创建模型,那就需要自己学习相关软件的教程,网上有很多免费的教程。Android Invaders 的模型可以用 Wings3D 创建并将其导出为 OBJ 格式,该格式可以用我们的框架加载。所有模型都仅由三角形组成并有纹理坐标与法线。一些模型不需要纹理坐标,但有这些参数也没坏处。

飞船模型及其纹理如图 12-8 所示。

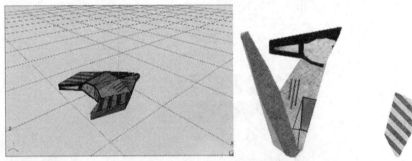

图 12-8　Wings3D 创建的飞船模型(ship.obj)及其纹理(ship.png,256×256 像素)

需要注意的是,图 12-8 中的飞船的半径大致与前一节提到的大致相同。不需要做任何缩放操作或在不同坐标系中变换位置和尺寸。飞船模型使用与边界球同样的单位进行定义!

图 12-9 展示了敌方飞船的模型及其纹理。

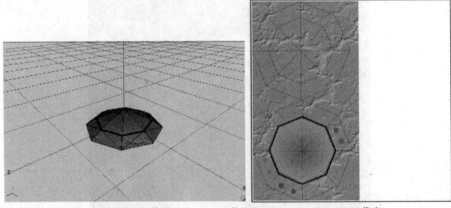

图 12-9　敌方飞船模型(invader.obj)及其纹理(invader.png,256×256 像素)

敌方飞船模型与玩家飞船模型遵循相同规则,使用一个 OBJ 格式的文件存储顶点坐标、纹理坐标、法线、各个面以及纹理图片。

护盾与子弹建模为立方体,并且存储于文件 shield.obj 以及 shot.obj 中。尽管给它们设置了纹理坐标,但在渲染它们时并没有实际使用纹理映射,仅仅将它们当成(半透明)物体以指定颜色绘制在屏幕上(护盾用蓝色,子弹用黄色)。

最后还要处理爆炸(再回顾图 12-3)。如何给爆炸效果建模呢？答案是不必建模。仅需要像在 2D 中的处理那样，在 3D 空间的 z 轴适当位置绘制一个矩形框，并使用爆炸动画中的一帧填充，这与 Super Jumper 游戏中的处理方式是一样的。不同的是我们将这个矩形绘制在 z 轴上小于 0 的位置(即爆炸产生处)。这里甚至可以使用 SpriteBatcher 类！OpenGL ES 非常强大。图 12-10 显示了爆炸的纹理。

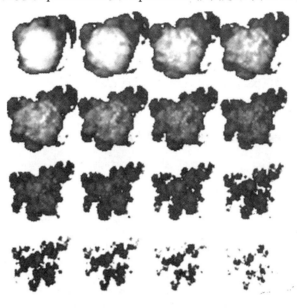

图 12-10　爆炸动画的纹理(explode.png，256×256 像素)

该动画的每一帧的图像大小是 64×64 像素。所要做的是为每一帧创建一个 TextureRegion 并将其放入一个 Animation 实例中，以便用于为一个给定的动画时刻来获取正确的一帧图片，正如在 Super Jumper 游戏中对松鼠和 Bob 所做的处理那样。

12.5.3　音效与音乐

对于音效，可再次使用 as3sfxr。爆炸的音效是从网络上找到的资源，它是公有领域的音效，所以可用于 Android Invaders 中。而音乐则是我们自己使用真实的乐器录制的。下面是 Android Invaders 中用到的音频文件。

- click.ogg，单击菜单和按钮的声音
- shot.ogg，子弹发射的声音
- explosion.ogg，爆炸声音
- music.mp3，为游戏 Android Invaders 专门制作的摇滚/金属音乐

12.6　开始编写代码

设计好游戏的机制并准备好资源后就可以开始编写代码了。首先像往常一样创建一个新的项目并复制所有的框架代码，但要确保设置恰当的清单文件和图标等。现在你对于如何设置相关参数应该轻车熟路了。Android Invaders 游戏的所有代码都放在 com.badlogic.androidgames. androidinvaders 包中。

所有资源都存放在 Android 项目中 assets/目录下。使用与 Super Jumper 类似的结构：一个继承自 GLGame 的默认活动，一组 GLScreen 实例，实现不同的画面显示和画面切换，如图 12-4 所示，并实现一些能够加载资源和保存设置的类以及用于处理游戏中物体的类，此外还有绘制 3D 游戏场景的类。下面介绍 Assets 类。

12.7 Assets 类

之前在 Mr. Nom 和 Super Jumper 中已经实现过该类，所以此处没有太多需要讲解的地方。程序清单 12-1 展示了 Assets 类的代码。

程序清单 12-1 Assets.java，加载和存储资源

```java
package com.badlogic.androidgames.androidinvaders;

import com.badlogic.androidgames.framework.Music;
import com.badlogic.androidgames.framework.Sound;
import com.badlogic.androidgames.framework.gl.Animation;
import com.badlogic.androidgames.framework.gl.Font;
import com.badlogic.androidgames.framework.gl.ObjLoader;
import com.badlogic.androidgames.framework.gl.Texture;
import com.badlogic.androidgames.framework.gl.TextureRegion;
import com.badlogic.androidgames.framework.gl.Vertices3;
import com.badlogic.androidgames.framework.impl.GLGame;

public class Assets {
    public static Texture background;
    public static TextureRegion backgroundRegion;
    public static Texture items;
    public static TextureRegion logoRegion;
    public static TextureRegion menuRegion;
    public static TextureRegion gameOverRegion;
    public static TextureRegion pauseRegion;
    public static TextureRegion settingsRegion;
    public static TextureRegion touchRegion;
    public static TextureRegion accelRegion;
    public static TextureRegion touchEnabledRegion;
    public static TextureRegion accelEnabledRegion;
    public static TextureRegion soundRegion;
    public static TextureRegion soundEnabledRegion;
    public static TextureRegion leftRegion;
    public static TextureRegion rightRegion;
    public static TextureRegion fireRegion;
    public static TextureRegion pauseButtonRegion;
    public static Font font;
```

该类中有几个成员用于存储用户界面元素的纹理以及背景图片，其中还存储了好几个 TextureRegion 类型的成员以及一个 Font 类型的成员，这些成员变量能够满足用户界面的所有需要。

```java
    public static Texture explosionTexture;
    public static Animation explosionAnim;
    public static Vertices3 shipModel;
    public static Texture shipTexture;
```

```
public static Vertices3 invaderModel;
public static Texture invaderTexture;
public static Vertices3 shotModel;
public static Vertices3 shieldModel;
```

使用 Texture 和 Vertices3 的实例来保存游戏中对象的模型和纹理。此外，Animation 实例用来保存爆炸动画的帧。

```
public static Music music;
public static Sound clickSound;
public static Sound explosionSound;
public static Sound shotSound;
```

最后声明一个 Music 实例和几个 Sound 实例来保存游戏的音乐。

```
public static void load(GLGame game) {
    background = new Texture(game, "background.jpg", true);
    backgroundRegion = new TextureRegion(background, 0, 0, 480, 320);
    items = new Texture(game, "items.png", true);
    logoRegion = new TextureRegion(items, 0, 256, 384, 128);
    menuRegion = new TextureRegion(items, 0, 128, 224, 64);
    gameOverRegion = new TextureRegion(items, 224, 128, 128, 64);
    pauseRegion = new TextureRegion(items, 0, 192, 160, 64);
    settingsRegion = new TextureRegion(items, 0, 160, 224, 32);
    touchRegion = new TextureRegion(items, 0, 384, 64, 64);
    accelRegion = new TextureRegion(items, 64, 384, 64, 64);
    touchEnabledRegion = new TextureRegion(items, 0, 448, 64, 64);
    accelEnabledRegion = new TextureRegion(items, 64, 448, 64, 64);
    soundRegion = new TextureRegion(items, 128, 384, 64, 64);
    soundEnabledRegion = new TextureRegion(items, 190, 384, 64, 64);
    leftRegion = new TextureRegion(items, 0, 0, 64, 64);
    rightRegion = new TextureRegion(items, 64, 0, 64, 64);
    fireRegion = new TextureRegion(items, 128, 0, 64, 64);
    pauseButtonRegion = new TextureRegion(items, 0, 64, 64, 64);
    font = new Font(items, 224, 0, 16, 16, 20);
```

load()方法一开始就创建了用户界面需要用到的资源。该方法完成一些纹理资源的加载以及资源显示区域的创建。

```
    explosionTexture = new Texture(game, "explode.png", true);
    TextureRegion[] keyFrames = new TextureRegion[16];
    int frame = 0;
    for (int y = 0; y < 256; y += 64) {
        for (int x = 0; x < 256; x += 64) {
            keyFrames[frame++] = new TextureRegion(explosionTexture, x, y, 64, 64);
        }
    }
    explosionAnim = new Animation(0.1f, keyFrames);
```

接下来为爆炸动画创建 Texture 实例、每帧的 TextureRegion 以及 Animation 实例。在上面代码中，以 64 像素为单位循环递增地从左上角到右下角为爆炸动画效果的每一帧创建一个 TextureRegion 实例。所有的这些划分好的图片区域都将加载至 Animation 实例中，其中每帧之间的显示间隔时间为 0.1 秒。

```
shipTexture = new Texture(game, "ship.png", true);
shipModel = ObjLoader.load(game, "ship.obj");
invaderTexture = new Texture(game, "invader.png", true);

invaderModel = ObjLoader.load(game, "invader.obj");
shieldModel = ObjLoader.load(game, "shield.obj");
shotModel = ObjLoader.load(game, "shot.obj");
```

然后为玩家飞船、敌方飞船、护盾和子弹加载相应模型和纹理。使用 ObjLoader 一切都很简单。注意纹理使用了纹理变换。

```
music = game.getAudio().newMusic("music.mp3");
music.setLooping(true);
music.setVolume(0.5f);
if (Settings.soundEnabled)
    music.play();

clickSound = game.getAudio().newSound("click.ogg");
explosionSound = game.getAudio().newSound("explosion.ogg");
shotSound = game.getAudio().newSound("shot.ogg");
}
```

最后加载了游戏的音乐和音效。可以看到这里使用了 Settings 类，该类与 Super Jumper 以及 Mr.Nom 中的 Settings 类相同。该方法在游戏开始于 AndroidInvader 类(稍后将实现该类)时将仅调用一次。一旦所有资源都加载后就可以不用对这些资源进行操作了，但纹理是个例外，在游戏暂停并恢复时需要重新加载纹理。

```
public static void reload() {
    background.reload();
    items.reload();
    explosionTexture.reload();
    shipTexture.reload();
    invaderTexture.reload();
    if (Settings.soundEnabled)
        music.play();
}
```

reload()方法即用于此目的。在 AndroidInvaders.onResume()方法中调用该方法，以便游戏纹理图片将重新加载并且音乐也将恢复播放。

```
public static void playSound(Sound sound) {
    if (Settings.soundEnabled)
        sound.play(1);
    }
}
```

最后的便捷方法与游戏 Super Jumper 中类似，这可以减少音效回放带来的麻烦。当用户禁止声音时，在上面的方法中将不播放任何声音。

注意：虽然这种加载资源和管理资源的方法很容易实现，但如果有太多资源需要加载，则会出现些问题。另一个问题是有时并非所有资源都适合同时加载至内存。对于一些简单的游戏，如本书所开发的游戏，使用上述方法没遇到问题。对于大型游戏而言，还需要设计更为精巧的资源管理策略。

12.8　Settings 类

与 Assets 类一样，在某种程度上可以重用之前的游戏中编写的代码。现在设置一个额外的布尔变量来告知程序玩家是希望使用屏幕按钮还是加速计控制飞船。这里没有实现高分画面，因为目前还没有考虑实现这么多的功能。作为练习，你可以自己实现高分画面并将分数保存在 SD 卡中，其代码如程序清单 12-2 所示。

程序清单 12-2　Settings.java，与原来一样

```java
package com.badlogic.androidgames.androidinvaders;

import java.io.BufferedReader;
import java.io.BufferedWriter;
import java.io.IOException;
import java.io.InputStreamReader;
import java.io.OutputStreamWriter;

import com.badlogic.androidgames.framework.FileIO;

public class Settings {
    public static boolean soundEnabled = true;
    public static boolean touchEnabled = true;
    public final static String file = ".androidinvaders";
```

上述代码中保存了用户是否开启声音以及用户是否希望使用触摸输入来操作飞船。这些设置保存在 SD 卡的文件.androidinvaders 中。

```java
public static void load(FileIO files) {
    BufferedReader in = null;
    try {
        in = new BufferedReader(new InputStreamReader(files.readFile(file)));
        soundEnabled = Boolean.parseBoolean(in.readLine());
        touchEnabled = Boolean.parseBoolean(in.readLine());
    } catch (IOException e) {
        // :( It's ok we have defaults
    } catch (NumberFormatException e) {
        // :/ It's ok, defaults save our day
    } finally {
        try {
            if (in != null)
                in.close();
        } catch (IOException e) {
        }
    }
}
```

上面代码中没有需要深入讲解的地方，前面编写过类似的代码。试着从 SD 卡的文件中读取前面提到的两个布尔变量。如果读取失败，则使用默认值。

```java
public static void save(FileIO files) {
    BufferedWriter out = null;
    try {
```

```
            out = new BufferedWriter(new OutputStreamWriter(
            files.writeFile(file)));
            out.write(Boolean.toString(soundEnabled));
            out.write("\n");
            out.write(Boolean.toString(touchEnabled));
        } catch (IOException e) {
        } finally {
            try {
                if (out != null)
                    out.close();
            } catch (IOException e) {
            }
        }
    }
}
```

保存用户所做的选择，如果保存失败，也忽略产生的错误。这也是另一个需要改进的地方，因为应该让用户知道产生了什么错误。

12.9 主活动

与往常一样，程序有一个继承自 GLGame 类的主活动。在程序启动时，它通过调用 Assets.load() 加载资源，并在活动暂停或恢复时对音乐进行相应控制。返回 MainMenuScreen 作为启动画面，下面的代码中会实现它。需要注意的是在清单文件中活动的定义。需确保设置了屏幕显示的方向是横向！程序清单 12-3 展示了相关代码。

程序清单 12-3 AndroidInvaders.java，主活动

```
package com.badlogic.androidgames.androidinvaders;

import javax.microedition.khronos.egl.EGLConfig;
import javax.microedition.khronos.opengles.GL10;

import com.badlogic.androidgames.framework.Screen;
import com.badlogic.androidgames.framework.impl.GLGame;

public class AndroidInvaders extends GLGame {
    boolean firstTimeCreate = true;

    public Screen getStartScreen() {
        return new MainMenuScreen(this);
    }

    @Override
    public void onSurfaceCreated(GL10 gl, EGLConfig config) {
        super.onSurfaceCreated(gl, config);
        if (firstTimeCreate) {
            Settings.load(getFileIO());
            Assets.load(this);
            firstTimeCreate = false;
        } else {
            Assets.reload();
        }
```

```
    }

    @Override
    public void onPause() {
        super.onPause();
        if (Settings.soundEnabled)
            Assets.music.pause();
    }
}
```

上述代码与 Super Jumper 中类似。在调用 getStartScreen() 时返回一个新的 MainMenuScreen 实例，稍后将介绍它。在 onSurfaceCreated() 中需确保资源已重新加载，在 onPause() 方法中关闭正在播放的音乐。

正如你所看到的那样，一旦知道了如何实现一个简单游戏，很多代码都仅可以重复使用。可以考虑通过将代码移至一个框架内来减少样板代码量。

12.10 主菜单画面

在前面的游戏中已经编写了许多简单画面，Android Invaders 也需要一些这样的画面。原则是相同的：用户界面提供各种可以交互的元素，允许玩家单击按钮、切换画面、修改设置以及阅读相关信息。主菜单仅仅显示 logo、PLAY 按钮以及 SETTINGS 选项按钮，如图 12-4 所示。按下这些按钮中的一个后会切换到 GameScreen 或 SettingsScreen，程序清单 12-4 展示了相关代码。

程序清单 12-4　MainMenuScreen.java，游戏主菜单画面

```java
package com.badlogic.androidgames.androidinvaders;

import java.util.List;

import javax.microedition.khronos.opengles.GL10;

import com.badlogic.androidgames.framework.Game;
import com.badlogic.androidgames.framework.Input.TouchEvent;
import com.badlogic.androidgames.framework.gl.Camera2D;
import com.badlogic.androidgames.framework.gl.SpriteBatcher;
import com.badlogic.androidgames.framework.impl.GLScreen;
import com.badlogic.androidgames.framework.math.OverlapTester;
import com.badlogic.androidgames.framework.math.Rectangle;
import com.badlogic.androidgames.framework.math.Vector2;

public class MainMenuScreen extends GLScreen {
    Camera2D guiCam;
    SpriteBatcher batcher;
    Vector2 touchPoint;
    Rectangle playBounds;
    Rectangle settingsBounds;
```

与前面一样，我们需要一个照相机来设置游戏的视口，并将虚拟目标设备的分辨率设置为 480×320 像素。使用一个 SpriteBatcher 来渲染用户界面和背景图片。Vector2 和 Rectangle 实例用来判断按钮是否被按下。

```
public MainMenuScreen(Game game) {
    super(game);

    guiCam = new Camera2D(glGraphics, 480, 320);
    batcher = new SpriteBatcher(glGraphics, 10);
    touchPoint = new Vector2();
    playBounds = new Rectangle(240 - 112, 100, 224, 32);
    settingsBounds = new Rectangle(240 - 112, 100 - 32, 224, 32);
}
```

在构造函数中，像往常一样设置了照相机以及 SpriteBatcher 实例。同时，根据两个元素在屏幕上的位置、宽度和高度来实例化 Vector2 和 Rectangle 实例，屏幕的目标分辨率为 480×320 像素。

```
@Override
public void update(float deltaTime) {
    List<TouchEvent> events = game.getInput().getTouchEvents();
    int len = events.size();
    for(int i = 0; i < len; i++) {
        TouchEvent event = events.get(i);
        if(event.type != TouchEvent.TOUCH_UP)
            continue;

        guiCam.touchToWorld(touchPoint.set(event.x, event.y));
        if(OverlapTester.pointInRectangle(playBounds, touchPoint)) {
            Assets.playSound(Assets.clickSound);
            game.setScreen(new GameScreen(game));
        }
        if(OverlapTester.pointInRectangle(settingsBounds, touchPoint)) {
            Assets.playSound(Assets.clickSound);
            game.setScreen(new SettingsScreen(game));
        }
    }
}
```

在 update()方法中，获取屏幕触摸事件并检测触摸离开事件。如果发生这类事件，则将触摸的真实坐标转换至照相机设置的坐标系统中。然后就要检测触摸发生的位置是否位于菜单中两个按钮所在的矩形区域。如果检测到触摸了其中一个区域，则开启声音并切换到相应的画面中。

```
@Override
public void present(float deltaTime) {
    GL10 gl = glGraphics.getGL();
    gl.glClear(GL10.GL_COLOR_BUFFER_BIT);
    guiCam.setViewportAndMatrices();

    gl.glEnable(GL10.GL_TEXTURE_2D);

    batcher.beginBatch(Assets.background);
    batcher.drawSprite(240, 160, 480, 320, Assets.backgroundRegion);
    batcher.endBatch();

    gl.glEnable(GL10.GL_BLEND);
    gl.glBlendFunc(GL10.GL_SRC_ALPHA, GL10.GL_ONE_MINUS_SRC_ALPHA);

    batcher.beginBatch(Assets.items);
    batcher.drawSprite(240, 240, 384, 128, Assets.logoRegion);
    batcher.drawSprite(240, 100, 224, 64, Assets.menuRegion);
```

```
            batcher.endBatch();

            gl.glDisable(GL10.GL_BLEND);
            gl.glDisable(GL10.GL_TEXTURE_2D);
        }
```

present()方法与 Super Jumper 游戏大部分画面中的 present()方法的操作类似，清空显示画面并通过照相机设置投影矩阵。开启纹理贴图功能并随即通过使用在 Assets 类中定义的 SpriteBatcher 以及 TextureRegion 实例来渲染背景图片。菜单项是半透明区域，因此要在渲染之前开启混合功能。

```
        @Override
        public void pause() {
        }

        @Override
        public void resume() {
        }

        @Override
        public void dispose() {
        }
    }
```

该类的结尾部分是几个未做任何处理动作的空方法。Texture 的重新加载在 AndroidInvaders 活动中完成，因此 MainMenuScreen 没有什么要做的。

12.11 游戏设置画面

游戏设置画面让玩家能够选择游戏输入方式以及开启或关闭游戏声音。使用了三个不同的图标(如图 12-4 所示)来表示这些选项。触摸手状图标或者倾斜的设备图标来启用相应的输入方式。当前激活的输入方式以金色图标显示。声音图标的处理与之前的游戏类似。

用户的选择通过 Settings 类中相应的布尔值反映出来。需调用 Settings.save()确保将发生变化的每一变量立即保存于 SD 卡中。程序清单 12-5 展示了相关代码。

程序清单 12-5　SettingsScreen.java，游戏设置画面

```java
package com.badlogic.androidgames.droidinvaders;

import java.util.List;

import javax.microedition.khronos.opengles.GL10;

import com.badlogic.androidgames.framework.Game;
import com.badlogic.androidgames.framework.Input.TouchEvent;
import com.badlogic.androidgames.framework.gl.Camera2D;
import com.badlogic.androidgames.framework.gl.SpriteBatcher;
import com.badlogic.androidgames.framework.impl.GLScreen;
import com.badlogic.androidgames.framework.math.OverlapTester;
import com.badlogic.androidgames.framework.math.Rectangle;
import com.badlogic.androidgames.framework.math.Vector2;

public class SettingsScreen extends GLScreen {
    Camera2D guiCam;
```

```
SpriteBatcher batcher;
Vector2 touchPoint;
Rectangle touchBounds;
Rectangle accelBounds;
Rectangle soundBounds;
Rectangle backBounds;
```

同理，需要一个照相机和一个 SpriteBatcher 实例来渲染用户界面元素以及背景图片。为检测触摸事件是否按下了一个按钮，我们存储一个 Vector2 实例，并为画面上的 4 个按钮存储 4 个 Rectangle 实例。

```
public SettingsScreen(Game game) {
super(game);
    guiCam = new Camera2D(glGraphics, 480, 320);
    batcher = new SpriteBatcher(glGraphics, 10);
    touchPoint = new Vector2();

    touchBounds = new Rectangle(120 - 32, 160 - 32, 64, 64);
    accelBounds = new Rectangle(240 - 32, 160 - 32, 64, 64);
    soundBounds = new Rectangle(360 - 32, 160 - 32, 64, 64);
    backBounds = new Rectangle(32, 32, 64, 64);
}
```

在构造函数中再次设置画面中各个元素，这里没有太复杂的技术。

```
@Override
public void update(float deltaTime) {
    List<TouchEvent> events = game.getInput().getTouchEvents();
    int len = events.size();
    for (int i = 0; i < len; i++) {
        TouchEvent event = events.get(i);
        if (event.type != TouchEvent.TOUCH_UP)
            continue;

        guiCam.touchToWorld(touchPoint.set(event.x, event.y));
        if (OverlapTester.pointInRectangle(touchBounds, touchPoint)) {
            Assets.playSound(Assets.clickSound);
            Settings.touchEnabled = true;
            Settings.save(game.getFileIO());
        }
        if (OverlapTester.pointInRectangle(accelBounds, touchPoint)) {
            Assets.playSound(Assets.clickSound);
            Settings.touchEnabled = false;
            Settings.save(game.getFileIO());
        }
        if (OverlapTester.pointInRectangle(soundBounds, touchPoint)) {
            Assets.playSound(Assets.clickSound);
            Settings.soundEnabled = !Settings.soundEnabled;
            if (Settings.soundEnabled) {
                Assets.music.play();
        } else {
                Assets.music.pause();
        }
            Settings.save(game.getFileIO());
        }
```

```
        if (OverlapTester.pointInRectangle(backBounds, touchPoint)) {
        Assets.playSound(Assets.clickSound);
            game.setScreen(new MainMenuScreen(game));
        }
    }
}
```

update()方法获取触摸事件并且检测触摸离开事件是否已经注册。如果是，则将触摸点的坐标转换到照相机的坐标系。使用这些坐标值可以检测到不同的矩形并决定执行哪个处理动作。

```
@Override
public void present(float deltaTime) {
    GL10 gl = glGraphics.getGL();
    gl.glClear(GL10.GL_COLOR_BUFFER_BIT);
    guiCam.setViewportAndMatrices();

    gl.glEnable(GL10.GL_TEXTURE_2D);

    batcher.beginBatch(Assets.background);
    batcher.drawSprite(240, 160, 480, 320, Assets.backgroundRegion);
    batcher.endBatch();

    gl.glEnable(GL10.GL_BLEND);
    gl.glBlendFunc(GL10.GL_SRC_ALPHA, GL10.GL_ONE_MINUS_SRC_ALPHA);

    batcher.beginBatch(Assets.items);
    batcher.drawSprite(240, 280, 224, 32, Assets.settingsRegion);
    batcher.drawSprite(120, 160, 64, 64,
            Settings.touchEnabled ? Assets.touchEnabledRegion : Assets.touchRegion);
    batcher.drawSprite(240, 160, 64, 64,
            Settings.touchEnabled ? Assets.accelRegion
                    : Assets.accelEnabledRegion);
    batcher.drawSprite(360, 160, 64, 64,
            Settings.soundEnabled ? Assets.soundEnabledRegion : Assets.soundRegion);
    batcher.drawSprite(32, 32, 64, 64, Assets.leftRegion);
    batcher.endBatch();

    gl.glDisable(GL10.GL_BLEND);
    gl.glDisable(GL10.GL_TEXTURE_2D);
}
```

这里的 present()方法的内容与 MainMenuScreen.render()方法类似。在必要的地方开启纹理贴图和混合功能来渲染背景图片以及按钮。根据当前设置，选择相应的 TextureRegion 来渲染三个设置按钮。

```
@Override
public void pause() {
}

@Override
public void resume() {
}

@Override
public void dispose() {
}
}
```

类中剩下的方法是空方法。

在创建 GameScreen 之前，还必须实现游戏逻辑并渲染游戏世界。模型-视图-控制器模式是一个好的方法。

12.12 模拟类

与前面一样，为游戏中每个对象创建一个类。游戏中有以下对象：

- 护盾
- 子弹
- 玩家飞船
- 敌方飞船

类之间的协调过程是靠一个 World 类完成的。正如在第 11 章中所介绍的那样，2D 与 3D 在对象表示上没有太大不同，这里用 GameObject3D 和 DynamicObject3D 代替之前的 GameObject 和 DynamicObject。还有一个不同之处在于，用 Vector3 实例取代了 Vector2 实例来存储位置、速度和加速度等参数，并且使用边界球代替矩形边框来表示物体的形状。剩下的工作就是实现不同对象在游戏世界中的运动行为。

12.12.1 Shield 类

从游戏机制的定义中可以知道护盾的大小及其应有的行为。护盾设置在游戏画面中的某个位置，等待着玩家或敌方飞船子弹的射击。这些护盾没有太多需要实现的逻辑，因此其代码十分简短。程序清单 12-6 为护盾的内部代码。

程序清单 12-6　Shield.java，护盾类

```java
package com.badlogic.androidgames.androidinvaders;

import com.badlogic.androidgames.framework.GameObject3D;

public class Shield extends GameObject3D {
    static float SHIELD_RADIUS = 0.5f;

    public Shield(float x, float y, float z) {
        super(x, y, z, SHIELD_RADIUS);
    }
}
```

该类定义了护盾的半径并初始化其位置，并根据构造函数的参数设置了边界球。就这么简单！

12.12.2 Shot 类

Shot 类也很简单，它派生自 DynamicGameObject3D，因为每个子弹实际都是运动的物体。程序清单 12-7 为其代码。

程序清单 12-7　Shot.java，Shot 类的代码

```java
package com.badlogic.androidgames.androidinvaders;

import com.badlogic.androidgames.framework.DynamicGameObject3D;

public class Shot extends DynamicGameObject3D {
    static float SHOT_VELOCITY = 10f;
    static float SHOT_RADIUS = 0.1f;

    public Shot(float x, float y, float z, float velocityZ) {
        super(x, y, z, SHOT_RADIUS);
        velocity.z = velocityZ;
    }

    public void update(float deltaTime) {
        position.z += velocity.z * deltaTime;
        bounds.center.set(position);
    }
}
```

首先定义了一些常量，即子弹速度及其半径。构造函数以子弹的初始位置及其 z 轴方向的速度为参数。等等，刚才不是把速度设置为常量了吗？是的，但这样做会使子弹仅能沿 z 轴正方向运动。这对敌方子弹来说没什么问题，但对于玩家飞船来说子弹运动方向必须与敌方子弹相反。在创建一个子弹时(在 Shot 类之外创建)，我们是知道子弹的发射方向的。

update()方法对只是按照通常的质点物理效应来处理。没有考虑任何加速度，因此仅仅需要用一个速度常量乘以时间差，然后加到子弹的位置上。关键在于还要根据子弹发射位置更新边界球的中心位置，否则边界球将不会根据子弹发射位置改变。

12.12.3　Ship 类

Ship 类主要负责更新飞船的位置，并保证飞船飞行在游戏区域的边界中且实时跟踪其状态。飞船可以是处于运行态或爆炸态，在每种情况下都要记录飞船在该状态下的时间。记录下的这个状态时间稍后可用于动画处理，这类似于在游戏 Super Jumper 及其 WorldRenderer 类中所做的处理。飞船可以从外部根据用户的输入获得当前速度，这个输入可以来自加速计读数(如 Bob 那样)，也可以来自一个常量，这要取决于玩家按下了屏幕上的哪个按钮。此外，还应该记录飞船生命数以便告知玩家飞船还剩几条命。程序清单 12-8 展示了相关代码。

程序清单 12-8　Ship.java，玩家飞船类

```java
package com.badlogic.androidgames.androidinvaders;

import com.badlogic.androidgames.framework.DynamicGameObject3D;

public class Ship extends DynamicGameObject3D {
    static float SHIP_VELOCITY = 20f;
    static int SHIP_ALIVE = 0;
    static int SHIP_EXPLODING = 1;
    static float SHIP_EXPLOSION_TIME = 1.6f;
    static float SHIP_RADIUS = 0.5f;
```

上面用一组常量定义了飞船的最大速度、飞船的两个状态(生存以及爆炸)、飞船完全爆炸所花费的时间以及飞船的边界球半径。该类继承自 DynamicGameObject3D，因为该类拥有位置、边界球以及速度。仍然不会使用存储于 DynamicGameObject3D 的加速度向量。

```
int lives;
int state;
float stateTime = 0;
```

接下来是几个成员变量，两个整型数记录着飞船的生命数及其状态(为 SHIP_ALIVE 或 SHIP_EXPLODING)。第三个浮点数变量用于保存飞船处于当前状态的时间。

```
public Ship(float x, float y, float z) {
    super(x, y, z, SHIP_RADIUS);
    lives = 3;
    state = SHIP_ALIVE;
}
```

该构造函数调用超类的构造函数，并初始化了一些成员变量。玩家飞船的生命数为 3。

```
public void update(float deltaTime, float accelY) {
    if (state == SHIP_ALIVE) {
        velocity.set(accelY / 10 * SHIP_VELOCITY, 0, 0);
        position.add(velocity.x * deltaTime, 0, 0);
        if (position.x < World.WORLD_MIN_X)
            position.x = World.WORLD_MIN_X;
        if (position.x > World.WORLD_MAX_X)
            position.x = World.WORLD_MAX_X;
        bounds.center.set(position);
    } else {
        if (stateTime >= SHIP_EXPLOSION_TIME) {
            lives--;
            stateTime = 0;
            state = SHIP_ALIVE;
        }
    }
    stateTime += deltaTime;
}
```

update()方法非常简单。输入参数是时间差以及设备在 y 轴上的当前加速计读数(游戏是以横向模式显示的，所以加速计的 y 轴是屏幕的 x 轴)。如果飞船尚未爆炸，就根据加速度值(范围为 -10~10)设置速度，该操作与 Super Jumper 游戏中对 Bob 的设置类似。此外，根据当前速度更新飞船位置。然后检测飞船是否到达游戏区域的边界，这里使用两个稍后在 World 类中定义的常量值。当确定位置后，就可以更新飞船边界球的中心位置了。

对于飞船爆炸的情况，需检测爆炸时间。处于爆炸状态 1.6 秒后完成爆炸，并减去 1 条生命，然后返回生存状态。

最后根据给定的时间差更新 stateTime 成员。

```
public void kill() {
    state = SHIP_EXPLODING;
    stateTime = 0;
    velocity.x = 0;
}
```

当 World 类检测到玩家飞船与子弹或者敌方飞船发生碰撞时，就会调用最后的这个 kill() 方法。该方法设置玩家飞船的状态为爆炸状态，重置状态时间，并且将玩家飞船在各个轴上的速度值设为零(这里不必设置 z 轴和 y 轴上的速度值，因为飞船只在 x 轴上移动)。

12.12.4 Invader 类

敌方飞船以预先设定好的方式在游戏区域中飞行。图 12-11 展示了该方式。

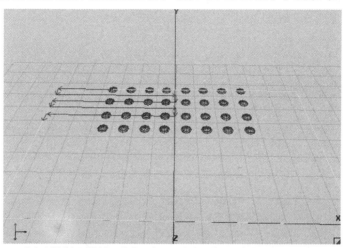

图 12-11　敌方飞船的运动方式：向左、向下、向右、向下、向左、向下、向右、向下⋯⋯

敌方飞船都遵循较简单的运动方式。从其初始位置向左移动一段距离，然后向下(即向游戏区域中 z 轴正方向)移动一定距离，接着再向右移动至与开始时相同的 x 轴坐标处。

除了一开始以外，左右运动的距离总是一样的。图 12-11 展示了左上方敌方飞船的运动。它刚开始向左移动的距离要比此后向左或向右移动的距离要短。水平移动距离是游戏区域的一半，即 14 个单位大小，而刚开始水平向左移动时的距离则仅为 7 个单位。

需要做的是记录敌方飞船移动方向以及其沿该方向移动的距离。如果飞船到达设定的移动距离(即水平方向移动 14 单位，垂直方向移动 1 个单位)，则转到下一个移动状态。所有敌方飞船的初始移动距离都设置为游戏区域宽度的一半，如图 12-11 所示。这使得敌方飞船能沿着游戏区域的左右边界进行反弹运动。

敌方飞船也有一个速度常量。当然，速度在所有敌方飞船被消灭并且新一轮的敌方飞船出现时会递增，这可以通过默认速度乘以一个外部(也就是负责更新所有敌方飞船的 World 类)设置的常量来实现。

最后，还要记录敌方飞船的状态，其状态也是生存和爆炸两种。处理方式类似于玩家飞船，同样有一个当前状态和状态时间的变量。程序清单 12-9 展示了相关代码。

程序清单 12-9　Invader.java，敌方飞船类

```
package com.badlogic.androidgames.androidinvaders;

import com.badlogic.androidgames.framework.DynamicGameObject3D;

public class Invader extends DynamicGameObject3D {
```

```
static final int INVADER_ALIVE = 0;
static final int INVADER_DEAD = 1;
static final float INVADER_EXPLOSION_TIME = 1.6f;
static final float INVADER_RADIUS = 0.75f;
static final float INVADER_VELOCITY = 1;
static final int MOVE_LEFT = 0;
static final int MOVE_DOWN = 1;
static final int MOVE_RIGHT = 2;
```

从上面的一些常量开始，定义敌方飞船的状态、爆炸持续时间、飞船半径和默认速度，以及三个用来表示敌方飞船当前运动方向的常量。

```
int state = INVADER_ALIVE;
float stateTime = 0;
int move = MOVE_LEFT;
boolean wasLastStateLeft = true;
float movedDistance = World.WORLD_MAX_X / 2;
```

记录敌方飞船的状态、状态时间、运动方向和移动距离，其中移动距离初始值被设为游戏区域的一半大小。同样要记录最后一次水平运动是左或右，由此可决定一旦敌方飞船完成垂直方向的运动(即 z 轴的运动)后其下一步运动的方向。

```
public Invader(float x, float y, float z) {
    super(x, y, z, INVADER_RADIUS);
}
```

构造函数调用超类的构造函数，来设置敌方飞船的位置以及飞船边界。

```
public void update(float deltaTime, float speedMultiplier) {
    if (state == INVADER_ALIVE) {
        movedDistance += deltaTime * INVADER_VELOCITY * speedMultiplier;
    if (move == MOVE_LEFT) {
        position.x -= deltaTime * INVADER_VELOCITY * speedMultiplier;
        if (movedDistance > World.WORLD_MAX_X) {
            move = MOVE_DOWN;
            movedDistance = 0;
            wasLastStateLeft = true;
        }
    }
    if (move == MOVE_RIGHT) {
        position.x += deltaTime * INVADER_VELOCITY * speedMultiplier;
        if (movedDistance > World.WORLD_MAX_X) {
            move = MOVE_DOWN;
            movedDistance = 0;
            wasLastStateLeft = false;
        }
    }
    if (move == MOVE_DOWN) {
        position.z += deltaTime * INVADER_VELOCITY * speedMultiplier;
        if (movedDistance > 1) {
            if (wasLastStateLeft)
                move = MOVE_RIGHT;
            else
                move = MOVE_LEFT;
```

```
                    movedDistance = 0;
                }
            }

            bounds.center.set(position);
        }

        stateTime += deltaTime;
    }
```

update()方法的输入参数为时间差以及速度的递增因子,该因子用于增加新一轮的敌方飞船的速度。当然,只有在敌方飞船尚未被子弹击中时才进行移动。

首先计算敌方飞船在此次更新中将移动多少单位的距离,并相应地增加 movedDistance 成员变量的值。如果向左移动,则将物体当前位置的 x 坐标减去移动速度与时间差和 speedMultiplier 三者的乘积,得到的结果作为物体的新位置。如果水平移动到足够远的地方,则开始垂直移动,这通过设置 move 成员为 MOVE_DOWN 来实现。还需要设置 wasLastStateLeft 为 true,以便在向下移动完成后通知飞船向右移动。

同样的操作可以用于处理飞船向右移动。不同的是将 x 轴坐标减去移动速度并在水平移动到达相应的距离时将 wasLastStateLeft 设置为 false。

如果是向下移动,则操作敌方飞船位置的 z 坐标并再次检测在该方向移动的距离。如果到达设置的移动距离,则根据 wasLastStateLeft 成员中编码的上一次水平运动的方向将运动状态切换为 MOVE_LEFT 或者 MOVE_RIGHT。一旦更新完敌方飞船位置的,就可以开始设置边界球的位置了,这个操作类似于对玩家飞船的操作。最后,更新当前状态时间以及准备下次更新操作。

```
    public void kill() {
        state = INVADER_DEAD;
        stateTime = 0;
    }
}
```

此处 kill()方法与 Ship 类中的 kill()方法的用途一样。该方法告知敌方飞船已被子弹击中并要开始阵亡。将飞船状态设置为 INVADER_DEAD 并重置其状态时间。此后敌方飞船将不再移动,而只根据当前时间差更新其状态时间。

12.12.5 World 类

World 类扮演着调度者的角色。它保存着玩家飞船、敌方飞船和子弹,并负责更新它们的状态及进行碰撞检测。这与 Super Jumper 游戏中的相关代码类似,但稍有差别。护盾的初始布局以及敌方飞船也都由 World 类负责。此外我们还创建了 WorldListener 接口来向外界通知游戏中发生的事件,例如爆炸或子弹的发射。这使我们能操作游戏的音效,就像 Super Jumper 中那样。下面将分步讲解代码。程序清单 12-10 显示了相关代码。

程序清单 12-10 World.java,游戏世界类,衔接各个部分

```
package com.badlogic.androidgames.androidinvaders;

import java.util.ArrayList;
import java.util.List;
```

```
import java.util.Random;

import com.badlogic.androidgames.framework.math.OverlapTester;

public class World {
    public interface WorldListener {
        public void explosion();

        public void shot();
    }
```

我们想让外界知道何时产生爆炸或发射子弹，为此定义了一个监听接口，该接口可以在一个World 实例中注册并实现，当有事件产生时将调用 World 实例。这与 Super Jumper 游戏中的处理类似，只是它们所关心的事件不同罢了。

```
    final static float WORLD_MIN_X = -14;
    final static float WORLD_MAX_X = 14;
    final static float WORLD_MIN_Z = -15;
```

还有一些常量用于定义该游戏的范围，在"游戏世界的定义"一节中探讨过。

```
    WorldListener listener;
    int waves = 1;
    int score = 0;
    float speedMultiplier = 1;
    final List<Shot> shots = new ArrayList<Shot>();
    final List<Invader> invaders = new ArrayList<Invader>();
    final List<Shield> shields = new ArrayList<Shield>();
    final Ship ship;
    long lastShotTime;
    Random random;
```

在游戏世界中要记录许多事物。我们专门设置了一个监听器，在有爆炸事件或是子弹发射事件产生时会被调用。还需要记录玩家已经摧毁了几轮敌方飞船。score 变量保存当前得分，而改变speedMultiplier 值则可以增加敌方飞船的运动速度(在 Invaders.update()方法中可以看到)。同样需要存储当前活跃在游戏世界中子弹、敌方飞船和护盾的状态的列表。最后还需要一个 Ship 实例，并记录上一次飞船射击的时间。我们使用 System.nanoTime()方法返回的纳秒级别的时间值来保存这个时间，因此需要用一个 long 类型的变量。Random 实例用于确定敌方飞船是否发射子弹。

```
    public World() {
        ship = new Ship(0, 0, 0);
        generateInvaders();
        generateShields();
        lastShotTime = System.nanoTime();
        random = new Random();
    }
```

在构造方法中在初始位置创建了一个 Ship 实例，生成敌方飞船和护盾，并初始化其余成员。

```
    private void generateInvaders() {
        for (int row = 0; row < 4; row++) {
            for (int column = 0; column < 8; column++) {
                Invader invader = new Invader(-WORLD_MAX_X / 2 + column * 2f,
                        0, WORLD_MIN_Z + row * 2f);
```

```
                    invaders.add(invader);
                }
            }
        }
```

generateInvaders()方法创建了一个由敌方飞船组成的 8×4 阵型，如图 12-11 所示。

```
    private void generateShields() {
        for (int shield = 0; shield < 3; shield++) {
            shields.add(new Shield(-10 + shield * 10 - 1, 0, -3));
            shields.add(new Shield(-10 + shield * 10 + 0, 0, -3));
            shields.add(new Shield(-10 + shield * 10 + 1, 0, -3));
            shields.add(new Shield(-10 + shield * 10 - 1, 0, -2));
            shields.add(new Shield(-10 + shield * 10 + 1, 0, -2));
        }
    }
```

generateShields()方法的作用类似上面的方法：初始化 3 组由 5 个护盾组成的阵列，如图 12-2 所示。

```
    public void setWorldListener(WorldListener worldListener) {
        this.listener = worldListener;
    }
```

用一个 setter 方法来设置一个 World 的监听接口。我们通过此接口获知游戏世界中发生的事件，然后做出相应的处理，例如播放音效。

```
    public void update(float deltaTime, float accelX) {
        ship.update(deltaTime, accelX);
        updateInvaders(deltaTime);
        updateShots(deltaTime);

        checkShotCollisions();
        checkInvaderCollisions();

        if (invaders.size() == 0) {
            generateInvaders();
            waves++;
            speedMultiplier += 0.5f;
        }
    }
```

update()方法也很简单，其输入参数为当前时间差以及 y 轴上的加速度值，该加速度值将传给 Ship.update()。一旦玩家飞船已更新，则调用 updateInvaders()和 updateShots()来更新对应的敌方飞船和子弹。当游戏中所有物体状态都被更新后，则开始进行碰撞检测。checkShotCollision()方法将检测子弹与敌方飞船或玩家飞船的碰撞。

最后，检测敌方飞船是否被消灭，若都被消灭，则产生新一轮的敌人。为了减轻垃圾回收器的负担，可以重复利用已经创建过的 Invader 实例，例如通过利用 Pool 类实现。但为了简单起见，重新创建新的实例。对子弹的处理类似于此。因为游戏过程中创建的对象很少，因此不太可能发生垃圾回收。如果你确实想要降低发生垃圾回收的可能性，可使用 Pool 实例来重用已经消亡的敌方飞船和子弹。注意这里增加了飞船移动速度的 speedMultiplier！

```
    private void updateInvaders(float deltaTime) {
        int len = invaders.size();
```

```
    for (int i = 0; i < len; i++) {
        Invader invader = invaders.get(i);
        invader.update(deltaTime, speedMultiplier);

        if (invader.state == Invader.INVADER_ALIVE) {
            if (random.nextFloat() < 0.001f) {
                Shot shot = new Shot(invader.position.x,
                            invader.position.y,
                                                    invader.position.z,
                            Shot.SHOT_VELOCITY);
                shots.add(shot);
                listener.shot();
            }
        }

        if (invader.state == Invader.INVADER_DEAD &&
                    invader.stateTime > Invader.INVADER_EXPLOSION_TIME) {
            invaders.remove(i);
            i--;
            len--;
        }
    }
}
```

updateInvaders()方法执行以下操作。它遍历了所有敌方飞船并调用了它们的 update()方法。一旦一个 Invader 实例更新后，就检测其是否被子弹击中。如果没有被击中，则通过产生一个随机数来确定它发射子弹的几率。如果该数值小于 0.001 则发射子弹。这意味着每个敌方每个飞船在每一帧都有 0.1%的机会发射子弹。如果发射子弹，则初始化一个新的 Shot 实例，并设置其速度以使其向 z 轴正方向运动，然后通知子弹发射事件的监听方法。如果 Invader 被消灭并已执行完爆炸效果，则将其从当前敌方飞船的阵列列表中删除。

```
    private void updateShots(float deltaTime) {
        int len = shots.size();
        for (int i = 0; i < len; i++) {
            Shot shot = shots.get(i);
            shot.update(deltaTime);
            if (shot.position.z < WORLD_MIN_Z ||
                shot.position.z > 0) {
                shots.remove(i);
                i--;
                len--;
            }
        }
    }
```

updateShots()方法也很简单。它遍历每个子弹实例，更新其状态，并检测其是否飞出游戏区域，如果飞出游戏区域则将其从子弹列表中删除。

```
    private void checkInvaderCollisions() {
        if (ship.state == Ship.SHIP_EXPLODING)
            return;

        int len = invaders.size();
        for (int i = 0; i < len; i++) {
```

```
            Invader invader = invaders.get(i);
        if (OverlapTester.overlapSpheres(ship.bounds, invader.bounds)) {
            ship.lives = 1;
            ship.kill();
            return;
        }
    }
}
```

在 checkInvaderCollisions()方法中检测敌方每个飞船是否与玩家飞船发生碰撞。这十分简单，只需遍历所有有敌方飞船并检测玩家飞船的边界球是否与敌方任一飞船的边界球有重叠部分。根据之前制定的游戏规则，如果玩家飞船与任一敌方飞船发生碰撞则游戏结束。这就是为什么在调用 Ship.kill()方法前将玩家飞船生命值设为 1 的原因。在调用 Ship.kill()方法后，飞船生命值设为 0，这将用于另一个方法中以检测游戏是否结束。

```
private void checkShotCollisions() {
    int len = shots.size();
    for (int i = 0; i < len; i++) {
        Shot shot = shots.get(i);
        boolean shotRemoved = false;

        int len2 = shields.size();
        for (int j = 0; j < len2; j++) {
            Shield shield = shields.get(j);
            if (OverlapTester.overlapSpheres(shield.bounds, shot.bounds)) {
                shields.remove(j);
                shots.remove(i);
                i--;
                len--;
                shotRemoved = true;
                break;
            }
        }
        if (shotRemoved)
            continue;

        if (shot.velocity.z < 0) {
            len2 = invaders.size();
            for (int j = 0; j < len2; j++) {
                Invader invader = invaders.get(j);
                if (OverlapTester.overlapSpheres(invader.bounds,
                        shot.bounds)
                        && invader.state == Invader.INVADER_ALIVE) {
                    invader.kill();
                    listener.explosion();
                    score += 10;
                    shots.remove(i);
                    i--;
                    len--;
                    break;
                }
            }
        } else {
            if (OverlapTester.overlapSpheres(shot.bounds, ship.bounds)
```

```
                    && ship.state == Ship.SHIP_ALIVE) {
                ship.kill();
                listener.explosion();
                shots.remove(i);
                i--;
                len--;
            }
        }
    }
}
```

checkShotCollisions()方法有点复杂。它循环遍历每个 Shot 实例并检测子弹是否与护盾、玩家飞船或敌方飞船发生碰撞。护盾可以被敌方飞船或玩家飞船发射的子弹击中。敌方飞船仅能被玩家飞船发射的子弹击中，且玩家飞船也仅能被敌方飞船发射的子弹击中。为了区分出子弹是由玩家发射还是敌方发射，可以检查子弹在 z 轴上的速度方向。如果该值是正值并向着玩家飞船运动，则该子弹是由敌方飞船发射的，反之则为玩家发射的子弹。

```
public boolean isGameOver() {
    return ship.lives == 0;
}
```

isGameOver()方法用来告知外部玩家飞船生命数已经为零。

```
public void shoot() {
    if (ship.state == Ship.SHIP_EXPLODING)
        return;

    int friendlyShots = 0;
    int len = shots.size();
    for (int i = 0; i < len; i++) {
        if (shots.get(i).velocity.z < 0)
            friendlyShots++;
    }

    if (System.nanoTime() - lastShotTime > 1000000000 || friendlyShots == 0) {
        shots.add(new Shot(ship.position.x, ship.position.y,
                ship.position.z, -Shot.SHOT_VELOCITY));
        lastShotTime = System.nanoTime();
        listener.shot();
    }
}
```

最后是 shoot()方法，每次玩家按下发射子弹按钮时会调用它。在关于游戏规则的小节中曾提到过玩家飞船每隔一秒钟发射一次子弹。当然，如果飞船爆炸就不能再发射子弹了，因此首先需要检测其是否已爆炸。接下来遍历 Shot 实例，检测是否有玩家飞船发射的子弹。如果没有则可立即发射，否则要检测上一次发射子弹的时间。如果距离上次发射事件 1 秒以上则可发射新子弹。这时将子弹速度设置为-Shot.SHOT_VELOCITY，这样子弹就可以沿着 z 轴负向即朝着敌方飞船的方向运动。同时调用之前提到的监听方法通知其有子弹发射事件产生。

上面介绍的所有类就构成了我们的游戏世界！对比 Super Jumper 游戏，游戏规则类似并且代码也很相似。Android Invaders 游戏仅是一个简单游戏，所以使用简单的解决方案(例如边界球)完全可以。实际上，对于许多简单的 3D 游戏这就足够了。下面讲解游戏的最后两个类：GameScreen 和 WorldRenderer 类！

12.13　GameScreen 类

一旦游戏切换到 GameScreen 类中，玩家就可以立即开始游戏而不用等待游戏载入状态了。需要关注的状态有以下几个：

- 运行状态，即渲染游戏背景、游戏世界以及用户界面元素的状态，如图 12-4 所示。
- 暂停状态，即渲染游戏背景、游戏世界以及暂停菜单的状态，如图 12-4 所示。
- 游戏结束状态，所做的与上面两个状态类似。

这里使用与 Super Jumper 游戏中类似的方式为三种状态的每一种使用不同的 update()方法和 present()方法。

该类中比较有趣的地方是如何处理玩家输入来操作飞船。我们希望玩家能够使用屏幕按钮或加速计的方式来控制飞船。通过读取 Settings.touchEnabled 的值来判定玩家的想法。根据玩家所选择的控制方式即可知道是否需要渲染屏幕按钮或者将合适的加速计值传递给 World.update()用来控制飞船的运动。

如果使用屏幕上的按钮，就不需要使用加速计值，而是给 World.update()方法传递一个虚拟的加速度值常量。这个值应当在-10(左)~10(右)。经过少量实验，我们通过屏幕按钮将向左移动的值设为-5，向右移动的值设为 5。

该类中另一个需要注意的地方是将 3D 游戏世界和 2D 用户界面元素的渲染结合到一起。程序清单 12-11 中给出了 GameScreen 类的代码。

程序清单 12-11　GameScreen.java，游戏画面

```java
package com.badlogic.androidgames.androidinvaders;

import java.util.List;

import javax.microedition.khronos.opengles.GL10;

import com.badlogic.androidgames.androidinvaders.World.WorldListener;
import com.badlogic.androidgames.framework.Game;
import com.badlogic.androidgames.framework.Input.TouchEvent;
import com.badlogic.androidgames.framework.gl.Camera2D;
import com.badlogic.androidgames.framework.gl.FPSCounter;
import com.badlogic.androidgames.framework.gl.SpriteBatcher;
import com.badlogic.androidgames.framework.impl.GLScreen;
import com.badlogic.androidgames.framework.math.OverlapTester;
import com.badlogic.androidgames.framework.math.Rectangle;
import com.badlogic.androidgames.framework.math.Vector2;

public class GameScreen extends GLScreen {
    static final int GAME_RUNNING = 0;
    static final int GAME_PAUSED = 1;
    static final int GAME_OVER = 2;
```

与前面类似，用一组常量来定义画面的当前状态。

```
        int state;
        Camera2D guiCam;
        Vector2 touchPoint;
        SpriteBatcher batcher;
        World world;
        WorldListener worldListener;
        WorldRenderer renderer;
        Rectangle pauseBounds;
        Rectangle resumeBounds;
        Rectangle quitBounds;
        Rectangle leftBounds;
        Rectangle rightBounds;
        Rectangle shotBounds;
        int lastScore;
        int lastLives;
        int lastWaves;
        String scoreString;
        FPSCounter fpsCounter;
```

      GameScreen 类的成员与前面几个类的成员相似。我们有专门的成员变量记录状态、照相机、触摸点位置的向量、一个用来渲染 2D 界面元素的 SpriteBatcher 实例、World 实例、WorldListener 实例和 WorldRenderer(稍后编写其代码)，以及一些 Rectangle 变量用于判断用户界面元素是否被触碰到。此外，有三个整型变量用来记录生命值、敌方的第几轮攻击以及玩家得分，有了这些变量就不用每次更新 scoreString，从而减少垃圾回收活动。最后还有一个 FPSCounter 用来分析游戏运行效果。

```
        public GameScreen(Game game) {
            super(game);

            state = GAME_RUNNING;
            guiCam = new Camera2D(glGraphics, 480, 320);
            touchPoint = new Vector2();
            batcher = new SpriteBatcher(glGraphics, 100);
            world = new World();
            worldListener = new WorldListener() {
                public void shot() {
                    Assets.playSound(Assets.shotSound);
                }

                public void explosion() {
                    Assets.playSound(Assets.explosionSound);
                }
            };
            world.setWorldListener(worldListener);
            renderer = new WorldRenderer(glGraphics);
            pauseBounds = new Rectangle(480 - 64, 320 - 64, 64, 64);
            resumeBounds = new Rectangle(240 - 80, 160, 160, 32);
            quitBounds = new Rectangle(240 - 80, 160 - 32, 160, 32);
            shotBounds = new Rectangle(480 - 64, 0, 64, 64);
            leftBounds = new Rectangle(0, 0, 64, 64);
            rightBounds = new Rectangle(64, 0, 64, 64);
            lastScore = 0;
            lastLives = world.ship.lives;
            lastWaves = world.waves;
            scoreString = "lives:" + lastLives + " waves:" + lastWaves + " score:"
```

```
                         + lastScore;
            fpsCounter = new FPSCounter();
    }
```

在构造函数中仍然一如既往地设置所有变量。当游戏世界中有事件产生时，WorldListener 负责播放与该事件对应的音效。其余代码与 Super Jumper 游戏中的相应代码类似，只是对不同的用户界面元素做了相应处理。

```
    @Override
    public void update(float deltaTime) {
        switch (state) {
        case GAME_PAUSED:
            updatePaused();
        break;
        case GAME_RUNNING:
            updateRunning(deltaTime);
            break;
        case GAME_OVER:
            updateGameOver();
            break;
        }
    }
```

update()方法根据画面的当前状态将真正的更新委托给三个更新方法中的一个。

```
    private void updatePaused() {
        List<TouchEvent> events = game.getInput().getTouchEvents();
        int len = events.size();
        for (int i = 0; i < len; i++) {
            TouchEvent event = events.get(i);
            if (event.type != TouchEvent.TOUCH_UP)
                continue;

            guiCam.touchToWorld(touchPoint.set(event.x, event.y));
            if (OverlapTester.pointInRectangle(resumeBounds, touchPoint)) {
                Assets.playSound(Assets.clickSound);
                state = GAME_RUNNING;
            }
            if (OverlapTester.pointInRectangle(quitBounds, touchPoint)) {
                Assets.playSound(Assets.clickSound);
                game.setScreen(new MainMenuScreen(game));
            }
        }
    }
```

updatePaused()方法遍历所有可用的触摸事件并检测玩家是否按下两个菜单项之一(即 Resume 或 Quit)。按下任一按钮后都播放点击的音效。这里没有新的知识点。

```
    private void updateRunning(float deltaTime) {
        List<TouchEvent> events = game.getInput().getTouchEvents();
        int len = events.size();
        for (int i = 0; i < len; i++) {
            TouchEvent event = events.get(i);
            if (event.type != TouchEvent.TOUCH_DOWN)
                continue;
```

```
        guiCam.touchToWorld(touchPoint.set(event.x, event.y));

        if (OverlapTester.pointInRectangle(pauseBounds, touchPoint)) {
            Assets.playSound(Assets.clickSound);
            state = GAME_PAUSED;
        }
        if (OverlapTester.pointInRectangle(shotBounds, touchPoint)) {
            world.shot();
        }
    }

    world.update(deltaTime, calculateInputAcceleration());
    if (world.ship.lives != lastLives || world.score != lastScore
            || world.waves != lastWaves) {
        lastLives = world.ship.lives;
        lastScore = world.score;
        lastWaves = world.waves;
        scoreString = "lives:" + lastLives + " waves:" + lastWaves
                + " score:" + lastScore;
    }
    if (world.isGameOver()) {
        state = GAME_OVER;
    }
}
```

updateRunning()方法负责完成以下两个操作:检测暂停按钮是否按下并相应地作出反应,以及根据玩家的输入更新游戏世界。前一个操作十分简单,所以下面讲解游戏世界的更新机制。计算加速度值的操作在方法 calculateInputAcceleration()中完成。一旦更新了游戏世界,就检测三种状态(生命数、第几轮敌人以及得分数)是否改变并相应地更新 scoreString。最后检测游戏是否结束,若结束则进入 GameOver 状态。

```
private float calculateInputAcceleration() {
    float accelX = 0;
    if (Settings.touchEnabled) {
        for (int i = 0; i < 2; i++) {
            if (game.getInput().isTouchDown(i)) {
                guiCam.touchToWorld(touchPoint.set(game.getInput()
                        .getTouchX(i), game.getInput().getTouchY(i)));
                if (OverlapTester.pointInRectangle(leftBounds, touchPoint)) {
                    accelX = -Ship.SHIP_VELOCITY / 5;
                }
                if (OverlapTester.pointInRectangle(rightBounds, touchPoint)) {
                    accelX = Ship.SHIP_VELOCITY / 5;
                }
            }
        }
    } else {
        accelX = game.getInput().getAccelY();
    }
    return accelX;
}
```

calculateInputAcceleration()方法对玩家操作导致的加速度的改变进行计算。如果玩家选择的是触摸控制,则检测向左或向右按钮是否按下,并在其中一个按钮被按下时相应地将加速度值设置为

-5(向左)或 5(向右)。如果玩家选择使用加速计操作，则仅返回当前 y 轴值(注意，已经设置游戏为横向模式)。

```
private void updateGameOver() {
    List<TouchEvent> events = game.getInput().getTouchEvents();
    int len = events.size();
    for (int i = 0; i < len; i++) {
        TouchEvent event = events.get(i);
        if (event.type == TouchEvent.TOUCH_UP) {
            Assets.playSound(Assets.clickSound);
            game.setScreen(new MainMenuScreen(game));
        }
    }
}
```

updateGameOver()方法也不复杂，它负责检测屏幕触摸事件，若产生该事件则切换到 MainMenuScreen。

```
@Override
public void present(float deltaTime) {
    GL10 gl = glGraphics.getGL();
    gl.glClear(GL10.GL_COLOR_BUFFER_BIT | GL10.GL_DEPTH_BUFFER_BIT);
    guiCam.setViewportAndMatrices();

    gl.glEnable(GL10.GL_TEXTURE_2D);
    batcher.beginBatch(Assets.background);
    batcher.drawSprite(240, 160, 480, 320, Assets.backgroundRegion);
    batcher.endBatch();
    gl.glDisable(GL10.GL_TEXTURE_2D);

    renderer.render(world, deltaTime);

    switch (state) {
    case GAME_RUNNING:
        presentRunning();
        break;
    case GAME_PAUSED:
        presentPaused();
        break;
    case GAME_OVER:
        presentGameOver();
    }

    fpsCounter.logFrame();
}
```

present()方法也很简单。代码开始先清除帧缓冲，还要清除 z-buffer，这是因为要渲染一些 3D 物体，所以需要用到 z-testing。然后设置投影矩阵以便渲染 2D 背景图片，正如在 MainMenuScreen 和 SettingsScreen 类中的处理。一旦这些物体渲染完成，通知 WorldRender 开始渲染游戏世界。最后，根据当前状态调用相应的方法来渲染用户界面元素。注意，WorldRenderer.render()方法负责设置渲染 3D 场景所需的各项事宜！

```
private void presentPaused() {
    GL10 gl = glGraphics.getGL();
```

```
        guiCam.setViewportAndMatrices();
        gl.glEnable(GL10.GL_BLEND);
        gl.glBlendFunc(GL10.GL_SRC_ALPHA, GL10.GL_ONE_MINUS_SRC_ALPHA);
        gl.glEnable(GL10.GL_TEXTURE_2D);

        batcher.beginBatch(Assets.items);
        Assets.font.drawText(batcher, scoreString, 10, 320-20);
        batcher.drawSprite(240, 160, 160, 64, Assets.pauseRegion);
        batcher.endBatch();

        gl.glDisable(GL10.GL_TEXTURE_2D);
        gl.glDisable(GL10.GL_BLEND);
    }
```

presentPaused()方法通过使用 Assets 类中存储的 Font 实例渲染 scoreString，还会渲染游戏暂停菜单。注意，目前为止我们已经渲染了背景图片以及 3D 游戏场景，因此所有的用户界面元素会覆盖 3D 场景。

```
    private void presentRunning() {
        GL10 gl = glGraphics.getGL();
        guiCam.setViewportAndMatrices();
        gl.glEnable(GL10.GL_BLEND);
        gl.glBlendFunc(GL10.GL_SRC_ALPHA, GL10.GL_ONE_MINUS_SRC_ALPHA);
        gl.glEnable(GL10.GL_TEXTURE_2D);

        batcher.beginBatch(Assets.items);
        batcher.drawSprite(480- 32, 320 - 32, 64, 64, Assets.pauseButtonRegion);
        Assets.font.drawText(batcher, scoreString, 10, 320-20);
        if(Settings.touchEnabled) {
            batcher.drawSprite(32, 32, 64, 64, Assets.leftRegion);
            batcher.drawSprite(96, 32, 64, 64, Assets.rightRegion);
        }
        batcher.drawSprite(480 - 40, 32, 64, 64, Assets.fireRegion);
        batcher.endBatch();

        gl.glDisable(GL10.GL_TEXTURE_2D);
        gl.glDisable(GL10.GL_BLEND);
    }
```

presentRunning()方法很直观。首先渲染 scoreString。如果玩家选择按钮控制，则渲染左右移动按钮。最后渲染发射子弹按钮并重置已经改变的 OpenGL ES 状态(如纹理贴图功能和混合功能)。

```
    private void presentGameOver() {
        GL10 gl = glGraphics.getGL();
        guiCam.setViewportAndMatrices();
        gl.glEnable(GL10.GL_BLEND);
        gl.glBlendFunc(GL10.GL_SRC_ALPHA, GL10.GL_ONE_MINUS_SRC_ALPHA);
        gl.glEnable(GL10.GL_TEXTURE_2D);

        batcher.beginBatch(Assets.items);
        batcher.drawSprite(240, 160, 128, 64, Assets.gameOverRegion);
        Assets.font.drawText(batcher, scoreString, 10, 320-20);
        batcher.endBatch();

        gl.glDisable(GL10.GL_TEXTURE_2D);
```

```
        gl.glDisable(GL10.GL_BLEND);
    }
```

presentGameOver()方法与之前的方法大同小异——渲染一些字符串以及其他界面元素。

```
    @Override
    public void pause() {
        state = GAME_PAUSED;
    }
```

最后是 pause()方法，该方法将 GameScreen 设置为暂停状态。

```
    @Override
    public void resume() {

    }

    @Override
    public void dispose() {

    }
}
```

上面是一些空方法，用于满足 GLGame 接口的定义。下面讲解最后一个类：WorldRenderer 类！

12.14 WorldRender 类

让我们回顾一下到目前为止在 3D 场景中所绘制的图像：

- 玩家飞船，使用了玩家飞船模型和纹理以及光照效果。
- 敌方飞船，应用敌方飞船模型和纹理以及光照效果。
- 游戏区域中的子弹，使用子弹模型，没有纹理但采用了光照效果。
- 护盾，基于护盾模型，没有纹理但有光照效果以及透明度(如图 12-3 所示)。
- 爆炸效果图。无论是玩家飞船还是敌方飞船，爆炸都是一样的。当然，爆炸不需要光照效果。

我们已清楚如何用代码实现前面四种图。但如何实现爆炸呢？

我们可以充分利用 SpriteBatcher。根据敌方/玩家飞船爆炸的状态时间，可以从保存有爆炸动画的 Animation 实例(参考 Assets 类)中获得一个 TextureRegion。而 SpriteBatcher 只能渲染位于 x/y 平面上的矩形区域的纹理。因此需要寻找一种方法将该矩形区域移动到空间中任一位置(即爆炸的玩家飞船或敌方飞船所处的位置)。这可以通过在使用 SpriteBatcher 渲染矩形之前对模型-视图矩阵调用 glTranslatef()方法实现！

对其他物体渲染的设置很简单。不管物体的朝向如何，游戏区域右上角有一束定向光，另外还有环境光照射物体。照相机位于玩家飞船之后并向上一点，与玩家飞船头部朝向同一方向。这一次将使用 LookAtCamera，为了让照相机跟随玩家飞船，需要使其位置的 x 坐标和观察点与玩家飞船的 x 坐标保持同步。

为了得到更好的视觉效果，将敌方飞船绕 y 轴旋转。同时根据玩家飞船当前速度绕 z 轴旋转一定角度，以使其看起来像是朝其移动的方向倾斜。

下面给出代码。程序清单 12-12 展示了游戏 Android Invaders 的最后一个类的代码。

程序清单 12-12   WorldRenderer.java，游戏世界渲染类

```java
package com.badlogic.androidgames.androidinvaders;

import java.util.List;

import javax.microedition.khronos.opengles.GL10;

import com.badlogic.androidgames.framework.gl.AmbientLight;
import com.badlogic.androidgames.framework.gl.Animation;
import com.badlogic.androidgames.framework.gl.DirectionalLight;
import com.badlogic.androidgames.framework.gl.LookAtCamera;
import com.badlogic.androidgames.framework.gl.SpriteBatcher;
import com.badlogic.androidgames.framework.gl.TextureRegion;
import com.badlogic.androidgames.framework.impl.GLGraphics;
import com.badlogic.androidgames.framework.math.Vector3;

public class WorldRenderer {
    GLGraphics glGraphics;
    LookAtCamera camera;
    AmbientLight ambientLight;
    DirectionalLight directionalLight;
    SpriteBatcher batcher;
    float invaderAngle = 0;
```

WorldRenderer 记录一个 GLGraphics 实例，从中可以获取 GL10 实例。场景中有一个 LookAtCamera、AmbientLight、DirectionLight 以及 SpriteBatcher。最后是一个用来记录所有敌方飞船的当前旋转角度的成员变量。

```java
    public WorldRenderer(GLGraphics glGraphics) {
        this.glGraphics = glGraphics;
        camera = new LookAtCamera(67, glGraphics.getWidth()
                / (float) glGraphics.getHeight(), 0.1f, 100);
        camera.getPosition().set(0, 6, 2);
        camera.getLookAt().set(0, 0, -4);
        ambientLight = new AmbientLight();
        ambientLight.setColor(0.2f, 0.2f, 0.2f, 1.0f);
        directionalLight = new DirectionalLight();
        directionalLight.setDirection(-1, -0.5f, 0);
        batcher = new SpriteBatcher(glGraphics, 10);
    }
```

在构造函数中对成员进行设置。照相机的视场设置为 67°，近裁剪面距离为 0.1 个单位，远裁剪面距离为 100 个单位。因此视锥体基本可以覆盖整个游戏区域。照相机放置于玩家飞船后上方并从(0, 0, −4)坐标处观察。环境光设置为淡灰色，定向光为白色并从游戏区域右上角照射来。最后，实例化 SpriteBatcher 以便渲染爆炸矩形。

```java
    public void render(World world, float deltaTime) {
        GL10 gl = glGraphics.getGL();
        camera.getPosition().x = world.ship.position.x;
        camera.getLookAt().x = world.ship.position.x;
        camera.setMatrices(gl);

        gl.glEnable(GL10.GL_DEPTH_TEST);
        gl.glEnable(GL10.GL_TEXTURE_2D);
```

```
        gl.glEnable(GL10.GL_LIGHTING);
        gl.glEnable(GL10.GL_COLOR_MATERIAL);
        ambientLight.enable(gl);
        directionalLight.enable(gl, GL10.GL_LIGHT0);

        renderShip(gl, world.ship);
        renderInvaders(gl, world.invaders, deltaTime);

        gl.glDisable(GL10.GL_TEXTURE_2D);

        renderShields(gl, world.shields);
        renderShots(gl, world.shots);

        gl.glDisable(GL10.GL_COLOR_MATERIAL);
        gl.glDisable(GL10.GL_LIGHTING);
        gl.glDisable(GL10.GL_DEPTH_TEST);
    }
```

在 render()方法中，首先将照相机的 x 坐标设置为玩家飞船的 x 坐标，还需要相应地设置照相机观察点的 x 坐标。这样，照相机就会跟随玩家飞船移动。一旦更新了照相机位置和观察点，就可以通过调用 LookAtCamera.setMatrices()来设置投影矩阵和和模型-视图矩阵了。

然后设置渲染需要的所有游戏状态。需要开启深度测试、纹理贴图、光照效果以及材质色彩功能，这样就不需要通过 glMaterial()给各物体指定材质了。接下来的两条语句激活环境光和定向光。经过以上操作后就万事俱备，可以开始渲染物体了。

首先渲染玩家飞船，这通过调用 renderShip()实现。然后通过调用 renderInvaders()渲染敌方飞船。

由于护盾和子弹不需要纹理，所以可以对其关闭纹理功能以减少一些计算。一旦纹理功能关闭，就需要通过 renderShots()和 renderShields()方法调用来渲染子弹和护盾了。

最后关闭所设置的其他状态，以便为调用者返回一个干净的 OpenGL ES 状态。

```
    private void renderShip(GL10 gl, Ship ship) {
        if (ship.state == Ship.SHIP_EXPLODING) {
            gl.glDisable(GL10.GL_LIGHTING);
            renderExplosion(gl, ship.position, ship.stateTime);
            gl.glEnable(GL10.GL_LIGHTING);
        } else {
            Assets.shipTexture.bind();
            Assets.shipModel.bind();
            gl.glPushMatrix();
            gl.glTranslatef(ship.position.x, ship.position.y, ship.position.z);
            gl.glRotatef(ship.velocity.x / Ship.SHIP_VELOCITY * 90, 0, 0, -1);
            Assets.shipModel.draw(GL10.GL_TRIANGLES, 0,
                    Assets.shipModel.getNumVertices());
            gl.glPopMatrix();
            Assets.shipModel.unbind();
        }
    }
```

renderShip()方法首先检测玩家飞船的状态。如果玩家飞船爆炸则关闭光照效果，并调用 renderExplosion()在玩家飞船爆炸处渲染爆炸效果，同时再恢复光照效果。

如果玩家飞船仍然存活，则绑定其纹理和模型，将模型-视图矩阵压入堆栈，将玩家飞船移动至其位置并根据其速度将其绕 z 轴旋转一定角度，然后绘制其模型。最后将模型视图矩阵弹出堆栈(仅留下照相机视图矩阵)并且解除玩家飞船模型顶点的绑定。

```java
private void renderInvaders(GL10 gl, List<Invader> invaders, float deltaTime) {
    invaderAngle += 45 * deltaTime;

    Assets.invaderTexture.bind();
    Assets.invaderModel.bind();
    int len = invaders.size();
    for (int i = 0; i < len; i++) {
        Invader invader = invaders.get(i);
        if (invader.state == Invader.INVADER_DEAD) {
            gl.glDisable(GL10.GL_LIGHTING);
            Assets.invaderModel.unbind();
            renderExplosion(gl, invader.position, invader.stateTime);
            Assets.invaderTexture.bind();
            Assets.invaderModel.bind();
            gl.glEnable(GL10.GL_LIGHTING);
        } else {
            gl.glPushMatrix();
            gl.glTranslatef(invader.position.x, invader.position.y,
                    invader.position.z);
            gl.glRotatef(invaderAngle, 0, 1, 0);
            Assets.invaderModel.draw(GL10.GL_TRIANGLES, 0,
                    Assets.invaderModel.getNumVertices());
            gl.glPopMatrix();
        }
    }
    Assets.invaderModel.unbind();
}
```

renderInvaders()方法与 renderShip()方法非常相似。不同的是在该方法在遍历敌方飞船列表之前先绑定纹理与网格。这样做显著减少了绑定的数量并加快了渲染速度。对于每个敌方飞船，检测其状态并相应地渲染爆炸效果或者正常的敌方飞船模型。由于在 for 循环外部绑定了模型及纹理，所以在渲染爆炸效果前而不是在渲染一个敌方飞船之前解除绑定并重新绑定它们。

```java
private void renderShields(GL10 gl, List<Shield> shields) {
    gl.glEnable(GL10.GL_BLEND);
    gl.glBlendFunc(GL10.GL_SRC_ALPHA, GL10.GL_ONE_MINUS_SRC_ALPHA);
    gl.glColor4f(0, 0, 1, 0.4f);
    Assets.shieldModel.bind();
    int len = shields.size();
    for (int i = 0; i < len; i++) {
        Shield shield = shields.get(i);
        gl.glPushMatrix();
        gl.glTranslatef(shield.position.x, shield.position.y,
                shield.position.z);
        Assets.shieldModel.draw(GL10.GL_TRIANGLES, 0,
                Assets.shieldModel.getNumVertices());
        gl.glPopMatrix();
    }
    Assets.shieldModel.unbind();
    gl.glColor4f(1, 1, 1, 1f);
    gl.glDisable(GL10.GL_BLEND);
}
```

renderShields()方法用来渲染护盾。它的渲染方法与渲染敌方飞船时用的方法一样，仅绑定模型一次。由于没有纹理，所以不需要绑定，但需要开启混合功能。此外，还要将全局顶点颜色设置为蓝色，并将 alpha 分量设为 0.4。这会使得护盾看起来具有透明效果。

```
private void renderShots(GL10 gl, List<Shot> shots) {
    gl.glColor4f(1, 1, 0, 1);
    Assets.shotModel.bind();
    int len = shots.size();
    for (int i = 0; i < len; i++) {
        Shot shot = shots.get(i);
        gl.glPushMatrix();
        gl.glTranslatef(shot.position.x, shot.position.y, shot.position.z);
        Assets.shotModel.draw(GL10.GL_TRIANGLES, 0,
                Assets.shotModel.getNumVertices());
        gl.glPopMatrix();
    }
    Assets.shotModel.unbind();
    gl.glColor4f(1, 1, 1, 1);
}
```

在 renderShots()中渲染子弹的方法与渲染护盾的方法基本一样，但前者没有使用混合功能，而且使用了不同的顶点颜色(黄色)。

```
private void renderExplosion(GL10 gl, Vector3 position, float stateTime) {
    TextureRegion frame = Assets.explosionAnim.getKeyFrame(stateTime,
            Animation.ANIMATION_NONLOOPING);

    gl.glEnable(GL10.GL_BLEND);
    gl.glPushMatrix();
    gl.glTranslatef(position.x, position.y, position.z);
    batcher.beginBatch(Assets.explosionTexture);
    batcher.drawSprite(0, 0, 2, 2, frame);
    batcher.endBatch();
    gl.glPopMatrix();
    gl.glDisable(GL10.GL_BLEND);
}
}
```

最后是一个有趣的 renderExplosion()方法。获取要渲染爆炸效果的位置，并且同时获取物体爆炸时的状态时间。后者是为了从爆炸 Animation 中获取正确的材质渲染区域即 TextureRegion，正如在 Super Jumper 游戏中对 Bob 所做的处理那样。

首先需要根据状态时间获取爆炸效果的动画帧。然后开启混合功能，这是因为爆炸效果的一些帧中有透明像素，这些像素不需要渲染。将当前模型-视图矩阵压栈并且调用 glTranslatef()，这样调用后所渲染的物体就位于指定位置上。然后通知 SpriteBatcher 即将使用爆炸材质来渲染这一区域。

下一个调用方法将产生爆炸效果。通知 SpriteBatcher 在(0, 0, 0)处(z 坐标未给出，默认为 0)渲染一个矩形区域，其宽度和高度都为 2 个单位。由于调用了 glTranslatef()方法，矩形区域不再以原点为中心，而是以 glTranslatef()方法所指定的位置为中心，即敌方飞船或玩家飞船爆炸的位置。最后将模型-视图矩阵出栈并再次关闭混合功能

以上就是模仿经典的 Space Invaders 游戏构建一个完整 3D 游戏的 12 个类。你可以尝试运行程序，稍后对游戏运行效果进行改进。

12.15　游戏优化

在考虑对游戏进行优化之前，需要先对游戏的运行效果进行评估。之前在 GameScreen 类中定义了一个 FPSCounter 变量，下面看看该变量在三个不同的手机上的输出，三个手机分别为：Hero、Droid 以及 Nexus One。

```
Hero (Android 1.5):
02-17 00:59:04.180: DEBUG/FPSCounter(457): fps: 25
02-17 00:59:05.220: DEBUG/FPSCounter(457): fps: 26
02-17 00:59:06.260: DEBUG/FPSCounter(457): fps: 26
02-17 00:59:07.280: DEBUG/FPSCounter(457): fps: 26

Nexus One (Android 2.2.1):
02-17 01:05:40.679: DEBUG/FPSCounter(577): fps: 41
02-17 01:05:41.699: DEBUG/FPSCounter(577): fps: 41
02-17 01:05:42.729: DEBUG/FPSCounter(577): fps: 41
02-17 01:05:43.729: DEBUG/FPSCounter(577): fps: 40

Droid (Android 2.1.1):
02-17 01:47:44.096: DEBUG/FPSCounter(1758): fps: 47
02-17 01:47:45.112: DEBUG/FPSCounter(1758): fps: 47
02-17 01:47:46.127: DEBUG/FPSCounter(1758): fps: 47
02-17 01:47:47.135: DEBUG/FPSCounter(1758): fps: 46
```

对于 Hero 来说有些吃力，其每秒播放帧数为 25。而 Nexus One 达到了大约 41 帧每秒，Droid 也达到了 47 帧每秒，已经不错了。能否达到更好效果呢？

状态改变方面做得还不错。可以减少一些多余的改变，例如 glEnable()/glDisable() 的调用。但从之前尝试优化的过程中知道这不可能大幅提升性能。

在 Hero 手机上能做的优化是关闭光照效果。一旦去掉方法 WorldRenderer.render() 中的 glEnable()/glDisable() 的调用，以及 WorldRenderer.renderShip() 和 WorldRenderer.renderInvaders() 后，游戏在 Hero 手机上可以获得以下的帧速率：

```
Hero (Android 1.5):
02-17 01:14:44.580: DEBUG/FPSCounter(618): fps: 31
02-17 01:14:45.600: DEBUG/FPSCounter(618): fps: 31
02-17 01:14:46.610: DEBUG/FPSCounter(618): fps: 31
02-17 01:14:47.630: DEBUG/FPSCounter(618): fps: 31
```

仅关闭光照效果就可显著提升性能。对特定设备专门编写一些渲染效果代码是可以的，但最好不这样做。那么还有其他优化方法吗？

渲染敌方飞船爆炸效果的方法并不是最优的。在渲染敌方飞船时，改变模型与纹理的绑定会加重图形管道的负担。但是爆炸并非时常发生，并且每次爆炸时间也不长(仅 1.6 秒)。而且刚才的数据是在屏幕上没有爆炸产生时测量得到的，因此改变绑定的方法并不是导致效率低下的原因。

实际上是因为在每帧中渲染的物体太多，导致方法调用开销增加并致使渲染管道延迟工作。就你目前了解的 OpenGL ES 知识，没有针对该情况的很好的解决办法。然而，使游戏在所有设备上都具有可玩性并不一定要达到 60 帧每秒的效果。对于手机 Droid 和 Nexus One 来说，渲染中等复杂程度的 3D 场景也很难达到 60 帧每秒。因此，不需要因为游戏没有达到 60 帧每秒的效果而烦恼。如果游戏达到 30 帧每秒的效果时也能流畅运行，那游戏也是具备可玩性的。

注意：通常的优化方法包括剔除、顶点缓冲对象以及其他一些本书未提及的更高级的优化方法。我们曾尝试将这些优化方法都用到游戏 Android Invaders 中，但没有得到优化效果。但这并不意味着这些优化方法是无用的。这取决于多方面的因素以及其副作用，很难预测各种特定配置所产生的效果。如果感兴趣，可以到网上搜索这些关键词并在游戏中尝试这些技术！

12.16　小结

本章完成了本书的第三个游戏：Space Invaders 的一个成熟的 3D 克隆版。游戏中使用了本书中介绍过的技术及小技巧，游戏的最终效果也很理想。当然，这个游戏并未达到一流的游戏标准。实际上本书中所编写的游戏长期的可玩性都不强，这就要你发挥自己的能力了。你已经拥有了一些可用的工具，因此可以发挥你的想象力对游戏进行扩展，并使其更具有趣味性！

第 13 章

NDK 原生编程

在学习了以上足足三章的 3D 编程后，是时候看一下 Android 游戏编程的另一个方面了。虽然 Java 和 Dalvik VM 对于许多游戏类型来说，在执行速度方面已经足够了，但有些时候，你对执行速度的要求可能更高一些。尤其是像物理模拟、复杂 3D 动画和碰撞检测这样的情形。这种情形的代码最好使用更加"强力"的语言，如 C/C++甚至汇编语言来编写。Android 原生开发工具包(native development kit，NDK)就恰好可以让我们实现它。

使用 C/C++实现 3D 动画或者物理引擎超出了本书的讨论范围。尽管如此，在第 8 章我们遇到的瓶颈可以使用一些原生代码来解决。在 Android 中，将一个 float 数组复制到一个 ByteBuffer 是非常缓慢的。我们的一些 Open GL ES 类正是依赖于这种机制。本章将使用一点 C/C++代码来解决这个问题！

注意： 下面将介绍如何在你的 Java 应用程序中与 C/C++代码进行接口交互。如果你对讨论这个话题没有信心，请跳过本章，如果你想了解更多信息，就继续阅读。

13.1 Android NDK 的含义

NDK 是 Android SDK 的一个补充,让你能够编写 C/C++和汇编代码并能把它们集成到你的应用程序中。NDK 的组成部分包括：一套特定于 Android 的 C 库、一个基于 GNU 编译器集合(GCC，能够编译 Android 支持的所有 CPU 架构，如 ARM、x86 和 MIPS)的交叉编译器工具链，以及相比于你自己的 makefile 更容易编译 C/C++代码的自定义构建系统。

在早期的 NDK 版本中，使用 Eclipse 的调试器来调试原生代码并不是官方支持的功能。但现在已经有一些官方的新工具能够在工作中更容易地做原生代码调试。在撰写本书时，这个功能还是崭新且未经测试的，但当你阅读到本章时，这个功能可能已经更加成熟了。因此，如果需要调试你的原生代码，建议你快速搜索一下 Eclipse NDK 插件来看看有哪些东西是可用的。

NDK 不会使用很多的 Android API，例如 UI 工具包。它旨在通过 C/C++重写一些比较慢的方法并在 Java 代码中调用它们来提高方法的运行速度。从 Android 2.3 开始,通过使用 NativeActivity 类来代替 Java activity,几乎可以完全绕过 Java 代码。NativeActivity 类是为全屏控制的游戏而专门设计的,但它不会让你访问 Java,因此它不能与其他的基于 Java 的 Android 库一起使用。许多游戏开发者来自于 iOS,只所以选择它是因为它可以让这些开发者在 Android 上重用大多数的 C/C++代码而不需要太过深入了解 Android Java API。尽管如此,对于诸如 FaceBook 身份验证这类的集成服务或者广告来说,还是需要使用 Java 来完成的,设计游戏时从 Java 开始并通过 JNI 调用 C++代码通常是最兼容的方式。那么,该如何使用 JNI 呢?

13.2　Java 原生接口

Java 原生接口(JNI)是一种让虚拟机(和 Java 代码)与 C/C++代码进行通信的方法。它的工作包括两个方面:既可以在 Java 代码中调用 C/C++代码,也可以在 C/C++中调用 Java 方法。许多 Android 库都是通过这种机制来使用原生代码,例如 OpenGL ES 或者音频解码器。

一旦使用 JNI,你的应用程序就会由两部分组成:Java 代码和 C/C++代码。在 Java 中,通过添加一个特殊的限定符 native 来声明需要用原生代码实现的方法。它看起来如下所示:

```
package com.badlogic.androidgames.ndk;

public class MyJniClass {
    public native int add(int a, int b);
}
```

正如你所见,我们声明的方法并没有方法体。当 VM 运行 Java 代码看到方法上的这个限定符时,它就会到共享库中找到该方法的相应的实现,而不是去 JAR 或者 APK 文件中查找。

共享库和 Java JAR 文件非常相似。它包含编译过的 C/C++代码,任何程序只要加载了这个共享库就可以调用这些代码。在 Windows 上,这些共享库通常带有.dll 后缀;在 Unix 系统上,它们以.so 结尾。

在 C/C++中,包含有很多的用 C 实现的头文件和源文件来定义这些原生方法的签名,并带有真正的方法实现。之前的代码中的类的头文件看起来如下所示:

```
/* DO NOT EDIT THIS FILE - it is machine generated */
#include <jni.h>
/* Header for class com_badlogic_androidgames_ndk_MyJniClass */

#ifndef _Included_com_badlogic_androidgames_ndk_MyJniClass
#define _Included_com_badlogic_androidgames_ndk_MyJniClass
#ifdef __cplusplus
extern "C" {
#endif
/*
 * Class: com_badlogic_androidgames_ndk_MyJniClass
 * Method: add
 * Signature: (II)I
 */
JNIEXPORT jint JNICALL Java_com_badlogic_androidgames_ndk_MyJniClass_add
  (JNIEnv *, jobject, jint, jint);
```

```
#ifdef __cplusplus
}
#endif
#endif
```

这个头文件是由一个称为 javah 的 JDK 工具生成的。该工具将一个 Java 类作为输入并且为它找到的任何原生方法都生成一个函数签名。这里会涉及到很多东西，如作为 C 代码需要遵循特定的命名模式以及需要能够将 Java 类型映射为相应的 C 类型(例如，Java 中的 int 在 C 中变成了 jint)。我们同时得到两个额外的类型为 JNIEnv 和 jobject 的参数。第一个参数可以认为是一个 VM 的句柄。它包含一些与 VM 进行通信的方法，例如，调用一个类的实例的方法。第二个参数是引用这个方法的类实例的句柄。可以在 C 代码中使用这个参数和 JNIEnv 参数一起调用这个类实例的其他方法。

这个头文件还没有包含函数的实现。我们需要一个相应的 C/C++ 源文件来实现该函数。

```
#include "myjniclass.h"

JNIEXPORT jint JNICALL Java_com_badlogic_androidgames_ndk_MyJniClass_add
    (JNIEnv * env, jobject obj, jint a, jint b) {
    return a + b;
}
```

这些 C/C++ 源代码被编译为一个共享库，然后通过一个专门的 Java API 来加载该共享库，VM 就可以找到 Java 类中原生方法的实现了。

```
System.loadLibrary("myjnitest");
int result = new MyJniClass().add(12, 32);
```

调用 System.loadLibrary()需要指定共享库的名称。如何找到相应的文件在一定程度上取决于 VM 的实现。这个方法在程序启动时只调用一次，因此，VM 就可以找到任意共享库的实现的位置。如你所见，我们可在 Java 类中像调用其他 Java 类方法一样来调用 MyJniClass.add()方法。

说了这么多，让我们动手在 Android 上写一点 C 代码吧！我们将写一个简单的 C 函数并在 Java 应用程序中调用它。我们将引导你进行以下流程：编译共享库、加载它、调用原生方法。

13.3　安装 NDK

在开始之前，必须首先安装 NDK。这实际上是一个相当简单的过程。

(1) 到 http://developer.android.com/tools/sdk/ndk/index.html 下载适合你的平台的压缩包。

(2) 将压缩包解压到你喜欢的位置，并记录下该地址。

(3) 将 NDK 目录的基原生址添加到系统路径中：

a. 在 Linux 或者 Mac OS X 系统上，打开 shell 并将 NDK 安装目录的路径添加到$PATH 环境变量中。它通常在.profile 文件中，代码行看起来类似于：export PATH = $PATH:/path/to/your/ndk/installation。

b. 在 Windows 上，选择 Control Panel | System and Security | System | Advanced System Settings | Environment Variables | System Variables，在 System Variables 列表中选择 Path，点击 Edit，将 NDK 的目录添加到变量值的最后，以分号开头(例如，;c:\Android_NDK)。

(4) 想要确定你的 NDK 是否已经安装成功，可以在你的终端执行命令 ndk-build。它应该会出现一些关于缺少 Android 项目的信息。

(5) 在第 2 章，我们安装了 JDK 并将它的 bin/目录添加到了 path 中。可以通过执行命令 javah 来确保那个目录下的工具依然是可用的。它应该打印出 javah 的用法信息。稍后会用到它。

13.4　安装 NDK Android 项目

和之前章节的编码一样，必须创建一个新的 Android 项目。将第 12 章中的所有框架代码复制过来。然后创建一个名为 com.badlogic.androidgames.ndk 的包，将之前章节中的 starter Activity 的一个副本放到该包中，将其重命名为 NdkStarter，并将该 Activity 副本设置为启动 Activity。和往常一样，记得在 manifest 文件和 starter activity 中添加新的配置代码。

为了使事情变得更容易，你应该打开你的终端并进入到新项目的根目录中。确保你的 PATH 仍然包含正确的配置，从而保证 ndk-build 和 javah 工具可以被调用。

13.5　创建 Java 原生方法

正如前面所看到的，指定 Java 类的哪个方法使用原生代码来实现是非常简单的。然而，我们在定义方法传入什么参数类型和返回类型时还是需要小心的。

虽然可向原生方法中传递任意 Java 类型，但有些类型相比于其他类型还是非常难处理的。最简单的是基本类型，如 int、byte 和 boolean 等，它们对应于 C 中的相应类型。还有一种在 C/C++中比较容易处理的类型是一维数组，如 int[]或者 float[]。这些数组通过我们之前看到的 JNIEnv 类型提供的方法可以转换为 C 的数组或者指针。另一种比较简单的类型是 direct ByteBuffer 实例。和数组一样，它们可以很容易地转化为一个指针。字符串也很容易使用，这取决于它的使用情况。对象和多维数组有一点难处理。在 C/C++中处理这些类型与在 Java 中使用反射 API 有点类似。

也可以在原生方法中返回任意类型。基本类型同样是非常容易处理的。返回其他类型通常需要在 C/C++中创建那种类型的一个实例，该类型可以相当复杂。

我们只考虑传递基本类型、数组、ByteBuffer 实例和一些字符串。如果你想多了解一些如何通过 JNI 处理数据类型，建议阅读(在线)书籍 *Java Native Interface 5.0 Specification*，网址为 http://docs.oracle.com/javase/1.5.0/docs/guide/jni/spec/jniTOC.html。

对于我们的 JNI 尝试，我们将创建两个方法。一个方法用 C 代码将 float[]复制到一个 direct ByteBuffer 中，另一个方法将在 LogCat 中打印一个字符串。程序清单 13-1 显示了 JniUtils 类。

程序清单 13-1　一个简单的 JniUtils.java

```java
package com.badlogic.androidgames.ndk;

import java.nio.ByteBuffer;

public class JniUtils {
    static {
        System.loadLibrary("jniutils");
    }

    public static native void log(String tag, String message);
```

```
    public static native void copy(ByteBuffer dst, float[] src, int offset, int len);
}
```

该类的开头是一个静态代码块，当 VM 第一次遇到 JNIUtils 类的引用时会调用这个代码块中的代码。这里是调用 System.loadLibrary() 的最佳地方，它使得代码刚刚编译就能够加载共享库。传给方法的参数是共享库的名称。正如后面所看到的，它真正的文件称为 libjniutils.so。方法自己会知道这一点。

Log() 方法仿照了 Android 的 Java 的 Log.logd() 方法。它使用一个 tag 和一个 message 向 LogCat 上打印消息。

Copy() 方法实际上非常有用。第 8 章中讨论了 FloatBuffer.put() 方法导致的性能问题。我们使用了 IntBuffer 的纯 Java 实现和一些小技巧，在 Vertices 类中加快了从一个 float 型数组到一个 direct ByteBuffer 的复制过程。现在，我们将实现一个方法，使用一个 direct ByteBuffer 和一个 float 数组作为输入参数，并将数组复制到缓冲区。这样的实现比使用相应的 Java API 要快一些。稍后将使用这个新方法来修改 Vertices 和 Vertices3 类。

注意，这两个方法都是静态方法而不是实例方法。这就意味着我们不需要拥有 JniTest 类的实例就可以调用它们！这对于 C 签名也有一点影响，后面将看到这一点。

13.6　创建 C/C++ 头文件和实现

在开始编写 C/C++ 代码之前，首先需要做的事情就是通过 JDK 命令行工具 javah 来生成头文件。该工具需要一些对我们很有用的参数：

- 输出文件的名称，在我们这个例子中称为 jni/jniutils.h。如果不存在 jni/文件夹，javah 工具自动创建它。
- 包含有 Java 类的.class 文件的路径，该.class 文件将生成一个 C 头文件。如果在我们项目的根目录下调用 javah，这个路径就是 bin/classes。这个目录是 Eclipse 编译器编译所有 Android 项目源文件的输出路径。
- 类的完整名称，本例中为 com.badlogic.androidgames.ndk.JniUtils。

打开终端或命令行提示符，进入到 Android 项目的根目录。请确保之前提到的 NDK 和 JDK 都在你的$PATH 中。现在执行以下命令：

```
javah -o jni/jniutils.h -classpath bin/classes com.badlogic.androidgames.ndk.JniUtils
```

该命令将在 Android 项目的 jni/文件夹下创建一个名为 jniutils.h 的文件。程序清单 13-2 显示了它的内容。

程序清单 13-2　jniutils.h 文件中包含了实现原生方法的 C 函数

```
/* DO NOT EDIT THIS FILE - it is machine generated */
#include <jni.h>
/* Header for class com_badlogic_androidgames_ndk_JniUtils */

#ifndef _Included_com_badlogic_androidgames_ndk_JniUtils
#define _Included_com_badlogic_androidgames_ndk_JniUtils
#ifdef __cplusplus
extern "C" {
```

```
#endif
/*
 * Class: com_badlogic_androidgames_ndk_JniUtils
 * Method: log
 * Signature: (Ljava/lang/String;Ljava/lang/String;)V
 */
JNIEXPORT void JNICALL Java_com_badlogic_androidgames_ndk_JniUtils_log
  (JNIEnv *, jclass, jstring, jstring);

/*
 * Class: com_badlogic_androidgames_ndk_JniUtils
 * Method: copy
 * Signature: (Ljava/nio/ByteBuffer;[FII)V
 */
JNIEXPORT void JNICALL Java_com_badlogic_androidgames_ndk_JniUtils_copy
    (JNIEnv *, jclass, jobject, jfloatArray, jint, jint);

#ifdef __cplusplus
}
#endif
#endif
```

现在开始实现这些函数。首先在 jni/文件夹下创建一个新文件——jniutils.cpp。程序清单 13-3 显示了它的内容。

程序清单 13-3　jniutils，JniUtils 原生方法的实现

```
#include <android/log.h>
#include <string.h>
#include "jniutils.h"
```

我们需要一个新的 C include，就是 NDK 提供的 log.h，以及 string.h 和我们自己的 jniutils.h。第一个 include 让我们能够使用 Android 原生的日志功能。第二个 include 让我们可以使用 memcpy()。最后一个 include 则和 jni.h 一样(包含 JNI API)导入了我们原生方法的签名。

```
JNIEXPORT void JNICALL Java_com_badlogic_androidgames_ndk_JniUtils_log
  (JNIEnv *env, jclass clazz, jstring tag, jstring message) {
    const char *cTag = env-> GetStringUTFChars(tag, 0);
    const char *cMessage = env-> GetStringUTFChars(message, 0);

    __android_log_print(ANDROID_LOG_VERBOSE, cTag, cMessage);

    env-> ReleaseStringUTFChars(tag, cTag);
    env-> ReleaseStringUTFChars(message, cMessage);
}
```

这个函数实现了 JniUtils.log()方法，它使用 JNIEnv 和 jclass 作为前两个参数。env 参数让我们可以直接和 JVM 进行通信。Jclass 参数代表了 JniUtils 类。注意我们的方法是静态的。与之前的例子不同，我们会使用一个类而不是一个 jobject。tag 和 message 参数则是从 Java 中传入的两个字符串。

log.h 头文件定义了一个名为__android_log_print 的函数，它和标准 C 的 printf 函数类似。它使用一个代表日志等级和两个分别代表 tag 和 message 的指针作为参数。tag 和 message 参数的类型为 jstring，不能转换为 char*指针。因此，必须暂时使用 env 参数提供的方法将它们转化为 char*指针。

函数的前两行就是通过调用 env-> GetStringUTFChars() 来完成此过程的。

接下来简单地调用了日志方法，传入相关参数。最后需要清理转化的字符串以免内存泄漏。这是通过 env-> ReleaseStringUTFChars() 实现的。

```
JNIEXPORT void JNICALL Java_com_badlogic_androidgames_ndk_JniUtils_copy
    (JNIEnv *env,jclass clazz, jobject dst, jfloatArray src, jint offset, jint len) {
    unsigned char* pDst = (unsigned char*)env-> GetDirectBufferAddress(dst);
    float* pSrc = (float*)env-> GetPrimitiveArrayCritical(src, 0);
    memcpy(pDst, pSrc + offset, len * 4);
    env-> ReleasePrimitiveArrayCritical(src, pSrc, 0);
}
```

第二个函数的参数为一个 direct ByteBuffer、一个 float 数组、float 数组内的偏移量，以及我们想要复制的 float 长度。注意 ByteBuffer 的类型为 jobject！当传递一个基本类型或者一个数组以外的任何类型时，你都将得到一个 jobject。你的 C/C++ 代码需要知道期望的类型！在本例中，我们知道得到的是一个 ByteBuffer 实例。ByteBuffer 实例只是一个原生内存区域的简单封装。在 C 中处理该类型是非常容易的；我们只需通过 env-> GetDirectBufferAddress() 就能获得它的内存地址的指针。

float 数组的处理稍微有点难度。env-> GetPrimitiveArrayCritical() 方法将锁定数组并返回它的第一个元素的指针。使用这个函数是危险的；在 Java 中不应该试图同时修改这个数组。在这里调用任何其他 JNI 方法也是不允许的。否则，在你的 C/C++ 代码中将出现难以调试的情况。

一旦得到了这些指针，就可以简单地使用 memcpy() 将 float 数组的内容复制到 ByteBuffer 中。注意，我们没有执行任何类型的边界检查，也就意味着调用该方法的 Java 代码必须要非常健壮。试图向 ByteBuffer 中复制比分配的更多的 float 可能导致讨厌的分段错误。同样，在指定的偏移量和长度超出传入的 float 数组的范围的时候，也会出现此错误。通常，在使用 JNI 和 NDK 的时候，你必须知道在做什么。否则，你的应用程序将出现难以调试的错误。

在函数的末尾处，通过调用 env-.> ReleasePrimitiveArrayCritical() 再次解锁 float 数组。在任何时候，都必须调用这个方法，否则将遇到各种各样的问题。

当准备好 C/C++ 头文件和源代码后，则需要构建共享库了。

13.7　构建共享库

如前所述，NDK 有它自己的构建系统。虽然它仍使用引擎中标准的 makefile，但作为一个用户，你不需要关心它的复杂性。相反，你只需编写两个文件：一个 Application.mk 文件，它指定了目标的 CPU 架构；另一个是 Android.mk 文件，它定义了你想链接其他哪些库、编译哪些源文件，以及应该如何调用最终共享库。

Application.mk 文件位于 jni/文件夹下。程序清单 13-4 显示了它的内容。

程序清单 13-4　Application.mk 文件定义了目标 CPU

```
APP_ABI := armeabi armeabi-v7a x86 mips
```

这些就是该文件中的全部内容。它定义了我们的原生代码所能运行在的 4 种 CPU 架构。ARM 架构是最常见的目标架构-几乎所有的当前的 Android 设备都是 ARM CPU。据悉，x86 架构将在即将发布的Intel 设备中出现。也有一些仿真图像支持这种架构。MIPS 架构当前用在少量的低端Android

平板电脑上。

定义了架构后,现在可以转到 Android.mk 文件,它指定了应该如何构建原生代码。这个文件也位于 jni/文件夹下。程序清单 13-5 显示了它的内容。

程序清单 13-5　Android.mk 文件指定了代码的构建

```
LOCAL_PATH:= $(call my-dir)
include $(CLEAR_VARS)

LOCAL_MODULE := jniutils
LOCAL_LDLIBS := - llog
LOCAL_ARM_MODE := arm
LOCAL_SRC_FILES := jniutils.cpp

include $(BUILD_SHARED_LIBRARY)
```

前两行是相当标准的代码。它们可以确保正确地处理路径以及重置各种变量。

下一行定义了共享库的名称,本例中为 jniutils。

接下来指定了想链接的库。由于使用了 Android 原生的日志功能,因此链接了 NDK 提供的 liblog 库。

下一行指定了 ARM 架构。它告诉构建系统我们想要生成非 thumb 代码。ARM 处理器工作在两种模式下:thumb 和 32 位 ARM。前者会产生更小的代码,但通常比较慢。对于 C/C++代码,我们并不会更多地关注它,但最好启用这个选项。

接下来,指定了将要编译的 C/C++源文件。我们只有一个文件。想要指定其他的文件,只需将它们添加到同一行中,用空格分开,或者在一个新行中添加它们。如果你选择了第二种方式,必须在上一行的末尾附加一个反斜杠。

最后一行告诉构建系统去生成一个共享库。我们也可以让它生成一个静态库,然后,与其他静态库编译成一个共享库。多数复杂的 JNI 项目都使用这种机制。值得欣慰的是,我们的例子中只使用了一个简单的共享库。

注意:NDK 构建系统是一个非常复杂的引擎系统。对于如何使用 Android.mk 和 Application.mk 文件来构建你的代码,你几乎可以修改任何方面。如果想了解更多关于构建系统的内容,可以查看一下 NDK 安装目录的 doc/文件夹。

现在是时候构建我们的共享库了。打开你的终端,确保 PATH 环境变量是正确的,进入到项目的根目录中,输入以下命令:

```
ndk-build
```

如果一切顺利,应该得到以下输出:

```
Compile++ arm     : jniutils <= jniutils.cpp
In file included from jni/jniutils.h:2:0,
                 from jni/jniutils.cpp:2:
D:/workspaces/book/android-ndk-r8b/platforms/android-14/arch-arm/usr/include/jni.h:59
     2:13: note:
the mangling of 'va_list' has changed in GCC 4.4
StaticLibrary    : libstdc++.a
```

```
SharedLibrary   : libjniutils.so
Install         : libjniutils.so => libs/armeabi/libjniutils.so
Compile++ arm    : jniutils <= jniutils.cpp
In file included from jni/jniutils.h:2:0,
                 from jni/jniutils.cpp:2:
D:/workspaces/book/android-ndk-r8b/platforms/android-14/arch-arm/usr/include/jni.h:59
       2:13: note:
the mangling of 'va_list' has changed in GCC 4.4
StaticLibrary   : libstdc++.a
SharedLibrary   : libjniutils.so
Install         : libjniutils.so => libs/armeabi-v7a/libjniutils.so
Compile++ x86    : jniutils <= jniutils.cpp
StaticLibrary   : libstdc++.a
SharedLibrary   : libjniutils.so
Install         : libjniutils.so => libs/x86/libjniutils.so
Compile++ mips   : jniutils <= jniutils.cpp
StaticLibrary   : libstdc++.a
SharedLibrary   : libjniutils.so
Install         : libjniutils.so => libs/mips/libjniutils.so
```

这些神秘的输出告诉了我们一些事情。首先，我们的代码针对 4 种 CPU 架构分别做了编译。生成的共享库都称为 libjniutils.so。它们位于 libs/文件夹下。每个架构都拥有一个子目录(例如 armeabi 或 x86)。当编译 APK 时，这些共享库将随应用程序一起打包。当调用 System.loadLibrary()时，如程序清单 13-1 所示，Android 会根据应用程序当前所运行的架构，找到相应的共享库。好，让我们测试一下！

注意：每次修改 C/C++代码的时候，都需要调用 ndk-build 来重新构建共享库。如果你有多个源文件，并且修改一个文件的子集，构建工具只会重新编译更改过的文件，从而减少了编译时间。如果你需要确保所有源文件都重新编译过了，只需调用 ndk-build clean。

13.8　代码整合

现在一切都已经准备就绪，可以测试我们的原生方法了。下面创建一个测试，它调用了 JniUtils 的两个方法。该类称为 JniUtilsTest，和往常一样，它继承自 GLGame 类并且包含了 GLScreen 的实现。它只是将一个 float[]数组复制到一个 direct ByteBuffer 中，然后将 ByteBuffer 的内容通过其他原生方法输出到 LogCat 上。程序清单 13-6 显示了全部代码。不要忘记将它添加到 NdkStarter 类和 manifest 文件中。

程序清单 13-6　JniUtilsTest.java，测试原生方法

```java
package com.badlogic.androidgames.ndk;

import java.nio.ByteBuffer;
import java.nio.ByteOrder;
import java.nio.FloatBuffer;

import com.badlogic.androidgames.framework.Game;
import com.badlogic.androidgames.framework.Screen;
import com.badlogic.androidgames.framework.impl.GLGame;
```

```
import com.badlogic.androidgames.framework.impl.GLScreen;

public class JniUtilsTest extends GLGame {

    public Screen getStartScreen() {
        return new JniUtilsScreen(this);
    }

    class JniUtilsScreen extends GLScreen {
        public JniUtilsScreen(Game game) {
            super(game);
            float[] values = { 1.231f, 554.3f, 348.6f, 499.3f };
            ByteBuffer buffer = ByteBuffer.allocateDirect(3 * 4);
            buffer.order(ByteOrder.nativeOrder());

            JniUtils.copy(buffer, values, 1, 3);
            FloatBuffer floatBuffer = buffer.asFloatBuffer();
            for(int i = 0; i < 3; i++) {
                JniUtils.log("JniUtilsTest", Float.toString(floatBuffer.get(i)));
            }
        }
        @Override
        public void update(float deltaTime) {
        }

        @Override
        public void present(float deltaTime) {
        }

        @Override
        public void pause() {
        }

        @Override
        public void resume() {
        }

        @Override
        public void dispose() {
        }
    }
}
```

所有重要的事情都是在 screen 的构造函数中完成的。首先创建一个由一些空值组成的小的 float[] 数组以及一个能够保存 12 个字节或者 4 个浮点型的 direct ByteBuffer 实例。我们还要确保 ByteBuffer 实例使用了原生字节顺序，从而保证将它传递给 C/C++ 代码不会出现严重的问题。

然后从索引 1 开始，从 float[] 数组中复制 3 个 float 到 ByteBuffer 实例中。最后几行通过我们的原生日志方法输出了复制的 float。

在设备上执行这段代码会在 LogCat 中输出以下内容：

```
08-15 17:28:31.953: V/JniUtilsTest(1901): 554.3
08-15 17:28:31.953: V/JniUtilsTest(1901): 348.6
08-15 17:28:31.953: V/JniUtilsTest(1901): 499.3
```

和我们期望的输出一样。下面快速修改 Vertices 和 Vertices3 类，以便使用新的更快捷的 copy()
方法。

开始修改 Vertices 类时会遇到一个问题：JniUtils 类并不在 com.badlogic.androidgames.framework
包中；相反，它位于 com.badlogic.androidgames.ndk 包中。只有将它移至 framework 包，我们才能重
用它。

这将导致一个新问题。我们的 C/C++ 头文件和源文件依赖于这样个事实：JniUtils 类位于 ndk 包
中。现在我们将它移到 framework 包中，就必须相应地修改头文件和源文件。为此，要做的第一件
事情是再次调用 javah。它会更新 jniutils.h 文件。接下来，必须将新的函数名复制到 jniutils.cpp 文件
中。最后，通过调用 ndk-build 重新编译共享库。完成这样一个小变动就需要做不少工作。

注意：如果在命令行重新构建了共享库，Eclipse 和 ADT 插件并不会自己得到新的共享库。如
果编译完该共享库直接运行应用程序，还将使用旧的共享库！想要解决这个问题，需要在 Eclipse
的 Package Explorer 视图中选择你的 Android 项目，然后按下 F5 键。

现在我们已经解决了 JniUtils 类的问题，可以修改 Vertices 和 Vertices3 类了。这两个类都有一
个称为 vertices 的 IntBuffer 类型的成员变量。我们现在可以把它们修改为 ByteBuffer 实例。由于不
需要再转换任何东西，因此同样可以去掉两个类中的 tmpBuffer 成员变量。我们需要做的就是修改
构造函数，重新编译它们并修改 setVertices 方法来使用我们的原生方法。程序清单 13-7 和 13-8 显
示了 Vertices 和 Vertices3 各自的修改。

程序清单 13-7　摘自 Vertices.java，使用 JniUtils

```java
public class Vertices {
    final GLGraphics glGraphics;
    final boolean hasColor;
    final boolean hasTexCoords;
    final int vertexSize;
    final ByteBuffer vertices;
    final ShortBuffer indices;

    public Vertices(GLGraphics glGraphics, int maxVertices, int maxIndices, boolean
            hasColor,boolean hasTexCoords) {
        this.glGraphics = glGraphics;
        this.hasColor = hasColor;
        this.hasTexCoords = hasTexCoords;
        this.vertexSize = (2 + (hasColor?4:0) + (hasTexCoords?2:0)) * 4;

        this.vertices = ByteBuffer.allocateDirect(maxVertices * vertexSize);
        this.vertices.order(ByteOrder.nativeOrder());

        if(maxIndices > 0) {
            ByteBuffer buffer = ByteBuffer.allocateDirect(maxIndices*Short.SIZE/8);
            buffer.order(ByteOrder.nativeOrder());
            this.indices = buffer.asShortBuffer();
        } else {
            this.indices = null;
        }
    }
```

```
    public void setVertices(float[] vertices, int offset, int length) {
        this.vertices.clear();
        JniUtils.copy(this.vertices, vertices, offset, length);
        this.vertices.position(length * 4);
    }

    public void bind() {
        GL10 gl = glGraphics.getGL();

        gl.glEnableClientState(GL10.GL_VERTEX_ARRAY);
        vertices.position(0);
        gl.glVertexPointer(2, GL10.GL_FLOAT, vertexSize, vertices);

        if(hasColor) {
            gl.glEnableClientState(GL10.GL_COLOR_ARRAY);
            vertices.position(8);
            gl.glColorPointer(4, GL10.GL_FLOAT, vertexSize, vertices);
        }

        if(hasTexCoords) {
            gl.glEnableClientState(GL10.GL_TEXTURE_COORD_ARRAY);
            vertices.position(hasColor?24:8);
            gl.glTexCoordPointer(2, GL10.GL_FLOAT, vertexSize, vertices);
        }
    }
//rest as before
```

程序清单 13-8　摘自 Vertices3.java，使用 JniUtils

```
public class Vertices3 {
    final GLGraphics glGraphics;
    final boolean hasColor;
    final boolean hasTexCoords;
    final boolean hasNormals;
    final int vertexSize;
    final ByteBuffer vertices;
    final ShortBuffer indices;

    public Vertices3(GLGraphics glGraphics, int maxVertices, int maxIndices,
            boolean hasColor, boolean hasTexCoords, boolean hasNormals) {
        this.glGraphics = glGraphics;
        this.hasColor = hasColor;
        this.hasTexCoords = hasTexCoords;
        this.hasNormals = hasNormals;
        this.vertexSize=(3+(hasColor?4:0)+(hasTexCoords?2:0)+(hasNormals?3:0))*4;

        this.vertices = ByteBuffer.allocateDirect(maxVertices * vertexSize);
        this.vertices.order(ByteOrder.nativeOrder());

        if (maxIndices > 0) {
            ByteBuffer buffer=ByteBuffer.allocateDirect(maxIndices*Short.SIZE/8);
            buffer.order(ByteOrder.nativeOrder());
            this.indices = buffer.asShortBuffer();
        } else {
            this.indices = null;
        }
```

```
    }

    public void setVertices(float[] vertices, int offset, int length) {
        this.vertices.clear();
        JniUtils.copy(this.vertices, vertices, offset, length);
        this.vertices.position(length * 4);
    }

    public void bind() {
        GL10 gl = glGraphics.getGL();

        gl.glEnableClientState(GL10.GL_VERTEX_ARRAY);
        vertices.position(0);
        gl.glVertexPointer(3, GL10.GL_FLOAT, vertexSize, vertices);

        if (hasColor) {
            gl.glEnableClientState(GL10.GL_COLOR_ARRAY);
            vertices.position(12);
            gl.glColorPointer(4, GL10.GL_FLOAT, vertexSize, vertices);
        }

        if (hasTexCoords) {
            gl.glEnableClientState(GL10.GL_TEXTURE_COORD_ARRAY);
            vertices.position(hasColor ? 28 : 12);
            gl.glTexCoordPointer(2, GL10.GL_FLOAT, vertexSize, vertices);
        }

        if (hasNormals) {
            gl.glEnableClientState(GL10.GL_NORMAL_ARRAY);
            int offset = 12;
            if (hasColor)
                offset += 16;
            if (hasTexCoords)
                offset += 8;
            vertices.position(offset);
            gl.glNormalPointer(GL10.GL_FLOAT, vertexSize, vertices);
        }
    }
    //rest as before
```

其中，变动最大的是 setVertices() 和 bind()。在 setVertices() 中，我们现在使用 JniUtils 类将 float[] 数组复制到 direct ByteBuffer 实例中。需要注意的是，我们手动设置了缓冲区的限制和位置。这是必要的，因为虽然我们会把这个 buffer 传递到 OpenGL ES 的方法中，这些方法可能会使用这些信息，但我们的 JNI 方法并不会操作 buffer 的 position 和 limit 字段。

在 bind() 方法中，由于使用 byte 取代 int 来计数，因此必须修改位置的偏移量。

注意：留意一下就会看到，对于 indices ByteBuffer，我们可以实现相同的功能。这需要在 JniUtils 中添加一个新的原生方法，传入一个 short 数组。试试看吧！

通过使用原生的 copy() 方法，速度可以得到极大提升，在通过 SpriteBatcher 类来绘制很多精灵的时候尤其如此。将 vertices 从 CPU 移至 GPU 时，每帧都会带来性能开销，如果首先创建一个副本并将一切转化为 int 来实现情况将会更糟。我们的新 JniUtils 极大地减少了复制的数量，比之前使用的 IntBuffer 更快捷。

要测试实现,只需将 SpriteBatcherTest 和 ObjTest 随同之前章节中的必要的资源一起复制即可。将它们与 NdkStarter Activity 挂接在一起并运行在你的 Android 设备上。

13.9   小结

对于 NDK 强大功能的介绍,我们只涉及了其表层。但如你所见,即使是轻量级的 NDK 使用也能取得很大成功。我们的 copy()方法很简单,但却让每帧可以显示更多精灵,速度也比之前基于 Java 的实现更快捷。这就是 NDK 发展的主旋律:找到你的瓶颈,然后使用一小段的原生代码实现。当然,也不能走极端,因为调用原生方法也是有开销的。所有事情都由原生代码来实现是不可能提高应用程序性能的。

是时候考虑一下有关游戏销售方面的事情了。

第**14**章

营销和货币化

阅读了前 13 章后，你的脑子里已经填满了开发一款出色游戏所需的知识和技能。那么是不是简单的"构建它就能致富"呢？当然不是！通过营销和将游戏货币化来赚钱本身就是一种技能，要想就此有所成就有许多东西需要学习——而不只是把游戏完成甚至准备开发游戏时就能赚钱。真正会赚钱的人为了赚钱会从游戏的设计之初到它流行都有他们的计划，而且精于此道。

14.1 将游戏货币化

货币化(Monetization)是一个常用术语，概略地表示为将一个产品或者服务转化为货币的过程。当有人说，"我需要把我的游戏货币化"，他的意思就是想基于现有的游戏用户群来从中找到一个获取真实货币的方式。将游戏货币化有很多方式：

- **广告横幅**：图片或者文字广告，通常是基于每点击一下即可得到报酬。在互联网上、应用程序中、游戏中都看到过这种广告横幅。它们在网站上无处不在。

- **全屏广告**：和广告横幅很相似，但它们需要得到用户更大的关注，通常需要用户点击一个按钮或者等待一定时间才可消失。这种广告常见的形式是视频和注册窗体。

- **游戏内购买**：该选项用于用户使用真实的货币来购买游戏中的内容、道具、升级或者虚拟货币。例如用 99 美分来购买一个情人节礼盒或者购买价值 1.99 美元的"低重力"作弊道具。

- **虚拟货币奖励**：提供了这样一种方式，用户可以通过执行任务来兑换游戏中的虚拟货币。例如，让用户安装一个第三方应用程序来获得游戏中的 50 金币，这些金币可以为一个人物升级。这种情况下，第三方应用程序发布者会为每次安装向服务提供一定的佣金，这个服务反过来会将一部分再分给游戏开发者。这些通常称为"发现"服务，因为发布者为了能让他们的应用程序被发现支付了费用。

- **直销**：用户直接支付来购买游戏和安装它。这是广告和虚拟货币出现之前的第一种货币化模式。

- **授权**：具有广泛的用途，游戏开发者可以授权给其他公司对游戏进行捆绑、预装或者其他大规模部署。

当然，还有更多利用游戏赚钱的方式，但这些毫无疑问是最常用的方式。接下来还会更深入地探讨它们。

14.1.1　广告

广告是 Android 货币化的最常用方式之一。有趣的是，可以告诉你，广告由于其波动性被认为是最好的补充方式而不是主要赚钱方式。在盈利方面，由于存在大量的竞争对手，移动广告的地位已经变得岌岌可危。从根本上说，虽然移动应用程序的广告很多，但它们所能赚到的钱却不多，所以很自然的，金钱被分散到了整个生态系统中。那是不是意味着在免费的 Android 游戏中植入广告就不好了呢？当然不是。单独使用广告的方式来赚一些钱还是可能的，不过需要尝试大量不同的广告方案从而找到一种适合你的市场定位的方式。

1. 广告提供商

广告提供商直接投放广告商的广告并对你的每次点击支付费用。在广告商对每次点击支付的费用中你只占了一部分，其余部分分给了广告提供商，这就是广告提供商赚钱的方式。从汽车到食品添加剂，广告的内容可以涵盖任何方面。通常情况下，你需要为你的应用程序配置关键词从而提高用户对内容的认知度。广告提供商会使用各种各样的方式来展示广告，但最常见的方式是广告横幅和全屏广告。广告提供商变化很快，但还是会有一些主要广告提供商：

- AdMob，隶属于 Google(www.admob.com)
- Millenial Media(www.millenialmedia.com)
- Greystripe(www.greystripe.com)

2. 广告聚集服务

对于移动广告来说，不只是展示一些广告条或者全屏广告。你可能还需要考虑广告聚集服务。广告聚集服务就是在游戏中为大量的广告提供商提供服务。通过这种方式，你可以在游戏中开辟一个单独的广告位(如顶部广告横幅)，然后通过一个聚集器来搜索不同广告提供商中最有价值的广告，把它放到广告位上，这种方式可以让你得到最高的广告费用。在过去几年，突然出现了很多这样的服务，下面是目前主流服务的一个简单列表：

- MoPub(www.mopub.com)
- AdWhirl(www.adwhirl.com)
- Inneractive(http://inner-active.com)
- Mobclix(www.mobclix.com)

这些服务每个都有自己的 API，通常大多数都很容易使用。对于任何一个特殊的服务，都可以访问它们的网站并浏览它们的文档来获取相关实现的技术信息。

3. 游戏广告提示

那么，如果你觉得在游戏中添加广告，最好的方式的什么呢？有时候，少用为好，下面让我们看一下不该做什么：

- 在玩家玩得正投入时打扰他
- 让玩家很沮丧
- 经常展示广告从而毁掉了原本用户体验很好的游戏
- 欺骗用户去点击它

对于广告来说，很容易就操作过度。广告的目的是通过游戏赚一些钱，对吗？过多的广告并不意味着更多的钱；相反，过多的广告通常会导致游戏的评级更低，而过低的评级又会导致用户量更少，这并不是什么好事。要让广告的显示优雅一些。用户也希望用一些广告换取一款免费游戏。在游戏空闲的时候，在顶部或者底部菜单中放置一些广告还是很好的。

对于全屏广告，等待！你可能希望在用户刚启动游戏的时候就显示广告，但这样做只会失去信誉。可以在用户第三次、第四次、甚至第五次启动游戏的时候再显示全屏广告。

关注于给用户带来更好的游戏体验，用户才能更加信任你的广告。如果过多地关注如何获取更多的利益，用户也会感知到，你的游戏也会遭殃。

14.1.2 游戏内的产品

游戏内的产品(in-app products，IAP)可以赚取到很多的钱。通常情形是用户想要得到游戏中的一些东西并愿意为此支付少量金钱。在 Google Play 商店中，提供了两种游戏内产品选项的类型：

- **可管理的条目**：诸如一个人物、等级或者一项技能。可管理的条目只能购买一次，并且和购买者进行绑定，而不是和设备绑定；也就是说，如果购买者在一个设备上购买了一个条目，只要购买者使用了同一个 Google 账户，这个道具在购买者的其他设备上也是可用的。
- **不可管理的条目**：诸如虚拟货币、金币、升级消耗品、入场券以及任何用户需要"消耗"并能"补充"的东西。不可管理的条目可以一次次地重复购买，并添加到现有的数字或者总数中。不可管理的条目也是绑定到 Google 账户，而不是绑定到购买时的设备上。

重要的是，你还可以设置定期的订阅。在任意时刻，游戏中通过"on"或者"off"都可以看到订阅情况，因此当用户订阅了以后，你就可以提供任何的内容、服务、升级或者其他功能。

Google Play提供处理IAP的服务称为游戏内支付。Google Play 开发者控制台为你提供了接口来设置游戏的可购买的条目。最兼容的方式用你应用程序包名的前缀来为可购买的条目命名；例如，com.badlogicgames.awesomegame.300points 代表购买 300 分。

那么，设置可购买条目的最佳方式是什么呢？这个问题并没有明确的答案，而是完全取决于你的游戏。所有的一切都使用虚拟货币倒是一个非常有效的方式。

14.1.3 虚拟货币

虚拟货币(virtual currency，VC)就是游戏中的钱。你可以叫它金币、宝石、红宝石、币、积分，或者你发明的一个名字，VC 就是游戏为玩家所存储的一个数字，让玩家可以买东西。VC 与真实的货币不必是一对一的关系，只要游戏中的兑换关系清晰即可。VC 这种方式很好，获得它是玩家主要或者次要的目标，你正好可以借此来赚钱。不需要考虑太多的心理学因素，因为玩家希望找到一种玩游戏的捷径、享受个性化的游戏体验或者就是喜欢买东西，这些似乎都是玩家购买 VC 的动机。

VC，目前是游戏所能提供的最流行的一种可购买条目的类型，通常会分层次的出售，对于大额购买会有折扣；例如 0.99 美分可购买 100 积分，3.99 美元可购买 500 积分，29.99 美元可购买 5000

积分等等。

许多游戏开发者所使用的一种比较好的方式是对游戏中的一些行为(例如打碎一块金砖或者过了一关)给予 VC 奖励。一些游戏会有时间限制,越短的时间过关会得到越多的 VC 奖励。其他游戏有多种类型的 VC,开发者可以控制一种 VC 或者另一种 VC 变成可遇而不可求的类型,迫使玩家选择购买道具并更小心地升级或者花更多的钱来购买一种 VC,从而购买一个特殊的升级或者道具。常见的方式是游戏是免费的,允许用户收集 VC 和购买的东西,但还提供捷径和使用 IAP 作弊,如给玩家提供前进的更快的选项,玩家通过支付真钱换取更快的通关或者获得高一点的分数。这一方式及其衍生出来的方式确实是非常有效的赚钱工具。

有很多 VC 相关的服务,如 TapJoy(www.tapjoy.com),让你的游戏不仅仅通过 VC 你赚钱,还能通过让玩家完成一些任务从而让玩家获得更多 VC。这些服务提供激励措施,如"安装此游戏,并获得 50 个硬币"或"点击这个广告,并获得 25 个硬币。"到目前为止,这种类型的服务似乎是有效的。这些服务会为这些任务支付给游戏发布者一定数量的真实货币,而玩家也喜欢这种方式,因为它们不需要花费真正的货币来就能得到所期望的 VC。

14.1.4 卖还是不卖

早期的移动游戏市场的主要盈利模式是提供一个免费的,功能有限的游戏版本和一个付费,功能完备的游戏版本,目的是让玩家在试用版上玩的过瘾,从而更多地购买付费版本。情况从那时起已经彻底改变,游戏开发者为用户提供了越来越多的"免费"功能,并更多地依赖"将游戏货币化"一节中所讨论的方法来让游戏赚钱。重要的是,要真正地调研市场来看一看一些新的游戏在使用付费模式时是如何做的。你可以通过查看 Google Play 商店中排名靠前的游戏的一些细节来收集一些概略的信息。如果用户以前没用过,对于支付来买东西要比平常会不安一些,而且他们有很多的免费游戏可选择,这样他们可能就直接略过新的付费游戏了。

另一方面,Google Play 还有个"付费"的种类,因此在某些情况下,如果你相信你的游戏在该种类中可以排名上升,发布一个付费游戏也是可以的。无论如何,这种选择极大地依赖于用户对游戏的满意度。例如,一个已经获得认可的、授权的游戏不管它的内容如何可能会卖出很多副本,而一个以前没有任何成绩记录的全新的游戏可能很难卖出任何副本。所以做这个决定前你需要考虑一下所有营销方面的因素。

14.1.5 授权

授权是一种让游戏赚钱的极佳选择。当我们说到"授权"指的是一种交易,即其他公司会支付你一些费用来获得发布你的游戏的一定数量拷贝的权利。例如,一个大的移动电话服务商或者智能手机制造商可能希望在即将发布的新型号手机上预装你的游戏来刺激潜在的购买者。在这样的交易中,公司方或者要求你不花费费用即可预装你的游戏或者要求你给他们一个每个单元价格的报价。对于每个单元的价格,这些公司愿意支付的价格通常低于游戏零售价的几倍。如果你的游戏平常卖2.99 美元,那么打包价格可能是每个单元 20-50 美分。这完全取决于多种因素,例如,你的游戏的流行程度以及会有多少的预装量。显然,你需要通过谈判来得到最合适的交易,但如果你的游戏本来就是免费发布的并且通过 VC 和 IAP 赚钱,那么游戏免费对你来说就不是什么问题,另外你还可以通过更大的用户群来得到更多回报。这种情况下,所有人都是赢家。

在你签订协议前，请确保已经阅读了合同，转让条款也是正确的。前期这会需要一点额外的时间和精力，但从长远来看却省了很多时间。

14.2　让你的游戏被发现

现在已经发布的 Android 游戏成千上万，而且很多还正在开发中。只需滚动 Google Play 列表中最流行的游戏，你一定会看到许多你从来没有听说过的新标题，由一些你不知道的公司所开发。一些开发者是幸运的，但大多数的流行游戏变成流行都不是出自偶然。发布者知道如何让用户发现他们的游戏。该如何让你的游戏被新用户发现呢？发现是任何游戏成功的关键，对于这个问题，你总是可以投钱通过广告的形式来购买知名度，但在成本效益方面，不及下面讨论的其他方式。

14.2.1　社交网络集成

如果你还没有使用 Facebook 和 Twitter，马上放下本书，务必立即注册它们后再继续阅读。这样的社交网站是你游戏被发现的重要途径。然而，这种方式刚开始效果不是很明显。如果你只是为你的游戏创建了一个 Facebook 界面并告诉所有的朋友去喜欢它？这样也就会有几个的下载量，不会太多。那么，在 Twitter 上发微博能提高下载量吗？也很少。这些方法都不会像你需要的那样让你的游戏知名度提高，并取得商业上的成功。

从市场营销的角度看，这两个社交网站有几个很好的地方就是：几乎每个人都在使用它们，并且可以自由使用，它们很容易接受更加有创造性的解决方案。下面是一些可以利用这些网站来推销你的游戏的例子：送给 Facebook 上"喜欢"你游戏的用户 50 个免费的 VC 积分。送给微博上提到你游戏的用户 50 个免费的 VC 积分。使用 GREE 这样的服务每月举办一次最高分的比赛，奖励是一个新的 Android 设备，并且只允许在 Facebook 上喜欢你的用户参加。当然，在最后的例子中，你需要实际购买一部设备来作为奖品，但使用物质奖励的方式效果确实很好。可以很容易地发明一些激励机制，从而让人们彼此分享你的游戏，这些网络正是这种信息分享的理想平台。

Facebook 和 Twitter 都提供了 Android SDK，你可以下载并使用它，从而将社交网络集成到你的游戏中。规范文档一直在变，所以在此不会过多地关注文档情况，它们都相当易用，没有借口不试用一下。

提示：GREE 最近收购了 OpenFeint 并把它的用户也迁移到了 GREE 平台上。GREE 提供了 VC、高得分、朋友和其他类似的服务。查看 **https://developer.gree.net/en/** 上的 GREE Developer Center 可以了解更多信息。

14.2.2　发现服务

有许多公司，如 AppBrain，它们唯一的目标就是让你的游戏被发现。其他的一些公司，如 TapJoy、Scoreloop 和 Flurry 也有发现服务。这些公司大多数都提供了这样一种方式：将你的游戏"放到网络上"从而可以让其他游戏来推销它。你可以为每次安装付钱并且控制让你的游戏进入很多人的手机里。还记得我们说过 TapJoy 有一个服务，当你的玩家安装其他 app 或者 game 时它会为玩家提供 VC 并反过来支付给你真钱吗？这是等式的另一端，在这里你是那个向 TapJoy 支付从而让你的游戏被玩家安装并回馈给玩家 VC 的人。

不同的公司会提供不同的发现方法，但简言之，如果你想要你的游戏被发现并有一定的预算的话，你也许可以研究这些服务中的一个或者多个。当把这种服务和好的社交网络策略结合到一起的时，你可能就像滚雪球一样，用你的游戏发了大财。

14.2.3　博客和传统的网络媒体

让你的游戏被发现的另一种方式是将游戏的故事主线收集起来，创建演示的视频，然后在评论新的 Android 应用程序和游戏时把这些都发送到博客上。这些网站的编辑经常要应对海量审查应用程序和游戏的请求，尽量替他们做一些工作，前面尽可能给他们所需要的信息。要有耐心，你可能会得到一些评论。仅仅是评论并不会成全或者打倒一个游戏，但它却是滚雪球效应的一部分，可能导致一个游戏的成功。

14.3　设计时就考虑盈利

我们已经讨论了很多通过游戏赚钱的方式，但我们还要明确一些事情：在游戏设计阶段就考虑赚钱的事情要比游戏开发完成之后再考虑赚钱的方案要容易得多。旨在赚钱的游戏也许拥有以下的一个或者多个元素：

- 影响游戏方式的修改器选项
  - 强化
  - 升级
  - 作弊
- 不影响玩游戏的内容选项
  - 皮肤
  - 人物
  - 条目的变化，但实际上是相同的
- 额外的内容
  - 新关卡
  - 新的过场动画
  - 可以解锁的关卡
  - 新内容
- 具有下列属性的虚拟货币
  - 可通过常规的玩游戏来获得
  - 可用来购买升级
  - 可用来购买额外的内容
  - 可使用真实的货币购买该虚拟货币

使用这些元素，你可以从一开始设计一个游戏时，就为用户提供了合理的理由从而在游戏中购买虚拟货币和虚拟物品。有时，你需要更改一下提供 VC 的服务，原因是一个新的功能或者某个公司不再提供该项服务。这种设计非常普遍，允许更换基于 VC 的服务或者购买服务，而不会由于改变或者删除游戏内容而伤害到游戏本身，在服务切换时也不会花费你太多的开发时间。因此，具有以下属性的游戏，可以说是用设计赚钱的游戏：

- 允许玩家购买虚拟产品和货币
- 提供激励措施让用户购买虚拟产品和货币

这个方案并不是实现游戏赚钱的唯一方案，但它确实是成功的方案之一。有许多成功的 Android 游戏在一定形式上使用了这种方案，建议考虑一下它或者至少领会它的大致思想从而在你的游戏中应用它。

14.4　设计时就考虑被发现

没人发现的游戏有什么用呢？事实是，市场竞争非常激烈，充斥着许多免费游戏，要想让你的游戏取得大的成功，需要在游戏设计阶段就特别关注人们如何才能发现你的游戏。可能有些游戏看起来不知道从哪里冒出来的，突然间就流行起来，但通常这些游戏在设计之初就对于游戏如何被发现考虑的很充分。

游戏容易被发现的因素不仅仅在于游戏的质量和设计的好坏。当玩家将游戏告诉其他玩家时，这些游戏会提供奖励机制。同设计赚钱的游戏一样，设计被发现的游戏也会将多数或者完全一样的东西(虚拟货币、虚拟商品、可解锁的内容等等)作为玩家们分享游戏的奖励。

下面是一些在玩家互相分享游戏时，如何融入游戏内容奖励的一些想法。

- 让一部分内容只能通过输入其他玩家的推荐码来解锁。
- 对在 Tweeter 上评价、分享或者把游戏链接到 Facebook 上的玩家提供额外的内容或者 VC
- 对推荐其他玩家来玩该游戏的玩家给予 VC 奖励
- 在 Facebook 或者其他社交媒体上张贴成就和新的高分
- 把游戏的另一部分做成可以在 Facebook 上玩的应用程序，但可以采用某种方式链接到手机游戏上。

奖励措施有很多种，但如果你能想出一些创新的奖励方式，来奖励那些分享你游戏的用户，你就会走上正确的轨道，自然会让你的游戏更加流行。

14.5　小结

仅开发和发布一款游戏还不足以引起别人的注意或者赚到钱。如果你采用了本章列出的一些方法，成功的可能性将会很大。技术的潮汐有起有落，但本章提到的常用经验和方法应该会一直有效，请运用你学到的东西思考该如何创建其他的应用程序和开拓一些营销游戏和将游戏货币化的方法。

第 15 章

发 布 游 戏

成为 Android 游戏开发人员的最后一步是发布所编写的游戏。有以下两个发布途径：

- 从项目文件的 bin/目录中将 APK 文件复制出来，将其发布到 Web 上，并告知你的好友下载该文件并安装到其设备中。
- 将你的应用程序发布至 Google Play 中，就像个真正的游戏开发商做的那样。

第一种方法是把应用程序发布到 Google Play 之前让其他人测试应用程序的很好途径。他们只需将 APK 文件安装到自己的设备上。当你的游戏开始发布时，真正的乐趣之旅就开始了。

15.1 关于测试

在之前的章节中可以看到不同设备之间也有一些区别。在发布应用程序之前，应该确保该应用程序能在多个常用机型及多个 Android 版本系统上运行良好。这个问题有几种应对方法。一种方法是购买一系列具有不同硬件能力、运行不同 Android 版本的设备，自己进行测试。另一种方法是付费使用新兴的 Android 测试服务。我们很幸运，有多台手机和平板电脑进行测试，覆盖了不同代、不同类别的设备。根据你自己的预算，可能这两种方法都不现实。你可以使用模拟器(但要知道模拟器也并非绝对可靠的)或使用身边亲朋好友的手机来帮助完成测试。

另一种测试方法是将一个 beta 版本的应用程序发布到 Google Play 商店上。可在应用程序的标题中明确标上"beta"字样，以便于用户知道这是测试版。当然，仍然会有用户忽略所有的警告而抱怨这一未完成的程序的质量。生活就是这样的，你需要能够接受负面的、甚至不公正的评论。请记住，用户就是上帝，不要对他们感到恼怒，而是应该找出提升应用程序品质的方法。

下面是我们在发布应用程序前对应用程序进行测试时经常使用的设备：

- 三星 Galaxy Leo/I5801，屏幕为 320×240 像素
- 使用 Android 1.5 版本的 HTC Hero，屏幕为 480×320 像素
- 使用 Android 1.6 版本的 HTC G1，屏幕为 480×320 像素

- 使用 Android 2.1 的摩托罗拉 Milestone/Droid，屏幕为 854×480 像素
- 使用 Android 2.2 的 HTC Desire HD，屏幕为 800×480 像素
- 使用 Android 2.3 的 Nexus One，屏幕为 800×480 像素
- 使用 Android 2.2 的 HTC Evo 4G，屏幕为 800×480 像素
- 使用 Android 2.2 和 4.0 的三星 Galaxy S，屏幕为 800×480 像素
- 使用 Android 4.1 的三星 Nexus S，屏幕为 800×480 像素
- 使用 Android 4.1 的三星 Galaxy Nexus，屏幕为 800×480 像素
- 使用 Android 3.1 的三星 Galaxy Tab 10.1，屏幕为 1280×800 像素
- 使用 Android 4.1 的谷歌 Nexus 7 Tablet，屏幕为 1280×800 像素

如上所示，测试涵盖了具备各种尺寸屏幕和分辨率的各代机型。如果要寻求外部测试，需要确保能够涵盖列在此处的大多数机型。当然最新的设备也可以考虑在内，但主要是为了兼容性测试而不是性能测试。至少，确保在谷歌的一些官方设备上进行测试，包括 Nexus 7、Galaxy Nexus、Nexus S 和 Nexus One 设备。如果你的游戏在这些设备上表现不佳，那么一定要做些修改，不然一定会遇到麻烦。

总之，你不得不面对无法在所有设备上测试自己程序的事实。你可能会收到一些莫名其妙的错误报告，错误原因可能是安装程序的用户设备上运行的是一个定制的 ROM，它执行了一些意料之外的动作。但不管什么情况都不必担心，这在一定程度上是正常的。但如果问题太严重，还是要找出一种解决方案。幸运的是 Google Play 提供了这样的方法。下面会介绍这些解决方法。

注意： 除了 Google Play 的错误报告功能外，还有一个较好的解决方案称为 ACRA (Application Crash Report for Android，Android 应用程序崩溃报告)，它是一个向 Android 应用程序作者反馈程序崩溃报告而设计的一个开源库，在网址 http://code.google.com/p/acra/可以下载到该库且它用起来很简单。可根据 Google Code 相应网页上的指导说明来将该库应用于自己的应用程序中。

15.2　成为注册开发人员

在谷歌官方的 Google Play 商店上发布应用程序很容易，只需要一次性支付 25 美元注册成为开发人员即可。谷歌支持众多国家和地区的开发人员发布应用程序，只要你居住在这样的一个国家或地区，就可以使用开发人员账户将应用程序发布到 Google Play 上。根据开发人员所在的国家，开发人员账户允许开发人员发布免费或收费的应用程序。要发布收费应用程序，就必须居住在谷歌指定可以发布收费应用程序的国家和地区。对于可以发布免费应用程序和收费应用程序的国家和地区，谷歌有单独的列表。谷歌正在努力扩展这个列表，使你的应用程序可以接触到全球各个地方的用户。

Google Play Store 发布商账户与谷歌账户直接关联在一起。除非取消了限制，否则不能将发布商账户和谷歌账户分开。在决定使用已有的账户还是一个新的、专用的账户进行注册时，必须考虑这一点。做好决定并准备好谷歌账户后，可以访问 https://play.google.com/apps/publish/signup 并根据给出的提示注册一个 Google Play Store 账户。

如果开发人员想销售自己的应用程序，除了注册一个 Android 开发人员账户外，还需注册一个免费的 Google Checkout 店主账户，这将作为一个可选项在开发人员账户的注册过程中提供给开发人员。我们并非职业律师，因此无法就这一过程提供相关法律建议。开发人员最好确保在销售应用程序前对相关法律条款有所了解，如果有疑问可以咨询相关专家。不必感到畏惧，因为这一过程通

常都很简单，但你需要为你的业务向当地的政府税务部门纳税。

Google 公司将会收取开发人员销售收入的 30%作为应用程序分发以及基础建设的费用，似乎不同平台上的所有应用程序商店都收取这么多的费用。

15.3　给游戏的 APK 签名

在成功注册成为一个正式的 Android 开发人员之后就可以准备发布你的应用程序了。发布程序前还需要给 APK 文件签名。签名前需完成做如下的准备工作：

- 在清单文件中的<application>标签处删除 android:debuggable 属性，或将其设置为 false。
- 在<manifest>标签处可以找到 android:versionCode 以及 android:versionName 两个属性。如果曾发布过程序的一个版本，则需要递增 versionCode 属性值并更改 versionName 的值。versionCode 必须是整数值，而 versionName 则为任意值。
- 如果编译目标的 SDK 版本号等于或大于 8(Android2.2)，则需确保将<manifest>标签中的 android:installLocation 属性设置为 preferExternal 或者 auto，这能使应用程序尽可能安装在外部存储器，从而为用户节省内存。
- 确保仅指定游戏真正需要的权限。用户并不希望所安装的程序具有多余的权限。检查清单文件中的<uses-permission>标签来设置合理权限。
- 确保 android:minSdkVersion 以及 android:targetSdkVersion 两个属性设置正确。只有运行着等于或高于指定 SDK 版本的手机才可在 Google Play 上浏览到对应 SDK 版本的应用程序。

再次检查所有上述条件是否满足。若满足后就可以导出有签名的 APK 文件并上传至 Google Play，具体步骤如下：

(1) 在包资源管理器视图中右击项目，选择 Android Tools | Export Signed Application Package，启动 Export Android Application 向导。你将看到如图 15-1 所示的 Project Checks 对话框。

(2) 单击 Next 按钮，显示如图 15-2 所示的 Keystore selection 对话框。

图 15-1　导出签名文件对话框　　　　　　　　图 15-2　选择或创建 keystore

(3) keystore 是一个保存着 APK 文件签名密钥的密码保护文件。由于以前尚未创建过该文件，所以在这个对话框中选择创建该文件。选中"Create new keystore"单选按钮后，只需提供 keystore

文件的保存路径以及用来保护文件安全的密码即可。单击 Next 按钮进入 Key Creation 对话框，如图 15-3 所示。

(4) 为创建一个有效密钥，必须填写 Alias、Password 以及 Validity(years)文本框，还要填写 First and Last Name 文本框中的姓名等信息。其余选项都是可选的，但最好填写它们。再次单击 Next 按钮显示最后一个对话框(如图 15-4 所示)。

图 15-3　为签名 APK 文件创建密钥

图 15-4　指定目标文件

(5) 为导出的 APK 文件指定一个保存路径并记住这个路径，当上传该 APK 文件时需要从该路径读取此 APK 文件。单击 Finish 按钮。

当你想要发布一个应用程序的新版本时，可以重用第一次完成向导时创建的 keystore 文件。启动向导后，进入如图 15-2 所示的 Keystore selection 对话框时，选中 Use existing keystore 单选按钮，提供之前创建的 keystore 文件的位置，以及该 keystore 文件的密码。单击 Next 按钮后，将看到如图 15-5 所示的 Key alias selection 对话框。选择先前创建的密钥并输入对应密码，然后单击 Next 按钮，像前面一样完成向导的剩下部分。无论是哪种情况，最终都会得到一个签名后的 APK 文件，可以上传到 Google Play 了。

图 15-5　重用密钥

注意： 一旦上传了签名的 APK 文件，必须使用同一密钥签名同一应用程序的后续版本。

你已经创建了第一个签名的 APK，祝贺你！现在再了解其他一些知识，即 Google Play 对多个 APK 的支持。可以为一个应用程序创建多个 APK，并且这些 APK 可以使用设备能力过滤来为安装了应用程序的每个用户提供最合适的功能。这是一项十分有用的功能，因为这意味着你可以做到以下几点：

- 提供与特定 GPU 兼容的特定镜像集。
- 为较老的 Android 版本提供有限的功能集。
- 为大屏幕提供大尺寸图片，为其他屏幕提供常规尺寸的图片。

随着时间的推移，谷歌一定会添加更多过滤器，但是仅仅这里列出的过滤器已经足以帮助你针对目标设备(如平板电脑)进行开发，而不必做过多的工作来为第一代手机设备减小下载文件的大小。

15.4 将游戏发布至 Google Play

现在可以通过 Google Play 网站登录你所注册的开发人员账户了。导航到 https://play.google.com/apps/publish 并登录账号，可看到如图 15-6 所示的界面。

谷歌将这个界面称为 Android 开发人员控制台，在最开始注册时已经有过惊鸿一瞥。现在就来使用这个界面。单击屏幕底部的 Upload Application 按钮会打开 Edit Application 页面。下面来看一下该页面的各个部分，第一个部分就是 Product details 选项卡的 Upload assets，如图 15-7 所示。

图 15-6 Google Play 的欢迎界面

图 15-7 Android 开发人员控制台的 Edit Application 界面

15.4.1 上传资源

发布游戏时，需要提供许多必要的资源和信息。Product details 选项卡中列出了屏幕截图、图标、说明信息和类别等，以及它们的必要大小和格式。

如图 15-7 所示，上传者必须提供至少两张应用程序的截图，必须为特定格式的图片(24 位的 JPEG 或者 PNG)，并且尺寸大小要符合要求(必须为 320×480、480×800、480×854、1 280×720 或 1 280×800)。当其他用户在 Google Play 商店中浏览应用程序的细节时，这些信息都会显示出来(通过移动设备上的应用程序访问或通过官网 http://play.google.com/store 访问都能看到这些信息)。

下一步必须上传一个高分辨率的应用程序图标,其大小为 512×512 且格式为 32 位的 PNG 或 JPEG。只有当用户访问 Google Play 商店上的应用程序时才会显示该图标,因此要做的吸引人一些。

如果你的游戏是推荐游戏,那么用于推广的图片(180×120,24 位的 PNG 或 JPEG 格式)以及特征图片(1 024×500,24 位的 PNG 或 JPEG)也会显示在 Google Play 商店中。得到推荐很有用,因为浏览者在设备上或通过浏览器访问 Google Play 时会第一眼就看到你的应用程序。推荐哪些应用程序是由谷歌设定的,只有他们知道根据什么做出决定。

最后,你还可以提供一个 YouTube 上宣传该程序的视频链接,这也会在 Google Play 商店网站的相关页面上显示出来。这是一个很重要的营销工具,它使得用户在决定下载你的游戏之前就可以很好地了解这个游戏。谷歌在决定是否推荐你的游戏时,也可能会参考此类视频。

如果你的游戏包含隐私策略,规定了如何存储、处理和发布玩家信息,就可以添加一个链接,指向 Privacy Policy 中的相关信息。如果没有隐私策略,则可以选中 "Not submitting a privacy policy URL at this time."。

需要注意的是,Google Play 开发人员界面总是在变化,可能会包含这里没有列出的其他一些功能。

15.4.2 产品详情

向下滚动到 Edit Application 页面的 Listing details 部分,如图 15-8 所示。这些信息会显示在 Google Play 商店中,供用户查看。可以指定语言、设置标题(不超过 30 个字符)以及(可选地)添加应用程序的描述信息(不超过 4 000 个字符)。另外,还可以附加不超过 500 字符的描述信息,用以告知用户最新版应用程序的更新之处。如果应用程序被推荐了,上传者还可设置宣传文本(不超过 80 个字符)。

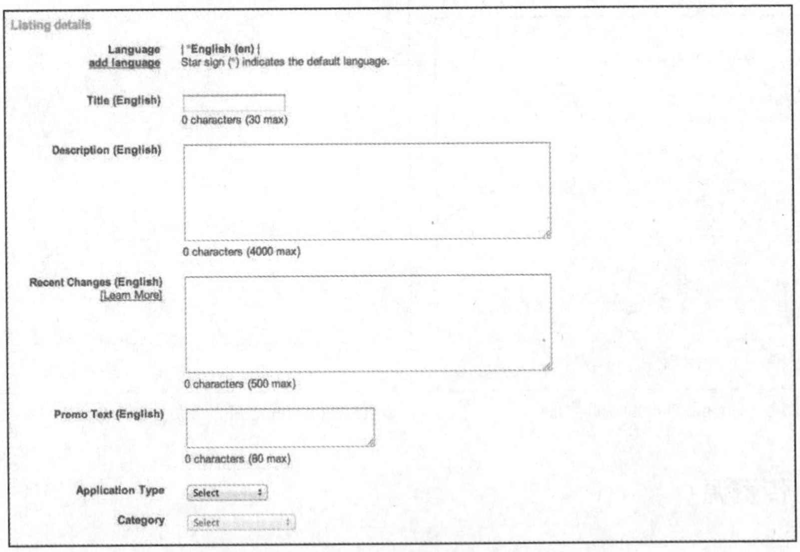

图 15-8　Android 开发人员控制台的 Listing details 部分

然后就要设定应用程序的类型及分类了。对于每个应用程序类型,都有一系列分类可供上传者选择。对于游戏,上传者可以设定为 Arcade & Action、Brain & Puzzle、Cards & Casino、Casual 以及 Racing 或 Sports 等分类。这里的分类似乎有点混乱(赛车不也是一种体育运动吗?),其实应该进行更好的分类,希望这在将来会有所改善。

15.4.3 发布选项

Edit Application 页面的 Publishing options 部分允许指定是否对应用程序进行版权保护，还可以对应用程序内容进行分级并设定程序发布地区。

版权保护这一特性已被弃用，你不应该使用它，因为它不会生效，反而会产生其他一些问题。取而代之的是，现在谷歌公司提供一个 API 将许可服务集成到应用程序中，这项服务使得用户难以盗版程序。本书不再详细介绍该服务，如果你想杜绝盗版现象，那么建议你详细阅读 Android 开发人员网站上的说明。与许多数字权限管理(digital right management，DRM)方案一样，使用这项服务的用户报告了一些问题，如无法运行或安装使用了许可服务的应用程序。不过，也不要完全相信这些用户的话。如果需要 DRM，该服务是当前最好的选择。

内容分级选项允许上传者指定其程序的目标用户。可以在发布页面上单击 Content Rating 标题下的 Learn More 链接查看关于给应用程序选择分级的一些指导建议。上传者的应用程序将会根据其指定的内容分级被 Google Play 过滤，所以应仔细考虑程序的分级设置。谷歌可能认定上传者的应用程序的分级不太合适，此时会给该应用程序指定一个他们认为合适的分级。

上传者可以选择应用程序的发布地区。通常人们都希望能发布到所有可发布的地区，但可能由于一些法律方面的原因，程序只能发布到部分地区。

然后，上传者需要决定游戏是否收费。这是一个不可更改的决定。一旦实现了两个选项之一后就不能更改，除非使用不同的密钥重新发布新游戏，但这样就将丢失所有用户评论并流失部分用户。上传者需要考虑其所上传的程序如何盈利。这里并不为上传游戏的定价给出建议，因为价格取决于很多因素。0.99 美元的价格适用于大部分游戏，并且用户都能接受这个价格。但你可以尝试设定其他价位。如果你希望将游戏出售，应确保理解相关法律条款。

最后，在 Publishing options 部分的底部，可以获得应用程序支持的设备的相关信息。诸如屏幕布局支持和必备设备功能等属性都会列在这里。单击 Show devices 链接时，将看到如图 15-9 所示的界面，其中列出了与上传者的 APK 兼容的所有设备。上传者可以自己搜索并手动排除该对话框中的某个设备。当某个设备被排除掉或者没有包含在受支持的列表中时，上传的游戏就不会出现在该类型设备的 Google Play 商店中。如果你遇到了自己的游戏在某种设备上不显示的问题，就可以在这个界面中找出原因。

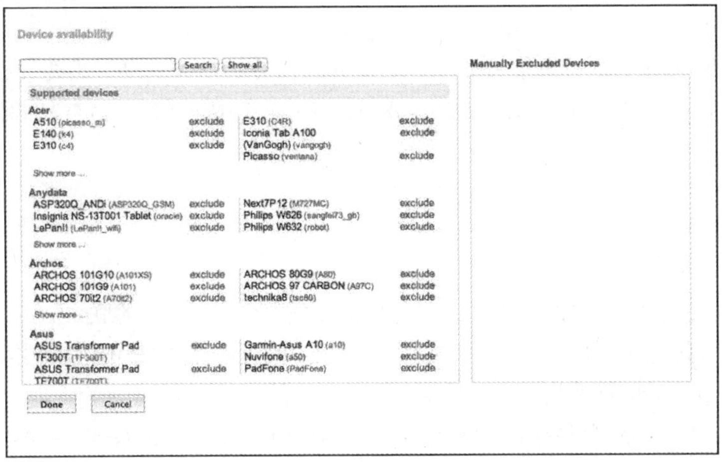

图 15-9 设备可用性

稍后将讨论 Product details 选项卡的最后两个部分，但在此之前，先切换到 APK files 选项卡，并阅读以下关于如何管理 APK 文件的信息。

15.4.4　APK 文件管理

Edit Application 页面的第二个选项卡是 APK files 选项卡，用于管理 APK 文件，以及提供关于所应用的设备过滤的一些额外信息。图 15-10 显示了游戏 Antigen：Outbreak 的 APK files 选项卡。

图 15-10　APK 文件管理

虽然这里只有一个 APK 是激活的，但是明显可以看到，通过修改不同 APK 的 API level、应用程序支持的屏幕、OpenGL 纹理和本地平台，可以支持多个 APK 文件。图中的 APK 支持 API level 3～16+，小到超大屏幕，所有的 OpenGL 纹理，以及 armeabi(ARM)设备。

单击应用程序图标下方的"more"(在图 15-10 中已经单击)后，可以看到游戏的所有权限和功能。这个游戏需要大致位置、Internet 连接、震动和蓝牙功能，用户在安装游戏前会看到这些需求。

在这个界面中添加更多的 APK 很简单，只需单击 Upload APK 按钮。当要进行升级时，记住只能有一个激活的 APK 具有一组相同的功能支持，所以在完成升级前一定要确保取消激活原来的 APK。

15.4.5　发布

切换回 Product details 选项卡。最后需要设定的几项内容是上传者的联系信息、上传者是否同意 Android 内容指导条款(就列出在本页面，应该阅读它们)以及是否接受美国出口法律条款，如果你的游戏是一个标准的 Android 应用程序，选择同意是没错的。

提供所有信息后，就可以单击页面底端较大的 Publish 按钮，让游戏被全球数百万用户看到！由于没有审核过程，所以经过一两个小时的服务器传输时间后，在游戏支持的所有设备的 Google Play

商店中就可以看到这个游戏。

15.5 开发人员控制台

一旦将游戏发布到 Google Play，发布者需要经常跟踪其状态。如有多少人下载了该游戏？游戏是否有崩溃现象？用户对游戏给出什么样的评价？发布者可以在开发人员控制台看到这些状态信息(如图 15-6 所示)。

对于每个发布的应用程序都可以了解如下信息:

- 游戏的总体排名以及评分次数
- 用户评价(单击相应应用程序的 Comments 链接)
- 程序安装次数
- 有效安装次数
- 错误报告

错误报告对我们来说比较有用。图 15-11 展示了游戏 Antigen: Outbreak 收到的错误报告。

图 15-11　错误报告

报告中有 1 次死机以及 7 次崩溃。Antigen: Outbreak 游戏已经在 Google Play 上有一年以上的时间了，只有这些小问题已经很不错了。当然，如果你愿意的话，可以深入研究这些问题。开发人员控制台提供的这个错误报告功能可向开发人员提供关于程序崩溃和死机的详细信息，如发生问题的设备型号、完整的堆栈追踪等。这是一个很有用的功能，可帮助开发人员找到问题的原因。而用户评价只能帮助确定一般性的问题。

注意：错误报告这个功能是一个设备端特性，在一些较老版本的 Android 系统上并不支持。所以如果你想要捕获所有错误信息，那么建议使用之前提到的 ACRA 这一服务。

15.6 小结

发布游戏到 Google Play 这一过程十分容易，其门槛也很低。至此，你已经了解了设计、实现并发布一款 Android 游戏所需的所有知识，希望你能够继续努力取得更好成果。

第 16 章

进 阶 内 容

在本书中我们探讨了很多内容，但需要学习的内容仍有很多。如果此时你感到学有余力并想更深入挖掘的话，那么以下的建议和方向会给你带来启发。

16.1 位置识别

在第 1 章和第 4 章中我们都简单提到了这个概念，但并没有将其用于任何游戏中。所有 Android 设备都带有某种类型的传感器，可以用它来定位设备的位置。这本身已经很诱人了，但将其用于游戏中会创建出更具创新性的且从未见过的游戏机制。然而，大多数游戏都没有利用此功能。你能否想出一个在游戏中使用 GPS 传感器的好方法呢？

16.2 多玩家功能

这是一本针对初学者的书籍，我们还没讨论过如何创建一个多玩家游戏。需要指出的是，Android 提供了实现多玩家功能的 API。游戏的类型不同，实现多玩家功能的难易程度也是不同的。回合制游戏(如象棋和扑克)的多玩家功能比较容易实现。而快节奏的动作类游戏或实时策略类游戏的多玩家功能就比较难以实现。但无论哪种类型的游戏，你都要掌握网络编程知识，网络上这方面的资料已有很多。

16.3 OpenGL ES 2.0/3.0 以及更多内容

迄今为止，可以说你仅仅看到了 OpenGL ES 的一半的应用。我们仅使用了 OpenGL ES 1.0，因为这是目前在 Android 上支持范围最广的一个版本。它的固定功能特性使它能很好地完成 3D 图形编程。而更新版本的 OpenGL ES 能直接对 GPU 编程。这种编程模式与本书中所介绍模式的不同之处在于,它将直接对一些细节进行处理,例如从一块纹理中获取小的纹元或者对顶点坐标进行转换,所有这些操作都直接在 GPU 完成。

OpenGL ES 2.0 有所谓的基于着色器、也就是可编程的管道模式,这与 OpenGL ES 1.0 及 OpenGL ES 1.1 的固定功能管道不同。OpenGL ES 的新规范,例如 3.0,采用了相同的模型,并且与 2.0 版本是向后兼容的,所以我们将其统称为 2.0。对于许多 3D(或 2D)游戏而言,OpenGL ES 1.x 版本已经足够了。但如果想获得更好的游戏效果,可考虑使用 OpenGL ES 2.0! 不必害怕新版本——因为本书所介绍的概念可以很容易转换到可编程管道模式中。

有一款谷歌支持的 Android 库,称为 RenderScript。这是一个高级接口,可以创建出炫目的基于 OpenGL ES 2.0 的效果,而免去使用 OpenGL ES 2.0 的枯燥的 API 实现它们的痛苦。不要误会—— OpenGL ES 2.0 很出色,我们也经常使用它,但 RenderScript 显然提供了一种更方便地创建许多图形效果的方法,而且 Android 的 stock 版本提供的许多默认的动态壁纸都使用了这种库。

我们尚未接触到诸如动画 3D 模型以及一些 OpenGL ES 1.x 中更高级的概念,例如顶点缓冲对象。与 OpenGL ES 2.0 一样,可在网络上或图书中找到许多关于这些高级概念的资源。Smithmick 和 Vernma 的 Pro OpenGL ES for Android(Apress, 2012)深入讲解了这些高级概念,并用单独一个章节介绍了 2.0 版本。在此基础上你可以更深入地学习了!

16.4 框架及引擎

如果你在购买此书之前没有游戏开发经验,那么你可能会问为什么我们没有使用市面上众多的 Android 游戏开发框架之一呢? 自己重新开发框架既费时又费力,不是吗? 这样做是因为我们希望你充分了解原理。尽管学习过程费时费力,但最终将使你受益匪浅。在读完本书后,你可以随意使用网络上的解决方案,希望你能理解我们的用心良苦。

对于 Android 来说,市面上有一系列商业及非商业的开源游戏框架和引擎。那么框架和引擎有什么区别呢?

- 框架用于控制游戏开发大环境的每一个部分。框架将决定后续的编程路径(例如怎样组织拟定游戏世界、怎样控制画面切换等)。本书编写了一个简单框架,并以该框架为基础编写了几个游戏。

- 游戏引擎则使一些具体任务的处理更趋简单。引擎告诉你应该如何处理事件,并为常见的任务提供易用的模块以及为游戏提供通用体系结构。不足之处是引擎所提供的解决方案可能不适合你的游戏。时常需要修改引擎以达到目标,而能否修改取决于你是否有该引擎的源代码。使用引擎可以显著推进开发进程,但是如果遇到引擎不能解决的问题也可能阻碍开发过程。

说到底,这是个人品味、预算以及目标的问题。作为独立开发人员,我们更偏爱框架,因为它比较易理解并且能让我们按照自己的想法工作。

不过,使用什么还是由你自己决定。下面列出一些可用的框架和引擎,它们能加快你的开发进度:

- Unreal Development Kit(www.udk.com):这是由 Epic Games 开发的一个商业游戏引擎,可以运行于多个平台。他们用其开发了例如 Unreal Tournament 的游戏,所以这个引擎还是比较好的,它使用自己的脚本语言。

- Unity(http://unity3d.com)：也是一个商业游戏引擎，功能强大并附带有许多工具。它也是跨平台的引擎，可用于 iOS 和 Android，也可用于浏览器。它简单易学，可使用多种语言编程，但不支持 Java 语言。

- jPCT-AE(www.jpct.net/jpct-ae/)：Android 系统上基于 Java 的 jPCT 引擎，对于 3D 编程来说它具有一些优异特性。它可用于桌面系统及 Android 系统。不开源。

- Ardor3D(www.ardor3d.com)：一个基于 Java 的功能强大的 3D 引擎。可用于 Android 以及桌面操作系统，并且是开源的，且提供完整文档。

- libGDX(http://libgdx.badlogicgames.com)：这是一个基于 Java 的开源游戏开发框架，由 Mario Zechner 发布，适用于 2D 以及 3D 游戏。它可运行在 Windows、Linux、Mac OS X、HTML5、iOS 以及 Android 上，不需要任何代码修改。可以在桌面操作系统中测试所开发的程序而不必使用真实设备或上传 APK 文件(或使用缓慢的模拟器)。你在读过本书后可能会发现自己能够自如使用这个框架。这正符合我们的目的。你没注意到这个条目比其他略长么？

- Slick-AE(http://slick.cokeandcode.com)：这是移植到 Android 上的基于 Java 的 Slick 框架，构建于 libgdx 之上。功能强大并且其 API 简单易用，适用于 2D 游戏开发。并且是跨平台的和开源的。

- AndEngine(www.andengine.org)：一个非常不错的基于 Java 的仅用于 Android 平台的 2D 游戏引擎，部分基于 libgdx(win 下是开源的)。与 iOS 中著名的 cocos2d 引擎类似。

- BatteryTech SDK(www.batterypoweredgames.com/batterytech)：一个使用 C++开发的开源商业库，支持跨平台游戏代码，并且官方支持将 Android、iOS、Windows 和 Mac OS X 作为编译目标。

- Moai(http://getmoai.com)：另一个使用 C++开发的开源商业库，支持跨平台游戏代码，支持将 Android 和 iOS 作为编译目标。

- Papaya's Social Game Engine (http://papayamobile.com/developer/engine)：一个仅用于 Android 的免费 2D 游戏引擎，包括物理 API、对 OpenGL 的支持和粒子效果等。

总是有越来越多的中间件、框架和引擎问世，所以这个列表不可能把它们全部列出。建议将上述引擎都试用一次，它们能显著加快开发速度。

16.5 网络资源

网络上有丰富的游戏开发资源。通常使用谷歌搜索会给你提供很大帮助，但以下几个网站也值得关注：

- www.gamedev.net：这是一个历史最为悠久的游戏开发网站，里面有着丰富的资源和所有游戏开发方面的文章。

- www.gamasutra.com：另一个资历较老的游戏开发网。更加针对游戏这个行业，并有很多关于游戏开发界的独到见解和观点。

- www.gpwiki.org：关于游戏开发的一个庞大 wiki 网站，有很多关于不同平台、语言的游戏编程文章。

- www.flipcode.com/archives/：现在已经不再运营的 flipcode 网站的存档，在这里可以找到一些珍贵资料。尽管这些开发技术已经过时，但仍具有指导意义。

● www.java-gaming.org：Java 游戏开发人员必浏览的网站。Minecraft 的 Markus Persson 等人常光顾此处。

16.6 结束语

写作这本书的过程中，不知道经历了多少不眠之夜，不知道有多少天眼睛中布满血丝。虽然对我们来说，生活中很少有什么事情能比编写视频游戏和与他人分享知识更加愉快，但是能够最终完成这本书还是同样很让我们开心。

写作本书是一种乐趣，希望本书能给你释疑解惑。虽然本书至此即将结束，但需要探索的内容还很多，还有许多技术、算法和概念需要学习。本书的结束对于你来说其实只是学习的开始，更多的内容尚待学习。

我们认为本书所谈到和讲述的知识非常丰富，你可以通过本书打下牢固基础，从而更快地掌握最新的思想和概念。你不必再花费大量时间去复制粘贴代码。更好的地方是，我们所讲述的很多东西都可以转换至另一个平台(当然语言和 API 会存在差异)。希望通过本书的学习你能从全局上了解Android 游戏开发，并制作出自己梦寐以求的游戏。